BIBLIOTHÈQUE DE L'ENSEIGNEMENT AGRICOLE

PUBLIÉE SOUS LA DIRECTION DE

M. A. MÜNTZ

Professeur à l'Institut national Agronomique

LES CÉRÉALES

PAR

C.-V. GAROLA

PROFESSEUR DÉPARTEMENTAL D'AGRICULTURE
DIRECTEUR DE LA STATION AGRONOMIQUE DE CHARTRES

PARIS

LIBRAIRIE DE FIRMIN-DIDOT ET Cie

IMPRIMEURS DE L'INSTITUT

56, RUE JACOB, 56

BIBLIOTHÈQUE DE L'ENSEIGNEMENT AGRICOLE

PRINCIPAUX RÉDACTEURS

MM.

BARON, professeur à l'École vétérinaire d'Alfort.

BERTHAULT, professeur à l'École d'Agriculture de Grignon.

BOITEL (O. ✸), inspecteur général de l'Enseignement agricole, professeur à l'Institut Agronomique, membre de la Société Nationale d'Agriculture.

CORNEVIN (✸), professeur à l'École vétérinaire de Lyon.

DEMONTZEY (O. ✸), administrateur des Forêts, correspondant de l'Académie des Sciences.

GAROLA, directeur de la station agronomique et professeur départemental d'agriculture d'Eure-et-Loir.

GAUWAIN (✸), sous-gouverneur du Crédit Foncier de France, professeur à l'Institut Agronomique.

AIMÉ GIRARD (O. ✸), membre de l'Académie des Sciences et de la Société Nationale d'Agriculture, professeur au Conservatoire des Arts-et-Métiers et à l'Institut Agronomique.

A.-CH. GIRARD, chef des Travaux chimiques à l'Institut Agronomique.

GOS, directeur de l'École d'Agriculture d'Antibes.

GRANDEAU (O. ✸), doyen honoraire de la Faculté des Sciences de Nancy, inspecteur général des Stations Agronomiques.

LAVALARD (O. ✸), administrateur de la Compagnie Générale des Omnibus, professeur à l'Institut Agronomique, membre de la Société Nationale d'Agriculture.

LECOUTEUX (O. ✸), professeur au Conservatoire des Arts-et-Métiers et à l'Institut Agronomique, membre de la Société Nationale d'Agriculture.

LEZÉ, professeur à l'École d'Agriculture de Grignon.

MUNTZ (O. ✸), professeur à l'Institut Agronomique, membre de la Société Nationale d'Agriculture.

PRILLIEUX (O. ✸), inspecteur général de l'Enseignement agricole, professeur à l'Institut Agronomique, membre de la Société Nationale d'Agriculture.

RISLER (C. ✸), directeur de l'Institut Agronomique, membre de la Société Nationale d'Agriculture.

RONNA (C. ✸), ingénieur, membre du Conseil supérieur de l'Agriculture.

TISSERAND (G. O. ✸), conseiller d'État, directeur au Ministère de l'Agriculture, membre de la Société Nationale d'Agriculture.

SCHLŒSING (O. ✸), membre de l'Académie des Sciences et de la Société Nationale d'Agriculture, directeur de l'École d'application des Manufactures Nationales, professeur au Conservatoire des Arts-et-Métiers et à l'Institut Agronomique.

SCHRIBAUX, professeur et directeur de la Station d'essais de semences à l'Institut Agronomique.

TRASBOT (O. ✸), directeur de l'École vétérinaire d'Alfort, membre de l'Académie de Médecine et de la Société Nationale d'Agriculture.

TRESCA (✸), professeur à l'Institut Agronomique et à l'École Centrale, membre de la Société Nationale d'Agriculture.

VIALA, professeur à l'Institut agronomique, directeur de la Station des Recherches viticoles.

LES CÉRÉALES

TYPOGRAPHIE FIRMIN-DIDOT ET Cⁱᵉ. — MESNIL (EURE.)

BIBLIOTHÈQUE DE L'ENSEIGNEMENT AGRICOLE

PUBLIÉE SOUS LA DIRECTION DE

M. A. MÜNTZ

Professeur à l'Institut National Agronomique

LES CÉRÉALES

PAR

C.-V. GAROLA

PROFESSEUR DÉPARTEMENTAL D'AGRICULTURE
DIRECTEUR DE LA STATION AGRONOMIQUE DE CHARTRES

PARIS

LIBRAIRIE DE FIRMIN-DIDOT ET Cⁱᵉ

IMPRIMEURS DE L'INSTITUT

56, RUE JACOB, 56

1894

LES CÉRÉALES

CHAPITRE PREMIER.

CONSIDÉRATIONS GÉNÉRALES SUR LA PRODUCTION DES CÉRÉALES.

Nous désignons sous le nom de *céréales* les plantes de la famille des graminées dont les graines ont un endosperme amylacé se transformant, sous la meule, en farine susceptible d'être employée pour la nourriture de l'homme. On a l'habitude d'y joindre le sarrasin, de la famille des polygonées, dont la graine remplit un rôle semblable.

Il y a beaucoup d'analogie dans la culture, ainsi que dans les fonctions économiques de toutes ces plantes; c'est pourquoi nous les avons réunies pour en faire l'étude, en envisageant surtout celles qui jouent un rôle important dans l'agriculture européenne. C'est dire que nos études porteront principalement sur *le blé, l'avoine, l'orge, le seigle, le maïs, le sarrasin,* et subsidiairement sur le *millet.*

Les céréales sont depuis les temps les plus reculés la

base de la nourriture des peuples, car Ovidius Naso place l'origine de leur culture à l'époque de *l'âge d'argent* : (1)

> « Semina tum primum longis cerealia sulcis
> Obruta sunt, pressique jugo gemuere juvenci. »

Les motifs qui ont amené l'homme à se livrer à la culture des céréales ont été admirablement déduits par le comte A. de Gasparin dans son traité d'agriculture, et nous ne croyons pouvoir mieux faire que de reproduire ici les considérations de l'éminent agronome.

« Ce choix, dit-il, a été déterminé par plusieurs motifs. 1° Elles réunissent en une proportion notable les deux éléments de la nourriture animale, les substances azotées et les substances carbonées; dans le froment, ces deux éléments se trouvent même dans la proportion presque exacte exigée pour le maintien de la vie, surtout dans les climats méridionaux où le blé contient beaucoup de gluten. C'est, de toutes les nourritures, celle qui exige le moins d'aliments supplémentaires pour entretenir la vie animale. 2° Les substances azotées se concentrent toujours en plus grande abondance dans les organes les plus jeunes des plantes; elles abondent dans la graine, qui en est la dernière production, et l'amidon y est accumulé pour servir de nourriture au germe lors de son développement. Ces deux substances y sont mêlées de très peu de matières non alibiles, qui peuvent en être facilement séparées. 3° Quoique les céréales ressentent les effets d'une bonne culture, elles donnent cependant

---

(1) « L'orge a été connue des hommes de l'âge du renne; on a trouvé dans la grotte de Lourdes et sous les abris de Bruniquel des sculptures en ramure de renne représentant des épis de cette céréale. » — Lettre de M. Piesse à M. A. Vernier, causerie scientifique, du *Temps*, 4 juillet 1893.

des résultats avantageux, même avec un traitement peu soigné; elles viennent sur un seul labour, végètent pendant la saison humide, mûrissent à l'arrivée des chaleurs, et par conséquent peuvent se passer d'irrigation et réussissent sur le plus grand nombre des terrains et dans des climats très variés. 4° Elles sont du goût de tous les consommateurs en raison même de leur insipidité, qui permet de les assaisonner de la manière la plus diverse, avec le sel comme avec le sucre. 5° Sous un petit volume elles renferment une grande quantité de nourriture, et par conséquent sont très faciles à transporter. Un approvisionnement de biscuit est, sans contredit, un de ceux qui, à égale faculté nutritive, occupent le moins de volume. 6° Avant l'introduction de la pomme de terre, les céréales fournissaient à la généralité des situations la nourriture la plus économique, car les châtaignes, la banane, l'arbre à pain, sont circonscrits dans des climats déterminés, d'où ils ne peuvent sortir. 7° Encore à présent la nourriture exclusive au moyen de la pomme de terre a des inconvénients que ne présentent pas les céréales. Comme ces tubercules renferment beaucoup de ligneux et d'eau inutiles comme aliments, il faut en conserver une grande masse pour s'assurer un approvisionnement suffisant; ils renferment une très petite quantité d'azote et de graisse, et exigent, par conséquent, des suppléments considérables, comme lait, fromage, viande, etc., pour obtenir une nourriture complète; enfin il faut les préparer au moment même de la consommation, tandis que le pain fait de céréales se conserve presque indéfiniment. »

Les semences farineuses seront donc toujours la véritable base de la nourriture des hommes.

L'importance du rôle des céréales, dont nous venons d'établir les raisons fondamentales, s'accroît à mesure que la population et la civilisation se développent. Au point de vue agricole et économique, la question des céréales devient l'axe autour duquel toutes les autres gravitent, et on l'a vue, il y a peu, dominer la politique tout entière. C'est que chacun sent, de plus en plus, la nécessité pour un peuple d'assurer par lui-même sa subsistance. Par ce temps de lutte pour la vie à outrance, il faut que les nations comme les individus se soustraient par leur travail et leur énergie à la dépendance, même relative, d'autrui.

Grâce aux lois protectrices, si sagement votées par le Parlement, les producteurs français de céréales ont pu renaître à l'espoir ; la politique leur a reconnu *le droit à l'existence*. En revanche nos agriculteurs ont pris l'engagement de travailler ferme à la noble tâche qui leur incombe, à savoir : faire sortir des flancs du sol de la Patrie, avec assez d'abondance pour donner satisfaction à toutes les bouches, toutes les subsistances nécessaires. Les céréales faisant la base de notre alimentation, c'est sur l'amélioration de leur culture que doivent porter nos principaux efforts. C'est le but que nous poursuivons en écrivant ces lignes. S'il nous est donné d'aider quelque peu au progrès de la production des céréales, nous aurons accompli le plus cher de nos vœux.

Avant d'examiner et de proposer les moyens que nous croyons efficaces pour délivrer notre pays de la dure nécessité de recourir à l'étranger pour s'assurer son pain, nous croyons indispensable de mesurer l'effort qu'il nous faudra faire en jetant un coup d'œil général sur l'état actuel de la production des céréales dans notre pays de France et à l'étranger.

Production des céréales en France. — Malgré la crise intense que nous venons de traverser avec peine, la culture des *céréales* est toujours celle qui, en France, et dans beaucoup d'autres pays étrangers, occupe le premier rang.

Nous donnons ci-après la répartition de notre territoire entre les différentes cultures d'après la statistique agricole décennale de 1882, comme preuve irréfutable de cette prédominance capitale des céréales dans nos systèmes de culture.

		Surfaces (milliers d'hectares).		Proportion %.	
Terres labourables,	Céréales.	15.096		28,56	
	Légumineuses à graines.	344		0,65	
	Pomme de terre.	1.338		2,53	
	Cultures industrielles.	516	26.018	0,97	49,20
	Cultures fourragères annuelles ou temporaires.	4.650		8.79	
	Jardins.	430		0,81	
	Jachères.	3.644		6,89	
Cultures permanentes.	Vignes.	2.197		4.15	
	Prés naturels et herbages.	5.826	18.320	11,02	34,64
	Bois, forêts, cultures arborescentes, etc.	10.297		19.47	
Terres non cultivées (landes, terrains montagneux, marécages).		6.223		11,82	
Total du territoire agricole.		50.560		95,66	
Territoire non agricole.		2.296		4,34	
Total du territoire français.		52.856		100,00	

Il ressort de ce tableau que la culture des céréales occupait alors effectivement vingt-huit et demi pour cent du territoire total de la France. Si l'on prend comme base de comparaison la superficie des terres labourables, le groupe de plantes qui nous occupe en couvre à lui seul les cinquante-huit centièmes. Aucune autre culture annuelle ou pérenne ne peut donc se comparer avec celle des céréales sous le rapport de l'étendue.

Si l'on jette un coup d'œil en arrière, on observe que

depuis 1840 l'étendue totale des terres consacrées aux grains n'a pas sensiblement varié. Elle oscille autour de 15 millions d'hectares, sans tomber au dessous de 14 millions 6, ni s'élever à plus de 16 millions. La proportion relative de ces graminées granifères reste donc toujours sensiblement voisine de 28 à 29 pour cent de la superficie totale de notre pays.

Mais toutes les céréales n'ont pas la même importance ni par la surface du terrain qu'on leur consacre, ni par la valeur des produits qu'elles nous donnent. S'il était utile de montrer en bloc quel rôle prédominant elles remplissent dans notre économie rurale, cela ne suffit pas au but que nous poursuivons. Il nous faut préciser la part de chacune d'elles dans la production agricole. Nous choisirons pour mettre en lumière ce point de la question qui nous intéresse l'année 1886 que l'on peut considérer comme une année de production moyenne.

PRODUCTION DES CÉRÉALES EN FRANCE (1886).

(ANNÉE MOYENNE).

	Superficie en millions d'hectares.	PRODUIT EN MILLIONS DE QUINTAUX.		VALEUR EN MILLIONS DE FRANCS.		
		Grain.	Paille.	Grain.	Paille.	Total.
Blé. . .	6,956	82.375	140,0	1 775,0	420	2 195,0
Seigle. .	1,634	16.226	49,0	258,0	147	405,0
Méteil .	0,337	3.812	7,0	72,0	21	93,0
Orge . .	0,947	11.491	15,0	180,0	30	210,0
Avoine..	3,736	42.237	95,0	731,0	237	968,0
Sarrasin	0,608	6.501	9,0	107,0	14	121,0
Maïs. . .	0,549	6.430	8,0	107,0	24	131,0
Millet. .	0,050	0.460	0,5	6,5	1	7,5
TOTAUX.	14,817	169.532	323,5	3.236,5	894	4.130,5

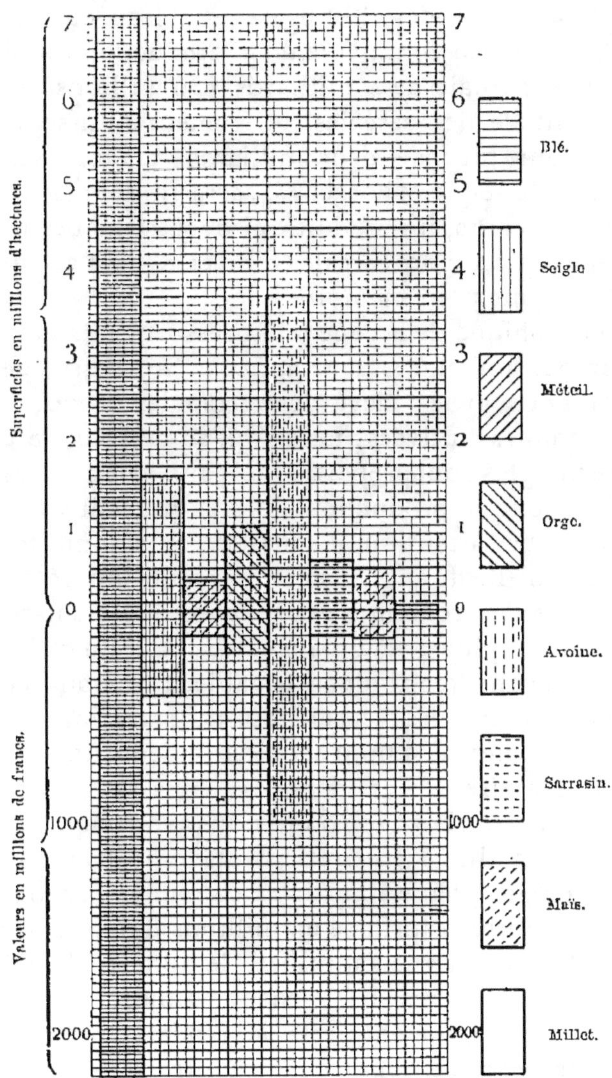

Fig. 1. — DIAGRAMME DE LA PRODUCTION DES CÉRÉALES EN FRANCE.

A l'inspection des chiffres de ce tableau, on est frappé de l'importance dominante de la production du blé. Sur une valeur totale de 4 milliards 130 millions résultant de la culture des céréales, le froment à lui seul intervient pour plus de deux milliards. Ensuite viennent l'avoine, le seigle et l'orge. Le sarrasin, le maïs ne donnent pas, réunis, un produit qui dépasse de beaucoup le dixième de celui des céréales d'hiver. Quant au millet, il ne paraît que pour mémoire.

Le graphique de la page 7 fait ressortir très nettement cet important phénomène agricole. Au-dessus de l'axe des x nous avons élevé des rectangles proportionnels aux étendues cultivées, tandis qu'au-dessous de cet axe les rectangles sont proportionnels aux valeurs créées.

C'est donc la production du blé, qui doit avant tout attirer notre attention, à cause de la somme totale de valeurs qu'elle donne, et aussi par suite du rôle dominant que le froment remplit dans l'alimentation du Français, le plus grand mangeur de pain du globe.

Nous avons réuni dans le tableau suivant pour la France entière, les renseignements statistiques relatifs à cette céréale; puis pour faciliter la déduction des conclusions à tirer de ces données, nous avons dressé les diagrammes de la page 10 où nous avons figuré :

1° par une ligne en tirets pointés jusqu'en 1874, et par une ligne pleine à partir de cette date, la production annuelle du blé exprimée en millions d'hectolitres.

2° Par une ligne pointillée, le nombre de millions d'hectares consacrés au blé chaque année.

3° Par une ligne en tirets le rendement moyen annuel par hectare exprimé en hectolitres.

4° Par des rectangles, couverts de hachures, la production moyenne annuelle du blé en France par périodes quinquennales.

ANNÉES.	Millions d'hectares cultivés en blé.	Millions d'hecto-litres de blé récoltés.	Rendement moyen par hectare.	Produit total par période quinquennale.
1815.	4,6	39,5	8,6	
1820.	4,7	44,3	9,5	55
1825.	4,9	61,0	12,6	60
1830.	5,0	52,8	10,5	64
1835.	5,3	71,7	13,4	68
1840.	5.5	80,9	14,6	77
1845.	5,7	72,0	12,6	81
1850.	6,0	88,0	14,8	83
1855.	6,4	72,9	11,4	93
1860.	6,7	101,6	15,1	101
1865.	6,9	95,8	13,8	99
1869.	7,0	107,9	15,3	
1871.	6,4	69,3	10,8	
1873.	6,8	81,9	11,9	102
1874.	6,9	133,1	19,4	
1875.	6,9	100,6	14,5	
1876.	6,9	95,4	13,9	
1877.	7,0	100,1	14,3	94
1878.	6,8	95,3	13,9	
1879.	6,9	79,4	11,4	
1880.	6,9	99,5	14,6	
1881.	7,0	96,8	13,9	
1882.	6,9	122,1	17,7	107
1883.	6,8	103.7	15,2	
1884.	7,0	114,2	16,2	
1885.	6,9	109,8	15,8	
1886.	6,9	107,3	15,4	
1887.	7,0	112,4	16,1	109
1888.	7,0	98,7	14,1	
1889.	7,0	018,3	15,4	
1890.	7,0	116,9	16,5	
1891.	5,7	77,2	13,4	

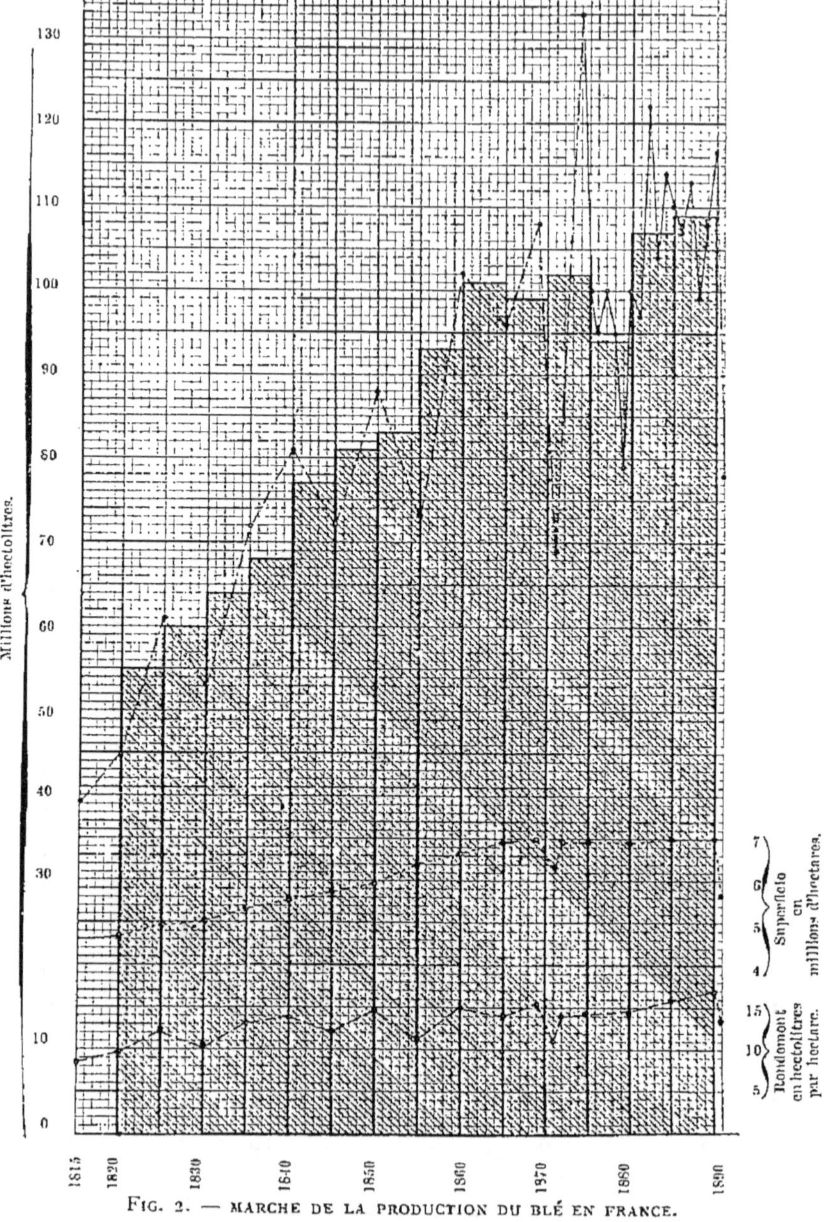

Fig. 2. — MARCHE DE LA PRODUCTION DU BLÉ EN FRANCE.

La réunion de ces diverses courbes dans le même tableau graphique montre que la production du blé a suivi, en France, depuis le commencement du siècle, une marche ascendante rapide. Celle-ci est la conséquence, d'une part, de l'extension de la culture du blé, et, de l'autre, de l'accroissement des rendements moyens.

On remarque que, depuis 1865, l'étendue de la surface consacrée à la culture du froment demeure sensiblement constante, et que l'accroissement total de la production depuis lors est la résultante de l'augmentation des rendements par hectare.

Depuis 1815, l'étendue cultivée en blé a augmenté de 49 pour cent, le rendement à l'hectare de 81 pour cent, et la production moyenne de 125 pour cent.

Malgré ces grands progrès, nous n'en sommes pas encore arrivés à suffire à la consommation du pays. Celle-ci, en effet, a augmenté beaucoup plus vite que la production, par suite de la substitution, qui devient de plus en plus générale, du pain de froment aux pains de seigle, de méteil, d'orge, d'avoine, et aux galettes de sarrasin ou aux bouillies de maïs.

D'après M. Blaise, des Vosges, de 1821 à 1830, la quantité de blé récolté annuellement aurait été en moyenne de 44,542,527 quintaux métriques; l'excédent des importations sur les exportations se serait élevé à 260,060 quintaux; de sorte que, en somme, la population française qui oscillait autour de 31 millions 515 mille habitants, avait à sa disposition 44,802,587 quintaux de blé. La semence nécessaire aux emblavures étant de 7,436,828 quintaux, il restait pour la consommation 37,365,759 quintaux métriques de froment, ou de pain, car l'on fait sensiblement 100 kilogrammes de pain avec 100 kilogrammes de blé.

De 1870 à 1880, la production moyenne annuelle est

de 74,132,009 quintaux de froment; l'excédent des importations sur les exportations atteint 7,800,732 quintaux et la population est de 36 millions 896 mille têtes. Les 81,932,741 quintaux de blé disponibles, déduction faite des 10,412,714 quintaux nécessaires pour les ensemencements, se réduisent à 71,520,027, quintaux.

D'où il suit que, si, pendant la première période, le Français moyen consommait seulement 118 kilogrammes et demi de pain de froment par an, ou 324 grammes par jour; il en mangeait, à partir de la seconde, 193 kilogrammes par an, et, par jour, 530 grammes. En cinquante ans, l'accroissement de la ration quotidienne de pain de blé a donc été de 63 pour cent.

Pour ces dernières années, nous pouvons estimer la consommation aux quantités suivantes :

ANNÉES.	Productions millions de quintaux.	Excédent d'importation millions de quintaux.	Total millions de quintaux.
1889.	82,3	11,2	93,5
1890.	88,8	4,6	93,4
1891.	58,7	12,7	71,4 (Blé gelé).

En 1889 et 1890, la consommation totale semences comprises, a été sensiblement la même. Elle a beaucoup diminué en 1891 par suite de la gelée du blé pendant l'hiver. En éliminant ce résultat anormal et estimant la semence à 12 millions de quintaux, on voit que nous mangeons 81 millions 1/2 de quintaux de blé ou de pain. Chaque Français disposait donc de 215 kilogrammes de pain par an ou de 589 grammes par jour.

Nous pouvons conclure de ces faits, que pour nous suffire à nous-mêmes, il nous faudrait produire par an 93 millions et demi de quintaux de blé ou 123 millions d'hectolitres réglés à 76 kilogrammes. Cela suppose un rendement moyen à l'hectare de 17 hectol. 57. Or, le rendement moyen de la période 1882-91 étant de 15 hectol. 64, l'effort qu'il nous reste à faire n'est que de 1 hectol. 93. Nous verrons dans la suite que c'est un progrès très réalisable. Il n'exige que la diffusion, dans les masses profondes des travailleurs du sol, des données précises que nous possédons aujourd'hui sur l'emploi des engrais et le choix des variétés, données qui ont fait leurs preuves dans les fermes progressives de nos départements de la Beauce, de la Brie, du Soissonnais et de la Flandre.

La meilleure démonstration que nous puissions donner de la facilité relative qu'il y aurait à l'obtention de ce résultat, nous allons la tirer de ce qui s'est passé sous nos yeux dans le département d'Eure-et-Loir, la terre classique du blé.

De 1872 à 1881, le rendement moyen du blé en Eure-et-Loir atteint seulement de 14 $^{quint.}$,80 par hectare. De 1872 à 1890, nous avons constaté un rendement moyen de 16 $^{quint.}$,90. Le gain a donc été de 2 $^{quint.}$, 1 (1). Ce résultat est dû sans contredit au développement de l'emploi raisonné des engrais complémentaires, auxquels on recourait à peine durant la première décennie de la République, et qui sont devenus d'un usage de plus en plus commun pendant la seconde.

Nous avons dans ce qui précède envisagé la production du blé en France, d'une façon globale. Il ne nous semble pas inutile d'examiner de plus près, quelles sont les parties de notre territoire qui contribuent de la manière la la plus efficiente à cette production. A cet effet, nous avons réuni dans le tableau suivant les produits obtenus dans les divers départements français, pour la pé-

(1) Ou 2 hectol. 76.

riode décennale de 1882-1891. Nous avons rangé les départements par ordre de production.

PRODUCTION DU BLÉ PAR DÉPARTEMENTS.

(MOYENNE DÉCENNALE 1882-91).

Nᵒˢ D'ORDRE.	DÉPARTEMENTS.	PRODUITS.
1.	Nord	3.392.198
2.	Pas-de-Calais.	2.988.966
3.	Aisne.	2.785.035
4.	Maine-et-Loire	2.600.574
5.	Somme.	2.394.892
6.	Eure-et-Loir.	2.377.169
7.	Vendée.	2.374.305
8.	Seine-et-Marne.	2.371.270
9.	Loire-Inférieure.	2.163.951
10.	Oise.	2.142.206
11.	Seine-Inférieure.	2.092.213
12.	Ille-et-Vilaine.	2.087.448
13.	Côte-d'or.	2.080.226
14.	Charente-Inférieure.	2.079.201
15.	Lot-et-Garonne.	2.072.150
16.	Saône-et-Loire.	2.008.511
17.	Yonne.	2.005.634
18.	Haute-Garonne.	1.959.421
19.	Seine-et-Oise.	1.923.166
20.	Eure.	1.879.513
21.	Isère.	1.817.737
22.	Calvados.	1.745.834
23.	Mayenne.	1.716.483
24.	Vienne.	1.693.900
25.	Allier.	1.646.963
26.	Marne.	1.645.504
27.	Dordogne	1.641.100
28.	Côtes-du-Nord.	1.532.610
29.	Gers.	1.520.517
30.	Deux-Sèvres.	1.494.535
31.	Indre.	1.461.723
32.	Ain.	1.461.609

PRODUCTION DU BLÉ PAR DÉPARTEMENTS

(MOYENNE DÉCENNALE 1882-1891 *suite*).

Nᵒˢ D'ORDRE.	DÉPARTEMENTS.	PRODUITS.
33.	Loiret	1.461.357
34.	Cher	1.459.050
35.	Indre-et-Loir	1.419.682
36.	Drôme	1.414.495
37.	Gironde	1.377.214
38.	Charente	1.354.534
39.	Tarn	1.335.540
40.	Meuse	1.331.994
41.	Aube	1.296.881
42.	Haute-Marne	1.287.134
43.	Tarn-et-Garonne	1.269.821
44.	Meurthe-et-Moselle	1.258.568
45.	Nièvre	1.229.151
46.	Loir-et-Cher	1.217.696
47.	Manche	1.193.488
48.	Sarthe	1.090.410
49.	Ardennes	1.068.625
50.	Puy-de-Dôme	1.065.286
51.	Haute-Saône	997.079
52.	Vaucluse	970.636
53.	Orne	942.140
54.	Rhône	872.490
55.	Finistère	851.230
56.	Lot	840.108
57.	Aveyron	755.878
58.	Aude	743.917
59.	Jura	730.230
60.	Gard	710.554
61.	Loire	707.981
62.	Bouches-du-Rhône	704.267
63.	Doubs	701.977
64.	Basses-Pyrénées	690.609
65.	Basses-Alpes	658.647
66.	Vosges	616.987
67.	Var	605.216
68.	Morbihan	590.849

PRODUCTION DU BLÉ PAR DÉPARTEMENTS
(MOYENNE DÉCENNALE 1882-1891 *suite*).

Nos D'ORDRE.	DÉPARTEMENTS.	PRODUITS.
69.	Haute-Savoie.	539.594
70.	Haute-Vienne.	477.931
71.	Ariège.	465.937
72.	Landes.	418.447
73.	Hautes-Pyrénées.	400.350
74.	Ardèche.	329.447
75.	Hautes-Alpes.	296.587
76.	Hérault.	288.332
77.	Corrèze.	244.642
78.	Alpes-Maritimes.	234.642
79.	Creuse.	234.060
80.	Savoie.	218.176
81.	Haute-Loire.	217.798
82.	Corse.	184.318
83.	Lozère.	157.832
84.	Seine.	113.455
85.	Pyrénées-Orientales.	103.590
86.	Cantal.	100.777
87.	Rhin-Belfort.	82.155

Pour rendre sensibles à l'œil les résultats ainsi consignés, nous avons dressé une carte de la production du blé en France, où nous avons, par des hachures diverses, figuré, pour chaque département l'intensité de la production.

Du premier coup d'œil on constate que ce sont les régions montagneuses qui produisent le plus faible contingent : Plateau central, Savoie, Pyrénées-Orientales.

Par contre, les plaines du Nord et du bassin Parisien, la Beauce, la Brie, la Flandre, la Picardie, le Soissonnais, forment un vaste îlot granifère bien caractérisé. A l'est de cet îlot, la Champagne et la Bourgogne ; à l'ouest un groupe de cinq départements : Ille-et-Vilaine, Maine-

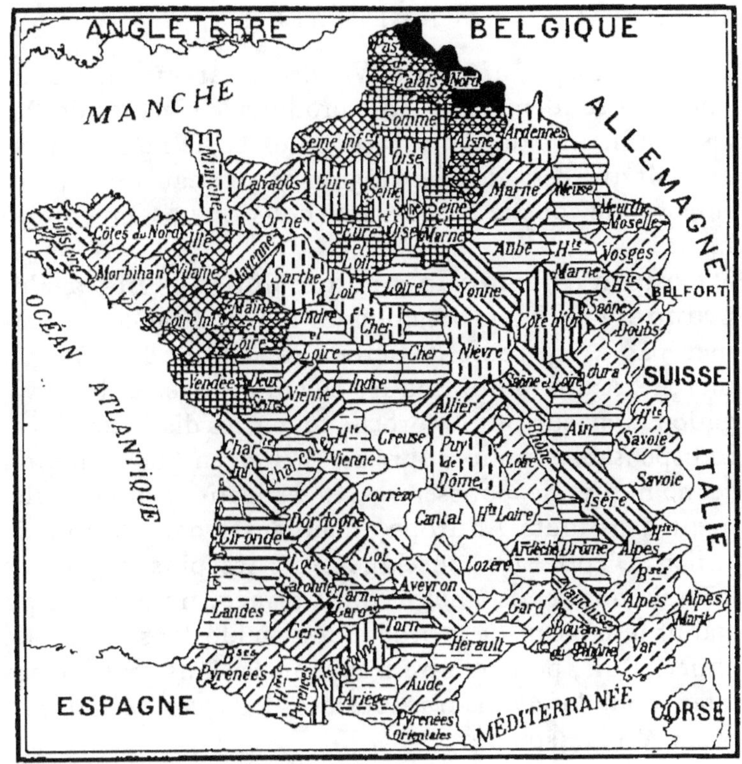

Fig. 3. — Carte de la production du blé en France.

QUANTITÉS EN HECTOLITRES.

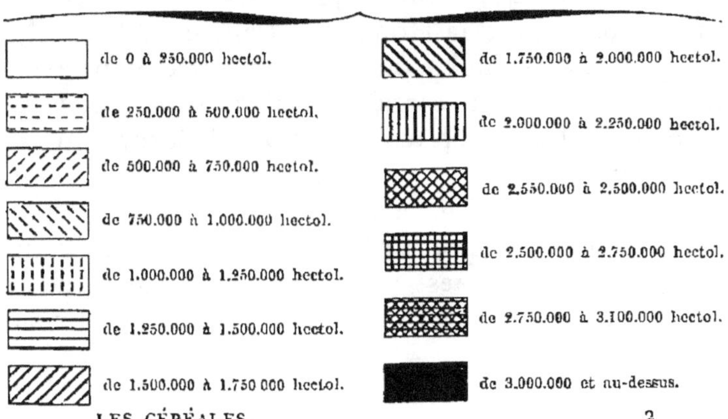

LES CÉRÉALES. 2

et-Loire, Loire-Inférieure, Vendée, Charente-Inférieure appuient solidement de leurs produits le Grenier de Paris. Enfin, si l'on compare le midi et le nord, on reconnaît que cette dernière région est de beaucoup la plus importante sous le rapport qui nous occupe en ce moment.

Coup d'œil sur la production du blé à l'étranger. — La production du blé en France ne permet pas à elle seule de se rendre compte de l'état du marché. Aujourd'hui que les chemins de fer et la navigation à vapeur ont rapproché toutes les distances, il est indispensable, pour apprécier nettement la situation économique, de pousser ses investigations non seulement dans toute l'Europe, mais aussi dans le monde entier. D'après les renseignements les plus dignes de foi qui sont venus à notre connaissance, nous avons pu établir le tableau de la production du blé dans le monde entier. Puis, pour rendre frappants les faits ainsi constatés, nous les avons transportés sur la carte d'Europe et sur le planisphère.

En Europe, l'intensité de la production est indiquée par des hachures de plus en plus foncées. On voit que c'est la France qui tient le premier rang, la Russie vient ensuite, puis la Hongrie, l'Italie et l'Allemagne.

Dans le planisphère, pour plus de clarté, nous avons adopté un système de cercles dont l'aire superficielle est proportionnelle à la production. Après l'Europe, qui est le point du globe où les céréales sont le plus cultivées, viennent les États-Unis et l'Inde.

Pour nous, Français, il ressort nettement, d'un coup-d'œil jeté sur ces cartes, que la Russie, l'Amérique du Nord et l'Inde sont nos concurrents les plus sérieux sur le marché universel.

TABLEAU DE LA PRODUCTION DU BLÉ
DANS LE MONDE EN 1890.

PAYS D'EUROPE.	Milliers d'hectolitres.
France	119.248
Autriche	15.515
Hongrie	54.520
Belgique	6.960
Bulgarie	10.875
Danemark	1.421
Allemagne	36.975
Grèce	4 350
Hollande	2.030
Italie	46.980
Norvège	0.145
Portugal	2.900
Roumanie	20.300
Russie	79.373
Serbie	3.625
Espagne	26.535
Suède	1.305
Suisse	1.450
Turquie d'Europe	12.325
Angleterre	27.405
Total pour l'Europe	**474.237**

PAYS EXTRA-EUROPÉENS.	Milliers d'hectolitres.
Algérie	7.250
République Argentine	6.525
Australie	11.904
Asie Mineure	13.050
Canada	13.267
Californie	1,305
Chili	6.525
Égypte	3.625
Indes	79.750
Perse	7.975
Syrie	1.330
Etats-Unis d'Amérique	145.000
Total des pays extra-européens	**300.506**

	Milliers d'hectolitres.
Europe	474,237
Reste du monde	300,506
Production totale	**774,843**

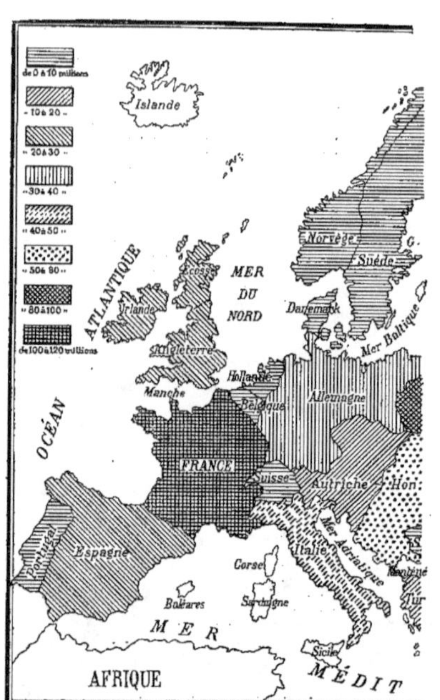

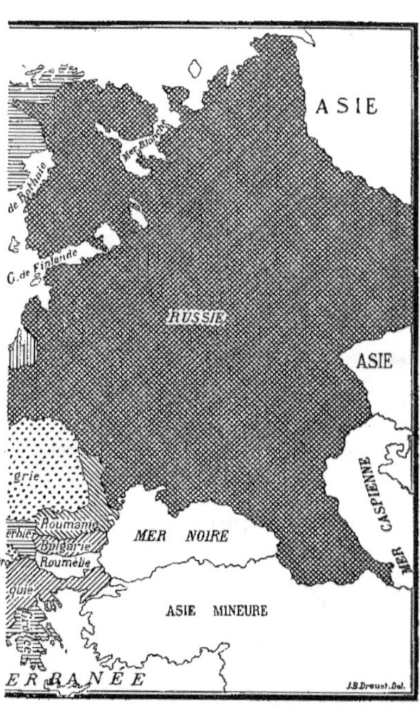

Fig. 4. — Carte de la production du blé en Europe.

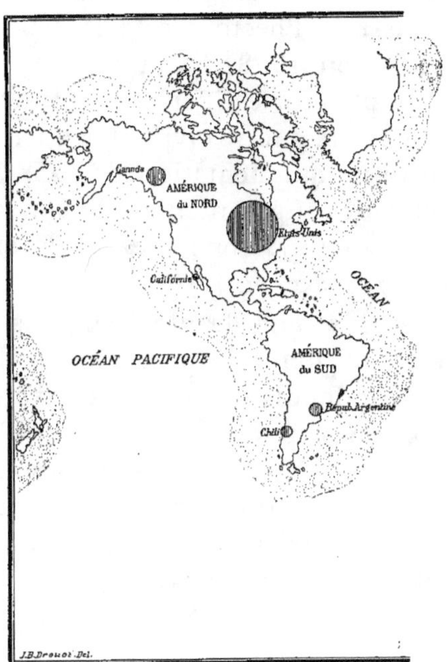

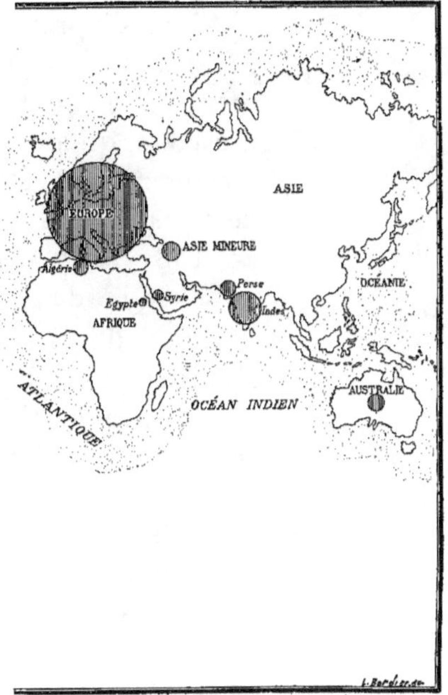

Fig. 5. — Carte de la production du blé dans le monde.

Le prix du blé. — Dans les siècles passés, le prix du blé variait beaucoup plus que de nos jours. A côté des difficultés matérielles du transport des grains d'un pays à un autre, il y avait les barrières artificielles des péages, des douanes provinciales, des douanes nationales, et en outre des décrets de prohibition. Aussi, nombreuses étaient les famines, qui ne sont pour les hommes de notre génération que des faits historiques lointains.

Ainsi, d'après M. Levasseur, l'hectolitre de blé valait 3 fr. 12 en 1357 et 44 fr. 09 en 1358, ayant ainsi augmenté de 1310 % : c'est la plus forte différence connue ; il est vrai qu'alors sévissaient la guerre civile et la guerre étrangère. Il s'est produit une augmentation de 725 % de 1424 à 1428. On trouve des augmentations de 266 % en 1581-1587, de 340 % en 1595-1600, de 517 % en 1688-1694, de 389 % de 1707 à 1709 (1).

Aujourd'hui le prix du blé tend de plus en plus à s'unifier. Le tableau suivant donne le prix moyen de l'hectolitre de blé en France depuis 1800. Nous l'avons complété par deux graphiques superposés : l'un qui le reproduit afin de faire sauter à l'œil les fluctuations annuelles du cours du blé ; l'autre qui représente les prix moyens par périodes quinquennales, et qui, par suite, fait mieux ressortir le nivellement des prix.

---

(1) Prix du blé en Beauce de 1418-1436, d'après les recherches de M. R. Durand de Chartres.

Copie d'appréciation de grains du 9 juin 1436 faicte à la requeste du Chapitre de Notre-Dame de Chartres à l'encontre de Pierre de Dallonville, escuyer, Seigneur de Louville-le-Chenart, contenant comment le froment a valeu au plus hault prix 61 sols, depuis le jour de feste de Toussaint 1418, jusqu'à la feste d'Ascension 1433 et à la feste de Toussaint 33 et 34, il a valeu 21 sols et à pareil jour, 35 il a valeu 16 sols.

(Guillaume Laisné, tome VI, page 65.)

En dix-huit ans le prix du blé avait donc varié dans la proportion de 4 à 1.

TABLEAU DU PRIX MOYEN ANNUEL DU BLÉ EN FRANCE
1800 — 1891.

ANNÉES.	Prix de l'hectol. fr.	ANNÉES.	Prix de l'hectol. fr.
1800.	20,22	1835	15,25
1801.	21,51	1836	17,32
1802.	23,83	1837	18,53
1803.	24,76	1838	19,51
1804	19,25	1839	22,14
1805.	18,97	1840	21,84
1806	20,76	1841	18,54
1807	19,42	1842	19,55
1808	17,35	1843	20,46
1809	15,33	1844	19,75
1810	16,89	1845	19,75
1811	26,33	1846	24,05
1812	33,00	1847	29,01
1813	22,82	1848	16,65
1814	17,73	1849	15,37
1815	19,53	1850	14,32
1816	28,31	1851	14,48
1817	36,16	1852	17,23
1818	24,76	1853	22,39
1819	18,42	1854	28,82
1820	19,13	1855	29,32
1821	17,29	1856	30,75
1822	15,49	1857	24,37
1823	17,52	1858	16,75
1824	16,22	1859	16,74
1825	15,74	1860	20,24
1826	15,85	1861	24,25
1827	18,21	1862	23,24
1828	22,05	1863	19,78
1829	22,59	1864	17,58
1830	22,59	1865	16,41
1831	22,10	1866	19,61
1832	21,85	1867	26,19
1833	16,62	1868	26,64
1834	15,25	1869	20,33

TABLEAU DU PRIX MOYEN ANNUEL DU BLÉ EN FRANCE
1800 — 1891 (*suite*).

ANNÉES.	Prix de l'hectol. fr.	ANNÉES.	Prix de l'hectol. fr.
1870	20,56	1881	22,28
1871	25,65	1882	21,51
1872	23,15	1883	19,21
1873	25,62	1884	17,89
1874	25,11	1885	16,80
1875	19,32	1886	16,94
1876	20,59	1887	18,13
1877	23,44	1888	18,87
1878	23,00	1889	18,45
1879	21,92	1890	19,05
1880	22,90	1891	20,58

Tableau du prix moyen de l'hectolitre de blé par périodes quinquennales :

PÉRIODES.	Prix de l'hectol.
1800-1805.	21,26
1806-1810.	17,95
1811-1815.	24,05
1816-1820.	25,33
1821-1825.	16,45
1826-1830.	20,25
1831-1835.	18,21
1836-1840.	19,86
1841-1845.	19,61
1846-1850.	19,87
1851-1855.	22,92
1856-1860.	24,76
1861-1865.	20,31
1866-1870.	23,19
1871-1875.	25,37
1876-1880.	22,36
1881-1887.	20,99
1886-1890.	18,29

Moyenne du prix du blé de 1800 à 1890 : 21 fr. l'hectolitre.

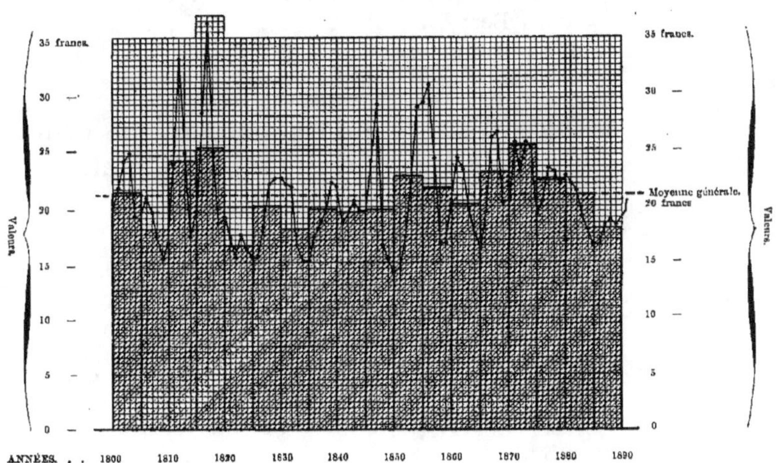

Fig. 6. — Prix moyen annuel de l'hectolitre de blé de 1800 a 1890 et moyennes quinquennales.

Le nivellement des prix du blé dans le temps n'a pas été la seule conséquence des progrès de la culture, des moyens de transport et de la législation. Les prix se sont en outre égalisés sur les divers marchés.

Si nous remontons à 1817, nous trouvons qu'en juin l'hectolitre de blé valait :

	fr.
En Alsace..	80
Dans les Vosges.	75
En Lorraine.	65
En Normandie.	50
En Berry.	35
En Bretagne.	30

Aujourd'hui, 3 juin 1893, voici les cours pratiqués dans les différentes régions par quintal.

	fr. c.
Nord-Ouest.	21,01
Nord.	20,97
Nord-Est.	21,51
Ouest.	21,05
Centre.	21,97
Est.	22,28
Sud-Ouest.	22,01
Sud.	22,42
Sud-Est.	22,99
Moyenne générale de la France.	21,80

Il est donc indiscutable qu'il y a eu depuis le commencement du siècle une amélioration énorme dans la situation de nos marchés français, au grand profit du consommateur.

Cette uniformisation des prix du blé d'une province à l'autre, a été accompagnée d'autre part, depuis 1875 environ, d'une baisse constante que n'ont pu qu'enrayer les droits protecteurs de 3 francs par quintal voté en 1885 (loi du 28 mars) et de 5 francs qui sont en vigueur depuis 1887.

La production des États-Unis, de l'Inde et de la Russie, grâce aux immenses surfaces soumises à la culture extensive qui vont sans cesse en s'agrandissant, permet aux cultivateurs de ces pays de livrer le froment à des prix si bas que le producteur français, même aidé par la science, serait dans l'impossibilité absolue de lutter sans les droits compensateurs.

A la date du 3 juin préindiquée, on cotait en effet le quintal de blé aux prix suivants dans l'Amérique du Nord :

	fr. c.
New-York	14,75
Chicago	13,40
Saint-Louis	12,75

Ces blés vendus en Europe, dans les pays de libre importation des céréales, sont cotés :

	fr. c.
A Londres	15,15
A Bruxelles	16,00
Amsterdam	15,75

En conséquence le prix de l'hectolitre (76 kil.) rendu en France serait de 8 fr. 16 centimes.

Si l'on considère un blé fait après racines fourragères ou racines à graine, il est bien difficile d'obtenir un prix de revient inférieur à 13 francs.

Ainsi, par exemple, en 1885, à la ferme de Cloches (1), où M. Oscar Benoist ne néglige rien de ce qui peu augmenter les rendements, il y avait 10 hectares de blé faits

_____

(1) Commune de Boutigny (Eure-et-Loir).

dans ces conditions; les frais par hectare se sont élevés en moyenne à 515 francs ainsi répartis :

	fr.
Valeur de l'engrais laissé par la dernière récolte.	100
Engrais chimiques nouveaux.	80
Labours et semaille	50
Semence.	60
Récolte.	55
Battage et livraison	70
Loyer, contributions et assurances.	100
Total	515

Le produit brut a été de 33 hectolitres de grains et de 600 bottes de paille.

Celles-ci étant estimées à 15 francs le cent, il reste pour le prix de revient des 33 hectolitres de grain 425 francs ou 12 francs 86 par hectolitre.

Pour les blés faits après fourrages divers, le prix de revient de l'hectolitre a monté à 13 fr. 33.

On voit, d'après ces faits, combien la lutte est rude, et que la bataille serait perdue d'avance, si l'on supprimait, même partiellement les droits sur les céréales.

Production des autres céréales. — Nous avons réuni pour les céréales autres que le blé les mêmes renseignements en ce qui concerne l'étendue cultivée, le rendement par hectare et la production totale de 1840 à 1890.

A l'examen des diagrammes qui représentent les faits constatés, on remarque que l'étendue de terrain consacrée au *seigle* a diminué régulièrement de 1840 jusqu'à nos jours. Malgré une élévation constante des rendements moyens, le nombre total d'hectolitres récoltés est aussi inférieur.

Comme celle du seigle, la production du *méteil* est aussi

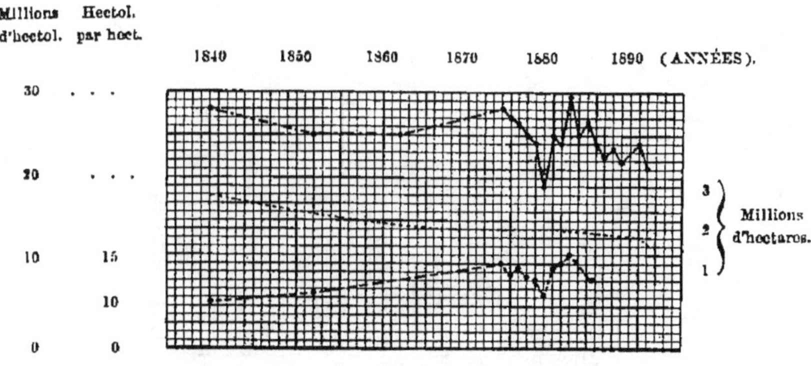

FIG. 7. — PRODUCTION DU SEIGLE.

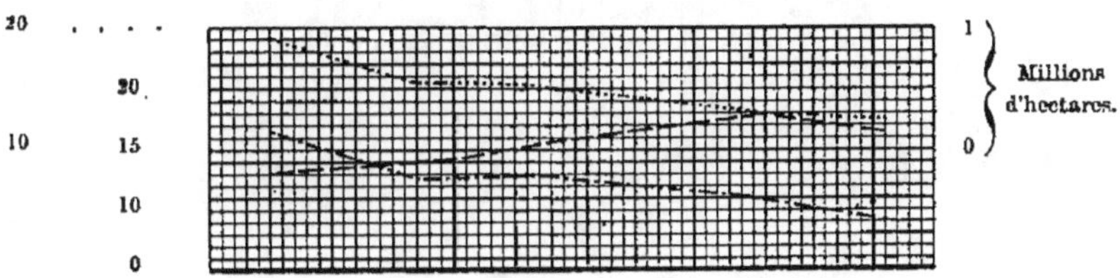

FIG. 8. — PRODUCTION DU MÉTEIL.

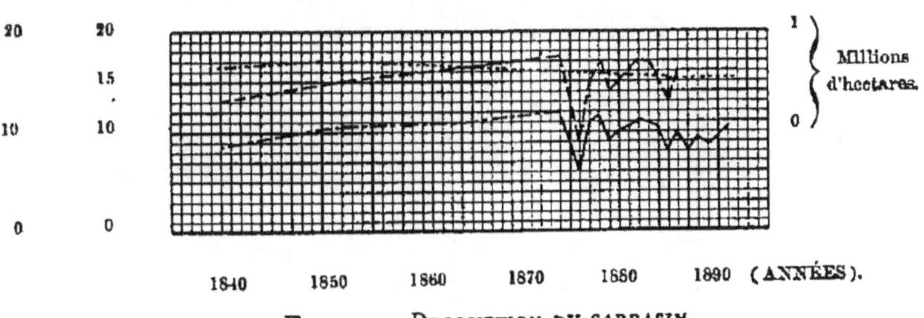

FIG. 9. — PRODUCTION DU SARRASIN.

Millions Hectol.
d'hectol. par hect.

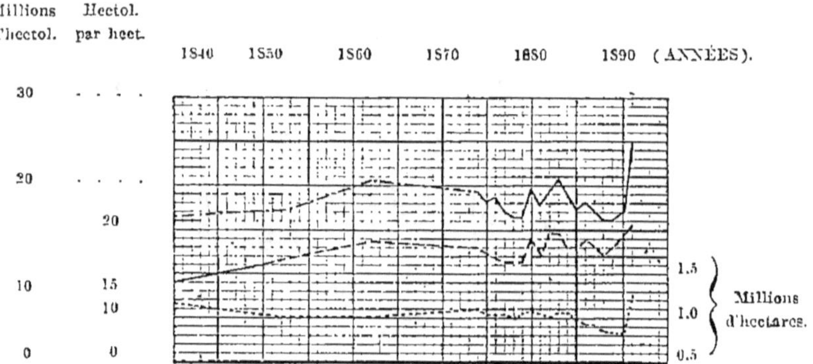

FIG. 10. — PRODUCTION DE L'ORGE.

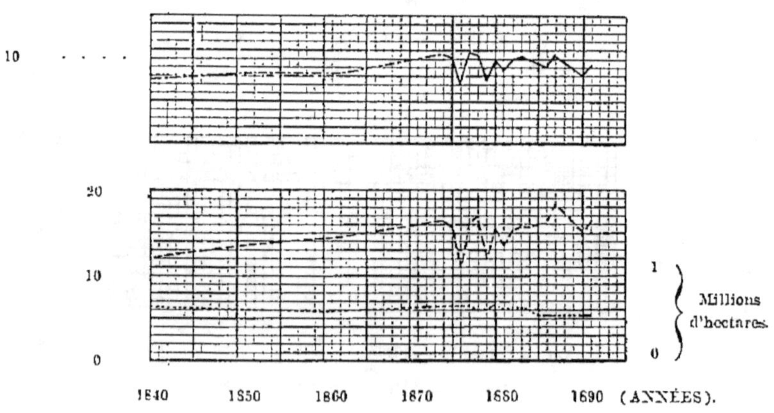

FIG. 11. — PRODUCTION DU MAÏS.

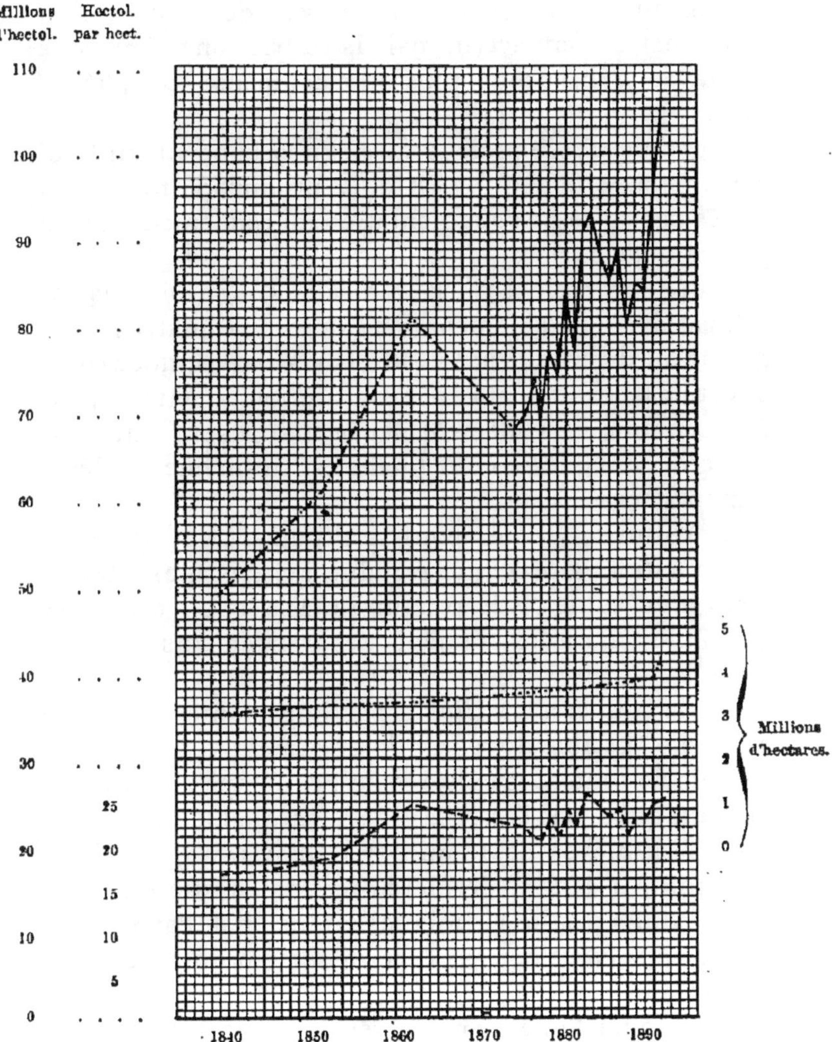

Fig. 12. — Production de l'avoine.

en diminution. Le rendement moyen de l'hectare s'est bien constamment accru, mais la restriction de l'étendue emblavée a beaucoup plus que compensé ce phénomène.

A peu de chose près, le *sarrasin* occupe aujourd'hui la même superficie qu'en 1840. La production totale s'est élevée par suite de l'augmentation du rendement moyen par unité de surface.

L'aire superficielle de la culture de *l'orge* ne nous paraît pas avoir notablement varié depuis la quatrième décennie du dix neuvième siècle. Il y aurait plutôt à constater une légère tendance à la diminution de cette culture. Mais comme le rendement par hectare a suivi une marche croissante, le produit total s'est lui-même très légèrement accru.

La culture du *maïs* pour la production du grain est restée stationnaire comme étendue, à cinquante mille hectares près; toutefois le produit total s'est un peu élevé, par suite de l'accroissement des rendements par hectare.

Sur la culture du *millet*, si peu importante, il ne nous a pas été possible de réunir de documents.

Mais de toutes les cultures de printemps c'est celle de *l'avoine* qui a pris l'essor le plus remarquable. Sa production s'est élevée de 49 millions à environ 90 millions d'hectolitres dans la dernière décennie. Cette élévation des produits résulte à la fois de l'extension de l'aire consacrée à cette céréale, et de l'accroissement du produit par hectare.

En somme d'une manière générale, pour les céréales de printemps comme pour le blé, on constate un progrès sensible dans les rendements et le produit total. S'il y a exception à cette règle pour le seigle et le méteil, c'est que ces plantes ont cédé, en bien des endroits, la place au froment, et cette diminution est encore un indice de progrès.

Pour compléter ces indications générales tirées des diagrammes précédents, nous avons dressé pour chaque céréale la carte de sa répartition en France, en nous basant sur la moyenne des produits de 1882-1891. Chaque carte est accompagnée d'un tableau indiquant la production de chacun des départements. Ceux-ci y sont rangés par ordre d'importance relative sous le rapport qui nous occupe.

Ces cartes, avec leurs légendes, nous semblent assez claires pour que nous puissions nous dispenser de les commenter.

SEIGLE.

Nᵒˢ D'ORDRE.	DÉPARTEMENTS.	Hectolitres.
1.	Var.	3.066
2.	Bouches-du-Rhône	6.546
3.	Gers.	9.136
4.	Basses-Pyrénées	11.787
5.	Alpes-Maritimes	15.293
6.	Vaucluse.	16.799
7.	Basses-Alpes	23.416
8.	Seine.	25.118
9.	Doubs	30.205
10.	Jura	31.946
11.	Tarn-et-Garonne.	33.407
12.	Haut-Rhin.	33.569
13.	Corse.	38.251
14.	Vendée.	42.438
15.	Haute-Marne.	44.492
16.	Hérault.	46.000
17.	Charente-Inférieure.	46.341
18.	Gard.	47.945
19.	Haute-Savoie.	50.356
20.	Meuse	51.189

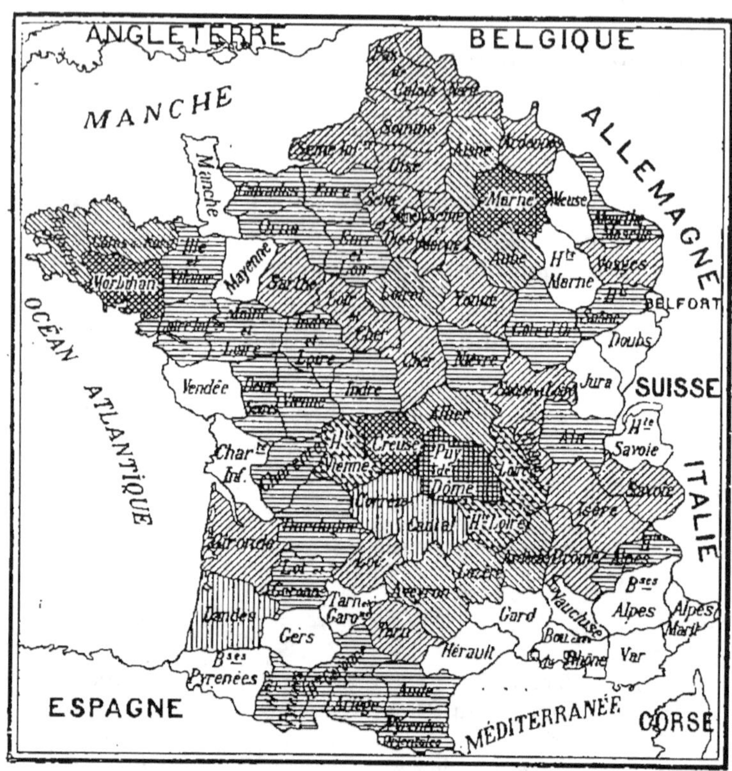

FIG. 13. — CARTE DE LA PRODUCTION DU SEIGLE.

QUANTITÉS EN HECTOLITRES.

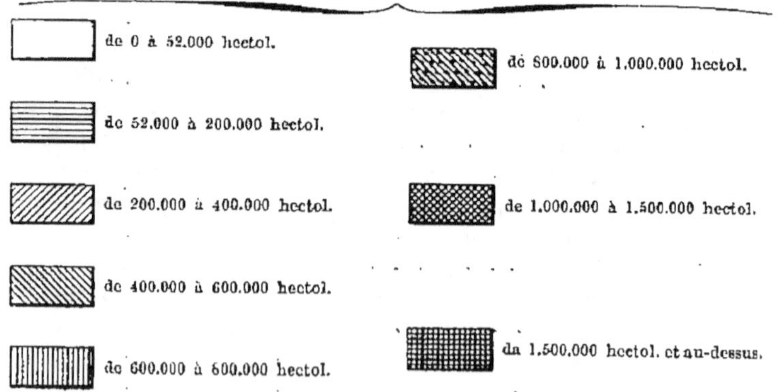

SEIGLE (*Suite*).

Nᵒˢ D'ORDRE.	DÉPARTEMENTS.	Hectolitres.
21.	Manche.	51.393
22.	Mayenne.	51.876
23.	Meurthe-et-Moselle.	82.770
24.	Calvados.	86.385
25.	Orne.	87.016
26.	Ain.	93.585
27.	Deux-Sèvres	103.156
28.	Vienne.	110.323
29.	Indre-et-Loire.	112.912
30.	Haute-Garonne.	120.042
31.	Loire-Inférieure.	120.625
32.	Côte-d'Or.	121.546
33.	Hautes-Alpes.	124.149
34.	Ille-et-Vilaine.	127.337
35.	Ariège	137.723
36.	Hautes-Pyrénées	137.853
37.	Aude.	148.084
38.	Lot-et-Garonne.	151.712
39.	Haute-Saône	156.172
40.	Indre.	162.016
41.	Pyrénées-Orientales.	163.767
42.	Maine-et-Loire.	169.915
43.	Dordogne.	171.500
44.	Eure-et-Loir.	173.613
45.	Charente.	178.498
46.	Nièvre.	184.275
47.	Eure.	191.382
48.	Cher.	209.498
49.	Drôme.	210.680
50.	Seine-Inférieure.	213.705
51.	Ardennes.	215.013
52.	Seine-et-Marne.	218.620
53.	Nord.	225.711
54.	Vosges.	239.642
55.	Savoie	242.284
56.	Yonne	244.838
57.	Rhône	264.070

SEIGLE (*Suite*).

Nᵒˢ D'ORDRE.	DÉPARTEMENTS.	Hectolitres.
58.	Pas-de-Calais.	268.590
59.	Lot.	275.385
60.	Sarthe.	276.667
61.	Gironde.	296.427
62.	Oise.	298.134
63.	Seine-et-Oise.	306.347
64.	Saône-et-Loire.	308.965
65.	Tarn.	349.511
66.	Somme.	368.483
67.	Isère.	370.032
68.	Loir-et-Cher	387.910
69.	Aube.	421.498
70.	Loiret	424.021
71.	Côtes-du-Nord	460.360
72.	Ardèche	498.263
73.	Aveyron	499.372
74.	Allier.	512.078
75.	Finistère.	535.730
76.	Lozère	571.370
77.	Aisne.	574.610
78.	Landes.	696.465
79.	Cantal.	715.261
80.	Corrèze.	761.634
81.	Loire.	809.308
82.	Haute-Vienne.	815.474
83.	Haute-Loire	975.376
84.	Creuse.	1.101.129
85.	Morbihan	1.188.824
86.	Marne	1.193.936
87.	Puy-de-Dôme	1.525.021

MÉTEIL.

1.	Gers.	»
2.	Lot-et-Garonne.	»

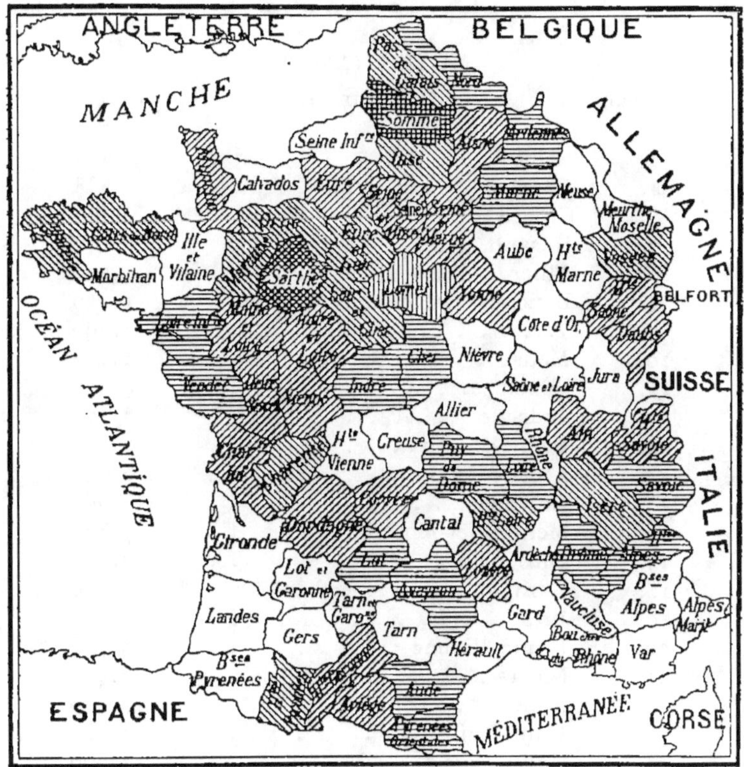

FIG. 14. — CARTE DE LA PRODUCTION DU MÉTEIL.

QUANTITÉS EN HECTOLITRES.

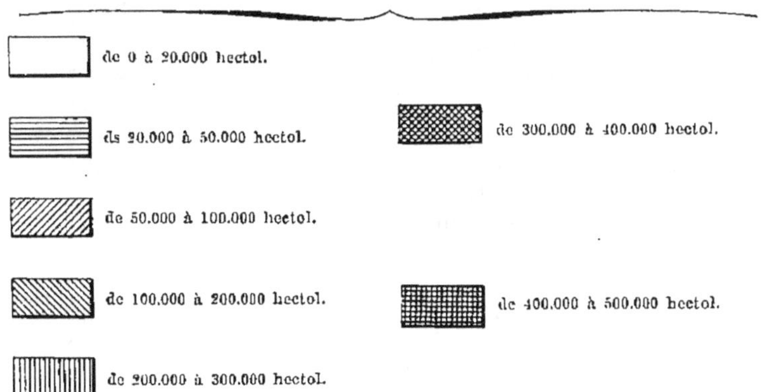

MÉTEIL (*Suite*).

Nᵒˢ D'ORDRE.	DÉPARTEMENTS.	Hectolitres.
3.	Seine.	»
4.	Corse.	533
5.	Creuse	558
6.	Hérault.	1.147
7.	Allier.	1.210
8.	Bouches-du-Rhône	1.420
9.	Var.	1.790
10.	Meuse	2.234
11.	Vaucluse.	4.008
12.	Ardèche	5.170
13.	Saône-et-Loire.	5.591
14.	Alpes-Maritimes.	5.791
15.	Calvados.	6.085
16.	Meurthe-et-Moselle.	7.322
17.	Gironde	7.831
18.	Gard.	7.890
19.	Jura.	8.021
20.	Haute-Vienne	8.725
21.	Nièvre	9.483
22.	Aube.	10.940
23.	Haut-Rhin.	11.039
24.	Haute-Marne.	11.670
25.	Basses-Pyrénées.	12.041
26.	Morbihan.	12.278
27.	Landes.	12.332
28.	Côte-d'Or.	13.059
29.	Basses-Alpes.	13.492
30.	Cantal.	14.767
31.	Rhône.	15.301
32.	Tarn-et-Garonne.	18.450
33.	Tarn.	18.921
34.	Seine-Inférieure	19.112
35.	Ille-et-Vilaine	19.461
36.	Cher.	22.012
37.	Vendée.	22.540
38.	Aude.	23.849
39.	Pyrénées-Orientales.	24.188
40.	Loire-Inférieure.	25.445

MÉTEIL (*Suite*).

N^{os} D'ORDRE.	DÉPARTEMENTS.	Hectolitres.
41.	Ardennes.	26.525
42.	Drôme	27.964
43.	Lot.	30.436
44.	Nord.	30.934
45.	Indre.	32.427
46.	Hautes-Alpes.	33.797
47.	Aveyron	33.891.
48.	Loire.	36.213
49.	Puy-de-Dôme.	38.892
50.	Marne	45.382
51.	Savoie.	49.696
52.	Corrèze.	52.721
53.	Haute-Savoie.	54.412
54.	Eure.	55.295
55.	Lozère.	58.967
56.	Ariège.	60.247
57.	Deux-Sèvres.	62.583
58.	Yonne.	62.662
59.	Ain.	64.551
60.	Dordogne.	65.085
61.	Seine-et-Marne.	68.877
62.	Charente-Inférieure.	71.440
63.	Maine-et-Loire.	72.940
64.	Haute-Saône	75.756
65.	Doubs.	81.018
66.	Aisne.	84.728
67.	Haute-Garonne.	84.808
68.	Vienne.	88.568
69.	Indre-et-Loire.	88.661
70.	Manche	89.229
71.	Seine-et-Oise.	91.597
72.	Isère.	111.470
73.	Eure-et-Loir.	123.837
74.	Charente.	127.812
75.	Orne.	128.146
76.	Finistère.	131.971
77.	Oise	143.495
78.	Pas-de-Calais.	143.791

MÉTEIL (*Suite*).

Nᵒˢ D'ORDRE.	DÉPARTEMENTS.	Hectolitres.
79.	Hautes-Pyrénées	144.140
80.	Haute-Loire	146.545
81.	Vosges	150.084
82.	Côtes-du-Nord	151.554
83.	Loir-et-Cher	157.422
84.	Mayenne	196.221
85.	Loiret	227.888
86.	Sarthe	353.293
87.	Somme	484.169

AVOINE.

1.	Alpes-Maritimes	5.923
2.	Corse	14.128
3.	Landes	36.950
4.	Haut-Rhin	60.792
5.	Basses-Alpes	71.574
6.	Var	75.143
7.	Corrèze	94.004
8.	Ardèche	106.143
9.	Hautes-Alpes	109.507
10.	Seine	112.797
11.	Basses-Pyrénées	114.361
12.	Hautes-Pyrénées	118.147
13.	Pyrénées-Orientales	130.342
14.	Ariège	137.597
15.	Cantal	167.547
16.	Savoie	170.641
17.	Dordogne	177.570
18.	Gironde	184.330
19.	Lozère	200.786
20.	Haute-Vienne	210.565
21.	Hérault	216.472
22.	Bouches-du-Rhône	234.123
23.	Vaucluse	234.190
24.	Lot	256.195
25.	Aude	259.442

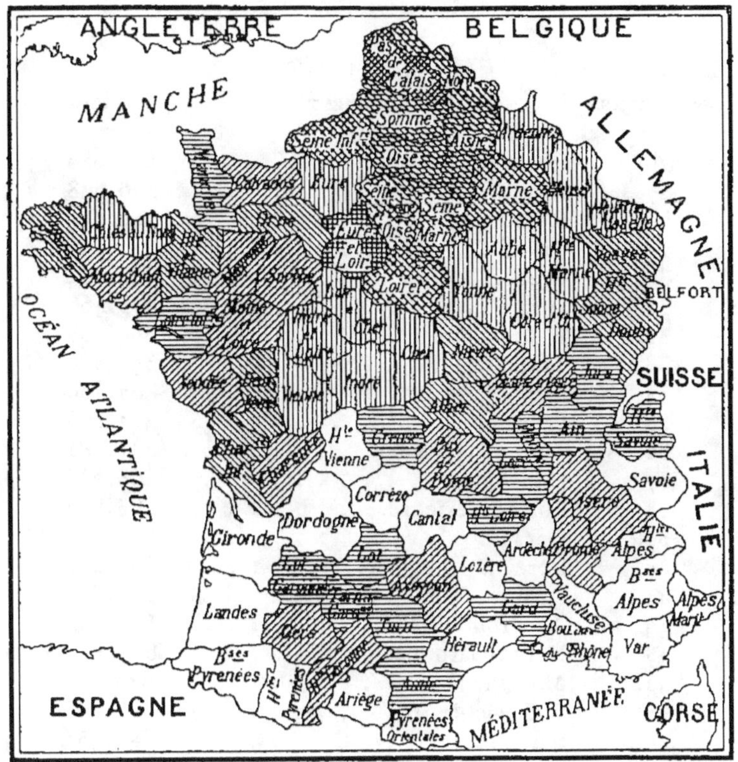

FIG. 15. — CARTE DE LA PRODUCTION DE L'AVOINE.

QUANTITÉS EN HECTOLITRES.

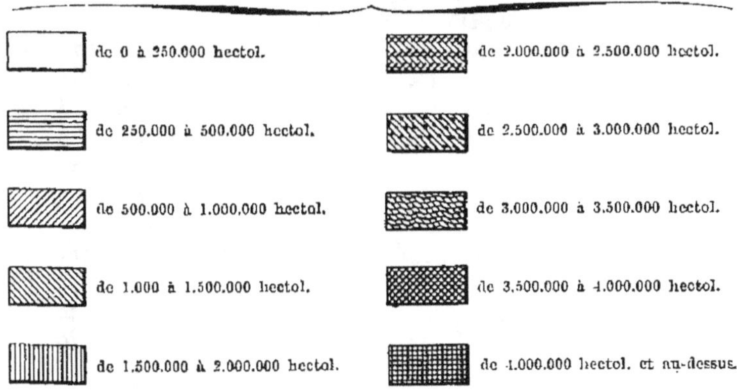

AVOINE (*Suite*).

Nᵒˢ D'ORDRE.	DÉPARTEMENTS.	Hectolitres.
26.	Lot-et-Garonne	269.980
27.	Hauté-Savoie	276.998
28.	Rhône	282.920
29.	Gard	347.199
30.	Creuse	355.984
31.	Jura	375.466
32.	Haute-Loire	380.205
33.	Tarn	391.736
34.	Ain	407.409
35.	Loire	411.865
36.	Tarn-et-Garonne	431.381
37.	Manche	468.233
38.	Loire-Inférieure	483.800
39.	Gers	553.830
40.	Isère	567.201
41.	Drôme	573.820
42.	Aveyron	580.303
43.	Haute-Garonne	614.137
44.	Morbihan	646.259
45.	Saône-et-Loire	646.485
46.	Sarthe	684.455
47.	Vendée	688.589
48.	Mayenne	763.788
49.	Charente	775.619
50.	Maine-et-Loire	796.742
51.	Puy-de-Dôme	885.465
52.	Calvados	908.071
53.	Vosges	1.147.461
54.	Deux-Sèvres	1.150.523
55.	Charente-Inférieure	1.187.966
56.	Doubs	1.198.987
57.	Orne	1.202.002
58.	Ille-et-Vilaine	1.206.439
59.	Haute-Saône	1.256.912
60.	Nièvre	1.288.143
61.	Finistère	1.312.040
62.	Allier	1.464.819
63.	Indre-et-Loire	1.564.845

AVOINE (*Suite*).

Nos D'ORDRE.	DÉPARTEMENTS.	Hectolitres.
64.	Cher.	1.605.613
65.	Indre.	1.609.525
66.	Loir-et-Cher.	1.617.794
67.	Ardennes.	1.676.246
68.	Aube.	1.717.585
69.	Yonne.	1.724.042
70.	Meurthe-et-Moselle.	1.855.591
71.	Haute-Marne.	1.892.739
72.	Côte-d'Or.	1.899.645
73.	Côtes-du-Nord.	1.964.000
74.	Vienne.	1.965.538
75.	Eure.	1.974.167
76.	Meuse.	1.989.248
77.	Loiret.	2.302.195
78.	Seine-Inférieure.	2.371.917
79.	Marne.	2.497.560
80.	Nord.	2.699.243
81.	Seine-et-Oise.	2.985.038
82.	Oise.	3.089.378
83.	Seine-et-Marne.	3.375.963
84.	Aisne.	3.395.285
85.	Somme.	3.444.334
86.	Pas-de-Calais.	3.733.686
87.	Eure-et-Loir.	4.076.948

ORGE.

1.	Lot-et-Garonne.	»
2.	Gironde.	150
3.	Seine.	875
4.	Landes.	2.300
5.	Alpes-Maritimes.	3.833
6.	Ariège	5.311
7.	Haut-Rhin.	5.716
8.	Rhône.	6.013
9.	Haute-Vienne.	7.222
10.	Basses-Alpes.	11.613
11.	Var.	12.770

ORGE (*Suite*).

Nᵒˢ D'ORDRE.	DÉPARTEMENTS.	Hectolitres.
12.	Hérault.	13.638
13.	Pyrénées-Orientales.	13.818
14.	Tarn.	14.484
15.	Corrèze..	14.689
16.	Morbihan.	17.511
17.	Dordogne.	17.730
18.	Gers	18.571
19.	Hautes-Alpes.	25.034
20.	Tarn-et-Garonne.	29.553
21.	Lot.	29.606
22.	Vaucluse.	29.607
23.	Vosges.	33.528
24.	Basses-Pyrénées.	38.120
25.	Cantal	39.250
26.	Haute-Savoie.	48.747
27.	Hautes-Pyrénées..	50.720
28.	Loire.	54.718
29.	Creuse.	59.401
30.	Corse.	61.277
31.	Bouches-du-Rhône.	63.730
32.	Ain.	69.841
33.	Ardèche..	73.245
34.	Savoie	83.550
35.	Saône-et-Loire	85.003
36.	Loire-Inférieure..	85.500
37.	Doubs	91.948
38.	Aveyron	98.276
39.	Gard.	98.311
40.	Lozère.	108.193
41.	Haute-Saône	108.831
42.	Meurthe-et-Moselle.	109.960
43.	Haute-Garonne.	111.010
44.	Drôme.	117.950
45.	Isère.	119.107
46.	Aude.	125.400
47.	Charente.	132.662
48.	Jura..	137.200
49.	Seine-et-Marne.	150.125

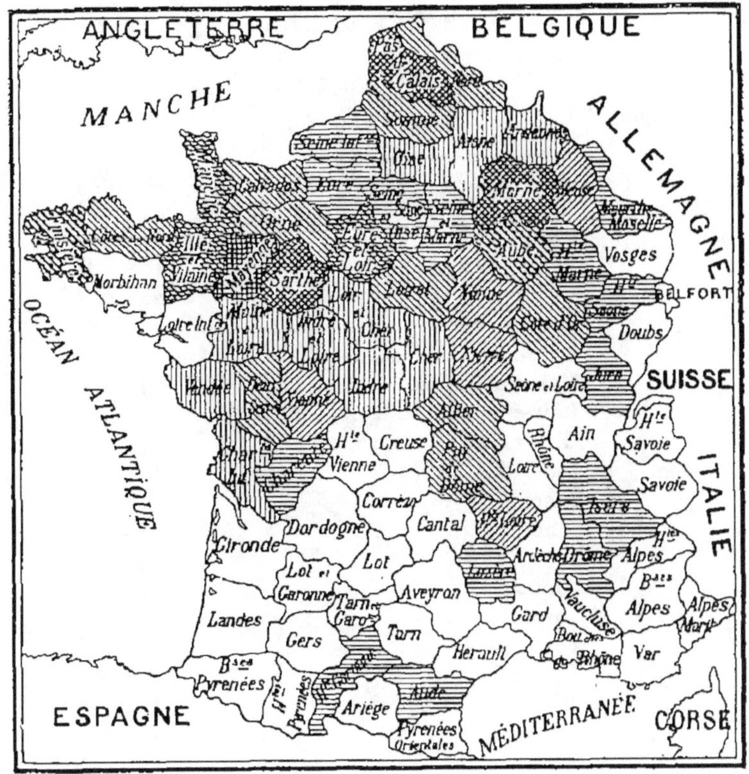

FIG. 16. — CARTE DE LA PRODUCTION DE L'ORGE.

QUANTITÉS EN HECTOLITRES.

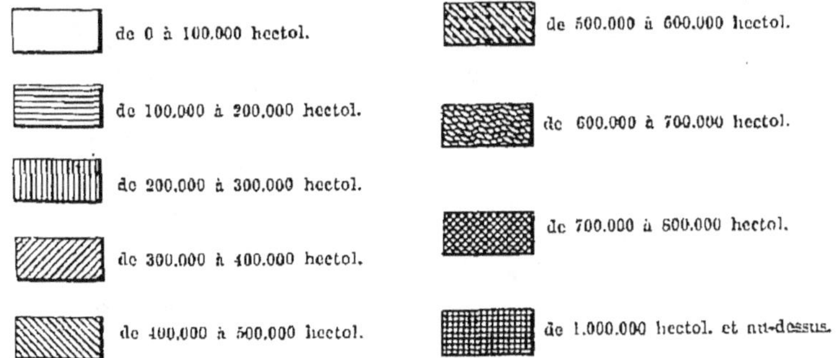

de 0 à 100.000 hectol.

de 100.000 à 200.000 hectol.

de 200.000 à 300.000 hectol.

de 300.000 à 400.000 hectol.

de 400.000 à 500.000 hectol.

de 500.000 à 600.000 hectol.

de 600.000 à 700.000 hectol.

de 700.000 à 800.000 hectol.

de 1.000.000 hectol. et au-dessus.

ORGE (*Suite*).

N^{os} D'ORDRE.	DÉPARTEMENTS.	Hectolitres.
50.	Eure.	160.639
51.	Seine-Inférieure	170.463
52.	Haute-Marne.	192.974
53.	Seine-et-Oise.	198.384
54.	Vendée.	230.921
55.	Ardennes.	234.188
56.	Oise.	238.065
57.	Maine-et-Loire.	245.328
58.	Loir-et-Cher.	253.534
59.	Charente-Inférieure	256.005
60.	Indre-et-Loire.	272.569
61.	Aisne.	275.847
62.	Cher.	284.613
63.	Indre.	296.668
64.	Meuse.	358.549
65.	Yonne.	362.115
66.	Nièvre.	365.346
67.	Haute-Loire.	366.307
68.	Vienne.	371.735
69.	Loiret.	407.567
70.	Allier.	438.406
71.	Nord.	439.177
72.	Puy-de-Dôme.	442.223
73.	Deux-Sèvres.	448.086
74.	Côte-d'Or.	467.454
75.	Orne.	473.168
76.	Calvados.	474.511
77.	Somme.	477.246
78.	Côtes-du-Nord	478.300
79.	Finistère.	529.261
80.	Aube.	571.511
81.	Eure-et-Loir	657.073
82.	Ille-et-Vilaine	679.258
83.	Manche.	690.594
84.	Pas-de-Calais.	706.004
85.	Marne.	721.001
86.	Sarthe.	746.990
87.	Mayenne.	1.017.044

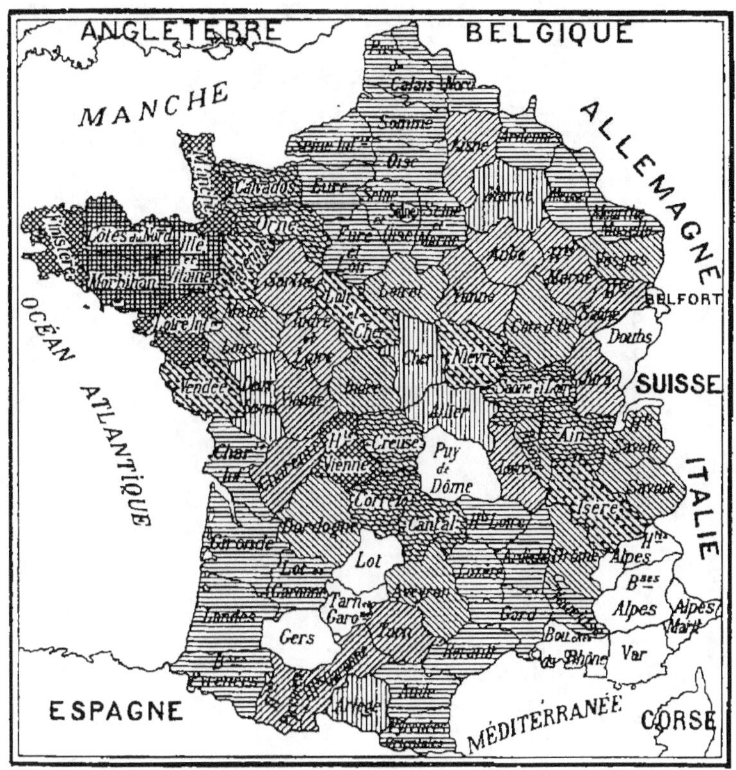

FIG. 17. — CARTE DE LA PRODUCTION DU SARRASIN.

QUANTITÉS EN HECTOLITRES.

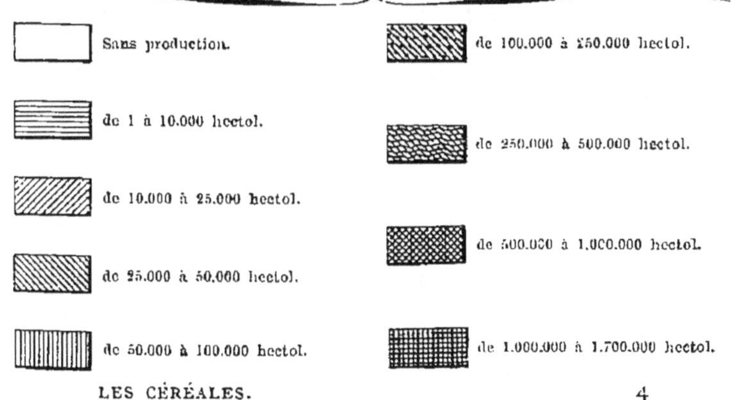

LES CÉRÉALES.

4

SARRASIN.

Nᵒˢ D'ORDRE.	DÉPARTEMENTS.	Hectolitres.
1.	Basses-Alpes	»
2.	Hautes-Alpes	»
3.	Alpes-Maritimes	»
4.	Bouches-du-Rhône	»
5.	Corse	»
6.	Doubs	»
7.	Gers	»
8.	Haut-Rhin	»
9.	Seine	»
10.	Tarn-et-Garonne	»
11.	Var	»
12.	Meuse	16
13.	Pas-de-Calais	50
14.	Basses-Pyrénées	174
15.	Nord	222
16.	Haute-Loire	280
17.	Eure-et-Loir	450
18.	Meurthe-et-Moselle	663
19.	Seine-et-Marne	706
20.	Lot-et-Garonne	883
21.	Hérault	912
22.	Ardennes	1.233
23.	Gard	1.575
24.	Oise	1.986
25.	Landes	2.090
26.	Ardèche	2.960
27.	Charente-Inférieure	2.988
28.	Vaucluse	3.666
29.	Gironde	3.681
30.	Aude	4.735
31.	Eure	5.608
32.	Seine-Inférieure	6.216
33.	Somme	7.169
34.	Seine-et-Oise	7.383
35.	Lozère	7.965
36.	Pyrénées-Orientales	9.644
37.	Tarn	10.606
38.	Loire	11.424

SARRASIN (*Suite*).

Nos D'ORDRE.	DÉPARTEMENTS.	Hectolitres.
39.	Jura	11.647
40.	Aube	12.171
41.	Haute-Saône	14.449
42.	Yonne	14.992
43.	Aisne	15.032
44.	Hautes-Pyrénées	15.394
45.	Indre-et-Loire	15.676
46.	Vienne	17.010
47.	Sarthe	17.304
48.	Charente	23.131
49.	Haute-Marne	24.160
50.	Haute-Garonne	24.750
51.	Dordogne	27.056
52.	Savoie	28.717
53.	Vosges	29.094
54.	Haute-Savoie	29.221
55.	Drôme	29.916
56.	Côte-d'Or	30.655
57.	Loiret	33.052
58.	Rhône	35.784
59.	Aveyron	38.805
60.	Maine-et-Loire	39.079
61.	Indre	39.710
62.	Allier	54.585
63.	Puy-de-Dôme	62.662
64.	Marne	64.527
65.	Deux-Sèvres	66.947
66.	Ariège	69.081
67.	Cher	91.102
68.	Nièvre	108.520
69.	Vendée	127.435
70.	Loir-et-Cher	149.988
71.	Lot	154.259
72.	Mayenne	210.224
73.	Isère	229.750
74.	Saône-et-Loire	255.357
75.	Calvados	280.276
76.	Cantal	309.808

SARRASIN (*Suite*).

Nᵒˢ D'ORDRE.	DÉPARTEMENTS.	Hectolitres.
77.	Ain	312.554
78.	Creuse	321.584
79.	Orne	325.575
80.	Corrèze	361.203
81.	Finistère	565.111
82.	Loire-Inférieure	570.540
82.	Haute-Vienne	745.114
83.	Manche	859.669
84.	Morbihan	1.218.865
85.	Côtes-du-Nord	1.299.947
86.	Ille-et-Vilaine	1.689.006

MAÏS.

1.	Hautes-Alpes	»
2.	Ardennes	»
3.	Calvados	»
4.	Côtes-du-Nord	»
5.	Eure	»
6.	Eure-et-Loir	»
7.	Finistère	»
8.	Haute-Loire	»
9.	Manche	»
10.	Meuse	»
11.	Orne	»
12.	Haut-Rhin	»
13.	Seine	»
14.	Seine-Inférieure	»
15.	Seine-et-Marne	»
16.	Somme	»
17.	Yonne	»
18.	Vosges	30
19.	Haute-Marne	144
20.	Aube	244
21.	Ille-et-Vilaine	295
22.	Marne	539
23.	Oise	594

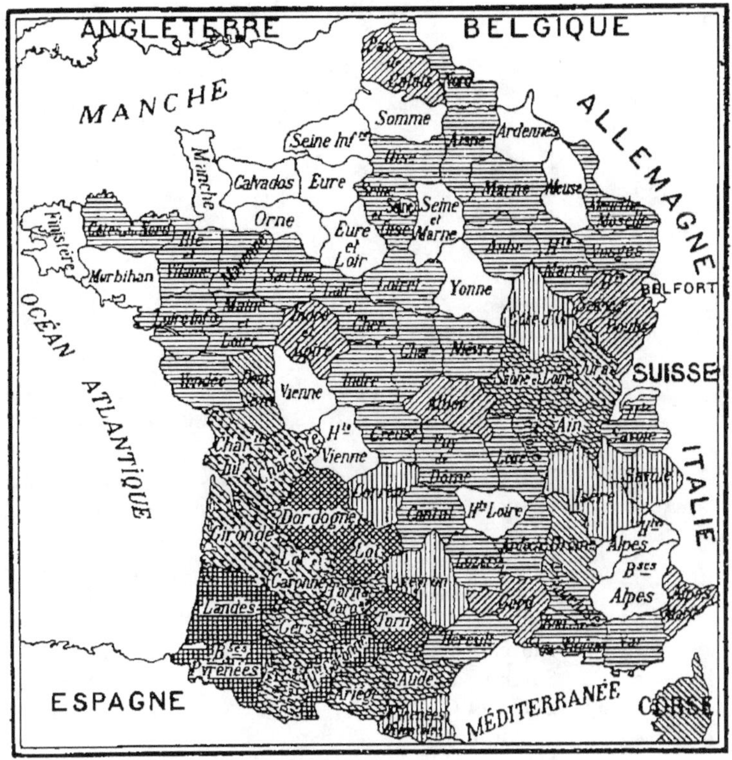

FIG. 18. — CARTE DE LA PRODUCTION DU MAÏS.

QUANTITÉS EN HECTOLITRES.

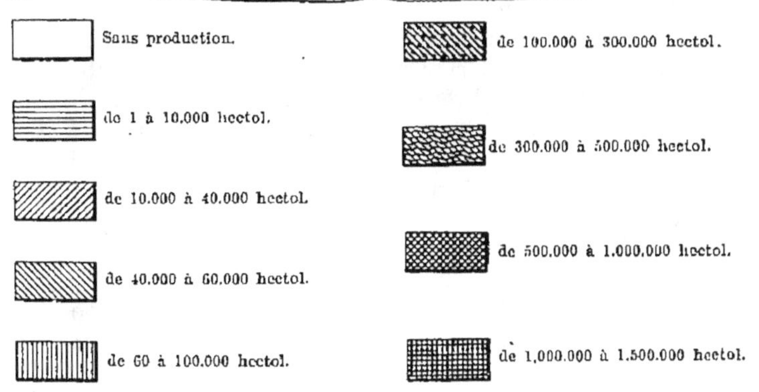

MAÏS (*Suite*).

Nos D'ORDRE.	DÉPARTEMENTS.	Hectolitres.
24.	Loiret	705
25.	Aisne	711
26.	Loire	752
27.	Basses-Alpes	826
28.	Var	960
29.	Creuse	1.156
30.	Puy-de-Dôme	1.184
31.	Nord	1.191
32.	Bouches-du-Rhône	1.227
33.	Mayenne	1.528
34.	Lozère	1.870
35.	Loir-et-Cher	1.900
36.	Nièvre	1.944
37.	Cher	2.076
38.	Rhône	2.962
39.	Meurthe-et-Moselle	3.036
40.	Cantal	3.066
41.	Indre	4.200
42.	Sarthe	4.286
43.	Seine-et-Oise	4.335
44.	Morbihan	4.730
45.	Hérault	5.181
46.	Haute-Savoie	6.207
47.	Vaucluse	8.036
48.	Vendée	9.103
49.	Ardèche	9.301
50.	Maine-et-Loire	9.471
51.	Loire-Inférieure	9.765
52.	Indre-et-Loire	10.001
53.	Pas-de-Calais	10.956
54.	Allier	11.503
55.	Alpes-Maritimes	11.885
56.	Gard	12.766
57.	Haute-Saône	18.094
58.	Vienne	21.028
59.	Haute-Vienne	23.409
60.	Doubs	24.168
61.	Corse	40.688

MAÏS (*Suite*).

Nos D'ORDRE.	DÉPARTEMENTS.	Hectolitres.
62.	Drôme.	41.755
63.	Deux-Sèvres..	59.438
64.	Isère.	66.475
65.	Aveyron	68.021
66.	Côte-d'Or.	68.187
67.	Corrèze..	68.902
68.	Pyrénées-Orientales.	83.306
69.	Savoie.	92.664
70.	Gironde..	170.484
71.	Jura.	217.649
72.	Charente-Inférieure.	220.105
73.	Charente.	265.368
74.	Lot-et-Garonne.	298.853
75.	Ariège.	300.042
76.	Aude.	302.397
77.	Ain.	302.646
78.	Saône-et-Loire..	416.856
79.	Tarn-et-Garonne..	429.616
80.	Hautes-Pyrénées..	458.738
81.	Gers.	481.955
82.	Lot.	329.923
83.	Dordogne.	612.817
84.	Tarn.	617.731
85.	Landes.	1.024.329
86.	Haute-Garonne.	1.158.294
87.	Basses-Pyrénées..	1.323.279

MILLET.

1.	Aisne.	»
2.	Basses-Alpes.	»
3.	Hautes-Alpes.	»
4.	Alpes-Maritimes..	»
5.	Ardennes.	»
6.	Aube.	»
7.	Calvados.	»
8.	Cantal.	»

MILLET (*Suite*).

Nos D'ORDRE.	DÉPARTEMENTS.	Hectolitres.
9.	Cher.	»
10.	Corrèze.	»
11.	Côtes-du-Nord	»
12.	Doubs.	»
13.	Eure.	»
14.	Eure-et-Loir	»
15.	Ille-et-Vilaine.	»
16.	Loir-et-Cher..	»
17.	Haute-Loire	»
18.	Manche.	»
19.	Marne	»
20.	Haute-Marne.	»
21.	Mayenne.	»
22.	Meurthe-et-Moselle.	»
23.	Meuse	»
24.	Nièvre.	»
25.	Oise	»
26.	Orne.	»
27.	Puy-de-Dôme.	»
28.	Haut-Rhin..	»
29.	Sarthe.	»
30.	Haute-Savoie.	»
31.	Seine-Inférieure.	»
32.	Seine-et-Marne.	»
33.	Seine-et-Oise.	»
34.	Somme.	»
35.	Vosges.	»
36.	Yonne..	»
37.	Vienne.	13
38.	Rhône	39
39.	Haute-Saône.	60
40.	Charente-Inférieure.	115
41.	Savoie..	127
42.	Loire.	165
43.	Loiret.	180
44.	Seine.	224
45.	Corse.	323
46.	Bouches-du-Rhône	324

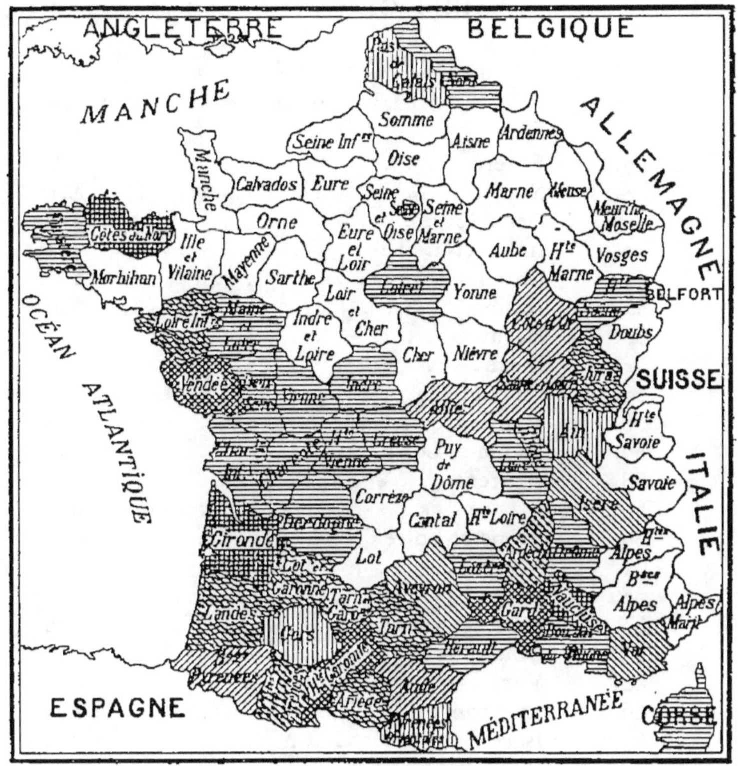

FIG. 19. — CARTE DE LA PRODUCTION DU MILLET.

QUANTITÉS EN HECTOLITRES.

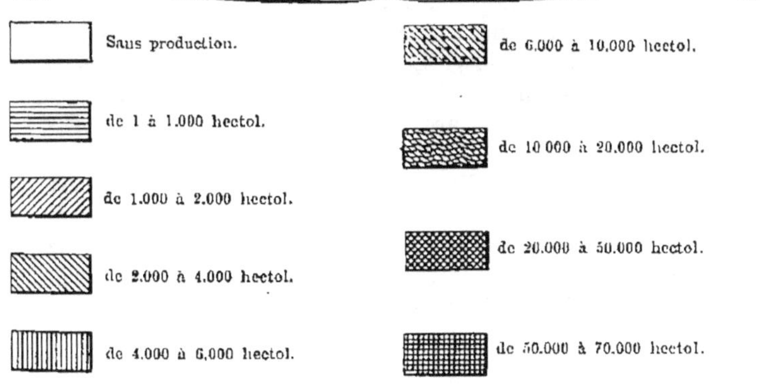

MILLET (*Suite.*)

Nᵒˢ D'ORDRE.	DÉPARTEMENTS.	Hectolitres.
47.	Lozère	326
48.	Nord	341
49.	Deux-Sèvres	374
50.	Indre-et-Loire	447
51.	Dordogne	533
52.	Drôme	550
53.	Hérault	715
54.	Indre	814
55.	Finistère	825
56.	Haute-Vienne	846
57.	Maine-et-Loire	958
58.	Charente	962
59.	Creuse	989
60.	Saône-et-Loire	1.053
61.	Allier	1.098
62.	Aude	1.227
63.	Basses-Pyrénées	1.679
64.	Côte-d'Or	1.900
65.	Var	2.335
66.	Aveyron	2.404
67.	Isère	2.668
68.	Pyrénées-Orientales	3.837
69.	Pas-de-Calais	4.657
70.	Ain	5.017
71.	Gers	5.880
72.	Lot	6.389
73.	Ardèche	8.372
74.	Hautes-Pyrénées	9.706
75.	Tarn	10.701
76.	Tarn-et-Garonne	10.433
77.	Ariège	11.381
78.	Loire-Inférieure	12.951
79.	Jura	14.340
80.	Haute-Garonne	20.692
81.	Vendée	33.942
82.	Lot-et-Garonne	39.085
83.	Gard	41.686
84.	Landes	46.405

MILLET (*Suite*).

Nᵒˢ D'ORDRE.	DÉPARTEMENTS.	Hectolitres.
85.	Morbihan.	5o.166
86.	Vaucluse.	53.325
87.	Gironde	64.284

Valeur des petites céréales. — Nous avons réuni dans
les deux planches suivantes les diagrammes du prix de
l'hectolitre des différentes céréales autres que le blé, de
1840 à 1891.

L'hectolitre de seigle, qui pèse en moyenne 72 kilogrammes, a vu son prix s'élever jusque vers 1870, puis rester
sensiblement stationnaire jusqu'en 1880, pour baisser
ensuite jusqu'aujourd'hui, sans toutefois s'avilir jusqu'à
la cote moyenne de 1840. Il a suivi dans cette dernière
période la marche du cours du blé.

Le prix de l'hectolitre d'avoine qui pèse 49 à 51 kilogrammes, s'est beaucoup élevé depuis 1840. Il était alors
de 6 fr. 5o. Il vaut couramment aujourd'hui 9 fr. 5o. Les
prix les plus élevés se sont pratiqués de 1867 à 1880. La
dépréciation de l'avoine a été moins forte que celle du
seigle dans ces dernières années, quoiquelle se soit ressentie jusqu'à un certain point de l'avilissement du blé.
Si le blé à très bas prix fait une rude concurrence au
seigle, il n'en est pas de même pour la céréale qui
nous occupe, céréale qui est entièrement consommée
par notre population équine, et qui n'a pas à redouter
au même degré que le froment, jusqu'ici, la concurrence des pays nouveaux.

Pour l'orge dont l'hectolitre pèse en moyenne 61 kilogrammes; le sarrasin, qui pèse 62 k.; le maïs, qui pèse
72 kilogrammes, la courbe des prix se calque pour ainsi
dire sur les précédentes. A une augmentation générale de

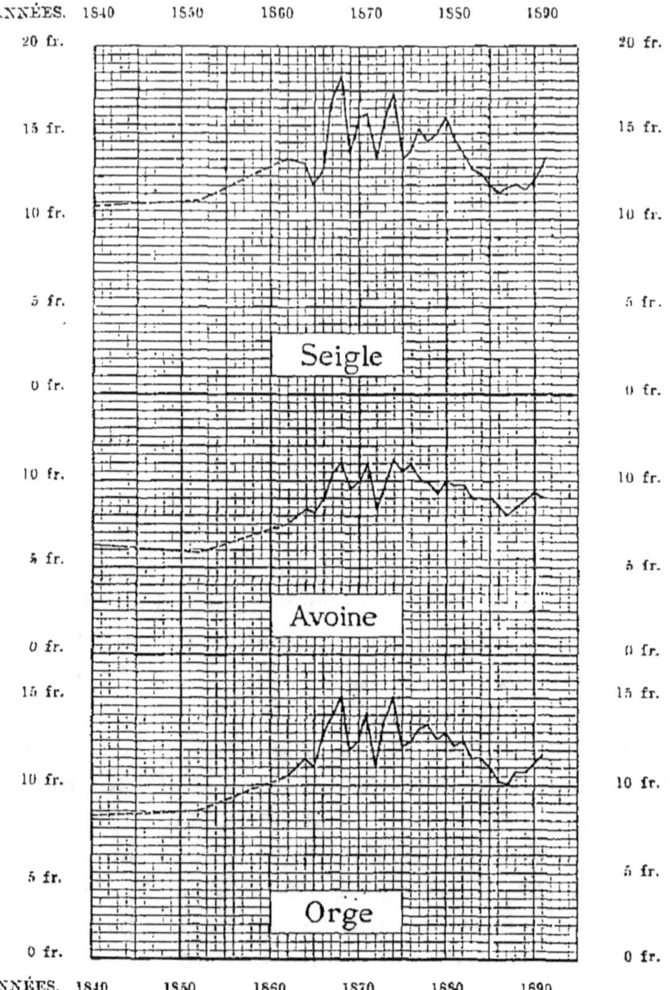

FIG. 20. — VARIATIONS DU PRIX DE L'HECTOLITRE.

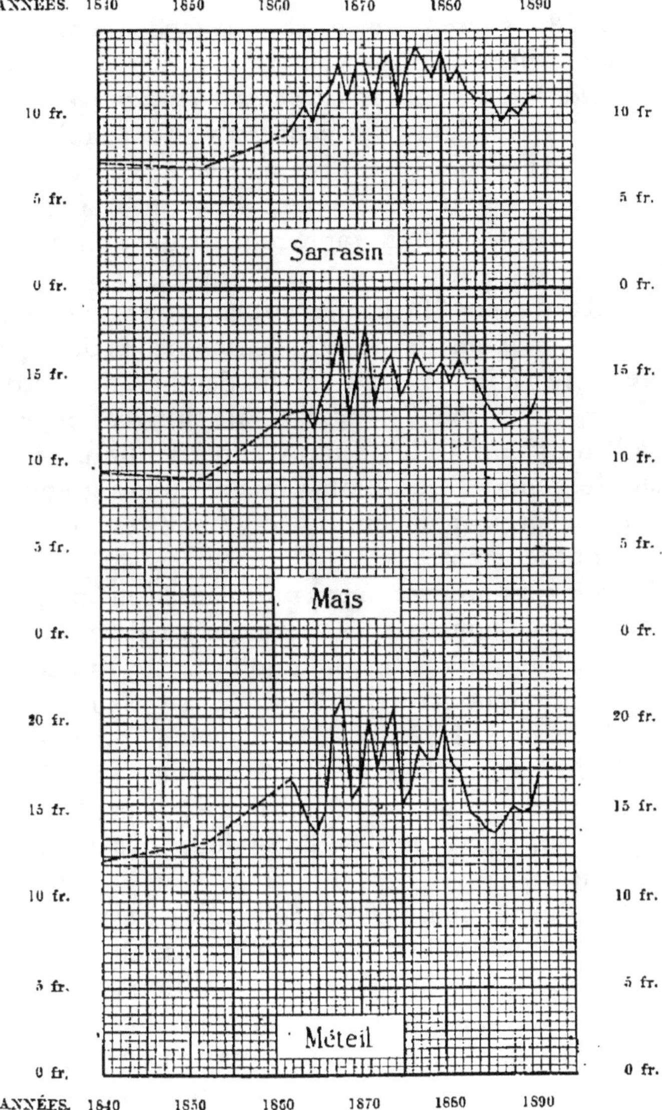

Fig. 21. — Variations du prix de l'hectolitre.

1840 à 1880, succéda une baisse que tendent enfin à atténuer les tarifs douaniers.

Production des petites céréales à l'étranger. — Les pays qui produisent le plus de *seigle* sont la Russie, la Prusse, l'Autriche. La surface consacrée au seigle et au méteil réunis était estimée pour l'Europe à 42 millions 800 mille hectares en nombre rond, pour l'année 1890 et celle des pays extra-européens à 1 million.

En Russie, en Allemagne, en Angleterre, on produit plus *d'orge* qu'en France. Nous importons de cette céréale de 1 million à 1 million et demi de quintaux. En Europe, on estime l'étendue totale cultivée en orge, à 14 millions 600 mille hectares, et à 3 millions 4 pour le reste du monde. Les États-Unis sont très grands producteurs d'orge, mais leur consommation est encore plus élevée que leur production.

L'avoine est produite à peu près dans la même proportion que chez nous par l'Allemagne. La Russie en fournit deux fois plus. La production du Royaume-Uni de Grande Bretagne et d'Irlande ne dépasse pas la moitié de celle de France. L'importation d'avoine chez nous n'est pas considérable. Sans atteindre jamais 4 millions de quintaux, elle ne dépasse 3 millions qu'en 1871, 1878, 1879, 1880, 1882. De 1889 à 1891 elle a baissé à 1 million et demi.

L'étendue totale assignée à cette culture est pour l'Europe (1890) de 29,8 millions d'hectares. On estime que le reste du monde en cultive 12, 7 millions d'hectares.

Les États-Unis d'Amérique sont grands producteurs d'avoine, mais leur exportation est peu élevée.

Le centre le plus important de la production du *maïs* est constitué par les États-Unis. On évalue leur production annuelle à plus de trois milliards de francs et leur exportation à 61 millions.

En Europe, on cultive surtout le maïs en Hongrie, en Italie, en Espagne et en Turquie.

Notre importation a dépassé 3 millions de quintaux en 1885, et 6 millions 4 en 1890.

On estime à environ 17 millions 800 mille hectares l'étendue consacrée à cette céréale en Europe. Dans les pays extra-européens on en cultiverait 34 millions.

Les renseignements qui précèdent, quoique bien incomplets, surtout en ce qui concerne l'agriculture étrangère, nous ont paru de nature à mettre en lumière l'importance de la culture des céréales. Si le lecteur, grâce à la méthode graphique que nous avons largement employée, a pu sans trop de fatigue traverser ce passage difficile, nous en aurons toute satisfaction.

CHAPITRE II.

LE CLIMAT.

Les conditions météorologiques du pays où nous pratiquons l'agriculture sont absolument en dehors de notre sphère d'action. Nous ne pouvons que les subir sans y rien changer, et nous devons chercher à en tirer le meilleur parti possible. Aussi est-il nécessaire au praticien de connaître à la fois les conditions climatériques où il doit opérer, et les exigences de température, de lumière et d'humidité, etc., qui sont le plus favorables à la culture des céréales, afin qu'il puisse adapter exactement le choix qu'il fera des espèces et des variétés à l'ensemble des circonstances atmosphériques qu'elles auront à supporter.

Si l'on considère les céréales, dans leur ensemble, on reconnaît qu'il n'y a que peu de points du globe où la culture de l'une d'elles ne soit pas possible. On les retrouve aux latitudes les plus extrêmes, ainsi qu'à d'énormes altitudes, comme en font foi les constatations suivantes.

Latitude. — Le blé est une plante rustique puisqu'il mûrit ses grains en Norwège par 65° de latitude. Par suite d'une situation exceptionnelle et d'une très grande pureté de l'atmosphère, le froment mûrit à Lyngen, sous le 70° de latitude.

Sur la côte ouest de l'Amérique, le blé mûrit au fort aux Liards par 62°5′ de latitude, et sa végétation dure quatre mois. La plante se réveille en mai de son sommeil hyémal, mais ce n'est qu'en juin qu'elle peut se développer d'une manière continue, car alors seulement la température ne descend pas au-dessous de 0°. La récolte a lieu en septembre.

Le seigle végète, en Europe, sous toutes les latitudes. L'orge remonte jusqu'au 70° degré, en Norwège, à Lyngen, près du cap Nord. Du côté de la mer Blanche, elle ne dépasse pas le 66°. Sur la côte ouest de l'Amérique, au fort Normans, par 64°41′, l'orge mûrit en trois mois.

En général, pour l'Europe, l'avoine s'arrête au 65° de latitude nord. Toutefois en Norwège elle remonte jusqu'à 69°30′. En Amérique occidentale, comme l'orge, elle remonte jusqu'à 64°41′ de latitude nord.

Le maïs ne peut mûrir en Europe au delà de 50° de latitude nord. En Amérique septentrionale il remonte jusqu'à 54°. Il va dans l'Amérique méridionale jusqu'à 40° de latitude sud.

Altitude. — Dans notre pays, on voit cesser la culture du blé dans les contrées montagneuses à partir d'une altitude de 800 à 1000 mètres, selon la nature et l'exposition du sol. Voici les altitudes extrêmes au delà desquelles le blé ne peut plus mûrir :

	Mètres.
Sous l'Équateur	3.200
France	1.050
Écosse	200
Norwège	50

C'est par exception seulement que le froment est cultivé à plus de 1000 mètres d'altitude dans les Alpes, les Pyrénées, l'Auvergne.

Le seigle végète à une altitude très élevée, sans dépasser cependant, dans la région des Alpes, 2,200 m. Dans les montagnes, c'est généralement entre les hauteurs de 1,350 et 1,550 m. que le seigle domine. En Silésie, le seigle ne s'élève pas à plus de 585 m; mais en Crimée il s'élève jusqu'à 2,000 m. C'est une céréale septentrionale.

L'orge accomplit tout le cycle de sa végétation en Suisse jusqu'à 1,800 m. d'altitude. Sur les hauts plateaux du Pérou, elle ne mûrit que difficilement son grain à 3,200 m.

L'avoine, en Écosse, n'est pas cultivée au delà de 487 m. au-dessus du niveau de la mer. Dans la Silésie elle atteint jusqu'à 650 m. En France, dans les montagnes de l'Auvergne, les Pyrénées ou les Alpes suivant les expositions, on la trouve jusqu'à 1,000 ou 1,500 m. L'avoine par conséquent est dominée par le seigle.

En Europe, et dans la région tempérée, rarement le maïs mûrit à plus de 600 mètres d'altitude.

On cultive avec succès le sarrasin, jusqu'à 1000 m. d'altitude, dans les montagnes de l'Auvergne, du Roussillon, du Périgord, du Quercy, des Cévennes et des Pyrénées.

L'homme se livre à la culture des céréales dans les situations les plus diverses et dans les climats les plus différents. Il nous faut rechercher dans ce qui va suivre, pour chacune de nos plantes granifères, quels sont les besoins qu'elles ressentent relativement au calorique, à la lumière et à l'humidité, besoins qui, nous venons de le voir, se trouvent satisfaits d'une manière plus ou moins complète de l'équateur au cercle polaire.

Chaleur. — La chaleur est le principal facteur de la distribution des végétaux à la surface du globe. Les plantes, en effet, n'ayant pas le pouvoir de produire la chaleur qui est indispensable à leur fonctionnement, ne peuvent végéter et se développer que lorsque l'air et le sol où elles vivent, peuvent leur communiquer la quantité de calorique nécessaire.

Il est donc extrêmement important pour le but que nous poursuivons d'arriver à une détermination aussi précise que possible de ce besoin de chaleur qu'éprouvent nos diverses céréales.

Pour que l'embryon de la graine puisse sortir de son engourdissement et grandir en utilisant les réserves que lui a préparées la nature, il faut qu'une certaine température soit réalisée, en dehors des conditions d'humidité et d'aération nécessaires. On reconnaît que cette température initiale varie d'une plante à l'autre, et qu'il y a un maximum au delà duquel la germination devient impossible. C'est ainsi que Sachs a déterminé par de minutieuses recherches que le minimum de température nécessaire à la germination du blé et de l'orge est voisin de 5° centigrades; ce minimum atteint 9°4 pour le maïs.

Les limites supérieures déterminées par le même physiologiste sont très élevées : du maïs a germé en 48 heures dans un sol maintenu à une température moyenne de 42° avec un maximum de 46°2 pendant quelques heures. Il obtint la germination du blé à une température moyenne de 38°2 avec un maximum de 43°; l'orge put germer entre 36 et 37°.

Entre ces deux extrêmes, il existe pour chaque plante une température plus favorable que toutes les autres à la prompte croissance du germe, c'est la température *optima*. Elle est pour le blé de 27°4, pour l'orge de 28° 7, et pour le maïs de 33°3.

Pour le seigle et l'avoine, la température initiale ne semble pas différer de celle qui a été trouvée pour le blé et l'orge.

Comme la germination, les différentes fonctions du végétal sont dominées par la température. Le phénomène de l'absorption de l'eau et des matières fertilisantes du sol par les racines, l'élongation de celles-ci, la croissance de la tige, l'assimilation du carbone par la fonction chlorophyllienne, l'évaporation et par suite la consommation de l'eau, le tallage, la floraison, la maturation exigent des conditions précises de température, qu'il faudrait pouvoir indiquer nettement. Malheureusement les résultats qui sont venus à notre connaissance sont très peu nombreux. Toujours d'après Sachs, pour le maïs la chlorophylle commence à verdir de 6 à 15°. Le verdissement se produit encore au-dessus de 33°.

D'après de Candolle et Hervé-Mangon, le blé ne semble pas végéter au-dessous d'une température moyenne de 6° centigrades. De son côté, M. E. Risler, l'éminent directeur de l'Institut agronomique de Paris, dans sa ferme de Calèves, près Nyon, sur les bords du lac de Genève, a observé pendant plusieurs hivers avec beaucoup d'attention le développement d'un certain nombre de plantes de blé, qu'il dessinait et mesurait de temps en temps. Il n'a jamais pu constater un accroissement quand la température de l'air, à l'ombre, n'avait pas été, au moins pendant quelques jours de suite et chaque jour pendant quelques heures à + 6°. Quelquefois, ajoute-t-il, certaines variétés de blé montrent des traces de végétation pendant des jours d'hiver où la température moyenne n'arrive qu'à 5°; par exemple, dans la première moitié de janvier 1873 du blé bleu ou de Noé a poussé sa 5ᵉ feuille et la 4ᵉ feuille s'est allongée de 7 millimètres, bien qu'il n'y ait eu que trois jours où la moyenne ait atteint 5°. C'est que ces moyennes provenaient de minima inférieurs à 0° et de maxima de + 8°, + 9°, et quelquefois même + 10°.

C'est également ce chiffre de + 6°, que A. de Gasparin avait constaté comme température initiale des diverses céréales cultivées en France, dans la région de Paris. Nous pouvons donc admettre, après ces maîtres, que pour le blé, l'orge, le seigle et l'avoine, la végétation ne peut se mettre en marche que si la température moyenne a atteint depuis quelques jours 6 degrés au-dessus de zéro.

Pour le maïs nous admettons une température initiale de 10°.

Ainsi il est bien déterminé qu'à moins de 6° pour les céréales ordinaires, et de 10° pour le maïs, il n'y a pas de développement possible. Mais cette température initiale est loin d'être suffisante pour assurer à la plante une végétation normale, en lui permettant de taller, de monter en tiges, d'épier, de fleurir et d'arriver à fructification. Chacune de ces phases de l'évolution vitale des céréales ne s'accomplit qu'à la condition que soit réalisée une température convenable.

D'après A. de Gasparin le froment et l'orge fleurissent par une température moyenne de 16°3, le seigle à 14°; tandis que le maïs a besoin d'une température de 19°. La récolte du seigle se fait par une température de 19°, la moisson du blé et des autres céréales par 20°. Quant au maïs, sa maturation s'opère très bien en période de chaleur décroissante, lorsqu'il a reçu suffisamment de calorique. Il mûrit par 17°.

Mais dans tout ce qui précède nous n'avons pas de données suffisantes pour apprécier pratiquement les besoins de chaleur des céréales. Nous avons des indications sur le minimum et sur le maximum nécessaire. Il faut que nous déterminions la quantité de chaleur totale qui est indispensable. C'est elle qui, en tenant compte des notions précédemment acquises, nous permettra de juger si dans un climat donné la culture de telle céréale est possible, toutes les autres conditions à étudier encore étant favorables.

L'observation montre que la floraison des céréales, que leur fructification est plus ou moins avancée selon que la chaleur des saisons, pendant lesquelles la végétation est en marche, est plus ou moins forte. Dès le commencement du dix-huitième siècle Réaumur avait conçu l'idée que chaque espèce végétale exige pour mûrir une certaine somme de degrés de chaleur. Adanson, Boussingault, Babinet, Quételet, Haberland, Hervé-Mangon, Risler, etc., en partant de cette idée, ont cherché à montrer la relation plus ou moins étroite qui unit la température à la végétation.

« En discutant, dit Boussingault, dans son *Économie rurale* (t. II, p. 690, 2ᵉ édit.) sous quelles conditions de températures se développent plusieurs plantes communes à l'Europe et à l'Amérique, on est conduit à des résultats d'un certain intérêt.

« La connaissance de la température moyenne d'un lieu situé entre les tropiques donne déjà, comme nous l'avons vu, une idée assez précise de son agriculture ; en effet, la température de chaque jour diffère peu de celle de l'année entière, durant laquelle la vie végétale s'exerce sans interruption aucune. Il en est tout autrement pour les régions placées en dehors de la zone torride. La chaleur moyenne annuelle n'est plus alors une donnée suffisante pour apprécier l'importance agricole d'une contrée. Pour savoir ce que la terre produit, il faut connaître la chaleur particulière aux différentes saisons; en un mot, c'est la température moyenne du cycle pendant lequel s'opère la végétation, qu'il importe d'évaluer, pour savoir quelles sont les plantes utiles que l'on peut exiger du sol.

« Dans l'examen de cette question, on cherche d'abord quel est le temps écoulé entre la naissance d'une plante et sa maturité; on détermine ensuite la température de l'espace qui sépare ces deux époques extrêmes de la vie végétale. En comparant ces données pour une même espèce de plantes cultivées en Europe et en Amérique, on arrive à ce résultat curieux : que le nombre de jours compris entre la végétation et la maturité est d'autant plus grand, que la température moyenne sous l'influence de laquelle la plante végète est moindre. La durée de la végétation sera la même, quelque différent que soit le climat, si cette température est identique de part et d'autre; elle sera ou plus courte ou plus longue, selon que la chaleur moyenne du cycle sera elle-même plus ou moins forte. En d'autres termes, la durée de la végétation paraît être en raison inverse de la température moyenne; de sorte que, si l'on multiplie le nombre de jours durant lesquels une même plante végète dans des climats distincts par la température moyenne, on obtient des nombres à peu près égaux. Ce résultat n'est pas seulement remarquable en ce qu'il semble indiquer que sous toutes les latitudes, à toutes les hauteurs, la même plante reçoit dans le cours de son existence une quantité égale de chaleur; *il peut aussi trouver une application directe en permettant de prévoir la possibilité d'acclimater un végétal dans une contrée dont on connaît la température moyenne des mois.* »

Voyons maintenant quels sont les résultats des observations de Boussingault :

Blé d'automne.

LOCALITÉS.	Sommes de température.
Alsace.	2.055°
Paris.	2.161
Kingston (Amérique du Nord), État de New-York.	2.098
Alais.	2.092
Muhlhausen (Thuringe).	1.960

Blé de printemps.

Alsace.	2.069°
Kingston.	2.120
Cincinnati (Ohio).	2.151
Zimijaca (Tropique).	2.161
Quinchuqui.	2.534
Turmero.	2.208
Truxillo	2.230

A Sainte-Marie du Mont, dans le département de la Manche, Hervé-Mangon a trouvé une moyenne de 2365°. D'autre part, avec le blé bleu de Noé qui est un blé hâtif, M. Risler a trouvé comme moyenne de 10 ans à Calèves 2134°, avec des extrêmes de 2033° à 2317°. En 1890-91, à Chartres, nous avons observé, sur une culture expérimentale de blé d'hiver Hybride Rimpau très précoce, une somme de température de 1971°, défalcation faite des températures inférieures à 6°. Si l'on tient compte que ces résultats ont été obtenus avec des variétés diverses, et qu'il peut y avoir plus de 10 jours de différence entre l'époque de la maturité de deux blés semés dans les mêmes conditions, si l'un est hâtif, et l'autre tardif, on doit reconnaître qu'il y a une constance

très grande dans ces sommes de températures. Elles
ont donc au point de vue pratique une réelle importance,
et sont susceptibles d'être utilisées avec avantage, si l'on
n'oublie pas de tenir compte des considérations que
nous développerons plus loin.

En ce qui concerne l'orge, Boussingault donne les
sommes suivantes :

Orge d'hiver, Alsace.	1.748°
— Alais.	1.795
Orge de printemps, Alsace.	1.708
Muhlhausen.	1.790
Égypte.	1.890
Kingston.	1.738
Cumbal (Équateur).	1.796
Santa-Fé de Bogota.	1.793

Enfin pour le maïs il a donné les nombres suivants :

Alsace.	2.440 à 2.550°
Alais.	3.060°
Kingston.	2.684
Amérique du Sud.	2.530
Santa-Fé.	2.745

Les autres céréales ont les exigences que nous rela-
tons ci-dessous :

Avoine.	1.500 à 2.000°
Sarrasin.	1.500 à 1.800
Millet.	1.400 à 1.900

Mais il nous faut étudier les rapports de la végétation
à la chaleur de plus près. Sur les 2000 à 2300° qui sont
nécessaires à la végétation du blé, il y en a 84 qui ont
été indispensables pour que le germe perce l'écorce du
grain. La tigelle sort de terre quand la somme de tem-

pérature est de 150° environ, pour un semis fait à 6 centimètres de profondeur. Chaque centimètre de profondeur, en plus ou en moins, nécessite 12° de chaleur de plus ou de moins. Ensuite selon l'intensité de la lumière on compte que chaque feuille exigera de 90 à 120° de plus pour se former.

Le tallage commence à se produire quand le blé a reçu environ 500° de chaleur moyenne.

La montée des tiges se manifeste lorsque la température moyenne dépasse 10° avec des maxima de 15° au moins. Les feuilles dont le nombre varie entre 7 et 11 sont d'autant plus larges et plus longues que la radiation solaire est plus intense.

La floraison a lieu lorsqu'après la levée la plante a reçu un total de 1450° de chaleur, à la condition que la température moyenne de 16°3 soit atteinte.

Enfin à partir de la floraison le blé exige encore pour mûrir 820° de chaleur, soit de 40 à 45 jours sous notre climat.

Nous résumons dans le tableau suivant ces indications :

	Sommes de température.
Du semis à la levée.	150°
De la levée au tallage.	500
Du tallage à la floraison.	850
De la floraison à la maturité	820
Total	2.320

Nous ne pouvons préciser d'une manière aussi détaillée les besoins de chaleur des autres céréales. Toutefois nous donnons à titre de simples indications les nombres suivants que nous avons pu relever dans quelques cultures expérimentales à Chartres.

	Blé de mars.	Orge.	Avoine.	Maïs quaran-tain.	Millet.	Sarrasin.
Du semis à la levée.	92	119	322	91	184	78
De la levée au tallage	466	376		»	»	»
Du tallage à la floraison . . .	690	533	552	1.216	1.207	1.163
De la floraison à la maturité..	805	830	837	978	718	630
Totaux.	2.053	1.858	1.711	2.285	2.109	1.871

Les sommes de températures moyennes à l'ombre,
que nous venons d'indiquer, ne peuvent à elles seules
nous renseigner suffisamment sur les besoins des céréales. Nous les voyons constantes dans une étroite
limite, tant que nous ne nous éloignons pas des latitudes
moyennes. Mais si nous avançons beaucoup vers le nord,
nous constatons que le procédé de calcul, que nous
avons suivi, appliqué à ces nouvelles situations,
nous donne des nombres décroissants. C'est ainsi que
d'après de Gasparin, le blé mûrit à Orange avec 1601 degrés de chaleur moyenne comptés depuis le réveil de la
végétation au printemps, tandis qu'à Paris, il lui faut
1943° et enfin à Upsal seulement 1546°.

C'est qu'à Paris, le ciel, plus brumeux qu'à Orange,
entraîne une plus longue durée de végétation, qui produit une plus forte somme de température moyenne. Si
à Upsal le blé mûrit avec 1546° de chaleur à l'ombre,
c'est que le ciel est plus limpide qu'à Paris et surtout
que, les jours étant beaucoup plus longs, la plante reçoit
en réalité avec une même température moyenne une
calorification beaucoup plus intense.

Sur la côte occidentale de l'Amérique par 62°5′ de
latitude nord, au fort aux Liards, le blé mûrit en
quatre mois.

Au fort Normans par 64°41′ l'orge et l'avoine mûrissent en 3 mois.

A Lyngen, par 70° de latitude boréale, on obtient de belles récoltes d'orge dans les lieux abrités des vents de mer. Les plantes végétent à partir de juin pour mûrir en septembre. Elles reçoivent au maximum 1055° de chaleur moyenne. Chez nous l'orge demande au moins 1700 à 2000 degrés. C'est que, dans les régions boréales la persistance du soleil au dessus de l'horizon a une influence décisive. Grâce à la continuité de l'insolation dont l'intensité est peu réduite par l'absorption atmosphérique (puisque l'air ne renferme jamais que peu de vapeur d'eau), le travail d'organisation du végétal ne manque pas de la force vive nécessaire à son alimentation.

Ces constatations nous démontrent qu'il ne suffit pas d'être éclairé sur les sommes de température nécessaires aux plantes, il faut pouvoir corriger les anomalies qu'on y rencontre fréquemment par la connaissance de la quantité totale de radiation solaire où la plante a pu puiser l'énergie nécessaire à la végétation.

Lumière ou radiation solaire. — Si l'on cultive la même plante à l'ombre et au soleil, la somme de température exigée dans les deux situations sera différente. C'est en effet surtout la radiation solaire directe, le rayon calorifique et lumineux, qui agit sur le développement du végétal. Dans les calculs précédents, on ne tient nullement compte des effets de cette radiation ni de ceux de la lumière qui sont connexes. Il résulte de là que le calcul des sommes de températures ne donne de résultats sensiblement constants, que si l'on compare des stations peu différentes au point de vue de la luminosité totale.

Sous l'influence de la chaleur, sans le concours des

ondes lumineuses, la plante s'accroît en étendue sans augmenter sa masse. Elle ne peut que transformer les principes immédiats préexistants dans ses racines ou dans sa graine. C'est le cas des cultures étiolées.

Les mêmes faits s'observent pendant la première période de germination des grains. Sous l'influence de la chaleur obscure, le germe se développe aux dépens des réserves que la nature a mises à sa disposition, mais il faut que la lumière verdisse la tigelle, pour que la plante, dont la nourriture est exclusivement minérale, puisse augmenter de poids, en assimilant le charbon, l'hydrogène, l'oxygène, l'azote et les autres éléments minéraux qu'elle doit puiser dans l'atmosphère et dans le sol.

Par la croissance à l'obscurité la plante n'assimile rien; bien plus : les produits de la croissance étiolée. donnent une quantité de matière sèche toujours inférieure à celle qui préexistait.

Ainsi Boussingault, ayant semé dans une chambre sombre 46 grains de blé, ceux-ci produisirent du 5 mai au 25 juin des plantes étiolées de 20 à 30 centimètres de hauteur. La dessiccation de ces plantes permit de constater une perte de substance sèche, du début à la fin de l'essai, s'élevant à 57 pour cent.

Un grain de maïs, semé le 2 juin, dans l'obscurité, par l'illustre agronome, a donné le 22 du même mois une plante étiolée de 20 centimètres de long. La perte de substance sèche constatée, s'est élevée à 45,4 pour cent.

Aussitôt que les jeunes pousses sortent de terre, elles sont exposées aux radiations lumineuses; on les voit verdir : la chlorophylle se forme. Quelques plantes verdissent sous l'influence d'une lumière assez faible, mais en général il est besoin, pour que ce phénomène se produise, d'une assez forte intensité lumineuse. Mais la lumière seule n'est pas suffisante pour assurer le verdissement, il faut en même temps l'action d'une température déterminée.

Les grains de chlorophylle contenus dans les cellules des parties vertes des céréales sont les organes récepteurs du travail lumineux. Ce sont eux qui utilisent ce travail à la formation des principes immédiats qui donneront naissance aux différents tissus du végétal. Il n'y a que les cellules à chlorophylle, en effet, qui jouissent de la propriété d'absorber l'acide carbonique de l'air pour le décomposer et fabriquer à l'aide de son carbone et des éléments de l'eau les hydrates de carbone qui constituent la plus grande masse de la plante, et, en joignant aux éléments précédents l'azote des sels ammoniacaux ou des nitrates, les principes albuminoïdes, base du protoplasma, matière vivante et organisatrice de la cellule. Sans lumière donc, pas d'assimilation, pas d'accroissement en poids; et l'on peut dire que dans certaines limites, la production végétale est proportionnelle à la quantité totale de radiation solaire dont les plantes ont pu profiter.

Comme nous le verrons, c'est dans la période qui est comprise entre le tallage et la fin de la floraison, que les céréales assimilent la majeure partie des éléments constitutifs de la récolte. La quantité de matériaux assimilés, si la température reste convenable pour en favoriser l'organisation, et si l'eau ne fait pas défaut, sera proportionnelle à la radiation. Marié Davy par ses expériences à l'observatoire de Montsouris a fait la démonstration du fait. La récolte des céréales est proportionnelle, toutes autres conditions étant égales d'ailleurs, à la somme de lumière quelles reçoivent avant la période de maturation. Une chaleur insuffisante peut retarder la floraison, mais si la radiation est élevée, l'assimilation se poursuit.

Si à cette époque de la défloraison, il survient une trop grande sécheresse ou une trop forte chaleur, la migration des principes nutritifs vers l'épi ne pourra pas se faire normalement. La céréale est *échaudée* comme on dit dans la Beauce. C'est là un très grave accident, fréquent chez nous, d'autant plus pernicieux qu'il se produit à une époque plus éloignée de la maturité.

On voit, d'après les considérations qui précédent, combien il serait important de déterminer les besoins en radiations solaires de chacune de nos céréales. Les premières tentatives ont été faites par le comte A. de Gasparin; Marié Davy les a poursuivies. Mais les observations actinométriques sont encore trop peu nombreuses pour que *les sommes de radiations* soient d'un grand intérêt pratique. Toutefois, pour marquer toute l'importance que nous attachons à la question, nous donnons ci-après les résultats que nous avons pu recueillir.

A l'observatoire de Montsouris, Marié Davy a obtenu pour 1872-78 les sommes actinométriques mensuelles suivantes.

Octobre	639°
Novembre	379
Décembre	273
Janvier	379
Février	407
Mars	775
Avril	1.095
Mai	1.342
Juin	1.260
Juillet	1.530
Août	1.238
Septembre	916

A Chartres, en totalisant journellement, le relevé horaire des indications de l'actinomètre enregistreur de Richard, à sphères conjuguées de Violle, nous avons obtenu les sommes ci-après :

ANNÉES 1890 et 1891.	INSOLATION.		Sommes des degrés actinométriques horaires.
	Durée.	Intensité.	
Octobre	6 h.	4°,2	781°.2
Novembre	2 —	2 ,9	174 .0
Décembre.. . . .	2 —	3 ,9	241 .8
Janvier.	3 —	2 ,5	232 .5
Février.	6 ½	3 ,7	673 .4
Mars.	7 ⅓	3 ,3	767 .2
Avril.	8 ½	3 ,5	892 .5
Mai	10	4 ,3	1 333 .0
Juin	10 ½	5 ,0	1 575 .0
Juillet	9 —	4 ,7	1 311 .3
Août.	9 —	5 ,4	1 506 .6
Septembre. . . .	8 ⅓	3 ,6	918 .0

Dans la Beauce, le blé se sème en moyenne le 20 octobre, et la moisson a lieu du 20 au 25 juillet. La quantité totale de lumière radiante qu'il reçoit, pendant que la température moyenne est supérieure à 6° centigrades, est d'environ 6096° ainsi répartis :

Avant le tallage. . . . . 1.440°
Du tallage à la floraison. 2.656
De la floraison à la maturité 2.000

En nous basant sur nos observations personnelles, nous avons trouvé qu'en 1889-90 le blé de Bordeaux avait exigé 5836° actinométriques horaires pour arriver à maturité. Avec le blé hybride Rimpau, en 1890-91, il a fallu pour amener la maturité 5815° actinométriques horaires ainsi répartis :

De la levée au tallage. . . . . 922°
Du tallage à la floraison. 2.559
De la floraison à la maturité 2.334

Enfin, en partant des moyennes actinométriques de Chartres et de Montsouris, et de la durée ainsi que de la situation de la végétation sur l'échelle des mois, nous avons dressé le tableau suivant qui ne doit être considéré que comme une première approximation.

SOMMES ACTINOMÉTRIQUES APPROXIMATIVES.

	APPAREIL DE	
	MONTSOURIS.	CHARTRES.
Blé.	6.096	5.800
Avoine.	5.600	5.100
Orge.	5.000	4.600
Maïs quarantain	5.370	5.460
Millet	4.240	4.480
Seigle	5.036	5.080
Blé Chiddam de mars	5.390	5.140

Effets du froid. Gelées. — Dans nos climats tempérés la température ne s'élève jamais à un degré suffisant pour amener la mort des céréales, mais par contre nos hivers sont souvent assez rudes pour geler et détruire celles que l'on sème à l'automne comme le blé, l'escourgeon, l'avoine d'hiver, et très rarement le seigle.

C'est ainsi que l'hiver 1890-91 a détruit la majeure partie des blés en France. Ceux-ci, soumis sans aucun abri à

une température de — 16°, vers la fin de novembre,
avaient été déjà fort atteints dès cette époque; ils ont été
achevés en février, par des alternatives quotidiennes de
gels et de dégels. Ce sont ces alternatives qui sont en
vérité le plus à craindre pour les céréales d'hiver. Un
dégel occasionné par un beau soleil est toujours dangereux pour la plante à cause de sa rapidité. Si le dégel au
contraire est lent, la destruction de la plante n'a lieu
que si le froid a été d'une très grande intensité. Sachs explique ce fait en admettant que les cellules des plantes gelées sont dans un état particulier qui les rend beaucoup
plus perméables aux liquides. Le protoplasma et la
cellulose de leur enveloppe se concrètent par le froid, et
l'eau de constitution s'en sépare; elles ont alors une
grande tendance à se vider, elles se vident en effet et
meurent si, exposées au soleil trop vif, la température
se relève assez vite pour rétablir le mouvement vital
avant que les cellules n'aient repris leur état normal.

La succession de la gelée et du dégel, même quand
le degré du froid n'est pas très intense est très nuisible
encore aux céréales, par l'action qu'elle a sur le sol.
Celui-ci en gelant augmente de volume, d'autant plus
qu'il est constitué par des éléments plus fins et qu'il retient plus d'eau. Il se produit alors sur les plantes une
traction qui, souvent répétée, a pour résultat le déchaussement de la céréale par la rupture des racines. Le
plant dont le collet a été exhaussé par l'augmentation de
volume du sol, reste suspendu en l'air quand le dégel
arrive et que les éléments terreux reprennent leur position normale. Par un roulage fait au moment opportun on peut lutter contre le déchaussement. Mais si les
alternatives de gels et de dégels se succèdent pendant
trop longtemps de la nuit au jour, les céréales souffrent
beaucoup, et peuvent même être compromises.

Si les blés sont couverts de neige, ils peuvent supporter des abaissements considérables de la température. En 1879-80, la température a été extrêmement rude pendant décembre et janvier. A la forêt de Haye près Nancy, le thermomètre est tombé à — 30°. Cependant les blés couverts de neige n'ont pas souffert de la gelée. On se souvient qu'ils ont été gelés en 1870-71, quoique la température soit descendue moins bas ; mais alors, comme en 1890-91, le froid était venu avant la neige. La neige est pour le blé ce que la pelisse est au vieillard. Boussingault en 1841 a reconnu que sous la neige la température descend beaucoup moins bas qu'à la surface.

Le seigle ne craint les gelées de l'hiver que si, par suite d'un automne très doux et prolongé, sa végétation est trop avancée, et ses tiges montées. Dans ces circonstances le seigle fut détruit dans le rayon de Paris en 1742. Mais quand la plante reste étalée sur le sol et qu'elle a poussé ses racines supérieures, elle résiste très bien au froid. En 1890-91, tandis que tous les blés étaient détruits par le froid si intense de l'hiver, en Beauce, les seigles résistèrent très bien.

Le seigle cependant craint les gelées tardives qui arrivent parfois pendant sa floraison. La fécondation est arrêtée et le rendement en grain très réduit.

Coups de chaleur. — Lorsque la floraison se termine, il se produit dans la plante une migration continue des principes élaborés des feuilles à la tige et de celle-ci à l'épi pour la formation du grain. C'est la période de la maturation. S'il survient pendant cette époque des coups de chaleur trop intenses, comme il s'en produit de temps en temps à la fin de juillet en Beauce, le mouvement des substances nutritives de la tige au grain se trouve arrêté ; la plante jaunit, se dessèche, mûrit en quelques jours. Mais le grain, n'étant pas suffisamment nourri, reste ridé, ratatiné, et ne renferme que peu de farine. Cet accident est connu sous le nom d'*échaudage.* C'est un des fléaux les plus graves dont on ait à redouter les atteintes dans la culture du blé et des autres céréales en Beauce. Il faut, pour y parer, recourir aux variétés les plus hâtives, afin qu'elles aient eu le temps de mûrir avant la période critique des coups de chaleur. Nous verrons en étudiant les variétés de blés quelles sont celles qui, dans notre climat particulier, risquent le moins d'être échaudées à cause de leur maturité précoce.

Dans chaque espèce de céréales, en effet, toutes les variétés n'exigent pas les mêmes quantités de chaleur et de lumière pour parcourir toutes les phases de leur végétation; toutes ne sont pas aussi sensibles aux extrêmes de chaleur et de froid. Le blé de Bordeaux, le blé de Noé risquent beaucoup moins d'être échaudés que les blés tardifs comme le Shireff, le Rouge d'Écosse, etc.

Humidité. — Les céréales puisent l'eau nécessaire à leur développement dans le sol à l'aide de leurs racines fasciculées, qui s'appliquent exactement aux particules terreuses, surtout par leurs poils. Ceux-ci sont les organes absorbants par excellence, pour l'eau et les substances qu'elle tient en dissolution, comme pour les substances insolubles dans l'humidité du sol, que le suc acide renfermé dans ces poils radicaux attaque en traversant leur membrane.

Les forces en vertu desquelles l'eau du sol pénètre dans ces poils pour alimenter la plante sont la capillarité et l'endosmose. L'eau s'élève dans les vaisseaux sous la poussée qui résulte de l'action de ces forces. Son ascension et son absorption sont, de plus, considérablement augmentées par la *transpiration* qui se produit par les feuilles, et qui amène une consommation d'eau énorme,

en comparaison de la quantité d'humidité nécessaire à la
constitution proprement dite des tissus.

La transpiration des céréales est facile à démontrer ;
il suffit d'introduire dans un tube à essai une feuille de
blé et de fermer l'ouverture avec un bouchon fendu.
Au bout de peu d'heures, on voit l'eau s'accumuler au
fond du tube. Ce phénomène biologique a été étudié
avec soin par Woodward, Guettart, Déhérain, Vesque,
Risler, Marié Davy, etc. ; il ressort de l'ensemble de
leurs recherches que la transpiration est déterminée par
les radiations solaires directes. Tous les rayons du spec-
tre n'agissent pas avec la même efficacité ; les radiations
les plus actives sont celles qui sont le mieux absorbées
par la chlorophylle, à savoir les rayons rouges, oranges
et jaunes. Les rayons verts et bleus sont sans efficacité.
Quand on considère la fonction chlorophyllienne, on
remarque de même, que ce sont les rayons rouges,
oranges et jaunes qui favorisent le mieux la décomposition de l'acide carbonique et l'assimilation du carbone.
Il y a entre ces deux fonctions du végétal un lien étroit,
car c'est le courant d'eau déterminé par la transpiration
qui amène dans les feuilles les éléments fertilisants tirés
du sol ; ces éléments sont indispensables à la constitution des principes immédiats ternaires et quaternaires
qui prennent naissance dans la feuille.

La transpiration de l'eau par les feuilles peut être plus
forte que l'absorption de ce liquide par les racines ; alors
les plantes se fanent. Si au contraire, la transpiration
est inférieure à l'absorption, la plante devient plus tur-
gescente et l'on voit se former, surtout le matin après
une nuit fraîche, des goutelettes d'eau à l'extrémité des
feuilles des céréales.

M. J. B. Lawes, le célèbre agronome de Rothamsted,
a déterminé pour quelques plantes agricoles le rapport

qu'il y a entre la quantité d'eau évaporée par elles et le poids de la substance végétale produite. Il arrive à cette conclusion que pendant la croissance et la maturité des céréales, il y a une transpiration de 250 à 300 grammes d'eau, pour une élaboration de 1 gramme de matière sèche. Voici quelques données publiées par ce savant :

Eau évaporée pour
produire
1 gramme de
matières sèches.

Froment ... { Sans engrais.	.247 gr.
Engrais minéral.	225
Engrais minéral azoté.	206
Orge . . . . . { Sans engrais.	257 gr.
Engrais minéral.	238.
Engrais minéral azoté.	271

Haberland d'un autre côté a essayé aussi de déterminer la quantité d'eau évaporée par les récoltes de céréales. D'après ses recherches on arriverait aux poids d'eau suivants, nécessaires pour la production d'un gramme de matière sèche.

Blé.	234 gr.
Seigle	166 gr.
Orge.	247 gr.
Avoine.	455 gr.

Ce savant a reconnu aussi que l'activité de la transpiration par unité de surface de la plante était beaucoup plus grande pendant la jeunesse des céréales que dans les périodes suivantes. Mais d'ailleurs, il a constaté que, par suite de l'accroissement rapide du poids des plantes, la transpiration atteignait son maximun durant la période de la végétation qui suit la floraison. Nous reproduisons ci-dessous les principaux résultats de ses expériences :

ESPÈCES.		Évaporation par jour et décim. q.	Évaporation par jour et par plante.	Évaporation totale de chaque plante	
				par période.	pendant toute la vie
		gr.	gr.	gr.	gr.
Blé. . .	a) Avant l'épiage. . .	5.136	5.732	143.30	1179.92
	b) Avant la floraison.	2.802	11.981	299.50	
	c) Après la floraison.	2.657	18.428	737.12	
Seigle .	a) Avant l'épiage . .	3.765	4.300	107.50	834.89
	b) Avant la floraison.	2.611	10.809	270.22	
	c) Après la floraison.	2.172	13.062	457.17	
Orge. .	a) Avant l'épiage. . .	5.212	8.214	205.35	1236.71
	b) Avant la floraison.	3.273	15.622	390.55	
	c) Après la floraison.	2.989	18.309	640.81	
Avoine.	a) Avant l'épiage. . .	3.272	12.384	309.60	2277.73
	b) Avant la floraison.	2.438	27.988	699.70	
	c) Après la floraison.	2.228	27.188	1268.46	

M. Risler a trouvé en 1870, dans les expériences qu'il fit à sa ferme de Calèves, qu'il fallait au moins 250 grammes d'eau de transpiration pour que l'avoine pût constituer un gramme de matière sèche. Pour le même travail d'organisation, le maïs n'a exigé que 216 grammes d'eau.

En Allemagne, M. Hellriegel a trouvé que pour produire un gramme de matière sèche, le blé de mars transpirait 338 grammes d'eau. Cette quantité est plus considérable que celles qui résultent des expériences de J. B. Lawes et de Haberland.

Pour donner aux besoins d'eau des céréales une expression plus facile à saisir, et faire mieux ressortir en même temps son importance, nous avons dressé à titre d'indication le tableau suivant :

ESPÈCES.	Poids du grain par hectare.	Poids de la paille par hectare.	Total par hectare.	Matières sèches totales par hectare.	Eau transpirée : mètres cubes par hectare.
	Quintaux.	Quintaux.	Quint.	Quintaux.	
Blé d'hiver	24	48	72	61	1525
Blé de printemps.	20	40	60	51	1720
Avoine.	25	25	50	43	1405
Orge	25	25	50	43	995
Seigle.	21	53	74	63	1046
Maïs	23	52	75	64	1382

Si l'on veut être fixé sur l'évaporation totale de l'eau pour un hectare de céréales, il faut ajouter aux quantités ci-dessus indiquées, l'évaporation du sol lui-même.

En tenant compte de cette évaporation du sol, en même temps que de la transpiration des céréales, M. E. Risler a déterminé la quantité d'eau émise en moyenne par jour de végétation, pour les plantes qui nous intéressent. Il exprime cette évaporation totale en millimètres de hauteur d'eau, de même que les météorologistes évaluent la pluie.

```
Avoine. . . . . . . . . . . . . . . . . .    2.9  à  4.9
Maïs. . . . . . . . . . . . . . . . . . .    2.8  à  5.0
Blé. . . . . . . . . . . . . . . . . . . .   2.67 à  2.8
Seigle . . . . . . . . . . . . . . . . .         2.26
```

Si pour le blé nous admettons que la végétation active, depuis le réveil de la végétation jusqu'à la moisson, soit de 120 jours, nous arrivons à une dépense d'eau d'environ 3200 mètres cubes, volume double à peu près de celui de la transpiration.

Revenons maintenant aux expériences de M. Lawes.

Elles mettent en lumière ce fait, capital au point de vue de la production agricole, que la transpiration de l'eau par les céréales est diminuée en général par l'emploi des engrais. M. Lawes a confirmé ainsi les premiers essais de Woodward. Sachs de son côté a fait voir que les plantes auxquelles ont fait absorber du nitrate de potasse, du sulfate d'ammoniaque, du sulfate de chaux voient diminuer leur transpiration.

Marié Davy en opérant sur le blé a montré nettement cette action des matières salines dissoutes dans l'eau du sol. Ainsi, tandis que, dans le sol sans engrais, il fallait une évaporation de 1324 parties d'eau pour une production de 1 partie de grain, il n'en était plus consommé que 887 parties quand on ajoutait au sol, pour 2 litres, 1 gramme de phosphate acide de chaux, salpêtre, sel marin et plâtre.

La transpiration est aussi modifiée par la nature des sols. Le même observateur a trouvé, par exemple, qu'il y avait, pour la production de 1 gramme de grain de blé, évaporation de :

943 grammes d'eau avec la terre du Parc de Montsouris.
873   —   —   de Vincennes.
1184   —   —   d'Ivry.

C'est qu' « en réalité, la transpiration n'est pas le but du végétal; elle est un moyen employé par lui pour se procurer les substances qui lui sont indispensables pour accomplir son évolution. Suivant que l'eau aspirée par les racines sera plus ou moins chargée de ces substances la quantité qui en sera nécessaire sera elle-même plus ou moins grande » (1).

Les céréales convenablement fumées tirent donc un

____

(1) Marié Davy.

meilleur parti de la provision d'eau que le sol met à leur disposition; d'où il suit que l'emploi judicieux des engrais est un bon moyen de combattre les effets nuisibles des sécheresses ordinaires.

Vents. Orages. Grêle. — Les vents violents, les orages et la grêle sont très à craindre dans les pays à céréales à cause des dégâts souvent considérables qu'ils occasionnent.

Surchargées par l'humidité, les céréales sont versées sous les violences des bourasques. Si la verse ne se produit que tardivement, alors que la plante a fini de puiser dans le sol les éléments nutritifs qui lui sont nécessaires, et qu'il n'y a plus dans le végétal, pour amener la maturation, d'autre travail qu'une migration des principes nutritifs des tiges vers les épis, la verse n'est qu'un mal relatif. Le poids de la récolte de grains est à peine diminué; on a simplement plus de mal et plus de frais pour exécuter la moisson. Mais si la tempête a couché ces plantes avant, pendant ou aussitôt après la floraison, la récolte est grandement diminuée, car la nutrition est par là gravement compromise.

Les vents violents sont certainement la cause déter-, minante de la verse, mais celle-ci est favorisée par plusieurs circonstances, telles que le semis trop épais qui amène l'étiolement de la base des tiges, le manque d'acide phosphorique coïncidant avec une grande richesse du sol en azote, qui amène un exubérance de végétation foliacée, et enfin par le développement de la maladie du pied.

Comme nous le verrons à propos de la culture, on combat la verse par le choix de variétés à paille rigide, par le semis en lignes espacées et par des engrais appropriés.

Les orages sont aussi souvent accompagnés de grêle. Celle-ci est d'autant plus à craindre que la céréale approche davantage de sa maturité; alors, en effet, elle brise les tiges, détruit une grande partie de la récolte et augmente considérablement les difficultés de la moisson. L'assurance contre la grêle est le seul palliatif à lui opposer.

CHAPITRE III.

BESOIN D'ENGRAIS DES CÉRÉALES.

Comme toutes les autres plantes, les céréales doivent
tirer des milieux au sein desquels se poursuit leur évolution, sous forme d'aliments ou d'*engrais,* tous les corps
simples qui concourent à la constitution de leur substance. Si l'air, dans lequel elles élancent leurs tiges et
étalent leurs feuilles ; si la terre, où elles enfoncent leurs
racines, ne peuvent fournir à leur appétit l'un quelconque de ces éléments nécessaires, dans l'état qui convient, le développement du végétal ne peut se faire régulièrement, l'accroissement s'arrête : la plante ne peut
parcourir toutes les phases de son évolution vitale.

Avec l'aide de l'analyse chimique, nous trouvons dans
les plantes deux grandes catégories de matières, les unes
sont destructibles par le feu, les autres sont fixes. Les premières sont dites substances organiques et contiennent
du charbon, de l'hydrogène, élément fondamental de
l'eau, de l'oxygène, gaz indispensable à la respiration
de tous les êtres vivants et qui entre pour 1/5 de son volume dans l'air atmosphérique, et enfin de l'azote, autre
substance gazeuse qui forme les 4/5 de l'air et qu'on retrouve toujours dans toute matière vivante.

De ces quatre éléments, les trois premiers son abondamment fournis aux céréales par l'air atmosphérique et l'eau. Le charbon est absorbé par les feuilles, à l'état de gaz carbonique, sous l'influence de la lumière solaire. Le gaz carbonique est celui qui se dégage dans la fermentation du moût de raisin, de l'eau de seltz, du cidre et du vin mousseux. L'atmosphère en contient toujours une proportion plus que suffisante pour les besoins de la végétation. L'oxygène est puisé en partie dans l'air, directement, par tous les organes des plantes qui nous occupent, pour les besoins de leur respiration. Le surplus est, avec l'hydrogène, tiré de l'eau, que les racines absorbent en très grande quantité, ainsi que des combinaisons minérales dont il sera plus loin question.

Quant à l'azote, les céréales peuvent bien l'absorber en petite quantité par leurs organes foliacés quand il se trouve à l'état de combinaison ammoniacale dans l'air atmosphérique, mais il n'en est pas de même de l'azote libre de l'air. Celui-ci ne peut entrer directement dans le torrent de la vie. Les plantes de la famille des légumineuses, seules, peuvent en tirer parti, par l'intermédiaire du microbe spécial qui vit dans les nodosités de leurs racines.

Pour être assimilable par les céréales, l'azote, élément fondamental de la substance vivante qui les édifie, l'azote doit absolument se présenter sous forme d'ammoniaque et d'acide nitrique. L'ammoniaque et l'acide nitrique, les sels ammoniacaux ou les nitrates, sont les seuls véritables aliments azotés que les céréales puissent assimiler.

Les céréales, nous venons de le dire, peuvent puiser dans l'air une petite proportion d'azote ammoniacal, au moyen de leurs feuilles; mais, dans l'immense majorité des cas, cette quantité est relativement si faible, qu'il n'y a pas lieu d'en tenir compte dans la pratique courante, et qu'on doit, dans l'application des engrais, supposer que tout l'azote des céréales est puisé par leurs racines dans le sol, à l'état de combinaison nitrique ou ammoniacale.

Toutes les substances azotées, dans le sol, sous l'action des ferments divers qui y pullulent, se résolvent finalement en acide nitrique ou en ammoniaque que les céréales peuvent assimiler.

En second lieu viennent les substances fixes, ou principes des cendres, dont les céréales ont besoin en proportions diverses, suivant les espèces, mais en proportions toujours déterminées. Si ces végétaux ne les trouvent pas dans le sol, à portée de leurs racines, ils s'arrêtent dans leur croissance, restent chétifs, se fanent avant maturité, sans pouvoir produire de semences. Ce sont principalement la potasse, la chaux, le fer, la magnésie, l'acide phosphorique, l'acide sulfurique et le chlore.

Toutes ces substances, ainsi que l'azote, se rencontrent en quantités plus ou moins fortes dans les terres arables, et c'est là ce qui les rend plus ou moins productives. On peut même dire que, sauf en ce qui concerne l'acide phosphorique, la potasse, la chaux et l'azote, la plupart des sols en contiennent suffisamment pour les besoins de la culture. En nous occupant des sols dans leurs rapports avec la culture des céréales, nous verrons que ces éléments fondamentaux de leur nutrition ne s'y trouvent pas en général à l'état directement assimilable par les racines. La plus grande quantité de ces substances y est à l'état insoluble et fortement agrégé, et résiste à l'action absorbante des poils radicaux.

Pour l'instant, nous devons surtout fixer notre attention sur les besoins absolus d'éléments nutritifs que présentent les céréales. Afin de nous en rendre compte, nous avons depuis le commencement de 1889 entrepris des cultures expérimentales sur les blés d'automne et de printemps, l'avoine, l'orge, l'escourgeon d'hiver, le seigle, le maïs, le millet et le sarrasin, dans le but de déterminer d'une façon précise : d'une part les quantités totales d'éléments fertilisants qu'absorbent ces céréales, dans leurs parties aériennes et souterraines, puis d'autre part la marche que suit cette absorption des principes nutritifs aux diverses phases de la végétation, et les aptitudes relatives que présentent les plantes qui nous intéressent, à l'utilisation des ressources que le sol met à leur disposition.

Toutes nos cultures ont été faites dans des conditions bien déterminées que nous ne croyons pas inutile de préciser dès le début.

Dans des pots de terre cuite du commerce, de 33 centimètres de hauteur, 40 centimètres de diamètre supérieur et 25 centimètres de diamètre inférieur, nous placions de 28 à 30 kilogrammes d'une terre arable des environs de Chartres. Le sol, qui avait été préalablement tamisé, était additionné d'une fumure d'engrais salins constitués uniformément d'un mélange de nitrate ou de sels ammoniacaux, avec du superphosphate et du chlorure de potassium en quantités telles que chaque pot reçût exactement 1 gramme d'azote, 2 grammes d'acide phosphorique et 1 gramme de potasse.

Pour assurer la réussite de nos cultures, les pots étaient noyés dans de la sciure de bois blanc, et leur surface recouverte de deux centimètres de la même matière, afin d'éviter l'évaporation excessive. Les bâches qui renfermaient les pots pouvaient se mouvoir sur un chemin de fer, de manière à ce qu'on puisse mettre la culture à l'abri en cas de besoin.

Pendant toute la durée de la végétation, les cultures ont reçu tous les soins nécessaires, et on ne les a pas laissé manquer d'eau. Les semis ont été faits grain à grain à une profondeur uniforme, avec des variétés choisies. Les récoltes ont été exécutées à trois époques différentes : le tallage, la floraison et la maturité. On ne s'est pas borné à récolter les parties aériennes, mais les racines ont été recueillies avec grand soin dans leur intégralité.

Culture du blé hybride Rimpau

EN 1890-1891.

Le 28 octobre 1890 nous avons semé dans douze grands pots renfermant chacun 28 kilogr. de terre, quinze grains de blé hybride Rimpau, à la profondeur de trois centimètres. La levée a commencé le 13 novembre, soit 15 jours après le semis. La durée moyenne de la levée, depuis le jour du semis, a été de 17 jours et demi. La deuxième feuille était sortie le 23 novembre. A partir de cette date, les bâches qui renfermaient les pots furent rentrées dans la salle de végétation, pour soustraire les plantes aux rigueurs du froid. Le thermomètre en effet descendit alors à 16° au-dessous de zéro.

Du 15 janvier au 1er février, la troisième feuille est sortie. Le 9 février on éclaircit les plants et on n'en laisse que 9 par pot.

Sur tous les plants arrachés on remarque qu'il s'est formé un renflement ou nodosité au collet, à 2 cent. et demi au-dessus du grain. Sur 10 plants, un présente déjà deux racines adventives : la première a 30 millimètres et la seconde 8 millimètres. La quatrième feuille commence à sortir, et, en écartant les gaines des deux premières feuilles, on trouve à leur aisselle des rejets de 15 à 25 millimètres de long. Les premières racines adventives sont dans un plan perpendiculaire à celui des talles.

Dans trois autres plantes on voit à l'extérieur un rudiment de racine adventive. En enlevant les gaînes des
deux premières feuilles, on y constate un second rudiment de racine et deux rejets de 3 à 10 millimètres de
long. Sur les autres plants, où aucune racine adventive
ne perce à l'extérieur, on en trouve un rudiment sous
les gaînes, ainsi que deux rudiments de rejets.

Sur une seule plante on remarque un rejet vigoureux,
long de 17 millimètres, partant du grain même à la
naissance de la tigelle.

En résumé, la qua-
trième feuille pointe au
dehors, et l'on peut déjà
voir dans les pots trois
talles. Le tallage com-
mence donc entre la
troisième et la qua-
trième feuille.

Le 9 avril, nous
considérions le tallage
comme terminé, et nous

FIG. 22. — BLÉ D'HIVER
AU TALLAGE (I).

faisions la récolte des plants, avec leurs racines,
dans deux pots fumés et dans deux pots sans engrais.
Nous avons fait photographier par M. Aufray (2), un
pot de chaque lot, avant la récolte, et ensuite un plant
moyen avec toutes ses racines (fig. 22, 23 et 24).

A cette époque, le recensement des talles dans les pots
fumés nous donnait en moyenne douze rejets. Nous n'en
trouvions que dix dans les pots non fumés.

Les pots récoltés pour la période du tallage ont donné
les résultats suivants :

(1) Les reproductions de nos cultures sont à l'échelle de 1 p. 11 environ.
(2) Ingénieur agronome, préparateur à la station agronomique de
Chartres.

	Deux pots sans engrais.	Deux pots fumés.
Nombre de plantes.	17	18
Nombre de talles apparentes. . .	142	182
Talles par plante moyenne. . . .	8,4	10,1
Poids sec (à 100°) des tiges . . .	7,^{gr}0	10,^{gr}0
— — des racines. .	4, 0	4, 0

FIG. 23. — BLÉ D'HIVER
AVEC SES RACINES AU TALLAGE,
SANS ENGRAIS.

FIG 24. — BLÉ D'HIVER
AVEC SES RACINES AU TALLAGE,
AVEC ENGRAIS.

La plante moyenne était donc constituée comme il suit :

	Sans engrais.	Avec engrais.
	gr.	gr.
Tiges et feuilles.	0,412	0,556
Racines.	0,235	0,222
Total.	0,647	0,778
Racines % de tiges et feuilles. . .	57,08	39,93

L'analyse des parties aériennes et des racines a donné pour cent de matière sèche les résultats consignés dans le tableau suivant :

	TIGES.			RACINES.		
	Avec engrais.	Sans engrais.	Moyenne	Avec engrais.	Sans engrais.	Moyenne.
Azote	2,01	2,11	2,06	1,92	1,92	1,92
Acide phosphor.	1,44	1,42	1,43	1,18	1,20	1,19
Chaux.	1,26	1,40	1,33	1,26	1,19	1,22
Potasse	5,00	4,80	4,90	2,44	2,60	2,52

En combinant les données précédentes, nous avons établi la composition d'une plante moyenne entière au tallage :

COMPOSITION D'UNE PLANTE ENTIÈRE AU TALLAGE

EN MILLIGRAMMES.

		Matière sèche.	Azote.	Acide phosphorique.	Chaux.	Potasse.
Sans engrais ..	Tiges . .	412,0	8,69	5,85	5,77	19,78
	Racines.	235,0	4,51	2,82	2,80	6,11
	Total .	647,0	13,20	8,67	8,57	25,89
Avec engrais .	Tiges . .	556,0	11,18	8,01	7,00	27,80
	Racines.	222,0	4,26	2,62	2,80	5,42
	Total .	778,0	15,44	10,62	9,80	33,22

La période du tallage à laquelle se rapportent les documents qui précèdent commençait le 17 février pour finir le 9 avril. La durée de cette phase si importante de la végétation avait donc été de 51 jours. Sa date moyenne doit donc être reportée au 15 mars. A ce moment, en effet, le phénomène atteignait sa plus haute activité.

C'est le 2 juin qu'on a vu sortir de sa gaine le premier épi, dans un pot fumé, 216 jours après le semis, et 79 jours après le tallage moyen. Le 11 juin l'épiage est dans son plein, et le 12 la floraison commence pour finir complètement le 24.

L'épiage et la floraison ont donc eu lieu 226 jours après le semis et 89 jours après le tallage moyen. Le 12 nous avons récolté un pot avec engrais, et un pot sans engrais, dont nous donnons les photographies (fig. 25). La récolte étant faite, nous avons photographié une plante moyenne de chaque pot, avec ses racines. (fig. 26 et 27).

Ci-après sont relatés les résultats numériques de cette récolte :

	COMMENCEMENT DE LA FLORAISON.	
	Sans engrais.	Avec engrais.
Nombre des plantes.	9	9
Tiges.	46	65
Épis apparus	40	46
	gr.	gr.
Poids total des tiges et épis secs..	160	180
— racines sèches. . .	32	30

On en déduit, pour une plante moyenne la constitution suivante :

FIG. 25. — BLÉ D'HIVER A LA FLORAISON.

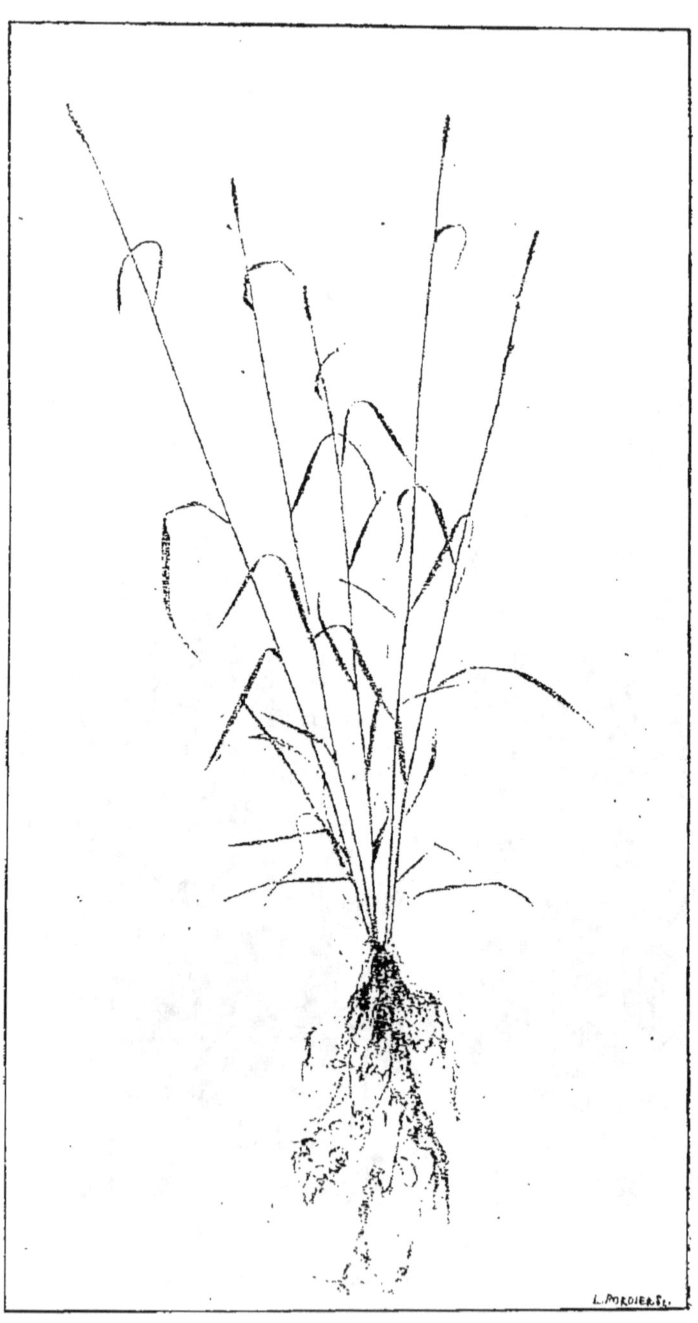

Fig. 26. — Blé d'hiver avec ses racines a la floraison sans engrais.

Fig. 27. — Blé d'hiver avec ses racines a la floraison avec engrais.

	Sans engrais.	Avec engrais.
Nombre de tiges	5,1	7,2
— d'épis	4,4	5,2
	gr.	gr.
Poids sec des tiges, feuilles et épis .	17,778	20,000
Poids sec des racines.	3,556	3,334
Poids total de la plante sèche. . .	21,334	23,334
Racines % de parties aériennes. . .	18,87	16,67

L'analyse de notre deuxième récolte nous a donné les résultats qui suivent, pour 100 de matière sèche, tant dans les parties aériennes que dans les racines :

	PARTIES AÉRIENNES.			RACINES.		
	Avec engrais.	Sans engrais.	Moyenne.	Avec engrais.	Sans engrais.	Moyenne.
Azote	1,34	1,34	1,34	1,24	1,25	1,24
Acide phosphor.	0,76	0,79	0,775	0,77	0,84	0,805
Chaux	0,72	0,72	0,72	0,77	0,72	0,745
Potasse	2,31	2,40	2,35	1,15	1,22	1,18

La composition d'une plante de blé à la floraison peut, d'après ces données, s'établir comme il suit, en prenant le milligramme pour unité :

		Matière sèche.	Azote.	Acide phosphorique.	Chaux.	Potasse.
		milligr.	milligr.	milligr.	milligr.	milligr.
Sans engrais.	Tiges etc. . . .	17 778,0	238,23	140,45	128,00	426,67
	Racines. . . .	3 556,0	44,46	29,87	25,60	43,38
	Total. . . .	21 334,0	282,69	170,32	153,60	470,05
Avec engrais.	Tiges etc. . . .	20 000,0	268,00	152,00	144,00	462,00
	Racines. . . .	3 334,0	41,34	25,67	25,67	38,31
	Total. . . .	23 334,0	309,34	177,67	169,67	500,31

La floraison était complètement terminée le 24 juin.
Elle avait duré 12 jours. Le trois août la récolte était
mûre. De la fin de la floraison à la maturité il s'est donc
écoulé 40 jours; on en compte 52 depuis le début de la
floraison. En moyenne, la maturité a donc eu lieu 46
jours après la pleine-fleur. Ce sont les conditions normales de la végétation. En fin de compte, notre blé a
mis 232 jours, depuis le semis, pour atteindre sa maturité.

A cette dernière époque, nous avons récolté 6 pots
de blé et pris la photographie d'un pot et d'une plante
moyenne dans chacun des deux groupes , avec et sans
engrais (fig. 28, 29 et 30). Nous donnons ci-après les
résultats de nos récoltes :

	Sans engrais.	Avec engrais.
Nombre de plantes.	26	26
— de tiges.	186	210
— d'épis mûrs.	112	135
— de tiges par plante. . .	7,15	8,08
— d'épis murs.	4,23	5,19
	gr.	gr.
Poids total de la paille sèche. .	485	510
— du grain sec	200	232
— des racines sèches .	118	130

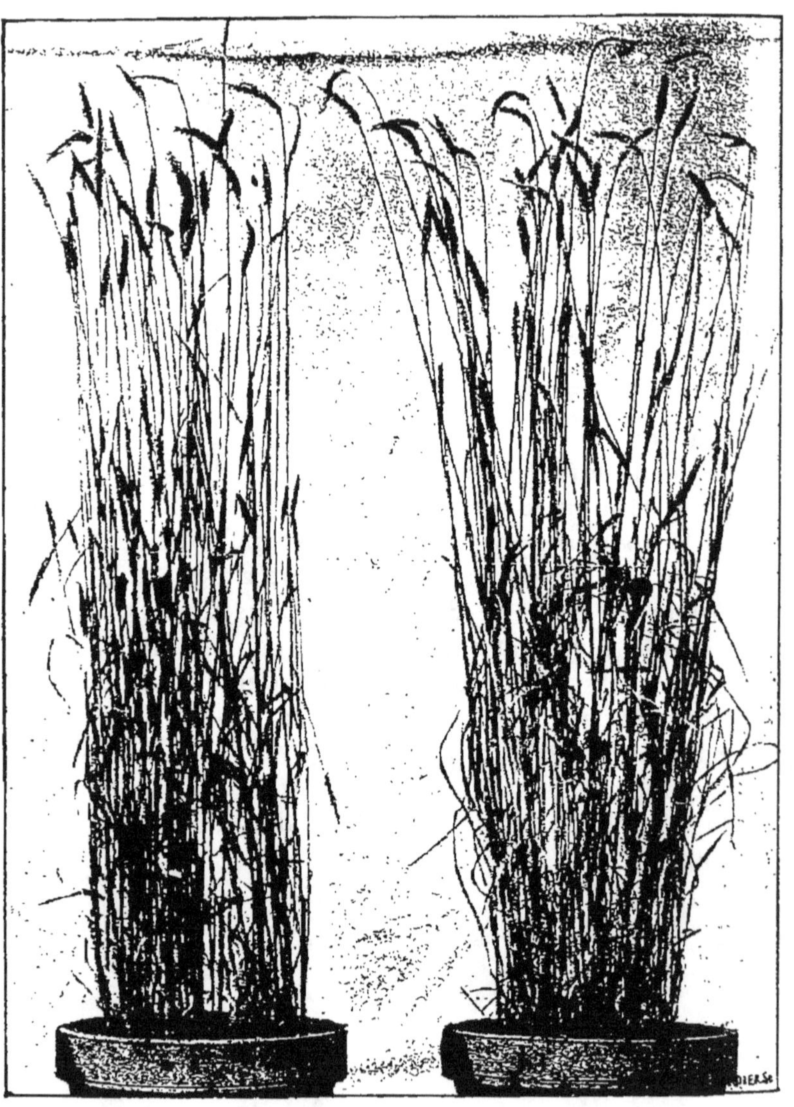

Fig. 28. — Blé d'hiver a la maturité.

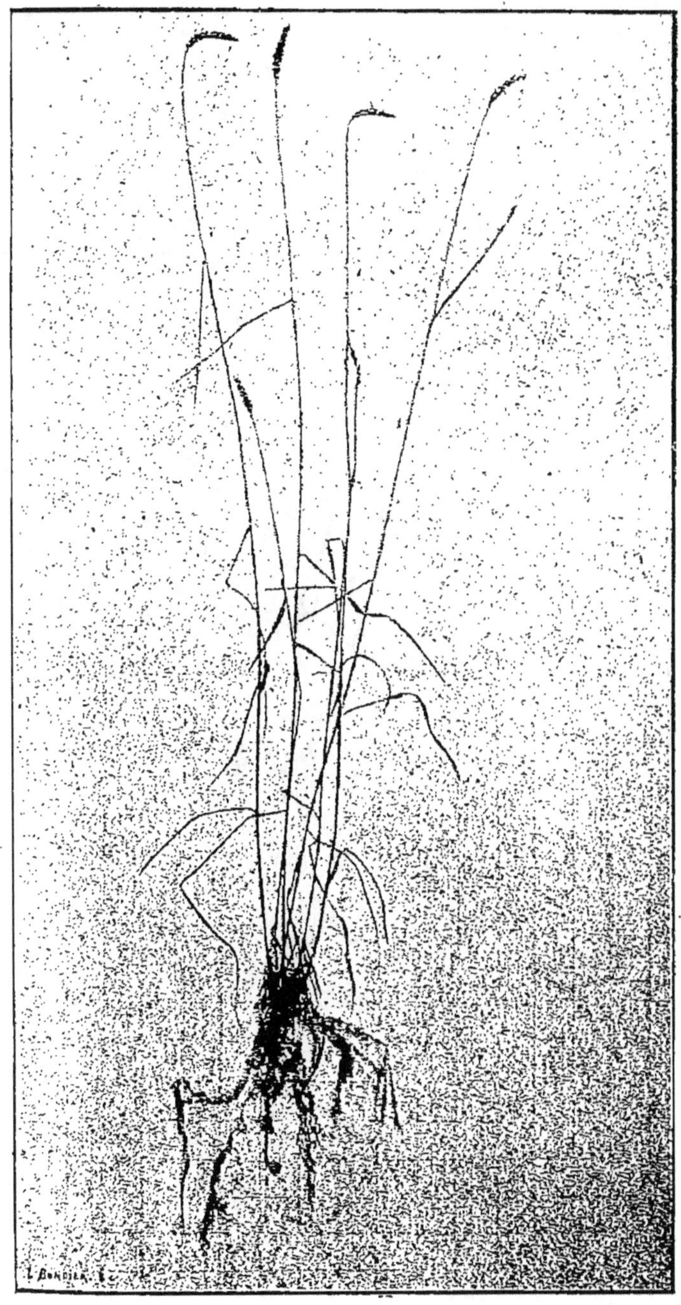

FIG. 29. — BLÉ D'HIVER AVEC SES RACINES A LA MATURITÉ, SANS ENGRAIS.

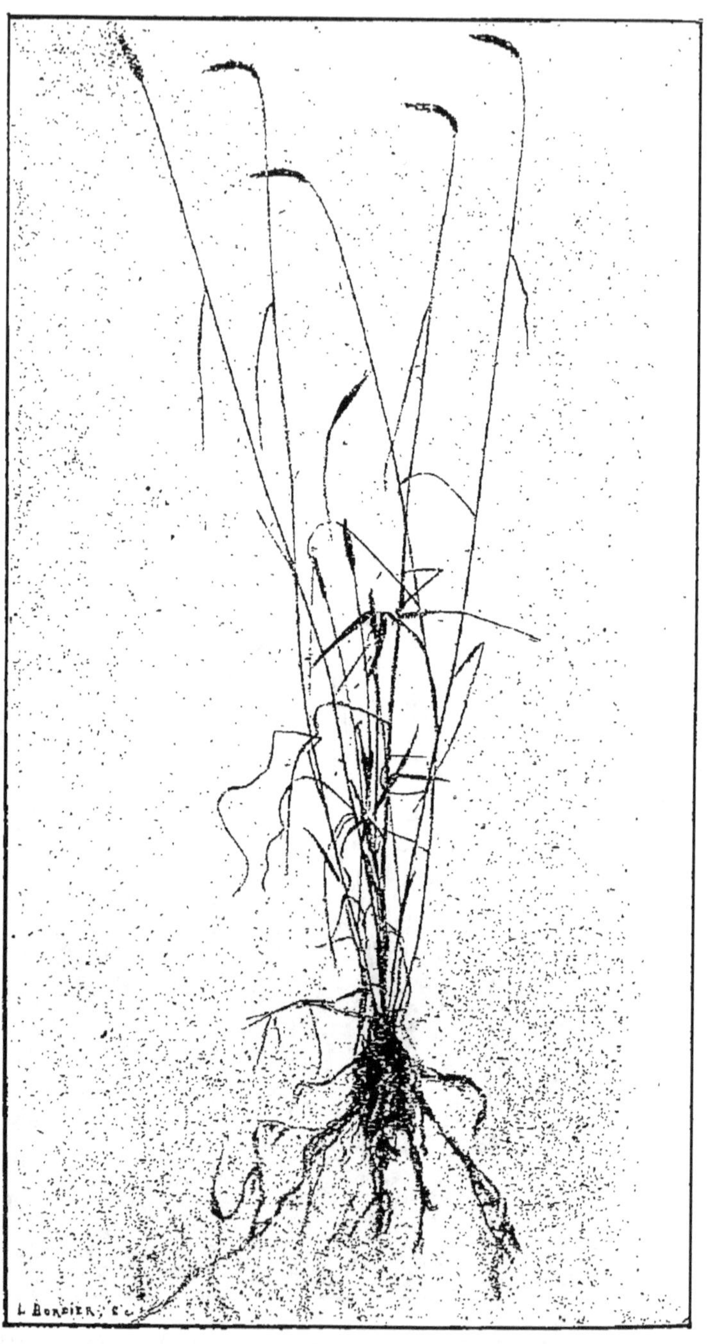

FIG. 3o. — BLÉ D'HIVER AVEC SES RACINES A LA MATURITÉ, AVEC ENGRAIS.

Nous déduisions de là le poids d'une plante entière, à la maturité :

	Sans engrais.	Avec engrais.
Pailles	18.654	19.615
Grains	7.692	8.923
Racines.	4.538	5.000
Total.	30.884	33.538
Racines % de parties aériennes.	17.22	17.51

Les résultats précédents démontrent que nous sommes arrivé, par la culture en pots, à obtenir des plantes très vigoureuses, qui ont parcouru normalement toutes les phases de leur végétation. Chacun de nos pots ayant 11 décimètres carrés de superficie, et ayant produit en moyenne dans les deux séries 8,7 plantes, notre récolte est comparable à une récolte de plein champ qui eût compté 790.000 plants par hectare, avec 3.341.700 épis dans le sol sans engrais, et 4.100.100 avec engrais. Le poids de la récolte sèche aurait atteint dans ces conditions :

	Sans engrais.	Avec engrais.
	Kil.	Kil.
Balles et pailles	14.730	15.480
Graines	6.077	7.049
Racines	3.505	2.950
Total	24.312	26.479

Dans le lot sans engrais, nous trouvons qu'il y a 41.24 de grain pour 100 de paille. Avec engrais ce rapport s'élève à 45.52. Pour rendre ces chiffres comparables à ceux que l'on obtient en grande culture (voir ch. V), il est essentiel que nous tenions compte du chaume laissé sur le sol et des balles, afin d'en déduire le poids de celui de la paille totale. Avec Boussingault, nous estimons le poids des balles à 5 % et celui des chaumes à 15 % du poids de la paille totale. Dès lors le rapport du grain à la paille devient 51.55 pour le lot non fumé, et est de 56.85 pour la série fumée. Et en moyenne, pour une récolte de plein champ de 1884 à 1887 nous avons obtenu de 46 à 56 de grain pour 100 de paille.

Notre récolte présente donc les caractères d'une récolte normale. Il est certain qu'en la rapportant à l'hectare on arrive à un rendement sur lequel il ne faudrait pas compter en pleine terre. 60 et 70 quintaux de grain sec sont des produits purement théoriques, puisqu'ils supposent dans un champ de 10.000 m. q. une régularité absolue impossible à réaliser dans la pratique. Nous n'avons fait ce calcul que pour démontrer que nos recherches ont porté sur des plants de blé de belle venue et pour qu'il ne puisse y avoir de doute sur la valeur des conclusions que nous aurons plus tard à en tirer.

Le plus grand rendement que nous ayons vu a été réalisé dans une pièce de terre de 5 hectares, en 1874; il s'est élevé à 63 hectolitres ou 5.000 k. de grain. M. de Gasparin rapporte que M. Gilly, près d'Uzès, dans le Gard, a récolté 72 hectol. ou 57 quintaux par hectare. M. Létang de Saint-Luperce près Chartres a obtenu 38 q^x 15 de Dattel dans un champ de démonstration en 1888. Enfin dans son *Étude sur la culture du blé,* M. Joulie constate des rendements qui atteigent 48 qx 6.

Tout cela montre jusqu'à quel point la production du blé pourrait s'élever en France par l'emploi de méthodes judicieuses, sans que nous voulions dire qu'on puisse arriver jamais à de pareilles moyennes.

L'analyse de la paille, du grain et des racines nous a donné les résultats suivants pour 100 de matière sèche :

COMPOSITION DU BLÉ D'HIVER A LA MATURITÉ.

% DE MATIÈRE SÈCHE.

		Azote.	Acide phospho-rique.	Chaux.	Potasse.
Paille et balles.	Sans engrais . .	1,10	0,73	0,59	1,30
	Avec engrais . .	1,05	0,725	0,645	1,265
	Moyenne	1,08	0,73	0,62	1,28
Grains. .	Sans engrais . .	1,62	0,78	0,62	0,63
	Avec engrais . .	1,58	0,79	0,59	0,63
	Moyenne	1,60	0,785	0,61	0,63
Racines. .	Sans engrais . .	1,25	0,73	0,42	1,10
	Avec engrais. .	1,34	0,72	0,42	1,12
	Moyenne	1,29	0,725	0,42	1,11

En combinant ces résultats analytiques avec les rendements produits, nous avons déterminé la composition d'une plante moyenne de blé à l'époque de la récolte :

		Matière sèche.	Azote.	Acide phospho-rique.	Chaux.	Potasse.
		milligr.	milligr.	milligr.	milligr.	milligr.
Sans engrais.	Tiges et balles.	18 654	205,19	136,17	110,06	242,50
	Grains	7 692	124,61	60,77	47,69	48,46
	Racines. . . .	4 538	56,73	32,13	19,06	49,92
	Total . . .	30 884	386,53	229,07	176,81	340,88
Avec engrais.	Tiges et balles.	19 615	205,96	142,21	126,42	248,73
	Grains	8 923	141,00	69,60	52,65	56,21
	Racines. . . .	3 000	67,00	36,00	21,00	56,00
	Total. . . .	53 538	413,96	247,81	200,07	350,94

Nous résumons enfin toutes les constatations précédentes dans le tableau suivant qui reproduit la composition en bloc d'une plante entière aux diverses phases de sa végétation :

		Tallage.	Floraison.	Maturité.
		milligr.	milligr.	milligr.
Sans engrais....	Matière sèche	647,00	21.334,00	30.884,00
	Azote	13,20	282,69	386,53
	Acide phosphorique.	8,67	170,32	229,07
	Chaux.	8,57	153,60	176,81
	Potasse	25,89	470,05	340,88
Avec engrais....	Matière sèche	778,00	23.334,00	33.538,00
	Azote	15,44	309,34	413,96
	Acide phosphorique.	10,63	177,67	247,81
	Chaux.	9,80	169,67	200,07
	Potasse	33,22	500,31	350,94
Moyenne..	Matière sèche	712,50	22.334,00	32.211,00
	Azote	14,32	296,01	400,25
	Acide phosphorique.	9,65	174,00	238,41
	Chaux.	9,18	161,63	188,44
	Potasse	29,55	485,18	345,01

Nous pouvons maintenant, en nous basant sur la constitution de la plante fumée, calculer les quantités d'éléments nutritifs nécessaires au froment, pour donner un rendement à l'hectare de 40 hectolitres ou 32 quintaux de grain normal, en considérant chacune des périodes importantes de la végétation.

Une récolte de 32 quintaux de blé marchand correspond à un rendement de 27 quintaux 2 de grain desséché à 100°. Pour obtenir ce poids de grain sec, il eût fallu que le champ considéré portât 305.000 plants et donnât 1.576.000 épis en chiffres ronds.

La couverture d'un hectare eut atteint, en conséquence

aux diverses périodes de la végétation, les quantités suivantes :

1° *Matière sèche.*

	Tallage.	Floraison.	Maturité.
	kil.	kil.	kil.
Grains.	»	»	2720
Pailles.	169,5	6100	5981
Racines	67,7	1017	1525
Total. . .	237,2	7117	10226

2° *Azote.*

	Tallage.	Floraison.	Maturité.
	kil.	kil.	kil.
Grains.	»	»	43,0
Pailles.	3,41	81,7	62,8
Racines	1,30	12,6	20,4
Total. . .	4,71	94,3	126,2

3° *Acide phosphorique.*

	Tallage.	Floraison.	Maturité.
	kil.	kil.	kil.
Grains.	»	»	21,22
Pailles.	2,44	46,4	43,37
Racines	0,80	7,8	10,98
Total. . .	3,24	54,2	75,57

4° *Chaux.*

	Tallage.	Floraison.	Maturité.
	kil.	kil.	kil.
Grains.	»	»	16,0
Pailles.	2,13	43,9	38,6
Racines	0,85	7,8	6,4
Total. . .	2,98	51,7	61,0

5° *Potasse.*

	Tallage.	Floraison.	Maturité.
	kil.	kil.	kil.
Grains.	»	»	17,14
Pailles.	8,5o	149,9	75,85
Racines.	1,65	10,4	17,08
Total. . .	10,15	151,3	110,07

On voit qu'une récolte de blé d'hiver de 40 hectolitres
par hectare a besoin de tirer du sol les quantités totales
suivantes de substances nutritives :

	Kil.
Azote.	125,2
Acide phosphorique.	75,6
Chaux.	61,0
Potasse.	110,0

Ces besoins absolus d'éléments fertilisants sont plus
élevés que ceux qu'avait admis M. Joulie dans son
Étude sur la culture du blé, pour l'azote, l'acide phosphorique et la chaux, et à peu près les mêmes pour
la potasse. Cela est attribuable à plusieurs raisons : 1°
la différence de variétés peut avoir eu une légère influence sur la quantité des éléments absorbés; 2° les
nombres que nous donnons comprennent les éléments
des racines et des chaumes, négligés dans le travail précité; 3° la récolte en plein champ occasionne des pertes
inévitables desquelles notre méthode de culture nous a
mis à l'abri.

En passant, nous pouvons examiner ce que nous
aurait rendu en grain, le champ que nous avons pris
comme type, cultivé sans engrais. Nous voulons dire un
champ de même sol, planté d'un même nombre de
pieds de froment. Nous aurions obtenu 23 q^x,4 de grains

secs ou 27 q^x, 5 de grains marchand à 15 % d'eau, soit une différence en moins de 450 kgr. ou 560 litres. Dans une terre déjà fertile, comme celle que nous avons employée, renfermant par kilogr. de sol normal sec :

1 gr. 93 d'azote total.
1 gr. d'acide phosphorique.
1 gr. 86 de potasse.
6 gr. 3 de chaux.
2 gr. 49 de magnésie.

l'engrais n'a donc pas été inutile.

Mais il ne nous suffit pas de connaître les quantités totales d'éléments nutritifs nécessaires au blé d'hiver. Il est de la plus haute importance que nous sachions à quelles époques spéciales la plante éprouve le besoin le plus énergique de chacune des quatre substances fertilisantes que nous avons envisagées. C'est seulement lorsque nous saurons si l'absorption des principes nutritifs est uniforme, ou si, au contraire, elle présente à certaines phases une intensité extraordinaire, que nous pourrons nous dire renseignés sur les besoins d'engrais de la plante.

Déjà, en se reportant aux tableaux où nous avons consigné la teneur en éléments fertilisants de la récolte type de 40 hect. à l'hectare, aux trois principales périodes de la végétation du blé, on reconnaît que l'uniformité n'existe pas dans les besoins nutritifs. Mais en ayant recours à la méthode graphique pour représenter la marche de l'absorption, on saisit d'un seul coup d'œil les variations d'intensité que présente l'assimilation des engrais. Le tableau suivant indique la marche de l'absorption de l'azote, l'acide phosphorique, la chaux et la potasse, et parallèlement celle de la formation de la matière sèche. On a égalé à 100 la quantité de chacune de ces substances que renferme la plante au moment où elle en contient le plus, et rapporté les autres quantités à ce type.

MARCHE DE L'ABSORPTION DES PRINCIPES NUTRITIFS

EXPRIMÉE EN CENTIÈMES DES MAXIMA ABSORBÉS.

		Matière sèche.	Azote.	Acide phosphorique.	Chaux.	Potasse.
Sans engrais.	Tallage. . .	2,08	3,42	3,78	4,86	5,50
	Floraison..	69,00	70,18	74,38	87,26	100,00
	Maturité. .	100,00	100,00	100,00	100,00	72,34
Avec engrais.	Tallage. . .	2,31	3,72	4,30	4,90	6,64
	Floraison..	69,57	74,72	71,93	84,83	100,00
	Maturité. .	100,00	100,00	100,00	100,00	70,20
Moyenne générale.	Tallage. . .	2,2	3,6	4,0	4,9	6,1
	Floraison..	69,2	72,4	73,1	86,0	100,0
	Maturité. .	100,0	100,0	100,0	100,0	71,3

L'assimilation a marché sensiblement du même pas dans la culture fumée et dans la culture sans engrais, c'est pourquoi nous avons établi les courbes suivantes d'après la moyenne des résultats.

Ce qui nous frappe d'abord, c'est que, tandis que de la levée à l'époque du tallage la production de la matière organique et l'assimilation des principes nutritifs suivent une marche régulière peu rapide, du tallage à la floraison l'activité végétale est énorme. Du 9 avril au 12 juin, soit en un peu plus de 2 mois, le blé, qui occupe le sol pendant 9 mois, a absorbé près de 69 % de son azote et de son acide phosphorique, près de 81 % de sa chaux, et de 94 % de sa potasse. S'il a déjà alors tiré du sol toute la potasse qui lui est nécessaire, il continue encore, bien qu'avec une activité décroissante, à absorber les autres éléments de sa constitution.

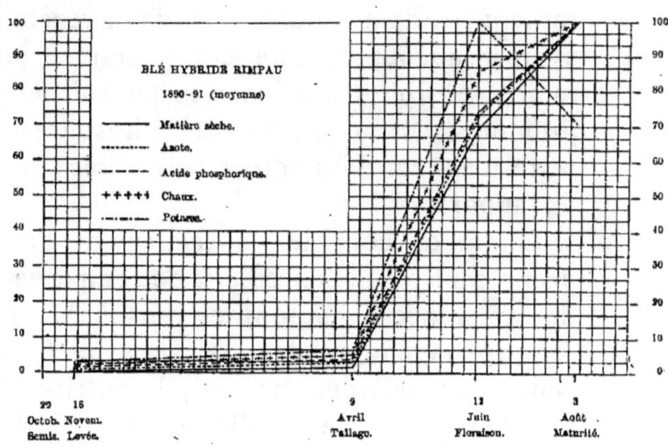

Fig. 31. — Marche de l'absorption des éléments nutritifs en centièmes des maxima.

A cette intensité de l'assimilation des substances fertilisantes correspond, ce nous semble, un besoin d'engrais indiscutable, car il paraît difficile que la plante puisse tirer, en si peu de temps, des réserves du sol, qui ne se désagrègent que lentement, une masse aussi élevée de matières alimentaires. Cela est confirmé du reste par les heureux résultats que l'on obtient en grande culture par l'emploi de fumures en couverture sur les blés chétifs au printemps. Il est du reste évident que si l'assimilation des principes fertilisants du sol se prolongeait régulièrement pendant tout le cours de la végétation, la plante, ayant beaucoup plus de temps pour se pourvoir, serait moins sensible à l'adjonction au sol de quelques kilogrammes d'azote ou d'acide phosphorique, quand le terrain en contient souvent 300 fois plus qu'on ne lui en apporte.

Lorsqu'on considère spécialement l'azote, on comprend sans peine la nécessité de l'employer au printemps de préférence à l'automne, puisque c'est en mai surtout que la plante l'absorbe avec avidité. Dès le commencement du tallage, en avril, la nitrification du sol est très lente à cause de l'insuffisance de la température. Le blé *a faim* d'azote, et si l'on ne lui en fournit pas une petite provision, sous une forme rapidement assimilable, pour lui permettre d'attendre que les réserves organiques viennent, en nitrifiant, se mettre en équilibre avec son appétit, il souffre et jaunit. Cent kilogr. de nitrate de soude constituent souvent alors un *cordial* très efficace.

Ce qui saute aux yeux pour l'azote doit être admis aussi pour les autres éléments nutritifs; nous sommes convaincu, d'après nos recherches et nos observations culturales, que le besoin d'engrais qu'ont les plantes ne dépend pas seulement des rapports qu'il y a entre les ressources totales du sol, et la quantité d'éléments nutritifs enlevés par la récolte, mais qu'il est aussi la conséquence de la marche de l'absorption des éléments nutritifs. Plus celle-ci est rapide, plus aussi dans un sol donné il y aura nécessité de fumer fortement. Si au lieu d'être régulière, elle se localise en certaines périodes, il en résultera un besoin d'engrais d'autant plus fort que la période sera plus courte.

D'un autre côté, la plante sera d'autant plus exigeante en engrais que l'absorption des éléments nutritifs marchera plus vite que la formation de la substance sèche. Il y a en effet une relation directe entre la formation de cette dernière et l'absorption dans le sol de l'eau qui alimente le courant de la transpiration. Ce fait a été démontré par Hellriegel, Lawes et Gilbert, etc. L'absorption de cette eau ou plus exactement de cette solution d'éléments nutritifs est donc jusqu'à un certain degré une fonction de la production de la matière sèche. Donc, si, en considérant la marche de la production de la matière végétale et celle de l'absorption des éléments nutritifs, nous reconnaissons qu'elles sont parallèles, nous en conclurons que la solution nutritive peut rester à un titre constant sans que la plante en souffre. Si au contraire, les deux lignes s'écartent davantage, il sera utile que la solution soit plus riche, et la plante se trouvera bien d'un supplément de fumure. Quand les lignes convergeront, au contraire, le besoin relatif d'engrais diminuera.

Ces considérations établies, jetons de nouveau nos regards sur le graphique dont nous cherchons à déduire la signification. Pendant la végétation hivernale, l'absorption des principes nutritifs suit une direction qui s'écarte peu de celle de la matière sèche. A partir du tallage au contraire, la divergence va en croissant jusqu'à la floraison. Nous en déduisons que, pendant cette période, le blé doit avoir à sa disposition des provisions d'engrais facilement assimilables. La nécessité de ces derniers est surtout intense dès la formation de l'épi. Ces conclusions viennent corroborer celles que nous avions tirées de ces recherches en nous plaçant à un autre point de vue.

Les lignes correspondantes à chacun des éléments nutritifs s'écartent plus ou moins de celle de la substance sèche, et les unes des autres. Elles peuvent même passer au-dessous de la courbe de la végétation. Pour le cas qui nous occupe, elles dominent cette dernière d'une manière presque constante pendant toute la végétation. C'est la potasse et la chaux qui sont absorbées avec le plus d'avidité. Ce sont aussi des éléments indispensables à la réussite du froment. Leur abondance dans le sol est la condition primordiale de la bonne venue de cette plante. On ne peut cultiver le blé avantageusement que dans les terres qui renferment du calcaire, ou dans celles qui ont été chaulées ou marnées. Le blé réussit toujours beaucoup mieux dans les sols argileux constamment riches en potasse que dans les sables siliceux ou calcaires dépourvus de cette substance.

Dans les sols argilo-calcaires favorables au blé, le rendement dépend de l'acide phosphorique surtout et ensuite de l'azote.

Le premier de ces éléments favorise beaucoup le premier développement et le tallage, puis hâte très sensiblement la maturité. C'est un fait d'observation courante en Eure-et-Loir qu'il faut semer moins dru dans les champs qui sont déjà de longue date enrichis par des fumures phosphatées, et que le blé y mûrit plus vite et mieux, en y prenant une plus belle *cotte* (1).

(1) Cotte, vêtement. Prendre une belle cotte, ou bien se cotter est une

M. Omer Benoist, sur sa ferme de Moyencourt, non loin de Houdan, a mis ce fait en évidence en établissant 6 carrés, dont l'un resta comme témoin, tandis que chacun des autres recevait une dose croissante de phosphate de soude, depuis 200 jusqu'à 1200 kgr. par hectare. Le phosphate de soude avait été choisi comme engrais pour éviter l'intervention de la chaux et de l'acide sulfurique. Les différences de végétation et surtout de hâtivité furent considérables, et en raison directe de la dose d'engrais phosphaté. Le 2 juillet 1893 on moissonnait le blé et l'escourgeon qui avaient reçu 1200 kgr. de phosphate sodique; ils étaient superbes et bien mûrs. La récolte de la parcelle fumée à 200 kgr. n'était pas encore mûre, et le rendement était inférieur de moitié. Les céréales qui n'avaient pas reçu de phosphate de soude étaient toutes vertes et très chétives.

L'azote joue un rôle agricole moins important que l'acide phosphorique dans la production du blé. On doit en ménager la distribution avec grand soin, pour éviter l'exubérance de la végétation herbacée qui compromet le rendement en grains et favorise les végétations cryptogamiques parasitaires. Dans les champs qui ont reçu trop d'azote, le blé pousse trop vert, et reste trop longtemps avant de passer au jaune. La rouille s'en empare, ou bien la verse l'abat.

C'est par l'intermédiaire des racines que le blé absorbe dans le sol les éléments nutritifs que nous avons reconnus nécessaires à son évolution. Nous savons que cette absorption varie d'une époque à l'autre de la végétation, de même que le développement des racines. Il nous paraît de toute évidence que le besoin d'engrais rapidement

---

expression beauceronne qui, appliquée au blé, signifie prendre une belle couleur jaune d'or.

assimilables que ressentira la plante sera d'autant plus élevé que l'unité de racines devra absorber dans l'unité de temps une plus grande quantité d'éléments nutritifs.

Nous prenons comme unité de racines le gramme de substance radiculaire sèche, et le jour comme unité de temps; et nous obtenons le travail moyen d'absorption diurne en divisant, pour chaque période, le gain de chaque élément nutritif fait par la plante pendant la durée réelle de celle-ci, par le produit du poids moyen des racines et du nombre de jours.

La première période de végétation du blé Rimpau a duré 145 jours. A l'origine, le poids des racines était nul. Au moment de la première récolte, ce poids était de o gr. 235 par plante. Le poids moyen s'est donc élevé à $\dfrac{o\ gr.\ 235}{2}$, et l'absorption diurne moyenne par gramme de racines a été, pour l'azote, par exemple, de $\dfrac{13.2}{\dfrac{0.235}{2} \times 145}$ = o milligr. 96.

La deuxième période a duré 64 jours. Le poids des racines atteignait, au début, o gr. 235; il était, à la fin, de 3 gr. 556. La moyenne s'élevait donc à $\dfrac{0.235 + 3\ gr.\ 556}{2}$ = 1 gr. 895. D'autre part, pendant la même période, le poids de l'azote d'une plante a passé de 13 milligr. 2 à 282 milligr. 7; il en ressort un gain d'azote de 269 milligr. 5. Le travail d'absorption diurne pour l'azote a donc été de $\dfrac{269.5}{1^{gr}.895 \times 64}$ = 2 milligr. 22. Ces deux exemples suffisent pour faire comprendre comment nous avons établi le tableau suivant :

TRAVAIL D'ABSORPTION DIURNE
DE 1 GR. DE RACINE SÈCHE (BLÉ RIMPAU).

	Tallage.	Floraison.	Maturité.
	milligr.	milligr.	milligr.
1° *Culture sans engrais.*			
Azote	0,77	2,22	0,49
Acide phosphorique. . . .	0,51	1,34	0,28
Chaux.	0,50	1,18	0,11
Potasse	1,51	3,66	0
Total.	3,29	8,40	0,88
2° *Culture avec engrais.*			
Azote	0,96	2,58	0,48
Acide phosphorique. . . .	0,66	1,47	0,30
Chaux.	0,61	1,40	0,12
Potasse	2,06	4,09	0
Total.	4,29	9,54	0,90

On voit d'après ces chiffres que le travail d'absorption de l'unité de racines atteint son maximum pendant la période qui va du tallage à la floraison. C'est donc alors que la plante a le plus besoin d'avoir à sa disposition de grandes provisions de substances assimilables.

En moyenne, le travail de l'unité de racines est à cette époque près de deux fois et demi plus grand qu'avant le tallage, et plus de 8 fois plus énergique que pendant la maturation. En prenant comme unité le travail radiculaire de la première période, nous obtenons les résultats moyens suivants :

	Tallage.	Floraison.	Maturité.
Azote	1	2,7	0,5
Acide phosphorique. . .	1	2,2	0,45
Chaux.	1	2,3	0,2
Potasse	1	2,0	0,0
Total.	4	9,2	1,15

Nous voyons là une confirmation très nette des conclusions que nous avions tirées précédemment de l'étude de la marche de l'absorption des principes nutritifs relativement aux besoins d'engrais du froment d'hiver.

Quand nous aurons fait l'étude des autres céréales, nous tirerons de la comparaison des faits constatés des conclusions pratiques très importantes.

Blé Chiddam blanc de mars 1892.

La végétation du blé de mars se produit dans des conditions tout à fait différentes de celles qui président au développement du blé d'automne. C'est pourquoi nous avons repris en 1892, sur le blé Chiddam blanc de mars, l'étude que nous avions faite précédemment avec le blé d'automne hybride de Rimpau. Le sol et les engrais sont restés les mêmes, ainsi que les dispositions adoptées pour la culture.

Le semis a eu lieu le 24 mars. Le 4 avril, soit 11 jours plus tard, avait lieu la levée. Le 12 mai, après 49 jours depuis le semis, ou 38 depuis la levée, le tallage est dans son plein; 44 jours plus tard, le 24 juin, la floraison est générale, soit 93 jours après le semis. Enfin le blé est assez mûr pour être récolté le 4 août, 41

jours après la floraison et 134 après le semis. Le blé
d'hiver avait végété pendant 232 jours.

Comme pour le blé Rimpau, nous avons fait une première récolte en plein tallage. Deux pots nous ont donné
les résultats suivants :

Nombre de plantes.	36
	gr.
Poids sec des parties aériennes.	46
— des racines	9
Total.	55

FIG. 32. — BLÉ DE MARS AU TALLAGE.

Nous déduisons de là le poids d'une plante moyenne
à l'état sec :

	gr.
Tiges et feuilles.	1.127
Racines	0.238
Total.	1.365

La deuxième récolte a eu lieu le 24 juin en pleine floraison. Deux pots nous ont donné :

Nombre de plantes.   28

                                                     gr.
Poids sec des parties aériennes.   212
     —   des racines. 3o
                                                   ————
          Total   242

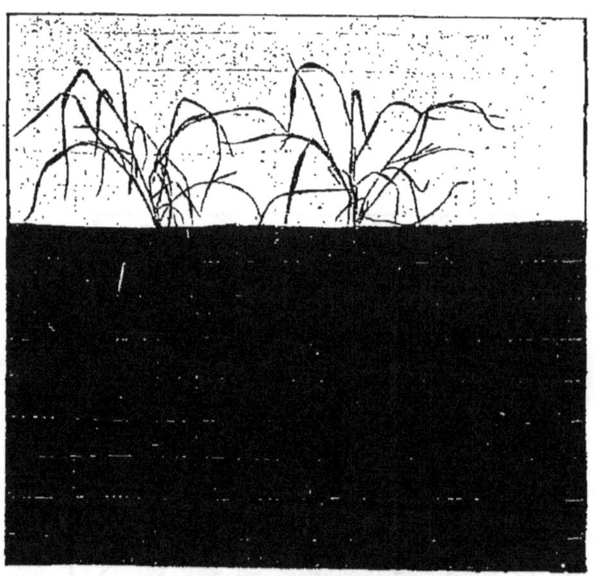

FIG. 33. — BLÉ DE MARS AVEC SES RACINES AU TALLAGE.

La plante moyenne sèche pesait donc :

                                                     gr.
Tiges et feuilles 7.571
Racines.   1.071
                                                   ————
          Total. 8.642

Enfin à la maturité, la récolte de deux pots nous a
fourni :

Nombre de plantes.   34
                                               gr.
Pailles et balles sèches. . . . .   205 [1]
Grains secs.   105
Racines.   30
                                              ⎯⎯⎯
    Total.   340

FIG. 34. — BLÉ DE MARS A LA FLORAISON.

[1] Comprenant 23 grammes de balles et rachis.

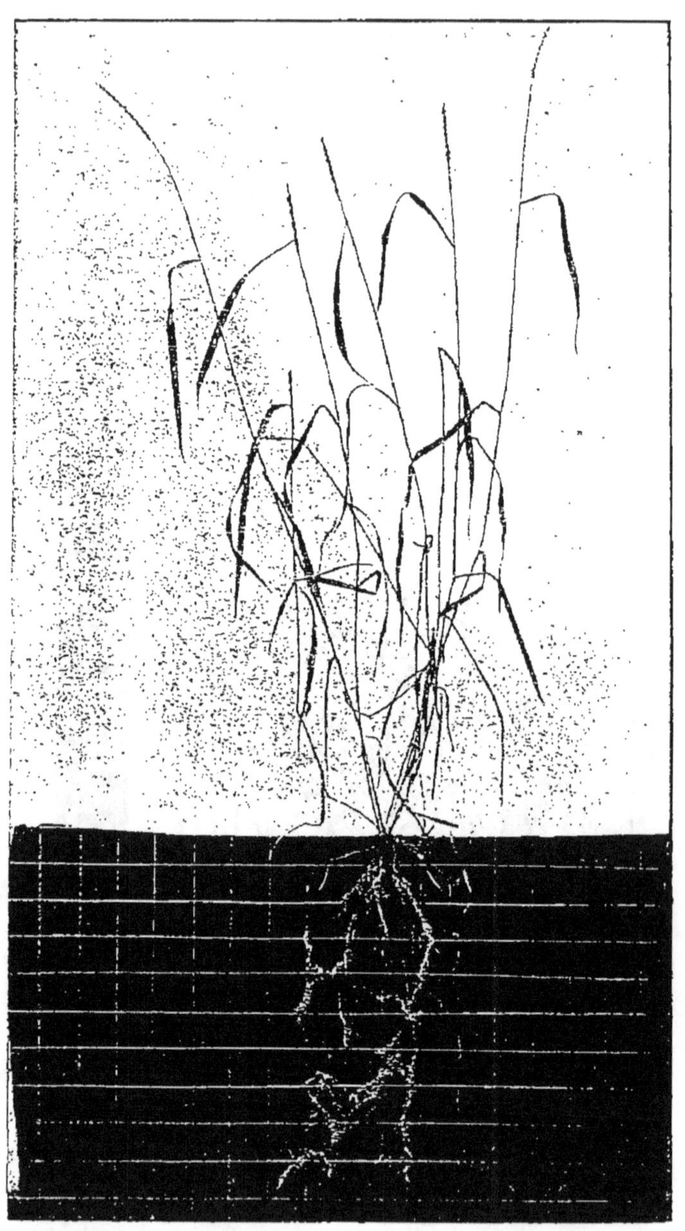

Fig. 35. — Blé de mars avec ses racines a la floraison.

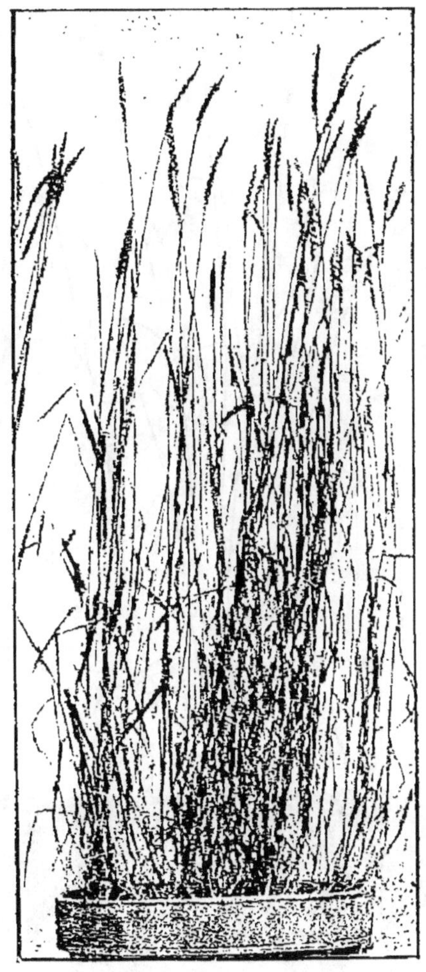

Fig. 36. — Blé de mars a la maturité.

Nous concluons de là qu'à la maturité la plante moyenne, desséchée à 100°, se composait de :

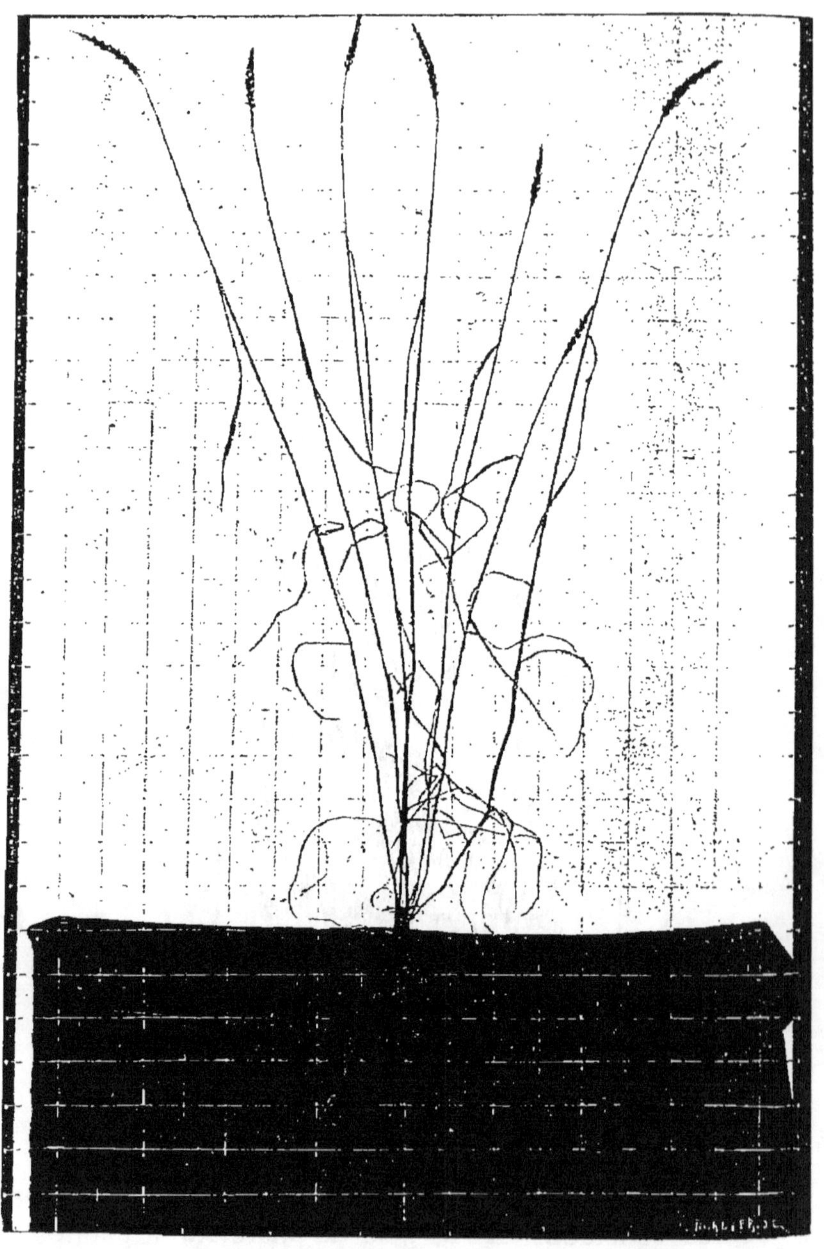

Fig. 37. — Blé de mars avec ses racines a la maturité.

Pailles et balles . . . . gr. 6,029
Grains. 3,029
Racines 0,879
                    Total. 9,937

La proportion des racines aux parties aériennes est la suivante :

Au tallage . . . .   19,56 de racines % de parties aériennes
A la floraison . . . 14,15   —   —
A la maturité . .   9,68   —   —

Pour 100 de paille nous avons récolté 50 de grain.

L'analyse de nos diverses récoltes nous a donné les résultats consignés dans le tableau ci-dessous, pour 100 de substance sèche :

		Tiges et feuilles.	Grains.	Racines.
Tallage. . .	Azote	2,08	»	1,88
	Acide phosphorique.	1,09	»	0,91
	Chaux.	1,19	»	1,05
	Potasse	5,00	»	3,10
Floraison. .	Azote	1,80	»	1,76
	Acide phosphorique.	0,822	»	0,427
	Chaux.	0,84	»	0,56
	Potasse	2,75	»	1,00
Maturité . .	Azote	1,05	1,75	1,05
	Acide phosphorique.	0,721	0,794	0,45
	Chaux.	0,49	0,390	0,42
	Potasse	2,75	0,570	0,72

A l'aide des données qui précèdent, nous avons pu établir la composition d'une plante moyenne de blé de mars aux divers stades de son évolution :

		Matière sèche.	Azote.	Acide phosphorique.	Chaux.	Potasse.
		milligr.	milligr.	milligr.	milligr.	milligr.
Tallage.	Tiges et feuilles. .	1.127,00	23,00	12,3	13.4	56.3
	Racines.	238,00	4,50	2,1	2,5	7,1
	Total.	1.365.00	27,50	14,40	15,90	63.70
Floraison.	Tiges et feuilles. .	7.571,00	136,30	62,20	63,60	208.20
	Racines.	1.071,00	18,80	4,60	6,00	10,70
	Total.	8.642,00	155,10	66,80	69,60	238,9
Maturité.	Paille et balles. . .	6.029,00	63,30	43,50	29,50	165,80
	Grains.	3.029,00	53,00	24,05	14,50	17,30
	Racines.	879,00	9,20	4,00	3,70	6.30
	Total.	9.937,00	125,50	71,55	47,70	189.10

Enfin, en opérant comme pour le blé d'automne, nous avons calculé la marche de l'absorption des principes nutritifs, en centièmes des quantités maxima, et établi le graphique qui la représente :

	Matière sèche.	Azote.	Acide phosphorique.	Chaux.	Potasse.
Tallage . . .	13,70	14,83	20,14	22.84	26.66
Floraison . .	86,97	100,00	74,21	100,00	100,00
Maturité. . .	100,00	80.90	100,00	68.50	79.30

Étant donnée la constitution de la plante moyenne de notre récolte, il aurait fallu, pour obtenir un rendement à l'hectare de 40 hectolitres de grain marchand, correspondant à 27 quintaux de grain desséché à 100°, 891.400

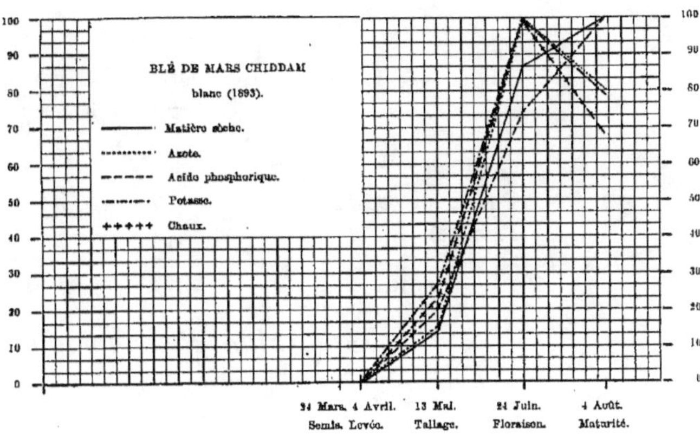

Fig. 38. — Marche de l'absorption des principes nutritifs en centièmes des maxima.

plantes. La récolte aurait donc été composée comme il suit, aux différentes phases de la végétation :

1º *Matière sèche.*

	Tallage.	Floraison.	Maturité.
	kil.	kil.	kil.
Grains.	»	»	2.700,0
Paille et balles. . .	1.004,6	6.764,0	5.374,0
Racines	212,1	999,7	783,5
Total	1.216,7	7.763,7	8.857,5

2º *Azote.*

	Tallage.	Floraison.	Maturité.
	kil.	kil.	kil.
Grains.	»	»	47,2
Paille et balles. . .	20,5	121,5	56,4
Racines	4,0	16,7	8,2
Total.	24,5	138,2	111,8

3º *Acide phosphorique.*

	Tallage.	Floraison.	Maturité.
	kil.	kil.	kil.
Grains.	»	»	31,4
Paille et balles. . .	10,96	55,4	38,7
Racines	1,87	4,1	3,6
Total	12,83	59,5	73,7

4º *Chaux.*

	Tallage.	Floraison.	Maturité.
	kil.	kil.	kil.
Grains	»	»	12,92
Paille et balles. . .	11,95	56,69	26,30
Racines	2,23	5,34	3,29
Total	14,18	62,03	42,51

5° *Potasse.*

	Tallage.	Floraison.	Maturité.
	kil.	kil.	kil.
Grains	»	»	15,4
Paille et balles. . .	50,18	185,6	147,8
Racines	6,60	9,5	5,6
Total	56,78	195,1	168,8

Une récolte de 40 hectolitres de blé de mars prélève donc les sommes suivantes des principes fertilisants :

	kil.
Azote.	138
Acide phosphorique.	74
Chaux	62
Potasse	195

A égalité de rendement en grain, les exigences totales du blé Chiddam blanc de mars sont sensiblement égales, pour l'acide phosphorique et la chaux, à celles du blé d'automne de Rimpau. Le blé de mars a, d'un autre côté, absorbé une quantité plus grande d'azote et surtout de potasse. Toutefois, on ne saurait trouver dans la comparaison de ces quantités totales des raisons suffisantes pour expliquer les différences de besoins d'engrais des blés d'hiver ou de printemps. Ces derniers sont en effet plus exigeants sous le rapport de la fumure que les autres, ou, ce qui revient au même, ils fournissent généralement un rendement inférieur à celui du blé d'automne semé dans le même champ pareillement préparé.

Si, au lieu de se contenter de considérer les sommes globales d'éléments fertilisants absorbés, on étudie la marche de l'absorption des principes nutritifs, on reconnaît d'emblée qu'il y a entre les froments d'hiver et ceux du printemps des différences caractéristiques.

Le blé de mars, en effet, entre la levée et le tallage, qui ne sont réparés que par un bon mois, produit une quantité de matière organique relativement plus grande que le blé d'hiver durant la même période, d'une durée plus de six fois plus longue. L'absorption de l'azote et des éléments minéraux, sans exception, est alors plus rapide encore que la production de la matière végétale. C'est la caractéristique d'un besoin très développé d'engrais facilement assimilables pendant les débuts de la végétation. La comparaison des graphiques fait ressortir la différence que nous signalons d'une manière très nette. La potasse, la chaux, puis l'acide phosphorique sont alors absorbés avec une grande avidité. L'azote arrive en dernier lieu.

Entre le tallage et la floraison, l'activité formatrice de la matière végétale s'accroît et atteint son maximum, comme pour le blé d'hiver. Mais c'est l'absorption de l'azote qui devient le fait prédominant : tandis que la courbe de la potasse et celle de la chaux demeurent parallèles à la courbe de la matière sèche, celle de l'azote se redresse rapidement et devient très divergente. A la floraison, la plante a tiré du sol toute la potasse, toute la chaux et tout l'azote dont elle a besoin. Toutefois, elle continue à absorber de l'acide phosphorique jusqu'à la maturité. La rapidité de l'assimilation de ce corps se ralentit depuis le tallage jusqu'à la floraison, pour s'accroître de nouveau depuis lors jusqu'à la maturité.

En résumé, chez le blé de mars, l'assimilation marche sensiblement plus vite que chez le blé d'hiver. Avant le tallage, les besoins d'engrais sont plus grands. Pour les deux blés, la potasse et la chaux sont les éléments absorbés avec le plus d'avidité jusqu'à la floraison; le besoin d'azote se fait surtout sentir du tallage à la floraison, et il est plus intense pour la céréale de printemps. Le besoin d'acide phosphorique atteint son maximum au moment du tallage dans les deux cas; il est plus grand pour le blé de mars.

Le développement relatif des racines s'est montré beaucoup moins grand dans le blé de mars, surtout au début de la végétation. C'est une constatation qui vient corroborer les déductions précédentes. Il ne saurait être mis en doute que les besoins d'engrais du blé de mars ne soient plus grands que ceux du froment d'hiver, quand on voit que le premier doit tirer du sol plus rapidement ses provisions de substances nutritives, avec un appareil d'assimilation plus faible.

Nous donnons dans le tableau suivant le travail d'absorption diurne de 1 gr. de matière radiculaire sèche, du blé Chiddam de mars :

	Tallage.	Floraison.	Maturité.
	milligr.	milligr.	milligr.
Azote	6,08	4,43	0,300
Acide phosphorique. . .	3,20	1,82	0,100
Chaux.	3,51	1,86	0,000
Potasse	14,00	6,08	0,000
Total.	26,79	14,19	0,100

Tandis qu'un gramme de racine sèche absorbe près de 27 milligr. d'éléments nutritifs par jour, jusqu'à la fin du tallage, il n'en absorbe plus que 14 milligr. du tallage à la floraison, et ensuite l'absorption devient insignifiante. Les besoins d'engrais sont donc beaucoup plus considérables dans la première période que dans la seconde. Ils deviennent presque nuls après la floraison.

Comparons le blé d'automne au blé de printemps sous le rapport du travail radiculaire total :

	Blé d'hiver.	Blé de mars.
Tallage .	3,81	26,79
Floraison .	9,44	14,19
Maturité.	0,94	0,10

Ce rapprochement nous semble de nature à édifier amplement le lecteur sur les exigences relativement plus grande du blé de mars, surtout dans la première phase de son existence.

Pour terminer ce qui est relatif au blé de mars, il nous reste à faire ressortir un point qui nous semble très important, surtout après les deux années de sécheresse estivale intense que nous venons de traverser : c'est que le blé de printemps, possédant un appareil radiculaire plus faible, est moins apte à résister aux conditions météorologiques fâcheuses que nous venons de signaler, que le blé semé de bonne heure à l'automne. Cette déduction théorique de nos essais a malheureusement été trop bien confirmée en Eure-et-Loir en 1892 et en 1893.

Culture du seigle de Schlansted (1892-93).

Quoique le seigle soit pour la France une céréale secondaire, comme nous l'avons montré au chapitre Ier, et qu'on ne le cultive guère dans les pays de culture intensive que pour la production de la paille destinée à la fabrication des liens, nous avons recherché expérimentalement quelles sont ses exigences en engrais, par la même méthode que pour les froments.

A cet effet, nous avons semé le 3 octobre 1892 du seigle d'hiver de Schlansted dans 6 pots de notre salle de végétation, pots dont les dimensions ont été indiquées plus haut. Chaque pot contenait 27 kilogr. d'une

Fig. 39. — Seigle au tallage.

terre des environs de Chartres dont voici la teneur en principes fertilisants :

	pour 100.
Azote	0,160
Acide phosphorique	0,052
Chaux	0,768
Potasse	0,103

On a ajouté à chaque pot, comme engrais, 1 gr. d'azote ammoniacal, 2 grammes d'acide phosphorique soluble à l'eau et au citrate, et 1 gr. de potasse à l'état de chlorure.

Les graines placées à 3 centimètres de profondeur ont levé le 10 octobre, après 7 jours de plantation. Le tallage battait son plein le 13 mars 1893, 154 jours après le semis et 147 après la levée. 57 jours après le tallage, le 9 mai, le seigle est en pleine floraison; il s'est écoulé 211 jours depuis le semis. Enfin le 30 juin, 52 jours après la floraison et 263 jours après le semis, la maturité permettait de faire normalement la récolte.

FIG. 40. — SEIGLE AVEC SES RACINES AU TALLAGE.

Ainsi que nous l'avions fait pour les froments, nous avons récolté deux pots au moment du tallage. Il nous ont donné les résultats suivants :

Nombre de plants.	37
Poids sec des parties aériennes.	18 gr.
— des racines.	8 —
Total.	26 —

Une plante moyenne sèche presentait donc alors la constitution suivante :

	gr.
Tiges et feuilles.	0,486
Racines	0,216
Total	0,702

En pleine floraison nous avons récolté deux autres pots, ils nous ont donné :

Nombre de plants	40
Poids sec des parties aériennes	180 gr.
— des racines.	32 —
Total	212 —

Il résulte de là que, à cette époque de la floraison, la plante sèche moyenne de seigle avait la composition qui suit :

	gr.
Tiges et feuilles	4,50
Racines.	0,80
Total	5,30

Enfin, à la maturité, la récolte des deux derniers pots nous a fourni :

Nombre de plants	36
Tiges et balles.	225 gr.
Grains.	112 —
Racines	60 —
Total.	397 —

La plante moyenne de seigle de Schlansted arrivée à son complet développement et desséchée à 100° était par conséquent constituée comme ci-dessous :

	gr.
Paille et balles	6,25
Grains.	3,11
Racines	1,67
Total	11,03

Fig. 41. — Seigle a la floraison.

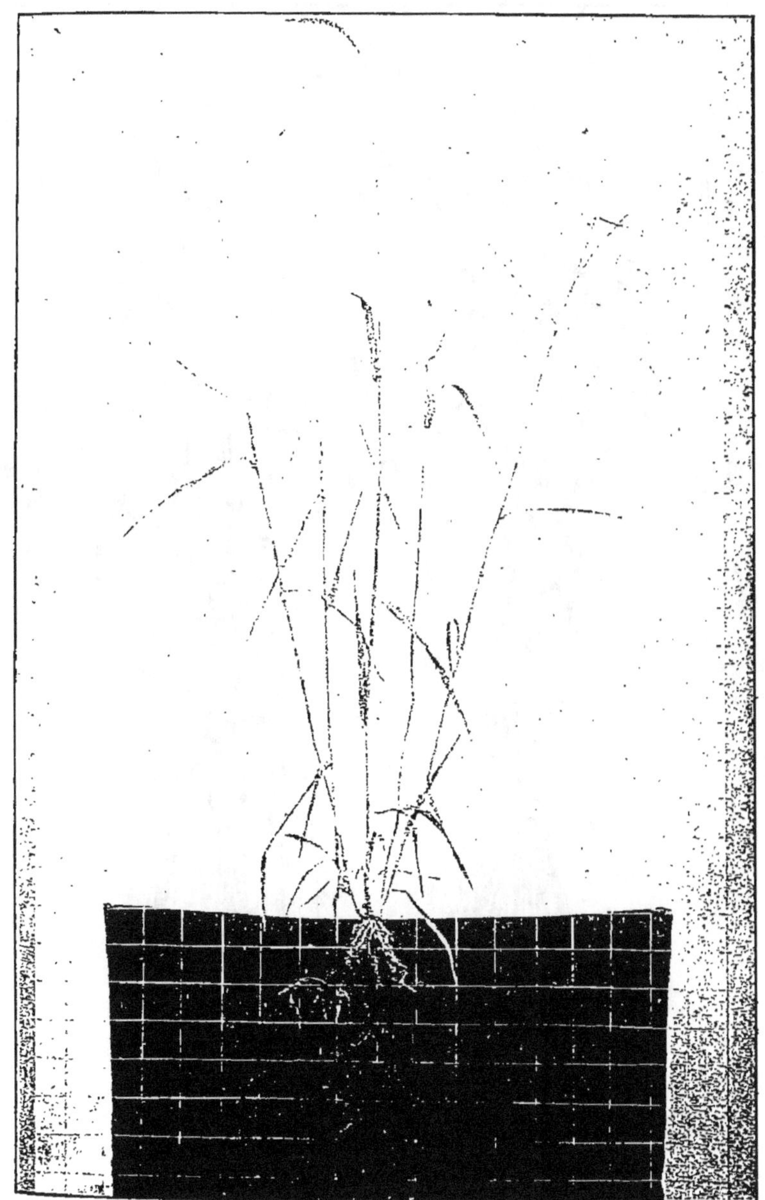

FIG. 42. — SEIGLE AVEC SES RACINES A LA FLORAISON.

Fig. 43. — Seigle a la maturité.

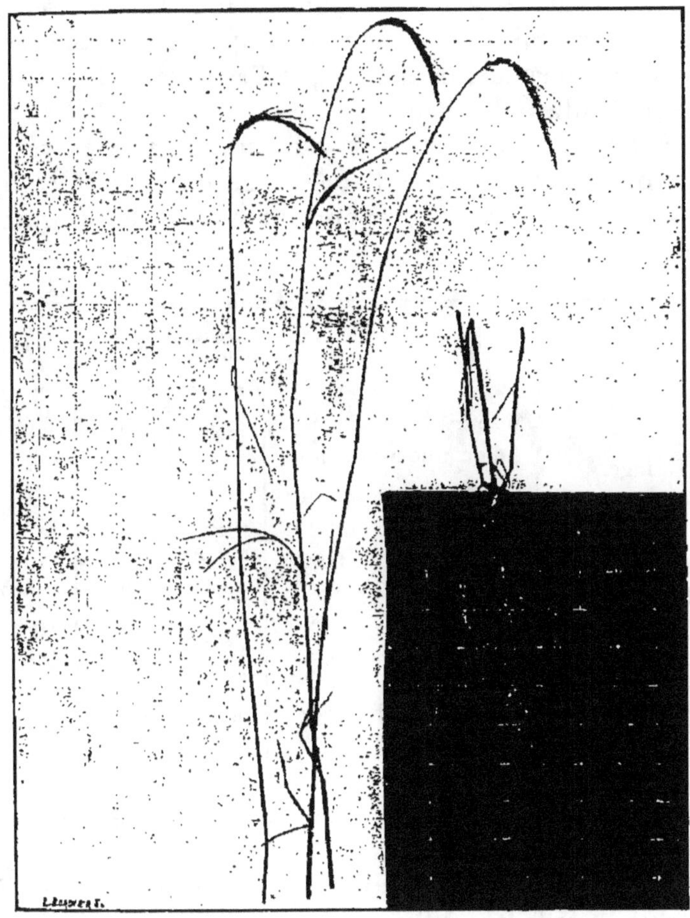

FIG. 44. — SEIGLE AVEC SES RACINES A LA MATURITÉ.

La proportion des racines aux parties aériennes est la suivante :

Tallage . .   44,4 de racines % de parties aériennes.
Floraison . 17,8   —   —
Maturité. . 17,8   —   —

Pour cent de paille et balles, nous avons récolté 49, 76 de grains. Ceci démontre que notre récolte de seigle est normale, de même que l'était celle de nos froments étudiés plus haut.

Nous rapportons dans le tableau suivant les résultats que nous a fournis l'analyse de nos trois récoltes. Tous les nombres se rapportent à 100 de substance sèche.

		Tiges et feuilles.	Grains.	Racines.
Tallage.	Azote	3,34	»	1,60
	Acide phosphorique.	1,34	»	0,75
	Chaux.	1,34	»	1,00
	Potasse	4,80	»	2,45
Floraison.	Azote	2,70	»	0,97
	Acide phosphorique.	0,66	»	0,385
	Chaux.	0,89	»	1,06
	Potasse	3,26	»	1,15
Maturité	Azote	1,05	2,46	0,96
	Acide phosphorique.	0,472	0,725	0,235
	Chaux.	0,89	0,50	1,28
	Potasse	2,57	0,69	0,42

Avec les données réunies plus haut, nous avons calculé la teneur d'une plante moyenne de seigle de Schlansted en matière sèche et en éléments fertilisants aux différentes périodes de son évolution. Les résultats en sont consignés dans le tableau suivant :

		Matière sèche.	Azote.	Acide phosphorique.	Chaux.	Potasse.
		milligr.	milligr.	milligr.	milligr.	milligr.
Tallage	Tiges et feuilles..	486,00	16,23	6,51	6,51	23,33
	Racines.	216,00	3,46	1,61	2,16	5,29
	Total.	702,00	19,69	8,13	8,67	28,62
Floraison.	Tiges et feuilles..	4.500.00	121,50	29,70	40,05	146,70
	Racines.	800,00	7,76	3,28	8,48	9,20
	Total.	5.300,00	129.26	32,98	48,53	155,90
Maturité.	Paille et balles . .	6.250,00	65,63	29,50	55,62	160,63
	Grains.	3.110,00	76,51	22,55	15,55	21,46
	Racines.	1.670,00	16,03	3,92	21,37	7,01
	Total.	11.030.00	158,17	55,97	92,54	189,10

Nous avons calculé enfin, comme pour les froments,
la marche de l'absorption des éléments fertilisants, comparativement avec celle du développement de la matière végétale sèche, en centièmes des quantités maxima.
Le diagramme a été établi de la même manière (fig. 45).

	Matière sèche.	Azote.	Acide phosphorique.	Chaux.	Potasse.
Tallage. . .	6,4	12,4	14,5	9,4	15,1
Floraison. .	48,1	81,7	58,9	52,5	82,5
Maturité . .	100,0	100,0	100,0	100,0	100,0

Avant d'entamer la discussion de la courbe suivante, nous avons à rechercher la quantité de chaque
principe fertilisant renfermée dans une récolte de seigle
que l'on puisse considérer comme excellente, car c'est
sur une telle récolte qu'il faut s'appuyer pour estimer
les exigences absolues du seigle, non pas que nous la

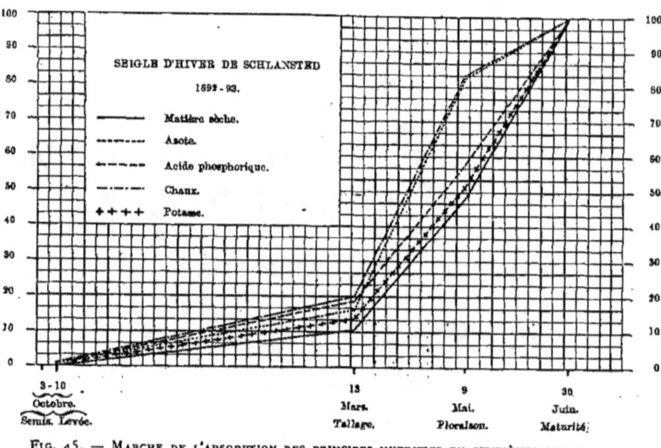

FIG. 45. — MARCHE DE L'ABSORPTION DES PRINCIPES NUTRITIFS EN CENTIÈMES DES MAXIMA.

considérions comme facile à obtenir en toutes circonstances, même en suivant les enseignements de la science, mais parce qu'elle doit être le but vers lequel convergent tous les efforts du cultivateur. Nous prendrons pour récolte type un rendement de 35 hectolitres par hectare. Comme l'hectolitre pèse 72 kilogr., ce volume de grain correspond à 25 quintaux de grain normal, ou à 21 quintaux et demi de grain seché à 100°.

Pour une telle production, un hectare aurait dû compter 691,300 de nos plantes moyennes de seigles et la récolte aurait présenté la composition suivante aux différentes phases de la végétation :

1° *Matière sèche.*

	Tallage.	Floraison.	Maturité.
	kil.	kil.	kil.
Grains.	»	»	2.150
Paille et balles. . .	336	3.110	4.321
Racines.	149,3	680,4	1.155
Total.	485,3	3.790,4	7.626

2° *Azote.*

	Tallage.	Floraison.	Maturité.
	kil.	kil.	kil.
Grains	»	»	52,9
Paille et balles. . .	11,2	86,5	45,4
Racines.	2,4	5,4	11,5
Total.	13,6	91,9	109,8

3o *Acide phosphorique.*

	Tallage.	Floraison.	Maturité.
	kil.	kil.	kil.
Grains.	»	»	15,5
Paille et balles. . .	4,5	20,5	20,4
Racines.	1,1	2,3	2,7
Total.	5,6	22,8	38,6

4° *Chaux.*

	Tallage.	Floraison.	Maturité.
	kil.	kil.	kil.
Grains	»	»	10,7
Paille et balles. . .	4,5	27,7	38,4
Racines	1,5	5,8	14,8
Total.	6,0	33.5	63,9

5° *Potasse.*

	Tallage.	Floraison.	Maturité.
	kil.	kil.	kil.
Grains	»	»	14,8
Paille et balles. . .	16,1	101,4	111,0
Racines.	3,6	6,4	4,8
Total.	19,4	107,8	130,6

En résumé, une récolte de 35 hectolitres de seigle d'hiver doit tirer du sol :

	kil.
Azote.	110
Acide phosphorique.	39
Chaux	64
Potasse.	131

Si l'on rapproche ces chiffres de ceux qui sont relatifs au froment, on remarque que le seigle, pour donner un produit de 35 hectolitres, exige un peu moins d'azote et d'acide phosphorique que le blé pour donner 40 hectolitres. Il lui faut autant de chaux. Quant à la potasse, il en exige moins que le blé de mars, et plus que le blé d'automne.

Mais ces nombres ne donnent pas l'explication de ces constatations de la pratique, à savoir que le seigle est moins exigeant en calcaire que le froment, bien que les deux plantes prélèvent à peu près la même quantité de chaux pour produire une récolte excellente, et d'autre part que le seigle soit dans les sols médiocrement pourvus d'acide phosphorique, peut-être plus sensible encore à l'action des engrais phosphatés que le froment, qui absorbe une plus grande quantité totale de ce principe fertilisant.

Si nous jetons un regard sur les courbes de l'absorption des principes nutritifs, nous sommes de suite éclairés sur ces deux points. Pendant la première phase de la végétation du seigle, les courbes de tous les éléments nutritifs considérés, comme du reste pendant les autres périodes, sont toutes supérieures à celle de la matière végétale sèche, ainsi que nous l'avons constaté pour le blé d'automne. Cela dénote déjà que le seigle est très sensible à l'action des engrais facilement assimilables, dès le début de la végétation et jusqu'a la fin de la floraison. Le relèvement des courbes entre le tallage et la floraison, plus rapide que pour le froment, conduit à conclure que durant cette deuxième période les besoins d'engrais sont aussi très intenses. Ils s'accentuent au moment de la floraison, comme le démontre la divergence plus grande des courbes des principes nutritifs avec celle de la production végétale.

Comme pour les froments, l'absorption de la potasse est encore la plus active jusqu'à la floraison. Mais au lieu que la chaux vienne immédiatement après, on la voit reléguée au dernier rang, et longer presque parallèlement la courbe de la formation de la substance végétale. Nous comprenons dès lors sans peine que le seigle soit moins exigeant que le blé, relativement à la nature calcaire du terrain.

En observant la marche de l'assimilation de l'acide phosphorique, on voit que pendant la première phase du développement du seigle d'hiver, ce corps est celui que la plante absorbe avec le plus d'avidité, après la potasse. Dans les sols silico-argileux ou argilo calcaires, pauvres en acide phosphorique, comme c'est le cas de nos sols de Beauce et du Perche, dérivés du limon des plateaux et de l'argile à silex, les superphosphates ou les scories de déphosphoration doivent donc jouer un rôle capital dans le départ du seigle. Cette prépondérance de l'acide phosphorique est remplacée à partir du tallage par celle de l'azote, mais jusqu'à la floraison et même la maturité, le besoin de ce premier élément minéral reste très vif.

Quant à l'azote, il est absorbé avec une extrême avidité du tallage à la floraison.

On peut dire en résumé que dans sa période automnale le seigle *a faim* d'acide phosphorique, et qu'il a surtout *faim* d'azote dans le temps qui s'écoule depuis le tallage jusqu'à la fin de la floraison.

Chez le seigle d'hiver le développement proportionnel des racines suit une marche voisine de celle que nous avons constatée chez le froment d'automne. Le travail d'absorption diurne de l'unité de poids de racines sèches, est également de même ordre, comme on le reconnaît à l'examen du tableau suivant :

	Tallage.	Floraison.	Maturité.
	milligr.	milligr.	milligr.
Azote.	1,24	3,32	0,45
Acide phosphorique . .	0,51	0,75	0,36
Chaux	0,54	1,20	0,68
Potasse.	1,80	3,86	0,52
	4,09	9,13	2,01

Le travail radiculaire est deux fois passées plus considérable pendant la 2ᵉ période que pendant la première, et il est en somme à cette époque à peu près égal à celui que nous avons trouvé pour le blé. C'est alors aussi qu'en général les besoins d'engrais sont le plus intenses, et que les fumures rapidement assimilables produisent les plus beaux effets.

Escourgeon ou Orge carrée d'hiver.
1892-93.

Nous avons cultivé l'escourgeon ou orge carrée d'hiver, dans le même sol et avec les mêmes doses d'engrais que le seigle. Cette céréale réussit surtout bien dans les sols sains et argilo-calcaires de la Beauce et de la Champagne, dans la Flandre et l'Artois. Elle nous intéressait donc personnellement d'une manière toute particulière.

Le semis a été fait le 3 octobre 1892. Le 10, la levée avait lieu. Le 31 mars 1893 ou 179 jours après le semis, et 172 après la levée, le tallage était dans son plein. Le 9 mai la floraison était générale, 218 jours après le semis et 39 après le tallage. La maturité était complète le 30 juin, 52 jours après la floraison. Pour parcourir toutes les phases de sa végétation, l'escourgeon d'hiver avait donc mis 270 jours.

Nous avons, comme pour les froments et le seigle d'hiver, fait une première récolte de deux pots au tallage, le 31 mars. Celle-ci nous a donné les résultats suivants :

Nombre de plants.	36
Poids sec des tiges	12 gr.
— racines	·7 —
Total	19 —

FIG. 46. — ESCOURGEON AU TALLAGE.

Il en résulte que la plante sèche moyenne d'orge carrée d'hiver est constituée à cette époque de :

	gr.
Tiges et feuilles.	0,333
Racines	0,196
Total	0,529

Nous avons récolté en pleine floraison deux autres pots, qui nous ont fourni :

Nombre de plants.	41
Poids sec des parties aériennes	65 gr.
— racines	14 —
Total	79 —

La plante moyenne en fleurs était donc composée, après dessiccation complète, de :

		gr.
Parties aériennes	. . . .	1,585
Racines	. . . .	0,341
Total	. . . .	1,926

FIG. 47. — ESCOURGEON AVEC SES RACINES AU TALLAGE.

A la maturité enfin, nous avons récolté les deux derniers pots et obtenu :

Nombre de plants	. . . .	34
Poids sec des parties aériennes	. . . . . .	118 gr.
Grains secs	. . . .	98 —
Racines sèches	. . . .	26 —
Total	. . . .	242 —

De là nous déduisons, pour une plante entière

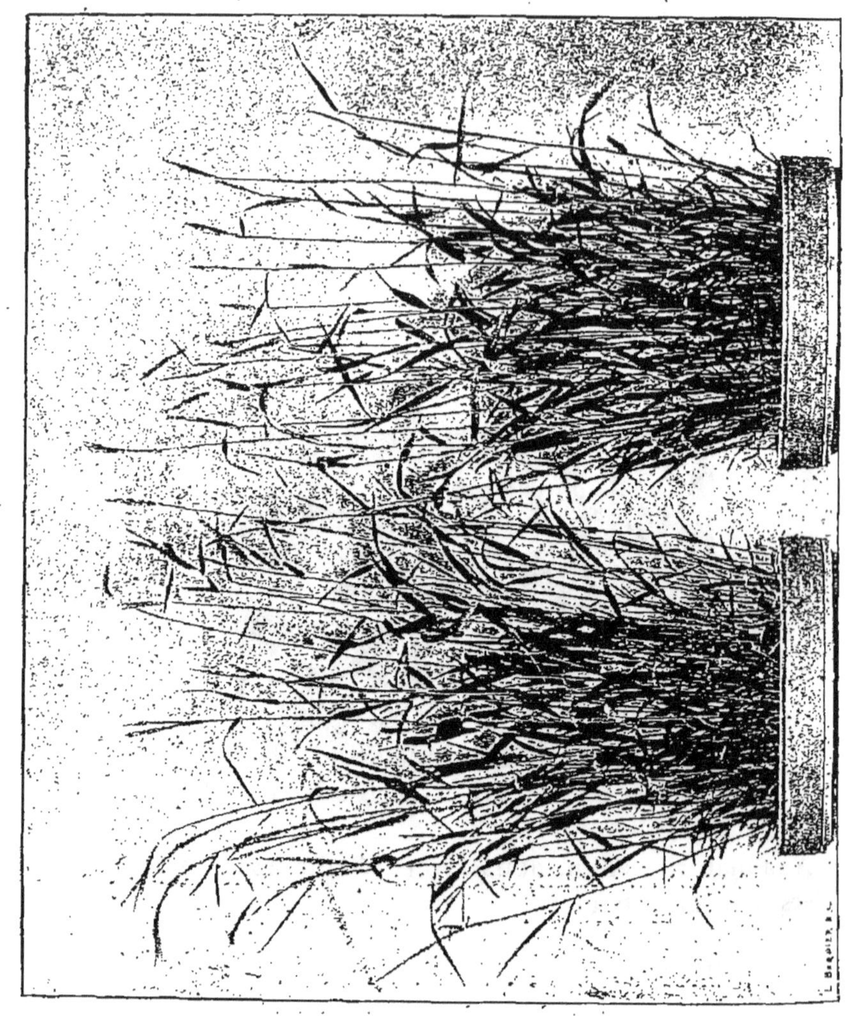

FIG. 48. — ESCOURGEON A LA FLORAISON.

moyenne et sèche d'escourgeon d'hiver, la composition
suivante :

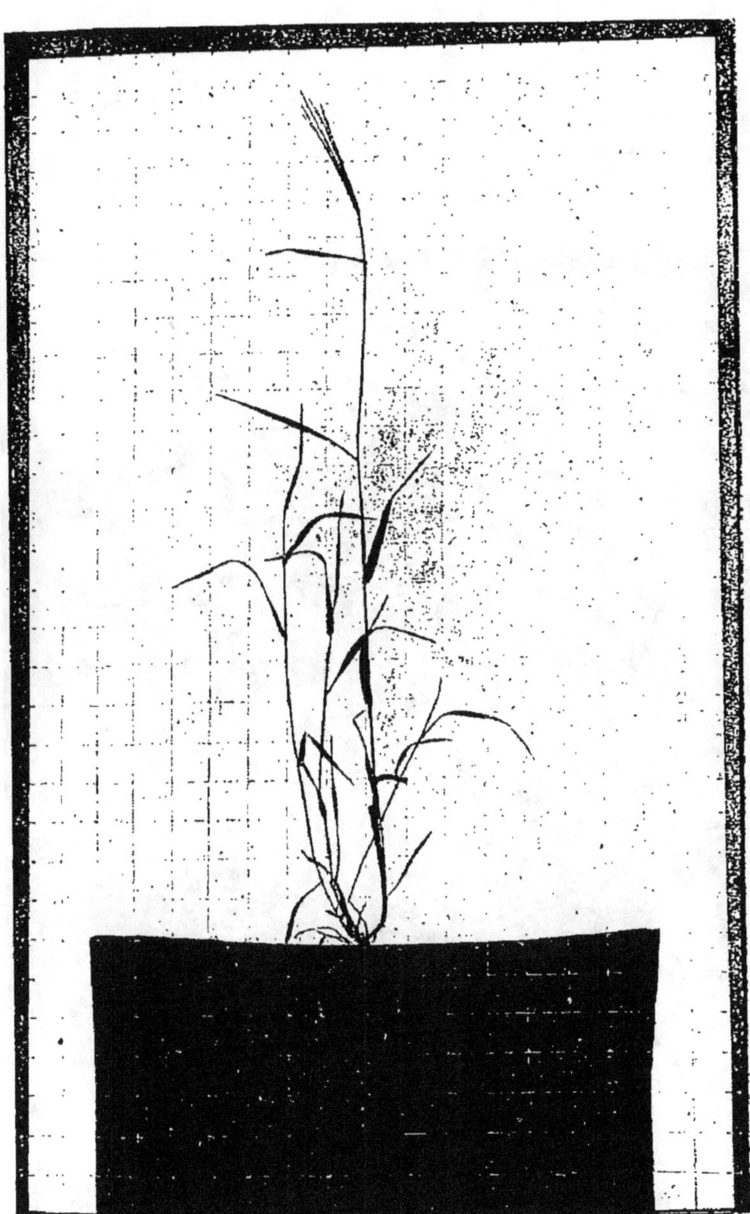

Fig. 49. — Escourgeon avec ses racines a la floraison.

gr.

Balles et paille. 3,470
Grains. 2,882
Racines 0,764

       Total 7,116

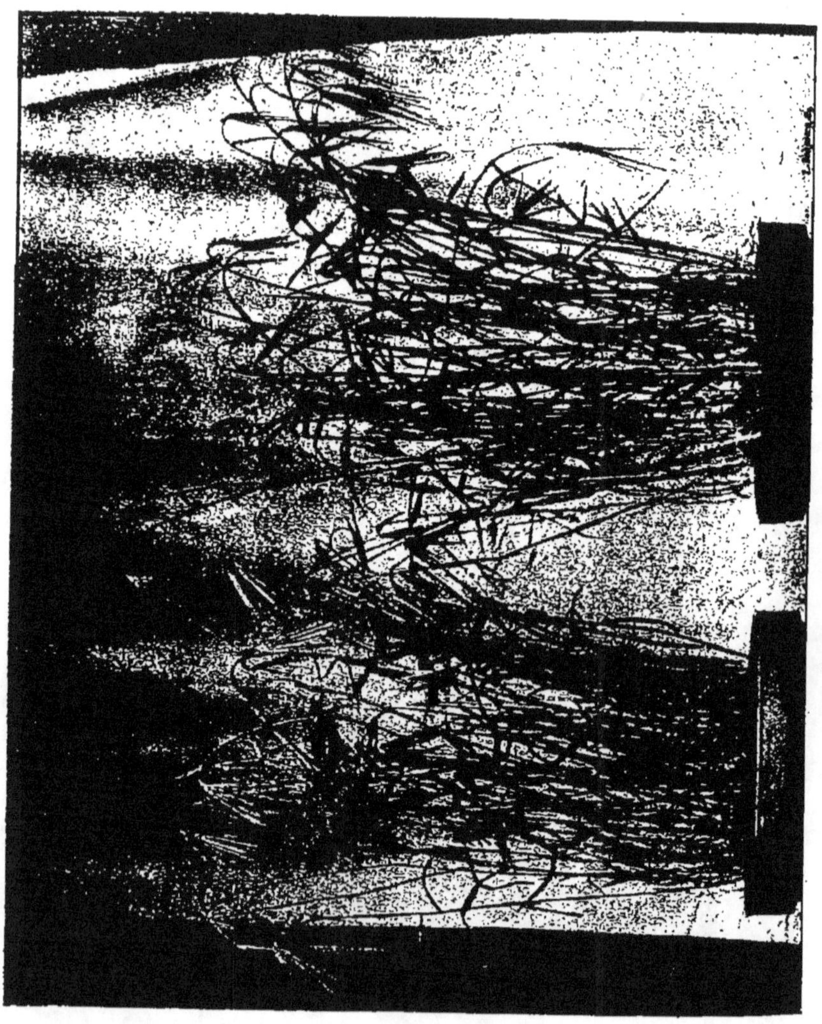

FIG. 40. — ESCOURGEON À LA MATURITÉ.

Dans notre récolte, le rapport du grain à la paille
s'élève à 81.6 pour cent. C'est là le caractère d'une très

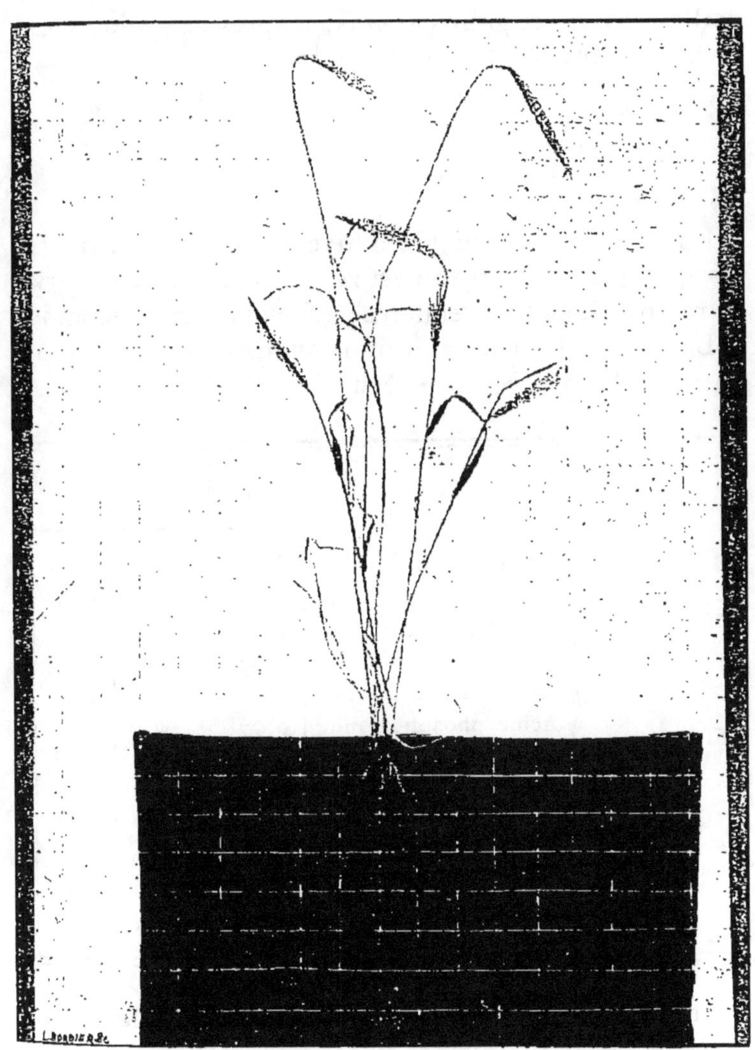

Fig. 51. — Escourgeon avec ses racines a la maturité.

bonne végétation. Les meilleurs cultivateurs d'orge d'Angleterre n'obtiennent pas mieux.

La proportion des racines aux parties aériennes : pailles, balles et grains réunis, d'après les poids constatés à chaque récolte, est la suivante :

Tallage	58,86
Floraison	21,50
Maturité.	12,00

En se reportant au blé d'hiver et au seigle, on remarque que l'escourgeon est relativement mieux pourvu de racines dans les premières périodes de sa végétation.

Dans le tableau qui suit nous avons consigné la composition de la substance sèche de nos trois récoltes :

		Tiges et feuilles.	Grains.	Racines.
Tallage. . .	Azote	3,16	»	1,50
	Acide phosphorique.	1,11	»	0,59
	Chaux.	1,73	»	1,28
	Potasse	3,69	»	2,57
Floraison. .	Azote	2,00	»	1,14
	Acide phosphorique.	0,77	»	0,41
	Chaux.	0,95	»	1,23
	Potasse	4,20	»	1,42
Maturité . .	Azote	0,96	2,02	0,79
	Acide phosphorique.	0,51	0,756	0,20
	Chaux.	0,89	0,44	0,22
	Potasse	1,15	0,46	0,46

Grâce aux renseignements recueillis dans les pages précédentes, nous avons pu établir, pour une plante moyenne, considérée aux trois principales époques de son évolution vitale, sa teneur en matière sèche totale, en azote, en acide phosphorique, en chaux et en potasse. L'unité adoptée est le milligramme.

		Matière sèche.	Azote.	Acide phospho-rique.	Chaux.	Potasse.
		milligr.	milligr.	milligr.	milligr.	milligr.
Tallage.	Tiges et feuilles. .	333,00	10,52	3,70	5,76	12,29
	Racines.	196,00	2,94	1,16	2,50	5,04
	Total.	529,00	13,46	4,86	8,26	17,33
Floraison.	Tiges et feuilles. .	1.585,00	31,70	12,20	15,06	66,57
	Racines.	341,00	3,89	1,40	4,19	4,84
	Total.	1.926,00	35,59	13,60	19,24	71,41
Maturité.	Paille et balles . .	3.470,00	33,31	17,70	30,88	39,90
	Graines.	2.882,00	58,22	21,79	12,68	13,46
	Racines.	764,00	6,04	1,53	1,68	3,51
	Total.	7.116,00	97,57	41,02	45,24	66,87

Nous avons aussi calculé la marche de l'absorption des principes nutritifs en centièmes des maxima trouvés dans la plante, et nous avons dressé les courbes représentatives pour les quatre principaux éléments de fertilité en comparaison avec la courbe de la matière sèche.

	Matière sèche.	Azote.	Acide phosphorique.	Chaux.	Potasse.
Tallage. . .	7,4	13,8	11,6	18,3	24,3
Floraison. .	27,0	36,5	32,3	42,5	100,0
Maturité. .	100,0	100,0	100,0	100,0	93,7

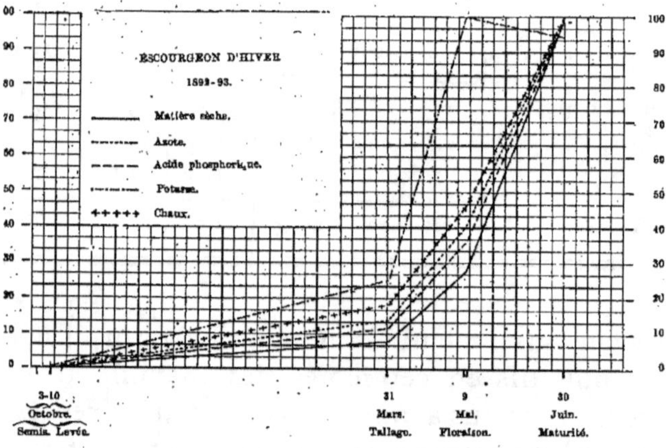

Fig. 52. — Marche de l'absorption des principes nutritifs en centièmes des maxima.

Le rendement de l'escourgeon d'hiver, dans les terres qui lui conviennent bien, peut monter jusqu'à 50, 60 et même parfois 70 hectolitres à l'hectare. Le poids moyen de l'hectolitre étant de 62 kgr., un produit de 50 hectolitres correspond à 31 quintaux de grain normal, ou à 25 quintaux 34 de grain sec.

Notre plante moyenne nous ayant donné 2 gr. 882 de grain sec, un hectare produisant 50 hect. aurait dû être peuplé de 879.600 sujets. Aux diverses phases de sa végétation, la récolte aurait donc été composée comme il suit :

1° *Matière sèche.*

	Tallage.	Floraison.	Maturité.
	Kgr.	Kgr.	Kgr.
Grains.	»	»	2.534
Paille et balles. .	293	1.394	3.053
Racines	172,4	300	672
Total. . . .	465,4	1,694	6,259

2° *Azote.*

	Tallage.	Floraison.	Maturité.
	Kgr.	Kgr.	Kgr.
Grains.	»	»	51,2
Paille et balles .	9,2	27,9	29,3
Racines.	2,6	3,4	5,3
Total. . . .	11,8	31,3	85,8

3° *Acide phosphorique.*

	Tallage.	Floraison.	Maturité.
	Kgr.	Kgr.	Kgr.
Grains.	»	»	19,16
Paille et balles. .	3,25	10,73	15,56
Racines	1,02	1,23	1,34
Total. . . .	4,27	11,96	36,06

4° *Chaux*.

	Tallage.	Floraison.	Maturité.
	Kgr.	Kgr.	Kgr.
Grains.	»	»	11,15
Paille et balles..	5,06	13,24	27,16
Racines	2,20	3,68	1,48
Total. . . .	7,26	16,92	39,79

5° *Potasse*.

	Tallage.	Floraison.	Maturité.
	Kgr.	Kgr.	Kgr.
Grains.	»	»	11,84
Paille et balles..	10,81	58,55	35,09
Racines	4,43	4,26	3,09
Total. . . .	15,24	62,81	50,02

Ainsi une récolte de 50 hectolitres d'escourgeon d'hiver absorbe pour arriver à son complet développement :

	k.
Azote.	85,8
Acide phosphorique.	36,0
Chaux.	39,8
Potasse.	50,0

Des quatre céréales examinées jusqu'ici l'escourgeon est celle qui présente les exigences totales les moins élevées. La potasse est absorbée en quantité beaucoup moindre que par le froment et le seigle, la chaux également. L'acide phosphorique est en quantité à peu près égale à celle que l'on trouve dans le seigle, et n'atteint que la moitié de celle que renferme le froment. C'est l'azote que la plante absorbe en plus grande abondance.

L'examen de la marche de l'absorption des éléments nutritifs nous montre que l'assimilation de ceux-ci est plus rapide que la formation de la matière sèche de la levée au tallage et, surtout, du tallage à la floraison. Depuis cette dernière époque jusqu'à la maturité, les lignes se resserrent d'avantage, bien que l'absorption se continue sauf pour la potasse. Comme pour les céréales précédentes, c'est donc au printemps, avant le tallage et jusqu'à la floraison pleine, que l'escourgeon présente le plus intense besoin d'engrais. Parmi les éléments fertilisants, la potasse est absorbée avec le plus d'avidité, bien que la quantité totale ne soit pas considérable. La chaux vient ensuite, ce qui nous fait admettre que cette céréale préfère avant tout les sols calcaires argileux, riches en potasse, sans être trop humides l'hiver. L'azote vient en troisième ligne et l'acide phosphorique au dernier plan.

Il y a là une différence très notable avec ce que nous avons constaté pour les autres céréales d'hiver, chez lesquelles le besoin d'acide phosphorique est presque toujours supérieur au besoin d'azote.

Dans des essais d'engrais faits en pots, dans les mêmes conditions et avec le même sol que les précédents, nous avons observé que tandis que le sol sans engrais nous donnait 100 de grain, nous avions

Avec de l'azote et de la potasse 212
— de l'azote et de l'acide phosphorique. . . 200
— de la potasse et de l'acide phosphorique. 122

L'azote est donc l'élément fertilisant qui a joué le plus grand rôle dans l'augmentation de la production.

Nous avons vu que l'escourgeon a un développement radiculaire relativement plus grand que le seigle et le froment d'hiver pendant les deux périodes les plus

actives de l'absorption. Il en découle que le travail effectué par chaque gramme d'organes souterrains doit
être plus faible, et que l'escourgeon est moins exigeant
sous le rapport de la fertilité naturelle ou acquise que les
autres, car si dans la période de maturation le contraire
se produit, il n'en est pas moins vrai que la plante, pro-
longeant plus longtemps son activité radiculaire, peut
mieux utiliser les réserves du sol.

Nous donnons ci-après le tableau du travail radiculaire moyen pour chaque période :

	Tallage.	Floraison.	Maturité.
	Milligr.	Milligr.	Milligr.
Azote.	0,80	2,09	2,15
Acide phosphorique..	0,29	0,63	0,95
Chaux.	0,49	1,04	0,90
Potasse.	1,02	5,12	0,00
Total.	2,60	8,88	4,00

C'est aussi pendant la période, qui va du tallage à la
floraison, que le travail radiculaire d'absorption par
unité de racines est le plus considérable. Il est donc
nécessaire qu'à cette époque le sol soit mieux garni
surtout d'azote, de chaux et de potasse, facilement assimilables. L'acide phosphorique ne vient qu'ensuite.

Pendant la période de maturation les racines continuent à travailler activement ; elles extraient l'azote avec
autant d'avidité que précédemment, ainsi que la chaux,
et l'acide phosphorique plus vivement que jamais. L'absorption de la potasse est finie, comme nous l'avons vu
déjà pour les froments.

Orge à deux rangs de printemps.
1889 et 1890.

Nous avons cultivé l'orge de Moravie, au printemps, en 1889 et en 1890. La première année, le sol resta sans engrais. La seconde année au contraire, le même sol reçut des engrais divers, et les pots furent maintenus noyés dans la sciure de bois, comme nous l'avons indiqué pour les cultures précédentes, postérieures en date, à celles-ci. La culture en pot, faite avec cette précaution, nous a fourni des plantes beaucoup plus robustes, comme on le verra; c'est pourquoi nous l'avons définitivement adoptée depuis 1890. Le sol est ainsi soustrait aux variations trop brusques de température, et la surface de la terre ne se durcit pas; l'eau des arrosages y pénètre toujours aussi facilement que dans une terre ameublie depuis peu.

Culture de 1889. — On fit les semis le 9 avril, à 3 centimètres de profondeur. La levée eut lieu du 20 au 23. Les épis étaient sortis le 13 juin et l'on récoltait le 23 juillet. Les récoltes faites à ces trois époques nous ont fourni, en poids, à l'état sec :

	Nombre de plantes.	Racines.	Tiges.	Total.
		gr.	gr.	gr.
Tallage.	14	3,25	5,25	8,50
Épiage.	37	23,00	40,00	63,00
Maturité. . . .	39	15,00	49,00	64,00

Nous déduisons de là le poids d'une plante sèche moyenne aux diverses époques de son développement :

	Racines.	Tiges.	Total.
	gr.	gr.	gr.
Tallage. . . .	0,232	0,375	0,607
Épiage	0,621	1,081	1,702
Maturité . . .	0,359	1,256	1,615

Le poids des tiges et des racines atteint son maximum à la deuxième période, pour redescendre ensuite à la maturité. C'est à cette époque aussi que le rapport des racines à la tige est le plus élevé. Nous trouvons en effet, pour 100 gr. de tiges sèches :

Au tallage...................... 61,8 de racines
A l'épiage...................... 57,8 —
A la maturité.................. 28,5 —

La matière sèche a été analysée, pour les parties aériennes et les racines, aux trois périodes, et les résultats obtenus sont consignés ci-après.

		Azote.	Acide phosphorique.	Potasse.	Chaux.
Tallage.	Tiges, etc...	2,51	0,92	0,91	0,44
	Racines...	1,73	0,64	0,67	0,33
Épiage.	Tiges, etc.	1,73	0,86	1,35	0,39
	Racines...	1,55	0,60	0,96	0,28
Maturité	Tiges, etc. (1).	1,31	0,70	1,10	0,50
	Racines...	1,23	0,67	0,89	0,39

Le taux de l'azote décroît au fur et à mesure que la plante grandit. L'acide phosphorique dans la tige semble également diminuer et rester stationnaire dans la racine. La potasse s'accroît dans la partie aérienne, comme dans les racines, jusqu'à l'épiage. La chaux varie peu.

Nous avons calculé, à l'aide de ces éléments, la composition d'une plante moyenne : tiges et parties aérien-

(1) Paille, balles, grains réunis.

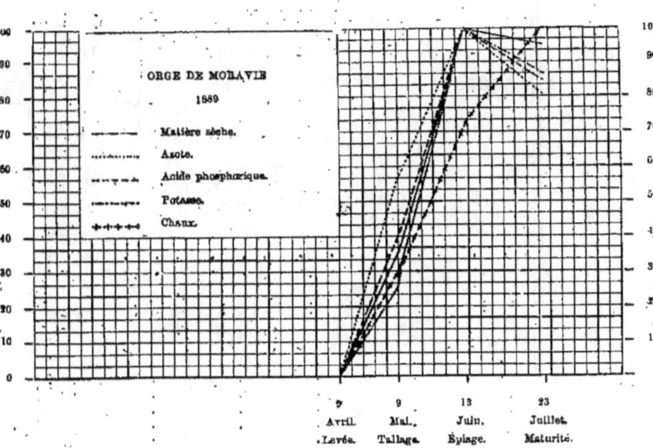

Fig. 53. — Marche de l'absorption des éléments nutritifs.

nes, racines, et plante entière, aux différentes époques de sa végétation. Les résultats ainsi obtenus sont réunis dans le tableau suivant :

		Tallage.	Épiage.	Maturité.
		milligr.	milligr.	milligr.
Matière sèche. .	Tiges, etc.	375,00	1081,00	1256,00
	Racines. .	232,00	621,60	359,00
	Total. .	607,00	1702,00	1615,00
Azote.	Tiges, etc.	9,5	17,75	16,50
	Racines. .	4,0	17,18	4,50
	Total. .	13,5	24,93	21,00
Acide phosphorique	Tiges, etc.	3,45	9,30	8,79
	Racines. .	1,49	3,73	2,41
	Total. .	4,94	13,03	11,20
Potasse	Tiges, etc.	3,41	13,51	13,82
	Racines. .	1,55	5,96	3,25
	Total. .	4,96	19,47	17,07
Chaux.	Tiges, etc.	1,58	4,22	6,38
	Racines. .	0,77	1,74	1,39
	Total. .	2,35	5,96	7,77

Tous les éléments dosés de la plante atteignent leur maximum à l'épiage, sauf la chaux qui croît jusqu'à la maturité.

Mais comme on l'a déjà vu, on se rend mieux compte de la marche de l'absorption des principes nutritifs par la plante, en considérant, non les nombres bruts qui précèdent, mais leurs rapports avec le maximum de chaque principe fertilisant absorbé. C'est pourquoi nous

avons calculé les éléments du tableau suivant, et dressé
le graphique qui l'accompagne et en traduit les résultats
aux yeux (fig. 53).

| | Tallage. | Épiage. | Maturité. |
	Kil.	Kil.	Kil.
Matiere sèche . . .	35.6	100.0	94.9
Azote.	54.0	99.7	84.0
Acide phosphorique.	37.9	99.9	86.0
Potasse.	27.7	100.0	87.9
Chaux.	30.2	76.5	100.0

Avant de tirer des conclusions de cette première expérience nous allons relater les résultats obtenus dans
notre culture de 1890 sur la même variété d'orge de
printemps.

Culture de 1890. — Le 13 mars 1890, nous avons
semé douze pots d'orge de Moravie, à 3 centimètres de
profondeur. Ces pots formaient trois séries de quatre,
destinés à être récoltées au tallage à l'épiage et à la maturité. La première série reçut vingt grains, la deuxième
quinze, et la dernière dix, de façon à ce que les plantes
ne soient pas trop serrées au moment de leur récolte.

Dans chaque série, un pot resta sans engrais; le
deuxième reçut un gramme d'azote, sous forme de sulfate
d'ammoniaque, avant l'hiver; le troisième un gramme
d'azote et 2 gr. d'acide phosphorique soluble à l'eau
et au citrate; enfin le quatrième un gramme d'azote,
deux grammes d'acide phosphorique et 0 gr. 77 de
potasse à l'état de *chlorate.*

Chaque pot contenait 30 kil. de terre. Nous avons
donné l'analyse de celle-ci à propos du froment d'hiver.
La même terre avait déjà servi aux cultures de 1889.

Les pots placés sur les chariots de la salle de végétation furent enterrés dans la sciure de bois, puis, après

la levée, le sol fut saupoudré d'une mince couche de sciure de bois blanc, pour empêcher qu'il ne se formât une croûte dure à la surface.

La levée avait lieu le 24 mars en moyenne, dans les pots sans chlorate de potasse. Dans ceux-ci elle fut très irrégulière, de même que la végétation dès le début. Les plantes restèrent, dans les quatre pots à *chlorate* absolument chétives. Chaque feuille nouvelle, qui apparaît, entraîne le dessèchement d'une autre,

Fig. 54. — Effet du chlorate de potasse.

venue précédemment. Il semble que ce sel soit tout à fait nuisible au développement des plantes.

Le 30 avril, pour fixer l'action nocive de ce sel de potasse, nous avons photographié l'ensemble des cultures. Les fig. 54 et 55 montrent deux des pots en question, à côté des autres, tels qu'ils étaient dans les bâches mobiles.

Le 1ᵉʳ mai nous avons déterminé pour chaque série le nombre des plants et des talles. Les résultats de ce dénombrement sont consignés ci-dessous :

	TALLES.			
Séries.	Sans engrais.	Azote seul.	Azote et ac. phosphor.	Azote, ac. phosphor. et chlorate.
1ʳᵉ, 19 plantes.	69	60	85	19.
2ᵉ, 15 —	44	51	56	13 + 2 morts.
3ᵉ, 9 —	30	34	39	7 + 2 —
43	143	145	180	39.

(Aucune talle.)

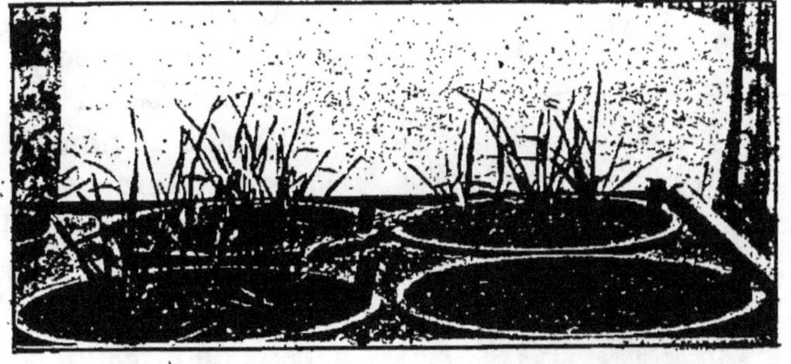

1º Sans engrais.　　　　1º Azote et acide phosphorique.
2º Azote seul.　　　　　2º　　—　　plus chlorate de potasse.

Fig. 55. — Effet du chlorate de potasse.

Si l'on calcule le tallage moyen suivant la fumure appliquée, on trouve par plante :

Sans engrais.	3 talles 1/3
Avec azote.	3 — 1/3
Azote et acide phosphorique.	4 — 2/10
Avec chlorate	0 — 90

Si le chlorate de potasse anéantit la végétation, et si l'azote ammoniacal ne favorise pas dans notre sol très riche en azote, la formation de talles, il n'en est pas de même de l'acide phosphorique. Son effet sur le tallage est très manifeste. Ce résultat précis n'est que la confirmation de ce que nous avions constaté depuis longtemps en plein champ en Beauce. Les engrais phosphatés y donnent toujours avec la même quantité de semence des céréales beaucoup plus drues que dans les sols sans engrais. Aussi recommandons-nous de semer moins épais les sols enrichis de superphosphates et de scories de déphosphoration depuis plusieurs années.

Le tallage avait commencé le 13 avril. Il était dans son plein le 30 du même mois, et le 9 mai les tiges avaient tendance à se redresser. C'est à cette époque qu'on opéra la récolte de la première série.

FIG. 56. — ORGE AU TALLAGE.

L'épiage commença le 6 juin, la floraison le 17, et tous les épis étaient sortis le 17. La seconde série de pots fut récoltée à cette date. Enfin la maturité arriva dans les premiers jours d'août, et l'on récolta le 7 la dernière série.

Les figures 56 à 65 sont la reproduction, d'après photographie, de plants moyens récoltés à chaque période.

Nous donnons ci-après, pour chaque série, les rendements que nous avons obtenus en racines sèches et en parties aériennes (1) :

(1) Nous ne donnons pas les résultats des pots qui ont reçu du chlorate : les poids récoltés étaient trop faibles, ou nuls.

1° *Culture sans engrais.*

		Tallage.	Épiage.	Maturité.
Nombre de plantes.		19	15	9
	Racines	6 gr.	24 gr.	10 gr.
Matière sèche.	Tiges	11 —	100 —	119 —
	Épis à la maturité.	»	»	91 —
	Total.	17 —	124 —	220 —

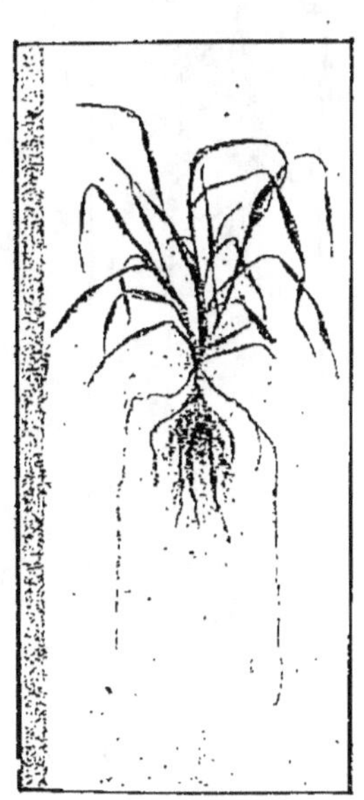

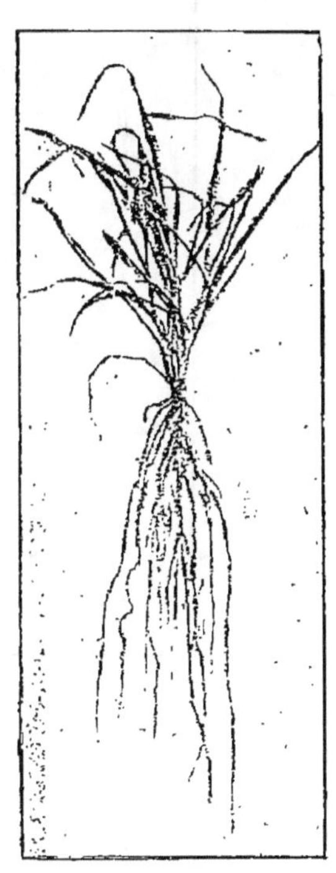

FIG. 57. — ORGE AVEC SES RACINES AU TALLAGE, SANS ENGRAIS.

FIG. 58. — ORGE AVEC SES RACINES AU TALLAGE, AZOTE ET ACIDE PHOSPHORIQUE.

2° *Sulfate d'ammoniaque.*

Nombre de plants.		19	15	9
Matière sèche.	Racines	4 gr.	25 gr.	10 gr.
	Tiges	10 —	99 —	125 —
	Épis à la maturité. .	»	»	70 —
	Total	14 —	124 —	205 —

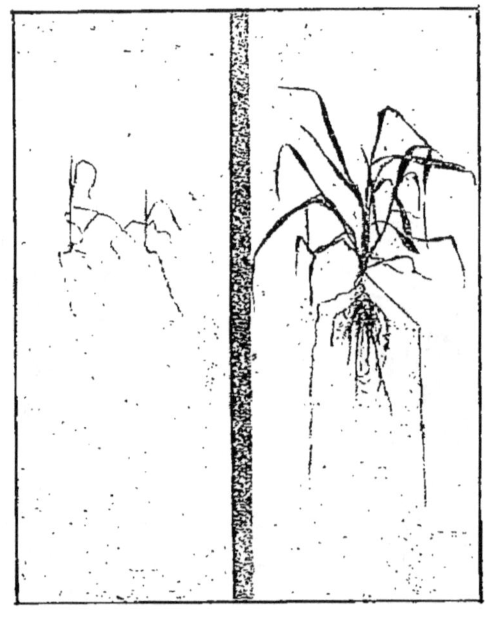

FIG. 59. — EFFET DU CHLORATE DE POTASSE.

3° *Superphosphate et sulfate d'ammoniaque.*

Nombre de plants.		20	15	9
Matière sèche.	Racines	8 gr.	60 gr.	15 gr.
	Tiges.	15 —	78 —	152 —
	Épis à la maturité.	»	»	86 —
	Total.	23 —	138 —	253 —

Fig. 60. — Orge avec ses racines a la floraison, sans engrais.

LES CÉRÉALES.   12

FIG. 61. — ORGE AVEC SES RACINES A LA FLORAISON,
AZOTE ET ACIDE PHOSPHORIQUE.

FIG. 62. — ORGE AVEC SES RACINES A LA FLORAISON, AVEC CHLORATE.

Une plante moyenne présentait donc aux diverses périodes de sa vie, et avec les divers engrais, les poids suivants de racines et de parties aériennes :

Fig. 53. — Orge à la maturité.

FIG. 64. — Orge avec ses racines a la maturité, sans engrais.

Fig. 65. — Orge avec ses racines a la maturité, azote et acide phosphorique.

		MATIÈRE SÈCHE		
		Racines.	Tiges.	Épis.	Total.
		gr.	gr.	gr.	gr.
Sans engrais . .	Tallage. . . .	0,315	0,578	»	0,893
	Épiage	1,600	6,600	»	8,200
	Maturité . . .	1,111	13,220	10,111	24,442
Sulfate d'ammo- niaque	Tallage. . . .	0,210	0,526	»	0,736
	Épiage	1,667	6,600	»	8,267
	Maturité . . .	1,111	13,888	7,777	22,776
Superphosphate et sulfate d'am- moniaque. . .	Tallage. . . .	0,400	0.750	»	1,150
	Épiage	4,000	5,200	»	9,200
	Maturité . . .	1,667	16,880	9,555	28,102

Si l'on compare les résultats obtenus en 1889 à ceux-
ci, on voit combien les derniers sont plus satisfaisants :

	1889	1890 (Moyenne).	Écart
Tallage.	0,607	0,926	0,319
Épiage	1,702	8,555	6,853
Maturité.	1,615	25,106	23,491

Les modifications que nous avons introduites en 1890
dans notre mode de culture en pots sont donc pleinement justifiées. La même terre, dans la culture à *sol
couvert*, les pots étant isolés de l'atmosphère par une
épaisse enveloppe de sciure, a donné une plante 15 fois
plus forte.

On reconnaît aussi l'heureuse influence d'un semis
clair, qui laisse aux plantes l'espace nécessaire pour
assurer leur développement intégral. Avec neuf plantes
par pot de 11 décimètres carrés de surface, nous avons
obtenu de nos 30 kilogr. de terre 225 gr. 954 de récolte en moyenne; nous n'avions obtenu en 1889, par

le semis serré, avec 39 plantes, que 64 gr. ou moins du tiers.

Influence des engrais sur l'orge de printemps. — Nous pouvons examiner maintenant les effets des engrais employés sur le développement de l'orge.

Le sulfate d'ammoniaque seul, à la dose de 1 gr. d'azote pour 30 kilogr. de terre, n'a pas réagi d'une manière heureuse sur le rendement. Le sol était par lui-même trop riche en azote pour qu'une fumure azotée pût être profitable. Cette année-là, du reste, dans la majorité des cas, les terres qui étaient restées sans engrais azotés ont donné chez nous de meilleurs résultats en céréales.

A toutes les périodes, le rendement total est égal ou inférieur de peu à celui du sol sans engrais.

Le chlorate de potasse, qui avait été ajouté à l'engrais par erreur, est un poison pour l'orge, et probablement pour les autres céréales. Au premier dépotage, nous n'avons recueilli que 14 plants au lieu de 19, dont le poids total (tiges et racines réunies, à l'état sec), ne s'élevait qu'à 0 gr. 5. Les 2ᵉ et 3ᵉ séries ont été encore plus insignifiantes.

Le superphosphate, au contraire, qui avait déjà favorisé le tallage, a exercé sur le développement des plantes une influence très favorable.

		Sans engrais	Superphosphate et azote.	Écart.
		—	—	—
		gr.	gr.	gr.
Poids sec de la plante entière.	Tallage. . .	0,893	1,150	+0,257
	Épiage. . .	8,200	9,200	+1,000
	Maturité. .	24,442	28,102	+3,660

Il a augmenté le poids de la plante de 28 % au tallage, de 12 % à l'épiage et de 15 % à la maturité.

L'influence de l'acide phosphorique sur le développement hâtif ressort très nettement des chiffres, de même que son influence sur la maturité. Celle-ci a en effet été meilleure et plus hâtive que dans le sol qui avait reçu de l'azote seul. Nous avons déjà vu que la même action se manifeste dans nos terres pauvres en acide phosphorique, avec le froment et l'escourgeon.

Proportion des racines. — D'après les résultats de toutes nos récoltes d'orge à deux rangs de printemps, nous avons calculé la proportion des racines aux parties aériennes et obtenu le nombre suivant :

	Tallage.	Floraison ou épiage.	Maturité.
Orge de 1889.	61.8	57.8	28.5
1890 { Sans engrais.	54.5	24.2	4.8
1890 { Sulfate d'ammoniaque.	40.0	23.7	5.1
1890 { Sulfate et superphosphate.	53.3	76.9	6.3
Moyenne générale.	52.3	45.6	11.1

Marche de l'absorption des principes nutritifs. — Nous avons réuni dans les tableaux suivants les résultats des analyses que nous avons faites des récoltes précédentes.

1° *Orge sans engrais.*

% de matière sèche.		Tallage.	Épiage.	Maturité.
Racines. . {	Azote.	1.88	1.56	1.37
Racines. . {	Acide phosphorique.	1.47	1.40	1.34
Racines. . {	Chaux.	0.44	0.67	0.53
Racines. . {	Potasse.	1.14	1.20	1.32
Tiges, etc. {	Azote.	2.36	1.50	1.56
Tiges, etc. {	Acide phosphorique.	1.34	0.84	1.13
Tiges, etc. {	Chaux.	0.84	1.00	0.63
Tiges, etc. {	Potasse.	1.20	1.32	1.41

Épis à la maturité.				
	Azote.	»	»	1.00
	Acide phosphorique .	»	»	1.15
	Chaux.	»	»	0.67
	Potasse.	»	»	1.09

2° *Orge avec sulfate d'ammoniaque.*

Racines. .				
	Azote.	» (1)	1.37	1.50
	Acide phosphorique .	»	2.40	0.96
	Chaux.	»	0.56	0.42
	Potasse.	»	1.26	1.34
Tiges, etc.				
	Azote.	2.69	1.545	1.445
	Acide phosphorique..	1.15	0.86	0.91
	Chaux.	0.58	0.70	0.70
	Potasse.	1.32	1.42	1.46
Épis à la maturité.				
	Azote.	»	»	1.17
	Acide phosphorique..	»	»	1.08
	Chaux.	»	»	0.56
	Potasse.	»	»	1.08

3° *Orge avec superphosphate et sulfate d'ammoniaque.*

% de matière sèche.		Tallage.	Épiage.	Maturité.
Racines. .				
	Azote.	1.885	1.42	1.505
	Acide phosphorique..	1.85	1.80	1.15
	Chaux .	0.77	0.70	0.64
	Potasse.	1.22	1.31	1.46
Tiges, etc.				
	Azote.	2.57	1.37	1.485
	Acide phosphorique..	1.02	1.06	1.23
	Chaux .	0.72	0.56	0.63
	Potasse.	1.34	1.50	1.57
Épis à la maturité.				
	Azote.	»	»	1.05
	Acide phosphorique..	»	»	1.21
	Chaux.	»	»	0.70
	Potasse.	»	»	1.16

(1) Un accident survenu au commencement de l'analyse n'a pas permis d'obtenir de résultats.

A l'aide des éléments qui précèdent, nous avons calculé la teneur, tant pour les racines que pour les parties aériennes, en matière sèche, azote, acide phosphorique, chaux et potasse d'une plante moyenne d'orge venue sans engrais, ou avec engrais phospho-azoté.

Le tableau suivant relate les résultats obtenus :

COMPOSITION D'UNE PLANTE D'ORGE
AUX DIVERS STADES DE SA VÉGÉTATION.

	En milligrammes.		Matière sèche.	Azote.	Acide phosphorique.	Chaux.	Potasse.
			milligr.	milligr.	milligr.	milligr.	milligr.
Tallage.	Sans engrais.	Tiges, etc.	578,0	16,5	7,7	4,85	6,94
		Racines . .	315,0	5,95	4,6	1,40	3,60
		Total . .	893,0	22,45	12,3	6,25	10,54
	Azote et acide phosphorique.	Tiges, etc .	750,0	19,30	7,7	5,4	10,0
		Racines . .	400,0	7,55	7,4	3,1	4,9
		Total . .	1.150,0	26,85	15,1	8,5	14,9
Épiage.	Sans engrais.	Tiges, etc .	6.600,0	99,00	55,4	66,0	87,1
		Racines . .	1.600,0	25,05	22,4	10,7	19,2
		Total . .	8.200,0	124,05	77,8	76,7	106,3
	Engrais phospho-azoté.	Tiges, etc .	5.200,0	71,25	55,2	30,0	58,0
		Racines . .	4.000,0	56,80	72,0	28,0	52,4
		Total . .	9.200,0	128,05	127,2	58,0	110,4
Maturité.	Sans engrais.	Tiges, etc .	13.220,0	206,85	149,4	83,3	186,4
		Épis mûrs.	10.111,0	101,10	116,3	67,7	110,2
		Racines . .	1.111,0	15,20	14,9	5,9	14,7
		Total . .	24.442,0	325,15	270,6	156,9	311,3
	Engrais phospho-azoté.	Tiges, etc .	16.880,0	250,93	207,9	106,5	265,3
		Épis mûrs.	9.555,0	99,50	115,6	66,9	100,8
		Racines . .	1.667,0	25,15	19,2	10,7	24,4
		Total . .	28.102,0	375,58	342,7	184,1	390,5

Si l'on compare la plante venue sans engrais à celle qui a reçu une fumure phospho-azotée, on reconnaît que cette dernière renferme à toutes les époques plus de matière sèche, d'azote, d'acide phosphorique et de potasse que l'autre. Pour la chaux, il y a exception à l'épiage; cela pourrait bien être accidentel. Comme l'effet de l'azote employé seul a été nul, nous sommes en droit de considérer ces accroissements comme la conséquence de l'emploi de l'acide phosphorique.

La plante qui a reçu du superphosphate, a absorbé les quantités suivantes de principes fertilisants, exprimés en centièmes de la quantité minima, en plus que la plante sans engrais.

	Azote.	Acide phosphorique.	Chaux.	Potasse.
	%	%	%	%
Tallage	19,8	22,7	36,0	41,9
Épiage	3,2	63,5	— 32,2	3,8
Maturité	16,9	27,7	17,3	25,4

La plante a donc absorbé une proportion généralement considérable des principes nutritifs préexistants dans le sol *sous l'impulsion vigoureuse que lui a imprimée l'acide phosphorique assimilable.* Elle a recouvré 33 % de ce dernier donné comme engrais.

Enfin, pour juger de la marche de l'absorption des principes nutritifs relativement à la formation de la matière sèche, nous avons calculé l'absorption en centièmes des quantités maxima. Nous avons considéré séparément l'orge sans engrais, et l'orge phosphatée. Pour rendre les résultats plus frappants, nous en avons construit les diagrammes. Mais comme la marche de l'absorption ne varie pas d'une manière notable dans les deux cas, nous ne reproduisons ci-après que le diagramme de la culture la mieux réussie, c'est-à-dire de celle qui a reçu du superphosphate (fig. 66).

MARCHE COMPARÉE DE L'ABSORPTION
DES PRINCIPES NUTRITIFS EN CENTIÈMES DES MAXIMA.

	TALLAGE.		ÉPIAGE.		MATURITÉ.	
	Sans engrais.	Avec phosphate.	Sans engrais.	Avec phosphate.	Sans engrais.	Avec phosph.
Matière sèche . .	3,65	3,25	33,55	3 2,74	100	100
Azote	6,95	7,15	38,39	34,09	100	100
Acide phosphorique	4,55	4,41	28,75	37.12	100	100
Chaux.	3,98	4,62	48,88	31,50	100	100
Potasse	3,37	3,81	34,14	28,27	100	100

Si l'on compare ce diagramme à celui de la culture sans engrais de 1889, on peut constater que, pendant toute la période d'absorption, la situation relative des courbes est la même. L'absorption a pu différer en intensité, mais elle a eu lieu de la même manière.

L'azote et l'acide phosphorique sont les aliments dont le besoin, sous forme rapidement assimilable, se fait le plus sentir. Les courbes de ces éléments sont dans les deux années au-dessus de celle de la matière sèche, signe d'un besoin plus marqué d'engrais.

Les courbes de la chaux et de la potasse se tiennent au contraire au-dessous de celle de la matière sèche, indice d'une moins grande rapidité de l'absorption et d'un besoin moins intense d'engrais.

Il suit de là que, dans la culture de l'orge de printemps, l'emploi du nitrate de soude et du superphosphate (aussi des scories dans les sols non calcaires) est tout indiqué. Les sels de potasse, au contraire, ne doivent

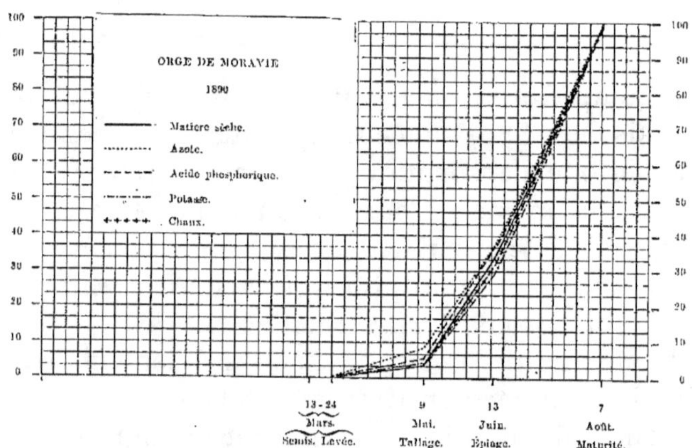

Fig. 66. — Marche de l'absorption des éléments nutritifs.

pas produire beaucoup d'effet, pas plus que le plâtre. Dans les expériences que nous avons poursuivies à Cloches et à Lucé, l'emploi de la potasse n'a jamais été favorable à l'orge, et cependant le sol de ces champs d'expériences renferme un peu moins de 1 gr. de potasse par kilogr. Nous voyons aujourd'hui pourquoi : c'est la conséquence d'un mode d'absorption lent et régulier, qui permet à la plante de tirer du sol tout ce qui lui est nécessaire. Au contraire de ce qui se passe pour la potasse, nos essais culturaux en plein champ, depuis 1885, nous ont toujours donné les meilleurs résultats par l'emploi du nitrate et du superphosphate.

Travail radiculaire. — Nous donnons ci-dessous les quantités de principes fertilisants absorbés en moyenne par jour, pendant les trois périodes de la végétation, pour l'orge cultivée avec la fumure azotophosphatée. Celle-ci, en effet, est la plus exactement comparable avec les cultures des autres céréales qui nous occupent, exception faite pour l'avoine.

	Tallage.	Épiage.	Maturité.
Azote	2,91	2,66	1,71
Acide phosphorique.	1,64	2,95	1,49
Chaux.	0,92	1,30	0,87
Potasse	1,62	2,51	1,93
Total	7,09	9,42	6,00

C'est pendant la deuxième période de la végétation de l'orge de printemps, que l'activité radiculaire atteint son maximum. A partir de l'épiage, l'absorption par gramme de racine diminue très sensiblement. Avant le tallage, au contraire, les racines fonctionnent presque avec la même intensité que jusqu'à l'épiage. C'est donc surtout dans la période qui s'étend de la levée à la floraison, principalement depuis les environs du tallage, que le besoin d'engrais est le plus intense. L'azote est le plus demandé dans la première phase, tandis que l'acide phosphorique l'est un peu plus dans la seconde.

En nous reportant à la culture de l'escourgeon d'hiver, nous remarquons que l'orge de printemps est une plante qui a des besoins beaucoup plus grands d'engrais rapidement assimilables.

Prélèvement d'éléments nutritifs. — Pour compléter les renseignements qui précèdent sur les besoins d'engrais de l'orge à deux rangs de printemps, il nous reste à déterminer les quantités totales d'éléments nutritifs que prélève dans le sol une belle récolte de cette céréale.

Pour donner 40 hectolitres de grain pesant 65 kilogrammes l'un, un hectare d'orge devrait porter une récolte totale (chaumes et racines compris), de 7647 kilogr., car d'après les résultats précédents, il y a 34 de grain pour 100 de récolte entière. Cette récolte serait composée à la maturité comme suit :

	quintaux.	
Grain, 40 hectol. ou	22,1	à l'état sec.
Paille et balles.	36,5	—
Racines	6,4	—
Total.	65,0	—

Il en résulte que les prélèvements d'éléments fertilisants s'élèveraient à :

kil.
86,5 d'azote.
79,3 d'acide phosphorique.
42,6 de chaux.
93,3 de potasse.

Avoine de printemps noire de Châteaudun.
1889.

Nous avons cultivé l'avoine noire de Châteaudun en 1889, comparativement avec l'orge de Moravie, dont il a été déjà parlé. Les pots renfermaient 30 kilogr. de la même terre que celle qui a servi pour l'orge et le blé d'hiver. Ils restèrent à l'air libre, et la surface du sol ne fut pas recouverte. Le

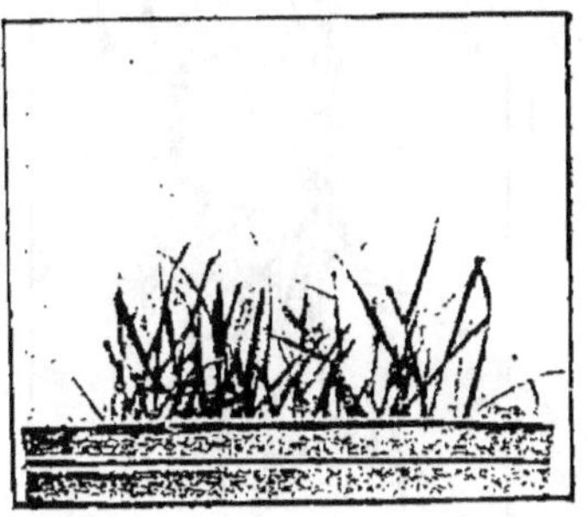

FIG. 67. — AVOINE.

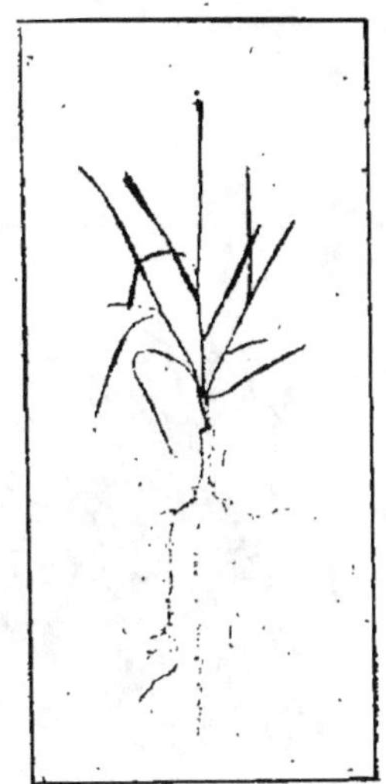

FIG. 68. — AVOINE AVEC SES RACINES AU TALLAGE.

semis avait été fait un peu dru, sauf pour le pot sacrifié au tallage. Malgré les arrosages, les plantes ont un peu souffert de la sécheresse à la fin de la végétation, à cause du durcissement du terrain.

La levée se fit régulièrement dans tous les pots. Le semis avait eu lieu le 8 avril. Le tallage était terminé le 8 mai; le 13 juin les panicules se montraient, et le premier août on faisait la récolte.

A chacune de ces trois époques, un pot fut récolté

avec toutes ses racines et on choisit deux sujets moyens qu'on photographia pour montrer le développement relatif du système radiculaire.

Les récoltes pesées à l'état sec nous ont donné les résultats suivants :

FIG. 69. — AVOINE
A LA FLORAISON.

FIG. 70. — AVOINE AVEC SES RACINES
A LA FLORAISON.

	Nombre de plantes.	Tiges et feuilles.	Racines.	Total.
		Gr.	Gr.	Gr.
Tallage.	14	2,5	2,0	4,5
Épiage	36	17,0	17,0	34,0
Maturité..	38	36,0	24,0	60,0

On en déduit facilement le poids d'une plante moyenne, aux différents stades de son évolution :

	Tiges.	Racines.	Total.
	Gr.	Gr.	Gr.
Tallage.	0,178	0,142	0,320
Épiage	0,472	0,472	0,944
Maturité	0,947	0,631	1,578

FIG. 71. — AVOINE A LA MATURITÉ.

Le poids sec des tiges et des racines augmente jusqu'à la maturité, mais c'est à l'épiage que la proportion des racines à la tige atteint son maximum. Nous trouvons en effet pour 100 gr. de tiges sèches :

Au tallage	79,6 de racines.
A l'épiage.	100,0 —
A la maturité	66,6 —

Nous avons dosé, dans la matière sèche des tiges et des racines, les éléments nutritifs principaux. Le tableau suivant donne les résultats de ces analyses :

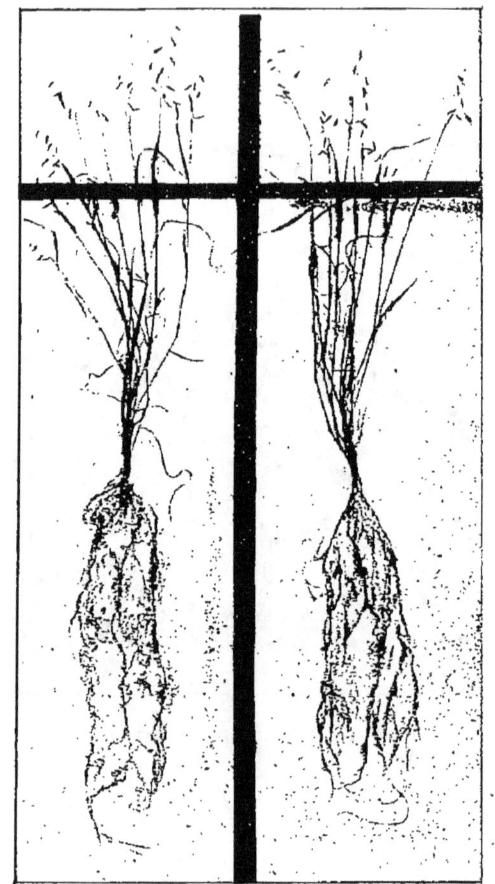

FIG. 72. — AVOINE AVEC SES RACINES A LA MATURITÉ.

		Azote.	Acide phospho-rique.	Potasse.	Chaux.
Tallage	Racines. .	2,51	0,44	0,76	0,28
	Tiges. . .	2,60	0,68	0,96	0,39
Épiage.	Racines. .	1,04	0,64	0,81	0,35
	Tiges. . .	1,70	0,80	0.83	0,35
Maturité	Racines. .	1,235	0,70	0,92	0,33
	Tiges. . .	1,35	0,89	1,60	0,42

Que l'on considère la matière sèche des tiges ou des racines, on remarque que le taux d'azote décroit à mesure que la plante avance en âge. Au contraire, le taux d'acide phosphorique suit une marche ascendante. La proportion de potasse croît également, mais avec moins de régularité. Quant à la chaux, sa proportion est à peu près constante.

Pour qu'on puisse juger de la marche de l'absorption des principes nutritifs, nous avons calculé, pour les différentes époques considérées, la composition d'une plante moyenne, que nous donnons ci-dessous (Voir le tableau de tête page 198) :

Mais on peut beaucoup mieux se rendre compte de la marche de l'absorption, si, au lieu de considérer les nombres bruts qui précèdent, on examine leurs rapports avec les maxima.

	Matière sèche.	Azote.	Acide phosphorique.	Chaux.	Potasse.
Tallage. . .	20,28	39,83	14,32	18,02	13,31
Épiage . . .	59,82	63,07	52,91	57,94	36,92
Maturité . .	100,00	100,00	100,00	100,00	100,00

Nous avons traduit ces résultats dans un graphique

		Tallage.	Épiage.	Maturité.
		milligr.	milligr.	milligr.
Matière sèche. .	Tiges . . .	178,00	472,00	947,00
	Racines . .	142,00	472,00	631,00
	Total. .	320,00	944,00	1578,00
Azote.	Tiges . . .	4,63	8,03	12,78
	Racines . .	3,56	4,95	7,79
	Total. .	8,19	12,98	20,57
Acide phosphorique . .	Tiges . . .	1,21	3,78	8,43
	Racines . .	0,63	3,02	4,42
	Total. .	1,84	6,80	12,85
Potasse.	Tiges . . .	1,71	3,92	15,15
	Racines . .	1,08	3,82	5,81
	Total. .	2,79	7,74	20,96
Chaux.	Tiges . . .	0,694	1,75	3,98
	Racines . .	0,398	1,75	2,08
	Total. .	1,092	3,50	6,06

qui permet de saisir d'un seul coup d'œil la marche relative de l'absorption des divers principes nutritifs et de la comparer à la formation de la matière végétale (fig. 73).

On remarque la régularité presque rectiligne des courbes de la matière sèche, de la chaux et de l'acide phosphorique. Ce parallélisme indique que la plante peut absorber au jour le jour, pendant toute sa vie, ces éléments fertilisants, et qu'à aucune époque elle n'en éprouve un besoin extraordinaire.

La courbe de l'azote, au contraire, nous met en présence d'un besoin considérable de ce principe ferti-

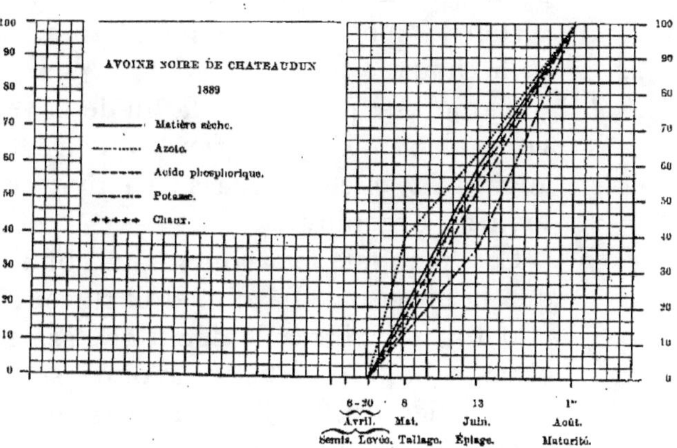

Fig. 73. — Marche de l'absorption des éléments nutritifs

lisant de la levée au tallage, puis de là à l'épiage. Ensuite la courbe se rapproche de celle de la matière sèche et devient presque parallèle.

L'avoine a donc besoin de trouver avant l'épiage, dans le sol où elle végète, une provision d'azote très rapidement assimilable. Le nitrate de soude employé à petite dose (100 à 200 k.) sera très favorable à la production. Les engrais phosphatés solubles ne semblent pas aussi nécessaires. Il suffit que la plante trouve à sa disposition pendant tout le cours de sa vie le quantum de cet élément qu'elle doit absorber. Elle n'en est pas affamée à certaines époques, comme d'azote. Il en est de même de la chaux.

La potasse présente à la fin de la végétation une activité d'absorption plus grande qu'au début, sans que, dans aucun cas, elle ne dépasse l'activité de formation de la matière organique.

Ces résultats expérimentaux conduisent à admettre que la fumure de l'avoine doit surtout être azotée et qu'il faut lui fournir dès le début de l'azote très soluble. On obtient toujours de belles avoines sur les défrichements de prairies artificielles qui laissent un sol très riche en azote rapidement nitrifiable.

L'emploi du nitrate de soude, après un blé qui a reçu des engrais phosphatés, dans les sols pauvres en cet élément, donne aussi de bons résultats. Les superphosphates employés à doses variables ne donnent pas d'accroissements comparables à ceux qu'ils procurent pour l'orge de printemps, le blé et les plantes à racines.

Nous avons enfin calculé quel était pour chaque élément fertilisant le travail d'absorption effectué dans un jour moyen, aux différentes phases de la végétation, par un gramme de racines sèches. Les résultats de ces calculs sont consignés ci-dessous :

	Tallage.	Épiage.	Maturité.
Azote	6,07	0,435	0,295
Acide phosphorique. .	1,36	0,45	0,23
Chaux.	0,81	0.22	0,10
Potasse	2,06	0,45	0,51
Total.	10,30	1,555	1,135

Le travail radiculaire total est environ sept fois plus grand avant la fin du tallage qu'après. Mais c'est surtout pour l'azote que la différence s'accentue. Pour l'acide phosphorique, la chaux et la potasse, le travail radiculaire est encore trois et quatre fois plus fort qu'ensuite.

L'avoine a donc besoin d'engrais, en général avant le tallage, mais le besoin d'azote à lui seul est trois fois plus intense que celui des autres éléments réunis.

Éléments nutritifs prélevés par une récolte d'avoine. — A la maturité nous avons récolté par pot de 11 décim. carrés de superficie 36 gr. de parties aériennes sèches. Ce rendement total en poids, fourni par trente-huit plants, correspond à un produit de 28 hectolitres à l'hectare.

Pour cette production la récolte a consommé :

	Kil.
Azote	71
Acide phosphorique.	44,2
Chaux.	20,9
Potasse	72,3

Or ce n'est là qu'une moyenne récolte, et nous devons nous baser sur une belle production pour estimer la consommation totale de l'avoine, sur 50 hectolitres par exemple. Cela correspondrait à une consommation de :

	Kil.
Azote	126,5
Acide phosphorique	78,9
Chaux.	38,0
Potasse	129,1

Nous devons faire remarquer qu'une bonne partie de ces principes fertilisants sont laissés dans le sol par les racines et les chaumes (1); mais il n'en est pas moins vrai que l'avoine, pour donner une belle récolte doit trouver, et trouve, grâce à son système radiculaire si développé, ces hautes doses d'éléments nutritifs.

Fig. 74. — Sarrasin, 1ʳᵉ période.

Sarrasin commun 1891.

Le 30 juin 1891 nous avons semé quatre pots de sarrasin, à raison de 2 gr. 5 de grain pour chacun (2). Dès le 4 juillet avait lieu la levée.

(1)
49,5 kgr. restent dans les racines.
15   —   dans les chaumes.
64,5   —   au champ, en tout.

(2) Chaque pot avait reçu la fumure habituelle de 2 gr. d'acide phosphorique soluble au citrate, 1 gr. d'azote nitrique et 1 gr. de potasse.

Le 28 du même mois on fit la récolte de deux pots. Le commencement de la floraison était prochain, mais aucune fleur encore n'était épanouie.

Cette première récolte nous a donné les résultats suivants :

```
Nombre de plants . . . . . . . . . . . . . . .   61
                                                 Gr.
Poids des tiges et balles sèches. . . . . . . . :   3o
   —      racines        —    . . . . . . . . .   5
```

FIG. 75. — SARRASIN AVEC SES RACINES, 1ʳᵉ PÉRIODE.

Le poids d'une plante moyenne sèche s'élevait alors à :

```
                                                 Gr.
Tiges . . . . . . . . . . . . . . . . . . . .   0,492
Racines . . . . . . . . . . . . . . . . . . .   0,082
                                               ───────
        Total . . . . . . . . . . . . . . . .   0,574
```

La proportion des racines aux parties aériennes ne dépassait pas 16,7 %.

A cette époque, les pots restants furent éclaircis de manière à laisser dix plants régulièrement espacés dans chacun d'eux.

Les premières fleurs s'ouvraient le 3 août. La floraison était dans son plein le 21 du même mois. Enfin le 2 septembre on récoltait un pot couvert d'inflorescences, et présentant déjà quelques grains formés à la base des tiges. Celles-ci avaient alors une hauteur moyenne de $1^m,30$.

Les résultats de la récolte ont été les suivants :

Nombre de plants	10
	Gr.
Poids sec des tiges et balles sèches.	150
— racines	12

La plante moyenne sèche de la deuxième récolte était donc constituée par :

	Gr.
Tiges et balles sèches.	15,
Racines.	1,2
Total.	16,2

La proportion des racines aux parties aériennes ne dépasse pas 8 %.

Le 24 septembre, la floraison était tout à fait terminée, et le 10 octobre, on récoltait le dernier pot à maturité. Il nous a donné :

Nombre de plants	10
	Gr.
Poids sec des tiges et feuilles	110
— graines	82
— racines	22

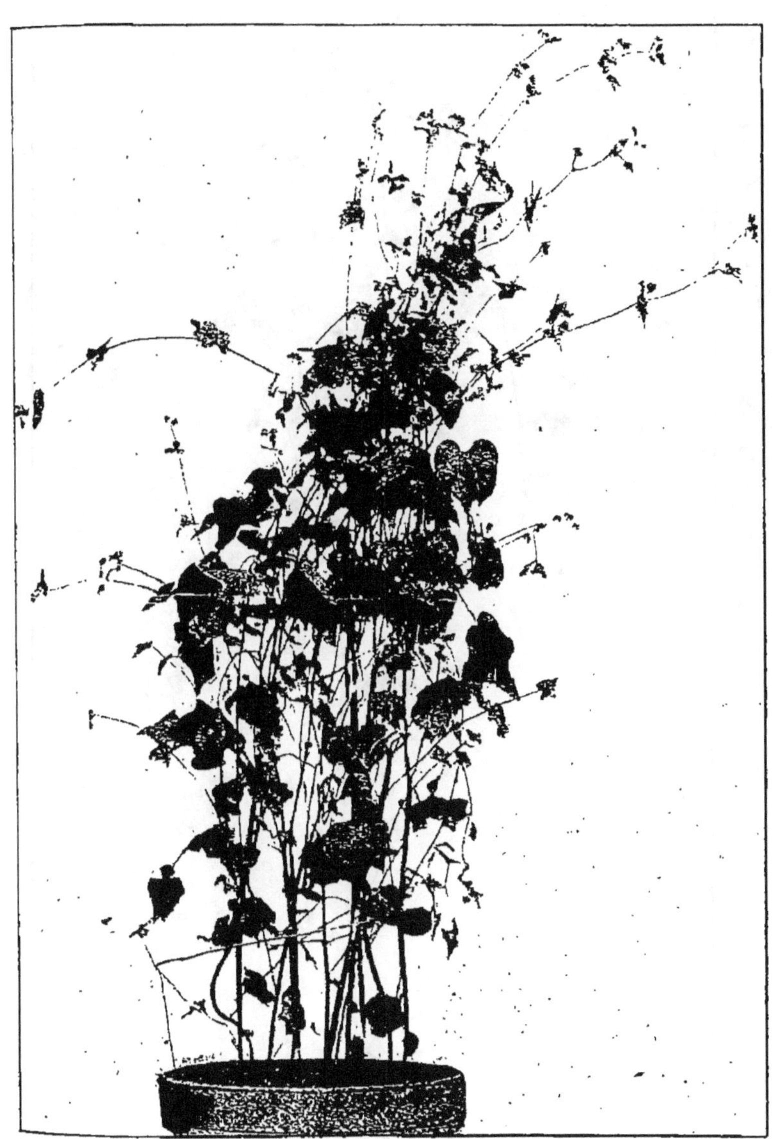

FIG. 76. — SARRASIN A LA FLORAISON.

FIG. 77. — SARRASIN AVEC SES RACINES A LA FLORAISON.

Fig. 78. — Sarrasin a la maturité.

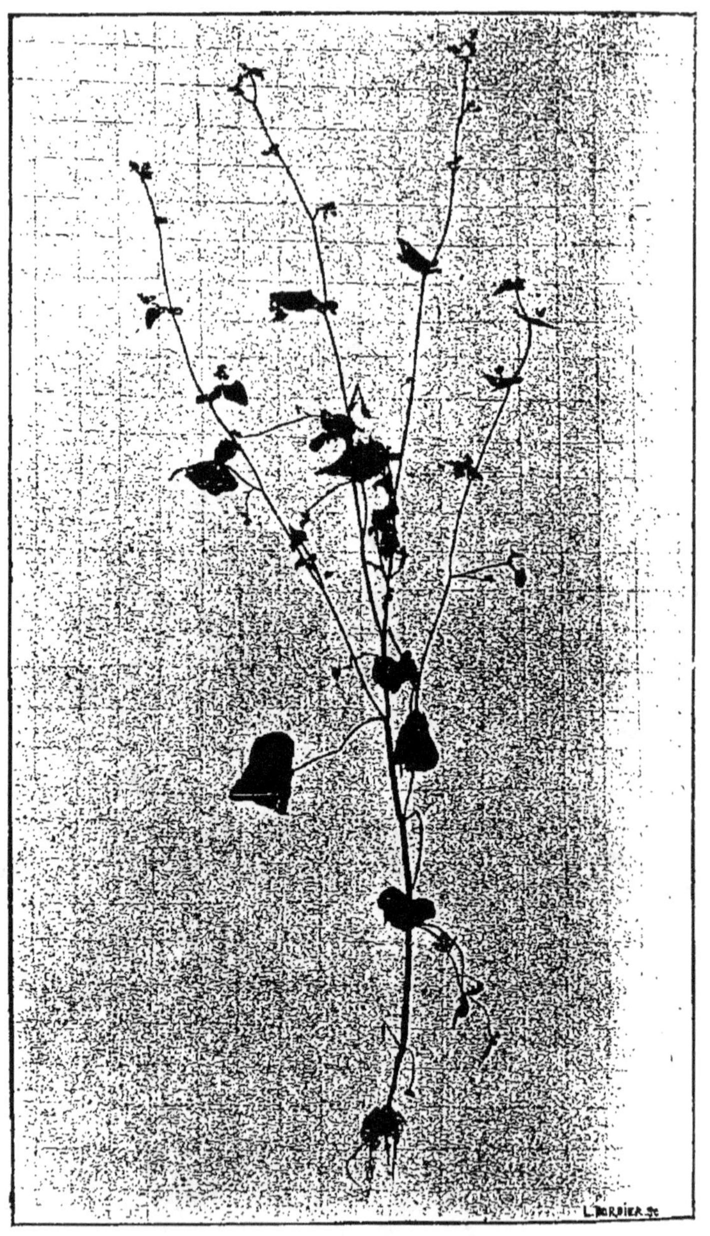

FIG. 79. — SARRASIN AVEC SES RACINES A LA MATURITÉ.

Soit pour une plante moyenne sèche :

	Gr.
Tiges et feuilles	11,0
Graines.	8,2
Racines.	2,2
Total	21,4

Le rapport des racines aux parties aériennes était de 11, 4 %.

Depuis le semis jusqu'à la récolte il s'était écoulé 102 jours, et depuis la levée jusqu'à la même époque, 98. La première récolte avait été faite avant le commencement de la floraison qui est successive chez le sarrasin, 24 jours après la levée. La seconde récolte avait été opérée en pleine fleur, 60 jours après la levée et 36 après la première. Entre la pleine floraison et la maturité, il s'était écoulé 38 jours.

Grâce au mode de culture et à la fumure, le produit obtenu a été considérable, car un hectare peuplé de notre plant moyen, et avec le même espacement aurait donné 7.454 kilogr. de graines.

Nos trois récoltes, desséchées, soumises à l'analyse, ont fourni les résultats qui suivent (Voir le 1.er tableau, page 210) :

D'après les documents qui précèdent, nous avons calculé la composition d'une plante moyenne de sarrasin commun aux trois périodes préindiquées. Le tableau suivant contient les résultats de nos calculs. L'unité adoptée est le milligramme (Voir le 2e tableau, page 210).

| | | POUR 100 DE MATIÈRE SÈCHE. | | |
		Tiges, etc.	Grains.	Racines.
1re période. Avant la 1re fleur. .	Azote	2,49	»	2,30
	Acide phosphor.	1,21	»	1,34
	Chaux	4,20	»	2,30
	Potasse	3,32	»	4,08
2e période. Pleine fleur	Azote	1,44	»	1,05
	Acide phosphor.	1,09	»	1,05
	Chaux	4,10	»	1,26
	Potasse	3,09	»	0,76
3e période. Maturité	Azote	1,24	2,49	1,15
	Acide phosphor.	1,07	1,20	0,78
	Chaux	3,20	0,42	0,84
	Potasse	1,53	0,52	0,81

		Matière sèche.	Azote.	Acide phosphorique.	Chaux.	Potasse.
1re période . . .	Tiges. . .	492	12,05	5,95	20,66	16,33
	Racines. .	82	2,08	1,10	1,89	2,45
	Total. .	574	14,13	7,05	22,55	18,78
Pleine fleur. . .	Tiges. . .	15.000	216,00	163,50	615,00	463,50
	Racines. .	1.200	12,60	12,60	15,12	4,12
	Total. .	16.200	228,60	176.10	630,12	467,60
Maturité	Tiges. . .	11.000	136,40	117,70	352,00	168,00
	Grains . .	8.200 (1)	204,18	98,40	34,44	42,64
	Racines. .	2.200	25,30	17,16	18,48	17,82
	Total. .	21.400	365,88	233,26	404,92	228,46

(1) Soit 74,5 de grain ⅗ de paille, proportion tout à fait normale.

Nous avons déduit de là la marche de l'absorption des éléments nutritifs, comparativement à la formation de la matière sèche, en égalant à 100 le maximum de chaque principe absorbé :

	Matière sèche.	Azote.	Acide phosphorique.	Chaux.	Potasse.
	%	%	%	%	%
1re période. .	2,67	3,59	3,02	3,43	4,02
Pleine fleur. .	75,70	62,63	75,58	100,00	100,00
Maturité . . .	100,00	100,00	100,00	64,27	48,90

Le graphique suivant (fig. 80) traduit ces données et permet d'en tirer facilement les conclusions qui en découlent.

Le sarrasin a une végétation très rapide, en même temps qu'un système radiculaire relativement peu développé; il ne donnera de récolte abondante de grain que si le sol peut lui abandonner rapidement les éléments nutritifs qui lui sont nécessaires. Une récolte de 30 hectolitres de grain, pesant 60 kilogr., soit 18 quintaux, correspond à l'absorption suivante d'éléments nutritifs aux différentes phases de la végétation :

1° *Matière sèche.*

	1re période.	Pleine fleur.	Maturité.
	Kil.	Kil.	Kil.
Grains.	»	»	1.530
Tiges, etc.	98,1	2.798	2.052
Racines.	15,3	234	411
Total	113,4	3.032	3.993

2° *Azote.*

Grains.	»	»	38,1
Tiges, etc.	2,24	40,3	25,4
Racines	0,39	2,3	4,7
Total	2,63	42,6	68,2

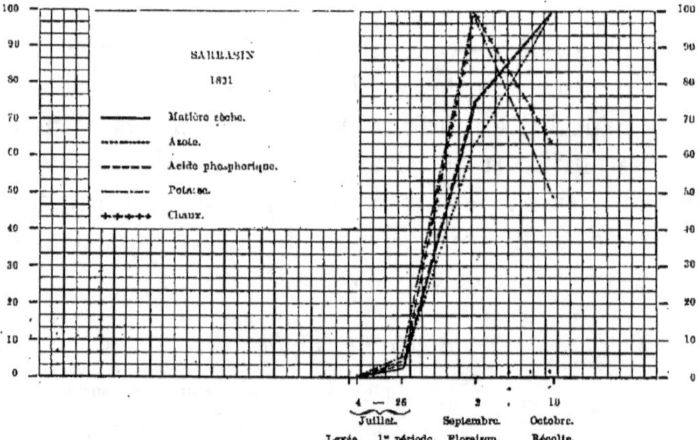

Fig. 80. — Marche de l'absorption des éléments nutritifs.

3° *Acide phosphorique.*

	1re période.	Pleine fleur.	Maturité.
Grains..	»	»	18,4
Tiges, etc.	1,1	30,5	21,9
Racines.	0, 2	2,3	3,2
Total	1,3	32,8	43,5

4° *Chaux.*

	1re période.	Pleine fleur.	Maturité.
Grains..	»	»	6,4
Tiges, etc.	3,8	114,7	65,7
Racines.	0,35	2,8	3,4
Total.	4,15	117,5	75,5

5° *Potasse.*

	1re période.	Pleine fleur.	Maturité.
Grains	»	»	8,0
Tiges, etc.	3,0	86,5	31,3
Racines.	0,44	0,8	3,3
Total.	3,44	87,3	42,6

On voit en résumé qu'une récolte de 30 hectolitres de sarrasin a besoin de tirer du sol, pour arriver à son entier développement :

	Kil.
Azote.	68,2
Acide phosphorique.	43,5
Chaux..	117,5
Potasse.	87,3

La marche de l'absorption des principes nutritifs nous montre que c'est pour la potasse et la chaux que le sarrasin a la plus grande avidité. Dans la première période de la végétation, l'absorption de tous les éléments nutritifs est plus rapide que la formation de la matière sèche, comme c'est général pour les plantes qui nous ont

occupé jusqu'ici. La rapidité de l'absorption est dans
l'ordre décroissant : potasse, azote, chaux et acide
phosphorique. Il est donc probable qu'une petite fumure
de nitrate de soude, dans les sols ordinairement riches
en potasse où l'on cultive le blé noir, complétée par du
phosphate de chaux, donnerait de bons résultats. A partir
du commencement de la floraison jusqu'à la pleine fleur,
la plante continue à avoir besoin de potasse et de chaux,
tandis que l'on voit la courbe de l'azote s'abaisser au-dessous de celle de la matière végétale, et la courbe de l'a-
cide phosphorique suivre presque exactement cette
dernière, jusqu'à la maturité. Il en résulte que le sarrasin se contente d'engrais phosphatés et azotés à lente
décomposition relative, à condition d'assurer le départ
de la végétation par un petit apport d'engrais solubles.
Une terre enrichie par des reliquats d'anciennes fumures
lui convient parfaitement.

Le faible développement radiculaire du blé noir nous
conduit d'autre part à penser que le sarrasin est une
plante exigeante en éléments fertilisants, et qu'on ne
saurait en attendre de gros rendements que dans les terrains relativement riches en potasse, chaux et acide
phosphorique. Mais si l'on veut récolter du grain, il faut
éviter l'exubérance de la végétation, qu'on recherche au
contraire pour la production fourragère. Si malgré ces
besoins absolus, élevés, le sarrasin est considéré comme
peu épuisant, c'est certainement parce qu'il végète à une
époque où la nitrification est en pleine activité et où
par suite de la destruction rapide de la matière organique,
il trouve facilement autour de lui les aliments dont il a
un grand besoin.

Le travail moyen d'absorption, exécuté par jour, par
un gramme de matière sèche de racine, est élevé pendant les deux premières périodes de la végétation. Il di-

minue beaucoup ensuite jusqu'à la maturité, comme le
montre le tableau suivant :

	1ʳᵉ période.	Pleine floraison.	Maturité.
Azote.	14,1	9,7	2,4
Acide phosphorique.	7,0	7,3	0,9
Chaux	22,6	26,3	0
Potasse.	18,8	19,4	0
Total	62,5	62,7	3,3

Maïs quarantain (1892).

En 1892 nous avons semé, le 15 avril, du maïs quarantain. La levée, par suite d'une température peu favorable, n'a eu lieu que le 10 mai suivant; mais,
depuis cette époque la végétation a marché très régulièrement, et grâce à la température élevée de l'été,
la maturation s'est très bien effectuée. La floraison
moyenne se produisit le 19 juillet, 69 jours après la levée, et 95 après le semis. La récolte des plantes mûres se
fit le 6 septembre, 49 jours après la floraison.

Le 3 juin, 33 jours après la levée, on a récolté avec
leurs racines les 17 jeunes plants qui peuplaient un
pot, et obtenu les poids suivants de matière sèche :

	Gr.
Tiges et feuilles	15
Racines.	5
Total.	20

Une plante sèche moyenne pesait donc :

	Gr.
Tiges et feuilles.	0,882
Racines.	0,294
Total	1,176

La deuxième récolte, effectuée à la floraison, le 19 juillet, a donné :

	Gr.
Nombre de plants.	14
Poids sec des tiges et feuilles sèches.	254
Racines	50
Total.	304

On trouvait donc dans une plante sèche moyenne :

	Gr.
Tiges et feuilles sèches.	18,14
Racines	3,57
Total.	21,71

Enfin la dernière récolte, faite à la maturité des grains a fourni :

	Gr.
Nombre de plants.	11
Pailles et spathes, rafles.	391
Graines	302
Racines.	70
Total	763

On en déduit pour une plante sèche entière, la constitution moyenne suivante :

	Gr.
Paille	35,54
Grains	27,45
Racines	6,36
Total	69,35

La proportion du grain à la paille s'est élevée à 77 du premier pour 100 de la seconde ; et celle des racines aux parties aériennes a été aux diverses phases de la végétation :

A la première récolte. 33,3
A la floraison. 19,7
A la maturité. 10,1

Pour chacune des trois récoltes, on a déterminé la
teneur de la matière sèche des éléments fertilisants, et

FIG. 81. — MAÏS, 1ʳᵉ PÉRIODE.

les résultats obtenus sont consignés dans le tableau qui
suit :

		Tiges, etc.	Grains.	Racines.
1ʳᵉ récolte. . .	Azote.	4,400	»	2,460
	Acide phosphorique.	0,539	»	0,455
	Chaux.	1,400	»	1,120
	Potasse	3,380	»	2,960
Floraison. . .	Azote.	1,400	»	1,050
	Acide phosphorique.	0,437	»	0,420
	Chaux.	0,910	»	0,700
	Potasse.	4,590	»	1,140
Maturité . . .	Azote.	0,700	1,60	0,700
	Acide phosphorique .	0,427	0,49	0,392
	Chaux.	0,560	0,29	0,490
	Potasse.	1,180	0,63	0,920

De la constitution moyenne de la plante et de la composition chimique de sa substance sèche, nous déduisons la teneur en éléments nutritifs d'un plant de maïs aux trois époques où ont eu lieu nos trois récoltes :

FIG. 82. — MAÏS AVEC SES RACINES, Ire PÉRIODE.

1° 1re *Récolte* (23 jours).

	Tiges, etc.	Racines.	Total.
	Milligr.	Milligr.	Milligr.
Matière sèche.	882,00	294,00	1.176,00
Azote.	38,80	7,21	46,01
Acide phosphorique. .	4,75	1,34	6,09
Chaux.	12,35	3,29	15,64
Potasse.	29,92	8,70	38,62

Fig. 83. — Maïs a la floraison.

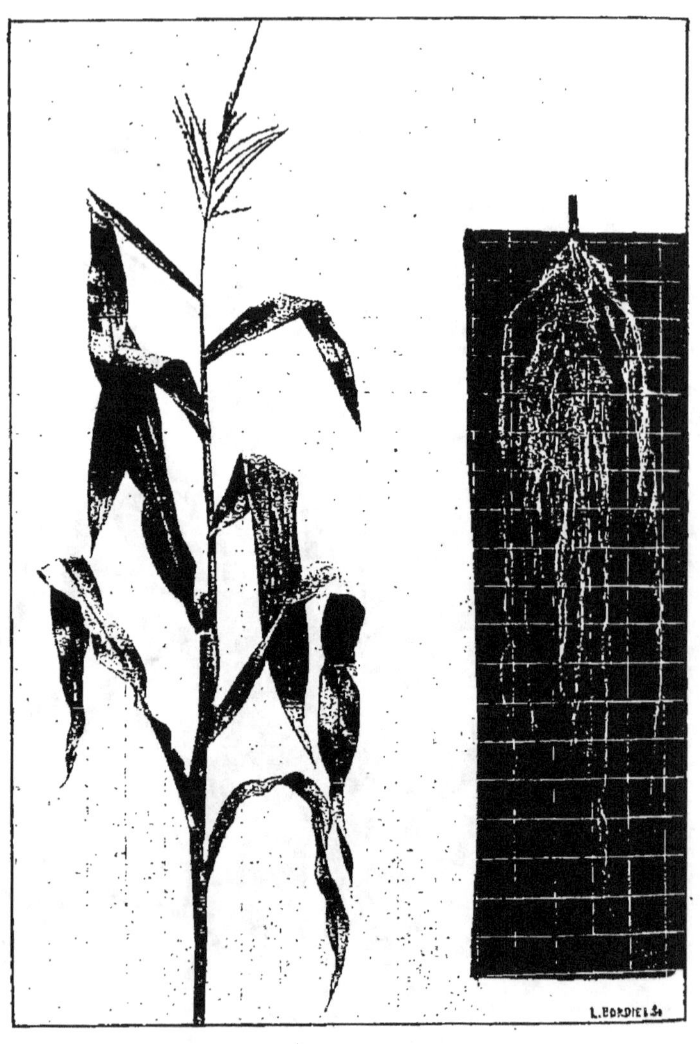

Fig. 84. — Maïs avec ses racines a la floraison.

FIG. 85. — MAÏS A LA MATURITÉ.

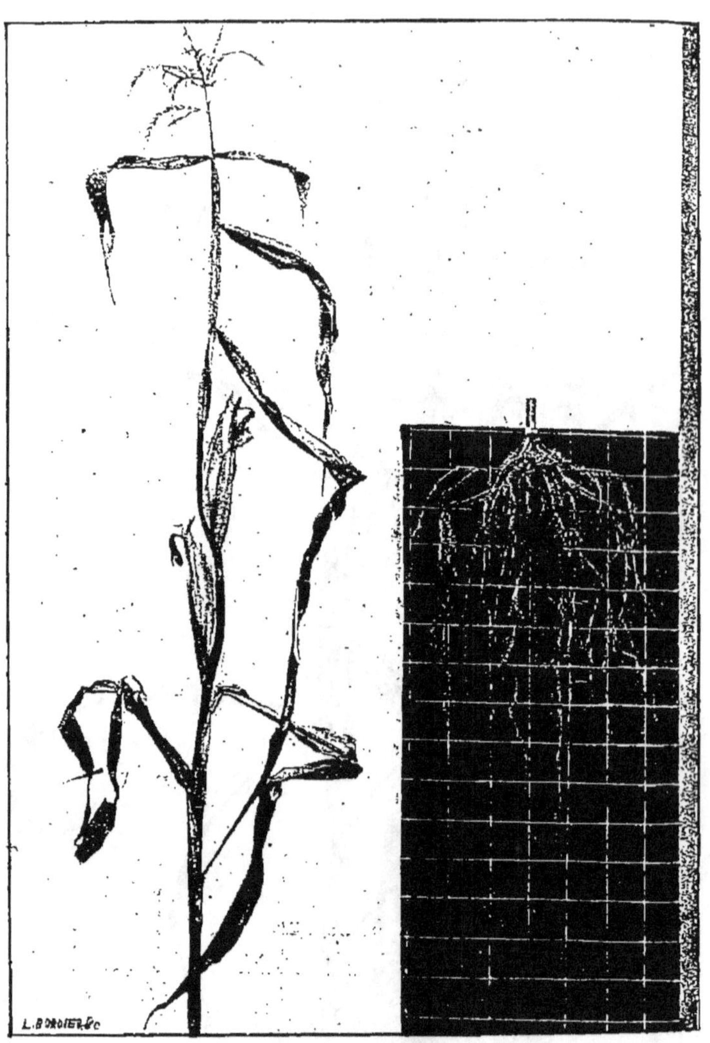

FIG. 86 — MAÏS AVEC SES RACINES A LA MATURITÉ.

2° *Floraison.*

	Tiges, etc.	Racines.	Total.
	Milligr.	Milligr.	Milligr.
Matière sèche.	18.140,00	3.570,00	21.710,00
Azote.	253,85	37,48	291,33
Acide phosphorique. .	78,27	15,00	93,27
Chaux.	165,07	24,99	190,06
Potasse.	832,62	40,70	883,32

3° *Maturité.*

	Tiges, etc.	Grains.	Racines.	Total.
	Milligr.	Milligr.	Milligr.	Milligr.
Matière sèche . . .	35.540,00	27.450,00	6.360,00	69.350,00
Azote.	248,78	439,20	44,52	732,50
Acide phosphorique	151,75	134,50	27,96	314,21
Chaux.	199,02	79,60	31,16	309,78
Potasse.	419,37	172,93	58,51	650,81

Nous avons déduit de là la marche de l'absorption des principes nutritifs, en centièmes des quantités maxima :

	Matière sèche.	Azote.	Acide phosphorique.	Chaux.	Potasse.
1ʳᵉ récolte. . .	1,7	6,3	1,9	5,05	4,4
Floraison . . .	31,3	39,8	29,7	61,3	100,0
Maturité. . . .	100,0	100,0	100,0	100,0	73,7

Le diagramme suivant rend sensibles au regard les conclusions qui découlent du tableau qui précède.

Un rendement de 40 hectolitres de maïs, correspondant à 30 quintaux de grain normal, ou à 25 qx 1/2 de grain sec, aurait exigé la présence sur un hectare de 92 890 plants, ce qui suppose un espacement de 0ᵐ328 en tous sens. Aux différentes phases de la végétation, on aurait dès lors trouvé dans la récolte, les quantités suivantes de principes fertilisants et de substance sèche :

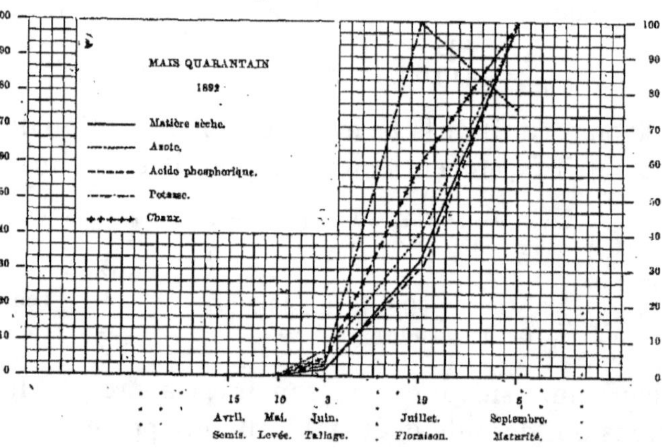

Fig. 87. — Marche de l'absorption des éléments nutritifs.

1º *Matière sèche.*

	1ʳᵉ récolte.	Floraison.	Maturité.
	Kil.	Kil.	Kil.
Grains..........	»	»	2.550,0
Paille, etc.......	80,20	1.685	3.301,0
Racines.........	29,0	331,6	590,8
Total........	109,20	2.016,6	6.441,8

2º *Azote.*

Grains..........	»	»	40,8
Paille, etc.......	3,6	23,6	23,1
Racines.........	0,7	3,5	4;1
Total........	4,3	27,1	68,0

3º *Acide phosphorique.*

Grains..........	»	»	12,50
Paille, etc.......	0,44	7,27	14,12
Racines.........	0,12	1,39	2,60
Total.........	0,56	8,66	29,22

4º *Chaux.*

Grains..........	»	»	7,39
Paille, etc.......	1,14	15,33	18,48
Racines.........	0,30	2,32	2,89
Total........	1,44	17,65	28,76

5º *Potasse.*

Grains..........	»	»	16,06
Paille, etc.......	3,5	77,3	38,96
Racines.........	0,8	4,8	5,43
Total........	4,3	82,1	60,45

En résumé le maïs quarantain exigerait pour une récolte de 40 hectolitres à l'hectare, les quantités suivantes d'éléments fertilisants :

	Kil.
Azote	68,0
Acide phosphorique	29,2
Chaux	28,7
Potasse	82,1

A égalité de rendement les exigences totales du maïs à graine sont beaucoup moins élevées, chez la variété qui nous occupe, que chez le froment et la plupart des autres céréales. Le produit en paille est relativement faible, et les besoins de principes fertilisants sont par là diminués.

L'examen de la marche de l'absorption des éléments nutritifs nous montre que pendant le premier mois de sa vie, le maïs précoce a un grand besoin d'éléments de toutes sortes. C'est pour l'azote qu'il montre le plus d'avidité, puis pour la chaux et la potasse. L'acide phosphorique ne vient qu'en dernier lieu.

Depuis cette première époque jusqu'à la floraison, les besoins de potasse et de chaux s'accentuent et deviennent dominants, et l'avidité pour l'azote reste sensiblement la même. Quant à l'acide phosphorique, après le premier tiers de la période, il voit sa courbe passer au-dessous de celle de la matière végétale. Les besoins du maïs pour cette substance se ralentissent donc dès lors sans avoir jamais été accentués.

De la floraison à la maturité l'absorption de la potasse s'arrête, et celle de la chaux et de l'azote diminuent relativement. L'acide phosphorique continue à être consommé régulièrement.

Au point de vue de l'application de la fumure, la

marche de l'absorption nous montre que le maïs précoce a besoin surtout d'engrais azotés solubles, nitrate de soude ou *mieux* sulfate d'ammoniaque, s'il est semé dans un sol argilo-calcaire, assez riche en chaux et en potasse. Une *petite* quantité de superphosphate favorisera le départ de la végétation, mais il ne semble pas que, sauf dans les sols pauvres en acide phosphorique, il faille conseiller de recourir à de fortes doses de cet engrais. Dans les sols pauvres en potasse, qui sont les plus rares, il faudra assurer la consommation de cette base par l'emploi de fumier de ferme enterré longtemps d'avance, ou de chlorure de potassium.

Pour compléter cet aperçu des besoins d'engrais du maïs, nous avons calculé l'absorption diurne moyenne pour chaque période et chaque élément nutritif, de 1 gramme de racine sèche. Les résultats sont consignés dans le tableau suivant :

	1ʳᵉ récolte.	Floraison.	Maturité.
	Milligr.	Milligr.	Milligr.
Azote..........	13,04	2,76	1,81
Acide phosphorique .	1,72	0,98	0,91
Chaux..........	4,43	1,96	0,49
Potasse..........	10,94	9,50	0.00
Total..........	30,13	15,20	3,21

Ainsi le travail d'absorption d'un gramme de racine sèche, est en somme 2 fois plus grand pendant la première période de la végétation que pendant la seconde, et près de 10 fois plus fort que pendant la 3°. Il en résulte à notre avis que le besoin d'engrais facilement assimilable est très grand pendant le premier mois, et grand encore jusqu'à la floraison. Le travail radiculaire total chez le maïs se rapproche de celui que nous avons constaté chez le blé de mars. Mais il y a de grandes différences dans le détail. Ici c'est l'absorption de l'azote qui domine, la potasse ne vient qu'ensuite, et l'acide phosphorique en dernier lieu. Là c'était la potasse qui était absorbée avec le plus d'intensité. Dès la 2ᵉ période l'azote est dominé par la potasse.

Le maïs, bien qu'il n'exige pas, pour la variété précoce considérée, de très grandes quantités d'éléments nutritifs pour constituer sa masse, doit donc être rangé toutefois parmi les céréales qui ont le plus grand besoin d'engrais. Cependant, il faut remarquer que ce besoin intense d'éléments nutritifs coïncide avec les mois chauds de l'année, pendant lesquels les transformations dans le sol et l'évaporation de l'eau par la plante atteignent leur plus grande intensité. Il en résulte que le végétal trouve alors beaucoup plus facilement à satisfaire ses appétits, qu'il ne le pourrait faire dans le même sol, au printemps ou à l'automne.

Millet commun (1892).

Nous avons semé du millet commun le 1ᵉʳ juin 1892. Le 10, la levée était générale. La première récolte a eu lieu le 19 juillet, et nous a donné :

Nombre de plants. 44
Poids sec des tiges . . . . 10 gr.
— des racines. . . . . 3 —

Total . . . 13 gr.

La plante moyenne était donc constituée alors comme il suit :

Gr.
Tiges et feuilles sèches. 0,228
Racines sèches. 0,068

Total. 0,296

La floraison se produisit le 11 août, 69 jours après
la levée. La récolte a donné à cette époque :

Nombre de plants.   15
Poids sec des tiges . . . .   5o gr.
—   des racines. . . . .   9 —
Total. . . . .   59 gr.

FIG. 88. — MILLET, 1ʳᵉ PÉRIODE.   FIG. 89. — MILLET AVEC SES RACINES, 1ʳᵉ PÉRIODE.

Une plante moyenne était donc constituée de :

                                            Gr.
Parties aériennes sèches   3,333
Racines sèches. o,6oo
Total   3,933

Enfin le 19 septembre la récolte était mûre ; elle nous
a fourni :

Nombre de plants.   16
Poids sec des tiges, etc . . . .   1oo gr.
—   grains. . . . .   55 —
—   racines. . . . .   12 —
Total. . . . .   167 gr.

FIG. 90. — MILLET A LA FLORAISON.

La plante moyenne de millet mûr était donc constituée de la manière suivante :

<pre>
                                             gr.
Paille sèche.. 6,250
Grains secs. 3,437
Racines sèches. 0,750
</pre>

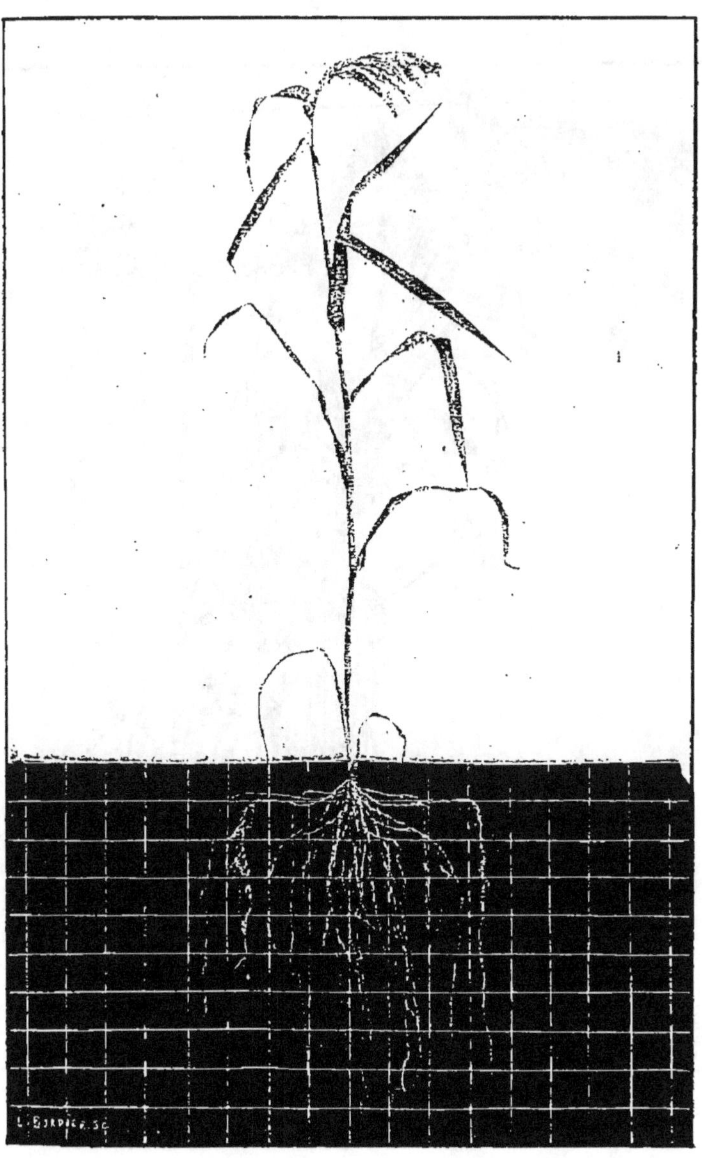

FIG. 91. — MILLET AVEC SES RACINES A LA FLORAISON.

Fig. 92. — Millet a la maturité.

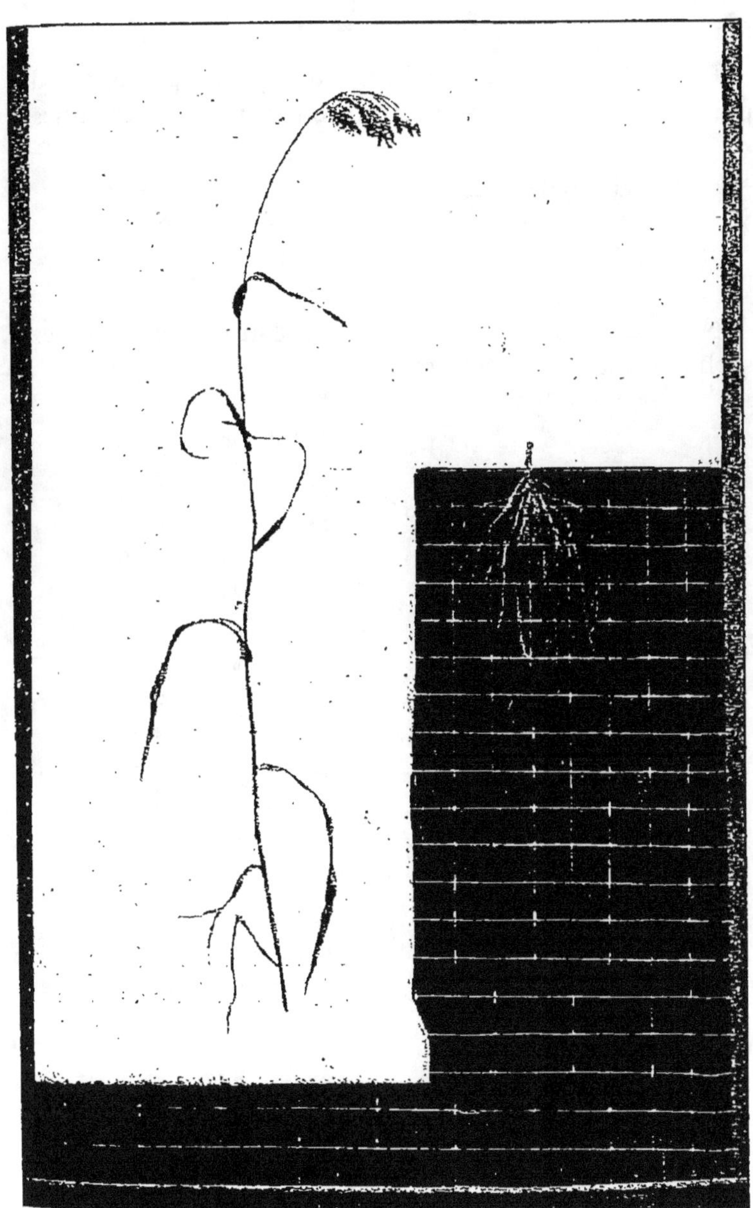

FIG. 93. — MILLET AVEC SES RACINES, A LA MATURITÉ.

Le millet a donc rendu 55 de grains pour cent de paille, et a donné en racine pour cent de parties aériennes :

A la première récolte. . . . . 29,8 %
A la floraison . . . . 18,0 —
A la maturié. . . . . 7,7 —

Nous donnons ci-après la composition de la matière sèche de ces trois récoltes :

		Tiges et feuilles.	Grains.	Racines.
1re récolte.	Azote	3,340	»	1,840
	Acide phosphorique .	1,281	»	0,890
	Chaux.	0,900	»	0,700
	Potasse.	5,111	»	2,780
Floraison.	Azote	1,840	»	0,980
	Acide phosphorique .	1.057	»	0,770
	Chaux.	0,770	»	0,420
	Potasse	4,880	»	2,360
Maturité.	Azote	0,790	1,50	0,881
	Acide phosphorique.	0,903	0,89	0,770
	Chaux.	0,560	0,37	0,448
	Potasse	2,360	0,82	1,140

Aux diverses époques de la végétation, la plante moyenne de millet renferme les quantités suivantes d'éléments nutritifs :

	Matière sèche.	Azote.	Acide phosphorique.	Chaux.	Potasse.
1re récolte. Parties aériennes.	228,00	7,61	2,92	2,07	11,65
Racines.	68,00	1,25	0,61	0,47	1,89
Total.	296,00	8,86	3,53	2,54	13,44
Floraison. Parties aériennes.	3.333,00	61,33	35,23	25,66	162,65
Racines.	600,00	5,88	4,62	2,52	14,16
Total.	3.933,00	67,21	39.85	28,18	176,81
Maturité. Tiges, etc.	6.250,00	49,37	56,44	35,00	147,50
Grains	3.437,00	51,55	30,59	12,72	27,18
Racines.	750,00	6,61	5,77	3,36	8,55
Total.	10.437,00	107,53	92,80	51,08	183,23

La marche de l'absorption des principes fertilisants
exprimée en centièmes des quantités maxima est indiquée dans le tableau et le diagramme (fig. 94) qui
suivent :

	Matière sèche.	Azote.	Acide phosphorique.	Chaux.	Potasse.
1re récolte . .	2,8	8,2	3,8	4,97	7,3
Floraison. . .	37,7	59,7	42,9	55,17	96,5
Maturité . . .	100,0	100,0	100,0	100,00	100,0

Une récolte de millet de 25 quintaux de grain normal, ou de 21 quintaux de grain sec, puiserait dans
le sol, par hectare, pour constituer la quantité de matière sèche ci-dessous :

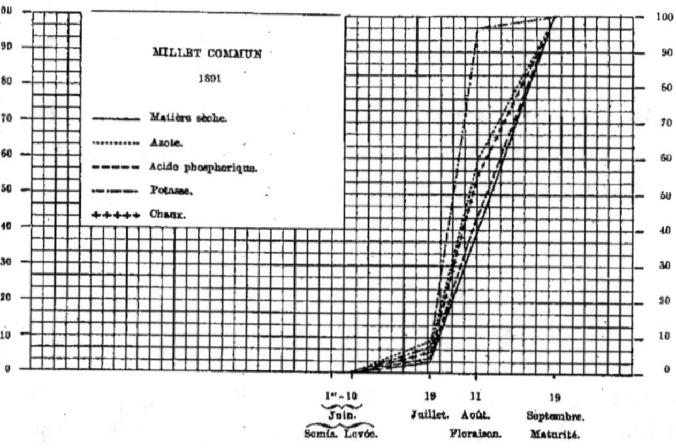

Fig. 94. — Marche de l'absorption des éléments nutritifs.

	MATIÈRE SÈCHE.		
	1re récolte.	Floraison	Maturité.
	Kil.	Kil.	Kil.
Grains	»	»	2.100,0
Paille, etc.	139,3	2.035,3	3.818,8
Racines	41,5	366,5	458,0
Total.	180,8	2.401,8	6.376,8

les doses suivantes d'éléments nutritifs.

1° *Azote.*

	1re récolte.	Floraison.	Maturité.
	Kil.	Kil.	Kil.
Grains	»	»	31,5
Paille.	4,65	37,4	30,2
Racines.	0,76	3,6	4,0
Total.	5,41	41,0	65,7

2° *Acide phosphorique.*

Grains	»	»	18,7
Paille.	1,8	21,5	34,5
Racines.	0,4	2,8	3,5
Total	2,2	24,3	56,7

3° *Chaux.*

Grains	»	»	7,8
Paille.	1,3	15,7	21,4
Racines.	0,3	1,5	2,0
Total.	1,6	17,2	31,2

4° *Potasse.*

Grains	»	»	16,6
Paille.	7,1	99,95	90,1
Racines.	1,1	8,65	5,2
Total	8,2	108,60	111,9

En résumé, une production de 25 quintaux de millet exige du sol les quantités totales suivantes d'élémenis nutritifs :

	KII.
Azote	65,7
Acide phosphorique	56,7
Chaux	31,2
Potasse	111,9

L'absorption de ces doses d'éléments nutritifs se fait avec rapidité, jusqu'à la floraison. Au début, pendant la première période, c'est pour l'azote que la plante a le plus d'avidité. La potasse, la chaux et l'acide phosphorique, viennent ensuite dans l'ordre précité. Depuis lors, dans la période d'accroissement très rapide de la plante, avant la floraison, l'absorption de la potasse prend le dessus. L'azote continue à être absorbé avec avidité. La chaux et l'acide phosphorique conservent leur rang. Celui-ci, depuis le début de la végétation jusqu'à la maturité semble absorbé avec une régularité qui exclut l'idée qu'à aucune époque particulière, la plante ait un besoin spécial de cet engrais. Comme pour le maïs, on emploie seulement les superphosphates dans les sols pauvres. Quant à l'azote nitrique, son emploi est très nettement indiqué. Enfin les amendements calcaires et les fumures potassiques seront nécessaires dans les terres pauvres en ces éléments. Comme pour les autres céréales, les sols argilo-calcaires sont ceux qui conviennent le mieux au millet, sous le rapport de sa nutrition.

Nous terminerons ce qui a rapport au millet en donnant dans le tableau suivant, les quantités d'éléments nutritifs absorbées journellement par 1 gr. de racines sèches :

	1re récolte.	Floraison.	Maturité.
	Milligr.	Milligr.	Milligr.
Azote	8,41	7,59	1,54
Acide phosphorique .	2,66	4,73	2,03
Chaux.	1,91	3,33	0,88
Potasse	8,78	21,27	0,25
Total	21,76	36,92	4,70

Dans le mois qui précède la floraison, le travail radiculaire atteint son maximum total. Mais l'absorption de l'azote est plus forte pendant les premiers temps de la vie.

Comparaisons et conclusions.

Pour rendre plus faciles les comparaisons des besoins absolus d'engrais des diverses céréales, nous avons réuni dans les tableaux qui suivent : 1° les données relatives aux quantités totales d'éléments nutritifs nécessaires pour la production d'une belle récolte par hectare ; 2° les qualités des mêmes éléments indispensables pour la formation d'un hectolitre de grain ; et 3° nous avons fait les mêmes calculs pour un quintal de grain.

QUANTITÉS D'ÉLÉMENTS NUTRITIFS NÉCESSAIRES
POUR L'ALIMENTATION D'UNE BONNE RÉCOLTE.

	Rendement.		Azote.	Acide phosph.	Chaux.	Potasse.
	Hect.	Quint.	k.	k.	k.	k.
Blé d'hiver.	40	32	125,2	75,6	61,0	110,0
— de mars	40	32	138,0	74,0	62,0	195,0
Seigle d'hiver. . . .	35	25	110,0	39,0	64,0	131,0
Escourgeon d'hiver. .	50	31	85,8	36,0	39,8	50,0
Orge de printemps. .	40	22	86,5	79,3	42,6	90,3
Avoine de printemps.	50	25	126,5	78,9	38,0	129,0
Sarrasin.	30	18	68,2	43,5	117,5	87,3
Maïs précoce.	40	30	68,0	29,2	28,7	82,1
Millet commun . . .	40	25	65,7	56,7	31,2	111,9

QUANTITÉ D'ÉLÉMENTS NUTRITIFS NÉCESSAIRES

POUR LA PRODUCTION D'UN HECTOLITRE DE GRAIN

AVEC SA PAILLE ET SES RACINES.

	Azote.	Acide phosph.	Chaux.	Potasse.
	k.			
Blé d'hiver.	3,13	1,89	1,52	2,75
— de mars	3,45	1,85	1,55	4,87
Seigle d'hiver.	3,14	1,11	1,83	3,74
Escourgeon d'hiver	1,72	0,72	0,80	1,00
Orge de printemps	2,16	1,98	1,06	2,26
Avoine	2,53	1,58	0,76	2,58
Sarrasin.	2,27	1,45	3,91	2,91
Maïs quarantain.	1,70	0,73	0,72	2,05
Millet commun.	1,64	1,44	0,78	2,80

QUANTITÉS D'ÉLÉMENTS NUTRITIFS NÉCESSAIRES

POUR PRODUIRE UN QUINTAL MÉTRIQUE DE GRAIN

AVEC SA PAILLE ET SES RACINES.

	Azote.	Acide phospho- rique.	Chaux.	Potasse.
	k.	k.	k.	k.
Blé d'hiver.	3,91	2,36	1,90	3,75
— de mars	4,31	2,31	1,94	6,09
Seigle d'hiver.	4,40	1,56	2,56	5,24
Escourgeon d'hiver.	2,77	1,16	1,28	1,61
Orge de printemps.	3,93	3,60	1,93	4,10
Avoine.	5,06	3,16	1,52	5,16
Sarrasin	3,79	2,41	6,52	4,85
Maïs précoce.	2,27	0,97	0,95	2,73
Millet commun.	2,62	2,27	1,25	4,47

L'inspection de ce dernier tableau montre que pour la production d'une même quantité de grain, les diverses céréales ont des exigences très différentes. Celles-ci varient du simple au double, et les différences sont si claires qu'il est inutile de les signaler.

Mais nous avons déjà vu que les différences que constate la pratique dans les exigences des diverses céréales ne sont pas toujours adéquates aux quantités d'éléments nutritifs absorbés en totalité. Les raisons de ces anomalies apparentes ont été déduites dans chaque cas particulier, et nous avons reconnu que si les besoins d'engrais des céréales ne concordent pas toujours avec leur consommation absolue de principes nutritifs, cela était la conséquence : 1° d'un défaut d'équilibre constant entre la formation des éléments assimilables dans le sol, et l'assimilation de ceux-ci par la plante ; et 2° d'une aptitude très différente présentée par chaque végétal pour absorber les éléments nutritifs.

En ce qui concerne cette dernière, nous croyons utile de grouper dans un tableau l'ensemble des résultats que nous avons obtenus sur le développement radiculaire. Nous admettons que l'aptitude à tirer parti du sol est proportionnelle à la production des racines, et par suite que les besoins d'engrais sont en raison inverse de celle-ci.

DÉVELOPPEMENT PROPORTIONNEL DES RACINES.

	Quantité maxima de racines trouvées par hectare pour un rendement de (1).	RACINES % DE PARTIES AÉRIENNES.		
		Tallage ou 1ʳᵉ période	Floraison.	Maturité.
	k.			
Blé d'hiver.	1.525	48,5	18,0	17,4
— de mars	1.000	19,6	14,2	9,7
Seigle d'hiver.	1.155	44,0	17,8	17,8
Escourgeon.	672	58,9	21,5	12,0
Orge de printemps. .	640	52,0	45,6	11,1
Avoine de printemps.	3.800	76,6	100,0	66,6
Sarrasin.	411	16,7	8,0	11,4
Maïs quarantain . . .	590	33,3	19,7	10,1
Millet commun. . . .	458	29,8	18,0	7,7

Toutefois, c'est en déterminant le travail moyen de l'unité de racine que l'on arrive à la classification la plus rapprochée de la pratique, en ce qui concerne les exigences des plantes qui nous occupent.

TRAVAIL RADICULAIRE, TOTAL MOYEN (2).

Millet	22,0	8
Maïs.	13,3	6
Sarrasin.	38,0	9
Avoine.	2,8	1
Orge de printemps.	7,0	5
Escourgeon	3,8	2
Seigle	4,8	3
Blé de mars.	14,5	7
Blé d'hiver	4,9	4

(1) Voir tableau des quantités d'éléments nutritifs nécessaires pour une bonne récolte.

(2) *N. B.* — Pour avoir le travail radiculaire total moyen, on a pour chaque période multiplié le travail radiculaire total diurne par le nombre de jours de la période. Les nombres ainsi obtenus étant additionnés, on les a divisés par le total de jours de la levée à la maturité.

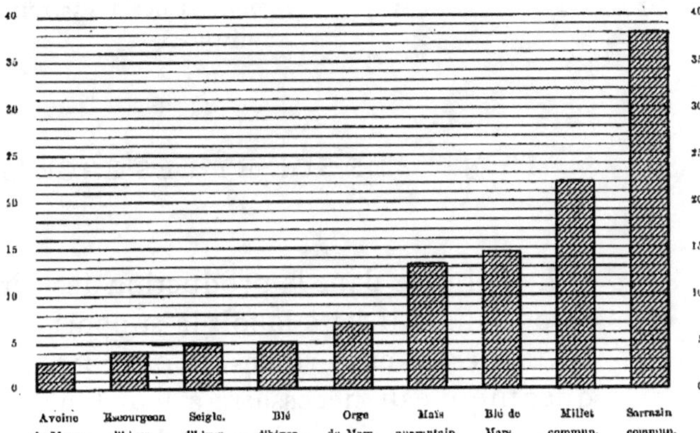

Fig. 95. — TRAVAIL RADICULAIRE MOYEN.

CHAPITRE IV.

« Le fondement de l'agriculture est la cognoissance des terroirs que nous voulons cultiver. »

Ol. de Serres.

LE SOL ET LES ENGRAIS.

Le sol joue dans la production des céréales deux rôles importants : il est à la fois le support où elles enfoncent leurs racines et le réservoir où elles puisent la grande quantité d'eau nécessaire à leur fonctionnement et les éléments nutritifs indispensables à l'élaboration de leur substance.

Nous devons donc étudier le sol sous ces divers points de vue, pour éclairer le problème qui nous occupe; de plus, comme l'agriculteur n'a pas toujours la possibilité de choisir à son gré les terrains qu'il devra cultiver, et qu'il est obligé, par des circonstances variées, de dépenser son activité dans la situation qui lui est faite, nous devrons examiner les améliorations qu'il peut y avoir lieu d'apporter aux sols pour accroître leur production, soit en agissant sur leurs propriétés physiques ou chimiques, soit en accroissant le stock de substances alimentaires qu'ils renferment.

Nous avons vu déjà, en étudiant les exigences climatériques des céréales, que ce groupe si important de plantes agricoles a presque partout des représentants. Il n'y a donc guère de sol cultivable qui ne soit capable de produire une de ces plantes et d'apporter ainsi son contingent à l'alimentation humaine en nous fournissant les graines farineuses qui presque partout constituent la base de notre régime. Il ne saurait par suite être question ici de différencier simplement les terrains à céréales de ceux qui ne peuvent en produire, mais ce qu'il faut surtout, c'est chercher à préciser pour chacune d'elles en particulier les qualités principales que le cultivateur doit rechercher dans les sols destinés à leur production, ou qu'il devra faire naître dans ces derniers pour les rendre aptes au rôle qu'il leur impose.

Le froment étant de toutes les céréales la plus importante, c'est à déterminer les conditions de sol indispensables à son parfait développement que nous devrons consacrer le plus de soin. Pour les autres plantes de la famille, il nous suffira ensuite de signaler les dissemblances.

Influence de la profondeur du sol. — L'épaisseur de la couche arable, dans laquelle peuvent s'étendre les racines, a une influence marquée sur le rendement. Des expériences de culture, exécutées avec des volumes de terres variables pour un nombre constant de plantes, ont démontré que le rendement total est en rapport direct avec le cube de terre offert aux plantes, et non en proportion du nombre de ces dernières.

Dans des vases contenant 12 kilogr. 5 de terre, la récolte totale a varié de 33 gr.2 à 41 gr., tandis que le nombre des plantes était de 1 dans le premier cas et de 24 dans le dernier.

Dans d'autres vases, ne contenant que 1 kilogr. 66 de

terre, on a obtenu, quel que fût le nombre des plantes, environ 8 gr. 1/2 de récolte seulement.

Il découle de là que la profondeur de la couche arable d'une part, et d'un autre côté la proportion de terre exempte de pierres que contient cette couche sont des facteurs très importants du rendement. On peut bien, jusqu'à un certain point, suppléer à la masse nécessaire du sol, par l'apport d'engrais judicieux; mais bientôt la limite maxima est atteinte, ou, par suite d'une trop grande concentration des principes salins, les additions d'éléments fertilisants nuisent au rendement au lieu de le favoriser.

Le développement des racines des céréales est en raison de la profondeur de la couche perméable et saine. On en rencontre souvent d'abondantes jusqu'à 3o et 40 centimètres. Dans nos essais sur le développement des racines des céréales, essais rapportés précédemment, nous avons constaté pour les diverses plantes, les développements suivants des racines en longueur :

Blé.	5o centimètres.
Seigle	45 —
Escourgeon.	45 —
Orge.	46 —
Avoine.	55 —
Sarrasin	3o —
Maïs	90 —
Millet	55 —

Dans des cas très favorables, on a même mesuré des racines de plusieurs mètres de longueur. En sa ferme de Calèves, dont le sol est constitué par des argiles glaciaires, notre éminent maître, M. E. Risler n'a trouvé les racines du blé abondamment développées que jusqu'à la profondeur de 3o à 35 centimètres où avaient pénétré la charrue et la fouilleuse. Plus bas, les racines

étaient rares, et suivaient en général les fentes qui s'é-
taient formées dans l'argile jusqu'au niveau des drains,
situé en moyenne à 1^m 10.

Le docteur Fraas avance que, même dans une terre de
jardin, les racines du blé ne dépassent pas 45 à 65 centimètres de profondeur.

Schubart, d'un autre côté, a trouvé des racines de blé
de 2^m 30 de longueur. De même, M. de Gasparin, dans
son cours d'agriculture, dit que les racines du blé prennent quelquefois un grand développement, quand elles
y sont sollicitées par la légèreté du terrain, d'abondants
engrais, et l'existence de couches fraîches et profondes
ou de cours d'eau inférieurs au sol. Il rapporte que
M. Fournet a trouvé de ces racines ayant 3^m de long, et
que lui-même en a vues de deux mètres sur les bords du
Rhône. Mais, ajoute-t-il, quand elles ne plongent pas
dans un sol profond, leur allongement s'arrête, et dépasse
peu vingt centimètres.

Quoi qu'il en soit, c'est dans la couche superficielle
jusqu'à 25 centimètres et un peu au delà qu'on trouve
en général le plus grand nombre de racines. Ainsi dans
4 décimètres carrés de surface, Hellriegel a trouvé :

Jusqu'à 20 cent. de profondeur . . .   820 racines.
De 20 à 54 c.   —   . . .   200   —
De 54 à 78 c.   —   . . .   26   —
                                        ____
        Total 1.046

C'est environ, d'après cette expérience, une proportion
de 80 % du système radiculaire qui se développe dans la
couche arable proprement dite.

MM. A. Müntz et A.-Ch. Girard, de leur côté, ont déterminé le poids des radicelles sèches, que l'on trouve par
hectare, dans les différentes couches du sol, jusqu'à $1^m,25$
de profondeur, pour les trois céréales suivantes :

	Blé.	Orge.	Avoine.
	kil.	kil.	kil.
Couche arable de 0 à 25 cent.	921	629	1.120
Sous-sol — 25 à 50 —	292	185	178
— — 50 à 75 —	248	110	230
— — 75 à 100 —	101	86	114
— —100 à 125 —	110	16	11
Total	1.672	1.026	1.653
Proportion des racines dans le sol :	55 %	61 %	68 %

Dans un sol léger comme celui de Joinville-le-Pont, il y a donc de 55 à 68 % des racines dans le sol retourné par la charrue, mais on en rencontre encore à $1^{m},25$ de profondeur.

Tous ces faits prouvent à l'évidence, que la profondeur du sol meuble est une excellente condition pour le développement des céréales. Cette profondeur du sol est d'autant plus essentielle que l'on s'avance davantage vers le midi. On a en effet d'excellentes terres à blé, dans les environs de Paris, dont le sol n'a pas plus de 30 centimètres de profondeur, mais cela serait insuffisant dans le midi de la France, où M. de Gasparin estime qu'il faut 50 centimètres.

De la nature du sol propre au froment. — « La condition indispensable pour la réussite de la culture du froment, dit le comte A. de Gasparin, c'est qu'il trouve dans le sol les éléments nécessaires à sa végétation et à son développement, et en premier lieu, l'humidité convenable et non surabondante jusqu'au moment de sa fructification. Si l'eau est en défaut, les principes nutritifs ne sont pas dissous et ne pourraient être absorbés par la plante, les feuilles cessent d'évaporer, et le mouvement ascensionnel de la sève ne pourra avoir lieu; si elle est excédente, il y aura afflux d'une sève aqueuse,

ses principes seront peu concentrés, l'évaporation sera
excessive, les organes de la plante seront infiltrés, mous,
sans ressort, et manqueront de parties solides ; la végétation herbacée aura lieu aux dépens de la fructification.
Comme le froment est une des plantes les plus tardives
à mûrir, que sa végétation empiète sur l'été météorologique (commençant le 1er juin), il exige dans les différents
climats des terrains qui puissent lui fournir régulièrement
la dose de liquide suffisante pour l'accomplissement de
ses fonctions. Cette possibilité est la principale indication
de la nature des terres propres au froment. Toutes celles
qui retiennent plus de 20 % d'eau ou qui, quinze jours
avant la moisson, cessent d'en retenir la quantité minimum de 10 % à 0^{m} 33 de profondeur, sont impropres à
cette culture. Ce principe exclut dans les régions pluvieuses les glaises tenaces, les argiles, comme aussi
dans les pays secs les terrains sablonneux ou trop fortement calcaires, à moins que, dans ce dernier cas, ils ne
soient naturellement frais, ou qu'ils puissent être arro-
sés ; cette nécessité d'une juste proportion d'eau explique
comment les terrains siliceux peuvent porter du froment
en Angleterre, et pourquoi les terres argilo-calcaires et
argileuses sont les plus propres à sa culture dans le midi.
On fait violence à la nature en négligeant cette étude
des convenances des terrains. Sans doute on réussit quelquefois, parce que les années n'ont pas toutes le même
caractère météorologique, mais les mécomptes sont fréquents, et si l'on calcule bien, on trouve qu'il aurait été
plus avantageux de ne pas détourner les terres de leur
destination propre : de faire produire de l'herbe aux terrains trop aqueux que l'on ne peut dessécher ; de faire
produire des plantes qui mûrissent de bonne heure et
des arbres qui s'enracinent profondément aux terrains
secs que l'on ne peut arroser. »

L'impossibilité d'exposer d'une façon plus claire les propriétés essentielles que doit présenter le sol pour amener la réussite du blé nous a obligé à cette longue citation de l'éminent agronome qui dirigea les premiers pas de l'Institut agronomique de Versailles. Ajoutons que le chaulage ou le marnage, peuvent dans certains cas transformer des terres fortes, trop humides, en terres propres au froment, surtout si par les labours profonds et le drainage, on assure mieux encore l'écoulement de l'excès d'humidité déjà favorisé par la coagulation de l'argile. D'un autre côté, les terrains sablonneux, trop légers et trop secs, peuvent jusqu'à un certain point devenir propres au froment, grâce à l'ameublissement profond qui permet l'emmagasinement de plus d'eau, et à l'emploi des amendements organiques qui accroissent beaucoup l'aptitude des sols à retenir l'eau. Toutefois, cette dernière transformation n'est possible que dans les climats frais ou humides du centre et du nord de l'Europe. Dans les sols légers du Midi il faut avoir recours à l'irrigation.

Au point de vue fondamental qui nous occupe, il n'y a donc pas de type absolu de composition des sols à blé. Le climat peut corriger les défauts des terrains et permettre au froment d'y prospérer, s'il assure la réalisation des conditions nécessaires relativement à sa consommation d'eau.

Toutefois, le blé se plaît surtout dans les terrains doués de propriétés physiques moyennes, comme les limons de la Beauce, du pays de Caux, de la Picardie. Il prospère surtout dans les terres argilo-calcaires profondes.

En ce qui concerne les autres propriétés physiques, le blé redoute surtout les sols trop poreux, qui sont sujets à s'affaisser, comme ceux qui ont une densité relative

trop faible : les *terres creuses,* comme disent les cultivateurs, les gazons ou bois nouvellement défrichés.
Dans ces terres il vaut mieux faire de l'avoine. En
effet, la semence y est entraînée trop profondément par les
les pluies. La terre, qui reste *soufflée* après les façons
préparatoires, laisse d'une part la semence *se perdre* à
une profondeur trop grande pour qu'elle puisse lever;
puis par suite du tassement naturel et progressif, sous
l'action des pluies et du temps, il se produit, pour les
plantes qui ont pu se développer, un déchaussement
très nuisible du premier nœud qui s'était préalablement
constitué à la surface et d'où les racines définitives
étaient en train de sortir. La plante reste pour ainsi dire
suspendue en l'air au bout d'une béquille. Si le temps est
assez humide et la couronne des racines assez vigoureuse
pour atteindre vite, en s'allongeant, la surface abaissée
du sol, la plante souffre mais se remet; autrement elle
périt. Mais, dans tous les cas, les plantes restent clair-
semées et chétives. Les terres siliceuses légères, ou les
terres calcaires inconsistantes, de même que les sols qui
se soulèvent par la gelée, offrent surtout cet inconvénient.

Dans les terres *gélisses,* les racines sont déchirées,
quand la surface, se congelant, augmente de volume,
comme si, maintenues dans un étau à leur extrémité
qui s'enfonce profondément, elles étaient arrachées par
de puissantes tenailles.

En somme, le froment demande un sol *ferme,* compact, calcaire et frais.

Cette fermeté du sol est, toutes autres circonstances
étant égales d'ailleurs, une condition fondamentale de
réussite du blé. La terre doit être *meuble,* mais bien
assise : c'est-à-dire que ses particules doivent être suffisamment divisées, mais pas trop séparées entre elles.

Tous les cultivateurs reconnaissent cette vérité que le parfait ameublissement du sol, suivi d'un *plombage* énergique au rouleau Croskill est un gage sérieux de succès pour cette culture. Cet état de la terre est comparable à celui que présente un sol tamisé qui a subi ensuite une pression de deux à trois kilogrammes par centimètre carré.

En faisant des essais de culture avec des terres fines, passant au tamis à dix fils par centimètre, M. de Gasparin a reconnu, en soumettant la terre à des pressions croissantes de 0 à 10 kgr. que le blé atteignait son maximum de vigueur dans les sols plombés à 2 ou 3 kilogr. Dans les sols à particules grossières, d'un diamètre de 3 à 5 millimètres, le blé souffrait très visiblement. Pour que le froment se trouve dans des conditions favorables, il faut donc que, par suite des façons et des intempéries, le sol, après une pulvérisation convenable, subisse un tassement suffisant. Faire les cultures dans le temps qui leur convient, c'est le moyen de ne pas être obligé de les multiplier; donner les dernières façons superficiellement, pour nettoyer le terrain sans le soulever profondément; tels sont les principes qui découlent à la fois de la pratique et de l'expérience scientifique.

De la texture des sols à blé. — Les conclusions du comte de Gasparin, relatives à la propriété maîtresse des terres à blé, viennent d'être en ces dernières années exactement confirmées par les recherches de M. Milton Withney, professeur de géologie et de physique du sol au Collège d'agriculture de Maryland. Ce savant a étudié avec un soin extrême et par une méthode nouvelle la *texture* des différents sols de son pays, et nous croyons faire œuvre utile en donnant ci-après. les principaux extraits de son travail relatif aux terres à blé.

Le blé et le tabac, dit-il (1), sont ordinairement cultivés sur le même sol, où ils reviennent périodiquement tous les deux ou trois ans. Les meilleurs sols à blé cependant sont les terres fortes, tandis que les limons légers donnent les tabacs de la meilleure qualité. Les sols argileux produisent plus de tabac par hectare, mais la feuille est grossière et épaisse; elle est très aqueuse et demeure verte sans prendre de couleur. La première qualité de tabac est fournie par les limons plus légers, qui sont plutôt trop peu consistants pour produire avantageusement le blé. Le tabac y produit une petite récolte par hectare, et en séchant, la feuille qui est d'un grain délicat, prend une bonne couleur; elle atteint par suite un haut prix au marché. Généralement, plus la texture du sol est légère, meilleure est la qualité du tabac, et plus haute est la valeur du quintal de feuilles; mais aussi moindre est le rendement par hectare. Il y a donc une limite à la production du tabac de premier choix dans les sols les plus légers, limite qui est atteinte quand le produit brut en argent obtenu devient insuffisant pour couvrir les frais de culture.

Le tableau suivant donne l'analyse mécanique des sous-sols des terres à tabac des différentes localités du Maryland méridional.

Analyses mécaniques de sous-sols du Maryland méridional, plutôt trop légers pour le blé, mais donnant des tabacs très beaux :

(1) Ex « Some physical properties of soils in their relation to moisture and crop distribution ». — Washington D. C. Weather Bureau 1892.

Diamètre des particules.	Noms conventionnels.	266 Chaney Ville.	258 Marlborough.	164 Northkeys.	260 Nottingham.	262 Chaney Ville.	162 Marlborough.
Millimètres.							
2 -1	Gravier. . . .	1,40	1,53	0,58	0,48	0,00	0,09
1 -0,5	Sable grossier.	8,94	5,67	0,50	3,05	0,07	0,13
0,5 -0,25	— moyen .	11,23	13,25	1,35	12,08	1,56	0,58
0,25 -0,1	— fin . . .	13,42	8,39	10,65	12,09	13,51	4,90
0,1 -0,05	— très fin.	19,32	14,95	37,71	19,17	37,73	26,78
0,05 -0,01	Limon. . . .	17,59	28,86	22,00	23,09	18,82	33,12
0,01 -0,005	Limon fin . .	5,44	7,84	7,81	8,74	6,18	8,24
0,005-0,0001	Argile.. . . .	10,72	14,55	16,02	18,42	18,79	21,81
	Total.	97,06	95,04	96,72	97,12	96,67	95,05
Matière organique, eau et pertes.		2,94	4,96	3,28	2,88	3,33	4,33
Nombre approximatif de grains par gr. en milliards.		m. 4,891	m. 6,786	m. 7,338	m. 8,263	m. 8,530	m. 10,065
Surface des grains de 1 gr. en centimètres carrés. .		1.370	1.902	2.016	2.126	2.197	2.638

La meilleure qualité de tabac est produite par les sols qui renferment le moins d'argile et présentent le moindre nombre de grains par gramme. Les sols les plus lourds du tableau, au contraire, *sont meilleurs pour le blé* et produisent plus de tabac, mais celui-ci est de qualité et de prix inférieurs. En exceptant le numéro 162, on ne peut considérer aucun des sols comme d'excellentes terres à blé dans les conditions ordinaires de culture et de fumure. Il faudrait les considérer plutôt comme trop légers pour la production économique du blé. *Ces sols sont estimés pour la culture du froment dans la proportion même de l'argile que contient leur sous-sol.....*

Il y a dans le Maryland deux classes de terres à blé. Sur les sommets et les hauts plateaux où la lixiviation ne s'est pas produite sur une large échelle, les sols sont plutôt légers et limoneux, le limon présentant ordinairement de 2 à 4 pieds d'épaisseur, et reposant sur de l'argile plus lourde. Ces terres sont meilleures pour le maïs que les sols plus lourds, *mais elles ne sont pas si bonnes pour le blé*, et elles sont d'une texture trop légère pour la production herbagère. Quand l'argile sous-jacente affleure à la surface, comme dans les pays en pente douce, elle constitue une terre à blé beaucoup plus productive et meilleure, en même temps qu'un bon sol à herbage.

Le tableau suivant donne les analyses mécaniques des sous-sols d'un certain nombre de localités qui représentent très bien les terres à blé du Maryland méridional (Voir le tableau page suivante).

Ces terrains constituent de très bonnes terres à blé, mais c'est à peu près la limite des sols où cette culture soit profitable; et les sols qui renferment moins de 20 % d'argile ou d'environ 9 milliards de grains par gramme sont trop légers et ne retiennent pas assez l'eau pour être utilement consacrés à la production du blé, *sous le climat du pays*. Ceci représente toutefois simplement la structure squelettique du sol, et ce dernier pourrait être assez amendé pour devenir plus productif, mais l'expérience a montré qu'un sol plus léger que celui-ci n'a pas assez de corps pour garantir la dépense nécessaire pour le convertir en excellente terre à blé. Ces sols sont trop légers pour la production de l'herbe. On les classe comme terres à blé à peu près dans le même ordre que dans notre tableau; toutefois le 245 devrait y occuper une meilleure place, car il est considéré comme une très fertile terre à blé. Cette ano-

ANALYSES MÉCANIQUES DE SOUS-SOLS DE TERRES A BLÉ
DU MARYLAND MÉRIDIONAL.

Désignations conventionnelles.	250 Chaney ville. J. F. Tallot.	248 Davidson Ville. P. H. Jarnil.	245 Davidson Ville. Opp. Church.	180 Plum Point.	155 Upper Marlborough.	246 Davidson Ville (West).	141 Davidson Loam.	252 South River.	184 Popes Creek.
Gravier.	0,00	0,00	0.82	0,00	0,00	0,00	0,00	0,00	0.00
Sable grossier . .	0,07	0,22	0,28	0,00	0,40	0,56	0,23	0,25	0,46
— moyen. . .	0,98	2,76	0,98	0,48	0,57	31,26	1,71	3,29	6,61
— fin.	12,22	12,85	1,74	3,06	22,64	4,62	6,08	10,65	12,19
— très fin. . .	29,58	47,13	52,74	50,32	30,55	30,70	30,82	29,05	9,15
Limon.	23,19	12,89	16,91	14,19	13,98	26,16	20,92	22,45	30,80
— fin	10,13	4,07	3,35	6,78	4,08	9,44	11,21	6,56	13,22
Argile	19,14	19,19	19,57	20,28	21,98	22,53	23,78	23,92	24,45
Total	95,31	99,11	95,82	95,11	94,20	95,27	94,75	96,27	96,07
Humus, eau, pertes	4.69	0,89	4,18	4,89	5,80	4,73	5,25	3,73	3,03
Nombre de grains p. gr. (milliards).	m. 8,918	m. 8,918	m. 8,917	m. 9,357	m. 10,228	m. 10,456	m. 11,161	m. 10,933	m. 11,202
Surface des grains par gramme . .	cq. 2.453	cq. 2.097	cq. 2.214	cq. 2.380	cq. 2.493	cq. 2.732	cq. 2.853	cq. 2.681	cq. 2.847

malie pourrait bien provenir de l'échantillonnage.

On a déterminé, près du point où l'échantillon 252 fut recueilli, le temps nécessaire à l'écoulement de l'eau au travers du sous-sol, à South-River.

Ce dernier présentait 51,48 % en volume d'espace vide. Sous une pression initiale de deux pouces (5e,08) (1) d'eau, il a fallu 43 minutes pour l'écoulement au travers d'une épaisseur de sol de trois pouces (7,62,) d'une colonne d'eau d'un pouce de haut (2^{cm}54).

(1) Le pouce 2 c. 54.

Les échantillons du tableau suivant proviennent de fertiles terres à blé et à herbage du Maryland méridional. Ils sont considérés comme les meilleurs types de terres à blé de ce pays.

ANALYSES MÉCANIQUES DE TERRES A BLÉ ET A HERBE
DU MARYLAND MÉRIDIONAL.

	142 Davidson Ville, Clay.	247 Davidson Ville, J. Iglehart.	179 Herring, Bay.
Fin gravier.	0,00	0,00	0,00
Sable grossier	0,00	0,27	0,00
— moyen.	0,29	0,64	0,50
— fin.	2,43	3,20	3,50
— très fin.	23,50	22,58	36,28
Limon.	29,23	26,25	19,04
Limon fin	6,36	10,42	6,78
Argile	32,45	32,40	32,42
Total	94,32	95,76	98,52
Humus, eau, pertes.	5,68	4,24	1,48
	mil.	mil.	mil.
Grains par gr. (milliards). . .	15,148	14,903	14.433
Surface des grains d'un gr. .	3.604 eq	3.537 eq	3.389 eq

Ces trois échantillons ont été pris dans des terrains en pente, où le limon, s'il s'est jamais accumulé, a été entraîné par la lixiviation, laissant à nu l'argile jaune sur laquelle semblent reposer tous les sols à blé..........
Il y a une relation très marquée entre la valeur agricole des sols, leur texture et leur aspect général. Si ces sols se trouvent dans des conditions moyennes de culture où l'on puisse présumer que le mode d'arrangement des grains est sensiblement constant, la valeur agricole

s'élève presque proportionnellement au taux de l'argile, ou au nombre approximatif de grains par gramme. Le rendement ne s'accroît, toutefois, dans presque tous les cas, et pour la plupart des récoltes, qu'aux dépens de la qualité. Dans le cas du tabac et du jardinage, comme la qualité et la hâtivité du produit sont de plus d'importance que la quantité, on apprécie les sols, dans de certaines limites, d'autant mieux qu'ils ont une texture plus légère, qu'ils contiennent moins d'argile, et présentent un moindre nombre de grains par gramme. Ce n'est pas la composition chimique du sol, ni la richesse en substances assimilables qui détermine la distribution locale des cultures, mais la texture du sol et *spécialement la relation des sols avec l'humidité,* ainsi *que la quantité d'eau que ceux-ci peuvent mettre à la disposition de la récolte dans le climat considéré.*

Sols à blé des « River Terraces ». — Le tableau suivant donne l'analyse des sous-sols de quatre localités situées sur les fertiles terrasses fluviales du Maryland Méridional (Voir le tableau page suivante) :

Ces terrasses fluviales bordent le Potomac et ses affluents dans la partie basse de la péninsule et sont considérées comme d'excellents *sols à blé.*

Ces sols ont du corps et sont susceptibles d'être cultivés très intensivement, et beaucoup d'entre eux sont maintenus dans un très bon état. Quelques terrains des environs de St-Marys sont en culture depuis deux siècles, sans détérioration apparente, bien qu'il n'y ait rien de particulier dans l'aspect du sol pour indiquer une fertilité extraordinaire. Le sol a environ 6 à 8 pouces de profondeur, mais ni le sol, ni le sous-sol ne semblent plus riches en matière organique que les autres sols du Maryland méridional, ni ne présentent un aspect différent de celui des terres de même classe situées ailleurs.

ANALYSES MÉCANIQUES DE SOUS-SOLS DE TERRES A BLÉ
RIVER TERRACES.

	199 Benedict.	201 St-Marys.	203 St-Marys.	205 Opposite St-Marys.
Fin gravier	0,38	0,44	2,01	0,41
Sable grossier.	2,72	1,05	5,24	0,42
— moyen	11,64	2,67	1,75	1,64
— fin.	7,23	5,03	2,17	3,45
— très fin . . . . \ . .	6,74	9,75	2,45	9,48
Limon.	33,92	34,82	37,21	41,88
— fin.	10,72	14,52	15,52	11,98
Argile.	23,45	25.03	29,27	26,24
Total.	96,70	93.31	95,62	95,50
Humus, eau, pertes. . . .	3.30	6,69	4,38	4,50
Nombre approx. de grains par gr. (milliards). . . .	mil. 10,737	mil. 11,936	mil. 13,578	mil. 12,205
Surface des grains par gr.	2.765 cq	2.889 cq	3.509 cq	3.188 cq

On en a eu beaucoup de soins et on les a maniés avec
intelligence.

Il semble résulter de ce travail que le sous-sol d'un
bon sol à prairie, dans nos conditions climatériques, doit
contenir au moins 30 % d'argile, ou environ douze milliards de grains par gramme; — *qu'une bonne terre à
blé doit doser au moins 20 % d'argile, et renfermer environ neuf milliards de grains par gramme;* — et que
les terres à cultures hâtées ne doivent pas doser plus de
10 % d'argile ni compter plus de quatre milliards de
grains par gramme; à la condition que ces grains aient
un arrangement moyen et que ce squelette minéral du
sol soit garni d'une quantité moyenne de substance organique.

Limon des plateaux. — Parmi les sols français les plus réputés pour la production du froment, le limon quaternaire qui recouvre le grand plateau de la Beauce, ce grenier de Paris, est sans contredit un type à considérer avec attention. Nous en indiquons la texture dans le tableau suivant, qui donne les résultats de quelques déterminations faites par nous, sur des sols choisis comme représentant bien la moyenne, en suivant une méthode très voisine de celle du professeur Milton Withney. Nous séparons sous le nom de *graviers*, tous les éléments du sol retenus par un tamis à dix fils par centimètre. Avec l'appareil à tamis de Wolff, nous séparons le *sable* qui est réparti en quatre lots caractérisés par la dimension des grains :

		DIAMÈTRES DES GRAINS.		
		Maximum.	Minimum.	Moyen.
		Millim.	Millim.	Millim.
Sable	grossier. . .	1	1/2	0,75
	moyen . . .	1/2	1/4	0,375
	fin	1/4	1/10	0,175
	très fin. . .	1/10	1/20	0,075

Tout ce que ne retiennent pas les tamis de Wolff constitue le limon qui est séparé en trois lots, caractérisés par leur diamètre : (1)

		DIAMÈTRES DES GRAINS.		
		Maximum.	Minimum.	Moyen.
		Millim.	Millim.	Millim.
Limons.	Limon. . . .	0,050	0,025	0,0375
	Limon fin . .	0,025	0,005	0,0150
	Argile	0,005	0,0001	0,00255

(1) Le liquide limonneux est traité comme dans le procédé de M. Schlœsing pour mettre l'argile en émulsion avant la séparation.

Enfin le calcaire fin qui a traversé les tamis avec le limon est dosé séparément.

SOLS DE LIMON DE BEAUCE.

	Cloches.	Le Puiset. (3)	Bessay.	Cottainville.	Mignières.	Rozelles.
Graviers.	4,00	18,00 (1)	1,00	1,90	1,93	2,20
Sable grossier.	0,52	1,83 (1)	0,45	0,31	0,17	0,87
— moyen	1,92	2,63 (1)	0,83	0,80	0,61	2,23
— fin	6,06	2,40	0,77	0,67	0,81	2,03
— très fin	2,07	1,60	0,87	0,72	0,83	1,12
Limon	56,64	32,90	63,84	59,40	66,72	63,10
— fin	5,67	3,85	4,72	5,59	5,65	4,48
Argile.	20,15	22,40	25,80	27,37	20,00	20,84
Calcaire limoneux. . .	0,60	12,33	0,70	0,85	0,40	1,05
Total	97,63	97,94	98,98	97,61	97,12	98,82
Eau et pertes.	2,37 (2)	2,06	1,02	2,39	2,88	1,18
Nombre approximatif de grains par gramme, en milliards	8,7	9,75	11,2	11,9	8,7	9,0
Surface des grains de 1 gramme de terre en centimètres carrés. .	cq. 2154	cq. 2255	cq. 2800	cq. 2921	cq. 2315	cq. 2355
Poids du litre de terre fine sèche	gr. 950	gr. 1.100	gr 1.040	«	gr. 990	gr. 990

On trouve dans ces terrains de 20 à 27 % d'argile, et en moyenne 22, 7.

Le nombre de grains contenus dans un gramme de sol est compris entre 8 milliards 700 millions et 11 milliards 900 millions, avec une moyenne de 9 milliards 870.

(1) Calcaire.
(2) Eau, 1,73.
(3) Cette terre est un mélange de limon et de calcaire lacustre, qu'on trouve dans les localités où le limon quaternaire est peu épais.

La surface que présentent les grains de 1 gramme de terre est comprise entre 2154 centimètres carrés et 2921, la moyenne étant de 2466.

Si l'on se reporte aux analyses des sols à blé du Maryland rapportées plus haut, on remarque que nos limons où le blé et les céréales en général donnent de bons résultats (1), présentent bien les caractères reconnus par Milton Whitney comme spécifiques des terres à blé, à savoir au moins 20 % d'argile et environ neuf milliards de grains par gramme. L'aire superficielle des grains du sol, qui donne la mesure de leur aptitude à être attaqués par les sucs radiculaires ou l'eau circulant dans la terre, toutes autres choses égales d'ailleurs, ne s'éloigne pas non plus de celle que présentent ces terrains types.

Le poids du litre de terre fine sèche, sous son tassement naturel, varie de 900 à 1100 gr. Il est en moyenne de 1014 gr. Nous avons déterminé sur place à Mignières le poids de terre sèche qui se trouve contenu dans l'unité de volume dans un champ sortant de céréales. Il s'est élevé à 1041 gr. jusqu'à une profondeur de 12 centimètres. Le même sol entre 12 et 20 centimètres donnait 1363 gr. Enfin dans un terrain portant des pommes de terre, et entretenu meuble par des binages, ce poids s'est élevé à 900 gr. On peut donc admettre que le poids moyen du sol rassis de 0 à 20 centimètres, est de 1170 gr. par litre. Il résulte de là que l'espace vide existant entre les particules du sol est d'environ 54 % du volume de la terre et qu'il varie de 60 dans le sol superficiel à 50 à 20 cent. de profondeur. La faculté d'imbibition, ou la quantité d'eau maxima retenue par

(1) En moyenne, à Cloches, M. Orcar Benoist récolte de 27 à 33 hectolitres de blé. Ce rendement s'obtient aussi en bonne culture, à Bessay, et dans les autres terrains cités.

100 gr. de terre sèche varie par suite de 45 à 38 %

On observera enfin que ces limons sont, sauf un cas, peu riches en calcaire. Aussi le sol de Bessay par exemple est-il marné avantageusement. Il en est du reste de même des autres surtout lorsque, comme à Mignières, le limon repose sur l'argile à silex au lieu d'être superposé au calcaire de Beauce.

Argile à silex. — Si nous comparons aux sols de limon qui viennent de nous occuper les quelques terrains formés par l'argile à silex dont nous donnons l'analyse ci après, nous sommes frappés de la grossièreté relative de leur texture. Beaucoup de graviers en général et peu d'argile. Sauf les terres de St-Georges et de Combres, les autres échantillons sont plutôt des terres à seigle que des terres à blé. Ce n'est que grâce à leur sous-sol plus compact que ces terrains peuvent conserver assez d'eau pour suffire aux besoins du froment.

Mais il n'y a pas dans ces sortes de terres d'uniformité comme dans les terres franches de la Beauce. La proportion des graviers et des pierres y varie de quelques centièmes seulement, à 30 et même 60 dans quelques cas. La partie fine d'autre part n'a pas une constitution plus régulière et le lot argileux rapporté à la terre débarrassée de graviers est très variable.

Ces terrains sont toujours physiquement inférieurs aux limons. Souvent trop légers et pierreux, ils sont parfois trop compacts et trop imperméables.

TEXTURE DE QUELQUES SOLS DÉRIVÉS

DE L'ARGILE A SILEX EN EURE-ET-LOIR.

	Boissy-le-sec.	Manonyau.	St-Georges. s.-Eure.	Combres.	Bouville.
Graviers et pierres .	35,00	4,60	10,50	6,20	22,30
Sable grossier....	0,96	1,67	1,03	0,41	2.08
— moyen. ...	3,12	3,62	3,51	0,96	3,60
— fin	5,18	2,55	2,25	1,35	3,20
— très fin. . . .	2,27	1,97	1,35	1,50	1,80
Limon	39,05	66,57	59,31	67,03	48,61
— fin	1.70	4.00	2,86	4,12	2,63
Argile.	9,88	11,54	16,00.	16,38	12,40
Calcaire limoneux..	1,41	1,235	0,57	0,64	0,48
Total.	98,57	97,755	97,38	98,59	97,10
Eau et pertes. . . .	1,43	2,24	2,62	1,41	2,90
Nombre approxima-tif de grains par gramme.	milliards. 4,3	m. 5,02	m. 6,96	m. 7,125	m. 5,394
Surface des grains de 1 gramme. . .	cq. 1167	cq. 1535	cq. 1855	cq. 1961	cq. 1470

Terres à seigle. — Le seigle mûrit ses grains plus tôt que le froment; sa moisson précède de 12 à 15 jours la récolte de ce dernier. Aussi cette céréale peut-elle réussir dans des sols qui ne conviendraient pas au blé par suite d'une texture trop légère. Sous le climat parisien, il suffira que le terrain retienne encore 10 % d'eau à $0^m,30$ de profondeur, dans la première semaine de juillet, pour que le seigle réussisse. Le sol devrait pour assurer la bonne maturation du froment, retenir cette dose d'humidité jusqu'à la fin du mois. Tandis que le blé ne réussit que dans le terrain renfermant au moins 20 % environ d'argile, définie comme nous l'avons fait plus haut, on pourra encore tirer d'assez belles récoltes de seigle dans des sols sablonneux ou sablo-calcaires qui se dessèchent trop vite en été pour qu'on puisse y produire la première des céréales.

En Languedoc, dit de Gasparin, ces deux genres de terrain sont tellement signalés par leur nature, qu'ils ont deux noms particuliers : les terrains de *Causses* et de *Ségalas;* les premiers qui sont des terres argilo-calcaires propres au froment, les seconds qui sont des glaises siliceuses ou des terrains quartzeux seulement propres au seigle. Les premiers conservent encore 10 % d'eau à $0^m,33$ de profondeur au moment de la récolte du blé; les autres, à cette époque, sont presque complètement secs.

La culture principale des terrains sablonneux provenant des grès rouges, dans les Vosges, est le seigle.

En somme, les sols légers, calcaires, sableux, granitiques ou schisteux, sont naturellement destinés au seigle, pourvu qu'ils soient assez sains. La nécessité du calcaire est beaucoup moindre que pour la culture du blé, bien qu'on obtienne de meilleurs résultats du seigle que de ce dernier dans les terres calcaires sans consistance : la raison en est dans le peu d'aptitude de celles-ci à retenir l'eau. Le seigle réussit également bien dans les terrains de bruyères et de landes soumis à l'écobuage.

Terres qui conviennent à l'avoine. — De toutes les céréales, l'avoine est la moins difficile pour le choix du terrain.

Si l'avoine d'hiver, dans les climats où sa culture est possible, réclame des terres franches, ou au moins des sols perméables et profonds, parce qu'elle redoute beaucoup l'eau stagnante pendant l'hiver; si les terres argileuses et fortes lui conviennent mal parce qu'elle risque d'y périr par suite du déchaussement; l'avoine de mars, à l'exception des sables arides et des terres absolument calcaires, réussit partout.

Pour tous les terrains affectés d'humidité, dit Schwartz, dans lesquels s'accumule d'ordinaire une plus ou moins grande quantité d'acides, qu'ils soient même spongieux et sans liaison, l'avoine devient la seule céréale, l'objet principal de la culture.

Les défrichements récents de bois, de landes, de prairies, les étangs et les marais desséchés, les terres tourbeuses, peuvent, grâce à l'avoine, être utilisés.

L'avoine se plaît sur les sols qui ont été profondément remués et qui n'ont pas encore pu assez se rasseoir pour le froment, le seigle ou l'orge.

Cependant, les sols trop légers, sablonneux, graveleux, crayeux s'ils ne reçoivent, à l'épiage, des pluies assez abondantes, ne sont pas favorables à cette plante. Elle s'y élève peu et est médiocrement productive. Sous ce rapport, comme pour le blé, le climat corrige jusqu'à un certain point les défauts du sol.

Terres qui conviennent à l'orge. — Une terre douce, dit Burger, qui tienne le milieu entre la terre à blé et la terre à seigle, est la véritable terre à orge. Dans l'Allemagne méridionale on ne trouve l'orge que dans les sols liés; mais dans les parties plus fraîches et vers le nord, on la trouve aussi dans les sables.

L'humidité du climat compense la légèreté du sol, et la consistance du sol combat les effets de la sécheresse. Mais l'orge est beaucoup plus difficile sous le rapport du sol que le froment et le seigle. Elle germe difficilement dans les terrains trop compacts; elle ne réussit pas dans les sols arides; les terres humides ou tourbeuses ne lui conviennent pas plus que les défrichements de bruyères.

Toutefois elle peut s'accommoder du plus grand nombre des sols, s'ils ne sont pas trop humides, grâce à la rapidité d'une végétation qui permet de retarder ou d'avancer le semis, suivant les propriétés du terrain. Dans une terre sèche et sous un climat doux on sèmera l'orge au printemps dès le mois de février; dans le même sol, avec un climat plus froid, on ne sèmera qu'en avril. Dans les terres compactes, avec climat humide, on retardera au besoin le semis jusqu'en mai.

L'escourgeon ou orge carrée d'hiver est moins difficile sur le choix du terrain que l'orge de printemps. Il donne de meilleurs résultats dans les terres crayeuses ou granitiques. Ce qu'il redoute surtout, c'est l'excès d'humidité en automne et en hiver. Dans les terrains à sous-sol imperméable, les plantes deviennent maladives et meurent en grand nombre. La hâtivité de sa maturation permet sa réussite sur des terres qui ne garderaient pas assez d'humidité en juillet pour la réussite du blé sous le climat parisien.

Terres qui conviennent au sarrasin. — Le sarrasin est la céréale des terrains pauvres et légers. Il donne de bonnes récoltes dans les defrichements de landes de la Bretagne, dans les sols granitiques du Morvan, les schistes de Luxembourg, les sables de la Campine belge. On le cultive dans les plus pauvres terrains de la Picardie, de la Bourgogne et de la Champagne, dans les calcaires du centre de la France. Il réussit également bien sur les terres tourbeuses assainies et écobuées.

Il n'y a que les terres compactes et humides qui ne lui conviennent pas.

Terres qui conviennent au maïs. — Dans le midi de la France, l'Espagne, l'Italie, l'Algérie, ce sont les terres un peu argileuses qu'il est préférable de consacrer au maïs. Les bonnes terres à blé, les terres argilo-calcaires, sont celles qui lui conviennent le mieux.

Les terrains d'alluvions, les sols sablonneux à la condition d'être profonds, et de ne pas se dessécher en été, ou d'être susceptibles d'irrigation, peuvent aussi convenir au maïs.

Si l'on s'avance vers le nord, les sols argileux deviennent trop compacts et humides. La semence y pourrit, et ils sont trop difficiles à échauffer. Aussi doit-on y preférer pour sa culture les sols sablonneux, profonds. Dans le Maine, la Touraine, la Bresse, la Bourgogne, la Comté, l'Alsace et dans le Grand-Duché de Bade, les sols légers et bien exposés au soleil sont préférés, car la maturation s'y fait mieux.

Terres qui conviennent au millet. — Le millet se cultive de préférence dans les terres légères, sablonneuses, sablo-calcaires ou granitiques. La végétation est moins bonne dans les terres lourdes, compactes et humides.

Influence de la nature du sol sur la fumure des céréales. — Si, comme nous l'avons plus haut constaté avec Milton Withney, c'est principalement la constitution physique du sol et surtout la manière dont il se comporte avec l'eau qui domine la question de la distribution naturelle des cultures; si l'aptitude des différents sols à la production des diverses céréales dépend plus dans un climat donné de leur texture que de la quantité totale de substances nutritives qu'on peut y déceler par l'analyse chimique, il n'en est pas moins vrai d'autre part que la richesse foncière du sol en éléments assimilables par les racines, joue un rôle prépondérant sur le rendement, dès que les conditions de climat nécessaires et les conditions physiques du sol indispensables sont réalisées.

Nous avons déterminé dans le chapitre précédent les besoins absolus des céréales en substances alimentaires. Nous connaissons bien maintenant les quantités totales de ces substances qui sont absorbées par une belle récolte. Nous savons sous quelle forme et à quel moment précis il convient de les fournir, et si nous opérions dans des terrains inertes, le problème de la fumure rationnelle des céréales pourrait nous sembler résolu. Mais par bonheur les sols que l'on cultive sont déjà capables de fournir par eux-mêmes une certaine récolte, et l'intervention de l'engrais n'a pour but que d'élever le rendement naturel jusqu'à un tel niveau qu'il devienne rémunérateur.

Pour arriver à ce résultat, il faut agir avec économie et, par suite, avoir grand soin de ne donner au sol que ce qui lui est strictement nécessaire. La fumure rationnelle dépend à la fois des besoins de la plante et des ressources assimilables du sol. Elle est destinée à établir l'équilibre entre ces exigences et ces provisions.

La connaissance chimique du sol est donc indispensable pour déterminer la fumure qu'il conviendra de lui fournir pour la production d'une plante donnée, aussi bien que la détermination préalable de sa constitution physique est nécessaire pour juger de son aptitude à porter tel ou tel végétal. Grâce à la multiplication des Stations agronomiques, aussi bien en France qu'à l'Étranger, le cultivateur peut aujourd'hui facilement faire étudier ses terrains sous les divers rapports que nous venons de signaler par des agronomes compétents.

Nous ne sommes plus à l'époque où Boussingault pouvait dire : « On a beaucoup écrit, depuis Bergmann, sur la composition chimique des terres ; des chimistes du plus haut mérite ont fait des analyses complètes des sols reconnus pour les plus fertiles. Néanmoins, la pratique agricole n'a, jusqu'à présent, tiré qu'un très mince avantage de ce genre de travaux. » Après les travaux de Paul de Gasparin, ceux de M. Joulie, et surtout après les belles recherches de notre éminent maître, M. Eug. Risler, directeur de l'Institut agronomique de Paris, la connaissance de l'analyse chimique d'un sol permet à l'agronome de renseigner le cultivateur d'une manière positive, sur la composition de la fumure à adopter pour les diverses céréales, en se basant à la fois sur leurs besoins absolus, sur les faits relevés par l'observation directe, ou provoqués par l'expérimentation.

On considère qu'un sol, de profondeur suffisante, contenant par kilogramme de terre normale sèche *un gramme* de chacun des éléments nutritifs fondamentaux, est doué d'une fertilité moyenne. Il est bien entendu qu'il s'agit de la teneur du terrain tel qu'il gît dans le champ, sans séparation des pierres ni des graviers, et que d'autre part les éléments minéraux sont déterminés après une attaque par l'acide azotique cencentré. Si le dosage de la potasse par exemple avait été fait après une attaque par l'eau régale, il faudrait que le sol en contint au moins de 1 gr. 25 à 1 gr. 50.

Un tel terrain, étant cultivé en bon père de famille, c'est-à-dire maintenu constamment en bon état de propreté et d'ameublissement, assolé d'une manière convenable, avec une succession rationnelle de plantes sarclées, de céréales et de légumineuses fourragères destinées à empêcher le stock d'azote de s'amoindrir : un tel terrain donnera des récoltes rémunératrices de céréales, s'il reçoit régulièrement le fumier de ferme produit normalement par l'exploitation, à la condition qu'on lui donne sous forme d'engrais chimiques complémentaires, du tiers à la moitié au plus de l'azote total de la récolte, et la moitié environ de son acide phosphorique. La restitution directe de la potasse et de la chaux n'est pas alors nécessaire à cause de l'intervention du fumier dans l'assolement, pour la première, et des engrais phosphatés qui contiennent toujours beaucoup de la dernière.

Dans cette terre idéale, on devrait donc fumer un blé comme il suit :

Azote ammoniacal à l'automne. . . . . . . 20 à 3o kil.
Azote nitrique au tallage . . . . 20 à 3o —
Acide phosphorique soluble au citrate en-
 terré à l'automne avant le semis . . . . 35 à 40 —

Ce qui correspond à 100 ou 150 kgr. de sulfate d'ammoniaque; 150 à 200 kgr. de nitrate de soude, et 250 à 3oo kgr. de superphosphate de chaux dosant 14 pour cent d'acide phosphorique soluble à l'eau et au citrate d'ammoniaque alcalin et froid.

D'après la même règle empirique, vérifiée par une longue expérience, aussi bien par des savants aussi éminents que M. Risler, et aussi consciencieux que M. Joulie, que par l'auteur, nous avons établi la constitution des fumures typiques nécessaires aux diverses céréales, et en avons réuni les données dans le tableau qui suit :

	Azote nitrique ou ammoniacal.	Acide phosphorique soluble au citrate.
Blé d'hiver.	40 à 6o	35 à 40
Blé de mars	45 à 65	35 à 40
Seigle d'hiver.	36 à 55	20
Escourgeon.	3o à 43	20
Orge de printemps. .	3o à 43	40 à 45
Avoine.	40	40
Sarrasin.	23 à 35	25
Maïs précoce.	23 à 35	15
Millet	25 à 35	2o

On emploierait donc pour le seigle d'hiver 200 kgr. de sulfate d'ammoniaque ou 3oo kgr. de sang desséché et 200 kgr. de superphosphate; — pour le blé de mars, 3oo kgr. de nitrate de soude et 3oo kgr. de superphosphate; mais si l'on craint la verse on ne dépassera pas 200 kgr. de nitrate; — pour l'escourgeon, 150 à 200 kgr.

de sulfate d'ammoniaque ou 300 kgr. de sang desséché et 200 kgr. de superphosphate ; — pour l'orge de printemps, 200 à 250 kgr. de nitrate avec 300 kgr. de superphosphate ; — pour l'avoine, 300 kgr. de nitrate et 300 kgr. de superphosphate ; — pour le sarrasin, 150 kgr. de nitrate et 200 kgr. de superphosphate ; — pour le maïs 200 kgr. de nitrate et 150 kgr. de superphosphate ; — enfin pour le millet 200 kgr. de nitrate et 200 kgr. de superphosphate.

N'oublions pas de faire remarquer que les maximums d'azote ne doivent être employés que dans les terrains où la nitrification est lente, et où par suite les céréales ne produisent pas beaucoup de paille. Dans les autres conditions, il est préférable de se rapprocher du minimum, pour éviter la verse. Ces fumures ne tiennent pas compte non plus des fumures antérieures qu'il est très important de considérer comme nous le verrons dans la suite.

Il convient d'ajouter à ce qui précède, que d'après les expériences de Rothamsted qui ont rendu populaires les noms de MM. Lawes et Gilbert, et d'après celles de M. de Gasparin, l'azote de la fumure recouvré dans les excédents de récoltes a été de 31 à 32 % pour le sulfate d'ammoniaque, 45 % pour le nitrate de soude, 14 % pour le fumier, 39 % pour les tourteaux et 30 % pour le guano du Pérou. Il résulte de là qu'en prenant l'azote ammoniacal comme terme de comparaison, on obtient de 68 kgr. d'azote nitrique, ou de 222 kgr. d'azote du fumier, ou de 80 kgr. d'azote de tourteaux, ou de 100 kgr. d'azote de guano, le même résultat que de 100 kgr. d'azote de sulfate d'ammoniaque.

Mais il s'en faut de beaucoup que les terres auxquelles le cultivateur a affaire, présentent cette composition typique de la fertilité moyenne. Elles sont ou plus riches ou plus pauvres en un ou plusieurs des éléments fertilisants fondamentaux. Le tableau suivant, où nous avons indiqué la teneur en azote, acide phosphorique, chaux, magnésie et potasse d'un certain nombre de terrains consacrés surtout à la culture des céréales, fait ressortir les variations de composition les plus communes :

DÉSIGNATION DES TERRAINS.	PAR KILOGRAMME.				
	Azote.	Acide phosph.	Potasse.	Chaux.	Magnésie.
	gr.	gr.	gr.	gr.	gr.
Limon de Beauce (moyenne de 30 échantillons). (C. V. Garola) . .	1,39	0,66	1,65	7,70	1,17
Argile à silex d'Eure-et-Loir (moyenne de 67 échantillons). (C. V. Garola)	1,35	0,49	0,89	4,10	0,97
Argiles vertes du Perche. (C. V. Garola)	1,65	0,40	1,31	4,02	»
Limon sur argile à silex du Vexin normand. (Joulie).	1,31	0,70	1,40	4,70	3,00
Limon de Mondoubleau (Loir-et-Cher). (Risler).	0,94	0,32	0,68	0,17	0,75
Limon du Pas-de-Calais, à Berthonval. (Pagnoul).	1,21	0,94	3,40	9,25	»
Limon de Brie (ferme de Minpincien, Joulie. 7 analyses).	1,19	0,82	1,94	5,30	2,41
Argiles à meulières de la Brie (Joulie) : Armanvilliers	0,98	0,33	0,74	4,44	»
Courquetaine	1,22	0,78	1,55	2,54	1,50
Limon des plateaux, Crévecœur-le-Grand (Oise), 14 échantillons (Risler).	1,10	0,67	2,04	2,90	0,83
Limon des plateaux de Seine-et-Marne (Coudetz). (Risler). . . .	0,92	0,55	1,07	1,25	0,70
Limon des plateaux de Seine-et-Oise (Montigny). (Risler). . . .	1,10	0,59	1,63	2,50	0,65
Sol d'alluvions graveleux de la vallée de l'Isère, près Tullins. (Risler).	0,64	1,82	1,26	0,80	»
Argiles glaciaires de Calèves, près Nyon, canton de Vaud (Suisse), R.	1,02	0,72	1,20	2,70	»
Argiles tertiaires du Lauragais (Calmont, Ariège). (Risler).	0,65	0,42	1,97	7,50	»

Terres de Tunisie, d'après M. Quentin.

	PAR KILOGRAMME.	
	Azote	Acide phosphorique.
Terre à blé, gare de Beja	0,75	0,065 calcaire.
— prise au bord de l'Oued Beja.	0,90	0,408 id
Souk el Kmis.	1,65	0,572 id
—	1,20	0,416 id
Oued Zargua.	1,43	0,168 id
Budj Toum.	1,06	0,462 id
Manouba	1,57	0,136 id

Terres d'Algérie, d'après M. Ladureau.

	Acide phosphorique.
Département d'Oran (moyenne de 28 analyses) : . .	0,51
Département d'Alger (moyenne de 52 analyses) : . .	0,67

SOLS DES ÉTATS-UNIS (1).		PAR KILOGRAMME.				
		Azote.	Acide phosph.	Potasse.	Chaux.	Magnésie.
		gr.	gr.	gr.	gr.	gr.
	Caroline du Nord. . . (20 échantil.).	»	1,18	1,45	0,88	0,80
	— — Sud . . . (11 —).	»	0,97	1,23	1,14	1,55
Climats humides.	Georgia. . . . . . (40 —).	»	1,11	1,50	0,76	0,99
	Florida. . . . . . (7 —).	»	0,91	1,01	0,91	0,27
	Alabama . . . . . (50 —).	»	1,34	2,31	1,69	2,10
	Mississipi. . . . . (97 —).	»	0,91	2,76	1,45	3,12
	Arkansas . . . . . (38 —).	»	1,50	1,65	0,81	4,30
	Kentucky. . . . . (185 —).	»	1,09	1,99	0,81	1,93
	Louisiana. . . . . (18 —).	»	1,29	2,90	1,63	3,79

(1) Ex Relations of soil to climate by Ew. Hilgard.

SOL DES ÉTATS-UNIS (fin.)			PAR KILOGRAMME.				
			Azote.	Acide phosphor.	Potasse.	Chaux.	Magnésie.
			gr.	gr.	gr.	gr.	gr.
California.	(198 —).		»	0,83	6,44	10,75	14,88
Washington. . . .	(76 —).		»	1,73	7,77	13,78	11,71
Montana.	(39 —).		»	1,78	10,05	24,83	14,94
Utah	(1 —).		»	1,60	7,09	12,37	8,48
New Mexico. . . .	(1 —).		»	1,03	7,32	100,60	10,07
Colorado	(1 —).		»	0,90	9,64	7,06	8,45
Wyoming	(9 —).		»	1,80	7,20	26,70	14,50
SOLS DE L'ARGENTINE.							
Llavallol, près Buenos-Ayres. (C.	1		0,72	0,49	5,15	5,57	1,73
V. Garola)	2		2,17	0,52	2,25	4,45	1,64
	3		2,12	0,50	2,30	3,70	2,04

(Climats secs.)

On remarque qu'en général et à très peu d'exceptions près, les nombreux sols cités sont d'une bonne richesse en azote; la potasse et la magnésie, comme la chaux considérée au point de vue de l'alimentation, ne font que rarement défaut. Au contraire, dans les terres françaises, algériennes et tunisiennes, l'acide phosphorique est peu abondant. Les terres de l'Argentine que nous avons analysées sont dans le même cas. Cet élément nutritif semble être par contre assez abondant dans les sols des États-Unis. C'est une supériorité marquée qu'ont ces derniers sur les terrains du vieux monde.

(1) Ex Relations of soil to climate by Ew. Hilgard.

Suivant ces variations de richesse que présentent les terres, la fumure aussi doit varier. On comprend facilement en effet que si la teneur en azote, en acide phosphorique et en potasse dépasse le chiffre de 1 gr. par kilogramme, le sol étant plus riche, on pourra diminuer l'intensité de la fumure, et qu'inversement il faudra l'augmenter dans une certaine mesure lorsque le taux d'un ou de plusieurs éléments fertilisants sera inférieur à la moyenne que nous avons indiquée. Nous allons examiner, pour chacun des trois principes nutritifs les plus importants, dans quelles proportions doivent être modifiées les formules de fumures moyennes données plus haut, suivant que les sols sont plus ou moins riches.

De nombreuses observations expérimentales nous ont montré qu'il n'est plus nécessaire de recourir aux engrais potassiques dans les terres bien cultivées, avec intervention normale du fumier de ferme, dès que le taux de potasse attaquable par l'acide nitrique atteint un gramme par kilogramme.

A partir du taux de 1 gr. 50 par kilogr., l'emploi de l'acide phosphorique devient d'une efficacité douteuse. Il suffit alors d'opérer la restitution des quantités du principe exportées par les récoltes, à l'aide des phos·phates naturels, pour assurer la pérennité des bons rendements. Au delà du taux de 2 grammes, cette restitution ne nous paraît même plus nécessaire pratiquement.

Pour ce qui est de l'azote, il y a des distinctions à faire, car le dosage total de ce corps est insuffisant pour nous permettre d'apprécier la vitesse de sa nitrification. Une fumure azotée peut être nécessaire encore dans des sols renfermant de un gramme à deux grammes d'azote, et même plus, si la terre n'est pas calcaire. Dans les terres non calcaires, en effet, l'azote organique ne se transforme pas en nitrate assimilable. Il n'y a que la fermentation ammoniacale, beaucoup plus lente qui contribue à proportionner aux végétaux l'azote assimilable qui leur est nécessaire. Cette réserve posée, que, à richesse égale d'azote, la fumure azotée peut et doit être plus forte dans les sols non calcaires que dans les terrains riches en carbonates terreux, il est toujours prudent, pour les céréales, et le blé en particulier, de diminuer la dose de la fumure azotée, dès que le titrage du sol dépasse un gramme, en proportion de l'excédent même constaté. C'est ainsi que, dans les sols de limon des plateaux et d'argile à silex de la Beauce, où la richesse en azote varie de 1 gr. 3 à un 1 gr. 4 par kilogramme, il ne faut pas donner plus de 30 à 40 kilogr. d'azote soluble au blé. Une plus grande quantité amènerait souvent la verse et la rouille. Dans les sols riches en azote surtout, il importe de donner la fumure azotée en deux fois, aux céréales d'automne : à la semaille d'abord, sous forme de sulfate d'ammoniaque, de viande ou de sang desséchés; au printemps, sous forme de nitrate. On peut en effet se guider, au sortir de l'hiver, sur l'aspect de la végétation, pour déterminer la dose de la fumure complémentaire à administrer. Si la récolte est chétive et jaunâtre, on augmentera la dose de nitrate; au contraire on la diminuera si la végétation est vigoureuse; avec une teinte vert-bleuâtre des feuilles, on la supprimera.

Si d'autre part la terre est moins riche que le sol type, il faudra, avons-nous dit, forcer la fumure. Mais si le taux d'azote descend par trop bas, à 1/2 gr. et au-dessous, il ne serait plus économique de vouloir tirer d'une terre aussi pauvre des récoltes intensives. Alors

le terrain n'est plus apte à la production lucrative des
céréales. Il faut le consacrer soit à la forêt, soit à la
culture extensive des fourrages. Dans les sols peu calcaires, au-dessous de la proportion de 1 gr. d'azote
dans la terre, on augmentera la dose de la fumure
azotée proportionnellement au déficit constaté. On
pourra aller au maximum à 70 ou 80 kgr. d'azote pour
le blé, à 50 ou 60 kgr. pour l'orge ou l'avoine. Les fumures azotées organiques sont dans ce cas très recommandables. On doit viser avant tout à produire beaucoup de fumier, et, à défaut, il faut acheter des tourteaux,
des poudrettes qui demandent deux ans environ pour
se décomposer entièrement. Il va sans dire qu'alors
les doses d'azote incorporées au sol seront plus considérables que celles que nous venons d'indiquer et qui
se rapportent à des engrais immédiatement assimilables.

En ce qui concerne l'acide phosphorique, au-dessous
du taux de 1 gramme par kilogr., il convient de forcer
la dose d'engrais phosphaté, et dans aucun cas il ne
peut y avoir d'inconvénient à donner au sol trop de
ce principe fertilisant. L'expérience a démontré que,
dans une terre dosant 0 gr. 70 d'acide posphorique par
kilogramme, la récolte du blé est toujours mauvaise,
si l'on néglige de donner, par hectare, avant la semaille à l'automne, au moins 40 kilogr. d'acide phosphorique soluble à l'eau et au citrate. La plante se
forme et se développe bien, si les autres principès fertilisants ne manquent pas ; mais le rendement en grains
est maigre, il ne dépasse pas 20 hectolitres par hectare. Dans un tel sol on ne fera donc jamais que des
demi-récoltes, à moins que la verse ou la rouille ne
réduisent encore le rendement. Pour les sols dosant
seulement 0 gr. 5 d'acide phosphorique, il ne faudra

pas hésiter à employer 60 kgr. de cet élément nutritif. Si l'on opère dans un sol à la fois riche en azote et pauvre en acide phosphorique, on devra toujours se montrer généreux en superphosphate, car l'excès d'acide phosphorique assimilable combat efficacement les tendances à une végétation trop exubérante par excès d'azote, et prévient, par la précocité qu'il imprime à la récolte les chances fâcheuses de l'échaudage. En termes généraux, pour le blé, dans les terres pauvres en acide phosphorique, on emploiera de 3oo à 4oo kilogr. de superphosphates minéraux titrant 15 % d'acide phosphorique soluble au citrate. Dans les sols non calcaires, on remplacera ces derniers, avantageusement au point de vue du prix de revient, par les scories de déphosphoration riches et finement moulues.

Ces considérations s'appliquent au seigle d'hiver, qui est très sensible aux fumures phosphatées dans les terrains pauvres. Mais comme une récolte de cette céréale consomme moins d'acide phosphorique qu'une récolte de blé, on peut réduire la quantité de superphosphate à 15o ou 3oo kilogr., suivant la pauvreté du sol. Nous en dirons autant pour l'escourgeon d'hiver.

Pour l'orge de printemps en sol pauvre, nous irons jusqu'à 4oo kgr. de superphosphate, tandis que pour l'avoine nous dépasserons rarement 25o kilogr.

Enfin nous n'emploierons la potasse pour les céréales que dans les terres calcaires ou sableuses très pauvres en cet élément, dosant au-dessous de o gr. 8 par kilogr. si le fumier manque. Nous ne dépasserons pas 15o k. de chlorure de potassium par hectare.

En résumé le cultivateur doit établir la formule de la fumure en tenant compte de la richesse de son terrain. Il accroîtra la dose de l'azote, de l'acide phosphorique ou de la potasse, de 1/5, 1/4, 1/2 de la quantité convena-

ble pour le sol idéal si le dosage de ces éléments fertilisants descend à o gr. 80, o gr. 75, o gr. 50. Au contraire, il diminuera la dose d'engrais en sens inverse si
le titrage est plus élevé que 1 gr. en se souvenant des
limites indiquées pour l'action des engrais phosphatés
et potassiques, et des précautions que réclame l'emploi
des engrais azotés.

Pour préciser davantage, il faut aussi tenir compte
des reliquats des fumures antérieures et des cultures qui
ont précédé. Nous reviendrons sur ce sujet en nous occupant de la pratique de la fumure pour chaque céréale
en particulier.

Nous terminerons enfin cet exposé par quelques exemples, qui nous permettront, en sortant des généralités,
de rendre plus nettement notre pensée.

Considérons d'abord les sols de limon de Beauce,
dont la composition est donnée plus haut : puisqu'on y
trouve 1 gr. 65 de potasse, 1 gr. 17 de magnésie, 7 gr.
70 de chaux, nous considérons qu'il est pratiquement
inutile de s'occuper spécialement de fournir aux céréales ces éléments fertilisants qui, d'une manière relative,
abondent. C'est sur l'acide phosphorique, qui se trouve
en déficit d'un tiers en moyenne que devra surtout
porter notre attention. Dans un pareil sol, on peut af-
firmer hautement, que sans superphosphates, ou autres
engrais phosphatés également assimilables, il n'y a pas
de bonne récolte possible en céréales. La quantité d'a-
zote, au contraire, étant plus élevée que la moyenne d'un
bon tiers, on apportera une grande réserve dans son
emploi, le limon étant en général assez calcaire pour
que la nitrification soit active.

Pour le froment d'hiver nous emploierons seulement
33 kilogrammes d'azote ammoniacal et nitrique. Nous
répandrons 50 kilogr. de sulfate d'ammoniaque avant le

semis, soit 10 kgr. 5 d'azote, et nous complèterons la dose au printemps, avec 150 kilogrammes de nitrate de soude.

A la fumure azotée d'automne, nous joindrons 50 kgr. d'acide phosphorique soluble au citrate en répandant 350 k. de superphosphate.

Dans les terrains d'argile à silex d'Eure-et-Loir, la fumure azotée restera la même. Mais il faudra augmenter la dose de superphosphate ou de scories, de manière à fournir au moins 60 k. d'acide phosphorique. Ces sols en général ont besoin d'être marnés périodiquement.

Dans les argiles vertes du Perche, enrichies d'azote par leur passage en prairies pâturées, mais plus pauvres encore en acide phosphorique, il ne faudrait pas dépasser, si le terrain a été marné depuis peu, 20 kgr. d'azote soit 100 kgr. de sulfate d'ammoniaque ou 150 kgr. de nitrate; on y ajouterait 60 à 65 kgr. d'acide phosphorique en y semant 450 à 500 kgr. de scories phosphoreuses à 16 %, passant au tamis 100 dans la proportion de 80 %.

A un blé fait dans le limon de Mondoubleau, nous donnerions 100 kgr. de sulfate d'ammoniaque à l'automne et 500 kgr. de scories, au moins. Au printemps, nous répandrions de 150 à 200 kgr. de nitrate, selon la vigueur du blé.

Nous agirions de même dans les terres d'argile à meulières de la Brie, quand elles ne renferment pas plus de 1 gr. d'azote.

Dans les sols de Tunisie, d'Algérie et du midi de l'Espagne (nous avons trouvé dans ces derniers 0 gr. 40 d'acide phosphorique par kilogr. près de Marbella, sur le littoral andalou), l'emploi des superphosphates s'impose à des doses aussi élevées que chez nous. La nitrification étant favorisée par une température plus haute, il y aurait prudence à ne pas exagérer les doses d'azote soluble.

Nous n'avons pas le dosage en azote des sols de l'Amérique du Nord. Mais le dosage en acide phosphorique y est généralement élevé. Avec une culture soignée, il suffira d'employer 200 kgr. de superphosphate, et une fumure azotée appropriée dans les terres de Caroline, de Géorgie, de Floride, du Mississipi, de Californie, du Nouveau-Mexique, et du Colorado. Dans les autres États cités, la fumure phosphatée même ne semble plus guère utile.

Dans les terres de l'Argentine, la fumure phosphatée est aussi indispensable que dans nos limons des plateaux. Mais l'azote étant très abondant, la fumure ne devra comprendre de cet élément fertilisant que par exception, et si les sols, non chaulés, ne sont pas capables de nitrifier abondamment.

Voulons-nous faire un seigle dans l'argile à silex d'Eure-et-Loir? — Il faudra donner 35 kgr. d'azote sous forme de sang desséché ou de sulfate d'ammoniaque avant le semis, et 200 kgr. de superphosphate.

A un escourgeon, dans le limon de Beauce, où on le cultive, nous donnerions 30 kilog. d'azote sous forme de sang, de corne torréfiée ou de sulfate d'ammoniaque et 30 kgr. d'acide phosphorique assimilable.

L'avoine chez nous vient le plus souvent après le blé. Le sol a généralement été fumé avec un mélange azoto-phosphaté. Il en résulte que nous pouvons nous contenter presque toujours d'une légère addition de nitrate de soude, car nous savons que l'avoine est plus exigante d'azote que d'acide phosphorique. 250 kgr. de nitrate de soude suffisent aux sols à 1 % d'azote. A nos terres de limon quaternaire et d'argile à silex, nous donnerons simplement 150 kgr. de nitrate.

S'il s'agissait d'une orge de printemps en Beauce, nous donnerions une fumure composée de 30 kgr. d'azote ou 200 kgr. de nitrate et 60 kgr. d'acide phosphorique assimilable ou 400 kgr. de superphosphate, etc.

Influence de la nature du sol sur le choix de la forme des engrais à employer. — La nature du terrain et sa texture doivent être prises en sérieuse considération lorsqu'il s'agit de déterminer la forme de combinaison sous laquelle il est préférable d'employer les principes fertilisants. Les différents engrais, dont l'agriculteur dispose aujourd'hui, subissent dans les sols divers auxquels on peut les incorporer, des réactions variées qui ne sont pas sans exercer sur leur utilisation par les plantes une influence considérable; de même que d'un autre côté les différents composés que l'on emploie comme engrais peuvent réagir favorablement ou non sur l'assimilabilité des réserves du sol et sur les propriétés fondamentales de celui-ci. Il y a là tout un ensemble de réactions réciproques qu'il faudrait connaître à fond pour mettre en pratique avec une parfaite assurance et avec économie les données générales que nous possédons sur les besoins d'engrais des plantes. Malheureusement ces problèmes si complexes sont loin d'être, nous ne dirons pas, résolus, mais simplement éclaircis. Malgré la pénurie des éléments dont nous disposons pour aborder cette question délicate de l'agriculture pratique, nous allons chercher à mettre en lumière les règles que l'expérimentation a déjà pu établir pour guider le praticien dans le choix qu'il doit faire des engrais à employer pour fournir aux céréales le plus avantageusement l'azote, l'acide phosphorique et la potasse qui leur sont nécessaires et pour éviter des déperditions qui dans certaines circonstances seraient considérables.

1° *Engrais azotés.* — Les engrais azotés dont on peut faire l'emploi nous offrent l'azote sous trois états principaux de combinaison : substances organiques, sels ammoniacaux, nitrates.

Confiées au sol, les substances organiques azotées s'y modifient sous l'action de ferments divers; leur azote, avec une rapidité variable selon les circonstances, passe à l'état de combinaison minérale. C'est d'abord de l'ammoniaque qui prend naissance, mais bientôt si le sol est aéré et légèrement calcaire, cette ammoniaque est oxydée par le microcoque découvert par MM. Schlœsing et Müntz, et finalement transformé en acide nitrique, qui s'unit à la chaux du calcaire pour former du nitrate de chaux. Ces transformations sont nécessaires pour que l'azote des matières organiques devienne assimilable par les racines des végétaux et spécialement des céréales; car si celles-ci ne paraissent pas capables d'absorber les matières organiques azotées même solubles du sol ou des engrais, il est bien démontré qu'elles peuvent se nourrir d'ammoniaque et surtout de nitrates.

Dans le même sol, la nitrification de l'azote ne marche pas avec la même rapidité pour tous les engrais azotés organiques. Les uns deviennent beaucoup plus rapidement assimilables que les autres. Depuis longtemps les praticiens l'ont observé, mais nous devons à MM. A. Müntz et A.-Ch. Girard l'étude la plus complète que nous connaissions sur la question (1). En mélangeant à un kilogramme de terre légère remplissant les conditions favorables à la nitrification, une quantité

(1) *Annales agronomiques*, t. XVII, p. 289.

d'engrais organique contenant exactement un demi-gramme d'azote, ils ont constaté dans une série de leurs expériences qu'au bout d'un mois la fermentation nitrique avait transformé les proportions suivantes de l'azote des engrais :

Nature des engrais.	Azote nitrifié %.
Sulfate d'ammoniaque	75,00
Sang desséché	72,44
Corne torréfiée,	71,02
Viande desséchée.	70,40
Tournures de cornes.	55,50
Poudrette.	18,14
Cuir torréfié.	11,62
Râpures de cuir.	0,39

Ils tirent de l'ensemble de leur travail les conclusions suivantes :

Le sulfate d'ammoniaque nitrifie bien plus rapidement que les engrais organiques, et ceux-ci peuvent se classer, d'après la rapidité avec laquelle leur azote se transforme en nitrate, comme il suit :

1° Guanos et colombines ;
2° Engrais verts : luzerne et lupins ;
3° Sang desséché, viande desséchée, tournure de cornes, corne torréfiée ;
4° Poudrette, cuir torréfié ;
5° Râpures de cuir non torréfié.

Les auteurs ont vérifié leurs essais de laboratoire par des expériences culturales. Ils ont cultivé au champ d'expériences de Joinville-le-Pont, dépendant de l'Institut national agronomique, le maïs-fourrage, dans des parcelles ayant reçu à l'hectare, outre une fumure minérale suffisante et identique, 125 kilog. d'azote sous différentes formes. Voici les résultats obtenus :

	Récolte séchée à 100°	Azote dans la récolte.
	Quintaux	Kil.
Nitrate de soude..........	143	145,6
Sulfate d'ammoniaque....	141	143,7
Sang desséché.........	130	115,2
Corne torréfiée........	123	112,6
Tournure de cornes......	146	108,2
Râpure de cornes.......	130	119,9
Poudrette..........	99	72,3
Cuir torréfié.........	91	79,8
Chiffons de laine.......	89	74,2
Fumier de moutons.....	102	72,0
Fumier de vaches......	93	79,6
Engrais vert de luzerne...	143	135,5
Témoin...........	59	47,1

Les rendements les plus élevés ont été obtenus dans les parcelles qui avaient reçu comme engrais les substances qui nitrifient le plus rapidement.

D'un autre côté, après avoir analysé les expériences de M. Petermann, directeur de la station agronomique de Gembloux, en Belgique, nous arrivons au classement pratique suivant des divers engrais azotés essayés :

1° Nitrate de soude.
2° Sang.
3° Laine dissoute.
4° Laine brute.
5° Cuir.

Ayant essayé nous-même les vinasses desséchées, la corne torréfiée, et le sang desséché, sur les betteraves, nous avons trouvé pour chacun de ces engrais les valeurs relatives suivantes, à égalité d'azote :

Sang desséché	100
Corne torréfiée	88
Vinasses	74

Dans une autre expérience faite à Maillebois sur la culture du blé, nous avons obtenu les rendements suivants en grain :

		Quintaux.	Excédents.
Sans engrais		5,80	»
Superphosphate et	corne torréfiée	17,44	11,64
	sulfate d'ammoniaque .	15,95	10,15
	sang desséché	18,07	12,27

Dans tous les cas, la quantité d'azote était la même.

En comparant le sang au sulfate d'ammoniaque, à Digny, nous avons obtenu sur le blé les excédents suivants, dans des parcelles qui avaient reçu par hectare mêmes quantités d'azote et d'acide phosphorique soluble :

	Excédents.	
	Grain.	Paille.
	Quintaux.	Quintaux.
Sulfate d'ammoniaque	10,0	17,3
Sang desséché	7,8	11,9

A Vigny, dans la culture du blé, le sulfate d'ammoniaque nous a donné 6 qx,19 de grain et 11 qx,47 de paille en excédent, tandis que le sang nous produisait 7 qx,22 de grain et 7 qx,85 de paille.

On voit que tous ces résultats se confirment les uns les autres.

Quand on fait varier la nature des sols, on reconnaît

que la nitrification de l'azote des engrais organiques et même du sulfate d'ammoniaque est considérablement influencée. Nous rapportons dans le tableau suivant les résultats obtenus par MM. Müntz et Girard avec divers engrais azotés, dans des terres différentes :

NATURE DES ENGRAIS.	Terre légère de Joinville.	Terre crayeuse de Champagne.	Terre du jardin.	Terre très forte argilo-calcaire.	Terre acide de Bretagne.	Terre acide de Bretagne, marnée.
	gr.	gr.	gr.	gr.	gr.	gr.
Sulfate d'ammoniaque.	2,690	1,780	—	0,051	0,000	—
Sang.	1,620	0,725	—	0,036	0,000	0,500
Tournure de cornes	—	0,675	2,110	0,024	0,000	—
Corne torréfiée.	1,220	—	1,080	0,029	0,000	0,515
Guano.	2,095	—	2,110	0,070	—	0,461
Poudrette. , ...	0,539	0,700	0,750	0,046	—	—
Fumier de vaches	1,092	0,685	0,550	0,249	0,662	—
Lupin (engrais vert)	1,842	0,430	1,210	0,880	0,234	—
Cuir torréfié	0,413	0,240	0,550	0,036	—	—

C'est la terre légère de Joinville-le-Pont qui a nitrifié avec le plus d'activité. Les terres crayeuses de Champagne, sont inférieures à la précédente au point de vue de l'aptitude à nitrifier; c'est que leur perméabilité n'est pas aussi parfaite.

La terre de jardin dont l'ameublissement, grâce à l'abondance des matières organiques, est complet, s'est montrée un excellent milieu pour la nitrification.

La terre forte, argilo-calcaire, bien que riche en carbonate de chaux, n'a fourni que des doses de nitre insignifiantes, sauf dans le cas des engrais organiques très volumineux. Les sols trop compactes sont donc peu favorables à la nitrification; et c'est en contribuant à leur ameublissement que les fumiers pailleux et les engrais verts y favorisent la formation des nitrates. Cependant, dans la terre argileuse, les engrais organiques n'ont pas été soustraits à la décomposition. S'il ne s'est pas formé de nitre, une grande quantité d'ammoniaque a pris naissance. Avec le sang, la corne, le guano, on a trouvé de 100 à 300 milligr. d'ammoniaque par kilogramme de terre.

Dans la terre acide, on constate également l'absence de nitrification, et une abondante fermentation ammoniacale. Le marnage de ce terrain le rend immédiatement apte à nitrifier.

Dans les sables granitiques du Limousin, qui sont complètement dépourvus de chaux, on constate les mêmes effets. L'introduction du calcaire en même temps que l'engrais donne les mêmes résultats que dans les terres acides.

Nous déduirons de ce qui précède, qu'au point de vue pratique il convient de réserver les engrais azotés concentrés, d'origine organique, aux terrains légers et calcaires et aux terres franches. Le sang, la viande, la corne torréfiée ou en tournure, sont très recommandables. On laisse au contraire de côté la poudrette et le cuir torréfié ou non, si l'on veut une action rapide et économique.

Dans les terres fortes, même calcaires, on devra préférer les engrais organiques volumineux et le nitrate de soude ou le sulfate d'ammoniaque.

Aux terres acides ou dépourvues de calcaire, le nitrate de soude sera appliqué de préférence aux autres engrais azotés.

Le sulfate d'ammoniaque pourra être employé dans les terres franches, peu riches en carbonate de chaux, et suffisamment fraîches, ainsi que dans les terrains granitiques.

Dans des essais faits dans ces derniers sols, notre collègue M. Battanchon a obtenu du sulfate d'ammoniaque des résultats sensiblement meilleurs que du nitrate de soude, avec le blé et avec l'avoine.

Si l'on cultive des terres calcaires, comme nous en avons dans certaines parties de la Beauce méridionale, on doit éviter d'employer le sulfate d'ammoniaque. Ce sol est en effet transformé, sous l'action du carbonate de chaux, en carbonate d'ammoniaque très volatil qui se dégage du sol, s'il n'y a pas un grand excès d'eau. M. Dehérain a démontré expérimentalement que dans les sols calcaires de Grignon, le nitrate de soude est de beaucoup supérieur au sulfate d'ammoniaque. Nous avons nous-même, dans la Beauce calcaire, à Janville, obtenu sur l'avoine, de mauvais résultats de l'emploi du sulfate d'ammoniaque :

	Excédents de récolte.	
	Grain. kil.	Paille. kil.
Nitrate de soude.	864	936
Sulfate d'ammoniaque.	0	912

Le sol avait reçu une égale quantité d'azote sous les deux formes (30 kilog.) et autant d'acide phosphorique soluble au citrate.

Après avoir examiné l'assimilabilité relative des engrais azotés, et reconnu combien grande est l'influence de la nature du sol sur les modifications qu'ils subissent en se décomposant, et par conséquent sur leur efficacité culturale, il nous reste encore, pour achever d'élucider cette question, à rechercher les différences qui se manifestent dans l'aptitude des sols à conserver les diverses combinaisons azotées.

Les terres arables, en effet, jouissent d'une propriété

très importante qui leur est communiquée par l'humus et l'argile qu'elles renferment, et que l'on désigne sous le nom de pouvoir absorbant. En vertu de ce pouvoir le sol fixe sur les particules, par suite d'un attraction capillaire analogue de celle qui entre en jeu dans la teinture des fibres végétales et de la laine, certaines substances fertilisantes, et les soustrait ainsi à l'entraînement des eaux du drainage naturel. La potasse et l'ammoniaque sont les deux éléments fertilisants pour lesquels la terre a le plus d'affinité.

Cette fixation de l'ammoniaque et de la potasse est variable avec les divers sols; les sols sablonneux, grossiers ou légers sont très peu absorbants, tandis que les terres fortes le sont beaucoup. C'est la conséquence de leur texture plus fine et de l'étendue beaucoup plus considérable de la surface des particules de l'unité de poids du sol. En se reportant aux analyses physiques que nous avons données plus haut, on voit que la surface des grains par gramme est d'environ 2 600 cq. pour la terre à blé, et qu'elle descend à 1300 dans le sol léger à tabac. Le pouvoir absorbant de celui-ci est donc d'environ moitié moindre, à supposer une composition chimique analogue.

La fixation des alcalis précédents à l'état caustique, ou à l'état de carbonates, se produit dans les sols même non calcaires, mais les sulfates et les chlorures de ces bases doivent être transformés en carbonates sous l'influence du calcaire pour être retenus avec force. Dans sa belle étude sur le plâtrage des terres, M. Dehérain a démontré que les sulfates alcalins sont retenus beaucoup moins bien que les carbonates. Les sols doués du plus grand pouvoir absorbant sont donc les terrains argilo-calcaires.

Au contraire, les nitrates ne sont nullement retenus par les particules terreuses, et l'on peut dire qu'ils traversent le sol comme un crible. L'entraînement des nitrates par les eaux pluviales est facile à démontrer. Ainsi Boussingault a trouvé, par mètre cube, dans la terre du potager de Liebfrauenberg, après 14 jours de sécheresse, 316 grammes de nitre. La pluie survient et dure 20 jours; l'illustre agronome fait de nouveau le dosage du nitre dans le même sol, où il n'en trouve plus que 0 gr. 13.

L'analyse des eaux de drainage confirme cet entraînement. Nous empruntons aux recherches de M. Lawes et Gilbert les résultats consignés dans le tableau suivant :

PERTES ANNUELLES D'AZOTE

DUES A L'ENTRAINEMENT DES NITRATES PRÉEXISTANTS OU FORMÉS DANS LES SOLS, PAR LES EAUX PLUVIALES.

Engrais reçus par les parcelles.	Azote dans l'eau de drainage.
	kil.
Sans engrais.	17
448 kil. de sels ammoniacaux seuls (1).	56 sur 92
448 kil. de sels ammoniacaux (1), et engrais minéraux.	31 — 92
672 kil. — —	48 —134
612 kil. de nitrate de soude (1) et engrais minéraux.	65 — 92

Ils montrent que les pertes d'azote nitrique que fait le sol cultivé sont considérables. Elles sont d'autant plus élevées que le sol est plus enrichi d'azote. Il est à noter toutefois, et c'est un point fort important, que lorsqu'on ajoute aux sels ammoniacaux employés

(1) Ces engrais azotés ont été répandus sur le champ avant la semaille du blé d'automne.

une proportion suffisante de superphosphates et de sels de potasse, la perte due à l'entraînement par les eaux d'infiltration est très sensiblement réduite. Dans ces conditions favorables, la récolte absorbe la plus grande quantité possible de sels ammoniacaux. D'où il suit que le meilleur moyen d'utiliser au maximum les engrais azotés, c'est de les employer en même temps que des engrais minéraux appropriés au sol.

Il ressort enfin du tableau que les pertes d'azote sont très sensiblement plus fortes quand on emploie le nitrate de soude à l'automne, que lorsqu'on répand sur le blé du sulfate d'ammoniaque. Dans le premier cas, la perte a été de 70 % de l'azote nitrique employé, tandis que dans le second elle n'a été que de 33 %.

Enfin les détails des dosages de l'azote nitrique dans les eaux de drainage ont démontré que les pertes d'azote par infiltration étaient toujours beaucoup plus considérables pendant les mois d'hiver que pendant le printemps et l'été, et en outre que les grandes pluies qui succèdent aux semailles enlèvent beaucoup plus d'azote au sol qui a reçu des nitrates qu'à celui qui a reçu des sels ammoniacaux.

La conclusion pratique que nous tirerons de là, c'est que les fumures azotées d'automne sont exclusives du nitrate de soude. On doit lui préférer, dans les sols où ils conviennent respectivement, le sulfate d'ammoniaque à petite dose, et les engrais organiques azotés à dose entière. Le nitrate de soude sera réservé pour la fumure des céréales au printemps, en couverture pour celles d'hiver, et dès le semis pour les autres.

2° *Engrais potassiques.* — Les engrais potassiques auxquels on a surtout recours dans la fumure des céréales, dans nos régions du nord de la France, sont le chlorure de potassium et le sulfate de potasse. Ces deux sels, à l'état commercial, fournissent par quintal en moyenne 5o kgr. de potasse. Ils sont tous deux très solubles, quoique le chlorure le soit plus que le sulfate.

Mélangés au sol par un hersage, les sels de potasse viennent en contact avec l'humidité qui imbibe les particules terreuses et se dissolvent rapidement. Il se forme une dissolution très concentrée aux points où sont tombés les cristaux. Les graines en germination qui viennent à rencontrer ces solutions plus ou moins saturées sont corrodées et périssent. Il faut donc répandre les sels de potasse un certain temps avant la semaille pour que, par suite des pluies, le sel puisse se diffuser au travers du sol et que sa solution puisse s'allonger.

La solution de sel de potasse ainsi mélangée au sol par les eaux pluviales voit sa potasse se fixer sur les particules terreuses, comme nous l'avons déjà indiqué pour l'ammoniaque, à la condition que, par suite de l'intervention du calcaire, le sulfate et le chlorure puissent passer à l'état de carbonates alcalins. Aussi ne retrouve-t-on en réalité que très peu de potasse dans les eaux de drainage et dans les eaux courantes.

Le pouvoir absorbant fixe la potasse si bien, en effet, qu'il n'y en a pas plus de 1/5 qui puisse dépasser la profondeur de 22 centimètres dans un terrain de bonne composition moyenne; et cette fraction se trouve certainement absorbée avant que la solution ait atteint la profondeur de 5o centimètres.

Par exemple, en 22 ans, un champ de Rothamsted a reçu 1133 kgr. de potasse dans les engrais, et les récoltes en ont prélevé 369 kgr. Il doit donc en rester dans le sol 763 kgr. L'analyse a retrouvé dans la première couche de $0^m 22$ d'épaisseur 530 kgr. de potasse. Il n'en est donc passé que 234 kgr. dans le sous-sol en 22 ans, soit 11 kgr. par an.

D'après les expériences de Way, les sols peuvent absorber de 1 à 3 gr. de potasse par kgr.; cela correspond à un minimum de 3.300 kgr. par hectare.

Dans les terres franches, argilo-calcaires, ou humo-calcaires, on peut donc sans risque aucun employer les engrais de potasse longtemps à l'avance. Ils ont ainsi toute facilité de se diffuser et de se transformer en carbonate potassique en se fixant sur les particules terreuses. Sulfate ou chlorure, dans ces bonnes conditions, ne peuvent avoir aucun inconvénient.

Les terres calcaires proprement dites et les sols crayeux, qui manquent à la fois de terreau et d'argile, sont incapables de retenir la potasse soluble. Il ne faut donc pas y répandre les sels potassiques longtemps d'avance, mais seulement au moment du dernier labour qui précède la semaille. Il ne faut de plus en répandre que la quantité strictement nécessaire pour les besoins d'une récolte. Ce sont ces sols qui, du reste, ont le plus besoin de potasse.

Dans les sols sablonneux, pauvres en humus, très perméables, les propriétés absorbantes sont très faibles. Il faut y employer les engrais de potasse avec les mêmes précautions que dans les craies.

Si la terre est une tourbe acide, elle ne pourra, malgré sa richesse en matière humique, retenir la potasse, que les eaux pluviales entraîneront facilement. Car le défaut de calcaire, rendant impossible la transformation du sulfate ou du chlorure en carbonate de potasse, empêche tout pouvoir absorbant de se manifester. Il sera nécessaire, dans ce cas, d'appliquer les engrais potassiques à petites doses, répétées pour chaque récolte.

Dans toutes les terres non calcaires, sablonneuses ou argileuses, si l'analyse du sol dénote une pauvreté en potasse qui exige son apport comme engrais, il nous paraît indispensable pour assurer le succès d'une pareille fumure, de chauler ou marner le terrain au préalable.

Cette nécessité de la décomposition des chlorure et sulfate de potasse dans le sol par le calcaire, pour que ces engrais restent fixés et perdent leur causticité nuisible aux racines, est la cause d'une perte correspondante de calcaire. Il est urgent, dans les sols pauvres en carbonate de chaux, de tenir compte de cet effet de *décalcarisation*.

3° *Engrais phosphatés*. — Les engrais phosphatés que le commerce livre à l'agriculture peuvent se classer en trois groupes : 1° les phosphates naturels et les phosphates d'os; 2° les superphosphates et les phosphates précipités; 3° les scories de déphosphoration. Dans les premiers, l'acide phosphorique se trouve principalement à l'état de combinaison tribasique, de phosphate de chaux soluble seulement dans les acides. Dans les seconds cet élément fertilisant existe à l'état de phosphate monobasique soluble dans l'eau, ou de phosphate bibasique soluble dans le citrate d'ammoniaque. Enfin, dans les scories, à côté d'une petite quantité d'acide phosphorique soluble au citrate, il y en a une plus grande partie qui est soluble seulement dans les acides; mais d'après Wagner le phosphate de chaux serait ici tétrabasique, et formerait un composé d'une grande aptitude à la décomposition, à cause de la température extrêmement élevée où ce produit prend naissance.

Est-il indifférent, dans la culture des céréales, de fournir au sol l'acide phosphorique que nous avons reconnu nécessaire sous l'une quelconque de ces formes générales? Faut-il donner dans tous les cas la préférence aux phosphates parce qu'ils sont moins chers, comme le veulent certains agronomes? Ceux-ci au contraire doivent-ils être délaissés, et les superphosphates ou les phosphates précipités contiennent-ils seuls l'acide phosphorique assimilable, ainsi que le répètent d'autres conseilleurs patentés? Les scories elles-mêmes méritent-elles qu'on les prenne en considération, et faut-il abandonner tous les autres engrais phosphatés pour ne recourir qu'à leur emploi? Chacune de ces opinions exclusives a été soutenue et défendue par des noms éminents que tout le monde a sur les lèvres et qu'il est inutile, par suite, de rappeler; et l'autorité même qui s'attache à leur savoir rendrait bien perplexe le cultivateur qui ne se serait pas fait une opinion par l'expérience. Mais si Galien dit oui, tandis qu'Hippocrate dit non, c'est que dans le cas qui nous occupe, les docteurs oublient de tenir compte d'un facteur qui n'est cependant pas négligeable : la terre. Celle-ci apparaît à un observateur superficiel comme une masse grossière et inerte, comme un simple réservoir de l'eau et des aliments nécessaires aux plantes, et un simple support. Les choses ne sont pas aussi simples. Le sol est au contraire un organisme extrêmement actif qui réagit sur les engrais qu'on lui donne pour les modifier, et qui est lui-même souvent profondément transformé dans ses propriétés par les agents chimiques; de sorte que si l'on peut, dans le même sol, comparer l'efficacité des divers engrais phosphatés et les ranger dans l'ordre de leur valeur fertilisante, il faut se garder de trop généraliser; car dans un terrain d'origine différente, le classement d'après l'expérience pourrait bien être inverse.

Aussi, pour déduire les règles que le praticien devra suivre dans le choix des engrais phosphatés, devrons-nous d'abord étudier les actions réciproques des différents sols et des divers engrais ; nous les comparerons ensuite aux résultats des essais culturaux, et nous pourrons voir alors ce qu'il est le plus sage de mettre en pratique.

Nous avons fait réagir sur du superphosphate, du phosphate naturel, et des scories de déphosphoration, cinq terres différentes, dont deux appartenaient à l'argile à silex, deux au limon quaternaire, et dont la dernière provenait des argiles vertes du Perche.

Le contact des terres humides et des engrais phosphatés a été de 7 mois entiers. La proportion d'engrais ajoutée était de 0 gr. 8 pour 100 gr. de sol.

L'analyse préable des sols et des engrais phosphatés, attaqués soit par l'eau, soit par l'acide acétique à 30 %, soit par le citrate d'ammoniaque, soit enfin par l'acide azotique, avec l'analyse subséquente des mélanges des sols et des phosphates divers nous a permis de suivre les modifications des combinaisons phosphatées dans le sol. Nous ne pouvons pas donner ici par le détail le tableau de tous nos résultats analytiques (1). Nous nous bornerons à en donner le résumé aussi sommairement que possible.

Limon des plateaux. — Dans le limon des plateaux les superphosphates sont employés depuis longtemps avec avantage, et les scories phosphoreuses commencent à entrer en faveur. Les phosphates au contraire ne se sont jamais répandus dans l'usage courant.

En faisant réagir ce sol sur du superphosphate, nous avons constaté les faits suivants : Si l'on considère d'a-

---

(1) Voir *Journal de l'agriculture*, nº 1264 page 941 (1891), et Rapports sur les champs d'expériences et de démonstration d'Eure-et-Loir 1890-91. — Imprimerie Durand, à Chartres.

bord l'acide phosphorique soluble dans l'eau, on reconnaît, comme on le sait du reste depuis longtemps, qu'il disparaît presque entièrement du sol, en devenant insoluble dans ce véhicule.

La terre de Houville en a fixé par hectare, pesant trois millions de kilogrammes, 3.432 kgr. sur les 3.912 kgr. qu'elle avait reçus, soit 88 %. La terre de Cloches en a immobilisé 3.240 kgr. soit 83 %.

Cet acide phosphorique soluble à l'eau, qui a rétrogradé, se retrouve et au delà, sous une forme soluble dans le citrate d'ammoniaque. Nous avons trouvé en effet, que, dans les terres qui nous occupent, additionnées de superphosphates, il y avait en moyenne, au début des expériences, 1.249 kgr. 5 d'acide phosphorique soluble au citrate, par hectare, tandis que, à la fin, après sept mois de réaction, nous en avons extrait 5,142 k. Il avait disparu 3.336 k. d'acide phosphorique soluble à l'eau, nous en retrouvons 3892 k. qui sont devenus solubles au citrate ; cela constitue un excédent de 550 kgr. sur la rétrogradation de l'élément utile du phosphate acide.

En dehors de la rétrogradation du phosphate soluble, il semble donc qu'il se soit produit un autre effet. Il y aurait eu formation aux dépens de l'acide phosphorique insoluble de l'engrais (552 kgr.) ou du sol, de phosphate assimilable. L'acidité de l'engrais aurait peut-être attaqué le sol en même temps que les matières humiques seraient intervenues.

Dans les sols dont il est question, bien que la chaux ne soit pas abondante, cette base suffirait largement pour expliquer la rétrogradation de l'acide phosphorique soluble à l'eau. Toutefois nous devons reconnaître que la chaux n'est intervenue que médiocrement dans la réaction. En effet, l'acide acétique, qui ne dissout que les phosphates de protoxyde et spécialement le phosphate de chaux précipité, sans attaquer sensiblement (à froid et à 3o % de concentration) les phosphates miné-raux naturels, ne décèle qu'un faible gain de cette combinaison. Sur 3.336 kgr. d'acide phosphorique qui ont rétrogradé, par hectare, il n'y en a eu que 1.290 qui se soient combinés à la chaux. Les sesquioxydes de fer et d'aluminium ont joué ici un rôle prépondérant, puisqu'ils ont retenu 2.045 d'acide phosphorique. C'est dans la terre d'Houville qu'il s'est formé le plus de phosphate de chaux; c'est là aussi que nous trouvons le plus de calcaire.

En somme, dans le limon de Beauce, et dans les conditions de l'expérience, l'acide phosphorique soluble à l'eau est devenu presque entièrement insoluble (85 %), en passant pour une faible part (33 %) à l'état de phosphate de chaux, et pour la majeure partie (52 %), à l'état de phosphate gélatineux de fer et d'alumine. En même temps, les matières organiques font apparaître une quantité supplémentaire notable d'acide phosphorique soluble au citrate.

Si l'on considère que la dose de l'engrais phosphaté incorporé aux sols a été considérablement exagérée, à dessein, dans ces expériences, il ne nous paraît pas douteux que, dans la pratique courante, la fixation de l'acide phosphorique par le sol ne soit complète. On comprendrait difficilement, en effet, qu'une terre qui peut absorber plus de trois mille kgr. d'acide phosphorique par hectare, en laissât échapper une parcelle quand on lui en incorpore au plus cinquante fois moins.

Nous avons recherché avec les mêmes sols comment se comportent les scories de déphosphoration. Comme les superphosphates, elles se modifient profondément, et leur acide phosphorique devient en grande partie soluble au citrate. La proportion du soluble dans l'acide acétique diminue un peu, mais le fait principal est le précédent. Sur 4.392 kgr. d'acide phosphorique ajoutés à l'hectare, comprenant 1.320 kgr. de soluble au citrate, il y a, après 7 mois de contact, 2.547 kgr. d'acide phosphorique insoluble dans le citrate qui sont devenus solubles dans ce réactif. C'est 82 % de l'insoluble.

Ce résultat est bien fait pour expliquer l'avantage que trouve la pratique dans l'emploi des scories.

En faisant réagir les terres de limon sur le phosphate naturel, nous trouvons, comme dans les cas précédents, qu'il y a formation d'acide phosphorique soluble au citrate. 1.578 kilogrammes ont été solubilisés sur les 6.717 kil. ajoutés au sol par hectare, ce qui correspond à 23 %.

En résumé, tandis que si nous donnons à un sol de limon 100 kgr. d'acide phosphorique à l'état de phosphate, nous mettons à la disposition des racines 23 kgr. d'acide phosphorique soluble au citrate, en sept mois ; la même fumure sous forme de scories en aurait fourni 87 kgr. et 100 kgr. sous forme de superphosphate.

ARGILE A SILEX. — Les terres formées par l'argile à silex, qui ont servi à nos expériences, sont plutôt sablonneuses, et très pauvres en calcaire. Les sesquioxydes y sont en quantité moyenne. Dans l'une et l'autre, les engrais chimiques donnent des résultats remarquables, quand ils sont constitués par les superphosphates et les scories, additionnés de nitrate de soude.

Les modifications subies par les superphosphates ont été de même nature que dans le limon. L'acide phosrique soluble dans l'eau disparaît rapidement. La rétrogradation atteint 84 % dans le premier sol, et 78 % dans le second. La moyenne de 81 % est un peu inférieure à celle obtenue dans le limon. Mais en vérité cela n'a pas d'importance pratique, car les doses d'acide phosphorique rétrogradé dépassent infiniment celles qu'on peut employer. L'acide phosphorique rétrogradé se trouve en partie combiné à la chaux, puisqu'il se dissout dans l'acide acétique, mais aussi aux sesquioxydes, puisqu'on le retrouve et au delà soluble au citrate. Dans le sol de la Sablonnière, 37 % de l'acide phosphorique soluble ajouté ont été fixés par la chaux ; et 65 % dans celui de Manouyau. Les sesquioxydes alumino-ferriques en ont absorbé respectivement 47 et 13 %.

Comme dans le limon, il y a eu gain d'acide phosphorique soluble au citrate, grâce à l'action de l'acide humique du sol sur l'insoluble.

Nous n'avons pas étudié spécialement l'action de ces sols sur les scories. Les expériences culturales démontrent qu'elles y sont très efficaces. Il y a toute probabilité pour qu'elles s'y comportent comme dans le limon.

ARGILES VERTES DU PERCHE. — Les glaises vertes du Perche auxquelles appartient le dernier échantillon que nous avons étudié, n'occupent en Eure-et-Loir qu'une étendue restreinte, comme le Perche du reste. On les rencontre de Nogent-le-Rotrou à Authon, mais elles sont communes dans l'Orne.

La fixation de l'acide phosphorique soluble y est considérable, comme dans les autres terrains ; elle atteint 91 % et correspond à 4.560 kilogrammes à l'hectare. La chaux et les sesquioxydes interviennent dans les phénomènes d'absorption. La première a retenu 47 % et les derniers 44 % de l'acide phosphorique soluble à l'eau.

Pendant la durée de l'expérience il y a aussi eu une modification notable des phosphates insolubles, qui sont devenus solubles au citrate en forte proportion.

Dans le même sol, réagissant sur des scories, 55 % de l'acide phosphorique insoluble de ces dernières sont devenus solubles dans ce réactif.

En somme, le limon quaternaire, l'argile à silex, et les argiles vertes du Perche réagissent de la même manière sur les engrais phosphatés. L'acide phosphorique soluble y est absorbé en quantité considérable; en se fixant, il devient soluble au citrate en totalité, et pour partie soluble à l'acide acétique. De plus, on constate dans tous les cas un accroissement de l'acide phosphorique soluble au citrate aux dépens des réserves insolubles.

Observons en passant que les sols dont il vient d'être question sont des terres douces (non acides) dosant environ 2 % de matière organique et 0,30 % à 1 % de calcaire.

Essais culturaux. — Le sol de Cloches, qui représente plus haut le *limon* provient d'un champ d'expériences où, depuis 1886, nous poursuivons, avec le concours dévoué de M. Oscar Benoist, l'étude de l'action des engrais, et en particulier celle de l'efficacité relative des superphosphates et des phosphates naturels. Or, des six années d'expériences dont nous avons publié les résultats (1), il découle que le remplacement de l'acide phosphorique insoluble des nodules par l'acide phosphorique soluble au citrate du superphosphate, même en diminuant la dose, a élevé les rendements en moyenne de :

```
 3 quintaux de grain  )
 7     —    1 de paille  }  pour les céréales.
 4     —    8 de foin pour les légumineuses.
et 72  —    0 de racines pour les betteraves, carrotes, etc.
```

Dans le limon, le superphosphate est de beaucoup supérieur au phosphate, et le diagramme suivant le fait bien ressortir.

(1) Voir nos Rapports sur les champs d'expériences et de démonstration d'Eure-et-Loir, 1886-1892.

Dans un autre sol de limon, à Gas, chez M. Ovide Benoist, nous avons, de 1887 à 1891, sur trois orges, un

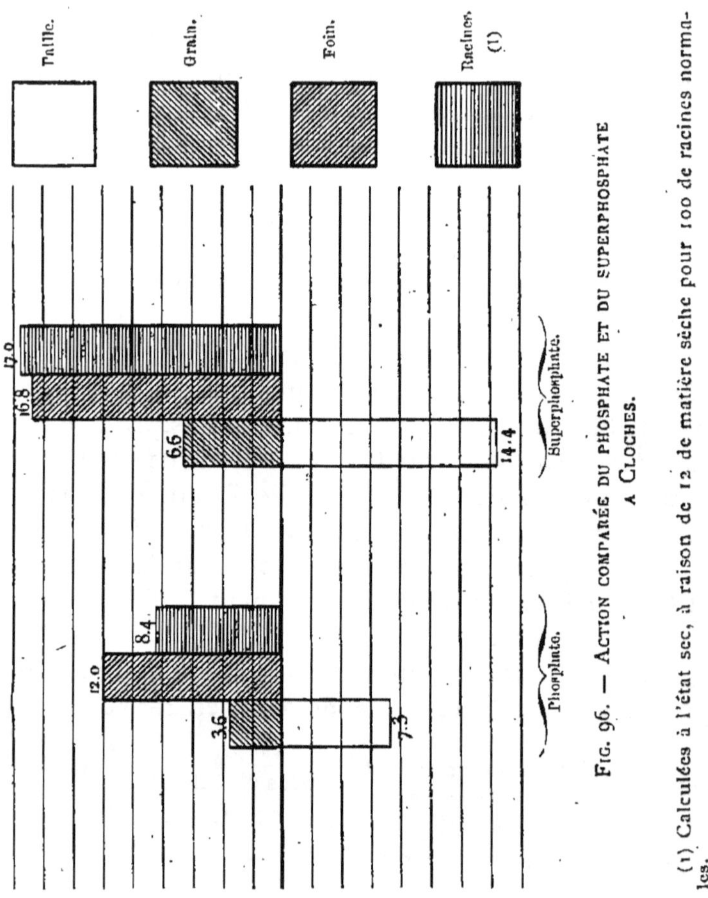

FIG. 96. — ACTION COMPARÉE DU PHOSPHATE ET DU SUPERPHOSPHATE A CLOCHES.

(1) Calculées à l'état sec, à raison de 12 de matière sèche pour 100 de racines normales.

blé et une betterave, étudié l'efficacité relative des superphosphates, du phosphate précipité, des scories moulues et du phosphate naturel des Ardennes. Chaque parcelle avait reçu en 1887, au début des essais, 144 kgr.

d'acide phosphorique par hectare. Le sol sortait de
luzerne. Le graphique suivant représente d'une manière

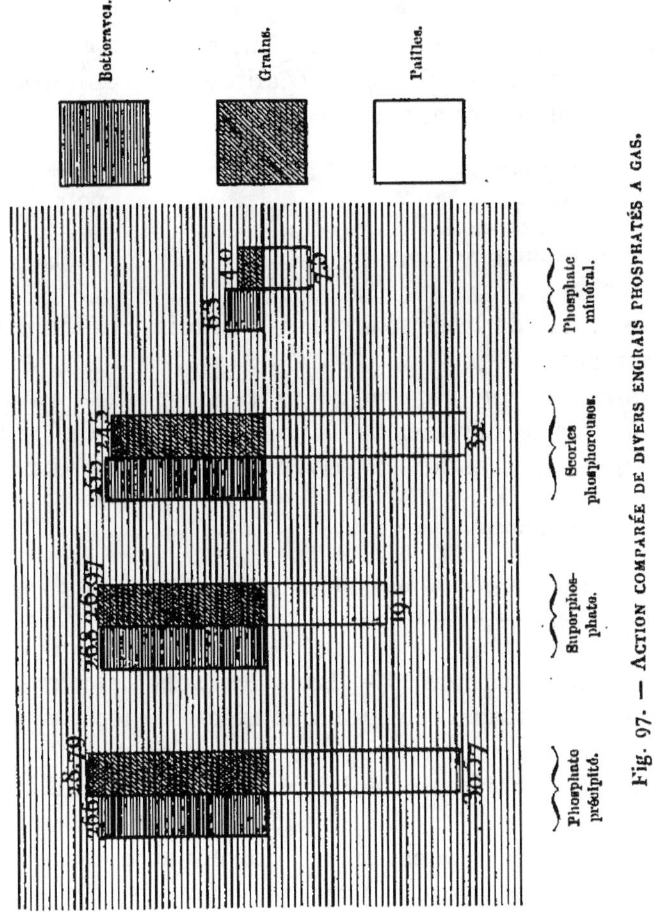

Fig. 97. — ACTION COMPARÉE DE DIVERS ENGRAIS PHOSPHATÉS A GAS.

frappante les résultats obtenus de nos cinq récoltes.
Nous y avons représenté par des rectangles proportionnels les excédents totaux obtenus en grains, paille et
racines, sur la parcelle sans engrais phosphaté. On voit

d'emblée que les phosphates précipités, les superphosphates et les scories, sont ici beaucoup plus efficaces que les phosphates naturels.

D'après ces expériences, on peut assigner aux divers engrais étudiés, employés à égalité d'acide phosphorique, les valeurs relatives suivantes :

        Phosphate 15, 6
        Scories. 99, 0
        Superhosphate 100, 0
        Phosphate précipité.. . . . .   108, 0

Nos essais de laboratoire nous conduisaient au même classement.

Enfin dans un groupe de 13 essais portant surtout sur des terres dérivées de l'argile à silex et de l'argile plastique, nous sommes arrivés au classement suivant :

        Superphosphate d'os..   121
        Scories..   117
        Superphosphate minéral..   100
        Phosphate naturel..   29

Terrains calcaires. — Dans les sols calcaires, et nous appelons ainsi ceux qui font effervescence lorsqu'on les arrose avec du vinaigre ou un acide quelconque, l'emploi des scories de déphosphoration ne semble pas recommandable. La chaux libre est ici au moins inutile. Les phosphates naturels doivent aussi être laissés de côté, car les matières humiques sont rares, dans ces terres et l'on sait que ces substances organiques sont les principaux agents qui favorisent l'assimilation des phosphates.

Ce sont donc ici seulement les superphosphates qu'il faudra employer. Sous l'action du carbonate de chaux,

ainsi que nous l'avions vu plus haut dans les terres
provenant du limon ou de l'argile à silex, l'acide phosphorique soluble à l'eau passe à l'état de phosphate insoluble dans l'eau, mais reste soluble dans l'acide acétique
ou le citrate; il reste par conséquent facilement assimilable.

TERRAINS HUMIQUES. — Dans les terres riches en matières organiques, celles-ci réagissent vivement sur les
phosphates naturels ou sur les scories et les rendent plus
facilement assimilables. Cette action favorable, que nous
avons déjà signalée dans les terres de Beauce où elle ne
se fait que très faiblement sentir, car le sol ne renferme
généralement que 1 1/2 à 2 % de matière organique
totale, devient beaucoup plus nette dans les terrains
mieux pourvus sous ce rapport. M. Risler a montré
dès 1858 la solubilité de phosphate de chaux dans
l'acide humique. Il a trouvé dans une de ces expériences
qu'une partie de matière noire dissolvait environ 2 parties
de phosphate de chaux. M. Grandeau, en étudiant les
terres noires de Russie, a démontré que la matière
noire se combine avec l'acide phosphorique et l'abandonne ensuite facilement à l'absorption des racines.
En ajoutant de la tourbe à un sol calcaire phosphaté,
ou à un terrain argileux enrichi de phosphate, il a
montré aussi que la récolte était beaucoup plus belle
que dans le même sol pauvre en humus. Nous avons
nous-même reconnu que dans un sol riche en matière
organique, originaire de l'argile à silex, situé à Lucé
près de Chartres, les phosphates naturels finement
moulus donnaient d'aussi bons résultats que les superphosphates.

On peut donc employer les phosphates naturels dans
les terres très riches en humus, même si elles sont calcaires.

Terres acides. — A plus forte raison les phosphates naturels et les scories peuvent s'employer dans les sols riches en terreau et non calcaires, qui ont toujours une réaction acide plus ou moins prononcée. Dans ces sols les superphosphates donnent généralement des résultats moins avantageux, parce que leur acidité s'ajoutant à celle de l'humus nuit aux racines des plantes. M. Lechartier l'a observé dans ses nombreuse cultures expérimentales en Ille-et-Vilaine.

Durée de l'action des engrais.—L'action des engrais de toutes natures n'est pas toujours épuisée par la production de la première récolte à laquelle ils ont été destinés. En ce qui concerne le fumier, cela n'est douteux pour aucun praticien. Toutefois en voici une preuve frappante : à Rothamsted, une parcelle de prairie a reçu pendant huit ans de suite 35.000 kgr. de fumier à l'hectare ; l'excédent de récolte sur la parcelle sans engrais a été de 2.418 kilos par hectare et par an. Pendant les onze années suivantes, on ne donna plus aucune fumure, et l'exédent de récolte, sur la parcelle sans engrais, y a été annuellement de 2.058 kgr. à l'hectare. A la dose habituelle de 3o.000 kgr, le fumier de ferme fait généralement sentir son action pendant trois ans. Mais il n'en est pas de même des engrais azotés solubles ou très rapidement nitrifiables, comme le sang desséché, le sulfate d'ammoniaque, et surtout le nitrate de soude. La partie de l'azote qui n'est pas utilisée par la première récolte est entraînée par les eaux de drainage et ne peut plus profiter aux plantes que l'on cultive ensuite. Les engrais azotés à lente décomposition, comme la poudrette, se rapprochent du fumier.

Les engrais potassiques ont une action plus durable sur le sol. La potasse qui n'est pas absorbée par la récolte demeure dans le sol à la disposition des racines des cultures suivantes. Les pertes sont insignifiantes par les eaux de drainage. Tandis qu'il ne faut employer les engrais azotés solubles ou le sang que juste dans la porportion exigée par la céréale à laquelle est destinée la fumure, on peut donner au sol pour plusieurs récoltes d'avance la potasse qu'il lui faut, à la condition expresse que le sol soit assez pourvu d'argile, d'humus et de calcaire, comme cela a été indiqué précédemment.

Pour ce qui est relatif aux engrais phosphatés solubles nous avons démontré qu'il n'y a pas de perte par entraînement à redouter.La quantité d'acide phosphorique qui n'a pas été absorbée par la première récolte reste donc dans le sol à la disposition de la seconde, et ainsi jusqu'à complet épuisement, au moins en théorie.

L'observation des faits de la pratique de même que l'expérimentation en plein champ confirment pleinement cette déduction des recherches de laboratoire. Il nous suffira, pour en donner la preuve, de rapporter les résultats que nous avons obtenus à Gas, pendant 5 ans, sur une fumure phosphatée originelle de 144 kgr. d'acide phosphorique à l'hectare.

Le tableau suivant et le graphique qui l'accompagne donnent les valeurs en francs, des excédents dus à l'acide phosphorique pendant la durée des expériences.

	VALEURS PRODUITES PAR LES ENGRAIS PHOSPHATÉS				
	1ʳᵉ année.	2ᵉ année.	3ᵉ année.	4ᵉ année.	5ᵉ année.
	fr.	fr.	fr.	fr.	fr.
Phosphate.	33,40	38,27	106,60	» »	8,27
Scories.	241,60	150,64	426,60	116,42	35,56
Superphosphate	285,85	142,96	448, »	115,50	15,36
Précipité.	280,75	199,25	444, »	98,76	45,51

Au bout de la quatrième année, il restait encore quelque chose d'efficace de la fumure primitive. Après la cin-
quième récolte, toutefois, nous avons considéré la fumure
comme épuisée pratiquement. Il n'est même pas à con-

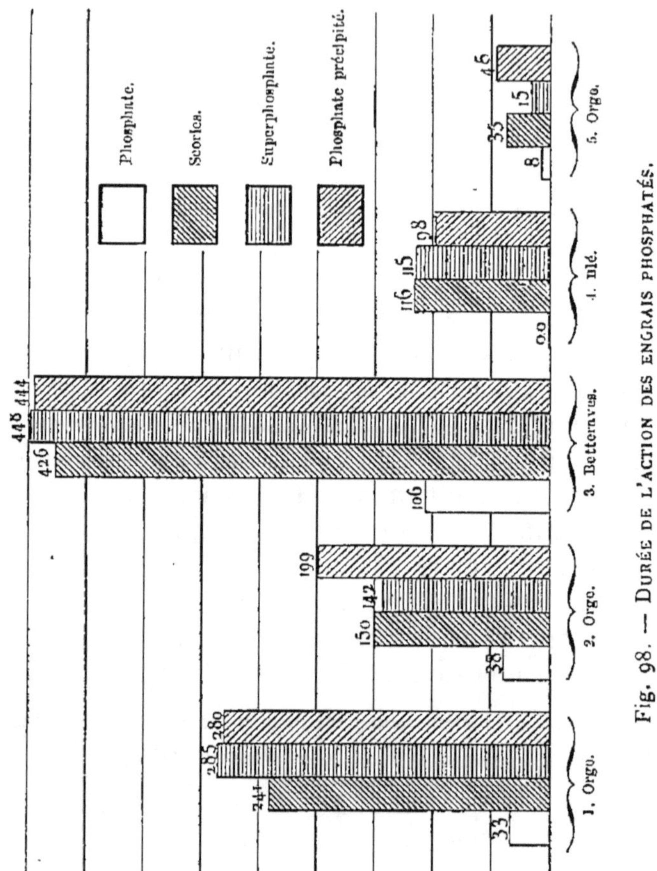

Fig. 98. — Durée de l'action des engrais phosphatés.

seiller dans les terres pauvres comme les nôtres, d'attendre aussi longtemps pour réitérer les additions d'engrais
phosphatés. En répandant de 60 à 70 d'acide phosphorique à l'hectare, il convient de ne pas attendre plus de
deux ou trois ans au plus pour renouveler la fumure.

CHAPITRE V.

CULTURE SPÉCIALE DU BLÉ.

§ I. — Le blé et ses variétés.

On comprend, en agriculture, sous le nom de *froment,* les espèces du genre botanique *triticum* dont les grains se dépouillent de leurs balles à la maturité. On réserve le nom d'*épeautre* aux espèces à grains vêtus.

L'origine du froment n'est pas connue. On a retrouvé des grains de blé dans les sépultures égyptiennes, grains qui ne diffèrent pas de celui que l'on cultive aujourd'hui.

Cette plante présente un très grand nombre de variétés et il en apparaît tous les jours de nouvelles. Chaque climat, chaque pays, a ses variétés préférées, qui répondent le mieux à ses conditions météorologiques, à la nature du sol, au goût des consommateurs. Pour une plante dont l'aire géographique est aussi vaste et qui croît sous des cieux aussi divers, il ne saurait être question de déterminer d'une manière absolue la valeur des variétés. Nous devons nous borner à considérer

celles qui sont actuellement les plus répandues en France
et particulièrement dans la région des céréales.

Pour mettre plus de clarté dans cette description
des variétés, nous adopterons la classification de L. de
Vilmorin qui nous paraît la plus simple et la plus rationnelle. Il n'y a pas à l'heure actuelle, du reste,
d'homme qui connaisse mieux les céréales, que H. de
Vilmorin, fils et digne successeur du précédent. Dans
tout ce qui va suivre, pour les variétés que nous n'avons
pas pu étudier nous-même, nous ferons de larges em-
prunts aux travaux de l'éminent agronome.

Le genre *triticum* comprend plusieurs espèces ; celles-
ci constituent autant de groupes de variétés qu'il nous
intéresse d'étudier.

La plus importante de ces espèces est celle des *blés
tendres* (*Triticum sativum* L). C'est la classe de beaucoup la plus nombreuse dans les blés cultivés. Elle est
caractérisée par la consistance farineuse, et non cornée
de son grain. La paille est creuse ou demi-creuse. Le pli
dorsal des balles n'est très apparent que dans la partie
supérieure.

On trouve dans ce groupe des blés d'automne et de
printemps ; on y rencontre aussi les variétés qui s'élèvent aux altitudes les plus élevées, et celles qui végètent le plus près des pôles.

Le deuxième groupe est formé par les blés *poulards*
(*Triticum turgidum* L.). Ils sont caractérisés par leurs
épis en général très gros, carrés, et presque toujours
plus lourds que ceux des blés tendres. Leurs balles ont
l'arête dorsale prononcée sur toute leur hauteur. Leur
grain est renflé et pour ainsi dire bossu. Sa qualité est
généralement inférieure à celle des blés tendres. La
paille est forte, noueuse et généralement pleine au voisinage de l'épi. Ceux-ci sont toujours barbus, mais

quelques variétés perdent leurs barbes à la maturité.

Les Poulards sont des blés rustiques, productifs, en général un peu plus tardifs que les blés tendres. On ne les cultive jamais comme blés de printemps.

Le troisième groupe est formé par les *blés durs* (*Triticum durum* Desf.). Ce sont les blés qui conviennent aux pays chauds et secs. Ils sont caractérisés par la forme allongée et pointue de leur grain, dont la contexture est cornée et la cassure vitreuse. Les balles sont longues, aiguës, avec une arête dorsale très saillante, tranchante et très prononcée sur toute la longueur. La paille est généralement fine, toujours pleine ou demi pleine au voisinage de l'épi. Celui-ci est toujours barbu. On trouve dans ce groupe plusieurs variétés susceptibles d'être cultivées comme blés de printemps sous le climat de Paris, mais dans leur pays d'origine ces blés sont toujours semés à l'automne.

A ce groupe se rattache le blé de Pologne (*Triticum polonicum*) à grain dur très allongé et pointu, dont les balles sont extrêmement développées et pour ainsi dire foliacées. Les barbes en sont très faibles et courtes.

Les *épeautres*, ou *blés vêtus*, se divisent en trois groupes : les épeautres proprement dits (*Triticum spelta* L.); les amidonniers (*Triticum amyleum*, Ser.); et enfin les engrains (*Triticum monococcum*).

Les épeautres se différencient de tous les autres blés par l'adhérence des balles au grain et par la fragilité de l'axe de l'épi.

Les *épeautres proprement dits* se reconnaissent à leur épi long, mince et lâche, dont les épillets étroits sont espacés. La paille est très creuse. On y rencontre des variétés barbues et sans barbes, de même que des variétés d'hiver et de printemps.

Les *amidonniers* ne diffèrent des épeautres proprement dits, qu'en ce que les épillets sont serrés sur l'axe. Ce caractère spécial donne aux épis un aspect assez particulier. Tous les amidonniers sont barbus. Il existe des variétés d'hiver et de printemps.

Les *engrains* se distinguent facilement des autres blés par leur végétation, leur aspect général et leur tenue. La paille est très dressée, raide et mince. Les nœuds sont velus. Le développement est tardif. Les épis extrêmement plats sont composés d'épillets très étroits, régulièrement imbriqués, formés de deux fleurs dont l'une avorte presque toujours. Les barbes sont faibles et courtes. Il y a des races d'hiver et de printemps.

Dans chacune de ces espèces nous classerons les variétés d'après les caractères de l'épi et du grain.

Les épis sont sans barbes ou barbus; blancs ou rouges, gris, bruns ou noirs; lisses ou velus; simples ou ramifiés.

Le grain est blanc, jaune ou rouge.

Le tableau suivant contient la liste classée des principales variétés.

I. — BLÉS TENDRES.

A. — Variétés sans barbes.

a. — *Épi blanc, grain blanc.*

1. — Talavera de Bellevue.
2. — Blé de Zélande.
3. — Blé Bordier.
4. — Blé blanc de Flandre.
5. — Blé Hunter.
6. — Blé Trump.
7. — Victoria blanc.
8. — Aleph.
9. — Richelle blanche de Naples.
10. — Blanc de Hongrie.

11. — Blé roseau.
12. — Orégon-Valla-Valla.
13. — Chiddam de mars.
14. — Blé de Haye (épi velouté).
15. — Blanc de Mareuil.

b. — *Épi blanc, grain coloré.*

16. — Touzelle anone.
17. — Nursery.
18. — de Saumur de mars.
19. — Blé de Noé ou blé bleu.
20. — Blé de mars, sans barbes, ordinaire.
21. — Victoria d'automne.
22. — Hickling.
23. — Schirrif's à épi carré.
24. — Gris de Saint Laud ou de Saumur.

c. — *Épi rouge, grain rouge.*

25. — de mars rouge, sans barbe.
26. — d'Altkirch.
27. — rouge de Lorraine.
28. — Spalding.
29. — rouge d'Écosse.
30. — Prince-Albert.
31. — de Bordeaux.
32. — Lamed.
33. — Touzelle rouge de Provence.
34. — Rouge de Saint-Laud.
35. — Rouge de Hongrie.
36. — Browick.
37. — Carré de Sicile.
38. — Hérisson sans barbes.
39. — Blé-seigle (velu).

d. — *Épi rouge, grain blanc.*

40. — Rousselin.
41. — Redchaff Dantzick.
42. — Chiddam d'automne à épi rouge.
43. — Dattel.

B. — Variétés barbues.

e. — Épi blanc, grain blanc.

    44. — Blé blanc Shirref.

f. — Épi blanc, grain rouge.

    45. — Blé barbu à gros grain.
    46. — Victoria de mars.
    47. — de mars barbu ordinaire.
    48. — de Rieti.

g. — Épi rouge ou brun, grain rouge.

    49. — Rouge barbu d'automne.
    50. — de mars rouge barbu.
    51. — Hérisson, brun, d'automne et de printemps.

II. — BLÉS POULARDS.

    52. — Pétanielle blanche.
    53. — Poulard blanc lisse.
    54. — Aubaine blanche à grain blanc (velu).
    55. — P. blanc velu de Touraine à grain rouge.
    56. — P. rouge lisse du Gâtinais.
    57. — Nonette de Lausanne (rouge velu).
    58. — Pétanielle noire de Nice.
    59. — Poulard d'Australie.
    60. — Blé du miracle (épi ramifié).

III. — BLÉS DURS.

    61. — Xérès......................) Épi blanc lisse,
    62. — de Seville à barbes noires...) grain blanc.
    63. — Triménia barbu de Sicile (épi blanc lisse, grain rouge).
    64. — Belotourka (épi rose lisse, grain blanc).
    65. — Biskra.............) Épi rouge, grain rouge.
    66. — Bouffarick.........)
    67. — de Médéah. (épi brun, grain blanc).
    68. — Arnaoutka (épi velu, coloré, grain blanc)
    69. — Blé de Pologne.

IV. — ÉPEAUTRES.

70. — Épeautre blanc sans barbes.
71. — Épeautre blanc barbu.
72. — Épeautre noir barbu.
73. — Amidonnier blanc.
74. — Amidonnier noir.
75. — Engrain commun.
76. — Engrain double.

Pour compléter ce tableau des variétés principales, nous donnons ci-après la description sommaire des principales races que nous avons eu l'occasion de cultiver en Beauce d'abord, et nous complétons plus loin cette étude des autres variétés d'après les documents les plus précis que nous avons pu réunir.

Valeur agricole relative des principales variétés en Beauce. — Depuis 1885, grâce au concours dévoué de M. Omer Benoist, l'un des porte-drapeaux du progrès agricole en Beauce, nous avons pu étudier comparativement un assez grand nombre de variétés de blés. C'est le résultat des observations précises et continues que nous avons pu faire de concert que nous allons reproduire ici. Nons prions le lecteur de ne pas oublier que nos conclusions se rapportent surtout à la Beauce, et qu'on ne saurait les généraliser sans tenir compte des différences de climat qui s'observent d'un pays à l'autre.

A ce sujet il n'est pas inutile de rappeler que dans cette contrée si justement réputée pour sa production de froment, la culture du blé présente des chances d'insuccès nombreuses et importantes.

Celle qui domine toutes les autres, c'est le risque d'échaudage. Il est si important, que cette seule considération conduit l'agriculteur à l'abandon de toutes les variétés dont la maturité n'est pas très précoce. Le fameux blé

Shirrif's square head, dont la valeur ne peut être sus-
pectée dans les terres argileuses des pays septentrionaux
et dans les départements du nord de la France, ne saurait
en Beauce être recommandé, précisément parce qu'il est
trop tardif.

La seconde chance fâcheuse à redouter, après l'échaudage, c'est la *rouille*. Lorsque quelques semaines avant
la moisson, le champignon de la rouille envahit les blés
par les temps chauds et brumeux avec rosées matinales
qui lui sont si favorables, les plus belles espérances de
rendement sont réduites d'une incroyable façon. Le mal,
en quelques jours, fait d'étranges ravages; après les
feuilles il attaque la tige, puis monte jusque dans les
épillets. Alors la plante voit toute sa sève détournée de
sa destination, elle reste verte alors que, par la maturation,
elle devrait se dorer; puis le champ noircit, et, d'aussi
loin qu'il peut l'apercevoir, le praticien le juge alors
d'un déplorable rendement. En empêchant la maturation du grain, la rouille réduit facilement les rendements
de 5 à 10 hectolitres par hectare. Elle est capable d'a-
néantir et au delà tout le bénéfice que le cultivateur peut
tirer de la culture du froment en ayant recours aux méthodes les plus perfectionnées.

Les praticiens ont fait au sujet des circonstances favorables au développement de ce parasite crytogamique
d'importantes observations. Ils ont reconnu, en premier
lieu, que certaines variétés de froment sont prédisposées
à rouiller bien plus que d'autres, toutes circonstances égales d'ailleurs. Ils ont aussi observé que les blés qui restent
trop longtemps verts après la floraison, par suite d'une
fumure trop azotée et manquant d'acide phosphorique,
prennent la rouille avec une facilité étonnante; témoins:
les blés sur défrichements de prairies artificielles. Il y a
là, déjà, deux indications précieuses. Il en découle qu'il

faut éviter les excès d'azote assimilable, et les défauts simultanés d'acide phosphorique, d'une part; et de l'autre rechercher expérimentalement dans chaque contrée les variétés les plus résistantes.

L'influence d'une fumure où surabonde l'azote sur le pullulement de la rouille se comprend très bien. Plus la sève est riche en nitrates, plus les cellules du mycelium peuvent former facilement une grande quantité de protoplasma; plus aussi les tissus verts-foncés des tiges sont lâches, et, dès lors, plus les filaments de la Cryptogame peuvent cheminer aisément dans les espaces intercellulaires. La fumure trop azotée favorise la rouille physiquement, par son influence sur la texture du végétal, et, physiologiquement, en assurant au parasite une alimentation trop succulente.

Le troisième fléau de la culture du blé de haut rendement, c'est la *verse*. On la combat par l'emploi d'engrais appropriés, où l'azote et l'acide phosphorique soient en proportions convenables; — par le semis en lignes qui, favorisant l'action de la lumière, empêche l'étiolement du pied; — mais aussi et surtout par le choix de variétés puissantes, aptes à supporter d'abondantes fumures, sans s'allonger au point de ne pouvoir supporter leurs épis.

La verse est l'obstacle le plus considérable que rencontre l'obtention des hauts rendements. C'est précisément sa résistance à la verse qui fait la valeur du *blé à épi carré;* mais sous notre climat malheureusement cette résistance à la verse est contrebalancée et au delà par les chances d'échaudage.

Ces considérations nous ont conduit à prendre principalement pour base de nos appréciations des variétés productives : 1º leur haut rendement en grain et en paille; — 2º leur hâtivité de maturation; — 3º leur résistance à la rouille; — 4ᵉ leur résistance à la verse.

Considérant d'abord chaque variété séparément, et
dans l'ordre où l'on la voit figurer au tableau de classement des variétés, nous en donnons la description sommaire, que nous appuyons, le plus souvent, de la figure
de l'épi, vu de face et de profil, en grandeur naturelle
pour les blés sans barbes, et en demi grandeur pour les
blés barbus. Les épis, que nous avons fait photographier
par M. Aufray, chimiste à la station agronomique de
Chartres, ont été choisis parmi les épis moyens, ayant
bien les caractères de leur race. Le concours de M.
Omer Benoist nous a été très précieux dans cette circons-
tance. Ce choix des épis moyens a du moins l'avantage
de ne pas surfaire les variétés, s'il ne donne pas de figures
aussi extraordinaires que celles que l'on rencontre parfois
dans les catalogues des marchands.

Enfin après quelques observations culturales, nous
indiquons les différents rendements obtenus :

Talavera de Bellevue. — D'hiver et de printemps,
mieux de février.

Paille blanche, assez haute, abondante et fine.

Épi blanc, effilé, mince, assez lâche, épillets supérieurs
garnis de quelques arêtes courtes et raides.

Grain blanc, très beau, long et effilé.

Cette variété qui talle assez bien est malheureusement
sensible à l'hiver. Il faut en semer à la volée 280 litres
à l'hectare. Elle est très hâtive ; elle a épié le 6 juin 1886
et le 11 juin 1887. Mais elle rouille passablement, verse
un peu, et est assez exposée à l'échaudage. Enfin son
grand épi trop lâche, n'est pas séduisant.

RENDEMENTS.

ANNÉES.	Grain. Quintaux.	Qualité (1).	Paille. Quintaux.
1886.	25,6	P.	49,5
1887	25,0	P.	50,0
Moyennes	25,3		50,0

Blé de Zélande. — D'automne et de printemps. Mieux de février.

Cette variété à paille blanche et longue, à épi très lâche et à gros grain blanc, est très sensible au froid. Elle talle très peu mais est très hâtive.

Elle a épié le 2 juin en 1886 et le 10 en 1887.

La maturité est bonne et le grain assez bon.

Elle convient surtout au midi de la France et à l'Algérie.

RENDEMENTS.

ANNÉES.	Grain. Quintaux.	Qualité.	Paille. Quintaux.
1886	27,0	A. B.	53,3
1887	23,0	A. B.	43,0
Moyennes.	25,0		48,1

Blé Bordier. — Cette variété nouvelle, obtenue par hybridation à Verrières par M. H. de Vilmorin, a été mise dans le commerce pour la première fois à l'automne de 1889. Nous la cultivions déjà à Villeneuve en 1888, et cette dernière année à Moyencourt, sous le nom de blé hybride N° 12.

C'est un beau blé, à paille blanche, relativement assez courte.

Son épi blanc et long s'incline à la maturité pour former avec la tige le *cou d'oie*.

(1) Dans la colonne *qualité*, la qualité du grain récolté est indiquée par les abréviations suivantes : T B, très bon ; B, bon ; A B, assez bon ; P, passable ou médiocre ; M, mauvais ; T M, très mauvais.

Fig. 99. — Blé de Zélande.
Fig. 100. — Blé Bordier.

Son grain est blanc, d'une grosseur et d'une beauté remarquables.

Il a été obtenu par fécondation artificielle du blé Prince Albert et du blé de Noé. Mais il a beaucoup plus des caractères de ce dernier. Il prend comme lui une teinte glauque à l'épiage. Les épis sont superbes et très uniformes. Sa maturité est suffisamment hâtive pour se faire dans de bonnes conditions. Il résiste bien à nos hivers, et talle au printemps.

Il est un peu sensible à la rouille, mais toutefois beaucoup moins que le blé de Noé et même que le blé de Bordeaux.

Il a versé en 1889, son rendement est cependant resté bon et de bonne qualité. Il a versé aussi en 1890, comme tous les autres. La gelée de l'hiver 1890-91 l'a détruit.

Il conviendrait peut-être mieux à la Brie et aux environs de Paris qu'à la Beauce, car la paille blanche y est très appréciée par le commerce.

Cultivé au printemps en 1891, et semé le 18 février, il a épié le 1ᵉʳ juin, et rendu 23 quintaux 1/2 de bon grain.

RENDEMENTS.

ANNÉES.	Grain. Quintaux.	Qualité.	Paille. Quintaux.
1888	31,5	T. B.	58,5
1889	37,3	B.	»
1890	30,1	A. B.	99,9
1891 (semis de printemps)	23,5	A. B.	»
1892	26,5	B.	»
1893	26,4	B.	»

Blé blanc de Flandre ou de Bergues. — Blé d'hiver. Paille blanche, longue, abondante et bien creuse. Épi blanc et lisse, très beau, grain blanc, long et gros.

Cette variété donne de grands rendements dans les bonnes terres des climats tempérés. D'une bonne résistance à l'hiver, elle talle beaucoup. Il ne faut par conséquent pas la semer trop dru. 200 kgr suffisent à la volée dans notre pays.

La végétation en mai et juin est vigoureuse.

Elle a épié le 18 juin en 1887 et a mûri le 10 août en 1888. Malheureusement ce blé est extrêmement sujet à la verse. La rouille l'attaque sensiblement. Il n'est donc pas recommandable en Beauce, mais il convient surtout aux pays maritimes du Nord et de l'Ouest.

RENDEMENTS.

ANNÉES.	Grain. Quintaux.	Qualité.	Paille. Quintaux.
1887	27,0	P.	52,0
1888	29,0	B.	61,0
1889	32,8	P.	»
Moyennes	29,6		56,5

Blé Trump. — D'hiver.
Paille haute, droite, ferme.
Épi blanc, long, assez lâche, à balles longues et divergentes.
Grain blanc, long, droit, gros.
Le blé résiste bien à l'hiver, il talle beaucoup. Nous en semons 280 litres à la volée. Il est tardif quelquefois, et s'il rouille peu et ne verse pas, il mûrit mal et donne un grain de qualité mauvaise.
Variété peu répandue.

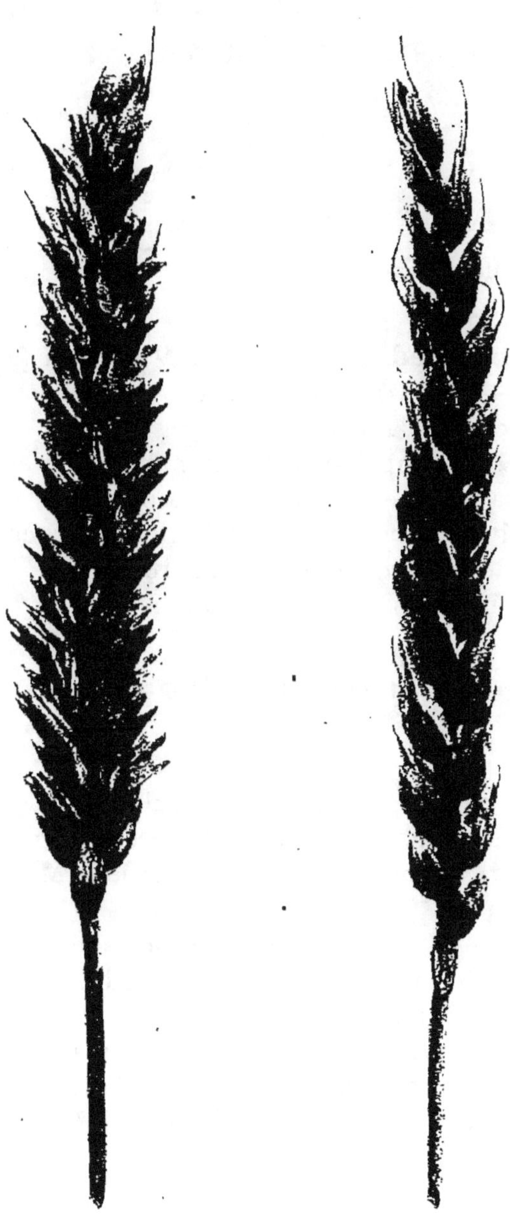

Fig. 101. — Blé blanc de Flandre ou de Bergues.

RENDEMENTS.

ANNÉES. —	Grain. — Quintaux.	Qualité. —	Paille. — Quintaux.
1886	24,6	P.	56,0
1887	20,5	M.	43,5
Moyennes	22,5		50,0

Hallett's pedigree white Victoria (Victoria blanc). — A les mêmes qualités et les mêmes défauts que le Victoria d'automne.

Il talle beaucoup, est tardif, sa maturation est généralement mauvaise et son grain médiocre.

Son épi est blanc et lisse, les épillets sont peu ouverts.

La paille est grosse, longue et creuse.

Il ne nous a donné en 1887 que :

24 quintaux 1/2 de grain
et 48   —   de paille.

Nous n'avons pas continué sa culture.

Il est assez répandu dans le Maine et la Bretagne sous les noms de blé blanc de la Sarthe et de la Mayenne.

Aleph. — Croisement du blé de Noé et du blé de Bergues (Vilmorin). Ce blé est aujourd'hui abandonné, à cause de ses nombreux défauts par M. de Vilmorin lui-même. Sa végétation est très languissante. Il rouille beaucoup et verse à cause de la mollesse de sa paille.

Après l'avoir semé pendant quatre ans à Villeneuve, on a dû le mettre de côté.

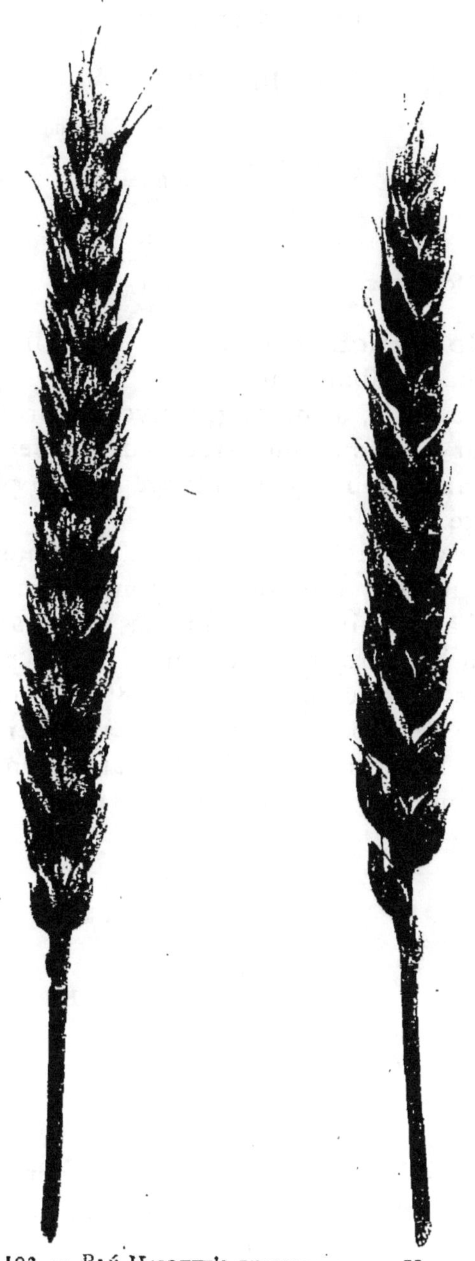

FIG. 102. — BLÉ HALLETT'S PEDIGREE WHITE VICTORIA.

RENDEMENTS.

ANNÉES.	Grain.	Qualité.	Paille.
	Quintaux.		Quintaux.
1885	23	M.	44
1886	22,5	M.	51
Moyennes.	22,7		47,5

Richelle blanche de Naples. — Paille très blanche, assez haute, abondante.

Épi blanc, effilé, demi-long, souvent courbé, très peu élargi, pourvu de quelques arêtes au sommet.

Grain blanc, beau et gros, allongé et bien plein. Très belle qualité.

C'est une variété d'hiver et mieux de printemps, sous le climat parisien. Trop délicate pour notre pays, elle résiste mal à nos hivers, et quoique semée à raison de 300 litres à l'hectare, elle est trop claire au printemps. Très hâtive elle a épié le 2 juin 1886 et le 11 en 1887. Elle rouille beaucoup et est sujette à la verse, car sa paille blanche est très flexible. Sa maturation est généralement bonne, et son grain d'assez bonne qualité.

RENDEMENTS.

ANNÉES.	Grain.	Qualité.	Paille.
	Quintaux.		Quintaux.
1886.	27,6	A. B.	58,6
1887.	26,0	T. B.	47,5
1888.	26,0	B.	51,0
Moyennes	26,5		54,0

C'est une variété qui convient spécialement à l'Ouest, au Sud-Ouest et au Sud de la France; elle préfère les bonnes terres argilo calcaires.

Fig. 103. — Blé Richelle blanche de Naples.

Blé blanc de Hongrie. — Il résiste bien à l'hiver, talle beaucoup. En mai, sa végétation est moyenne. Il a épié le 18 juin 1887. Son épi est carré. La maturité se fait dans de bonnes conditions, et la graine est de bonne qualité.

La paille est blanche, de hauteur moyenne; le grain est blanc et court, un peu glacé.

Ce blé convient aux sols légers et calcaires, il est un peu sujet à la rouille, et verse rarement. Son rendement s'est élevé en 1887 à 27 quintaux 1/2 de grain et 54 quintaux de paille.

En 1888, il nous a donné 25 quintaux 1/2 de grain, assez bon et 50 quintaux de paille.

La moyenne de ces deux années est donc de :

26 quintaux 1/2 de grain.
et 52   —   de paille.

Ce blé convient surtout aux plaines centrales de la France dont le climat moyen est plutôt sec.

Chiddam blanc de mars. — Variété de printemps d'une manière exclusive, et des plus recommandables.

Paille blanche, fine, souple, très sujette à la verse surtout quand on sème trop dru, mais résistant bien à la rouille.

Épi et grains petits, mais blancs et de très belle qualité.

Comme les bonnes variétés de printemps, il monte rapidement en épi, mais cependant il talle passablement.

En 1891, à Moyencourt, après avoir été semé le 18 février, en remplacement de blés d'automne gelés, il a épié le 24 juin. On y a remarqué beaucoup d'épis

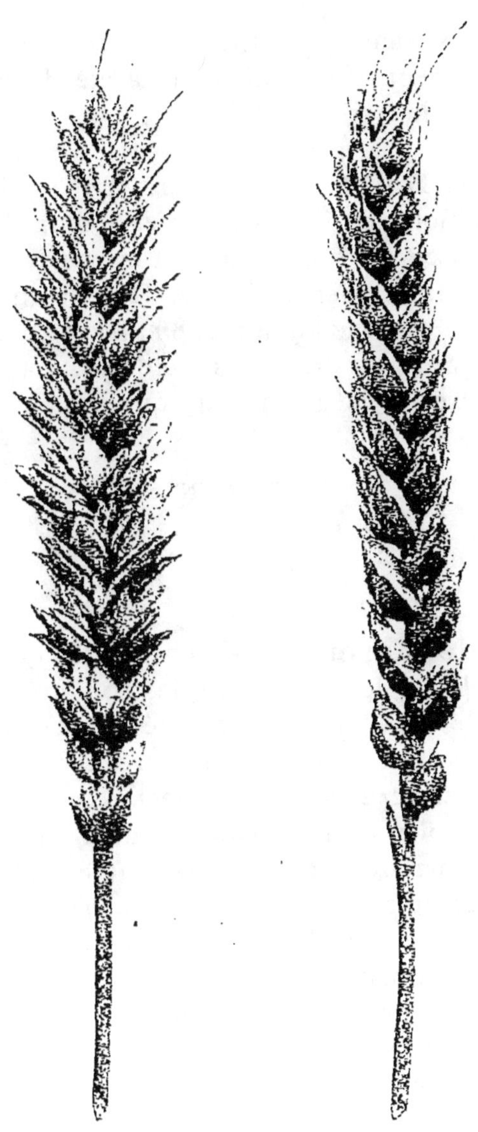

Fig. 104. — Blé blanc de Hongrie.

charbonneux, sans que toutefois la récolte s'en ressen-
tît sérieusement. Le rendement a été de 2730 kilog.
de grain à l'hectare.

Blé de Haie. — D'hiver. La paille blanche
est courte. Son épi blanc est couvert d'un duvet caractéristique. Le grain est blanc et mince.

Il résiste assez bien à l'hiver, et talle un peu. Tardif, il n'a épié que le 19 juin 1887. Il est remarquable à
cette époque pour ses épis veloutés. La maturation
est médiocre, et le grain sans qualité.

RENDEMENTS.

Grain . . . . 24 quintaux
Paille 50   —

Blanc de Mareuil. — D'hiver. Ce blé a la paille
blanche, pleine, lourde et souple, son grain blanc allongé, effilé aux deux extrémités, est très beau. Il
convient aux terres moyennes, surtout chaudes et calcaires. On sème 200 kgr. à l'hectare.

Il résiste bien à nos hivers et talle assez bien. En
mai, son apparence est belle, mais sa végétation un peu
tardive. Les épis se sont montrés le 18 juin en 1887.
En juin sa tige prend à son extrémité une teinte violacée. La maturité s'est bien faite et la qualité du
grain a été bonne cette dernière année, qui fut pour
nous la première de sa culture.

En 1888, ce blé s'est encore bien comporté, mais
en 1889 il est arrivé bon dernier.

Il nous avait plu à priori, à cause de son grain
blanc et très gros. L'expérience nous a forcé à l'abandonner.

Fig. 105. — Blé de Hale
ou Tunstall.

Fig. 106. — Blé blanc
de Mareuil.

RENDEMENTS.

ANNÉES.	Grain.	Qualité.	Paille.
	Quintaux.		Quintaux.
1887	27,5	B.	53,5
1888	32,5	B.	68
1889	29,7	M.	»
Moyennes.	29,9		60,7

Blé de Saumur de mars. — Variété exclusivement de printemps, sans aucune analogie avec le blé de Saumur d'hiver. Elle est très répandue dans le rayon de Paris. Peu exigeante sous le rapport du terrain, elle n'est pas trop sensible à l'influence des grandes chaleurs. Elle peut se semer jusqu'à la fin de mars.

La paille est courte, mince, droite ; l'épi est doré, moyen, un peu effilé, et aplati sur les faces. Le grain est rouge pâle.

Il ressemble beaucoup comme végétation au Chiddam blanc de mars ; il en diffère à la maturité par son grain rouge.

Semé à Moyencourt le 18 février 1891, il a épié le 24 juin, et donné un rendement de 2650 kgr. de grain à l'hectare.

Blé bleu ou de Noé. — D'hiver et de printemps.
Paille blanche, courte et raide, grosse et mi-pleine ; épi plat, élargi, assez lâche, pressé ; glumelles longues et aiguës pourvues d'arêtes assez développées. Tout l'ensemble garde, même à la maturité, une certaine teinte glauque. Grain jaune gris, court, très obtus, renflé et bien plein.

Il doit son nom à la teinte glauque de toute la plante, surtout à la floraison.

FIG. 107. — BLÉ BLEU OU DE NOÉ.

Cette variété conviendrait admirablement à la Beauce, si la rouille à laquelle elle est excessivement sensible ne rendait aujourd'hui sa culture impossible. Le blé bleu y est aussi rare aujourd'hui qu'il était commun il y a 20 ou 25 ans.

Résistant à la verse, vigoureux, hâtif et ne craignant que rarement l'échaudage, ce blé avait par ses qualités maîtresses pour notre contrée, rapidement pris pied dans toutes les fermes. La rouille, ce fléau des pays à blé, qu'on ne sait encore pas arrêter dans ses déprédations, les annihile toutes.

Le blé bleu ne talle presque pas. Il faut le semer dru (300 lit. à la volée). Il a médiocrement supporté l'hiver de 1888; grâce à sa paille courte, il a relativement peu versé en 1889.

Il a épié le 6 juin en 1886, le 12 en 1887;

RENDEMENTS.

ANNÉES.	Grain.	Qualité.	Paille.
	Quintaux.		Quintaux.
1886	26,5	B.	50,5
1887	25,0	B.	43,5
1888	27,0	M.	45,0
1889	36,9	»	»
Moyennes.	28,85		44,7

Blé Japhet. — Au blé de Noé se rattache le blé *Japhet*, qui en dérive. Il en a bien les caractères et nous paraît très méritant.

Sa paille est courte, pleine et dure; sa teinte est glauque à l'épiage; son épi blanc est plus gros et plus beau que celui du Noé.

Son grain est rouge, gros et beau.

Sa végétation est très hâtive.

En 1892, il nous a donné 26 quintaux d'un beau grain, alors que le Dattel, nous rendait 26 quintaux 4. Il est originaire des polders de l'Ouest.

Victoria d'automne. — Paille haute, grosse, forte, bien creuse, garnie de feuilles nombreuses et très amples.

Épi grand, large, aplati, à épillets en éventail, très souvent courbé, rarement blanc, presque toujours saumoné ou fauve pâle. Les grains remplissent complètement les épillets.

Grain jaune rougeâtre, gros, oblong, bien plein et renflé. C'est un beau et bon blé. Il faut le semer de bonne heure à l'automne, à la dose de 250 litres à la volée.

Il talle bien et résiste bien à l'hiver dans notre pays. En mai son feuillage est beau, large, mais sa végétation est tardive. Il n'a épié que le 21 juin en 1887 et le 16 juin en 1886. La tige est puissante et vigoureuse, l'épi superbe.

Il rouille peu, verse rarement, et résiste assez bien à l'échaudage. La maturité a été assez bonne, et le grain de qualité moyenne.

Mais il ne convient qu'aux terres riches. Semé deux années de suite à Villeneuve, il n'a pas donné de bons résultats, parce qu'on l'avait fait dans des sols trop médiocres. Dans nos expériences de 1885, il a tenu la tête pour le rendement en paille et en grain. En 1886 dans un sol inférieur et surtout trop peu calcaire, le rendement ne s'est pas maintenu malgré une belle apparence. En 1887 il regagna le terrain perdu pour rester en 1888 et 1889 dans les premiers rangs. Quoi qu'il en soit il donne trop de paille et n'est pas assez hâtif pour convenir à la Beauce. Il

FIG. 108. — BLÉ VICTORIA D'AUTOMNE.

aurait peine à résister aux coups de soleil de juillet.

RENDEMENTS.

ANNÉES.	Grain. Quintaux.	Qualité.	Paille. Quintaux.
1885	29,0	A. B.	56,0
1886	24,5	A. B.	56,0
1887	29,0	A. B.	56,5
1888	26,5	B.	58,5
1889	40,9	A. B.	»
1890	31,8	A. B.	78,2
Moyennes.	30,2		61,0

Nous avons cultivé aussi le blé *Hallett's pedigree*
rouge, et le blé *Swalof*, ce dernier d'origine sué-
doise. Ce sont des Victorias d'automne. Ils ne se sont
distingués chez nous que par une plus grande tardivité que le Victoria acclimaté, tardivité qui a amené l'é-
chaudage du grain. Les rendements ont été en 1887.

	Grain. Quintaux.	Qualité du grain.	Paille. Quintaux.
Hallett's pedigree rouge.	24 1/2	P.	45,9
Swalof	25 1/2	—	47,5

Blé Hickling. — Le blé Hickling résiste bien à
l'hiver et talle beaucoup.

Il est tardif. En effet, il n'a épié que le 20 juin en 1887.
Dès juin son épi carré paraît compact et se terminant
en pointe.

La maturation se fait dans de mauvaises conditions,
et par suite la qualité est mauvaise.

Fig. 109. — Blé Hickling.

La paille est de hauteur moyenne, blanche, assez raide ; le grain est blanc jaunâtre, assez court, renflé. Cette variété convient aux terres saines et calcaires, dans les climats où l'on ne craint pas l'échaudage.

Son rendement a été le suivant :

ANNÉES	Grain. Quintaux.	Qualité.	Paille. Quintaux.
1887	27,0	M.	50,50
1889	34,65	P.	»
Moyennes	30,8		50,50

Shirrif's square head. — *Blé à épi carré.* — D'hiver.

Paille blanche, courte, très droite et très raide.

Épi carré, compact, peu effilé vers la pointe, muni d'arêtes.

Grain jaune ou rougeâtre, moyen, assez plein.

C'est une variété d'hiver, qui demande à être semée aussitôt que possible à l'automne.

Elle talle énormément. Il faut la semer moins dru que les précédentes, 200 kgr. à la volée suffisent grandement chez nous.

Ce blé résiste très bien à l'hiver. Il rouille peu, ne verse pas, mais est régulièrement échaudé.

Il convient surtout aux régions du nord et aux terres argileuses.

Pour notre pays, il est trop tardif, et par suite il mûrit trop vite et mal. Le grain est par conséquent de mauvaise qualité.

Nous en avons cultivé en 1887, une variété venue directement de Suède. Elle nous a donné les mêmes résultats que celles que nous avions semées auparavant.

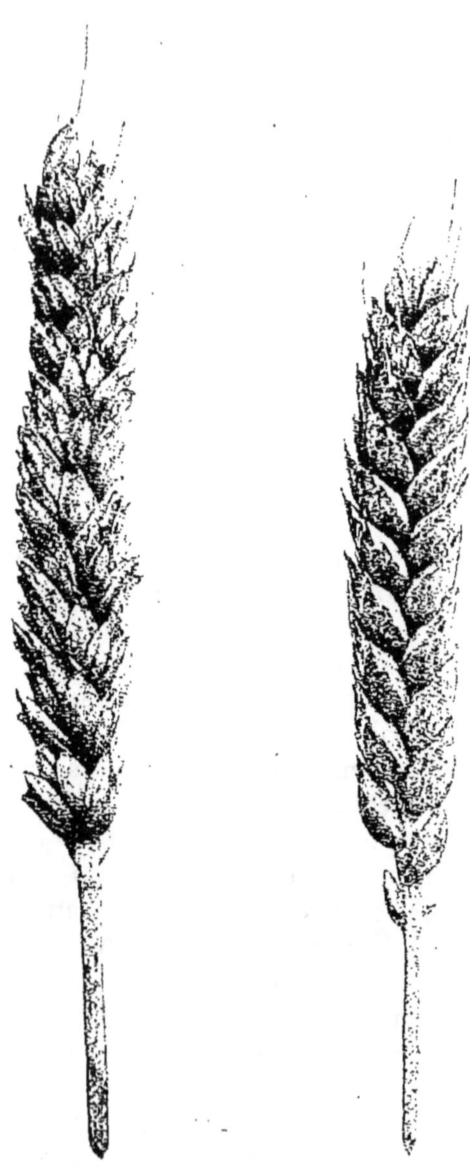

FIG. 110. — BLÉ SHIRRIF'S SQUARE HEAD.

RENDEMENTS.

ANNÉES.	Grain. Quintaux.	Qualité.	Paille. Quintaux.
1885	29,0	T. M.	»
1886	26,6	—	61,0
1887	28,5	—	52,5
1888	27,5	—	54,0
1889	36,9	—	»
Moyennes.	29,7		55,8

Blé gris de Saumur. — D'hiver.

Paille forte, assez haute, droite, un peu dure.

Épi gros, pyramidal, s'atténuant vers la pointe qui est garnie de petites barbes, glumes roussâtres.

Grain rouge, gros, long, souvent demi-glacé et marqué d'une tache noire près du germe.

C'est une variété qui ne talle pas et résiste assez mal à nos hivers. En en semant à la volée 250 kgr. à l'automne, le semis n'est pas trop serré en mai. Sa végétation est hâtive. L'épiaison a eu lieu le 10 juin en 1886, le 16 en 1887 et le 7 en 1890. On a moissonné le 8 août en 1888.

La tige est longue, grosse et souvent trop verte en juin. Garnie d'un feuillage large et abondant, elle prend la rouille avec la plus grande facilité, presque avant toutes les autres variétés.

RENDEMENTS.

ANNÉES.	Grain. Quintaux.	Qualité.	Paille. Quintaux.
1886	28,5	P.	67,0
1887	28,0	A. B.	53,5
1888	33,0	A. B.	58,5
1889	42,3	A. B.	»
1890	33,9	A. B.	96,1
Moyennes.	31,1		68,7

Fig. 111. — Blé de Saumur ou gris de Saint-Laud.

Le blé gris de Saint-Laud ou de Saumur est donc une race de bon rendement pour les pays à hiver doux.

Nous l'avons semé au printemps, après la destruction de tous les blés d'hiver, le 18 février 1891. Il ne nous a pas donné de bons résultats. Il a beaucoup rouillé, et n'a fourni qu'un petit rendement en grain de mauvaise qualité. L'épiage a eu lieu le 30 juin, et le produit s'est élevé seulement à 21 quintaux à l'hectare.

Spalding. — Cette variété a la paille longue, l'épi et le grain rouge, souvent maigres. Elle résiste très bien à l'hiver et talle beaucoup.

La végétation est tardive. Il a épié le 19 juin en 1887, et on l'a moissonné le 12 août 1888.

En général la maturation se fait mal dans notre pays, et le grain est échaudé.

Nous avons obtenu les rendements suivants :

ANNÉES.	Grain.	Qualité.	Paille.
	Quintaux.		Quintaux.
1887.	24,65	M.	39,5
1888.	25,00	M.	60,0
Moyennes.	24,75		50,0

C'est un blé très rustique et peu exigeant qui s'accommode bien des terres froides. Comme il est tardif, il faut semer de bonne heure.

Blé rouge d'Écosse ou Goldendrop. — D'hiver. Paille de hauteur moyenne, forte et souple, se colorant souvent en violet, au-dessous de l'épi.

Épi rouge brun, assez long, légèrement aplati, arêtes des glumelles courtes et recourbées en dedans.

FIG. 112. — BLÉ SPALDING.
FIG. 113. — BLÉ ROUGE D'ÉCOSSE
ou GOLDENDROP.

Grain bien plein et lourd, rouge ou jaune rougeâtre, souvent mi-partie jaune et rouge.

Ce blé est rustique; il supporte les hivers les plus rigoureux. Il ne rouille pas. Son grain est trop petit pour permettre un grand rendement ; il est souvent glacé. La meunerie ne l'apprécie pas. C'est pourquoi après l'avoir cultivé à Villeneuve pendant huit années consécutives, on l'a abandonné.

Cette variété talle beaucoup. Nous en semions 230 lit. à l'hectare, à la volée. Elle résiste bien à la verse, en général, et en 1889, elle est une de celles qui ont le moins souffert de cet accident, mais elle mûrit médiocrement dans notre climat.

RENDEMENTS.

ANNÉES.	Grain.	Qualité.	Paille.
—	Quintaux.		Quintaux.
1885	23,0	P.	43,0
1886	27,0	—	50,5
1887	21,0	T M.	43,0
1888	29,0	P.	54,0
1889	42,0	—	»
1890	35,4	—	79,6
Moyennes	29,6		54,0

Nous avons cultivé en 1887, sous le nom de blé *Rouge prolifique suédois*, une race qui présentait absolument tous les caractères du Rouge d'Écosse ou Goldendrop. Elle nous venait de Suède, et nous a donné le rendement suivant :

Grain (Mauvais)	25 quintaux	5
Paille	48 —	0

Prince-Albert. — Épi rouge et large, grain rouge et gros.

Cette variété ne présente aucune des qualités que nous recherchons pour notre pays. Elle résiste il est vrai très bien à nos hivers, et elle talle beaucoup; mais elle est très tardive, très vigoureuse; elle n'a épié que le 21 juin 1887. Sa maturité a été par suite très mauvaise, et le grain a été complètement échaudé.

Il en a été de même en 1888 et 1889.

Ajoutez à cela que sa paille grosse et longue est très feuillue et que ce blé est très sujet à la verse et à la rouille, et vous aurez le bilan de cette variété.

Pour sa défense, nous devons ajouter qu'elle est l'ancêtre avec le Chiddam à épi rouge du Dattel; et avec le blé bleu, du Lamed et du blé Bordier.

RENDEMENTS.

ANNÉES.	Grain.	Qualité.	Paille.
	Quintaux.		Quintaux.
1887	25,5	T. M.	49,0
1888	28,5	M.	57,5
1889	39,15	»	»
Moyennes.	31.05		53,5

Blé rouge de Bordeaux. — D'hiver et de printemps.

Paille blanche moyenne, forte et souple, demi-pleine.

Épi rouge brun, souvent courbé, ressemblant au rouge d'Écosse, mais présentant souvent sur l'axe et les glumes une teinte glauque que n'a pas ce dernier.

Grain rouge, gros, assez court, lourd et bien plein. Le blé rouge de Bordeaux est aujourd'hui la variété la plus répandue dans Eure-et-Loir; et elle mérite bien la

Fig. 114. — Blé Prince-Albert.

faveur dont elle jouit. Elle a remplacé avantageusement
le blé de Noé, que les cultivateurs ont dû abandonner

FIG. 115. — VUE D'UN CHAMP DE BLÉ DE BORDEAUX.

FIG. 116. — BLÉ ROUGE DE BORDEAUX.

à cause de la rouille. Elle résiste bien à l'hiver et sa végétation est belle.

En mai, son développement est assez avancé, et elle épie dès les premiers jours de juin. Malgré le surnom d'inversable qu'on lui a donné, ce blé verse quelquefois en Beauce. Toutefois, sous ce rapport, il a une certaine résistance.

On le sème à l'automne, ou même au mois de février, dans les contrées qui n'ont pas l'échaudage à craindre.

Nous en semons à la volée 300 litres à l'hectare. C'est que le grain est très gros et que la plante talle peu. Du reste, avec nos étés brûlants et nos coups de soleil torrides, il est bon d'éviter le tallage ; car plus la plante se ramifie, plus elle est lente à élever ses épis, et le développement des derniers de ceux-ci devient beaucoup trop tardif pour notre climat. Dès lors on n'obtient avec les semis clairs que du grain ridé et sans valeur. Sa hâtivité est sa qualité maîtresse pour nous.

Il a épié le 6 juin en 1886 et le 13 en 1887. Il n'a pas versé pendant ces quatre avant-dernières années, mais a versé en 1889.

Il mûrit généralement bien, quand il n'est pas attaqué par la rouille, à laquelle il est un peu trop sujet, quoique à un moindre degré que le blé bleu.

L'année extrêmement sèche de 1887, lui a été très favorable. Il a tenu la tête de toutes les variétés.

La paille est pleine et lourde et la qualité du grain est bonne.

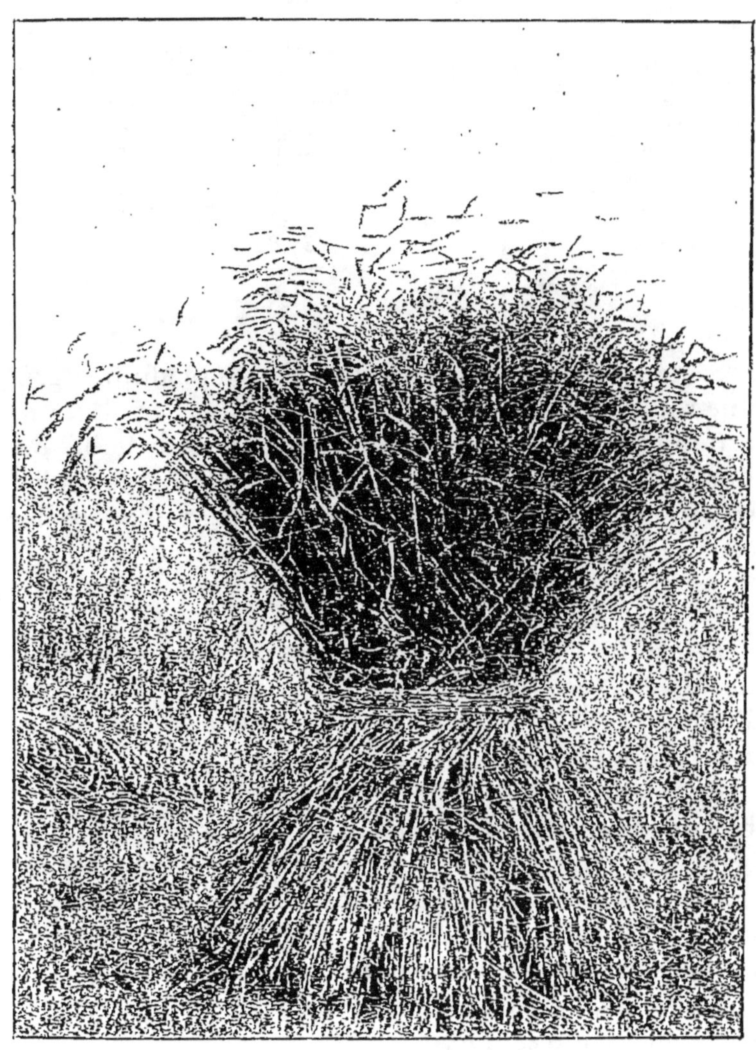

Fig. 117. — Gerbe de blé de Bordeaux.

RENDEMENTS.

ANNÉES.	Grain.	Qualité.	Paille.
	Quintaux.		Quintaux.
1885	28,5	B.	45
1886	29,5	B.	52,7
1887	32,0	B.	61,0
1888	29,5	B.	59,0
1889	37,8	A. B.	»
Moyennes.	31,46		54,2

Semé à la fin de février 1891, il nous a rendu, malgré une rouille intense, 26^{qx}, 1, à l'hectare.

Comme pour le Dattel, nous donnons pour le blé de Bordeaux une planche photographique prise à la moisson en 1889, dans une grande pièce, à la ferme de Moyencourt. L'aspect de la variété sur pied y est frappant.

Lamed. — C'est un croisement du Prince-Albert et du blé de Noé; il ressemble un peu d'aspect au blé de Bordeaux. M. de Vilmorin qui l'a obtenu, estime qu'il conviendrait parfaitement à la Beauce.

En réalité, cette variété n'est pas encore bien fixée. Elle donne, malgré tous les soins de sélection, des épis blancs ou barbus, et des grains bigarrés, jaune clair et rouge. Depuis 12 ans qu'il la cultivée, M. Omer Benoist constate que la réversion au type primitif s'accentue. Ce blé s'égrène assez facilement par les vents trop vifs.

Toutefois, c'est un excellent blé qui jouit à juste raison d'une haute estime.

C'est une variété exclusivement d'automne, qui talle peu et résiste bien à nos hivers. Il faut la semer aussi dru que le blé de Bordeaux (300 litres). La végétation

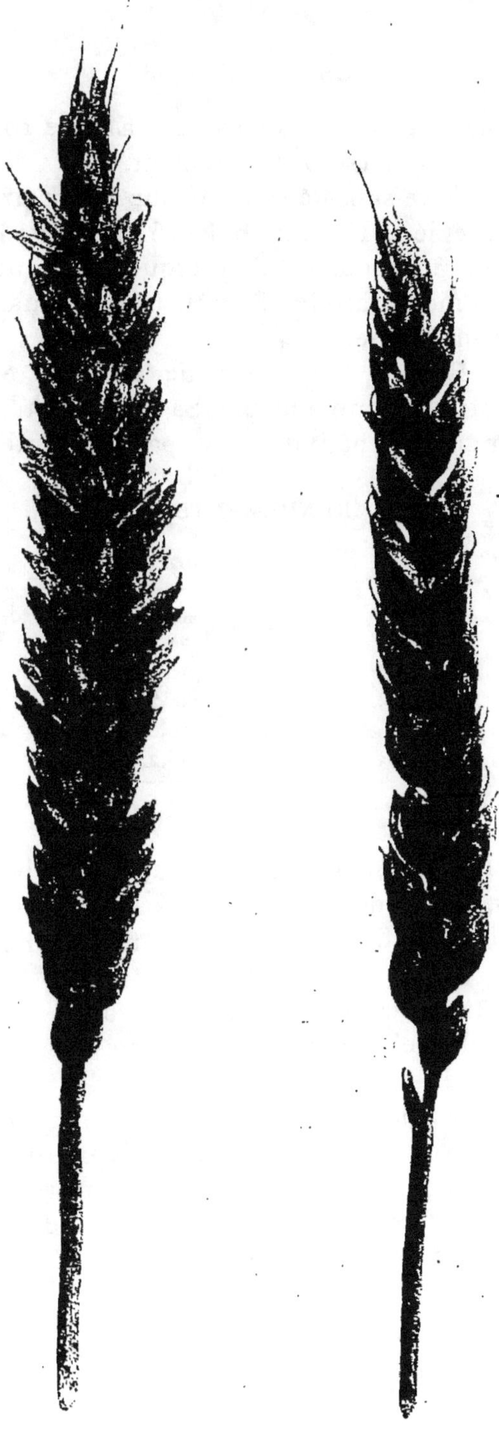

Fig. 118. — Blé Lamed.

en est superbe à toutes les époques. Elle ne rouille pas beaucoup, ni ne verse ordinairement.

Elle est hâtive sans l'être beaucoup. C'est ainsi qu'en 1886 elle a épié le 13 juin, et le 16 en 1887; le retard sur le blé de Bordeaux est de presque une semaine. En 1888, on l'a moissonné le 13 août. Enfin sa maturité est généralement bonne.

Pour la Beauce, le Lamed ne sera pas encore la variété la plus recommandable. Sa paille est trop creuse et trop longue, sa hâtivité n'est pas suffisante.

RENDEMENTS.

ANNÉES.	Grain. Quintaux.	Qualité.	Paille. Quintaux.
1885	28,5	B.	52,0
1886	29,1	B.	59,0
1887	28,5	A. B.	50,5
1888	30,5	P.	60,0
1889	38,25	»	»
Moyennes.	31,6		55,5

Touzelle rouge de Provence. — D'hiver et de printemps, mieux de février.

Paille blanche, de hauteur moyenne, souple, un peu faible.

Épi aplati, assez long, rouge très foncé, épillets en éventail, à glumelles longues et pointues.

Grain rouge, long, effilé, demi-glacé.

Cette variété talle peu. Nous en semons 280 litres à l'hectare, à la volée. Très hâtive, elle épie une des premières. Elle rouille beaucoup et verse. La maturation se fait par suite assez mal; le grain est petit et de médiocre qualité. Elle se bat difficilement.

RENDEMENTS.

ANNÉE.	Grain.	Qualité.	Paille.
	Quintaux.		Quintaux.
1886	25,5	M.	53,0

Cette variété est une des meilleures parmi les blés méridionaux indigènes; elle donne en Provence et en Languedoc des rendements remarquables par leur quantité et leur qualité. Elle n'est pas difficile sur la nature du sol.

Rouge de Saint-Laud. — D'hiver et de février.
Paille blanche, grosse, courte, droite, très raide.
Épi gros, carré, assez court, compact à la base, et s'effilant régulièrement jusqu'au sommet.
Grain rouge, gros, demi-glacé.
Chez nous ce blé résiste mal à l'hiver. Comme en outre il ne talle pas, il faut le semer très dru; 320 à 350 litres à l'hectare ne sont pas excessifs. En mai, la végétation est verte et vigoureuse, mais si l'hiver a été dur, elle est claire. C'est un blé hâtif. Il a épié le 6 juin en 1886 et le 10 en 1887. En juin sa tige est droite, courte et raide, mais trop verte. Il est trop sujet à la rouille, mais il ne craint pas la verse. La maturation se fait assez bien, et le grain est de qualité assez bonne.
Les épis s'écourtent à la moisson, d'où grande perte.

RENDEMENTS.

ANNÉES.	Grain.	Qualité.	Paille.
	Quintaux.		Quintaux
1885.	28,05	P.	43,00
1886.	27,75	P.	55,05
Moyennes	28,01		49,25

Rouge de Hongrie. — D'hiver.

Paille assez haute, très droite et très ferme.

Épi demi-compact, renflé vers le milieu et très pointu.

Épillets serrés sur l'axe et les uns sur les autres.

Grain bien plein, allongé, rouge grisâtre.

Ce blé a une végétation superbe en hiver, et au printemps sa feuille est large et verte.

Il convient mieux aux mauvaises terres et aux médiocres qu'aux bonnes. Cultivé pendant deux ans à Villeneuve, il n'a pas donné de résultats satisfaisants. En bonnes terres, la paille est trop longue, l'épi trop court, et le grain souvent maigre. Malgré sa rusticité, il ne saurait être recommandé en général pour le département d'Eure-et-Loir.

RENDEMENTS.

ANNÉES.	Grain.	Qualité.	Paille.
	Quintaux.		Quintaux.
1885.	26,5	P.	55
1886	28,0	P.	50
Moyennes.	27,25		52,5

Browick. — Épi rouge, tassé comme une massue. Grain rouge, assez gros.

Paille forte et raide, relativement courte, résistant bien à la verse.

Le blé Browick résiste bien à l'hiver dans notre pays.

Il talle beaucoup. Sa végétation en mai est ordinaire.

En juin la tige est droite, relativement courte et grosse.

La maturation est très tardive.

FIG. 119. — BLÉ BROWICK.

En 1887, il n'a épié que le 21 juin. La maturation a été par suite médiocre et la qualité du grain s'en est ressentie. En 1888, il n'a pu être moissonné que le 14 août. Le grain toutefois a été assez bon.

En 1889, il a assez bien résisté à la verse, qui a été si générale.

La tardivité de sa végétation le prédispose beaucoup chez nous à la rouille et à l'échaudage.

RENDEMENTS.

ANNÉES.	Grain.	Qualité.	Paille.
	Quintaux.		Quintaux.
1887	27,5	A. B.	48,0
1888	27,0	A. B.	52,0
1889	40,5	A. B.	»
Moyennes.	31,6		50,0

Blé-Seigle. — D'hiver et de printemps.

Paille blanche, haute et molle.

Épi long, rouge brun, légèrement velu sur les glumes, très effilé et mince, souvent courbé.

Grain rouge, allongé, mince, souvent maigre.

Il résiste bien à l'hiver, talle peu, et doit être semé dru.

Il est très sujet à la verse. Il a épié le 14 juin 1887.

La maturation s'est mal faite, et le grain a été mauvais.

Il a pour principale qualité de convenir aux sols maigres et pauvres auxquels il faut le laisser.

Son rendement à Villeneuve a été de :

25 quintaux de grain mauvais,
et de 54 quintaux 12 de paille.

Rousselin. — D'hiver et de printemps.

Paille blanche, haute et droite.

Épi long, rouge foncé, assez lâche, droit ou courbé.

Grain blanc, gros, long, beau et lourd.

Il résiste assez bien à l'hiver.

Comme il ne talle pas, il faut le semer très dru (3oo litres).

Il est très hâtif. Il a épié le 8 juin en 1886, et le 14 en 1887.

La maturation s'effectue dans d'assez bonnes conditions, et le grain est d'assez bonne qualité.

Mais la paille est trop longue, trop fine et trop molle. Elle se casse facilement à la maturité. Ce blé est sujet à la verse et rouille beaucoup.

RENDEMENTS.

ANNÉES.	Grain.	Qualité.	Paille.
	Quintaux.		Quintaux.
1885	21,5	M.	5o,o
1886	24,5	M.	53,5
1887	25,5	P.	53,o
Moyennes.	23,8		52,1

Red chaff Dantzick. — D'automne et de février.

Paille blanche, droite, assez haute, forte sans être dure.

Épi droit, pyramidal, carré, marqué sur les glumelles de stries rouges, qui donnent à l'ensemble une teinte rougeâtre.

Grain blanc, court, arrondi, gros, renflé, belle qualité.

Cette variété a bien résisté à l'hiver et a beaucoup tallé. Au mois de mai la végétation est belle, mais n'est pas très avancée.

L'épiaison s'est faite le 16 juin en 1886, et le 19 en 1887.

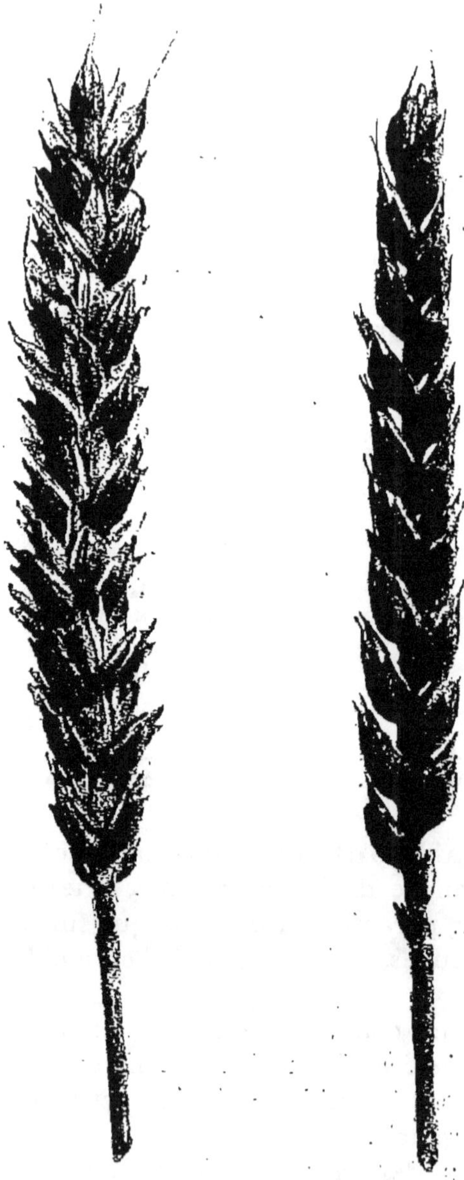

Fig. 120. — Blé Red chaff Dantzick.

La maturité s'est faite tardivement en 1886-1887, 1888-1889. Mais malgré cela la qualité de grain a été bonne.

Nous semons à la volée 200 kilgr. de grain à l'hectare.

C'est une variété qui nous donne depuis longtemps de bons résultats; elle est rustique, et bien qu'un peu tardive, elle n'est que peu sujette à la rouille et à l'échaudage.

RENDEMENTS.

ANNÉES.	Grain.	Qualité.	Paille.
	Quintaux.		Quintaux.
1886	29,5	B.	67,0
1887	28,0	A. B.	55,0
1888	32,0	B.	60,0
1889	36,9	B.	»
Moyennes	32,1		60,70

Dattel. — Obtenu par Vilmorin du croisement du Prince-Albert et du Chiddam d'automne à épi rouge. Cette variété à paille blanche, épi rouge et grain blanc, a toutes les qualités de ce dernier, mais elle donne plus de paille et un grain plus gros. C'est un hybride très bien fixé.

Depuis 12 ans qu'on le cultive à Villeneuve et à Moyencourt, on en a toujours été très satisfait. Dans nos essais poursuivis systématiquement, il se maintient avec le Rouge de Bordeaux, à la tête des autres variétés. Les renseignements que nous possédons sur sa tenue, dans les autres parties du département d'Eure-et-Loir, corroborent nos déductions expérimentales.

Cette variété doit se semer de bonne heure à l'automne. Comme le tallage est relativement abondant, il

Fig. 121. — Blé Dattel.

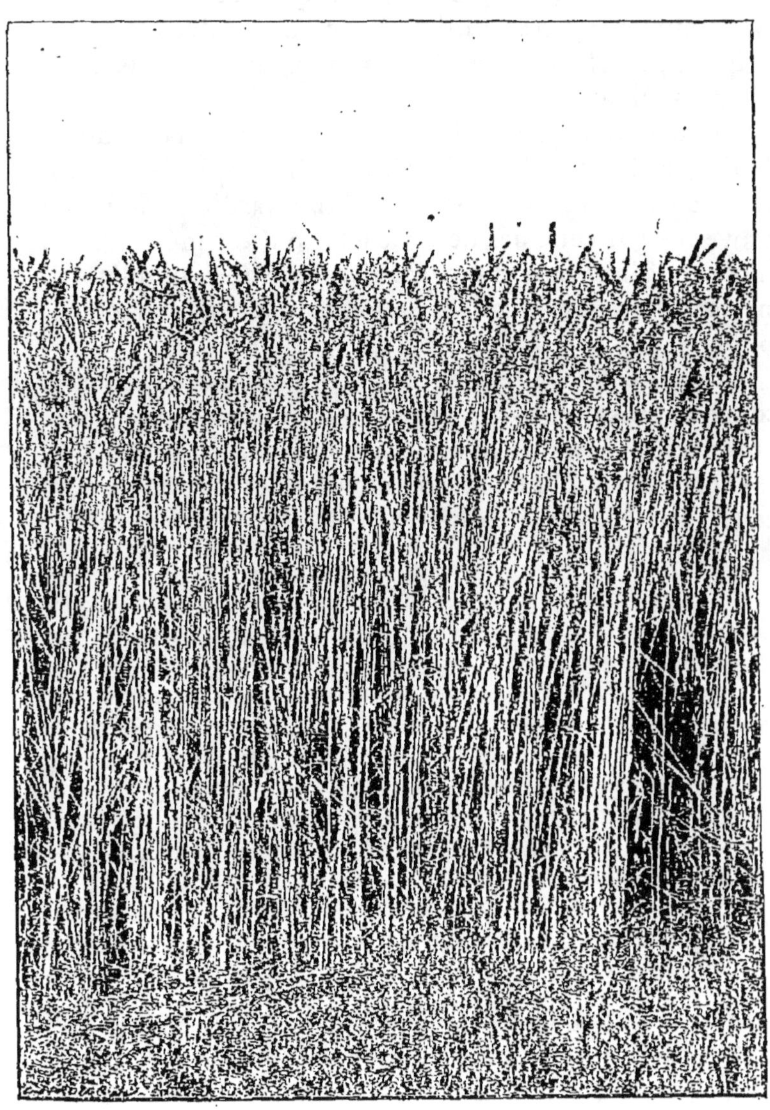

FIG. 122. — CHAMP DE BLÉ DATTEL.

faut employer moins de semence qu'avec le Rouge de Bordeaux, 240 litres au lieu de 300 à la volée.

Rustique, il supporte bien nos hivers et pousse vigoureusement.

Son apparence en mai est belle. Il est un peu moins hâtif que le Rouge de Bordeaux, il a épié le 15 juin en 1886 et le 19 en 1887. C'est un retard de 7 jours en moyenne sur cette dernière variété. S'il est moins hâtif, il résiste à la rouille d'une manière presque complète. Il ne verse pas davantage, et sa maturité est généralement bonne.

Sa paille est belle, et son grain blanc, assez gros et court, a plus de qualité que le blé de Bordeaux. On le cote facilement 1 fr. de plus par quintal.

C'est pourquoi nous recommandons plus spécialement cette variété pour la culture dans la région beauceronne.

RENDEMENTS.

ANNÉES.	Grain. Quintaux.	Qualité.	Paille. Quintaux.
1886	31,5	B.	62,0
1887	28,5	B.	52,0
1888	27,5	T. B.	50,5
1889	37,8	T. B.	»
1890	30,3	B.	68,7
Moyennes	31,1		58,3

Nous estimons que ce blé ne doit pas être semé au printemps, bien qu'en 1891, semé en février, il ait donné des résultats satisfaisants. Il a épié tardivement le 2 juillet, a assez bien résisté à la rouille, et a fourni 23 qx 2 d'un grain de belle qualité à l'hectare.

Blé barbu à gros grain. — C'est une variété nouvelle obtenue par M. H. de Vilmorin, dans un semis

FIG. 123. — BLÉ BARBU A GROS GRAINS (DEMI-GRANDEUR)

de blé de Noé. Il l'a mise dans le commerce à l'automne

de 1889. Grâce à son obligeance, nous la cultivions déjà depuis deux ans. Elle a tous les caractères et tous les mérites du blé bleu, tout en semblant un peu moins disposée à prendre la rouille. Ce qui l'en distingue le plus, c'est son bel épi blanc *barbu*. Cette particularité est fort heureuse, car ce blé ayant tendance à s'égrainer, l'élasticité de ses barbes le préserve des chocs, auxquels il serait exposé sous l'action des vents. De plus, ses barbes le défendent des attaques des oiseaux dont il aurait beaucoup à souffrir à cause de sa très grande précocité. Le grain est rouge, très beau, gros, bien nourri, fin d'écorce.

La paille est courte, pleine, dressée et blanche.

Nous l'avons semé à la dose de 210 kgr. à l'hectare en 1887 et 1888. Il a très bien résisté à l'hiver, et tallé au printemps. En 1889 il s'est même trouvé trop dru, ce qui a beaucoup nui à son rendement en le faisant verser.

Tous les caractères de ce blé semblent indiquer qu'il serait avantageusement cultivé en Beauce s'il résistait mieux à la rouille.

RENDEMENTS.

ANNÉES.	Grain. Quintaux.	Qualité.	Paille. Quintaux.
1888	31,5	T. B.	60,0
1889	34,6	B.	»
Moyennes.	33,0		60,0

En 1890, à Moyencourt, ce blé a été très violemment attaqué par la rouille, et complètement échaudé. Le rendement est tombé à 21 quintaux 2 de grain, avec 93 qx 8 de paille.

Semé au printemps en 1891, il a donné un rende-

Fig. 124. — Gerbe de blé barbu a gros grains.

ment de 26 qx 2, d'un grain de très bonne qualité.

Il avait mieux résisté à la rouille que le blé de Bordeaux, qui dans le même champ avait donné 26 qx 1.

Le blé barbu à gros grain, ou de Noé barbu, est donc une variété qu'on peut semer à l'automne et au printemps.

Blé de Rieti. — Blé provenant d'Italie, barbu, épi blanc allongé, à épillets très écartés; paille souple, verse malheureusement. Cette variété résiste si bien à la rouille, que c'est la seule qui n'ait pas rouillé du tout en 1888, année si favorable au développement de ce terrible parasite. Entouré sur deux faces par du blé de Bordeaux très rouillé, et de l'autre côté par un blé qui n'est pas resté indemne, le blé de Rieti, malgré ce contact compromettant, a été entièrement réfractaire à la contagion. C'est là le fait le plus saillant de nos essais de culture de 1888, confirmé pleinement par nos cultures postérieures. Toutes les variétés de froment ne sont donc pas douées de la même résistance à l'envahissement du champignon. Pendant que certains blés (Noé, Bordeaux, etc.), prennent la rouille très facilement, d'autres, comme le Dattel et le Rieti, résistent d'une façon remarquable.

Le grain du blé de Rieti est très gros, très allongé très gris et très lourd. On le dit fort riche en gluten.

On a semé ce blé à raison de 250 kgr. à l'hectare. Il a assez bien résisté aux hivers qui ont été assez rudes, il n'a pas tallé. En juin sa végétation est admirable. C'est une variété très hâtive. La moisson a été faite le 3 août en 1888, soit 8 jours avant le Dattel.

C'est la variété la plus hâtive pour épier et mûrir. En 1889 elle a versé de très bonne heure.

Son peu de résistance à la verse fait qu'il est impossible d'en recommander la culture, malgré ses grands

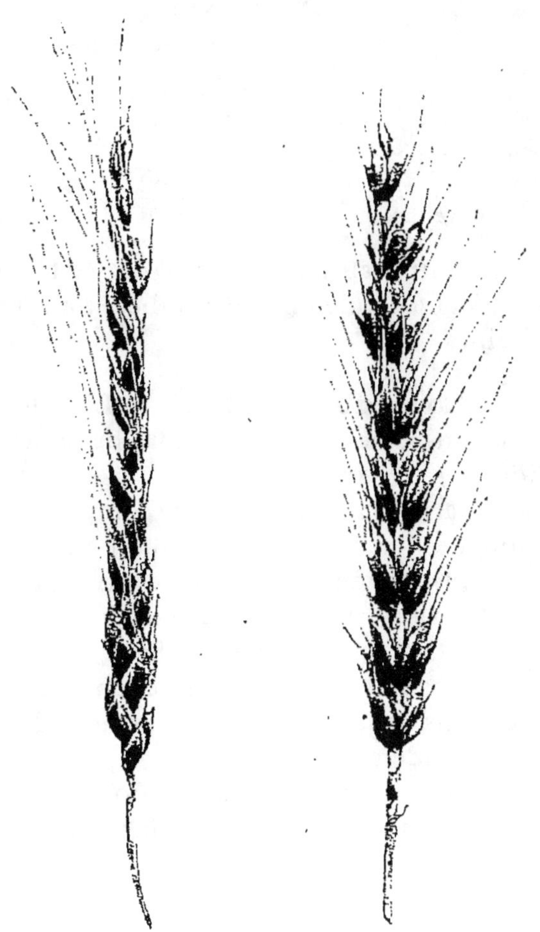

FIG. 125. — BLÉ DE RIETI (DEMI-GRANDEUR).

rendements, d'autant plus que son grain est médiocre.
Mais sa résistance à la rouille et sa productivité le

signalent aux chercheurs de variétés nouvelles par hybridation.

RENDEMENTS.

ANNÉES.	Grain. — Quintaux.	Qualité. —	Paille. — Quintaux.
1888	33.5	P.	65,0
1889	42,9	—	»
1890	36,6	—	104,4
Moyennes.	37,7		84,7

En 1891, cultivé au printemps, il est resté comme les annés précédentes indemne de rouille, et a rendu 25 qx 90 de grain.

Blé poulard d'Australie. — Le blé poulard d'Australie est remarquable par une belle mais tardive végétation.

Son épi carré et modérément compact, porte des barbes longues et fortes. Il est d'un gris cendré ou bleuté, du plus bel effet. Le grain est très gros.

C'est une variété rustique, qui talle beaucoup, et qui s'accommode des terres froides. Bien que son grain soit assez peu estimé de la meunerie, on le cultive dans le Nord et dans les environs de Nancy, où il donne de très grands rendements.

Nous l'avons semé à raison de 200 kgr. à l'hectare. En 1889 il a à peine versé, alors que la verse était presque générale.

RENDEMENTS.

ANNÉES.	Grain. — Quintaux.	Qualité. —	Paille. — Quintaux.
1888	27,0	P.	»
1889	46,9	—	»
1890	35.2	—	100,8
Moyenne	36,3		

Fig. 126. — Blé poulard d'Australie (demi grandeur).

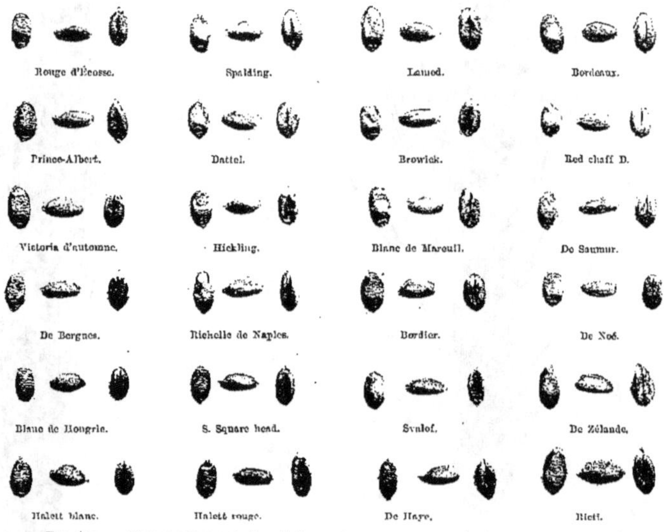

Fig. 127. — Grains des variétés précédentes vus de trois cotés (grandeur naturelle).

Classement des variétés précédentes. — En nous appuyant sur les résultats donnés à propos de chaque variété, nous avons classé nos blés, d'après :

1° leur résistance à l'hiver,
2° leur tallage,
3° leur précocité,
4° leur résistance à la rouille,
5° leur résistance à la verse,
6° leur résistance à l'échaudage,
7° leur rendement et leur qualité.

Rusticité ou résistance à l'hiver. —

— Peu résistants à l'hiver :

Aleph, Talavera, Rousselin, Rouge de Saint-Laud, Gris de Saumur, Richelle de Naples, de Zélande.

— Résistant assez bien :

Touzelle rouge, de Noé, de Haie, de Rieti.

— Résistant bien :

Rouge d'Écosse, Rouge de Hongrie, Dattel, Square head, Red chaff Dantzick, Rouge prolifique suédois, de Bordeaux, Victoria, Lamed, Blanc de Mareuil, Browick, Blanc de Hongrie, de Bergues, Hickling, Prince-Albert, Blé Svalof suédois, Blé seigle, Hallett's pedigree rouge, Hallett's pedigree white Victoria, Spalding, Trump, Barbu à gros grain, Blé Bordier, Poulard d'Australie.

Tallage. — Tallent beaucoup :

Square head, Dattel, Red chaff, Trump, Rouge d'Écosse, Victoria, Browick, Blanc de Hongrie, de Bergues, Hickling, Prince-Albert, Svalof, Rouge prolifique suédois, Hallett's pedigree rouge, Hallett's pedigree White Victoria, Spalding, Poulard d'Australie.

— Tallent assez bien :

Rouge de Hongrie, Aleph, Blanc de Mareuil, Barbu à gros grain, Bordier.

— Tallent peu :

De Bordeaux, Lamed, de Zélande, Touzelle rouge de Provence, Richelle de Naples, Blé seigle, Talavera, de Haie, Gris de Saumur, Rouge de Saint-Laud, Rousselin, de Noé, Rieti.

Hâtivité ou précocité. — Variétés très hâtives :

Touzelle rouge, Richelle de Naples, de Zélande, Talavera, de Rieti, Barbu à gros grain, de Noé.

Variétés hâtives :

Rouge de Saint-Laud, de Bordeaux, Rousselin, Gris de Saumur, Blé seigle, Blé Bordier.

Variétés intermédiaires :

Lamed, Aleph, Dattel, Blanc de Mareuil, de Bergues, Blanc de Hongrie.

Variétés tardives :

Rouge d'Écosse, Victoria, Red chaff Dantzick, Browick, Hickling, Prince-Albert, Svalof, Rouge prolifique, Hallett's pedigree rouge, Hallett's pedigree blanc, Spalding, de Haie, Trump, Square head, Poulard d'Australie.

Résistance à la rouille. — Il résulte de nos observations que les variétés qui offrent le plus de résistance à la rouille, sont en première ligne le Rieti, le Dattel, le Rouge d'Écosse.

Viennent ensuite : le Victoria, le Rouge de Hongrie, le Red chaff dantzick, le blé d'Australie, le Square head, le Lamed, le Blanc de Hongrie, sans que nous établissions de classification dans cette énumération; nous considérons ces blés comme peu sujets à la rouille.

Au contraire, les blés suivants rouillent généralement beaucoup : Aleph, Rousselin, de Noé, de Zélande, Touzelle rouge de Provence, Richelle blanche de Naples, Gris de Saumur, Rouge de Saint-Laud, de Bordeaux, Blanc de Hongrie, Prince-Albert.

Les autres variétés rouillent passablement.

Résistance à la verse. — En 1889, par suite d'une végétation luxuriante et surtout de violents orages multipliés, il n'y a pas eu, à ma connaissance, de variété de blé qui ait résisté absolument à la verse.

Le fameux Square head y a lui-même succombé en plus d'un point.

C'est surtout en tenant compte des années précédentes, que nous allons dresser notre liste de classement.

Nous soulignons les variétés qui ont le mieux résisté en 1889, au champ d'expériences de Moyencourt.

Résistent bien à la verse :

Square head, Dattel, de Noé, Lamed, de Bordeaux,

d'*Écosse* de Saint-Laud rouge, Gris de Saumur, Red chaff, Trump, *Browick* Rouge prolifique suédois, Svalof, *Poulard d'Australie,* Bordier, Barbu à gros grain.

Résistent assez bien à la verse :

Zélande, Rouge de Hongrie, Blanc de Hongrie, Victoria, Blanc de Mareuil, Hickling, Hallett's pedigree rouge et blanc, Spalding, de Haie.

Versent facilement :

Touzelle, Rousselin, Aleph, Richelle, de Bergues, Prince-Albert, Blé seigle, Talavera, de Rieti.

Résistance à l'échaudage. — La maturité est bonne :

Dattel, Bordeaux, Lamed, de Noé, Blanc de Mareuil, Richelle de Naples, de Zélande, Rieti, Barbu à gros grain, Bordier.

La maturité est assez bonne :

Victoria, Saumur gris, Red chaff, Dantzick, Blanc de Hongrie, Rouge de Saint-Laud, Rousselin.

La maturité est médiocre :

Touzelle, Talavera, Rouge de Hongrie, Browick, de Bergues, Svalof, de Haie, Poulard d'Australie.

La maturité est mauvaise :

Trump, Aleph, Square head, Hickling, Prince-Albert Rouge prolifique suédois, Blé seigle, Hallett's pedigree rouge et blanc, Rouge d'Écosse, Spalding.

TABLEAU GÉNÉRAL DES RENDEMENTS MOYENS.

Classement.	PRINCIPALES VARIÉTÉS D'AUTOMNE	Grain. Quin-taux.	Qualité du grain.	Paille. Quin-taux.	Années de culture.
29	Victoria blanc de Hallet	24,5	P	48,5	1
30	Victoria d'automne de Hallet. . .	24,5	P	45,5	1
14	Square head	29,7	T,M	55,8	5
21	Blanc de Hongrie.	26,5	B	52,0	1
26	— de Zélande.	25,0	P	48,1	2
2 bis	Blé Bordier.	28,6	B	58,5	5
20	Richelle blanche de Naples. . . .	26,5	B	54,0	3
15	Blanc de Flandre.	29,6	P	56,5	3
4	Gris de Saumur	31,1	P	68,7	5
13	Blanc de Mareuil.	29,9	P	60,7	3
10	Hickling	30,8	M	50,5	2
24	Svalof suédois ou Victoria tardif.	25,5	M	47,5	1
12	Victoria d'automne.	30,2	P	61,0	6
5	Redchaff Dantzick.	32,1	B	60,7	4
7	Browick.	31,6	P	50,0	3
11	Dattel.	31,1	T,B	58,3	5
9	Prince-Albert.	31,0	M	53,5	3
6	Lamed	31,6	B	55,5	5
16	De Noé.	28,8	P	44,7	4
23	Rouge prolifique suédois	25,5	M	48,0	1
17	Rouge d'Écosse.	29,6	M	54,0	6
28	Spalding	24,7	M	50,0	2
8	Rouge de Bordeaux.	31,5	B	54,2	5
1	Blé de Rieti.	37,7	P	84,7	3
3	Barbu à gros grain	28,3	AB	60,0	4
18	Rouge de St-Laud	28,0	P	49,2	2
32	Rousselin.	23,8	M	52,1	3
27	Blé seigle.	25	M	54,5	1
25	Talavera de Bellevue	25,3	P	50,0	2
31	De Haie.	24,0	M	50,0	1
34	Trump	22,5	M	50,0	2
22	Touzelle rouge de Provence . . .	25,5	M	53,0	1
33	Aleph.	22,7	M	47,5	4
19	Rouge de Hongrie	27,5	P	52,5	2
2	Poulard d'Australie.	36,3	P	»	3

Au point de vue de notre climat, nous devons éliminer tous les blés qui donnent généralement un

grain de mauvaise qualité, parmi ceux de plus grand rendement, de sorte que de nos 35 variétés étudiées, il ne nous reste que les variétés suivantes :

    1° Blé Bordier,
    2° Barbu à gros grain,
    3° Red chaff Dantzick,
    4° Lamed,
    5° De Bordeaux,
    6° Dattel,

que nous puissions recommander à la culture beauceronne.

Enfin nous devons faire observer que nos variétés ont toujours été cultivées dans les conditions les plus ordinaires des fermes de Beauce, c'est-à-dire sur jachère, avec fumure ordinaire de fumier de ferme, auquel nous avons ajouté comme engrais complémentaire, 300 kilog. de superphosphate.

Si nos rendements ne sont pas extraordinaires, cela tient évidemment à cette particularité, que nous avons tenu avant tout à ne pas nous éloigner des conditions ordinaires de la pratique.

Observations générales. — Nous venons d'indiquer le choix des variétés que nos études nous permettent de recommander à l'attention des agriculteurs de notre région; mais nous ne saurions manquer de faire observer que ce qui précède, peut se généraliser dans une certaine mesure, à condition de tenir un compte suffisant des conditions de milieu.

Dans tous les pays où la précocité n'est pas aussi indispensable que chez nous, beaucoup de variétés qui ne nous donnent qu'un grain passable, sont susceptibles de fournir un grand rendement et une bonne qualité. Ainsi par exemple, les variétés Poulard d'Australie, de Saumur, Hickling, Browick, Victoria d'automne, Prince-Albert, Square head, qui nous ont donné, dans des conditions défavorables pour leurs aptitudes, des rendements moyens supérieurs à 22 qx de grain, sont certainement appelées à rendre de grands services dans les sols et sous les climats qui leur conviennent.

Il en est de même des variétés qui craignent nos hivers, comme le Rouge de Saint-Laud et la Richelle blanche de Naples. Dans les pays plus tempérés, elles peuvent être d'une haute utilité.

De même, si nous préférons les variétés à paille courte, à cause de la grande richesse de notre sol en azote, qui nous fait redouter la verse avec les variétés trop élevées, celles-ci ne sont pas à écarter, là où la terre a moins de tendance à exagérer la production en paille.

Blés hybrides de Carter. — La maison Carter, de Londres, a fait figurer à l'Exposition Universelle de 1889, une collection de 11 blés hybrides résultant du croisement de variétés diverses, et d'une sélection poursuivie dans les champs d'essai de Forest Hill depuis 1883. Nous avons pu nous la procurer et la cultiver comparativement avec nos anciennes variétés plus haut décrites, à la ferme de Moyencourt, chez M. Omer Benoist.

Le sol où les hybrides en question furent cultivés était profond et fertile, et de nature argilo-calcaire. Il avait porté des betteraves à graines fumées. Avant le semis du blé on y répandit 300 kilogr. à l'hectare de superphosphate minéral, soluble au citrate, titrant 14 % d'acide phosphorique, et 100 kilogr. de sulfate d'ammoniaque.

Le champ divisé en 22 parcelles contiguës et égales fut semé le 26 octobre 1889, de 11 des variétés que nous étudions depuis longtemps, alternant avec les 11 hybrides anglais. Nous donnons ci-après le résumé de nos observations, relatives à ces derniers. Pour les autres variétés, nous nous bornons à indiquer leur rendement dans le tableau récapitulatif final.

Carter A. — Pendant et après l'hiver ce blé s'est montré tardif, tallant beaucoup et rampant sur la terre, comme le Rouge d'Écosse ou Golden Drop. Il a épié tardivement, le 19 juin. A ce moment il avait, comme presque toutes les autres variétés cultivées, une belle apparence. La verse ensuite est arrivée comme partout ailleurs.

A l'approche de la maturité, ce blé a présenté tous les caractères du blé Rouge d'Écosse : épi rouge et paille se colorant en rouge à son extrémité. Son grain, du reste, ressemble étonnamment à celui de cette ancienne variété.

L'examen du mode de végétation, de l'épi, de la paille et du grain, tout nous fait croire que cette variété est identique avec le Golden Drop ou Rouge d'Écosse depuis si longtemps connu. Nous aurons plus loin encore l'occasion de signaler de pareilles ressemblances.

Le rendement du Carter A s'est élevé à

$$26 \text{ quintaux } 6 \text{ de grain}$$
$$\text{et } 93 \quad — \quad 4 \text{ de paille.}$$

Carter B. — Végétation tardive, tallage considérable. Cette variété a épié le 20 juin ; sa paille était très longue, et d'un vert trop foncé. La verse l'a couché entièrement. L'épi est blanc, carré comme celui du Hickling. Le grain est blanc, assez gros, mais maigre. Le rendement s'est élevé à

Fig. 128. — Blé Carter « A ».   Fig. 129. — Blé Carter « B ».

3i quintaux 1 de grain
et 95 — 9 de paille.

Carter C. — Tout à fait semblable au *Carter A* et, par conséquent, au blé *Rouge d'Écosse,* cette variété (ou plutôt ce synonyme) est tardive; elle rampe sur le sol en hiver; son épi est rouge, son grain petit et glacé; sa paille se colore en rouge au sommet. Son rendement s'est élevé à

3o quintaux 3 de grain
et 93 — 7 de paille.

Carter D. — A l'épiage, qui a eu lieu le 13 juin, cette variété présentait presque tous les caractères du *blé de Haie* ou *Tunstall* que nous avons cultivé les années précédentes. L'épi est recouvert d'un duvet velouté facilement reconnaissable, mais n'est pas tout à fait aussi effilé que celui du blé de Haie.

Quoique d'une hauteur moyenne seulement, ce blé a versé, comme tant d'autres. Son grain, d'un blanc jaune, est maigre et un peu allongé. Il a rendu

32 quintaux 4 de grain
et 73 — 6 de paille.

Peut se semer à l'automne et en février.

Carter E. — Cette variété a une végétation un peu tardive, comme presque tous les blés de Carter. La paille est de hauteur inégale, l'épi blanc renferme un grain blanc très petit. L'épiage a eu lieu le 16 juin. Le rendement a été de

26 quintaux 5 de grain
et 79 — 5 de paille.

Carter F. — C'est une variété précoce, à végétation hâtive et belle. Sa paille blanche, longue et molle, a amené une verse absolue. L'épi est blanc, long et lâche. Le grain blanc est gros, allongé et un peu maigre. D'après tous ses caractères et son mode de végétation, nous avons la conviction que cette variété est simplement le *Talavera de Bellevue,* que nous avons cultivé en 1886 et 1887.

L'épiage a eu lieu le Ier juin, et le rendement a été de

35 quintaux 8 de grain
et 82   —   2 de paille.

On peut le semer au commencement du printemps. Nous l'avons semé au printemps de 1891. Il ne nous a produit que 20 qx 60, après avoir versé de très bonne heure.

Carter G. — Cette variété s'est montrée très tardive tout l'hiver et au printemps. Sa paille est restée relativement très courte et raide. Ce blé est le seul, avec le Poulard d'Australie, qui soit resté entièrement debout jusqu'à la récolte, sur nos 22 parcelles. C'est pourquoi son rendement a été très bon.

Il a la paille blanche, l'épi court et carré ; le grain est blanc et de belle qualité, il ressemble étonnamment au *blé Roseau,* mais ne se confond pas avec lui. Il est plus court.

Il a épié le 21 juin, a bien mûri et a rendu

37 quintaux de grain
et 77   —   de paille.

En 1892 il a donné 27 qx 50 d'un grain blanc un peu petit, mais de bonne qualité, malgré la sécheresse.

Fig. 132. — Blé Carter « E ».   Fig. 133. — Blé Carter « F ».

En 1893 il a produit 22 q. 8 à l'hectolitre quand le blé de Bordeaux donnait 22 qx.

Après avoir été détruit par l'hiver en 1890-91, il fut resemé au printemps, et donna dans ces conditions un rendement de 22 qx 6. Nous n'oserions pas le conseiller comme blé de mars; toutefois, nous considérons ce blé comme un gain sérieux.

Carter H. — Ce blé est tardif. Sa paille blanche, est assez longue, et de hauteur inégale.

L'épi est blanc et carré. Le grain, blanc, est assez gros, mais maigre. Nous n'avons pas trouvé de différence assez sensible entre les blés de Carter H, B et K, pour croire que ce sont trois variétés différentes. Celui-ci a épié le 16 juin et a rendu

> 26 quintaux 2 de grain
> et 72 — 8 de paille.

Carter I. — Cette variété, très laide, est mauvaise. Son épi, rouge et barbu, est petit et maigre. Le grain rouge, est maigre aussi. Il a épié le 12 juin et a donné

> 22 quintaux 50 de grain
> et 73 — 5 de paille.

Cette variété peut se semer en mars.

Carter J. — Végétation tardive et peu vigoureuse. Paille de moyenne hauteur, blanche. Épi blanc, très ordinaire, grain rouge et maigre, assez ressemblant au grain du blé rouge d'Écosse. A épié le 12 juin. Rendement :

> 29 quintaux 8 de grain
> et 73 — 2 de paille.

Carter K. — Cette variété, tardive, est vilaine en hiver et au printemps. La paille est blanche, l'épi est

FIG. 134. — BLÉ CARTER « G ».   FIG. 135. — BLÉ CARTER « H ».

carré et blanc. Ce blé n'a versé qu'à moitié. Il a épié le 20 juin et a donné

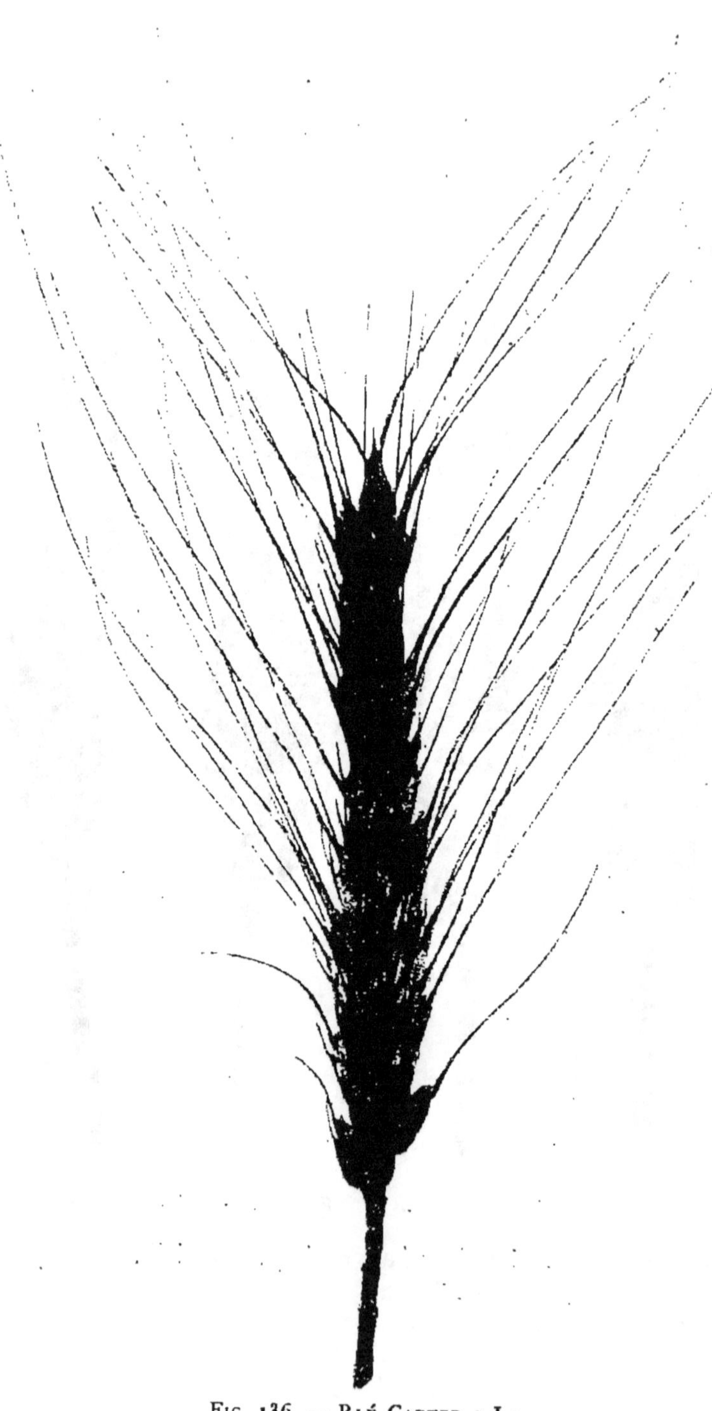

Fig. 136. — Blé Carter « I ».

FIG. 137. — BLÉ CARTER « J ».   FIG. 138. — BLÉ CARTER « K ».

29 quintaux 36 de grain
et 75 — 7 de paille.

Dans le tableau suivant, nous présentons les rendements obtenus des hybrides anglais et des variétés anciennes cultivées côte à côte. Les blés y sont rangés par ordre de production en grain.

Numéros.	NOMS DES VARIÉTÉS.	RENDEMENT.	
		Grain.	Paille.
		qx	qx
1	Carter G.	37,0	77,0
2	Riéti.	36,6	104,4
3	Carter F.	35,8	82,2
4	Rouge d'Écosse.	35,4	79,6
5	Poulard d'Australie	35,2	100,8
6	Blé de Saumur	33,9	96,1
7	Carter D.	32,4	73,6
8	Victoria d'automne	31,7	76,8
9	Carter B.	31,1	95,9
10	Carter C.	30,3	93,7
	Dattel	30,3	68,7
11	Blé Bordier	30,1	99,9
12	Carter J.	29,8	73,2
13	Carter K.	29,3	75,7
14	Lamed.	28,9	83,1
15	Carter A.	26,6	93,4
16	Carter E.	26,5	79,5
17	Blé de Bordeaux.	26,4	77,6
18	Carter H.	26,2	72,8
19	Carter I.	22,5	73,5
20	Barbu à gros grain.	21,2	93,8

Au point de vue purement cultural, les hybrides qui nous occupent ne semblent pas, d'après les constatations précédentes, répondre entièrement aux promesses faites par leur créateur. Sur les 11 hybrides, A n'est que l'ancien Rouge d'Écosse; D ne diffère guère du blé de Haie; F se confond avec le Talavera de Bellevue; B, H et K constituent une même variété très voisine de Hickling. Pour le rendement et la qualité, ils ne semblent pas supérieurs à nos anciens blés. Les 11 hybrides nouveaux donnent une moyenne de 29 qx 77 de grain, et de 80 qx 9 de paille, tandis que nos blés de collection nous fournissent 31 qx 3 de grain et 87 qx 05 de paille. L'infériorité des blés Carter s'accentuerait si l'on faisait entrer en ligne les résultats de cultures antérieures. *Toutefois, d'une manière absolue, on peut les considérer comme des blés de bon choix, puisqu'ils rivalisent avec des variétés d'élite comme le Bordeaux, le Dattel, le Bordier, le blé de Saumur.*

Autres variétés de blé. — Après les variétés précédemment étudiées, nous devons passer en revue les suivantes.

Blé Hunter. — D'hiver. Paille blanche, haute, fine et souple. Épi assez lâche, effilé, souvent recourbé, plus large sur la face que sur le profil; balles longues et un peu divergentes; les épillets du sommet de l'épi portent des arêtes ou rudiments de barbes assez accentuées. — Grain blanc, assez allongé, aminci aux deux extrémités, fin, quoique bien rempli. (H. V.)

C'est de tous les blés blancs celui qui résiste le mieux à nos hivers. Il a une rusticité égale à celle du blé de Lorraine. Peu difficile sous le rapport du sol, il s'accommode des terres fortes et froides, mais demande à y être semé de bonne heure. Il résiste à la verse et à la rouille.

Blé roseau. — D'hiver. — Paille droite, très raide, de hauteur médiocre. — Épi compacte surtout vers la pointe, passablement plus large sur le profil que sur la face, ordinairement blanc, mais prenant sur les glumes, dans les années chaudes et sèches, une teinte grise assez prononcée. — Grain blanc, gros, bien rempli, assez obtus aux deux extrémités, surtout du côté du germe. (H. V.)

Sa maturité est assez précoce. Quoiqu'il convienne surtout aux terres très riches où, grâce à sa résistance à la verse, il peut donner des rendements très considérables, il peut être cultivé avantageusement dans les sols argileux moyens, à sous-sol calcaire, s'ils ne sont pas trop secs. On peut le semer pendant le courant de novembre.

Touzelle anone. — D'hiver. — Paille très haute, ferme et flexible, creuse, blanche et parfois violacée entre l'épi et la dernière feuille. — Épi blanc presque toujours recourbé, très effilé, très lâche, très long. — Grain tendre, rouge, un peu grisâtre, allongé, mince, donnant une farine de très bonne qualité. (H. V.)

Cette variété ne convient qu'au midi de la France; elle supporte difficilement les hivers du centre et surtout du nord. Elle convient aux sols légers et médiocres. Sa maturation est très hâtive.

Nursery. — D'hiver. — Paille fine, souple, bien creuse. — Épi blanc, effilé, épaissi à la base; épillets peu élargis, surtout au sommet, où ils sont en même temps plus espacés qu'à la base. Balles longues et pointues, légèrement aristées. — Grain coloré, long et mince.

C'est une variété qui convient à la région septentrionale, car elle est très rustique.

Il ne faut pas la confondre avec le blé Nursery du Major Hallett, qui n'est qu'une sélection du Victoria d'automne (voir ce blé).

Blé de mars sans barbe ordinaire. — Épi blanc

dressé, moyen, en pyramide, carré à la base, un peu effilé vers le sommet, légèrement aristé. — Paille raide, courte, bien creuse. — Grain rouge.

C'est une variété exclusivement de printemps.

Blé de mars rouge sans barbes. — De printemps. — Paille assez haute et forte, souple, très creuse. — Épi roux clair, très lâche et très mince, extrêmement effilé, presque toujours courbé. — Grain allongé, très mince, rouge, d'apparence demi-glacée. (H. V.)

Cette variété n'est pas très productive. Elle talle peu. Son grain est assez léger. Elle convient surtout aux terres maigres, sablonneuses et légères. On peut faire les semis jusqu'au commencement d'avril.

Blé d'Altkirch ou *Rouge de Lorraine.* — D'hiver. — Paille raide et ferme. — Épi rouge mince, effilé et dressé. — Grain rouge.

C'est une variété indigène très rustique qui convient très bien aux climats rudes.

Blé carré de Sicile. — De printemps. — Paille de hauteur moyenne, blanche, droite et très raide. — Épi rouge, très court et très compact, ne dépassant guère trois centimètres de longueur, plus large sur le profil que sur la face. — Grain rouge très court, obtus aux deux extrémités, d'apparence presque glacée. (H. V.)

Cette variété, essentiellement de mars, est une des plus promptes à mûrir. Elle convient aux sols chauds, légers et calcaires. Si ses épis sont petits, ils sont très pleins, et on obtient un bon rendement.

Hérisson sans barbe. — De printemps et d'automne. — Paille de hauteur moyenne, grosse, droite et très raide. — Épi rouge foncé extrêmement compact, court et gros, très aplati sur le sens du profil. — Grain très court, renflé, rouge cuivré, presque glacé. (H. V.)

Cette variété est une des plus productives parmi les blés de printemps. Toutefois, comme elle n'est pas très hâtive, il ne faut plus la semer après le 15 mars. Elle ne craint ni la verse, ni les chaleurs.

Blé Chiddam d'automne, à épi rouge. — D'hiver. — Paille blanche, droite, ferme, peu élevée, assez fine. — Épi rouge foncé ou brun, légèrement aplati, souvent courbé, presque entièrement dépourvu d'arêtes. — Grain blanc, arrondi, court, très plein. (H. V.)

Cette variété est très répandue en Brie, où elle donne de très forts rendements. Nous l'avons cultivée avec grande satisfaction en Haute-Marne. Si elle a la paille courte, elle a l'avantage de pouvoir donner de très grosses récoltes de grains sans verser.

Ce blé préfère des terres fortes, calcaires. On peut le semer jusqu'en décembre, si le temps est favorable. Il est demi-hâtif.

Blé blanc barbu Shireff. — D'hiver. — Paille blanche, haute, droite et forte. — Épi long, carré, légèrement pyramidal, c'est-à-dire s'atténuant régulièrement de la base jusqu'à la pointe, garni de barbes blanches assez longues et fortes, serrées contre l'épi et s'en écartant peu à droite et à gauche. — Grain blanc, assez allongé, très beau et très plein. (H. V.)

Cette variété se fait remarquer par sa vigueur, sa

Fig. 139. — Blé Hérisson sans barbe.

rusticité, son grand produit et la beauté de son grain. Elle talle beaucoup, résiste bien au froid, et convient aux terres de qualité moyenne. Sa maturité est un peu tardive.

Victoria de mars. — De printemps. — Paille de hauteur moyenne, assez forte et souple. — Épi très aplati, effilé, assez lâche, à barbes divergentes. — Grain rouge, moyen, demi-glacé, rarement très plein. (H. V.)

Bonne variété de mars, passablement productive en grain et en paille; elle s'égraine facilement.

Blé de mars barbu ordinaire. — De printemps. — Paille de hauteur moyenne, fine, assez forte. — Épi demi-compact, légèrement aplati, à barbes blanches, moyennes et peu divergentes. — Grain jaune ou rougeâtre, bien plein, de grosseur moyenne, demi-glacé. (H. V.)

Cette variété est productive et très rustique. Elle convient surtout aux terres médiocres et aux climats secs. Résistant bien au vent, elle s'égraine difficilement sous ses efforts.

Blé rouge barbu d'automne. — D'hiver. — Paille blanche, haute, forte, très droite. — Épi brun foncé, un peu aplati, à barbes moyennes, s'écartant en éventail des deux côtés de l'épi. — Grain rouge moyen, bien plein et lourd. (H. V.)

C'est une variété très rustique, productive, et bien résistante aux maladies de toutes sortes, et surtout à la rouille et au charbon. Elle s'égraine un peu à la maturité. Ce blé, qui talle assez, convient aux sols d'alluvion, aux terrains légers et sains. Il convient aux sols sablonneux pourvu qu'ils soient frais. On le sème en octobre et novembre.

Blé de mars rouge barbu. — De printemps. — Paille très creuse, de hauteur moyenne, fine, mais assez forte. — Épi rouge pâle, légèrement aplati, assez lâche, effilé, muni de barbes moyennes. — Grain allongé, mince, rouge grisâtre, demi-glacé. (H. V.)

C'est le blé de mars le plus précoce. On l'appelle souvent par suite *Blé de mai*. On peut le semer en mars et même en avril. Peu exigeant, il se contente des terres de coteaux sèches et peu fertiles.

Blé hérisson brun barbu. — D'automne et de printemps. — Paille fine, souple, de hauteur médiocre. — Épi compact, court, à glumes fortement teintées de brun ou de gris foncé; barbes courtes, raides, très divergentes, s'écartant de l'épi dans tous les sens. — Grain petit, court, renflé, très plein et pointu du côté du germe, de couleur rouge cuivré et remarquablement lourd. (H. V.)

Ce blé convient aux terres médiocres, aux sols sablonneux, maigres et froids, aux terrains calcaires pauvres, aux pays de montagne à climat froid et sec.

Il talle peu, monte rapidement en épis, aussi faut-il semer assez dru, et pas trop tôt, quand on le fait avant l'hiver. Il est peu productif en paille, mais son grain est de très bonne qualité.

Blés poulards. — *Pétanielle blanche.* — D'hiver. — Paille haute, grosse et forte, dure, demi-pleine. — Épi blanc, passablement aplati à la base, où il est plus large sur le profil que sur la face, s'effilant et devenant presque carré vers la pointe, garni de longues et fortes barbes blanches ou grises peu divergentes, qui tombent souvent à la maturité. — Grain très gros, légèrement bossu, très blanc, quelquefois taché de noir auprès du germe. (H. V.)

Cette variété est assez répandue en Italie. Vigoureuse, mais pas trop rustique, elle convient au midi de la France et au centre. Son grain est de qualité très va-

riable, suivant les conditions de sa culture, tantôt tendre, tantôt dur et presque glacé. Ce blé convient aux
alluvions, aux terres fraîches et argilo-calcaires. Il a eu
un instant de célébrité sous le nom de Blé hybride Gal-
land.

Poulard blanc lisse. — D'hiver. — Paille haute,
forte, pleine et dure. — Épi carré, pyramidal, assez
long, muni de fortes barbes peu divergentes. — Grain
jaune ou rougeâtre, assez plein, demi-glacé. (H. V.)

Cette variété, rustique et productive, donne beaucoup de paille, mais son grain est de qualité médiocre. Elle talle beaucoup, convient aux terres médiocres et aux sols calcaires. Elle supporte assez bien les
froids et l'humidité de l'hiver, mais demande à être
semée de bonne heure. Ce blé est répandu dans le centre de la France, le Gâtinais et l'Orléanais.

Poulard blanc velu de Touraine à grain rouge. —
D'hiver. — Paille pleine et souple. — Épi velu, presque carré, dressé, demi-serré, régulier, long, diminuant
en pointe. Barbes longues, divergentes, situées sur les
quatre angles de l'épi. — Grain roux, glacé, à cassure
un peu farineuse.

Cette variété est recherchée dans le centre et le midi
de la France, et en Espagne. Elle est vigoureuse, et
productive dans les terres fertiles. Son grain est beau.
Sa farine donne un pain légèrement teinté de gris.

Aubaine blanche. — D'hiver. — Diffère du Poulard
précédent dont elle semble dériver par un épi plus lâche,
des épillets plus développés et divergents. Ses barbes
ont souvent une teinte grisâtre ou noirâtre à leur base.

Poulard rouge lisse du Gâtinais. — D'hiver. —
Paille pleine et dure. — Épi glabre, dressé, pyramydé,
aplati, rouge ou rouge brun. — Glumes unies et luisan-
tes, barbes rousses un peu divergentes. — Grain gros,

anguleux, jaune, roux ou rouge, demi-tendre, mais souvent dur.

Ce blé résiste bien à l'humidité, mais il redoute les froids de l'hiver.

Nonette de Lausanne. — D'hiver. — Paille pleine, grosse, haute et forte, assez dure. — Épi rouge, légèrement velu, carré, s'effilant à peine vers la pointe, muni de barbes rousses longues et fortes. — Grain rouge ou jaune rougeâtre, gros, un peu court, bien plein. (H.V.)

Cette variété, très rustique et très productive, convient aux terres fortes et humides, et aux pays de montagnes. Elle est répandue dans le centre de l'Europe et dans la Russie occidentale. Ce blé résiste très bien à la verse. Le semis doit se faire en octobre ou au commencement de novembre. Le grain est médiocre, mais très abondant.

Pétanielle noire de Nice. — D'automne et de printemps. — Paille pleine, grosse, haute et forte. — Épi long et large, aplati, d'un gris passant au noir dans les années chaudes; larges épillets en éventail; barbes noires assez fortes, tombant à la maturité. — Grain court et gros, jaune ou rougeâtre, tendre ou glacé, suivant le sol et le climat. (H.V.)

Cette variété convient exclusivement au Midi et à l'Algérie. Elle est vigoureuse et productive dans les terres riches, mais craint un peu l'échaudage. Il lui faut une terre suffisamment calcaire. Elle ne supporte pas les hivers du climat parisien.

Blé du Miracle. — D'hiver et de printemps. — Paille très pleine, courte, raide, souvent courbée au sommet. — Épi compact élargi vers la base, où il se ramifie en plusieurs divisions quelquefois ramifiées elles-mêmes; balles légèrement velues, d'un gris jaunâtre; barbes courtes et peu nombreuses. — Grain court, arrondi, bossu, blanc ou jaunâtre. (H. V.)

Cette variété assez peu rustique est une simple curiosité qui ne présente aucun intérêt agricole.

Blés durs. — *Blé de Xérès.* — D'hiver et de printemps. — Paille pleine blanche, de hauteur moyenne, assez forte. — Épi compact, à balles pointues, barbes blanches ou grises, très longues et très fortes. — Grain allongé, gros, glacé, rouge pâle. (H. V.)

Ce blé ne peut se cultiver que dans les contrées méridionales de l'Europe, l'Espagne et l'Italie, et en Orient, ainsi que dans le nord de l'Afrique. On l'y sème de préférence à l'automne, et quelquefois au printemps. Il est vigoureux et productif.

Blé de Séville à barbes noires. — Cultivé en Sicile, en Espagne et en Afrique. Ce blé a l'épi carré, très compact, brun noir ou noirâtre, les barbes très noires et très divergentes. Son grain est allongé, glacé et très beau. Sa paille est pleine. On le sème en automne surtout ou au printemps dans son pays d'origine. Sous notre climat, il serait détruit par l'hiver, et devrait se semer au printemps.

Trimenia barbu de Sicile. — De printemps. — Paille fine de hauteur moyenne, très flexible et un peu faible. — Épi blanc, assez effilé, à longues balles; barbes blanches longues et fortes. — Grain glacé, long, effilé, blond ou rouge très pâle.

Ce blé ne convient qu'au bassin de la Méditerranée, et aux États-Unis du Sud.

Bélotourka. — D'hiver et de printemps. — Paille assez fine, de hauteur moyenne, souple, pleine comme celle de tous les blés durs. — Épi rosé, assez long et effilé; barbes longues et fortes, nankin ou roux clair —

Grain long, mince, pointu, blond et corné, comme celui de Trimenia. (H. V.)

Cette variété de la Russie méridionale n'est pas trop sujette à la rouille. Sa rusticité et sa précocité relatives lui permettent d'être cultivée dans le midi de la France. Elle est assez productive.

Blé de Médéah. — De printemps. — Paille pleine, courte, raide, dressée. — Épi moyen légèrement aplati sur le sens du profil, extrêmement coloré, presque noir ; barbes noires, longues et fortes. — Grain glacé, blond, assez allongé. (H. V.)

C'est une variété qui convient exclusivement au nord de l'Afrique. Elle est très estimée en Égypte et en Algérie.

On sème cette variété à l'automne ou en hiver dans les pays chauds. En France, il faudrait la semer au printemps.

Blés de Biskra et de Bouffarick. — Ces deux blés très voisins l'un de l'autre ont l'épi rouge, lisse, et le grain coloré. — Ils se rapprochent beaucoup, comme qualité, du Belotourka.

Blé Arnaoutka. — Ce blé, d'origine russe, à épi velu, coloré, rouge brun ou gris, est un des plus estimés parmi les blés durs cultivés dans le Levant.

Blé de Pologne. — D'hiver et de printemps. — Paille pleine, assez courte, droite et forte. — Épi long présentant un aspect très particulier, à cause du très grand développement des balles qui ont jusqu'à 3 ou 4 centimètres de longueur ; barbes courtes et assez faibles. — Grain blond, glacé et très pointu. (H. V.)

Cette variété est surtout cultivée dans le nord de l'Afrique, en Algérie et en Égypte. Elle affectionne les terres chaudes et saines. On peut semer ce blé à l'automne, mais comme il talle très peu, il vaut mieux le semer au printemps. Il est, à cause de sa richesse en gluten, très estimé pour la fabrication des pâtes alimentaïres. Il est connu et estimé en Amérique sous le nom de Diamond wheat.

Épeautres. — *Épeautre blanc sans barbe.* D'automne. — Paille blanche, souple, très creuse, de moyenne taille et de bonne qualité. — Épi blanc, très effilé et très lâche; épillets étroits et courts, laissant apercevoir l'axe entre eux. — Grain vêtu, rouge pâle, allongé.

Cette variété talle énormément. Sa paille est recherchée des animaux. Son grain donne une farine très blanche, très estimée des pâtissiers. On la cultive dans les pays montagneux des Vosges, du Jura, de la vallée de la Meuse, en Suisse et en Allemagne. Elle convient aux terres froides et maigres.

Épeautre blanc barbu. — D'automne. — Paille longue, creuse et blanche. — Épi très effilé, mince et long. — Épillets écartés, barbus; barbes raides et courtes. — Grain rouge pâle, à cassure cornée.

Cet épeautre diffère peu du précédent. Toutefois, il talle moins, et monte plus vite en épis. Il en résulte qu'on peut encore faire des semis dans le courant de février.

Épeautre noir barbu. — De printemps. — Paille longue, creuse, blanche. — Épi barbu très lâche, long, mince, un peu velu, balles teintées de gris ou de noir dans les années chaudes. — Grain long, mince, rouge, corné.

Moins répandue que les précédentes, cette variété a l'avantage de réussir très bien au printemps.

Amidonnier blanc. — De printemps. — Paille blanche, très creuse, abondante et douce, quoique ferme. — Épi à axe fragile, aplati sur le sens du profil, très régulier,

Fig. 140. — Epeautre blanc
sans barbe (1).

Fig. 141. — Épeautre blanc
barbu (2).

(1) Longueur de l'épi photographié y compris la hauteur de tige : 22^{cm}5.
(2) . . . . 24^{cm}5.

très blanc et lustré; barbes courtes et faibles. — Grain vêtu rougeâtre triangulaire, à pellicule
extrêmement mince, à cassure
cornée. (H. V.)

Il convient aux mêmes sols et
aux mêmes contrées que les
épeautres. Il réussit là où aucun
autre blé ne donnerait de récolte.
On le sème en mars et avril. Il
talle beaucoup, et est très vigoureux. Sa farine est très blanche
et riche en amidon.

Amidonnier noir. — D'hiver.
— Paille assez haute, blanche,
droite et ferme. — Epi aplati,
dressé, quelquefois courbé, gris
foncé ou tout à fait noir; barbes
assez fortes. — Grain vêtu, rougeâtre, tendre. (H. V.)

Moins répandu que le précédent, il a les mêmes qualités; mais
il ne doit pas être semé plus tard
que le mois de février.

Engrain commun. — D'hiver.
— Paille creuse, courte et raide,
dressée, fine et présentant des
nœuds renflés et velus. Épi barbu,
roux clair ou presque blanc, très
aplati et régulier. Épillets étroitement imbriqués les uns sur les
autres, ne contenant qu'un grain.

(1) Grandeur naturelle.

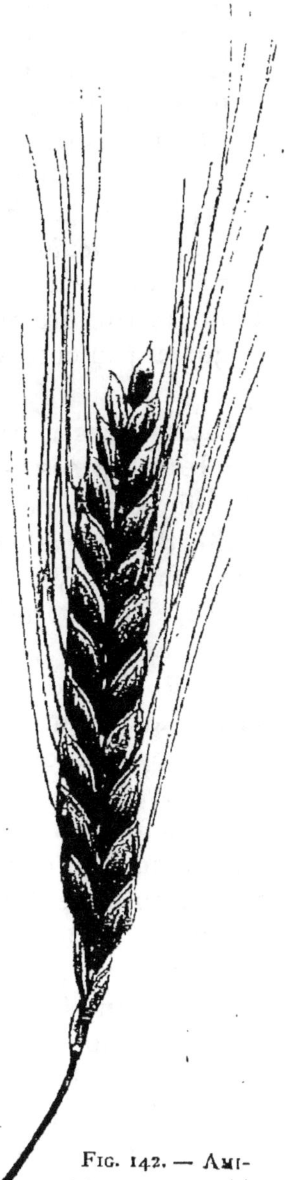

FIG. 142. — AMI-
DONNIER BLANC (1).

Axe très fragile. Barbes fines, allongées. —Grain vêtu, petit corné, mais tendre, ressemblant à un grain de riz.

L'engrain commun se cultive dans les plus mauvais sols, sablonneux ou calcaires, où le seigle lui-même n'est pas assuré de réussir. On le sème avant l'hiver, car semé au printemps il ne monte pas en épis. Vigoureux, il talle beaucoup.

Engrain double. — D'automne et de printemps, cette variété diffère de la précédente en ce qu'elle a presque toujours deux grains par épillet. Elle est originaire d'Espagne et peu cultivée.

Classement des variétés, d'après l'époque de leur semis. — Le classement qui va suivre ne s'applique qu'au climat parisien.

Blé d'automne à semer en octobre. — Blanc de Flandre, Trump, Victoria d'automne, Hallett, Rouge d'Écosse, Rouge de Hongrie, Prince-Albert, Browik, Blanc-Schiref, Nonette de Lausane, Poulard blanc lisse, Poulard d'Australie, Spalding, d'Altkirch, Poulard blanc velu de Touraine, Aubaine blanche, Poulard rouge lisse du Gâtinois, Hybrides de Carter A, B, C, E, G, H, J, K.

Blé d'automne à semer jusqu'en novembre. — Victoria blanc, Hunter, Blanc de Hongrie, Roseau, Blanc de Mareuil, de Haie, de Noé, Shirriff's square head, Hickling, Touzelle anone, de Saumur, Chiddam d'automne à épi rouge, de Bordeaux, Blé Seigle, Rouge barbu, Pétanielle blanche, Blé du Miracle, Engrain commun, Épeautre blanc sans barbe, Bordier, Lamed, Dattel.

Blé d'automne et de février. — Talavera de Bellevue, Red chaff Dantzick, de Bordeaux, Rouge de Saint-Laud, Pétanielle noire de Nice (pour le Midi); Blé de

(1) Grandeur naturelle.

Pologne, Epeautre blanc barbu, de Zélande, Touzelle rouge de Provence, de Rieti, Blé du Miracle, Blé de Séville (Midi), Belotourka (id.), de Biskra et Bouffarick (Algérie), Arnaoutka (Orient), Amidonnier noir, Engrain double, Hybrides Carter, D, F.

Blés d'automne et de mars. — Richelle blanche de Naples, de Zélande, de Noé, Rousselin, Blé Seigle, Hérisson sans barbes, Hérisson brun, Barbu à gros grain, de Rieti, Carter I.

Blés exclusivement de printemps. —Chiddam blanc de mars, Saumur de mars, de mars rouge sans barbes, Carré de Sicile, de mars barbu ordinaire, Victoria de mars, de mars rouge barbu, Trimenia (Midi), de Médéah (Algérie), Épeautre noir barbu, Amidonnier blanc.

§ II. — Composition du blé.

Proportion des différentes parties. — Le blé nous donne à la récolte trois produits, le grain, la paille et les balles, tandis qu'il reste dans le champ le chaume et les racines. Les proportions que ces différentes parties ont entre elles sont loin d'être toujours constantes. Elles sont influencées par un très grand nombre de circonstances, dont il convient de signaler les principales.

D'abord c'est un fait généralement reconnu que les blés semés à l'automne produisent relativement plus de paille que les blés semés au printemps. On sait aussi que dans les terrains secs et les climats chauds, la production de la paille est moindre que dans les contrées tempérées et suffisamment humides. Le même résultat se remarque si l'on considère des années différentes dans le même pays. Les semis clairs donnent généralement des épis plus gros et plus longs, et, par suite, une proportion de paille moins grande que les semis épais. Les différentes variétés cultivées se font aussi remarquer par une aptitude plus ou moins grande à donner de la paille dans les mêmes conditions de culture. Enfin la nature du sol et surtout sa richesse naturelle ou acquise en principes fertilisants font varier dans une large proportion le rendement relatif du grain et de la paille.

Le tableau suivant indique, d'après différents auteurs, la proportion du grain à la paille.

	Grain % de paille.
Thaër..	50,0
Podewitz.	35,0
Burger	39,3 à 46,0
Blöck..	53,0
Deixsen (Brabant).	39.3
Institut de Hohenheim.	44,3
Adler d'Aussée (Haute-Styrie).	22,0
Darblay (Brie).	44,0
De Gasparin.	37,2
Boussingault.	44,0
Moyenne	39,4

Cette moyenne de 39.4 est inférieure à celle qui résulte de nos nombreuses observations, sur un grand nombre de variétés, et qui s'élève à plus de 51 %.

La nature de la variété cultivée a une grande influence sur le rapport en question, comme le montre le tableau suivant :

PROPORTION DU GRAIN A LA PAILLE

POUR DIVERSES VARIÉTÉS CULTIVÉES DANS LES MÊMES CONDITIONS.

	Grain % de paille.
Talavera de Bellevue.	50,6
De Zélande	54,0
Blanc de Flandre	52,3
Trump.	45,0
Victoria blanc de Hallett.	50,5
Aleph	47,3
Richelle blanche de Naples	49,0
Blanc de Hongrie.	50,9
Blé de Haie	48,0
Blanc de Mareuil.	49,2
De Noé.	64,5
Victoria d'automne.	49,5
Hickling.	60,9
Shirrif's square head	53,2
Gris de Saumur.	45,2
Spalding.	49,5
Rouge d'Écosse.	54,8
Prince Albert.	58,0
De Bordeaux.	58,0
Lamed.	56,9
Touzelle rouge de Provence	48,1
Rouge de Saint-Laud.	57,0
Rouge de Hongrie.	52,0
Browick.	63,2
Blé seigle	45,8
Rousselin.	45,6
Red chaff Dantzick	52,8
Dattel	53,3
Barbu à gros grain.	55,0
De Rieti.	44,9
Poulard d'Australie.	43,0
Carter G.	48,0

La moyenne générale pour ces blés s'élève à 51.7

de grain pour 100 de paille. Le minimum tombe à 43 et le maximum monte à 64.5 avec le blé de Noé. L'écart total est d'un peu plus dè 20 %.

La proportion du grain à la paille varie beaucoup d'une année à l'autre, dans la même contrée, suivant les conditions météorologiques. Si nous prenons comme exemple le blé de Bordeaux, nous voyons qu'il nous a donné

```
En 1885 . . . . . . . . .   63,3 de grain % de paille.
 —  1886 . . . . . . . .   55,9            —
 —  1887 . . . . . . . .   52,4            —
 —  1888 . . . . . . . .   50,0   . .      —
```

L'écart dépasse 13 %.

Avec le blé de Rieti, nous avons observé en 1888, une proportion de 51 de grain pour 100 de paille, qui est tombée à 35, 1 en 1890, année humide où tous les blés presque ont versé. L'écart ici atteint 16 %.

Le blé Bordier en 1888 nous donnait une proportion de 53 %; en 1890, elle tombait à 30, 1 % avec un affaissement de 23 %.

A côté de l'influence de la variété et des circonstances climatériques, il faut rappeler celle de la nature des engrais impartis à la culture.

Nous rapporterons d'abord à ce sujet les résultats des expériences faites à Broodbalk field de 1852 à 1863, soit pendant douze ans, par MM. Lawes et Gilbert. D'après ces éminents agronomes, la proportion du grain aux pailles et balles réunies, pour l'emploi des différents engrais, est la suivante :

	Grain % de paille
ENGRAIS PAR HECTARE ET PAR AN.	
1) 35.000 kil. fumier de ferme (20 ans, 1844-1863).	57,9
2) Sans engrais pendant 20 ans (1844-1863).	57,8
3) — — 12 ans (1852-1863).	57,9
4) Sans engrais 12 ans, précédés de superphosphate et sels ammoniacaux.	61,6
5) Superphosphate (1848-1863).	61,9
6) Sulfate de potasse, soude et magnésie (1849-1863).	58,0
7) 224 kil. sulfate potasse, 112 kil. sulfate sodique, 112 kil. sulfate magnésique, 440 kil. super-phosphate.	62,0
8) 112 kil. chlorure ammonique et mélange d'engrais minéraux n° 7	59,7
9) 112 kil. sulfate ammonique et mélange d'engrais minéraux n° 7	59,0
10) 224 kil. sels ammoniques 8 et 9 et mélange d'engrais minéraux n° 7.	59,0
11) 448 kil. sels ammoniques 8 et 9 et mélange d'engrais n° 7.	54,1
12) 672 kil. sels ammoniques 8 et 9 et mélange d'engrais n° 7.	50,4
13) 896 kil. sels ammoniques 8 et 9 et mélange d'engrais n° 7.	47,3
14) 448 kil sels ammoniques seuls de 1845 à 1863. .	54,0
15) 448 kil. sels ammoniques et superphosphate . . .	57,0
16) 448 kil. sels ammoniques, superphosphate et sulfate sodique.	55,7
17) 448 kil. sels ammoniques, superphosphate et sulfate potassique	54,9
18) 448 kil. sels ammoniques, superphosphate et sulfate magnésique	54,9
19) 616 kil. nitrate sodique et engrais minéraux. . . .	48,5
20) 616 kil. nitrate seul.	49,8
21) 448 kil. sels ammoniques, alcalis et superphosphate.	54,9
22) 336 kil. sels ammoniques, alcalis et tourteaux. .	64,4
Moyenne générale	56,4

Il ressort de ce tableau :

1° — Que la proportion du grain à la paille est très influencée par la nature et la quantité des engrais, ainsi que par les proportions relatives de leurs éléments. L'écart maximum est de 64.4 % à 47. 3 (N°s 22 à 9), soit de 17 %.

2° — Le fumier de ferme et le sol sans engrais donnent une même proportion de 57.9, voisine de la moyenne générale 56.4.

3° — Les engrais purement azotés diminuent la proportion du grain : 49.8 et 54 au lieu de 56.4.

4° — Les superphosphates ont pour effet d'augmenter beaucoup la proportion moyenne du grain : 61.7 et 62 au lieu de 56.4.

5° — Les alcalis augmentent légèrement la proportion du grain : 58 au lieu de 56.4.

6° — Il en est de même du mélange des alcalis avec les superphosphates.

7° — Le mélange des superphosphates aux sels ammoniacaux augmente la proportion de 54 à 59 %.

8° — *Avec le mélange de sels ammoniacaux, alcalins et phosphatés, la dose des sels minéraux restant constante, la proportion du grain diminue à mesure que la dose d'azote augmente : 39.7 à 47. 3.*

D'un autre côté, à notre champ d'expériences de Lucé, près Chartres, en 1887, nous avons obtenu, avec le blé Dattel les proportions suivantes, selon les engrais employés :

1) Sans engrais.	63,2
2) Sang desséché (49 kil. d'azote).	53,5
3) Superphosphate et chlorure de potassium.	63,3
4) Sang et superphosphate	61,0
5) Sang et phosphate minéral	58,0
6) Sang, superphosphate, chlorure de potassium.	62,0
7) Sang, phosphate , chlorure de potassium.	58,0

Il ressort clairement de ces expériences que les engrais azotés dépriment la production du grain, tandis que, au contraire, les superphosphates l'augmentent.

Il n'y a donc rien de plus variable que la constitution d'une récolte de blé; l'effort du cultivateur doit tendre à élever le produit en grain. Les indications précédentes le guideront à cet effet.

Le rapport des balles ou menues pailles à la paille varie surtout avec les variétés cultivées. A la ferme de Manouyau, près de la Loupe, chez M. Garnier, nous avons, en 1888, obtenu les résultats suivants :

	Menues pailles % de paille bottelée.
Lamed	20,0
Bordeaux	20,9
Saint-Laud (rouge).	15,9
Dattel.	14,8

La moyenne de ces quatre blés dans le sol sans engrais était de 17.6; avec les engrais nitro-phosphatés, le rapport atteignait 18.5.

Les variétés qui nous ont fourni les données précédentes, avaient produit, avec la fumure rationnelle :

	Bordeaux.	Saint Laud.	Dattel.	Lamed.
	Quintaux.	Quintaux.	Quintaux.	Quintaux.
Grain.	27,78	25,95	26,35	22,48
Paille battue	40,32	41,98	38,66	38,00
Menues pailles . . .	8,62	6,66	6,11	7,71
Total.	76,72	74,59	71,12	68,19

D'où nous déduisons :

Grain % de récolte.	36,2	34,8	37;5	32,9
Paille —	52,5	56,2	54,3	55,7
Balles —	11,3	8,9	8,2	11,4

En moyenne donc pour ces quatre variétés cultivées dans des conditions satisfaisantes, la récolte s'est trouvée constituée par

35,3 % de grain.
54,8 — de paille.
9,9 — de menue paille.

Dans la récolte totale ne sont pas compris les chaumes ni les racines qui restent dans le champ.

La proportion des chaumes à la récolte est extrêmement variable avec la méthode de récolte adoptée. Si l'on fauche à la faux, le chaume est à la paille comme 27 est à 100, d'après le comte A. de Gasparin. N'ayant pas fait de constatations à ce sujet, nous nous bornons à enregistrer cette dernière. Si au lieu de rapporter le poids du chaume à la paille, on le rapporte à la récolte engrangée, on le trouve de 14.8 %

Nous avons vu plus haut que la proportion des racines à la récolte est, au moment de la maturité, de 17 % environ.

Ces divisions préliminaires de la plante étant établies, nous allons rechercher maintenant la composition du froment dans ses différentes parties.

1°. — LE GRAIN.

Caractères physiques. — Le grain de blé varie, comme nous l'avons vu en décrivant les variétés, dans sa forme, sa couleur, ses dimensions, sa texture, sa valeur industrielle. Nous avons déjà donné les photographies de diverses variétés de grains vus de trois côtés. Pour compléter cette étude morphologique nous avons déterminé, pour les mêmes variétés et pour quelques nouvelles, les caractères physiques suivants :

Le poids du litre, qui a été pris en faisant tomber naturellement le grain dans la mesure, sans tassement, puis en opérant l'arasement avec un cylindre, comme on fait dans la pratique courante.

Le volume des grains, abstraction faite des vides laissés entre eux, qui a été déterminé en introduisant dans un ballon jaugé de 100 centim. cubes, mille grains préalablement pesés, et en remplissant le flacon jusqu'au trait avec une burette graduée ; le volume d'eau employé, retranché de 100 c.c. donne le volume réel occupé par le grain ; il faut, dans cette opération, avoir soin de chasser par l'agitation les bulles d'air qui pourraient rester adhérentes aux grains.

Du volume et du poids de 1000 grains, on a déduit *la densité,* ou poids de l'unité de volume réel du grain.

Le nombre de grains par litre et par *kilogramme* résulte du poids du litre et du poids de mille grains. Enfin le *volume réel d'un litre de blé,* vides déduits, a été obtenu en multipliant le nombre de grains, par litre, par le volume réel d'un grain.

Le tableau suivant donne les résultats que nous avons obtenus sur 28 variétés récoltées dans le même champ d'expériences en 1887.

Numéros d'ordre.	VARIÉTÉS.	Poids de 1 litre.	Poids de 1.000 grains.	Volume réel. de 1.000 grains.	Volume réel d'un litre.	Densité apparente du grain.	Nombre de milliers de grains par litre.	Nombre de milliers de grains par kil.	Qualité du grain. (1)
		gr.	gr.	cc	cc				
1	Rouge de Bordeaux	780	43	32	575,6	1,34	18,3	23,2	B
2	Victoria d'automne	760	40	30	570,0	1,33	19,0	25,0	A B
3	Dattel	780	43	30,5	552.0	1,40	18,1	23,2	B
4	Lamed.	760	43	32	556,8	1,34	17,4	23,2	A B
5	Square head suédois.	750	35	28	599,2	1,25	21,4	28,5	T M
6	Gris de Saint-Laud.	780	41	30	570,0	1,37	19,0	24,4	A B
7	Redchaff Dantzick.	780	38	30	615,0	1,27	20,5	26,3	A B
8	Blanc de Mareuil.	740	45	34	555,6	1,32	16,4	22,2	B
9	Browick.	770	38	30	606,0	1,23	20,2	26,3	A B
10	Blanc de Hongrie.	780	36	26	561,6	1,38	21,6	27,7	Me
11	Blanc de Bergues.	770	38	28	565,6	1,36	20,2	26,3	Me
12	Rouge de Saint-Laud	780	42	31	573,5	1,35	18,5	23,8	A B
13	Hickling.	750	34	27	574,0	1,25	22,0	29,4	M
14	Richelle de Naples.	800	46	34	605,2	1,35	17,8	22,2	T B
15	Prince-Albert.	760	38	28	565,6	1,35	20,2	26,4	T M
16	Svalof suédois.	760	42	32	576,0	1,31	18,0	23,8	Me
17	Rouge prolifique suédois . .	770	38	26	527,8	1,46	20,3	26,3	M
18	Rousselin	780	50	36	561,6	1,38	15,6	20,0	A B
19	Bleu ou de Noé.	800	45	34	605,2	1,32	17,8	22.2	B
20	Blé-seigle	770	43	32	569,6	1,34	17,8	23,2	Me
21	Talavera de Bellevue	760	42	33	594,0	1,27	18,0	23,8	A R
22	Hallett's pedigree rouge . . .	760	41	30	555,0	1,37	18,5	24,4	Me
23	Halett white Victoria	770	34	26	587,6	1,30	22,6	29,4	Me
24	Spalding.	740	32	26	553,8	1,23	21,3	31,2	M
25	De Haie ou Tunstall	760	36	27	569,7	1,36	21,1	27,7	Me
26	Zélande	800	50	38	604,0	1,31	16,0	20,0	A B
27	Rouge d'Écosse	740	35	27	569,7	1,29	21,1	28,5	T M
28	Trump.	760	32	26	618,8	1,23	23,8	31,2	M
	MOYENNES.	771	40,0	30,1	577,1	1,32	19,3	25,35	

(1) T B, très bon. — B, bon. — A B, assez bon. — Me, médiocre. — M, mauvais. — T M, très mauvais.

En moyenne nos cultures de 1886-87 nous ont donné, pour 28 variétés, un poids de l'hectolitre égal à 77^{kg}, 1, avec un minimum de 74 kilogr. et un maximum de 80 kilogr.

Le poids du grain moyen est de 40 milligrammes. Le grain moyen le plus lourd en pèse 50, et le plus léger 32.

La densité moyenne est de 1.32, avec un maximum de 1.46 et un minimum de 1.23.

Le nombre de grains est en moyenne de 19,300 par litre, et de 25,350 par kilogr. Le minimum est de 15,600 grains par litre et de 20,000 par kilogr., tandis que le maximum atteint 23,800 grains d'une part, et 31,200 de l'autre.

Le volume du grain moyen oscille entre 36 et 26 millimètres cubes, avec une moyenne de 40^{mm3}, 1.

Le volume réel du blé contenu dans un litre varie de 618^{cc},8 au maximum à 527^{cc},8 au minimum. Le volume des vides laissés par le grain est donc en moyenne de 42 p. 100.

Le volume réel du grain nous semble devoir être, dans une certaine mesure, caractéristique de sa qualité, si l'on considère une même variété. Les blés échaudés ou mal venus, les blés versés ou rouillés, sont toujours ridés et n'atteignent jamais le volume normal des grains qui se sont développés dans des conditions favorables. Lorsqu'on étudie des variétés diverses, ce signe est moins probant, car il y a des blés à gros grains et des blés à petits grains. Toutefois le volume réel est toujours une indication d'une certaine valeur, et le classement établi d'après cette donnée ne diffère pas beaucoup du classement industriel.

En effet, si l'on divise nos variétés en deux groupes : 1° celles dont les grains ont été de bonne ou d'assez bonne qualité;

2° Celles à grains médiocres ou mauvais, on voit que le volume des grains de la première catégorie varie entre 30 et 36 millimètres cubes, avec une moyenne de 32 millimètres cubes 7 ; tandis que, dans le second groupe, le volume varie de 26 a 32 millimètres cubes, avec une moyenne de 27.7. Enfin, il faut noter que le volume de 32 millimètres cubes, est atteint seulement par deux blés du second groupe, sur 14 qui le composent.

Nous avons soumis aux mêmes déterminations les 11 blés hybrides de Carter que nous avons récoltés en 1890. Le tableau suivant reproduit les résultats obtenus : (Voir le tableau de la page 420).

En moyenne les blés de Carter nous ont donné en 1890 un poids de l'hectolitre de 75 kgr. 5. Le maximum s'élève à 77 kgr. et le minimum tombe à 74 kgr. 5. Dans nos recherches précédentes nous avions obtenu pour 28 variétés une moyenne de 77 kgr. Il y a ici une infériorité de 1 kgr. 6.

Le grain moyen a un poids de 43 milligrammes, avec un poids maximum de 52 et un minimum de 38. La moyenne de 28 variétés antérieurement étudiées donnait 40 milligrammes, avec une variation de 32 à 50.

En général le grain s'est donc montré plus gros. Sa densité moyenne est aussi plus forte, et sa variation plus étendue : de 1,21 à 1,58 au lieu de 1,23 à 1,46.

Le nombre de grains par litre oscille de 15.100 a 19.800. Il est en moyenne de 17.500. Par kilogramme on trouve au moins 19.200 grains et au plus 26.300 avec une moyenne de 23.000.

Le volume du grain varie de 28 à 38 millimètres cubes. Il est en moyenne de 32 millimètres cubes 6. Le volume réel du grain contenu dans un litre varie de 475^{cc}, 2 à 623^{cc}, 2. Il est en moyenne de 564^{cc}, 7.

Le volume réel du grain est une des données physi-

Numéros d'ordre.	VARIÉTÉS.	Poids de 1 litre.	Poids de 1.000 grains.	Volume réel de 1.000 grains.	Volume réel du grain contenu dans un litre.	Densité apparente.	NOMBRE DE MILLIERS DE GRAINS	
							par litre.	par kilogr.
		gr.	gr.	cc	cc			
1	Hybride de Carter A . . .	745	39	28	534,8	1,39	19,1	25,6
2	— B . . .	755,5	46	38	623,2	1,21	16,4	21,7
3	— C . . .	766	41	32	598,4	1,28	18 7	24,4
4	— D . . .	760	40	30	570,0	1,33	19,0	25,0
5	— E . . .	770	40	32	617,0	1,25	19,2	25,0
6	— F . . .	750	52	36	511,2	1,44	14,2	19,2
7	— G . . .	765,5	44	33	574,2	1,33	17,4	22,7
8	— H. . . .	755,5	50	38	573,8	1,315	15,1	20,0
9	— I . . .	765	42	30	546,0	1,10	18,2	23,8
10	— J . . .	755	38	24	475,2	1,58	19,8	26,3
11	— K. .	755,5	50	38	589,0	1,315	15,5	20,0
	MOYENNE	755	43	32,6	564,7	1,35	17 5	23,0
	MOYENNE DES 28 VARIÉTÉS ANCIENNES.	771	40	30,1	577,1	1,32	19,3	25,35
	DIFFÉRENCE.	— 16,0	+ 3	+ 2,5	— 12,4	+ 0,03	— 1,8	— 2,35

ques les plus intéressantes, car elle donne un classement qui se rapproche de celui de la pratique. Les variétés K et A, dont le volume du grain descend au-dessous de 3o millimètres cubes sont de la moindre qualité. D et I avec un volume de 3o millimètres cubes sont un peu meilleurs, et les autres sont bons ou assez bons.

Nous avons vu avec nos autres variétés que le volume de 33 concordait avec la bonne qualité, et celui de 28 avec la mauvaise. Il en est de même ici.

En résumé, nous avons obtenu en moyenne, pour les 39 variétés préindiquées, les nombres suivants :

Poids du litre.	763 gr.
Poids de mille grains. , ...	41 gr. 5
Volume réel de mille grains.	31 ^{cc} 3
Volume réel des grains contenus dans 1 litre.	570 ^{cc} 9
Densité.	1,335
Milliers de grains par litre.	18,4
— — kilogr.	24,1

Dans une importante étude sur le même sujet, M. Pagnoul, directeur de la station agronomique d'Arras, a trouvé, en opérant sur 70 blés d'origines diverses, les moyennes suivantes :

Poids de mille grains.	41 gr.
Volume réel de mille grains. . , ...	32 ^{cc}
Densité.	1,31

Les praticiens attribuent au poids de l'hectolitre une importance notable. Plus il est élevé, en général, plus ils considèrent que le blé a de qualité.

Dans les recherches précédentes, nous avons vu cette donnée varier de 74 à 8o kilogr. Plus le blé a le grain petit, et plus pèse l'hectolitre.

A côté de l'influence de la variété, celle des saisons est très sensible sur le poids de l'hectolitre de froment bien plus que celle de la nature des engrais.

Voici quelques exemples démonstratifs tirés des expériences de Rothamsted pour la période de 1852 à 1871 :

NATURE DES ENGRAIS.	Poids de l'hectolitre.
Sans engrais.	71,72
Fumier de ferme (35.000 kil.).	74,85
Sels ammoniacaux (448 kil.).	71,25
Sels ammoniacaux (448 kil.) et superphosphate (440 kil).	71,56
Engrais minéraux et sels ammoniacaux.	74,38
Engrais minéraux seuls.	73,45

C'est le fumier de ferme qui a donné le plus fort poids de l'hectolitre. L'engrais minéral phosphaté et potassique additionné de sels ammoniacaux, est presque sur le même rang. L'engrais minéral seul vient ensuite.

L'influence des circonstances météorologiques est plus marquée. Comparons les années 1844, 1845 et 1846 :

ANNÉES.	POIDS DE L'HECTOLITRE.	
	Sans engrais.	Avec engrais.
1844	72,9	75,7
1845	70,5	70,5
1846	79,5	78,5

Or, c'est dans la saison de 1845 que l'on a compté le plus grand nombre de jours de pluie, et que la température a été la plus basse; c'est aussi cette année que l'hectolitre a le moindre poids aussi bien dans le sol fumé que dans le sol sans engrais.

L'année 1844 a été la plus sèche; elle a donné le moins de paille. Enfin la meilleure qualité du grain a été obtenue en 1846, année où l'on a joui de l'été le plus chaud.

Constitution de l'épeautre. — D'après Schwerz, dans le Wurtemberg, l'épeautre à la récolte donne pour 100 kgr. de paille, 57 kgr. de grain décalé.

Pour 100 kgr. de grains vêtus on a :

<pre>
Grain décalé   71,6
Écales   23,8
Déchet.   4,6
                                            ───────
    Total.   100,0
</pre>

De là on déduit que 100 kgr. de récolte comprennent :

<pre>
Paille.   58,0
Grain.   33,0
Écales.   7,8
Déchets.   1,2
                                            ───────
    Total.   100,0
</pre>

Composition du grain de blé. — D'après les analyses de Péligot, qui ont porté sur 14 variétés de blés tendres et de blés durs, Boussingault attribue au grain de froment la composition générale suivante :

<pre>
Gluten. . . . .   12,8 ⎫
Albumine. . . . .   1,8 ⎬ 14,6
Amidon. . . . .   59,7 ⎫
Dextrine. . . . .   7,2 ⎬ 66,9
Graisse.   1,2
Cellulose   1,7
Sels minéraux. 1.6
Eau.   14,0
                                         ───────
    Total.   100,0
</pre>

Mais rien n'est plus variable en réalité que la composition du grain de blé. Elle varie selon les espèces que l'on considère, et avec les variétés de ces espèces que l'on cultive. L'influence du climat et celle des circonstances météorologiques, l'action des engrais employés se répercutent aussi sur cette composition.

D'une manière générale.les blés tendres, qui sont surtout cultivés dans les climats tempérés, sont plus riches en substances amylacées et plus pauvres en éléments azotés que les blés durs, dont la culture est surtout étendue dans les climats chauds du midi de l'Europe et du nord de l'Afrique. Nous donnons ci-après la composition moyenne des blés tendres, que nous avons déduite de l'analyse de 39 variétés. Nous donnons en regard la moyenne des analyses de blés durs de Péligot. La comparaison de ces deux moyennes met en pleine clarté les caractères différentiels des deux espèces de froment considérées.

	BLÉS TENDRES (Moyenne de 39 variétés).	BLÉS DURS. (Moyenne de 5 variétés).
Gluten.	} 12,44	15,9
Albumine.		
Amidon.	} 67,40	} 57,6
Dextrine..		6,7
Graisse.	1,31	1,5
Cellulose.	2,80	2,3
Sels minéraux	2,05	1,7
Eau..	14,00	14,2
Total.	100,00	100,0

Le blé vêtu ou épeautre présente la composition suivante quand il est garni de sa balle, d'abord, puis lorsqu'il est décortiqué :

	Épeautre vêtu.	Épeautre décortiqué.
Eau.	15,0	14,3
Substances azotées	10,0	13,5
Amidon, etc..	52,5	67,2
Graisse.	1,5	1,6
Cellulose.	17,0	1,5
Cendres.	3,8	1,7
Total.	99,8	99,8

La composition de l'épeautre nu ne s'écarte pas très sensiblement de celle du blé tendre. Cette céréale des pays à climat dur et à sol pauvre fournit, du reste, une farine dont on fabrique un pain blanc et très savoureux.

Pour nous renseigner sur l'action que peut exercer la *variété* sur la composition du grain de blé, nous avons analysé d'une part les récoltes de 28 sortes de froments cultivés à Villeneuve en 1887, et, d'une autre, les onze blés hybrides de Carter récoltés, à Moyencourt, en 1890. Nous donnons les résultats de ces recherches dans les tableaux suivants :

Numéros.	NOMS DES VARIÉTÉS.	COMPOSITION IMMÉDIATE.						Azote.	Acide phosphorique.	Potasse.
		Eau (1).	Matière azotée.	Graisse.	Cellulose.	Amidon, etc.	Cendres.			
1	Rouge de Bordeaux.	12,23	12,86	1,12	2,68	69,95	1,86	2,06	0,73	0,13
2	Victoria d'automne.	8,69	11,16	1,46	2,60	74,24	1,85	1,78	0,66	0,42
3	Dattel.	13,13	13,60	1,38	2,82	67,21	1,86	2,16	0,80	0,58
4	Lamed.	13,24	14,87	1,12	2,76	65,59	2,12	2,38	0,77	0,60
5	Square head suédois.	11,60	13,56	1,43	3,34	68,16	1,91	2,17	0,69	0,55
6	Gris de Saint-Laud.	13,54	13,06	1,29	2,70	67,49	1,92	2,09	0,72	0,41
7	Redchaff-Dantzick.	11,99	12,12	1,34	3,30	70,35	1,90	1,94	0,72	0,38
8	Blanc de Mareuil.	11,91	11,93	1,32	3,08	69,97	1,79	2,01	0,75	0,68
9	Browick.	12,86	11,96	1,30	2,64	69,10	2,14	1,91	0,73	0,48
10	Blanc de Hongrie.	12,26	12,12	1,24	2,76	69,42	1,60	1,94	0,80	0,48
11	Blanc de Flandre (de Bergues).	10,96	11,81	1,30	2,66	71,37	1,70	1,89	0,69	0,50
12	Rouge de Saint-Laud.	10,67	11,81	1,30	2,78	72,72	1,72	1,89	0,70	0,18
13	Hickling.	10,71	12,86	1,31	2,48	70,05	1,59	2,06	0,51	0,42
14	Richelle de Naples.	10,64	11,16	1,30	2,34	73,18	1,38	1,79	0,64	0,41
15	Prince-Albert.	12,47	13,06	1,27	3,04	68,34	1,78	2,09	0,78	0,45
16	Svalof suédois.	12,94	13,94	1,46	2,78	67,36	1,54	2,23	0,69	0,39
17	Rouge prolifique suédois.	10,08	13,31	1,23	3,00	70,70	1,68	2,13	0,70	0,44
18	Rousselin.	13,29	14,53	1,31	2,60	66,34	1,93	2,31	0,74	0,52
19	Bleu ou de Noé.	10,99	12,86	1,36	3,16	70,11	1,52	2,05	0,65	0,50
20	Blé-seigle.	9,95	11,16	1,27	2,78	73,18	1,66	1,79	0,71	0,60
21	Talavera de Bellevue.	10,99	11,16	1,35	2,82	72,07	1,61	1,79	0,73	0,41
22	Hallett's pedigree rouge.	12,20	15,81	1,14	2,71	65,00	1,91	2,53	0,68	0,43
23	Hallett's pedigree white Victoria.	12,13	13,06	1,30	2,96	68,75	1,80	2,09	0,93	0,45
24	Spalding.	13,37	12,12	1,34	3,02	68,57	1,58	1,94	0,89	0,43
25	de Haie ou Tunstall.	13,02	13,93	1,38	2,82	65,98	1,87	2,23	0,90	0,40
26	de Zélande.	11,12	11,96	1,26	2,96	70,99	1,71	1,92	0,73	0,42
27	Rouge d'Ecosse.	12,70	13,62	1,36	3,20	68,18	1,94	2,02	0,85	0,42
28	Trump.	13,77	13,93	1,33	3,33	65,50	2,14	2,23	0,78	0,39
	BLÉ MOYEN 1887.	11,91	12,75	1,34	2,86	69,36	1,78	2,04	0,74	0,48

(1) Ces blés avaient été conservés pendant plusieurs mois dans un local très sec avant l'analyse, c'est ce qui explique leur faible teneur en humidité. Les blés Carter au contraire ont été analysés après la récolte.

BLÉS HYBRIDES DE CARTER.

| Variétés. | COMPOSITION IMMÉDIATE. | | | | | | Azote. | Acide phosphorique. | Potasse. |
	Eau.	Mat. azotée.	Graisse.	Cellu-lose.	Ami-don, etc.	Cen-dres.			
A	14,90	13,0	1,29	2 72	66,49	1,60	2.08	0,91	0,52
B	15,22	12,0	1,30	3,22	66,70	1,56	1,02	0,91	0,46
C	14,71	13,5	1,25	2,50	66,38	1,66	2,16	0,88	0,46
D	15,34	12,5	1,22	2,74	66.59	1,61	2,00	0,87	0,44
E	14,98	10,5	1,43	2,66	68,96	1,57	1,68	0,82	0,46
F	15,25	11,5	1,36	2,76	67,42	1,71	1,84	0,87	0,48
G	15,04	12,5	1,35	2.94	66,48	1,96	2,00	0,81	0,49
H	14,94	11,5	1,25	2,70	67,85	1,76	1,84	0,88	0,46
I	15,02	13,5	1,26	3,56	64,23	1,61	2,16	1,00	0,56
J	14,99	14,0	1,35	3,48	64,51	1,67	2,24	0,89	0,54
K	15,04	12,5	1,27	3,16	66,34	1,69	2,00	0,91	0,49
	15,04	12,44	1,30	2,95	66,62	1,65	1,992	0,886	0,487

Les écarts extrêmes de composition que nous avons
constatés sont rapportés ci-dessous pour les deux groupes de variétés :

| | 1887 | | | 1890 (Blés Carter). | | |
	Minimum.	Maximum.	Écarts.	Minimum.	Maximum.	Écarts.
Eau	8,69	13,54	4,85	14,71	15,34	0,63
Matière azotée.	11,16	15,81	4,65	10,50	14,00	4,50
Graisse.	1,24	1,46	0,22	1,22	1,36	0,14
Cellulose brute	2,34	3,34	1,00	2,50	3,56	1,06
Amidon, etc.	65,59	73,18	7,59	64,23	68,96	4,73
Cendres.	1,38	2,14	0,76	1,56	1,76	0,20
Azote	1,78	2,53	0,75	1,68	2,24	0,56
Acide phosphorique. .	0,51	0,93	0,42	0,81	1,00	0,19
Potasse.	0,38	0,68	0,30	0,46	0,56	0,10

Dans des conditions météorologiques et culturales absolument identiques, nous avons des différences de plus de 4,5 pour la matière azotée, de 7.5 pour les substances amylacées, de 0,42 pour l'acide phosphorique, et de 0,30 pour la potasse.

Pour que ces constatations se présentent à l'esprit sous un aspect plus net, il nous semble utile de les rapporter à 100 parties de la substance considérée, en prenant pour point de départ la quantité moyenne de celle-ci dans chaque groupe de variétés étudiées.

INFLUENCE DE LA VARIÉTÉ SUR LA COMPOSITION DU GRAIN.	1887. 28 variétés.	1890. 11 hybrides.
	%	%
Matière azotée.	36,47	36,17
Graisse.	16,42	10,77
Cellulose brute.	34,96	35,93
Amidon, etc..	10,94	7,10
Azote.	36,47	36,17
Acide phosphorique. . . .	56,76	22,87
Potasse.	62.50	20,00

La nature de la variété cultivée exerce donc une influence considérable sur la richesse du grain en matière azotée et autres principes immédiats.

Si l'on se reporte aux résultats culturaux fournis par les variétés analysées et qu'on les combine avec les données analytiques, on peut dresser le classement des variétés relativement à la production de la matière azotée par hectare. Dans la liste qui suit, nous avons éliminé les variétés qui n'ont obtenu qu'une cote médiocre ou mauvaise à l'examen du praticien :

1° Blés récoltés en 1887.

VARIÉTÉS.	MATIÈRES AZOTÉES par hectare. kilogr.
1. Lamed..	425
2. Bordeaux	411
3. Dattel.	388
4. Rousselin	370
5. Gris de Saint-Laud (de Saumur).	365
6. Redchaff-Dantzick.	339
7. Browick.	329
8. Blanc de Mareuil.	328
9. Victoria.	324
10. De Noé.	321
11. Rouge de Saint-Laud.	319
12. Richelle blanche de Naples.	290
13. Talavera de Bellevue.	279
14. De Zélande.	275

2° Blés hybrides de Carter (1890).

	kilog.
1) G.	462
2) J.	417
3) F.	412
4) C.	416
5) D.	405
6) B.	373
7) K.	366
8) I.	354
9) A.	346
10) H.	301
11) E.	278

Le classement ainsi obtenu, pour nos variétés de collection, répond bien à l'estime dont jouissent en Eure-et-Loir le Dattel, le Bordeaux et le Lamed. Le Gris de Saint-Laud est estimé aussi dans les environs de Dreux. Le Redchaff Dantzick mérite d'être répandu.

Le blé Carter G, à paille courte, qui nous a paru digne d'être recommandé à la culture, à cause de sa parfaite tenue et de son bon rendement, tient la tête de la collection comme production de substances nutritives azotées par hectare.

Dosage en cellulose et qualité. — Nous avons déjà montré plus haut que la qualité commerciale de nos blés est en relation directe avec le volume réel du grain. Dans ce dernier, l'enveloppe, qui formera le son, contient presque toute la cellulose brute. En effet, tandis que la farine ne renferme pas en moyenne plus de 1/2 p. 100 de ce corps, le son en contient généralement 18 p. 100. La richesse en cellulose d'un blé est donc un indice de la proportion de l'écorce ou du son, et par suite du rendement en farine et gruau.

Plus donc le taux de cellulose dans un blé est élevé, moins ce blé a de qualité marchande.

Cette considération nous a conduit à comparer la qualité du grain au taux de cellulose, et notre examen nous a donné les moyennes suivantes qui nous semblent caractéristiques :

Qualité du grain.	Cellulose.
Bonne et assez bonne.	2,80
Mauvaise et très mauvaise.	3,31

Le dosage de la cellulose, comme la détermination du volume réel du grain, a donc une utilité certaine pour la spécification de la qualité de ce dernier. Ce dosage éclairera le meunier sur le rendement probable en son. La proportion du son atteint environ 5 fois et demie celle de la cellulose.

Nous donnons ci-après le rendement probable en son et recoupes du blé le plus mauvais, d'un blé très bon et du blé moyen. Pour les autres, le lecteur nous suppléera en effectuant le calcul indiqué.

Square head (très mauvais). 18,5
Richelle de Naples (très bon). 13,0
Blé moyen 15,8

Les deux déterminations réunies, de la cellulose et du volume réel, fournissent des éléments certains d'appréciation : *Tous les blés analysés plus haut, qui renferment plus de 2.9 de cellulose ou ont un volume inférieur à 30 millimètres cubes, sont médiocres ou mauvais.*

Les anomalies constatées dans la détermination de la cellulose sont rectifiées par la mesure du volume. Tout grain petit et riche en cellulose est certainement mauvais. Les blés de Noé et blanc de Mareuil sont de bonne qualité, bien que dosant 3 p. 100 de cellulose, parce que leur volume s'élève à 34 millimètres cubes. Au contraire, le blé Hickling, qui ne dose que 2.48 de cellulose, est mauvais parce qu'il n'a que 27 millimètres cubes de volume.

Le rapprochement des deux données pour les plus mauvais blés montre la réalité de ce que nous avançons.

Blés très mauvais.	Cellulose.	Volume.
Square head.	3,34	28
Trump.	3,33	26
Rouge d'Écosse.	3,30	27
Spalding	3,02	26
Prince-Albert.	3,04	28

Azote et phosphore. — M. Pagnoul, dans son étude sur la richesse et la densité du blé, en comparant les dosages d'azote et d'acide phosphorique, arrive à cette conclusion : « l'ensemble des échantillons les plus riches en azote donne en même temps la moyenne la plus élevée en acide phosphorique, mais il n'existe aucun rapport constant entre ces deux corps pour les échantillons pris individuellement. »

Nos recherches démontrent aussi qu'il n'y a pas de rapport constant entre ces deux éléments fondamentaux.

Ainsi pour les dix blés les plus riches en matière azotée, nous obtenons un dosage moyen d'acide phosphorique de 0,753.

Les dix blés suivants dosent en moyenne d'un côté 12,36 de matière azotée et 0,752 d'acide phosphorique.

Enfin, les 8 derniers blés renferment en moyenne 11,52 d'albuminoïdes et 0,701 d'acide phosphorique.

Le mouvement décroissant de l'acide phosphorique suit celui de la matière azotée, mais irrégulièrement. Toutefois, nous croyons devoir faire observer que dans cette recherche des rapports entre les éléments nutritifs du grain, on ne peut obtenir de résultats sûrs qu'en examinant exclusivement des blés réussis comme qualité. C'est pourquoi nous avons dressé le tableau de détail qui suit, dont nous avons exclu tous les blés de qualité médiocre ou mauvaise. Ce tableau, qui repose sur des données précises, fait beaucoup mieux ressortir le mouvement parallèle de décroissance des deux éléments considérés.

VARIÉTÉS.	Qualité du grain.	Matière azotée.		Acide phosphorique.	
Lamed	A. B.	14,87		0,77	
Rousselin.	A. B.	14,53		0,74	
Dattel.	B.	13,70	13,80	0,80	0,754
De Saumur (gris de St-Laud).	A. B.	13,06		0,72	
De Bordeaux	B.	12,86		0,73	
De Noé.	B.	12,86		0,65	
Redchaff-Dantzick	A. B.	12,12		0,72	
Browick.	A. B.	11,96	12,16	0,73	0,716
De Zélande.	A. B.	11,96		0,73	
Blanc de Mareuil.	B.	11,93		0,75	
Rouge de Saint-Laud.	A. B.	11,81		0,70	
Talavera	A. B.	11,16	11,32	0,73	0,682
Richelle de Naples.	T. B.	11,16		0,64	
Victoria.	A. B.	11,16		0,66	

L'action des circonstances météorologiques et des engrais sur la composition du grain de blé, a été étudiée à Rothamsted. Nous reproduisons ci-après les conclusions de MM. Lawes et Gilbert :

1° Dans toutes les années où la récolte offre un développement favorable, il y a tendance à une proportion élevée de matière sèche, et, dans cette matière sèche, à une proportion inférieure % de cendres et d'azote, aussi bien pour le grain que pour la paille.

2° Les divers engrais exercent une action bien plus sensible sur la quantité que sur la qualité du produit. Les différences générales dans la composition et la qualité des produits s'accentuent bien autrement, par les variations climatériques ou les saisons, que par les engrais.

3° Avec les sels ammoniacaux employés seuls comme engrais, la matière sèche du grain offre une proportion d'azote plus élevée % que celle du grain venu dans le même sol sans engrais. Cette observation s'applique au mélange des sels ammoniacaux avec les sels alcalins, terreux et phosphatés, bien que l'avantage sous ce rapport reste aux sels ammoniacaux seuls. Mais il ne faudrait pas conclure de là qu'on peut par la fumure exercer une influence directe sur la composition du grain et sa richesse en azote.

4° L'analyse des cendres du grain indique une fixité de composition sur laquelle l'engrais n'a aucune influence. Elle révèle surtout le degré de développement et de maturité dû à la saison. Pour une même variété de grain, arrivé à parfaite maturité, la composition des cendres est constante.

5° Dans une saison défavorable, la composition des cendres du grain et de la paille indique une diminution faible, mais appréciable, dans le quantum de chaux, de potasse, d'acide sulfurique, et une augmentation de magnésie, d'acide phosphorique et de silice.

6° L'emploi des sels ammoniacaux seuls, pendant un grand nombre d'années consécutives, sur le même sol, donne lieu pour le grain à une réduction appréciable d'acide phosphorique, et pour la paille à une réduction de silice.

7° Si les matières minérales de la récolte, sur une surface déterminée en culture de froment, sont beaucoup augmentées par l'emploi des sels ammoniacaux, elles le sont *à fortiori* par l'emploi du mélange des sels ammoniacaux et des sels minéraux, et pour le fumier de ferme.

Rendement du grain de blé à la mouture. — Le grain de blé n'entre dans la consommation de l'homme qu'après avoir été, par la mouture, réduit en farine et débarrassé par le blutage et le sassage, des téguments indigestes de l'amande.

D'après M. Aimé Girard, on trouve en moyenne, dans le blé de vente :

Amande.	84,21
Enveloppe.	14,36
Germe.	1,43
Total.	100,00

L'enveloppe, qui fournira le son à la mouture, est en réalité à peu près inattaquable par l'appareil digestif humain ; il n'y a donc qu'avantage à l'éliminer de la farine, d'autant plus qu'elle y apporte de la *céréaline*, ferment soluble, qui nuit à la fermentation panaire en solubilisant en partie l'amidon, en colorant le gluten, et en lui faisant perdre une partie de sa plasticité. Cette substance, en somme, rend le pain bis, gras et lourd.

Le son constitue, au contraire, un aliment assez recherché par les animaux domestiques ; et les issues de la mouture constituent une ressource alimentaire importante pour l'écurie ou l'étable.

Mais c'est la proportion de l'amande, ou le rendement du grain en farine première qui présente le plus grand intérêt, au point de vue qui nous occupe. Il serait utile de comparer les diverses espèces et variétés de blé sous ce rapport ; et ce n'est que faute de documents précis que nous nous bornons à reproduire, d'après MM. Lawes et Gilbert, les résultats suivants, moyenne de 28 essais :

	100 kil. de blé ont donné :
Première farine	70,2
Seconde farine.	5,3
Gruaux.	12,2
Recoupes.	8,9
Gros son.	3,0
Total.	99,6

M. Aimé Girard indique comme rendement moyen de 100 kgr. de blé, par la mouture basse ou anglaise : 68 à 69 kgr. de farine première, 5 à 7 de farine bise, 22 à 23 kgr. de son et issues, et 3 à 4 de pertes.

Nous donnons ci-après la composition des divers produits de la mouture.

	Farine 1re.	Farine 2e.	Gruaux.	Recoupe, son de gruaux.	Gros son.
Eau	14,0	15,0	15,0	11,3	14,0
Substances azotées. . . .	10,5	11,6	15,0	20,0	14,0
— grasses	1,5	1,3		4,5	3,8
Amidon, etc.	72,8	70,9	66,9	50,8	45,1
Cellulose brute	0,5	0,5		9,3	18,3
Cendres	0,7	0,7	3,1	4,1	5,5

Rendement des farines en pain, composition du pain. — Le type d'excellence d'une farine pour le boulanger, outre l'aspect physique, l'éclat, la couleur, etc., paraît être basé sur la quantité de gluten, sur la qualité de la pâte *longue* ou *courte*, et, plus pratiquement encore, sur le poids du pain ferme et léger qui correspond à un poids donné de farine.

En moyenne, pour 100 kgr. de farine, on obtient 134 kgr. 4 de pain.

Ce dernier contient en moyenne :

Eau.	36,2
Matière sèche.	63,8
Matière azotée	7,6

Rendement de l'épeautre à la mouture. — De 100 kilogr. de grain nu on a retiré :

```
Farine. . . . . . . . . . . . . . . . . .     90,0
Son. . . . . . . . . . . . . . . . . . .       8,7
Déchet . . . . . . . . . . . . . . . . .       1,3
                                             ______
            Total . . . . . . . .            100,0
```

2°. — LA PAILLE ET LES BALLES.

La paille du blé et ses balles jouent dans la nourriture des animaux de la ferme un rôle très important, comme aliments grossiers destinés à lester l'estomac. La paille forme aussi une litière de choix, élastique, très spongieuse et d'un bel aspect.

Nous devons donc considérer ces produits secondaires de la culture du blé sous ces deux aspects différents, et nous donnerons d'abord leur composition immédiate en moyenne :

	Paille.	Balles.
Eau.	14,3	14,3
Matière azotée.	2,0	4,5
— grasse.	1,6	1,5
Substances non azotées.	28,7	32,0
Cellulose brute.	49,2	35,7
Cendres	4,3	12,0

La digestibilité des pailles et des balles est relativement très faible. On a trouvé pour la paille de blé les coefficients suivants :

```
Matière azotée . . . . . . . . . . . . . . .     26 %
     —    non azotée. . . . . . . . . . .        39 —
Cellulose brute. . . . . . . . . . . . . .       52 —
Graisse . . . . . . . . . . . . . . . . .        26 —
```

Comme matière fertilisante, la paille de blé est pauvre. Son principal rôle est de contribuer à l'entretien de la richesse du sol en matière humique. Nous rapportons ci-dessous les dosages en azote, acide phosphorique et

potasse, que nous ont fournis les pailles de quatre variétés de blés, estimés dans notre contrée :

COMPOSITION DES PAILLES
POUR 1,000 KILOGRAMMES DE MATIÈRE NORMALE.

Variétés.	Azote.	Acide phosphorique.	Potasse.
1. De Bordeaux	4,10	0,95	2,4
2. Lamed	3,85	0,87	1,8
3. Dattel	3,90	0,85	3,4
4. De Noé	4,15	0,93	2,5
Moyennes	4,00	0,90	2,5

Les 6000 kgr. de paille que donne la récolte bien réussie d'un hectare de blé ne contiennent en moyenne que

Kilogr.	
24,0	d'azote.
5,4	d'acide phosphorique.
15,0	de potasse.

Au cours des engrais de commerce, la paille de blé vau-
drait au maximum 8 fr. les 1000 kgr. Dans les exploitations où le sol est riche en matière organique, il y a
donc grand avantage à vendre la paille au cours et à la
remplacer, prix pour prix, par des engrais appropriés au
sol.

§ III. — CULTURE DU BLÉ.

Place du blé dans l'assolement. — Nous empruntons à Schwerz les observations suivantes : « On
sème le froment soit sur la jachère complète, soit après les
plantes jachères, c'est-à-dire après les fourrages pâturés,
les trèfles, les fèves, les pois, le sarrasin, les choux, les

pommes de terre (les betteraves), les navets, la navette, le tabac, le maïs, le chanvre et le lin (le colza), ou bien encore après des céréales, c'est-à-dire après de l'avoine, de l'orge d'hiver et du froment.

Il est difficile de déterminer absolument laquelle de ces plantes est le meilleur précédent pour le froment, parce que la nature du sol, le climat, l'état d'engrais du champ, le système de culture, l'assolement et l'état de prospérité de la plante précédente elle-même doivent entrer pour beaucoup dans cette appréciation. En général, on peut admettre comme règle que, plus le sol est meuble, plus s'étend le cercle dans lequel on peut choisir les précédents du froment.

Pour l'argile forte, qui absorbe beaucoup d'humidité pendant la pluie et ne s'en décharge que très lentement, qui se durcit par conséquent, sous l'influence de la sécheresse, et dont la surface ne peut être brisée en grumeaux, encore assez volumineux, qu'avec de grands efforts, la jachère entière est le seul précédent satisfaisant pour la culture du froment : mais, lorsque les inconvénients d'un pareil sol sont atténués par une addition de chaux, de marne, ou d'engrais, la préparation par une jachère complète devient moins nécessaire, en proportion de l'effet de ces additions.

Les fèves semées drues et bien fumées, sont, en terre forte, le meilleur précédent après la jachère complète, mais ne peuvent, quoi qu'on en ait dit, être regardées comme l'équivalent de cette préparation.

Dans l'argile consistante, mais qui se ressuie et se délite promptement après la pluie, et particulièrement propre à la production de la grande orge, le tabac et le chanvre sont de très bons précédents pour le froment.

Pour les sols de cette espèce, le tabac surtout est unanimement regardé comme le meilleur précédent ; la forte et bonne fumure, les binages soignés et répétés qu'il exige font, surtout lorsqu'on laisse profiter le champ du dépôt des tronçons de tabac, que le froment rend, en Alsace, par exemple, un septième de plus, après le tabac, même dans des étés frais et malgré la récolte tardive du tabac, qu'après toute autre plante.

Comme le chanvre demande une fumure plus forte encore que le tabac, et comme il étouffe les mauvaises herbes, il constitue un précédent pour le froment, qui ne le cède que très peu au tabac même.

Après les choux, le froment rend, il est vrai, assez bien au boisseau; mais, comme il produit moins de paille, l'ensemble du produit du froment, après les choux, est sensiblement inférieur à ce produit après le tabac. La récolte tardive des choux et du tabac, dans les pays où il convient de semer le froment de bonne heure, diminue les avantages de ces deux précédents.

Il y a des contrées, l'Alsace par exemple, où, dans les bonnes terres, on regarde le maïs comme un mauvais précédent pour le froment. En conséquence, les cultivateurs de ces contrées placent le maïs dans la sole d'été, et cultivent l'année jachère en tabac ou en fèves binées, auxquels seulement ils font succéder le froment. D'un autre côté, on peut citer des contrées de la France méridionale et des terres d'alluvion de la Hongrie, où l'on fait se succéder alternativement et d'année à l'autre le froment et le maïs.

Dans les sols dont nous nous occupons, le froment verse volontiers, lorsqu'on le fait succéder au trèfle. Dans les terres à blé, riches et meubles, les pois et les vesces précèdent utilement le froment, et très souvent on observe difficilement une différence entre les effets de ces précédents et ceux de la jachère. En outre, il est difficile de se décider à soumettre un pareil sol à la ja-

chère complète; souvent même on trouvera un pareil sol
trop précieux pour la culture de ces deux plantes à cosses, et on leur préfère les fèves comme on le fait en Alsace.

La mise en herbage, pour plusieurs années, d'une terre
à blé, encore en bon état d'engrais, est un bon précédent,
et le froment peut y être semé immédiatement et sans
nouvelle fumure.

Sur un sol argileux plus lié, frais et profond, particulièrement propre au trèfle, le gazon annuel et le chaume
du trèfle sont la meilleure préparation pour le froment,
à condition que le trèfle lui-même aura été d'une venue
vigoureuse. Sur un trèfle maigre et infesté de chiendent,
il ne peut venir que du froment proportionnellement
maigre et chétif.

Les plantes à cosses, les vesces, les pois sont de pas-
sables, et les fèves binées sont d'excellents précédents
pour le froment; les vesces, mêmes pâturées en vert, ne
sont pas un aussi bon précédent que le trèfle. Dans les
étés froids, dit Koppe, les plantes à cosses mûrissent
tardivement et retardent beaucoup la préparation du sol
pour la semaille du froment, et il en résulte ordinairement une perte notable sur la récolte du froment qui
leur a succédé : il n'est, par conséquent, pas sage, dans
l'exploitation d'un bien d'une grande étendue, de disposer une forte partie des semailles du froment de manière
à les faire succéder à des plantes à cosses semées à la
volée. Les fèves semées en lignes ne sont pas, il est vrai,
dans une condition plus favorable quant au temps de la
maturité, mais, à raison du binage, le froment peut,
après les fèves ainsi cultivées, comme après le tabac,
être semé sur un seul labour.

Les vesces vertes sont, en tout cas, un meilleur précédent pour le froment que les vesces arrivées à matu-

rité; mais aussi il y a une grande différence entre celles qui ont été séchées ou pâturées de bonne heure ou tardivement. Dans le dernier cas, on peut reconnaître facilement, à la croissance du froment, les effets de la tardivité.

Pour l'espèce de terrain qui nous occupe en ce moment, la navette est, sans contredit, le meilleur de tous les précédents pour le froment, bien entendu que la navette n'aura pas été semée dans un sol incapable de la faire complètement prospérer. La récolte de la navette arrivant de bonne heure et donnant le moyen de préparer bien convenablement la terre, c'est dans cette propriété principalement qu'il faut chercher la cause de la réussite du froment qu'on sème après elle. « Dans tous les sols, dit Koppe, où il arrive au froment de verser sans qu'il y ait de la faute de la saison, la navette est un meilleur précédent pour le froment que la jachère même, parce que le grain du froment est plus lourd et plus beau après la navette. »

Dans l'argile sablonneuse et plus encore dans le sable argileux, les cultivateurs des Pays-Bas regardent la pomme de terre comme un très bon précédent pour le froment, bien entendu, avec une fumure suffisante des pommes de terre. En Belgique, dans l'Altenbourg et le long du Rhin, on a reconnu depuis longtemps les avantages des pommes de terre sous ce rapport. Le froment, succédant aux pommes de terre, donne, il est vrai, un peu moins de gerbes, mais non pas moins de grain que le froment sur jachères, et il est moins sujet à verser.

Le docteur Schweitzer remarque que beaucoup de cultivateurs altenbourgeois tiennent pour avantageux de semer le froment après la pomme de terre, et y trouvent surtout plus d'avantage qu'à faire succéder le seigle, d'où il résulte que la pratique de semer le froment après la pomme de terre est devenue de jour en jour plus générale.

Ce n'est pas chose extraordinaire, dans l'Altenbourg et dans le Norfolk, de voir le froment suivre les navets; cependant, je me garderai bien de donner ce fait comme un exemple à suivre.

Même dans du sable léger on peut semer du froment après la garance, lorsque la garance a laissé le sol assez gras. J'ai trouvé en Alsace des exemples de cette pratique.

Dans les sables argileux de Norfolk, le froment ne succède guère qu'exceptionnellement au trèfle de l'année; la succession habituelle des bonnes cultures, dans cette province, amène invariablement, dit Marshall, le froment dans la seconde année des fourragères, et l'on peut compter que les neuf dixièmes de tout le froment cultivé dans le Norfolk est semé dans des herbages rompus la seconde année. Bien qu'il arrive quelquefois qu'en raison de circonstances imprévues on soit obligé de rompre un trèfle dès la première année, la méthode de ne le rompre que la seconde n'en est pas moins regardée comme la règle. Ici, toutefois, faut-il se souvenir qu'en Angleterre, et particulièrement dans le Norfolk, on sème toujours du ray-grass avec le trèfle, qu'on s'en sert, la seconde année comme pâturage, dans la première partie de l'été, et qu'on prépare ensuite le sol à peu près comme une jachère.

Enfin, dans quelques contrées, entre autres en Belgique, il n'est pas extraordinaire de voir semer du froment après de l'avoine et même du froment après du froment.

Pour supporter cette dernière succession, il faut surtout une très bonne terre à blé. On a remarqué que le froment rouge était celui qui s'arrangeait le mieux de revenir après du froment dans le même sol; l'avoine n'est pas absolument un mauvais précédent pour le froment. Lorsque le sol est trop actif et qu'on a à craindre d'y voir verser le froment succédant au trèfle, il y a de l'avantage à semer de l'avoine dans le trèfle rompu et à ne mettre le froment qu'après l'avoine.

Semer du froment après de l'avoine fortement fumée est, au rapport de Burger, une pratique très suivie en Carinthie et en Silésie. Le froment ainsi produit est très pur; sa paille est, il est vrai, plus courte, mais il mûrit plus tôt, et il est moins souvent atteint par la rouille.

Le lin n'est qu'un mauvais précédent pour le froment, à moins, cependant, qu'il n'ait été semé dans un trèfle rompu.

Le trèfle étant un bon précédent, on en peut conclure naturellement que, dans un sol convenable, le froment doit bien venir aussi après l'esparcette et la luzerne. Dans le midi de la France, on sème, jusqu'à deux et trois ans de suite, du froment sur les vieilles luzernes rompues.

Les observations qui précèdent peuvent se résumer dans les préceptes suivants :

Il convient de donner comme précédent au froment :

1° Dans un sol sablonneux, par conséquent peu substantiel, un herbage artificiel de plusieurs années;

2° Dans un sol un peu lié et fortement fumé, des pommes de terre, ou un herbage artificiel de deux ans;

3° Dans une forte terre d'alluvion, des fèves binées;

4° Dans une bonne terre moyenne, un trèfle d'un an, et si le terrain est infesté de mauvaises herbes, la jachère ou du sarrasin;

5° Dans une terre argileuse, lourde, une jachère complète;

6° Dans une terre où le versage est probable, jamais

de froment immédiat après le trèfle mais intercaler des fèves.

7° Après un trèfle mal réussi et, par conséquent, infesté de chiendent, il ne faut jamais semer du froment, mais seulement de l'avoine.

8° Dans les terrains qui, à raison de leur proportion de silice et d'une situation élevée, conviennent mieux au seigle qu'au froment, il convient de s'en tenir au seigle.

9° Dans tous les sols qui manquent d'ancienne force, de vieil engrais, il ne faut jamais semer de froment. »

Préparation du sol. — Le blé exige, comme nous l'avons vu, un sol meuble mais compacte et rassis. «On récolte, dit Arthur Young, d'autant moins de froment qu'on s'est donné plus de mal pour en obtenir davantage. »

Cela veut dire que l'émiettement extrême du sol n'est pas nécessaire; celui-ci peut rester motteux, non seulement sans inconvénient mais encore avec avantage, pourvu que le fond du sillon soit bien lié et que la terre ne soit pas *creuse*. Les mottes à la surface offrent un abri au froment pendant l'hiver, en retenant la neige, et en se délitant au printemps, elles concourent à son rechaussement.

Les travaux de préparation du sol pour le blé varient essentiellement avec la nature des récoltes antérieures et l'état dans lequel elles laissent le sol à emblaver.

Nous allons envisager successivement les divers cas qui peuvent se présenter chez nous.

C'est après la *jachère* (1), que de temps immémorial

____

(1) Sombres, versaine ou franc guéret, etc., selon les pays.

FIG. 145. — CHARRUE BRABANT DOUBLE.

on a surtout fait le blé. Voici comment il convient de
l'exécuter :

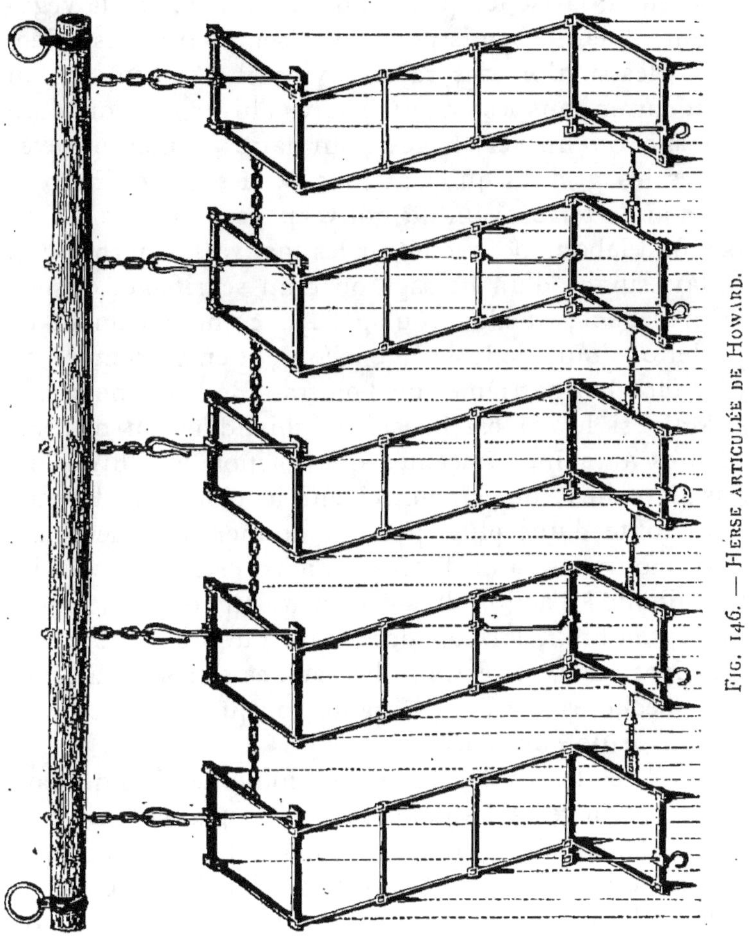

Dans les terres fortes qu'on veut purger de mauvaises
herbes en même temps que les aérer et les ameublir,
on commence par déchaumer aussitôt après l'enlève-

ment de la dernière récolte. A la première pluie on herse pour hâter la germination des graines de plantes adventices. A la fin de l'automne on donne un labour profond qu'on laisse tel quel, d'abord pour enfouir la végétation adventice, puis pour favoriser l'action des gelées et la destruction des racines vivaces. Aussitôt qu'on peut entrer dans les champs, après l'hiver, on donne un hersage ou un scarifiage, pour faire germer et lever toutes les graines qui sont près de la surface. En avril ou mai, la terre ayant de nouveau verdi, on donne un profond labour pour enfouir les mauvaises herbes. On le fait suivre d'un hersage ou d'un scarifiage, comme le précédent, et d'un roulage. Au commencement de juillet on donne le troisième labour, et en septembre au plus tard le quatrième que l'on traite de la même façon.

Mais si le sol est infesté de chiendent ou d'autres plantes à racines traçantes que l'action de l'hiver n'a pas détruites, on fait autrement le troisième labour. On profite d'une pluie pour le donner. Plus les bandes retournées sont lissées, mieux cela vaut. On les abandonne à l'action du soleil jusqu'au commencement de septembre. Alors on donne un ou plusieurs coups d'extirpateur pour extraire les racines qui sont mortes, si la sécheresse a été suffisante, et que dans tous les cas on brûle sur place.

Dans les terres légères on se contente d'un déchaumage très léger à l'automne pour ne pas enfouir trop profondément les graines de moutarde des champs et de coquelicot développées dans la dernière récolte, et assurer leur levée au printemps. On ne donne un bon labour qu'après leur poussée complète, en avril-mai. Dans ces sols, du reste, les labours profonds, faits avant l'hiver, ne présentent pas les avantages qu'ils ont dans les terres fortes.

Lorsqu'on applique le fumier sur la jachère c'est
par le troisième labour qu'il le faut enfouir. On donne

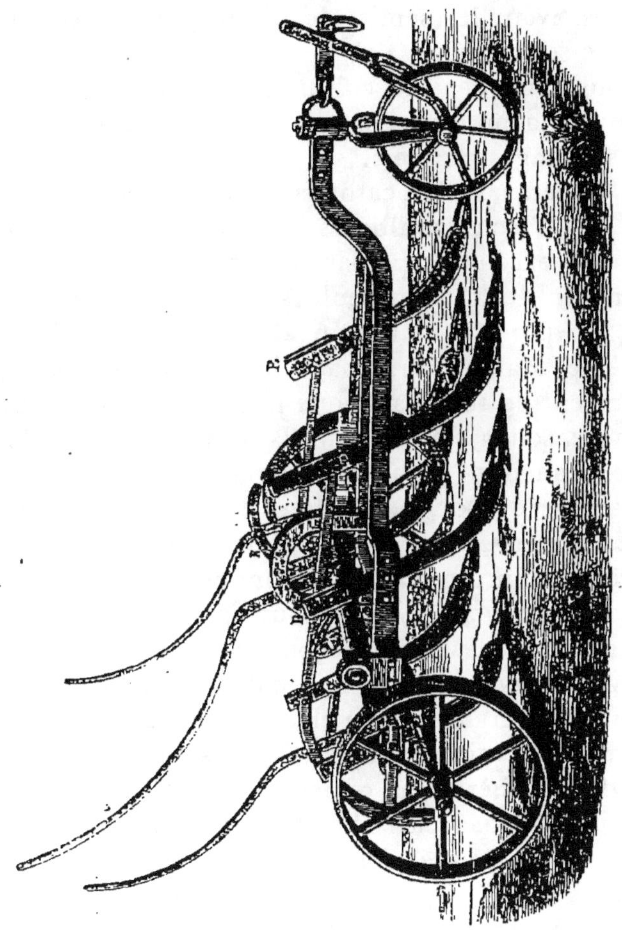

FIG. 147. — SCARIFICATEUR COLEMAN.

alors le quatrième labour un peu moins profondément.
Les mauvaises graines, que le fumier contient fort
souvent, ont ainsi le temps de pousser, et on les détruit
par le quatrième labour.

LES CÉRÉALES.   29

Le dernier labour doit, dans tous les cas, être fait avec grand soin, tout en ne pénétrant qu'à une faible profondeur. Il doit être exécuté au minimum trois semaines avant les semis, de façon que la terre ait le temps de se rasseoir.

Aujourd'hui, dans la culture intensive, on remplace souvent la jachère par la culture des plantes sarclées et des fourrages annuels.

Les betteraves, les carottes, les pommes de terre, grâce aux façons multiples qu'elles exigent, constituent une excellente préparation pour le froment. On se borne à donner un seul labour peu profond, on herse, on plombe le terrain au rouleau Crosskill, et l'on sème. Mais si l'arrachage des racines est fait trop tardivement, le temps manque pour que la terre puisse reprendre son assiette avant la semaille, et le blé en souffre beaucoup. Pour remédier à cette préparation trop tardive du sol, il faut faire le labour très superficiel et rouler le sol très énergiquement.

Après les fourrages annuels comme le trèfle incarnat, les vesces d'hiver, le seigle-fourrage, on traite le sol différemment, suivant les façons antérieures qu'il a reçues. Après avoir rentré la récolte de trèfle incarnat, on donne généralement au champ trois labours pour le préparer à recevoir le froment. Ce n'est pas trop, en effet, d'une demi-jachère, car ce fourrage a été semé sur un simple déchaumage à la herse ou au scarificateur. On se contente de donner deux labours après l'enlèvement des vesces et du seigle, pour lesquels le sol a été mieux ameubli. Après le maïs-fourrage fait dans de bonnes conditions, un seul labour est suffisant, comme après les betteraves.

Lorsqu'on veut faire un blé après un sainfoin ou une luzerne qui ont duré trois ou quatre ans, on opère le défrichement aussitôt la première coupe. Il ne faut pas attendre que l'on ait fait la récolte de la seconde coupe,

Fig. 148. — Rouleau Crosskill.

parce que le labour se ferait à une époque trop rapprochée des semailles, et que par suite le sol n'aurait pas le temps de se rasseoir. On retourne le gazon après avoir laissé repousser l'herbe que l'on enterre comme engrais vert. Le labour ne doit avoir qu'une profondeur moyenne : un labour trop puissant laisserait le sol soulevé. Ensuite on roule au Crosskill pour briser les mottes et comprimer le sol, après avoir brisé les crêtes du labour par la herse. Si la surface du sol se recouvre d'herbe avant les semailles, on détruit cette végétation adventice par l'extirpateur. On sèmera sur un scarifiage, et ensuite on plombera de nouveau le terrain. L'ameublissement superficiel du sol et son tassement par le rouleau brisemottes sont les bases du succès de l'opération.

Nous devons toutefois faire remarquer que ce mode de préparation ne s'applique qu'à des prairies artificielles en bon état, et qu'il faudrait opérer différemment si elles étaient, comme il arrive parfois, envahies par le chiendent. Il faut alors recourir à plusieurs labours. Le premier est donné très superficiellement pour enterrer le gazon et on le fait suivre d'un hersage. On donne ensuite le deuxième plus profondément, quand les gazons sont pourris ou desséchés. Enfin on donne parfois un troisième labour plus profond encore que les deux autres. Pour que la terre puisse reprendre son assiette, il faut commencer le défrichement le plus tôt possible, et user entre les labours, pour nettoyer et ameublir le sol, de la herse et du scarificateur. Les plombages au Crosskill s'imposent également.

Fumure. — C'est au moment de la préparation du sol qu'on lui incorpore les engrais dont nous avons montré la nécessité plus haut en même temps que nous donnions les règles générales qui doivent servir de base à leur emploi.

Fumier de ferme. — Il est et sera longtemps encore l'engrais le plus généralement employé pour la culture du blé; car, outre qu'il constitue un résidu de la fabrication des produits animaux, et qu'il n'a, par suite, qu'un prix de revient peu élevé en général, il joue dans le maintien de la fertilité du sol un rôle capital par l'apport d'une importante quantité de matière noire. M. Risler et M. Grandeau ont démontré combien l'action de la matière noire est énergique pour rendre assimilables les éléments minéraux du sol; on sait d'autre part combien l'action de l'humus sur les propriétés physiques et chimiques du sol est importante depuis les beaux travaux de M. Schlœsing. L'humus concourt à maintenir l'ameublissement des sols, en donnant du corps aux terres légères, et il diminue la ténacité des terres trop fortes. Il communique à tous les sols où on le rencontre, en présence du carbonate de chaux, les propriétés absorbantes qui assurent la conservation des engrais solubles et les maintiennent à la portée des racines fasciculées du blé.

Le cultivateur qui ne néglige pas la production et la bonne fabrication du fumier est donc assuré, non seulement d'utiliser par ses récoltes tous les éléments fertilisants qu'a laissés comme résidus la consommation des fourrages de la ferme par les animaux de toutes sortes, mais encore de tirer des ressources propres du sol tout le parti possible. Or, c'est là le principal secret de la production économique des céréales, d'utiliser au maximum pour en obtenir une récolte élevée et rémunératrice, les éléments nutritifs du capital foncier, et de ce capital immeuble par destination qu'on appelle fumier, en les complétant suivant que les circonstances l'exigent par un apport raisonné de celui ou de ceux des principes fertilisants qui font défaut.

L'emploi exclusif du fumier ne pourrait en effet permettre d'obtenir de très forts rendements de céréales, puisque cet engrais ne peut être qu'un reflet du sol. Si la terre manquait d'acide phosphorique ou de potasse, il ne saurait combler ces déficits, et l'apport en excès qu'il ferait des autres substances alimentaires, loin de compenser cette pénurie primordiale, n'aurait le plus souvent d'autre effet que de compromettre sûrement la réussite de la culture. Aussi dans les anciens assolements des fermes de la région parisienne soumises à la culture intensive, avait-on pris l'habitude d'appliquer les grosses fumures de fumier aux racines qui généralement précédaient le froment. On évitait ainsi les graves inconvénients que la surabondance d'azote dans le sol produit toujours : la verse, qui anéantit les espérances du cultivateur. Dans ces sols où par suite d'une culture soignée depuis fort longtemps, l'azote s'est accumulé grâce à l'intervention des prairies artificielles, le fumier seul ne permet pas d'obtenir en moyenne beaucoup plus de vingt-cinq hectolitres à l'hectare. C'est un résultat insuffisant pour assurer des bénéfices au producteur.

Fumier et engrais chimiques. — Mais, si l'on complète le fumier par l'adjonction des engrais phosphatés que le sol réclame, les rendements peuvent être portés à 35 et même 40 hectolitres. Dans les sols pauvres en potasse de la Champagne, l'engrais potassique en complément du fumier fait aussi merveille. Dans les sols de Beauce, nous avons obtenu pour les céréales comme pour les autres cultures de bien meilleurs résultats par l'emploi simultané d'une demi-fumure (15.000 kilog.) d'engrais de ferme, et d'engrais chimiques appropriés, que par l'usage de 30,000 kilog. d'excellent fumier, dosant par tonne 6 kilog. 2 d'azote, 5 kilog. 6 d'acide phosphorique, et 6 kilog. 5 de potasse. En effet, tandis qu'en moyenne, pour quatre assolements différents, ayant duré six ans, le quintal de matière sèche obtenu en excédent par rapport aux parcelles sans engrais, revenait à 7 fr. 70 avec le fumier à forte dose, le prix de revient tombait à 4 fr. 60 avec la fumure mixte, et à 4 fr. 40 avec la fumure artificielle. Mais cette petite différence en faveur des engrais chimiques, ne manquerait pas de disparaître au bout d'un certain nombre d'années, si l'on n'avait soin d'entretenir le stock d'humus du sol par la culture des prairies artificielles. Dans un sol de même nature, laissé pendant douze ans à l'abstinence de fumier, l'emploi exclusif des engrais de commerce, tout en permettant d'obtenir de belles récoltes, s'est toujours montré inférieur à l'emploi combiné du fumier et des superphosphates ou des scories.

Si donc le système de culture ne permet pas comme dans les grandes fermes des fertiles régions du nord, d'alterner les betteraves avec le blé, et dans ce cas de consacrer aux premières la totalité du fumier produit, on n'hésitera pas, comme on le fait en Beauce, à fumer directement le blé, mais on le fera avec modération et en ayant soin d'apporter sous forme d'engrais minéral assimilable le complément indispensable d'acide phosphorique en général, et de potasse par exception. Avec l'emploi de 15.000 kilog. de fumier fait à l'automne, on n'hésitera pas à donner dans tous les cas, la quantité totale d'acide phosphorique que nous avons reconnue nécessaire d'après la nature du sol et les besoins du blé. Dans les sols de limon, nous conseillons 300 kilog. de superphosphates, et 400 dans les terres plus pauvres de l'argile à silex. Quant à l'azote, on ne l'emploiera qu'en couverture au printemps et à petite dose, si l'aspect souffreteux de la plante fait juger indispensable son adjonction.

Il conviendra en général de préférer le fumier mixte provenant du mélange et de la fermentation de celui des diverses espèces d'animaux, dans un état de demi-décom-

position. Alors la paille des litières est pourrie, s'est aplatie, et se laisse facilement diviser par la fourche. Dans
les terres très argileuses et froides, les fumiers pailleux
qui les divisent trouvent leur emploi avantageux. Mais
dans tous les cas on doit éviter avec soin d'enterrer
le fumier par le dernier labour qui précède le semis, et
cela d'autant plus que cet engrais serait plus frais. Si
l'on donne le fumier au sol en jachère, il vaut décidé-
ment mieux l'enfouir par les labours de printemps ou
d'été. Le fumier n'a rien à perdre à subir l'action désagrégeante de trois labours successifs, et la céréale y gagne
de ne pas être envahie par une abondante végétation de
mauvaises herbes, car les graines de plantes adventices
apportées par l'engrais ont le temps de germer et d'être
détruites par les façons de la jachère. De plus, l'incor-
poration au sol des éléments du fumier, et la nitrification de son azote sont plus parfaites, d'où il résulte que
les jeunes plantes de blé ont à leur disposition dès le
début de leur développement une nourriture assimilable plus abondante.

Le fumier doit être réparti sur le sol avec le plus
grand soin. Toute irrégularité nuirait au bon rendement. L'enfouissement lui-même demande beaucoup
d'attention. Les résultats ne sont parfaits que si l'on
fait suivre la charrue par un homme muni d'une fourche, qui fait tomber le fumier au fond de la raie.

Dans les sols de consistance moyenne ou légère, et
dans les contrées où l'on entretient de nombreux trou-
peaux de moutons, on a souvent recours au parcage
des terres destinées à porter du blé. En nous appuyant
sur les résultats des belles expériences de MM. Müntz
et Girard, nous avons démontré ailleurs (1) que par un

(1) Rapports sur les champs d'expériences et de démonstrations d'Eure-
et-Loir.

parcage de douze heures, à raison de un mouton par mètre carré, on apporte à la terre la fumure suivante :

	kil.
Azote..	80
Acide phosphorique.	35
Potasse	110

Le parcage à une demi-tête de mouton par mètre carré et par nuit, forme une fumure moyenne. Si l'on a soin de la compléter par un apport convenable de superphosphates ou de scories, on en peut tirer un très bon parti pour la production du blé, comme le démontre l'essai que nous avions institué chez M. Létang, à Mousseau, en 1887-88, sur un sol de limon dosant par kilogr. :

	gr.
Azote	0,97
Acide phosphorique.	0,48
Potasse..	2,24
Chaux..	1,05
Magnésie..	0,97

essai dont nous donnons ci-après les résultats :

FUMURES PAR HECTARE.	RENDEMENTS par hectare.		EXCÉDENTS.	
	Grain.	Paille.	Grain.	Paille.
	Quint.	Quint.	Quint.	Quint.
1° 60 kil. d'acide phosphorique soluble au citrate, 20 k.5 d'azote ammoniacal.	28,06	49,50	9,44	9,44
2° 60 kil. d'acide phosphorique soluble au citrate, 20 k.5 d'azote nitrique au printemps.	31,33	55,94	12,71	15,79
3° Sans aucun engrais.	18,62	40,15	»	«
4° Superphosphate seul.	27,27	50,30	8,65	10,15
5° parcage à 1/2 tête par mètre carré et par nuit, avec 60 k. d'acide phosphorique.	36,33	62,11	17,71	21,96
6° Parcage seul.	29,39	53,91	10,68	13,76

Le parcage seul, malgré la tardivité de la végétation qu'il occasionne, a, dans la terre de Mousseau, moyennement riche en azote mais pauvre en acide phosphorique, donné un résultat aussi bon que le sulfate d'ammoniaque employé à l'automne, avec addition de superphosphate. Mais son effet a été notablement inférieur à celui du nitrate ajouté au printemps en couverture sur le sol qui avait reçu du superphosphate à l'automne.

Si le parcage est complété par des superphosphates, le rendement s'élève bien davantage, et est beaucoup plus élevé même que celui qu'ont donné les engrais chimiques azoto-phosphatés. On a dans la parcelle 5 un excédent de 6 qx 65 de grain et de 9 qx 84 de paille, sur la moyenne des parcelles 1 et 2. Cet excédent est attribuable à diverses causes : d'abord à l'action physique qu'exerce le parcage sur le sol, par le piétinement des moutons, lequel donne au terrain plus de continuité. Cette continuité du sol, qui est la qualité contraire du défaut des terres dites *creuses* ou *soufflées*, est, comme nous l'avons déjà vu, très importante pour la réussite du froment. A côté de cela, le parcage a apporté un supplément d'acide phosphorique (17 kilog.) et aussi un supplément d'azote (20 kilog.) d'une nature telle qu'il devenait peu à peu assimilable à mesure des besoins de la végétation. Une double fumure azotée, avec une proportion plus élevée d'acide phosphorique nous paraît suffire amplement à expliquer la supériorité du parcage phosphaté.

Si l'on compare les excédents produits par le parcage seul, et par le superphosphate seul à celui du parcage phosphaté, on observe que ce dernier est presque exactement égal à la somme des deux autres.

Cet essai démontre donc bien les avantages de l'emploi

du parcage pour la fumure du froment et met en relief
l'utilité grande qu'il y a, comme nous l'avons déjà montré pour le fumier, à le compléter par un apport important de superphosphates ou de scories dans les sols pauvres en acide phosphorique comme ceux de la Beauce.

Quand les circonstances du marché le permettent, on
supplée parfois au fumier et au parcage par l'emploi
de tourteaux de graines oléagineuses non comestibles.
Ces tourteaux en général contiennent 5 à 6 % d'azote, et
seulement 1 à 2 d'acide phosphorique. Une fumure de
1,200 kilog. par hectare de cet engrais apportera donc
60 kilog. d'azote et 24 kilog. au plus d'acide phosphorique. Sauf dans les sols dosant plus de 1 gr. de ce
dernier principe nutritif par kilogramme, il sera donc
indispensable, comme dans le cas du parcage ou du fumier, de compléter les tourteaux par un apport de superphosphates ou de scories d'autant plus important que
le sol sera plus pauvre.

C'est sur un sol enrichi d'azote par une prairie artificielle de légumineuses de 3 à 4 ans de durée que l'on
obtient les rendements de blé les plus économiques.
Mais la culture du blé n'est possible dans ces conditions,
sauf dans les sols où l'acide phosphorique abonde, que
si l'on a soin de répandre une abondante fumure phosphatée.

En 1886-87, M. Ovide Benoist voulut bien, sur notre
demande, faire un blé sur un défrichement de prairie artificielle de luzerne et sainfoin ayant duré 3 ans, avec une
forte fumure de superphosphate (800 kilog.); tandis qu'il
obtenait, sur la partie du champ gardée comme témoin :

        18 quintaux 0 de grain
    et 31   —   9 de paille,

il récoltait dans le reste du champ :

25 quintaux 1 de grain
et 45   —   7 de paille.

Au contraire, après une récolte de racines fourragères ou de bettraves à sucre qui auraient reçu une forte dose de superphosphates ou de scories, comme c'est l'habitude générale, il conviendra pour obtenir une bonne récolte de froment de se borner à donner au sol une fumure azotée moyenne. Nous conseillons d'ordinaire 100 kilog. de sulfate d'ammoniaque à l'automne et 100 kilog. de nitrate de soude au printemps. Le blé en effet dans ces conditions est bien plutôt exposé à manquer d'azote que d'acide phosphorique, et l'on observe dans la généralité des cas que la plante est jaunâtre au printemps, puis pousse peu en paille, signe caractéristique pour les praticiens du manque d'azote. Mais si l'on a fait les racines seulement sur du fumier, les choses n'en vont plus de même, et il devient utile de donner à la fois de l'azote et de l'acide phosphorique; et même, dans un terrain très pauvre en ce dernier principe fertilisant, comme nous en avons dans la formation de l'argile à silex (1), après une grosse récolte de racines n'ayant reçu qu'une dose modérée de superphosphates avec le fumier, il ne faut pas hésiter à fournir avec les doses d'azote préindiquées un supplément d'environ 300 kilog. d'engrais phosphatés.

A Grouasleux, chez M. Maudemain, avec 31 kilog. d'azote nitrique et 60 kilog. d'acide phosphorique soluble au citrate, après betteraves fourragères, nous avons obtenu le rendement de 28 qx 1 de froment avec 62 qx de paille. Le terrain laissé sans engrais ne fournissait

(1) Et des sables de Fontainebleau.

que 17 qx 3 de grain et 35 qx 6 de paille. Grâce à la fumure qui revenait alors à 84 fr. (1887-88) nous avons obtenu un accroissement de produit de 370 fr.

Après ses cultures de pommes de terre Richter's Imperator, de la sélection de M. Aimé Girard, dont il obtient de si beaux rendements, grâce à sa bonne fumure de fumier, de nitrate et d'engrais phosphatés, M. Ch. Egasse obtient à Archevilliers, près de Chartres, d'excellents blés avec une simple couverture de 100 à 150 kilog. de nitrate de soude, un peu plus un peu moins, selon que l'hiver a été plus ou moins rude.

Si l'on veut faire du blé après un trèfle incarnat semé sur un chaume d'avoine ou d'autre céréale, on devra donner une fumure complète, soit dans le cas d'un sol moyen, 100 kilog. de sulfate d'ammoniaque à l'automne, et 300 kilog. de superphosphate avec 150 à 200 kilog. de nitrate au printemps. Il en serait de même après une jachère non fumée ou après céréales, comme après les autres fourrages verts qui n'auraient pas été abondamment fumés.

Ces considérations nous montrent que la fumure du blé, et celle des céréales en général, ne dépend pas seulement des besoins absolus de la plante, de la composition du sol, mais aussi et beaucoup des résidus de fumures laissés par les récoltes précédentes, ou des modifications que ces dernières ont imprimées à la richesse du terrain. Dans chaque situation particulière, pour chaque champ d'un domaine, le praticien devra donc combiner toutes ces données pour arriver à la solution véritable. S'il se souvient des règles que nous avons posées précédemment, des indications que nous avons données sur la durée d'action des engrais divers, et des exemples préindiqués, il n'éprouvera pas, ce

nous semble, de difficulté pour résoudre économiquement le problème qui nous occupe. La nature et la
quantité de l'engrais étant déterminées, il s'agira de l'incorporer au sol. Nous avons dit comment il faut agir
pour le fumier. Voyons ce qu'il y a à faire pour les engrais pulvérulents.

Épandage des engrais. — On les sème généralement à la volée et à la main. Nous recommandons dans
ce cas de munir le semeur, non pas du tablier de toile,
dont on se sert pour la semaille des grains, mais
d'un semoir métallique, en
tôle galvanisée, analogue au
modèle que nous donnons ci-
contre. Cet instrument simple et peu coûteux s'est répandu très vite autour de
nous, et il est d'autant plus
apprécié que l'on a à semer
des engrais acides ou un peu
humides.

Les distributeurs mécani-
ques d'engrais commencent
à se répandre dans les fermes. Quand ils fonctionnent

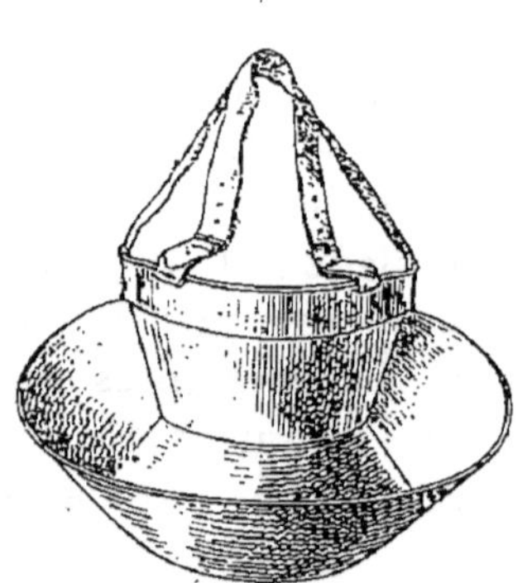

FIG. 149. — SEMOIR MÉTALLIQUE
POUR ENGRAIS.

bien, ils assurent une plus grande régularité de la fumure,
mais de plus ils épargnent à l'ouvrier agricole une rude
tâche; car la tâche du semeur d'engrais est rude, non seulement par la fatigue corporelle qu'elle entraîne, mais
surtout par les inconvénients qui peuvent résulter pour
sa santé de l'absorption par les voies respiratoires de
poussières plus ou moins corrosives. Le semis des scories surtout est difficile à cause de leur grande densité, et par suite du nuage de poussière de chaux dans
lequel l'ouvrier doit respirer toute la journée. L'a

cidité des superphosphates ronge les mains et les vêtements des travailleurs. Le cultivateur ne doit pas perdre de vue que ces auxiliaires humains sont aussi indispensables à sa prospérité qu'il est lui-même nécessaire à leur existence pour leur procurer le travail qui les fait vivre. Son devoir est de leur rendre toujours plus supportable le sort que leur a fait la destinée. C'est en leur épargnant les peines et les dangers inutiles qu'il les attachera au travail du sol, tout en obtenant un travail mieux fait et plus économique.

Parmi les nombreux semoirs à engrais que nous connaissons, nous avons déjà recommandé ailleurs le distributeur à hérisson, comme l'instrument qui fait le travail le plus régulier et qui s'encrasse le moins. « La caisse qui contient l'engrais étant placée au-dessous du hérisson, ou arbre à palettes qui fait la distribution, celui-ci ne peut jamais s'engorger. L'engrais, n'étant pas remué dans son récipient, ne forme non plus jamais pâte. Le seul reproche que mérite l'appareil, c'est que la caisse à engrais est un peu petite; cela nécessite des arrêts assez fréquents pour le remplissage. La mobilité de cette caisse, qui s'élève au fur et à mesure que l'appareil avance, pour assurer le contact du distributeur et de l'engrais, est un obstacle insurmontable à son agrandissement. » (1)

Depuis que nous écrivions ces lignes, on a offert à la culture un distributeur d'engrais, à caisse d'alimentation fixe et grande. L'engrais est toujours répandu sur le sol par un arbre à palettes du système *hérisson,* mais cet arbre est placé en arrière et en bas de la caisse, et la

____

(1) *La Pratique des travaux de la ferme,* par C.-V. Garola. Paris, chez Hachette, 1893.

Fig. 150. — Semoir a engrais le « Hérisson » ouvert.

Fig. 151. — Distributeur d'engrais Boisrenoult.

matière pulvérulente est amenée à son contact par un plancher sans fin mobile. Quand cet appareil sera construit avec tout le soin qu'exigent les instruments agricoles, il se répandra rapidement dans les pays où l'on fait un grand emploi d'engrais de commerce.

L'épandage assuré, on mêlera l'engrais au sol à l'aide de la herse ou du scarificateur. Le seul engrais qu'on puisse répandre en couverture, c'est le nitrate de soude, au printemps.

Choix des semences. — Nous sommes arrivés à un point de notre étude où la terre est prête pour recevoir la semence. Il nous faut la choisir et examiner les règles qui doivent présider à cette importante opération. Car, comme le dit excellemment M. E. Risler, « parmi les perfectionnements que la plupart des cultivateurs peuvent introduire dans la production de leur blé, celui qui donnera le plus de profit, celui qui en abaissera le prix de revient de la manière la plus certaine, parce qu'il permet d'en augmenter, à peu de frais, le produit brut dans une proportion souvent considérable, c'est le choix des variétés bien appropriées au climat et aux terres de leurs fermes. »

Nous avons, dans une section précédente de ce chapitre, en décrivant les variétés, donné les indications les plus précises que nous avons pu pour guider le praticien dans la détermination à prendre à ce sujet. Mais cela ne suffit pas. Quelles que soient les variétés qu'on ait adoptées, il convient, non seulement d'en maintenir, mais encore d'en élever la productivité; et même avant de se décider à l'introduction de variétés nouvelles, il est bon de chercher à tirer des blés acclimatés tout le parti possible. C'est par la *sélection* principalement qu'on obtient ce résultat. M. Grandeau, en opérant sur le blé de la Seille, a montré tout le parti que l'on peut tirer de cette méthode qui est sans contredit la meilleure et la plus sûre.

Sélection méthodique. — Pour sélectionner un blé, il faut parcourir les champs, qui en sont emblavés, avant la moisson; puis arrêter son choix sur les plantes bien saines et bien vigoureuses, qui ont poussé deux ou trois tiges égales, fortes, portant des épis longs et bien garnis.

Les épis ainsi récoltés, on en élimine avec des ciseaux le sommet et la base, car les grains y sont toujours moins beaux. La partie médiane est ensuite égrainée et bien nettoyée. Si l'on a récolté de la sorte seulement 10 litres de grain que l'on pourra semer dans un terrain aussi bien préparé que possible, on aura pour la deuxième année de quoi semer un hectare.

En répétant cette opération chaque année sur le petit champ qui a été ensemencé avec le choix de l'année précédente, on arrivera bien vite aux résultats les plus favorables. Les aptitudes productives de la variété sélectionnée iront en se développant de plus en plus, si l'on a soin de ne rien négliger dans la préparation et l'engraissement du terrain.

C'est par cette méthode que le major Hallett, en Angleterre, a créé ses variétés si remarquables de froment connues sous le nom générique de Hallett's pedigree...

Sélection mécanique. — A côté de la sélection méthodique dont nous venons d'indiquer en peu de mots le mode opératoire, le cultivateur ne doit jamais négliger d'avoir recours à la *sélection mécanique* des semences. Celle-ci s'opère à l'aide du trieur à alvéoles, qui élimine à la fois toutes les graines étrangères, tous

les grains mal venus, et réserve un choix d'élite pour
le semis.

Il n'est pas besoin d'insister sur l'importance qu'il y
a à éliminer de la semence toutes les graines étrangères,
seigle, orge, graines rondes, etc. Mais il ne nous semble
pas inutile d'appeler l'attention du cultivateur sur les
avantages qu'il peut tirer immédiatement de l'élimination des petits grains de sa semence. Ces avantages
ressortent clairement des expériences suivantes exécutées à la station expérimentale de Cappelle par M. Flo-
rimond Desprez, et communiquées à la Société des
Agriculteurs du Nord le 4 octobre 1893 :

« Parmi les expériences faites à la station expérimentale de Cappelle, celle concernant l'influence qu'exerce
la grosseur du grain de semences employé sur la récolte doit attirer l'attention du monde agricole.

« Pour mener à bonne fin ces expériences, qui ont été
très délicates, j'ai, afin d'avoir à comparer les rendements de deux années, emblavé en 1892 et 1893 un
are de terre, semé grain à grain, à une distance constante de 20 centimètres en tous sens et en alternant
les lignes, gros grain et petit grain.

« J'ai fait porter ces essais sur trois variétés bien
différentes : le jaune à épi carré, le rouge d'Écosse, et
le blanc à épi rouge.

« D'un autre côté, j'ai pris, dans chaque espèce, pour
être mis en comparaison, le gros grain et le petit grain
du milieu, récoltés sur les épis les plus hâtifs de l'espèce, et le gros grain des mêmes épis, mais provenant
des extrémités ; j'ai répété les mêmes expériences avec
les grains récoltés sur les épis les plus tardifs des mêmes variétés.

« Voici les résultats que j'ai obtenus :

1° *Jaune à épi carré.*

	Rendement à l'hectare.	
	Grain.	Paille.
	Kil.	Kil.

1892.

	Grain.	Paille.
Gros grain du milieu des épis hâtifs.	5 726	10.350
Petit — · — —	4.799	7.371
Différences en faveur du gros grain	927	2.979

1893.

	Grain.	Paille.
Gros grain du milieu des épis hâtifs.	3.835	11.722
Petit — — —	3.769	11.576
Différences en faveur du gros grain	66	146

1892.

	Grain.	Paille.
Gros grain du milieu des épis tardifs.	6.172	9.662
Petit — — —.	4.235	6.192
Différences en faveur du gros grain	1 937	3,470

1893.

	Grain.	Paille.
Gros grain du milieu des épis tardifs.	5.869	11.999
Petit — — —.	4.347	9.942
Différences en faveur du gros grain	1.522	2.057

1893 SEULEMENT.

	Grain.	Paille.
Gros grain des extrémités des épis hâtifs.	5.492	11.535
Petit — — —	4.425	9.242
Différences en faveur du gros grain	1.067	2.293

1893 SEULEMENT.

	Grain.	Paille.
Gros grain des extrémités des épis tardifs.	5.291	11.088
Petit — — · —	4.491	9.449
Différences en faveur du gros grain	800	1.639

Rendement à
l'hectare.

Grain.	Paille.
Kil.	Kil.

2° *Rouge d'Écosse.*

1892.

	Grain	Paille
Gros grain du milieu des épis hâtifs	5.231	9.025
Petit — — —	3.123	5.446
Différences en faveur du gros grain	2.108	3.585

1893.

	Grain	Paille
Gros grain du milieu des épis hâtifs	5.142	8.375
Petit — — —	5.035	9.490
Différences en faveur du gros grain	107	»
— — petit grain	»	1.115

1892.

	Grain	Paille
Gros grain du milieu des épis tardifs	4.680	8.462
Petit — — —	2.456	4.600
Différences en faveur du gros grain	2.224	3.862

1893.

	Grain	Paille
Gros grain du milieu des épis tardifs	6.330	12.050
Petit — — —	4.543	9.156
Différences en faveur du gros grain	1.787	2.894

1893 SEULEMENT.

	Grain	Paille
Gros grain de l'extrémité des épis hâtifs	5.587	10.756
Petit — — —	5.242	9.407
Différences en faveur du gros grain	345	1.349

1893 SEULEMENT.

	Grain	Paille
Gros grain de l'extrémité des épis tardifs	4.897	9.520
Petit — — —	4.393	8.021
Différences en faveur du gros grain	504	1.499

	Rendement à l'hectare.	
	Grain.	Paille
	Kil.	Kil.

3° *Blanc à épi rouge.*

1892.

	Grain	Paille
Gros grain du milieu des épis hâtifs	5.879	10 712
Petit — — —	3.543	7.150
Différences en faveur du gros grain	2.336	3.562

1893.

	Grain	Paille
Gros grain du milieu des épis hâtifs	6.365	11 996
Petit — — —	6.161	10.945
Différences en faveur du gros grain	204	1.051

En considérant les excédents de récolte fournis en moyenne par les gros grains de chaque variété, on voit qu'ils atteignent :

Blé blanc à épi rouge.	26,1 %
Blé rouge d'Écosse.	28,5 —
Blé jaune à épi carré.	22,5 —

L'élimination des petits grains de la semence a donc une influence très grande sur le rendement, et le cultivateur ne doit jamais négliger de passer ses semences au trieur, car la dépense que lui occasionne cette sélection est largement payée par l'accroissement de la production de ses emblaves.

Fécondation croisée. — Tandis que les uns se vouent à l'amélioration des variétés locales par le choix des germes reproducteurs, d'autres cherchent dans un chemin différent l'amélioration des blés.

Par la fécondation artificielle croisée, les Patrick

Shiref, les Vilmorin ont obtenu après de longues années de persévérants efforts quelques résultats assez remarquables pour que ces chercheurs aient bien mérité de l'agriculture.

« L'idée de faire intervenir le métissage (ou croisement entre variétés de la même espèce), devait venir naturellement à qui cherchait à provoquer des variations dans les races de blé afin d'obtenir quelque chose de supérieur à ce qu'on avait jusqu'ici. Elle s'est précisée par la pensée qui en est la conséquence de croiser entre elles des variétés choisies en vue du but à atteindre, et non pas les premières venues.

« Le premier objectif précis a été d'obtenir un blé qui, avec les qualités du Chiddam d'automne à épi rouge, n'eût pas son défaut de donner très peu de paille. Pour l'atteindre, dit M. Henry de Vilmorin, j'ai croisé le Chiddam en question avec le Prince-Albert, et le résultat a été le blé *Dattel*, c'est-à-dire qu'entre dix ou douze formes obtenues à la suite du croisement, j'en ai choisi une, qu'au bout de cinq à six années de sélection j'ai fixée assez complètement pour que le blé Dattel soit une des races les plus régulières et uniformes qui existent. »

M. H. de Vilmorin a obtenu par le même procédé le *Lamed* et le *blé Bordier*, issus du blé de Noé et du Prince-Albert; et plusieurs autres. Voici en quels termes il décrit la fécondation artificielle croisée :

« Quand on veut faire un croisement, il faut entr'ouvrir une fleur près de se féconder, supprimer ses trois étamines encore vertes et closes, puis refermer la fleur. Le lendemain ou quelques heures après, on revient avec un épi du blé qui doit servir de père et, choisissant des étamines qui s'apprêtent à répandre leur pollen, on en verse le contenu sur les pistils que l'on veut féconder.

« L'opération exige une certaine dextérité de main, mais elle ne présente pas de difficulté réelle. »

Nous l'avons vue en effet pratiquée et fort bien réussie par deux agriculteurs d'Eure-et-Loir, et nous espérons quelle donnera entre leurs mains d'aussi bons résultats que ceux qu'a obtenus l'éminent expérimentateur de Verrières.

Changements de semences. — En dehors de la sélection et de la fécondation croisée, on a recommandé, comme méthode générale, les changements de semences. Nous de saurions mieux faire que de reproduire ici ce que nous avons dit de ce procédé dans notre ouvrage sur la *Pratique des travaux de la ferme* (1).

« On recommande souvent, dans la pratique agricole, les changements de semence, et beaucoup de cultivateurs prétendent y trouver des avantages réels. Mais ces avantages ne peuvent résulter que de l'imperfection des semences récoltées par le cultivateur lui-même, et qu'il échange contre d'autres. Cette imperfection peut avoir ses causes, soit dans la nature du terrain peu propre à tel genre de produits, soit dans des procédés de culture vicieux ou dans des accidents de température, soit dans le défaut de soin à nettoyer la semence et à la purger des graines de plantes nuisibles. Il est certain que lorsque l'un de ces vices se rencontre dans les semences récoltées par un cultivateur, il convient qu'il aille chercher ailleurs celles qu'il doit employer. Mais toutes les fois que l'on a récolté chez soi du grain bien conditionné, on ne peut trouver aucun avantage à ces changements de semences. Une expérience constante, et des observations attentivement portées sur ce sujet pendant fort longtemps, me permettent de dire que, dans ma conviction,

(1) Hachette, 1 vol. contenant 58 figures.

il n'y a aucun fondement à l'opinion répandue sur ce sujet chez un assez grand nombre de cultivateurs ; et si, dans quelques cas particuliers, on a pu réellement remarquer dans les récoltes une amélioration à la suite d'un changement de semences, cela a été dû à l'imperfection des grains que l'on avait récoltés, et nullement à ce qu'on aurait employé des semences dans des terrains différents par leur nature, leur situation ou leur climat, de ceux dans lesquels ils avaient été récoltés.

« Les semences les plus parfaites ne sont pas toujours produites dans les terrains les plus riches : pour le froment en particulier, l'excès de végétation des parties herbacées des plantes a fréquemment pour résultat la production d'un grain maigre et peu propre à servir de semence. Ce vice du grain est encore bien plus prononcé si la récolte de froment a versé. Dans les sols qui manquent de fertilité, on ne peut non plus obtenir un grain bien nourri et propre à reproduire des plantes vigoureuses ; mais les terrains pourvus du degré de fertilité convenables pour produire la plus riche récolte d'un grain lourd et bien nourri sont ceux où il convient généralement de prendre les grains que l'on destine à servir de semence.

« Les grains petits et maigres germent néanmoins pour la plupart ; et par ce motif on a conseillé quelquefois de les employer de préférence, parce que les grains étant plus petits, la même mesure en contient un plus grand nombre, en sorte qu'on a une levée plus épaisse ; mais c'est là le plus vicieux de tous les calculs : après une levée plus épaisse, on aura une récolte beaucoup moindre, parce que la force de végétation des plantes dépend en grande partie de la vigueur des semences dont elles proviennent. »

Les lignes précédentes, écrites par M. de Dombasle,

l'illustre agronome lorrain, doivent être prises en sérieuse considération, mais nous devons les compléter en plusieurs points.

« De même que chez les animaux on peut, par l'introduction dans une contrée de sujets d'élite, excellents utilisateurs des aliments et de même race que le bétail local, obtenir de nouvelles générations plus rémunératrices à exploiter et qui conservent pendant un temps plus ou moins long leurs facultés élevées, de même quand il s'agit des semences, le grain, produit par un sol et un climat parfaitement appropriés à sa nature, transporté dans une situation moins favorable, transmettra par hérédité une certaine partie de ses qualités à ses descendants. Ce n'est qu'après une, deux ou trois générations que les grains produits, par suite de l'influence locale et de la négligence du cultivateur, redescendront au niveau de ceux produits couramment dans la contrée. La citation précédente contient cette idée en germe, nous avons cru utile d'y insister en la dégageant complètement...

« La coutume routinière de changer de semence doit être combattue. Mais quand ce changement a pour but de se procurer des grains plus parfaits, il est à recommander. Il y a des situations et des climats privilégiés, où les graines de chaque plante acquièrent des qualités remarquables, naturellement. Comme, par hérédité, ces qualités se reproduisent en partie dans les premières générations, il est utile d'aller puiser ces semences dans ces contrées, quand on se trouve dans des conditions d'infériorité. Il ne s'agit ici que des graines de mêmes variétés.

« Quand, au contraire, il s'agit d'importer des variétés nouvelles, à cause de la supériorité de leur nature, il faut agir avec une grande circonspection, et considérer avec une attention méticuleuse leurs exigences relativement au climat. Souvent il arrive que des variétés nouvelles de blés d'automne réussissent dans le pays où ils sont importés pendant plusieurs années successives, puis un hiver rigoureux ou un été torride se présentent, et les plantes sont détruites par l'hiver ou échaudées par le soleil. »

Blés mélangés. — Il n'est jamais prudent de la part d'un cultivateur de ne semer sur toute l'étendue qu'il doit consacrer à la production du blé, qu'une seule variété de froment.

Toutes les variétés en effet ne sont pas également sensibles aux intempéries des saisons et notamment aux froids de l'hiver. Toutes ne fleurissent pas et ne mûrissent pas à la fois. Il en découle que si les unes peuvent être semées plus tôt et les autres récoltées plus tard, les travaux de la ferme sont mieux répartis. La coulure des fleurs, occasionnées par les temps froids et brumeux, l'échaudage, dû aux coups de chaleur, ne les frappent pas, par suite, avec la même intensité.

C'est pourquoi il n'arrive que rarement que toutes les variétés semées manquent à la fois; tantôt un blé, tantôt un autre donne le meilleur rendement. Il y a ainsi une compensation naturelle qui a pour résultat de maintenir la production moyenne à un niveau plus élevé.

Ces considérations restent aussi vraies, lorsqu'au lieu de semer plusieurs blés dans des champs séparés, on les sème en mélange. Comme c'est la bonne réussite de la floraison qui a la plus grande influence sur le rendement, et qu'il suffit souvent d'une pluie froide pour entraver la fécondation, on comprend l'utilité qu'il y a à mélanger des variétés fleurissant successivement, tout en ayant la possibilité d'être semées à la même époque et moissonnées en même temps. Du reste, une différence de sept à huit jours dans l'époque de la maturité complète, n'est pas un obstacle pour le mélange de deux variétés, car il est possible de faire la moisson dès que la première est mûre. Pour assurer la maturité parfaite de la seconde, il suffit, dans ces circonstances, de mettre la récolte en moyettes (1).

Voici, du reste, ce que dit M. de Vilmorin au sujet des mélanges de blés : « C'est un fait bien établi, par de nombreux essais, que le mélange de deux variétés distinctes de blé donne presque constamment un rendement en grain plus considérable que celui qu'on aurait obtenu de l'une ou l'autre de ces variétés cultivées seules; aussi voit-on souvent des cultivateurs ensemencer leurs champs avec des blés mélangés.

On s'explique l'avantage de cette manière de faire, si l'on considère que chaque variété de blé diffère de toutes les autres, non seulement par ses caractères extérieurs, mais, dans une certaine mesure, par sa manière de se nourrir, par ses exigences spéciales et par la nature des aliments qu'elle puise dans le sol; ce sont assurément des différences légères, mais suffisantes cependant pour exercer une influence marquée sur le rendement. On a dit très justement, en critiquant les semis trop serrés, que la mauvaise herbe la plus redoutable pour le blé, c'est le blé lui-même; cela est vrai, surtout si tous les pieds qui

(1) Pour donner une idée des avantages que procure le semis des blés mélangés nous ne saurions mieux faire que de rapporter ici les résultats obtenus à Dourdan en 1892 par M. P. Hoc, professeur spécial d'agriculture.

Il a essayé huit variétés de blés séparément et en mélange, dans un champ qui venait de porter des pommes de terre. La fumure consistait en 500 kilogr. de scories de déphosphoration enterrées à l'automne, avec une couverture de 200 kilogr. de nitrate de soude au printemps en mars. Le semis étant fait en ligne à o m. 15 d'écartement. Les rendements suivants ont été constatés (Voir le tableau au bas de la page suivante) :

se trouvent en lutte et en concurrence appartiennent à
la même variété, car les racines de chacune se trouvent
constamment en contact avec les racines d'autres plantes qui, au même moment et à la même profondeur, re-
chercheront dans le sol précisément les mêmes aliments.
Si deux variétés différentes ont été ensemencées conjoin-
tement, on peut s'imaginer facilement que la compéti-
tion ne sera pas aussi complète ni aussi acharnée.

VARIÉTÉS OU MÉLANGES.	Poids du grain par hectare.	Poids de l'hectolitre.
	qx.	kil.
1ᵉʳ mélange. { Blanc de Flandre .... } Rouge d'Écosse .... }	30,08	80
Blanc de Flandre seul.	27,82	79,5
Rouge d'Écosse seul.	25,12	77,2
2ᵉ mélange. { Chiddam blanc d'automne. . } Rouge de Bordeaux. ..... }	29,52	80,0
Chiddam blanc d'automne.	27,32	79,2
Rouge de Bordeaux.	24,76	77,4
3ᵉ mélange. { De Noé .... } Browick. .... }	27,66	79,5
De Noé	25,12	78,5
Browick.	24,68	77,5
4ᵉ mélange. { Victoria d'automne ...... } Épi carré. .... }	28,68	78,6
Victoria	23,14	76,4
Épi carré.	27,15	78,7

Dans tous les cas, ici, le mélange a rendu davantage que chaque variété
prise isolément. En moyenne, on a récolté avec les mélanges 3 qx 34 de
plus qu'avec les variétés pures, soit avec le 1ᵉʳ mélange 3qx 61; avec le 2ᵉ,
3 qx 48; avec le 3ᵉ, 2 qx 76; et avec le 4ᵉ, 3 qx 53.

Dans tous les cas aussi, le poids de l'hectolitre du mélange s'est montré
plus élevé.

Un autre avantage de la culture des blés mélangés, c'est qu'on obtient en général du grain de plus belle apparence; c'est surtout le cas, lorsqu'on a le soin de mélanger un grain jaune ou blanc avec un blé à grain rouge, ou une variété à grain tendre avec une autre qui l'a un peu corné ou glacé; on obtient de la sorte ce que l'on appelle sur le marché un blé panaché. Ordinairement, ces sortes de blés se vendent mieux que les blés purs.

Il y a lieu de remarquer que l'on n'obtient généralement pas de très bons résultats si l'on se sert de nouveau, comme semence, du blé mélangé qu'on a récolté; presque toujours l'une des deux variétés arrive très promptement à dominer dans le mélange; il est donc bon de cultiver séparément et pures, les variétés qui doivent être mélangées, et de ne les réunir qu'au moment du semis et dans les proportions que l'expérience aura montré être le plus avantageuses.

Enfin, le mélange des blés permet d'obvier dans une certaine mesure aux inconvénients que pourraient présenter, sous certains rapports, des variétés du reste très bonnes et recommandables. Il y a, par exemple, des races productives donnant de très beaux grains, qu'on peut hésiter à cultiver seules, parce qu'on peut, avec raison, craindre de les voir verser; or, ces mêmes variétés, mélangées avec d'autres de qualité moins fine, mais à paille très forte, très résistante, qui leur serviront d'appui, pourront mûrir dans de meilleures conditions et sans risquer de tomber; on obtiendra ainsi un produit assuré en grain et en paille. »

Pour corroborer ces magistrales observations, que le lecteur nous saura certainement gré d'avoir reproduites, nous ajouterons que dans la Haute-Marne, on semait toujours pour faire le blé de vente, dans l'exploitation paternelle, un mélange de blé Spalding, de Chiddam d'automne et de Victoria. Jamais le blé mélangé obtenu n'était employé comme semence, mais on cultivait séparément chaque variété pure pour les mélanger, dans la proportion voulue, à l'époque des semis.

M. Millon, à la ferme des Merchines, dans la Meuse, semait avec avantage un mélange de Chiddam, d'Hallett et de Goldendrop.

A l'École pratique d'agriculture de Saint-Remy, dans la Haute-Saône, on est très satisfait du semis des blés mélangés. On sème ensemble des blés de pays avec les meilleures variétés étrangères, comme du blé d'Altkirch avec du blé bleu ou de Noé; du blé Hunter avec du blé bleu; ou encore ce dernier avec du blé Hallett.

M. Paul Genay, à Bellevue, près de Lunéville, opère de la même manière. En 1876, par exemple, il a semé le mélange suivant, dont chaque variété constituante a été mesurée après le vitriolage :

	Litres.
Blé de Lorraine	150
Blé d'Hallett rouge	15
Blé Hunter	35
Blé rouge d'Écosse	10

M. Rémond, à Minpincien, dans le département de Seine-et-Marne, dont les hauts rendements en blé sont bien connus, sème, pour son blé de commerce, des variétés mélangées. Pour faire sa semence il cultive, comme le faisait M. Garola dès 1860, ses variétés pures, afin de pouvoir les sélectionner, et il ne les mélange que pour faire le semis. Il estime que le résultat de cette sélection et du semis mélangé élève son rendement de quatre à cinq hectolitres par hectare, indépendamment de l'action des engrais chimiques qu'il emploie d'une manière judicieuse avec le concours scientifique de M. Joulie.

M. Nicolas, cultivateur à la ferme d'Arcy (Seine-et-Marne), a obtenu pendant les années 1885, 1886, 1887, 1888, un rendement de 29 à 36 hectolitres à l'hectare avec mélange suivant :

Blé rouge de Bordeaux 40 0/0
Blé de Noé.. . . . .   40 —
Dattel. . . . .   20 —

Avec une semence ainsi composée, on obtient un blé dont les épis sont étagés, ce qui rend la maturité plus régulière et le rendement meilleur. Le blé obtenu est bigarré ou panaché, et très apprécié sur le marché.

Comme le blé de Noé est très sujet à la rouille dans les années humides, on pourrait le remplacer avantageusement, là où cette maladie est à redouter, par le Chiddam d'automne à épi rouge. Là où le blé de Bordeaux prend aussi facilement la rouille, on pourra lui substituer le Lamed ou blé Bordier.

On a obtenu aussi de très bons résultats du mélange du Goldendrop ou blé rouge d'Écosse, avec le Chiddam d'automne et le Victoria. Il ne diffère du premier que nous avons indiqué que par la substitution du blé rouge d'Écosse au Spalding.

Dans la Somme, on a été très satisfait, d'après M. Heuzé, d'un mélange de Victoria d'automne et de blé Shirriff's square head.

On pourrait citer un grand nombre d'autres mélanges employés avec avantage dans différentes localités. Ceux qui précèdent nous semblent devoir suffire à démontrer tout l'intérêt de la question. Chacun, dans sa sphère d'action, doit étudier les variétés qui sont susceptibles de réussir le mieux, et c'est parmi ces races qu'il doit faire son choix pour le mélange à adopter.

Sulfatage des semences. — Par le triage des semences on arrive à les débarrasser des graines de
plantes adventices, mais ce procédé mécanique est im-
puissant contre les spores de certains champignons
microscopiques, comme la carie surtout, qui causent
souvent au blé des dommages considérables. Les
spores de l'Ustilaginée qui produit la carie s'attachent
à l'enveloppe du grain, et germent ensuite sur la jeune
plantule. Son mycelium envahit la tige et va fructifier
dans l'ovaire qu'il remplit d'une poudre nauséabonde
et noire. La destruction des spores de la carie sur les
graines est assurée par l'emploi du vitriol bleu ou
sulfate de cuivre. Le grain imprégné du vitriol, en
procédant comme nous l'indiquerons ci-après, est pré-
servé non seulement de l'attaque des spores qu'il porte
sur lui, mais encore de celles que pourrait renfermer
le sol, ou le fumier employé.

Pour un hectolitre de grain, on fait dissoudre dans
10 litres environ d'eau chaude de 150 à 200 grammes
de vitriol bleu du commerce. On place le grain sur un
carrelage ou un plancher, et on répand peu à peu le liquide sur le tas, en le brassant continuellement avec
une pelle en bois jusqu'à ce que toutes les parties du
tas soient parfaitement imbibées. On recouvre ensuite
le tas avec des sacs. Le lendemain on peut l'employer
à la semaille. On doit vitrioler le grain au fur et à
mesure des besoins seulement.

Tous les autres procédés vantés dans le même but
sont d'une efficacité très douteuse. Le sulfate de cuivre a fait ses preuves depuis longtemps pour la destruction de la carie. Son action pour empêcher le
développement de la plupart des cryptogames est aujourd'hui bien démontrée.

Sous l'action du vitriolage, les grains se gonflent

en absorbant l'eau et foisonnent de 1/5 environ. Un hectolitre devient 125 litres.

Semis. — Étudions à présent le semis proprement dit.

Quantité de semence à employer par hectare. — En étudiant des récoltes de blés bien réussis du département de Seine-et-Marne, M. Joulie a fait le dénombrement des chaumes existant par mètre carré de superficie. Nous donnons ci-dessous les résultats qu'il a obtenus et mettons en regard le rendement en hectolitres du grain produit par chaque pièce de terre considérée, en rappelant qu'il s'agit ici de grandes cultures :

BLÉS CULTIVÉS.	Nombre de chaumes par mètre carré.	Rendement par hectare.
		Hectolitres.
Chiddam (Réau 1880)	427	36,25
Australie (Arcy 1881).	447	36,06
Victoria (Courquetaine 1881). . .	250	37,00
Noé (Minpincien 1881).	409	35,00
Bordeaux (Minpincien 1881). . .	368	37,00
Kiss England (Minpincien 1881).	342	40,50
Chiddam (Minpincien 1891). . .	626	45,50
Goldendrop (Minpincien 1881). .	386	36,00
Moyennes.	407	37,91

En moyenne donc, les blés bien réussis, capables de donner de 36 à 42 hectol. de rendement, comptent 400 tiges ou épis au mètre carré, ou 4 millions par hectare.

Isidore Pierre, à Caen, a trouvé dans un champ qui a rendu 38 hectol. par hectare, 318 épis par mètre carré.

M. Oppermann, près de Hagueneau, en Alsace, a compté en moyenne 402 épis par centiare.

M. A. de Gasparin estimait qu'un champ de blé devait compter 3oo épis par mètre carré.

Toutes ces données confirment les nombres obtenus par M. Joulie, et nous pouvons en déduire que la quantité de semence qu'il faut employer par hectare doit être telle que la récolte compte à la moisson de 3oo à 4oo épis par mètre.

Si chaque grain semé donnait un épi à la récolte, le problème que nous examinons serait résolu. On devrait semer exactement de 3 à 4 millions de grains par hectare. Mais le semis en grande culture ne s'exécute pas avec une précision absolue, et inévitablement une partie variable des grains que l'on confie au sol est anéantie. Les germes en effet sont exposés à de très nombreuses chances de destruction. Les grains de blé sont enterrés dans un sol plus ou moins motteux, à des profondeurs très diverses; certains même peuvent rester à découvert; ceux-ci deviennent la proie des oiseaux, des insectes et des rongeurs granivores. Ceux qui sont recouverts de mottes dures ou bien trop enterrés, périront sans pouvoir atteindre le jour. Les terrains qui sont sujets à se durcir à la surface opposent également un obstacle sérieux à la sortie des tigelles.

Par conséquent, le nombre des plantes obtenues en grande culture est toujours inférieur au nombre des grains semés, même si l'on admet, ce qui est rare, que les grains de blés répandus sur le champ jouissent tous d'une bonne faculté germinative.

Après avoir semé 408 grains par mètre carré, Isidore Pierre n'a obtenu que 146 plants. 64 % des grains n'ont rien produit. Il y en avait seulement 6,35 % qui étaient incapables de germer, il y a donc eu 57 % des germes qui ont péri par suite des circonstances de la culture.

Oppermann, ayant semé 403 grains au mètre carré n'a obtenu que 180 plantes ou touffes. Il y a eu destruction de 55 % des germes.

M. Joulie estime que dans les fermes de Brie dont il a étudié la culture, il y a 50 % des grains semés qui ne fournissent pas de plantes.

Loiseleur Delonchamps, dans ses considérations sur les céréales (page 58), rapporte qu'il a constaté à Trappes, chez M. Dailly, dans un champ semé à raison de 300 grains par mètre, 191 plantes, ce qui correspond à 63 plants pour 100 grains semés à la volée.

Ainsi dans les meilleures conditions de la pratique, avec le semis en ligne, on doit compter sur un déchet de 50 pour cent : 100 grains semés donnent 50 plants de blé.

Mais si la semence épandue dans les champs bien préparés est exposée à une destruction proportionnelle si élevée, la plante de blé jouit de la propriété de taller, de produire des rejets, de telle sorte que chaque germe, qui vient à bien, peut produire plusieurs épis. M. Joulie croit que le tallage en moyenne comble les vides occasionnés par les grains détruits, et que pour obtenir 3 à 400 chaumes au mètre, il faut semer 300 à 400 grains. Pour lui, dans les conditions des cultures qu'il a examinées, chaque germe, qui réussit, produit donc deux tiges ou épis.

Dans ses essais sur le blé, en 1862, I. Pierre a trouvé au 30 juillet une moyenne de 3,41 tiges par plante. La moyenne qui résulte de ces deux expériences est de 3. Mais le nombre des épis n'est pas aussi élevé. On trouve un peu plus d'un épi pour deux tiges ou à peu près deux épis par pied.

Il y a donc en réalité à peu près compensation entre les grains détruits et le tallage, de sorte qu'en somme il faut semer autant de grains qu'on veut récolter d'épis.

Voyons donc combien les trois à quatre millions de grains, qui sont nécessaires au peuplement d'un hectare de blé, forment d'hectolitres? Cela dépend essentiellement du volume de ces grains, de leur forme, de leur surface, de la manière dont ils s'arriment dans la mesure, en un mot du nombre de grains qu'il y a par litre.

Le nombre de grains par litre varie beaucoup, comme nous l'avons vu, en passant d'une variété de blé à une autre. Nous avons trouvé, dans un blé de semence acheté à la maison Vilmorin de Paris, ét appartenant à la variété de Bordeaux, 13.000 grains par litre. Pour arriver avec cette semence au peuplement convenable de 300 à 400 tiges à épis par mètre, il aurait fallu semer de 230 à 300 litres par hectare. Dans une semence de Hérisson barbu, de même provenance, nous avons trouvé 25,487 grains par litre : il aurait suffi de semer de 120 à 160 litres de ce blé. Loiseleur Delonchamps a trouvé dans un litre de blé de Marianapoli 46,560 grains : il eût suffi dès lors d'en semer de 65 à 88 litres.

On voit qu'il n'est pas possible d'indiquer d'une manière absolue la quantité de blé que l'on doit semer par hectare. Tout ce que l'on peut faire, c'est de donner la règle à suivre pour la déterminer dans chaque cas particulier. Or, il suffit de trouver le nombre de grains contenus dans un hectolitre de la semence à employer, pour en déduire, comme première approximation, le volume de blé à répandre par hectare. A cet effet, on pèse un hectolitre de grains mesuré comme d'ordinaire; d'autre part on compte 10,000 grains et on les pèse. En divisant le poids de l'hectolitre par le poids de 1000 grains, on obtient le nombre de milliers de grains qu'il renferme. Il n'y a plus alors qu'à déterminer combien il faut d'hectolitres pour faire le nombre de 3 à 4 millions.

Le champ ayant été semé avec le volume de grain ainsi déduit, on observera combien à la récolte, on compte en moyenne de chaumes par mètre carré. Si le nombre est supérieur à 400, le semis aura été trop dru. Il serait trop clair si l'on trouvait moins de 300 tiges. On saura dès lors s'il y a lieu, pour l'avenir, d'augmenter ou de diminuer le volume de semence calculé.

Ces généralités posés nous donnons ci-après les quantités de semences employées dans divers pays.

En moyenne, on sème en France 206 litres de blé à l'hectare, ainsi que cela ressort des diverses statistiques faites depuis 1840.

En Angleterre, d'après Arthur Young, on sème dans la région du Nord 139 litres de blé, et 160 litres dans l'Est et le Sud.

Crud rapporte qu'en Suisse, à Berne, on sème 142 litres. A Genève, d'après Pictet, on emploie 262 litres.

En Allemagne, Thaër indique l'usage de répandre 239 litres de semence de froment.

De Candolle Boissier nous affirme que l'on sème en Sicile 119 litres. Les anciens Romains, à ce que rapporte Dickson, semaient 168 litres.

La statistique agricole de 1882 nous apprend que l'on sème en Algérie de 101 à 157 litres de froment.

Ces quantités si variables de semences ne paraissent pas être toujours les résultats d'une juste appréciation des conditions locales, car Schwerz remarque qu'en Alsace, dans les terres où l'on sème ordinairement 290 litres de blé, par hectare, des froments semés à raison de 145 et même de 92 litres étaient suffisamment drus, tandis que ceux semés dans les conditions ordinaires étaient versés. Mourgues obtenait dans le Languedoc avec 95 litres de semences.les mêmes rendements que ses voisins avec 189. Cela prouve qu'on ne peut guère déterminer la quantité de blé qu'il convient de semer par la constatation des coutumes locales. Il est sage d'en tenir compte, mais il convient aussi de ne pas les considérer comme intangibles et de rechercher par l'expérience et le raisonnement les modifications utiles qu'elles peuvent comporter.

En résumé la quantité de semence à employer dépend des circonstances locales : les conditions climatériques, la nature, la fertilité et la propreté du terrain. Il convient également de prendre en considération l'époque à laquelle se font les semailles, et la manière de les pratiquer.

Dans les pays à climat rude, il faut semer plus dru que dans les contrées où règne une température douce et humide. On doit de même par une saison humide et tiède employer moins de semence que par un temps sec et froid. Plus tard l'on sème, moins le sol est bien préparé; plus il est pauvre, surtout en acide phosphorique, plus on doit semer épais.

Avec des semences maigres, douées d'une faculté germinative douteuse, il faudra recourir aussi à un nombre de grains bien plus considérable pour garnir un hectare, que si l'on répand des semences bien sélectionnées.

A cette occasion rappelons que le cultivateur ne doit pas négliger de se rendre compte de la faculté germinative des semences qu'il emploie, surtout quand les semences proviennent du dehors. Mais cela est utile, même quand les semences sont produites à la ferme, car suivant les conditions de la récolte, il peut se trouver une quantité très variable de grains privés de la faculté de germer. Le mode de battage peut aussi influer beaucoup sur le pouvoir germinatif des graines; les machines à grand travail, avec élévateurs, peuvent parfois, par suite de la violence des chocs, détruire la vitalité d'un grand nombre de grains, ainsi que nous l'a signalé M. Oscar Benoist.

Pour déterminer la faculté germinative de ses céréales, hors les cas de contestations, le cultivateur n'a pas besoin de recourir aux stations d'essai de semences, ni aux stations agronomiques. L'opération est trop simple.

On place dans une soucoupe ordinaire, dit M. de Dombasle, deux morceaux de flanelle épaisse taillés en rond de manière à occuper seulement le fond de la soucoupe. Après avoir humecté les deux morceaux d'étoffe on répand sur le second, dans une étendue à peu près égale au fond de la soucoupe, un certain nombre de graines de la semence que l'on veut essayer, en les distribuant de manière qu'elles ne se touchent pas, et on les recouvre d'un autre morceau de drap humide. La flanelle absorbant beaucoup d'eau, on peut facilement, en versant de l'eau jusqu'à ce qu'elle soit imbibée, tenir les grains humides pendant plusieurs jours; mais il faut éviter que les semences soient couvertes d'eau, car elles pourriraient promptement. Si l'on place la soucoupe sur une cheminée ou dans tout autre lieu modérément chaud, presque toutes les espèces de graines que l'on peut soumettre à cette épreuve, germent dans deux ou trois jours. En soulevant la pièce de drap supérieure, on aperçoit distinctement le germe sortir de chaque grain et se développer, et l'on compte sans difficulté les semences qui auraient refusé de germer.

On ne sème généralement que des céréales de la précédente récolte, mais on peut se trouver dans la nécessité de semer des vieux blés. Ceux-ci germent d'autant moins bien qu'ils sont plus âgés. Les résultats suivant dus à Haberland le démontrent :

Blé de 1 an . . . . . 99 % de grains germant.
  — 2 ans 97   —
  — 3 — 98   —
  — 4 — 71   —
  — 5 — 5   —

On doit semer plus dru les blés de printemps que les blés d'automne, car ces derniers ont pour se développer un plus long espace de temps, et se trouvent par suite dans de meilleures conditions pour taller et prendre de la force. Il ne faut pas oublier d'autre part qu'un semis par trop clair, laissant beaucoup de terrain inoccupé, permet aux plantes adventices de prendre le dessus et devient par suite au moins aussi désavantageux qu'un semis tellement serré que les plantes en soient gênées dans leur développement.

Enfin le mode de semis, à la main, ou à la machine; à la volée, ou en lignes, a, comme nous le verrons, une influence considérable sur la quantité de semences nécessaire.

Profondeur du semis. — La profondeur à laquelle il convient d'enterrer le blé de semence a de tout temps préoccupé les agronomes. La graine a besoin d'être enfouie à une certaine profondeur pour jouir de l'humidité qui est nécessaire au développement du germe, et d'une température convenable. Mais elle a aussi besoin pour vivre de respirer librement l'oxygène, et dès que la profondeur du semis dépasse 7 à 8 centimètres dans les terres moyennes, le défaut d'oxygène peut se faire sentir.

En thèse générale la profondeur à laquelle on enterre les grains de blé doit être d'autant moins grande que le climat est plus humide. Dans les terrains argileux, il ne faut recouvrir la semence que d'une couche de terre assez mince. Au contraire, si le climat est sec ou si la terre est sablonneuse, ou légère, il faudra recouvrir davantage la semence si l'on veut la mettre à l'abri de la dessiccation.

Parmi les expériences tentées pour étudier quelle est la profondeur la plus favorable à une bonne levée, nous rappellerons que Laure, dans ses « lois fondamentales de la nature », montre que les plantes donnent d'autant moins de grains que les semences ont été plus enterrées, et qu'au-delà de 8 centimètres elles pourrissent presque toujours. De son côté, M. Barreau a constaté, sous le climat de Paris, que les grains qui réussissent le mieux sont ceux que l'on a placés entre 29 et 58 millimètres de profondeur. Au-dessus de 29 millimètres, les grains germent mal. A 16 centimètres, ils ne germent plus.

M. Moreau, du Nord, a fait des essais fort intéressants que nous rapportons ci-dessous, d'après M. de Villeneuve. Sur treize planches égales, il avait semé 150 grains, à des profondeurs différentes. Le tableau suivant rapporte les résultats obtenus.

Nos des planches.	Profondeur du semis.	Grains levés sur 150.	Nombre d'épis.	Grains récoltés par planche.
	millim.			
1.	160	5	53	682
2.	150	14	140	2.520
3.	135	20	174	3.818
4.	120	40	400	8.000
5.	110	72	700	16.560
6.	95	93	992	18.534
7.	80	125	1.417	35.434

Nᵒˢ des planches.	Profondeur du semis.	Grains levés sur 150.	Nombre d'épis.	Grains récoltés par planche.
—	—	—	—	—
	millim.			
8.	65	130	1.560	34.339
9.	50	140	1.590	36.480
10.	40	142	1.660	35.825
11.	25	137	1.461	35.072
12.	10	64	529	10.587
13.	0	20	107	1.600

On voit d'après ce tableau que dans le Nord, il ne faut pas dépasser la profondeur de 9 centimètres si l'on ne veut pas diminuer la récolte dans une forte proportion. D'un autre côté si l'on enterre le blé à moins de 3 centimètres, le rendement décroît aussi sensiblement.

Mais en dehors de l'aération nécessaire, il y a autre chose : tant que la jeune plantule se développe dans le sol, à l'obscurité, elle ne peut tirer les éléments de sa constitution que des provisions accumulées dans la graine; or celles-ci n'existent qu'en quantité limitée, et si la tigelle n'a pu gagner la surface du sol avant leur épuisement, elle meurt fatalement d'inanition. On comprend aussi d'après cela qu'un grain de blé placé à trois centimètres seulement, par exemple, lèvera plus vite qu'un grain enterré à 8 centimètres. Aussitôt la première feuille sortie du sol, on la voit verdir et dès lors elle vit non seulement de la substance de la semence, mais elle absorbe l'acide carbonique de l'air et les éléments minéraux du sol. La plantule mange à deux râteliers, elle prend donc un développement plus rapide, et devient plus forte que l'autre avant l'hiver. Elle tallera plus tôt et avec plus de vigueur. A l'extrême contraire, les provisions seront presque totalement consommées quand la première feuille viendra à la lumière, et la plante rudimentaire n'aura plus pour s'alimenter que l'air et les principes fertilisants du sol; sa puissance d'organisation de la substance organique ne sera que proportionnelle à l'action de la petite quantité de chlorophylle déjà développée. La 2ᵉ feuille sera plus longue à se montrer, de même que les suivantes.

M. Eug. Risler a mis ces choses en lumière par une expérience fort remarquable que nous ne résistons pas au plaisir de citer.

« Le 25 août, dit notre éminent maître, j'ai mis dans une caisse de la terre de jardin, terre argileuse, mais riche en humus. Je l'ai bien tassée et j'ai disposé sa surface en plan incliné de manière qu'elle s'élevât à une des extrémités jusqu'au bord de la caisse, mais fût à 20 centimètres au-dessous de ce bord à l'autre extrémité. J'ai marqué la pente de la surface au crayon sur l'extérieur de la caisse. Puis j'ai semé des grains de blé sur ce plan incliné et je les ai recouverts de terre meuble jusqu'au ras des bords de la caisse, en sorte que d'un côté, les grains étaient à peine recouverts, tandis que, de l'autre, ils se trouvaient à 20 centimètres et, entre deux, à tous les degrés intermédiaires de profondeur.

Les grains les moins couverts ont montré leur tigelle le 30 août; ceux qui étaient enterrés à 3 centimètres ont pointé le 1ᵉʳ septembre; déjà le 2 on en voyait quelques-uns levés à 6 centimètres, et le 3 à 8 centimètres. Ceux qui étaient à plus de 8 centimètres n'ont pas réussi à traverser la couche de terre qui les séparait de la lumière, excepté deux ou trois qui se trouvaient tout à fait au bord de la caisse.

Le 4 octobre, j'ai enlevé un des côtés de la caisse et en y versant de l'eau, j'ai fait tomber peu à peu la terre qui entourait les racines, de manière à découvrir celles ci sans les briser et à pouvoir étudier leur structure. La figure ci-contre représente quelques-unes de ces plantes de blé.

La plante A, qui provient d'un grain recouvert d'un demi-centimètre de terre est la plus vigoureuse aussi

A   B   C   D

Fig. 152. — Influence de la profondeur des semis sur le développement du blé (Risler).

bien dans sa partie aérienne que dans sa partie souterraine. Des rejets puissants sont déjà développés et les racines adventives sorties du collet sont très longues.

La plante B, née d'un grain placé à 5 centimètres de profondeur a déjà deux talles, sa couronne de racines superficielles est en bonne voie. Mais la végétation est moins avancée qu'en A.

La plante C, provenant d'un grain plus enterré, n'a

encore qu'une talle, et sa couronne de racines adventices commence seulement à se montrer.

Enfin le grain D, placé à 11 centimètres de profondeur a bien germé, mais la tigelle est morte de faim avant d'avoir pu atteindre la surface. »

En résumé, on voit d'après ce qui précède, qu'il ne faut pas enterrer le blé trop profondément. Le semis ne doit pas se faire à plus de 4 à 6 centimètres en gé-néral. Dans les terres légères on peut aller jusqu'à huit centimètres.

Époque des semis. — Dans un sol convenablement aéré et humide, le grain de blé ne germe, nous l'avons dit plus haut, que si la température atteint au moins 6 degrés centigrades au-dessus de zéro. Pour assurer la réussite des semis, il est donc indispensable de les exécuter à l'automne avant l'époque où la température moyenne est tombée au-dessous de ce chiffre, et au printemps, d'attendre, avant de les faire, que le thermomètre soit remonté à ce degré.

Pour le semis d'automne, il faut tenir compte en outre de la nécessité qu'il y a pour le blé d'avoir atteint avant la période des grands froids un certain développement, capable d'assurer la résistance de la plante à l'hiver. Il faut au blé placé à quelques millimètres seulement de profondeur 84° de chaleur moyenne pour lever. Si le grain se trouve enfoui à une plus grande profondeur, nous avons dit que la levée ne devient manifeste qu'après que la plantule a reçu une somme additionnelle de chaleur de 12 degrés environ par centimètre de profondeur. Avec un semis exécuté, comme il convient dans notre région, à quatre centimètres de profondeur, la levée aurait donc lieu après que le grain aurait pu utiliser 130° de chaleur. Le blé devra en outre avoir reçu pour former sa seconde feuille 100 degrés environ, et autant pour la troisième ; c'est un total de 330°, sur lesquels la plante doit pouvoir compter avant le sommeil hivernal.

Cela établi, pour déterminer l'époque convenable pour le semis du froment, il suffit, dans chaque situation agricole particulière de considérer la courbe de la température moyenne, et de chercher à quelle date correspond le minimum nécessaire de 6° centigrades. Cette période est la limite extrême après laquelle à l'automne, et avant laquelle au printemps la levée ne serait plus que problématique.

Si nous considérons le climat parisien, nous trouvons pour le mois de novembre une moyenne de 6° 5, mais il y a des années où la moyenne tombe à 4 et même 3°. Il en résulte que le blé semé dans ce mois court le risque de ne pouvoir, s'il lève, se fortifier suffisamment. En octobre, au contraire, la température moyenne est de 11° 25. Les blés semés au commencement du mois auront leur troisième feuille pour la Toussaint, ou au plus tard dans la première huitaine de novembre. Ceux qui seront semés à la fin du mois seront moins avancés, et auront seulement pour le mois de décembre leur deuxième feuille. « Quand réussit la semaille de la Toussaint, le père ne doit pas le dire à son fils. » Ce proverbe est en parfait accord avec les faits météorologiques : l'époque qui convient le mieux pour la semaille du blé est le mois d'octobre, et c'est du 15 au 25 que l'on réussit généralement le mieux en Beauce.

Dans les régions méridionales, on fait les semailles du froment en novembre et décembre. A Orange, au mois de novembre, la température moyenne est encore de 12° 5, elle ne descend en décembre qu'à 8° 5. Les conditions sont donc alors favorables à l'opération. Dans l'Ouest et le Sud-Ouest, les semis s'exécutent du 21 octobre au 15 novembre.

Pour les blés du printemps, c'est dès la fin de février et dans le courant de mars qu'il convient de faire le semis dans le climat parisien. On a presque 5° de température moyenne en février, et certains blés peuvent dès lors végéter (Noé, Bordeaux). On dépasse en mars 6° 1/2. C'est donc avec raison que les cultivateurs appellent les blés de printemps des *blés de mars*.

Dans le Midi on fait très peu de blés de mars, à cause de la sécheresse ordinaire du printemps qui leur est très préjudiciable.

Il ne suffit pas, en effet, pour que les semis réussissent, que le grain ait été confié au sol à l'époque où la température atteint le degré nécessaire à sa rapide germination. Il faut encore qu'elle rencontre dans le sol une fraîcheur suffisante pour la gonfler, ou tout au moins que cette humidité soit probable dans un temps rapproché.

Enfin dans le choix de l'époque des semis, il faut tenir compte des conditions de développement des plantes adventices qui, dans la contrée où l'on pratique, viennent faire concurrence au blé. La semaille doit donc avoir été précédée de toutes les façons nécessaires pour assurer leur destruction, c'est pourquoi il est rare que l'on sème trop tôt à l'automne. Au printemps, plus tôt l'on sème, plus on a de chance pour que le blé s'empare du terrain avant la levée des mauvaises herbes, dont la température initiale est plus élevée que la sienne.

La quantité de semence employée doit être plus forte pour les semis tardifs que pour les semis hâtifs.

Exécution des semailles. — La semaille du blé et des céréales en général peut s'exécuter à la main ou à la machine, à la volée ou en lignes, sur le sol préparé comme nous l'avons indiqué. Pour les semis d'automne, il n'est pas nécessaire de chercher à avoir une terre très ameublie à la surface. Une terre un peu motteuse est plutôt favorable aux céréales d'automne, surtout dans les terres gélives, qui se soulèvent par la gelée, et déchaussent les plantes au dégel. Les mottes laissées sur le sol se pulvérisent en effet en même temps que le sol s'affaisse, et leurs débris rechaussent les racines mises à nu.

Les mottes ont aussi pour effet d'empêcher la neige d'être aussi facilement balayée par les vents. Or, les neiges constituent pour le blé comme un manteau de fourrure qui le met à l'abri des froids excessifs et lui permet de poursuivre, avec lenteur, il est vrai, son développement. La température du sol couvert de neige, s'abaisse toujours moins que celle du sol nu.

Au printemps il faut attendre, pour exécuter les semis, que le terrain soit assez ressuyé pour ne plus se coller à la charrue. Il faut qu'il soit *assaisonné*.

Les semailles à la main et à la volée sont toujours les plus employées dans notre pays. Elles sont d'une exécution rapide, puisqu'un bon semeur peut couvrir dans une journée de 5 à 6 hectares de blé; et quand on dispose d'un bon semeur, on les met facilement en pratique que l'on cultive à plat, en billons ou en planches, que le sol soit motteux ou uni, sec ou humide. La réussite de l'opération dépend uniquement de l'habileté de l'ouvrier. Aussi le cultivateur ne doit-il confier la fonction de semeur qu'à un homme éprouvé, car : « bonne semaille vaut bonne grenaille. »

Nous ne pouvons décrire ici l'exécution de la semaille à la volée. Le lecteur qui voudrait étudier la question pourra se reporter à notre opuscule sur la

Pratique des travaux de la ferme (1), où nous avons exposé avec détail le mode des semailles à la volée par triple croisement, que nous considérons comme le plus perfectionné.

Mais quel que soit le procédé des semailles à la main adopté par le fermier, à moins qu'il n'exécute lui-même, il se trouve en quelque sorte à la merci de son premier ouvrier, étant obligé de passer sur ses imperfections. La rareté des bons semeurs se fait aussi de plus en plus grande. C'est pourquoi, à l'époque où nous sommes, on a tendance à remplacer le semeur par un *semoir*.

Le *Semoir à la volée*, comme le semeur, peut semer régulièrement sur tous les terrains. La répartition de la graine ne peut pas être contrariée par le vent. La quantité

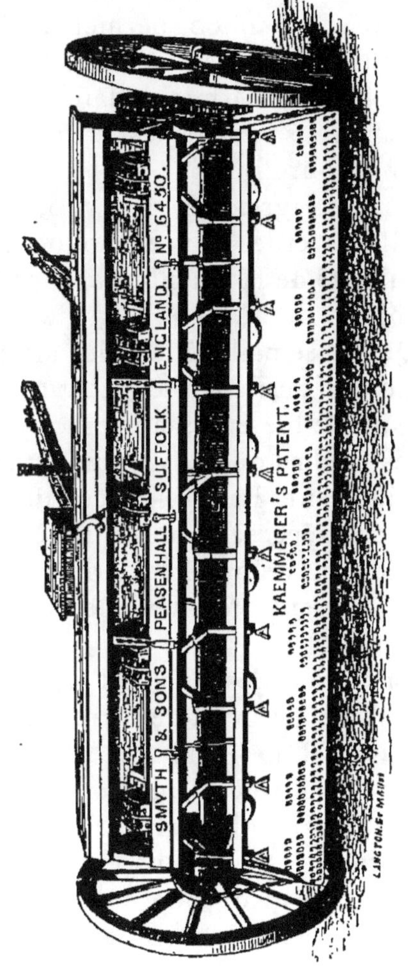

Fig. 153. — Semoir a la volée.

(1) Hachette, 79, boulevard Saint-Germain.

de semence à répandre par hectare se règle avec plus de précision. Enfin, attelé d'un seul cheval et conduit par un homme, cet instrument qui sème sur une largeur de 3 m. 6o, permet d'aller très vite en besogne et de faire de 8 à 1o hectares par jour. Une disposition spéciale permet de faire passer ce semoir par tous les chemins et par les portes ordinaires. Il est construit aujourd'hui par toutes les bonnes maisons d'instruments agricoles. Les modèles à cuillers sont les meilleurs et les plus en vogue actuellement. Grâce à la régularité de la distribution, les semoirs à la volée économisent du quart au tiers de la semence.

Que la semaille à la volée ait été faite à la main ou au semoir, il faut ensuite recouvrir les semences.

Pour le blé et les autres céréales, dans les terres légères, sèches ou gelives, on a recours à la charrue ou au scarificateur. La profondeur du labour de semailles ne doit pas dépasser huit centimètres. Ces semis sous raies s'exécutent de préférence avec les polysocs.

Autrement on enterre le blé par deux traits de herse croisés.

Enfin dans les sols où l'on n'a pas à ménager les mottes, il est essentiel de serrer le terrain sur le grain, de sorte qu'il ne se trouve pas dans le vide, mais qu'au contraire il soit en contact avec les molécules terreuses qui doivent lui départir l'humidité nécessaire à sa germination. Le blé, plus encore que les autres céréales, redoute beaucoup de se trouver dans une terre sans consistance, et le plombage est d'autant plus nécessaire que le labour sur lequel on a fait le semis était plus récent, et que le semis est plus superficiel. Dans les terres moyennes ou légères, on exécute ce plombage avec le rouleau Crosskill. Il ne faut jamais négliger de crosskiller à l'automne les blés faits sur racines tardivement arrachées, ou sur un défrichement de trèfle ou autre prairie artificielle. Exécutée quand la terre est sèche et par une belle journée, cette opération assure, dans le Nord et le Pas-de-Calais, la réussite des blés d'hiver faits sur les sols non raffermis et sur les terres creuses ou soufflées.

C'est par l'emploi des semoirs en lignes à cuillers ou

Fig. 154. — Semoir en lignes « Smyth ».

à alvéoles, comme ceux de Smyth, de Garrett et de R. Sack, que l'on se rapproche le plus de la perfection dans les semailles; car ces instruments distribuent le grain avec régularité non seulement dans le plan horizontal, dans les lignes régulièrement espacées, mais encore, ce qui a comme on l'a vu une importance énorme au point de vue de la levée, ils placent les grains à une profondeur uniforme, que l'on peut régler d'avance, de même qu'on règle l'écartement des lignes et la quantité de grains répandus par mètre de longueur dans celle-ci.

C'est de cette double régularité que découlent les avantages pratiques des semoirs en lignes. Elle a pour conséquence immédiate une grande économie de semences, relativement à ce qu'il aurait fallu répandre à la volée. Cette économie peut aller du tiers à la moitié, et cela n'est pas négligeable, bien qu'il faille reconnaître que c'est sur la semence que l'on doive le moins lésiner.

Le semis en lignes régulièrement espacées à partir de 18 centimètres d'écartement, donne une grande facilité pour exécuter les sarclages et les binages, soit à la main, soit à l'aide des houes à cheval.

Les plantes étant moins serrées, et l'air circulant librement entre les lignes, la verse est moins à craindre, en même temps que le tallage est plus régulier, et l'expérience démontre qu'à la récolte, il y a un excédent de produit, en quantité et en qualité, de 9 à 10 %.

On a reproché, il est vrai, au semoir en lignes, d'exiger pour les terres à ensemencer une préparation plus complète et plus profonde, que si l'on a recours au semis à la volée. Il faut généralement donner au labour à blé deux dents de herse pour régulariser et émietter le sol. Le fumier ne doit pas non plus être enterré trop tard, ni trop superficiellement, car le fumier long pourrait entraver la marche de l'instrument. Mais cette nécessité de mieux préparer le sol n'est-elle pas plutôt un avantage qu'un inconvénient? Se trouverait-il un cultivateur sérieux pour reculer devant la dépense de quelques coups de herse pour s'assurer une récolte plus belle?

On a aussi objecté à l'emploi du semoir en lignes la lenteur de l'opération. Cela n'est en vérité pas sérieux, car si l'on ne peut faire que 4 hectares par jour avec un semoir à dix rangs par exemple, on en fera le double avec un grand semoir à vingt rangs; la grandeur de ces instruments ou leur nombre peuvent toujours être proportionnés à l'étendue de l'exploitation. Un semoir à dix rangs suffit dans une ferme de 15o hectares où l'on suit un assolement de quatre ans.

La semaille des céréales en lignes ne procure tous les

Fig. 155. — Semoir en lignes « Sack ».

avantages dont elle est susceptible qu'à la condition de

sarcler ou de biner les champs emblavés, afin de lutter victorieusement contre les plantes adventices. Dans les terres riches en azote, le sarclage est préférable au binage, qui favorise trop la nitrification, et fait pousser les blés trop verts. Le travail à la main est coûteux; nous l'avons vu pratiquer sur plusieurs fermes de Beauce toutefois avec un grand succès par les frères Benoist. Mais nos mécaniciens nous ont construit des houes qui permettent de donner ces soins d'entretien d'une façon très économique, et dont le prix n'est pas trop élevé.

Enfin il ne faut pas négliger, si l'on veut réussir dans le semis en lignes, de s'assurer que le système de semoir auquel on veut recourir, distribue bien réellement la semence avec régularité. Quelques essais, à blanc, sur une route, renseignent à ce sujet. Bien des cultivateurs qui, après avoir expérimenté en grand ce mode de semis, y ont renoncé en proclamant son infériorité sur les semailles à la volée, n'ont dû leurs insuccès qu'à l'emploi d'instruments imparfaits ou encore à l'excès de semence répandue.

Lorsque les grains sont distribués irrégulièrement ou en trop forte proportion dans les raies ouvertes par les socs du semoir, les plantes après la germination, se nuisent mutuellement. Au printemps, les racines s'enchevêtrent, les plantes s'étiolent. Le sol est couvert par une grande surabondance de feuilles, et à l'épiage les tiges manquent de vigueur et se couchent sous les moindres orages. Si au contraire on n'a semé que la quantité nécessaire de blé, les lignes où les plantes sont à l'aise restent distinctes jusqu'à la maturité; l'air et le soleil y pénètrent sans peine; les tiges prennent de la force et peuvent à la fois supporter des épis chargés de grain et résister aux vents.

La seule objection sérieuse que l'on puisse faire à l'em-

ploi du semoir en lignes, c'est l'élévation de son prix
d'achat. La dépense d'un millier de francs pour un semoir à dix rangs, fait reculer plus d'un praticien, car
les capitaux ne sont pas toujours aussi abondants qu'il
conviendrait à la ferme. Toutefois, cette objection, tirée
de la mise de fonds trop forte à faire, n'est que spécieuse.
Si le cultivateur doit se garder des dépenses improduc-
tives ou de luxe, il doit s'ingénier à pouvoir faire celles
qui sont productives. Or, c'est le cas de l'achat du semoir, que la plus-value de la récolte et l'économie de
semence peuvent rembourser en fort peu de temps.

C'est un problème important à résoudre pour le praticien qui fait usage du semoir en lignes, que de déterminer à quel écartement il faut placer les socs de l'instrument, et par conséquent les lignes, pour obtenir les
résultats les plus avantageux. Nous ne croyons pas qu'il
ne puisse y avoir qu'une solution générale applicable à
toutes les situations agricoles, mais nous estimons au
contraire que l'écartement doit varier suivant les cas
particuliers, comme l'époque des semis, la nature de la
variété cultivée, et enfin le sol.

Comme l'a fait très bien ressortir M. Risler, dans son
petit livre de la *Physiologie et culture du blé,* dans une
terre en bon état de propreté, l'idéal serait de distribuer
les grains de telle façon qu'ils soient tous à égale distance les uns des autres. Il conviendrait donc, dans ce
cas, de rapprocher les lignes autant que le semoir le
permet, en réglant la distribution de manière que les
grains soient plus écartés sur la ligne. Pratiquement,
on ne peut guère semer à moins de 15 centimètres d'é-
cartement. Dans ces conditions, pour répandre 3 millions de grains par hectare, il en faudra faire écouler 45
par mètre courant et par soc.

Si la propension du sol à porter des mauvaises herbes

est plus grande, et qu'il faille sarcler ou biner à la houe, il devient nécessaire d'écarter davantage les lignes. La distance de 18 centimètres est la moindre qu'on puisse adopter lorsqu'on utilise pour faire le binage la houe spéciale de Woolnough. Alors pour répandre 3 millions de grains par hectare, il en faut faire couler par chaque tube télescopique du semoir 54 par mètre courant.

Quelques cultivateurs vont jusqu'à 20 et 25 centimètres. Dans la vallée du Grésivaudan, M. Michel Perret a adopté un écartement des lignes de 30 centimètres, et créé un outillage spécial pour le semis et les binages. Mais les terres où il cultive sont exceptionnelles et produisent une quantité énorme de mauvaises herbes, qui étoufferaient le blé si l'on n'y mettait bon ordre. M. Michel Perret sème de bonne heure, donne un binage dès l'automne et deux autres au printemps. Il arrive ainsi à un rendement moyen de 30 hectolitres à l'hectare, tandis que par la semaille à la volée il ne récoltait que 14 à 20 hectolitres.

Le semis en lignes écartées, avec réduction de la semence au minimum, exige que le blé talle, pour que le champ acquierre le nombre de 300 à 400 épis qui caractérise une bonne récolte. Or si le tallage du blé, poussé jusqu'au point de donner 2 à 4 tiges par grain réussi est toujours utile, il y a des circonstances spéciales où il y a intérêt à ne pas favoriser au delà du strict nécessaire la production des rejetons. C'est ce qui arrive dans les contrées où, comme en Beauce, on craint l'échaudage et la rouille. Il nous faut dans cette région des blés qui mûrissent de bonne heure, pour ne pas être saisis par les coups de chaleurs torrides, qui parfois en 24 heures mûrissent prématurément les blés, dont on n'obtient plus alors que des grains ridés et sans valeur. Or le tallage diminue la précocité de la maturation, car tous les rejets sont en retard au point de vue de leur végétation sur le brin principal. C'est pourquoi on emploie en Beauce au moins 250 litres de blé de Bordeaux à l'hectare et quelquefois 300 et même 350 litres à la volée. Des lignes très espacées ne nous paraissent pas favorables dans ces conditions.

En étudiant les variétés de blés nous avons constaté que certaines ont la propriété de taller beaucoup plus que les autres. Le Dattel, par exemple, talle beaucoup plus que le blé de Bordeaux. On pourrait donc avec les premières variétés espacer davantage les lignes, et réduire la semence en proportion.

Il faudra semer le blé en lignes plus serrées quand on fait tardivement les semailles que si l'on les hâte, car plus le blé a de temps à végéter avant l'époque normale de la montée des tiges, plus il peut pousser de rejets dans les mêmes conditions.

Soins à donner au blé pendant la végétation. — Bien que le froment soit une des plantes qui craignent le moins l'humidité pendant la saison hivernale, il ne s'accommode pourtant pas de macérer longtemps dans l'eau stagnante. Pour empêcher les eaux de croupir ainsi à la surface, aussitôt la semaille terminée, on ouvre, à l'aide du butteur, des raies d'écoulement dirigées suivant les pentes naturelles du sol, raies qui viennent se brancher sur une rigole principale qui court suivant le thalweg du champ. Il faut avoir soin de répandre uniformément et à une assez grande distance de chaque côté de la rigole, la terre qui a été rejetée et amoncelée par les versoirs, car, sans cela, elle formerait digue, et empêcherait les eaux de s'écouler. Après les grandes pluies et la fonte des neiges, on visite ce système d'assainissement pour réparer les avaries qu'il a pu subir.

Au printemps, les blés qui ont été semés dans des conditions favorables, et que les rigeurs hivernales ont épargnés, sont le plus souvent abandonnés à eux-mêmes, car ils vont bien. Presque toujours cependant on pourrait les améliorer par des façons d'entretien appropriées.

Si au contraire le blé a l'air souffreteux et jaunâtre, il faut porter remède immédiatement à cet état maladif en lui administrant comme cordial 15o kilog. de nitrate de soude.

Lorsqu'à l'hiver humide succède un printemps sec, surtout quand le hâle est fréquent, certaines terres forment à leur surface une croûte dure, imperméable à l'air, et opposent un obstacle infranchissable aux racines qui poussent du collet des blés d'hiver. La récolte jaunit et le rendement est diminué. Pour remettre les choses dans l'ordre, on donne un hersage aux blés d'hiver vers le mois de mars, dès que la terre est suffisamment ressuyée. Ce hersage fait l'effet d'un binage : il brise la croûte superficielle, rechausse les plantes avec de la terre meuble et détruit les plantes nuisibles.

Thaër recommande de donner ce hersage très énergiquement : « Lorsque, dit-il, le champ ressemble, après cette opération, à un champ nouvellement retourné, lorsqu'on y aperçoit à peine quelques tiges et quelques feuilles vertes encore debout, lorsqu'il ne se montre à la surface que de la terre ameublie, cette opération a bien réussi. » Le charretier qui herse un blé ne doit pas regarder derrière soi.

Il n'y a pas qu'au froment très dru que le hersage doive s'appliquer ; il ne faut pas hésiter à herser un blé clair-semé, car cette façon favorise beaucoup le tallage.

Cependant il peut y avoir des cas où le hersage ne soit pas recommandable. D'après Marshall, le hersage du blé au printemps multiplie le chardon et le coquelicot.

Le hersage ne doit pas non plus se pratiquer dans les

blés déchaussés par l'hiver. C'est le roulage qui convient dans ce cas, pour rechausser les plantes qui sans cette opération reprendraient difficilement et ne donneraient qu'un faible rendement. On passe donc le Crosskill à la fin de mars. En outre, en pliant les jeunes tiges, ce roulage favorise la formation des rejets et du tallage. Aussi le roulage est utile non seulement pour les blés d'hiver, mais aussi pour les blés de mars. On le donne à ceux-ci à la fin d'avril, et dans tous les cas avant que le blé n'ait dépassé 8 à 10 centimètres de hauteur.

S'il arrive que la végétation herbacée du froment soit par trop vigoureuse, qu'il ait une couleur vert-bleuâtre foncé, qu'à peine haut de vingt centimètres, il couvre absolument tout le sol, la *verse* est à craindre et le rendement en grain compromis. Il faut alors avoir soin de couper à la faux ou à la faucille le tiers supérieur des feuilles et des tiges. C'est l'opération qu'on appelle *effanage* ou *effoliage*. Quelquefois aussi on fait passer dans le champ un troupeau de moutons qui mangent toutes les sommités, et que l'on éloigne aussitôt que les plantes sont suffisamment ravalées. On doit pratiquer cette opération par un temps doux, avant le mois de mai.

Que les blés soient semés à la volée ou en lignes, il est nécessaire de les sarcler pour les défendre contre l'envahissement des mauvaises herbes. Dans le premier cas, la herse joue le rôle de premier sarclage, mais il est bon parfois de compléter son action nettoyante par un sarclage à la main. Lorsqu'elle est nécessaire, cette opération, qui peut revenir de 18 à 30 francs par hectare, est généralement bien payée par la récolte. Dans les blés en lignes serrées on fait aussi ce nettoyage à la herse puis à la main. Mais dès que l'écartement des lignes atteint 18 centimètres, on peut avoir recours à la houe Woolnough. Ce binage, d'après les expériences anglaises, augmente le rendement de deux à cinq hectolitres par hectare, pour une dépense qui ne dépasse pas 5 à 6

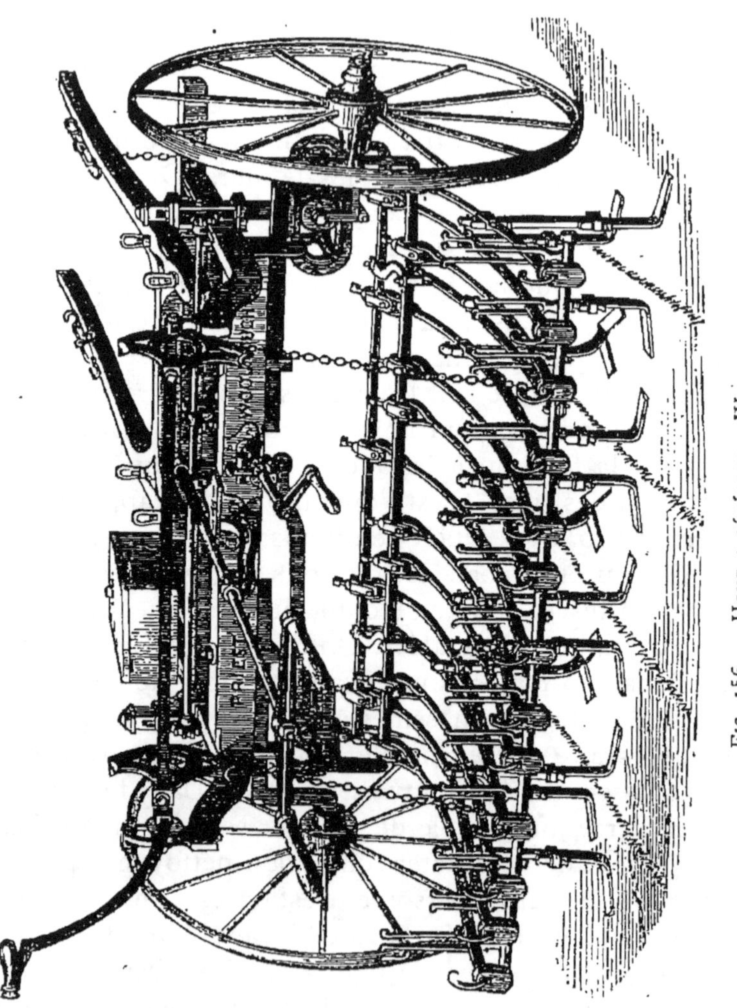

Fig. 156. — Houe a céréales « Woolnough ».

francs pour la même étendue de terrain. Cela ne veut pas dire qu'il faille indistinctement au printemps biner tous les blés. Aucun principe ne doit être appliqué machinalement. On reproche avec raison, croyons-nous, aux binages des blés d'automne, faits dans les conditions ordinaires, de les faire pousser trop verts; mais il faut remarquer que cette exubérance de végétation foliacée, nuisible au rendement en grain, ne se produirait pas si le sol était moins riche en azote et mieux pourvu d'acide phosphorique.

On doit enfin compléter les hersages et binages qui contribuent à la destruction des plantes adventices par un dernier sarclage à la main que l'on pratique quand le blé est devenu trop haut pour qu'on puisse le biner, vers la fin d'avril ou dans les premiers jours de mai. Voici, d'après M. Heuzé, la liste des principales plantes nuisibles qui se développent dans les blés :

1° Plantes vivaces : agrostis traçante ou traînasse, avoine à chapelet, ail des champs, chardon, chiendent, glaïeul des champs, grémil des champs, liseron, luzerne faucille, petite oseille, muscari, pas d'âne, silène, hyèble.

2° Plantes bisannuelles ou annuelles : adonide d'été, agrostis jouet du vent, bluet, camomille puante, grateron, coquelicot, peigne de Vénus, coquelourde ou nielle des blés, mélampyre, moutarde sauvage (sené, russe, jotte, sanve), nigelle des champs, panais sauvage, pied-d'alouette, scabieuse des champs, ravenelle, vesce velue ou vesceron, vesce à épis, vulpin.

Esseiglage: épuration des variétés. — Avant la moisson enfin il est bon de faire couper tous les épis de seigle qui dominent la récolte, car la présence de leurs grains dans le blé le déprécierait, surtout pour la semence. C'est à la même époque que les cultivateurs soigneux parcourent leurs champs réservés pour la production des semences, et en enlèvent toutes les touffes qui ne sont pas de la variété semée. Avec quelque persévérance on

arrive à récolter des variétés absolument pures et par
suite très recherchées.

Culture du blé avec irrigation. — Quand, dans
les pays chauds et même tempérés, on peut se procurer
de l'eau à volonté, on retire un très grand avantage
de l'irrigation des blés. M. Auguste de Gasparin a recueilli les faits suivants sur ce genre de culture qui
se pratique en grand à Cavaillon (Vaucluse).

« On donne quatre arrosages au blé; le premier avant
les semailles sur le terrain nu. On dispose ainsi la
terre à la culture et à rendre plus facile la sortie des
graines. Ces semailles ont lieu au commencement
d'octobre. On arrose une seconde fois quand, au mois
d'avril, la température moyenne est arrivée à 12°;
la troisième irrigation se fait pendant la floraison; enfin la quatrième, quelques jours après. Ces deux dernières disposent toutes les fleurs à nouer, et les
graines sont sur quatre rangs sur les épillets. Les récoltes sont de 40 à 46 hectolitres (3 200 à 3,680 k.) par
hectare.

Les cultivateurs qui donnaient ces renseignements à
M. Auguste de Gasparin ayant avancé que les blés
se trouvaient mal de l'irrigation sur les terres qui n'y
étaient pas habituées, il se fit montrer celles de cette
dernière nature, et les comparant aux terres soumises
depuis longtemps à l'irrigation, il reconnut la cause
de ce phénomène. Sur les premières, les eaux de la
Durance avaient déposé une couche épaisse de limon;
les autres étaient dans leur état primitif, avec un sous-
sol imperméable. L'eau stagnait sous les racines du blé
dans ces dernières et nuisait à sa végétation, tandis
que le limon meuble qui recouvrait les premières laissait filtrer l'eau et délivrait les racines de l'humidité
superflue. Ce même phénomène s'est encore représenté

ailleurs. Sur les terres tenaces du Château d'Avignon, en Camargue, on a voulu arroser les blés et on les a perdus. L'irrigation convient à tous les terrains qui, par leur constitution ou par suite d'une culture profonde, donnent passage aux eaux et ne permettent pas qu'elles séjournent autour des racines. Nous l'avons vue pratiquée en Sicile avec un grand avantage; elle est usitée en Espagne, en Afrique, en Amérique (1) ».

Accidents et maladies.— Pendant le cours de sa végétation le blé est exposé à un certain nombre d'accidents, de ravages et de maladies qui souvent causent à la récolte un préjudice considérable. Il convient de les envisager ici, d'indiquer, quand cela est possible, les moyens d'en mettre les emblaves à l'abri en les prévenant ou en les combattant après leur apparition.

Coulure. — La coulure des fleurs, qui a pour conséquence la stérilité des épillets, se produit assez souvent lorsque la floraison se poursuit pendant une période de pluies trop abondantes ou de brouillards intenses. Bien que la fleur soit renfermée dans les glumes, l'humidité finit par traverser cette enveloppe protectrice; elle imprègne les anthères à l'excès, celles-ci se gonflent et crèvent prématurément avant que le pollen ait atteint sa maturité. La coulure est entière ou partielle. Dans le premier cas on voit les épis non fécondés demeurer droits et blanchir bien avant la maturité. En 1893, nous avons constaté des épis dont toute la moitié supérieure avait coulé par suite de la sécheresse, et se trouvait vide à la maturité. Le plus souvent la coulure se borne à réduire le nombre des grains dans certains

(1) Adrien de Gasparin, *Cours d'agriculture*, t. III, p. 659.

épillets, où l'on n'en compte qu'un, deux ou trois, au lieu de quatre.

Malheureusement le cultivateur ne possède aucun moyen pour empêcher la coulure. Il doit se résigner à la subir comme il subit la grêle.

Jaunisse. — Quelquefois à la sortie de l'hiver, quand la température est froide et humide, les blés jaunissent, surtout dans les terres argileuses mal égouttées. Il convient, dès qu'on aperçoit les premiers signes de jaunisse, de prendre les mesures nécessaires pour assurer l'écoulement des eaux surabondantes, et de stimuler la plante par un apport, en couverture, d'un engrais approprié aux besoins du sol : nitrate de soude, ou mélange de nitrate et de superphosphate.

Mais les périls que font courir à la récolte de froment la coulure et la jaunisse sont peu de chose à côté des ravages occasionnés par la verse.

Verse. — Cet accident se produit surtout dans les années chaudes et humides, durant lesquelles le soleil est trop souvent obscurci par les nuages. Sous l'influence de la chaleur et de l'eau, dans les sols riches en azote surtout, la plante pousse avec une très grande rapidité. Les feuilles se développent avec abondance. Comme les tiges se pressent les unes contre les autres et s'interceptent mutuellement les rayons lumineux, elles s'allongent beaucoup pour arriver au jour, les chaumes restent grêles et délicats, car l'absorption du carbone marche avec trop de lenteur pour assurer leur lignification et leur solidification subséquente. Le bas des tiges reste blanc, est étiolé, et le moindre orage survenant incline vers la terre les épis surchargés d'humidité, que l'élasticité trop faible des chaumes est incapable de redresser.

Les conséquences de la verse sont d'autant plus

désastreuses que les tiges sont plus couchées sur le sol, et que l'époque où elle se produit est plus éloignée de la maturité.

En effet, si l'accident se produit avant la floraison, la plante ayant encore besoin de tirer du sol une grande quantité d'éléments nutritifs se trouve fort gênée dans son absorption par le pliage brusque du pied de la tige, et surtout parfois par sa rupture partielle. Il en résulte un ralentissement dans la nutrition minérale, qui est toujours accompagné par une diminution de l'assimilation du carbone, par suite d'une exposition moins complète des parties vertes à la lumière. Si, au contraire, la verse n'arrive qu'après la pleine floraison, les dégâts seront certainement atténués par ce fait qu'alors la plante a presque tiré du sol tous les éléments qui lui sont nécessaires pour la constitution du grain. Il suffira dès lors que la circulation de l'eau reste suffisante dans la tige pour permettre la migration des éléments qui y sont déjà accumulés vers l'épi, et par suite la formation du grain.

Quoi qu'il en soit, dans aucun cas le grain provenant d'une récolte versée ne sera aussi beau, ni aussi bien rempli que le blé resté debout. Le voisinage du sol humide le fera souvent germer avant qu'on ait pu le moissonner. La paille, perdant sa belle couleur dorée, est ainsi très dépréciée. Presque toujours aussi les mauvaises herbes, les liserons, les coquelicots, etc., prennent le dessus; arrivées à la lumière, elles végètent avec une activité considérable, et leur couverture achève de ruiner les espérances du cultivateur.

Les causes diverses que nous avons exposées sont aggravées par les semis trop épais et par les fumures trop riches en azote. On les combat par le semis en lignes, et en ne répandant qu'une quantité de semence modérée. On recommande aussi avec juste raison de recourir à d'abondantes fumures phosphatées, dans les sols déjà riches en azote, de manière à fortifier la plante, et à assurer ainsi sa résistance. Nous avons vu que par l'effoliage, au printemps, on diminue aussi les chances de verse des blés qui sont par trop forts.

On croyait autrefois que cette faiblesse du pied des céréales était la conséquence du manque de silice assimilable dans le sol, et Thomas Way, chimiste de la Société royale d'agriculture d'Angleterre, a même proposé l'emploi du silicate de chaux pour combattre cet accident. Les recherches d'Isidore Pierre sur le sujet ont démontré que cette explication était erronée car le plus souvent les blés versés sont aussi riches et même plus riches en silice que les blés restés debout. D'autre part, si l'on examine, avec le même auteur, les différentes parties de la plante, au point de vue de leur richesse en silice, on observe que les feuilles en contiennent 4 à 5 fois plus que les mérithalles, et 7 à 8 fois plus que les nœuds. Le haut de la tige est constamment plus riche en silice que la base. La partie de la plante qui doit résister à l'action de tout son poids est donc précisément celle qui contient le moins de cette silice qu'on regardait comme la cause de la résistance de la paille.

Piétin. — Dans les conditions ordinaires, la verse est donc la conséquence de l'étiolement du pied, dû à un développement trop rapide de tiges très feuillues. Mais il arrive fréquemment que la verse a une autre cause, et qu'elle est occasionnée par le développement d'une maladie spéciale appelée *piétin* ou maladie du pied. Celle-ci est le résultat de l'invasion des entre-nœuds les plus rapprochés du sol par un champignon parasite, l'*Ophiobolus graminis*, découvert par M. Prillieux sur des blés atteints de piétin, dans de nombreux points du département de Seine-et-Oise. Les mérithalles inférieurs des tiges attaquées, dépouillés des gaines grises et desséchées qui les recouvrent, présentent des plaques brunes plus ou moins étendues, et l'on voit sur les parties dont la couleur n'a pas été altérée de petits points noirs. très ténus. Les tissus de la tige correspondant aux plaques noires sont altérés jusque dans leur profondeur, et envahis par les filaments du parasite qui traversent les parois brunies des cellules et se ramifient dans leur intérieur.

La fructification ne se produit que sur les chaumes desséchés et morts. M. Prillieux n'a pu l'obtenir sur des chaumes arrachés à la moisson, qu'au mois de janvier suivant.

Le piétin diminuant beaucoup la solidité de la tige à sa base, amène la verse dès que les orages se produisent. Cette maladie est connue dans ses effets depuis longtemps des cultivateurs. M. Joulie, dans une étude sur le blé, en décrit les symptômes au sujet de la verse. Elle est très répandue en Brie et en Beauce.

Aux environs de Bologne, en Italie, M. le Dr Cugini a observé dès 1880 une maladie du pied du blé due à un champignon voisin du précédent : l'*Ophiobolus herpotrichus*.

Que le piétin soit dû à l'un ou à l'autre de ces champignons, c'est toujours le pied qui est attaqué, et la fructification ne se fait qu'en hiver sur les chaumes restés dans le champ. Ces parasites se développent non seulement sur les céréales, mais aussi sur le chiendent et d'autres graminées qui végètent spontanément dans les blés.

On a recommandé, pour empêcher la propagation du mal, d'incendier les chaumes après la moisson. Il ne faut pas non plus négliger la destruction soignée des mauvaises graminées qui peuvent servir de refuge au champignon parasite.

D'après M. Schribaux, professeur à l'Institut agronomique, le piétin attaquerait surtout les blés précoces, comme le blé de Noé, le blé de Ladoga, le blé hybride F. de Carter. Les variétés tardives résisteraient mieux, comme le blé de Hallett (Nursery ou Victoria roux, ou Kissengland, ou Svalof), le Goldendrop, le blé à épi carré, le blé poulard d'Australie. Nous avons constaté que le blé gris de Saint-Laud, comme le blé de Noé et le blé de Bordeaux, sont facilement pris de la maladie.

Le meilleur moyen d'atténuer les ravages du piétin, c'est de semer les blés assez clairs pour que les plantes obtenues soient vigoureuses, et de forcer la dose des engrais phosphatés. C'est aussi ce qu'il faut faire pour prévenir la verse due à l'étiolement dont nous avons parlé d'abord. Mais l'emploi exclusif d'une forte fumure phosphatée, si l'on n'avait soin de diminuer la dose de semence dans une juste proportion, ne réduirait pas les chances de verse et de piétin, car nous avons démontré que sous l'influence de cet engrais les céréales tallent beaucoup plus, et la pratique le confirme. Il est nécessaire aussi avec le semis en lignes de se garder de répandre un nombre exagéré de grains par mètre courant.

En résumé, il faut recourir aux variétés trapues et résistantes, et les placer dans des conditions telles qu'elles puissent se développer avec vigueur, mais sans excès. On obtiendra ce dernier résultat par l'emploi d'engrais bien appropriés au terrain que l'on cultive, et en peuplant celui-ci du nombre strictement nécessaire de plants pour obtenir 300 épis par mètre carré.

Rouille (*Puccinia graminis*). — Dans les conditions

d'humidité chaude favorables à la verse, mais qui ne la produisent heureusement pas toujours, le blé est exposé

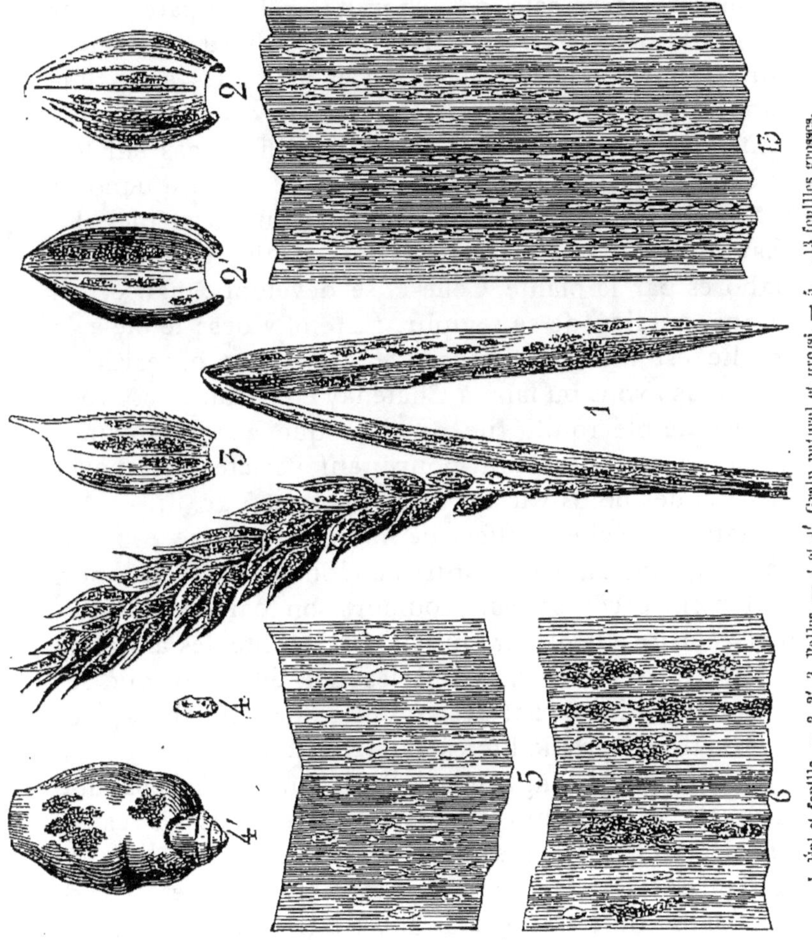

FIG. 157. — ASPECT DES DIVERSES PARTIES ATTAQUÉES PAR LA ROUILLE.

1. Épi et feuille. — 2, 2', 3. Balles. — 4 et 4' Grain naturel et grossi. — 5, , 13 feuilles grosses.

à être envahi par la rouille, fléau qui produit des ravages encore plus considérables, si cela est possible.

Cette maladie est causée par plusieurs variétés voisines de champignons microscopiques du genre *Pucci-nia*. Elle était connue des Romains qui célébraient des fêtes en l'honneur de la déesse Robigo, pour qu'elle préservât les céréales de la rouille. Elle apparaît sous forme de pustules rougeâtres, qui plus tard deviennent noires, sur les feuilles, les tiges et même les épis. Suivant la variété du champignon qui la cause, elle présente dans ses caractères quelques différences sur lesquelles nous reviendrons. Dans tous les cas, quand la maladie est accentuée, les résultats sont les mêmes. Le champignon absorbe à son propre profit les principes élaborés par la plante. Celle-ci se développe mal, et les grains, au lieu de se remplir, restent vides ; le blé à la récolte est plus ou moins ridé. Dans une observation que nous avons pu faire à Châtenay en Beauce, les 1,000 grains de blé rouillé ne pesaient que 22 gr. 2, tandis que nous avons obtenu, pour neuf variétés saines examinées, des poids variant de 42 gr. 8 à 65 gr. 8.

Mais les fâcheux effets de la rouille ne se limitent pas au grain. La paille est très endommagée. Elle a non seulement perdu sa belle couleur, son parfum naturel, mais encore elle devient nuisible à la santé des animaux et surtout des chevaux, chez lesquels elle provoque des irritations d'intestins, des coliques, des diarrhées, des contractions spasmodiques dangereuses.

Depuis fort longtemps, l'opinion s'est répandue chez les cultivateurs que l'épine-vinette est la cause de la rouille des céréales. Un arrêt du parlement de Rouen ordonna, en 1660, la destruction de cet arbrisseau dans toute la Normandie. Cette croyance paraît, au premier abord, un simple préjugé aux personnes qui ignorent que les champignons microscopiques peuvent prendre des formes diverses en habitant des végétaux différents.

Par des recherches patientes, un éminent botaniste
M. Tulasne, nous a mis à même de suivre pas à pas les
différentes métamorphoses de cette rouille, la *Puccinia
graminis*.

Si l'on examine une feuille d'épine vinette rouillée, on
trouve à sa partie
inférieure des sor-
tes de coupes ren-
versées qui portent
à la partie supé-
rieure de leur voûte
une membrane qui
donne naissance à
des files de spores
(semences de cryp-
togames) qui les
remplissent. Cet or-
gane de reproduc-
tion de la rouille a
reçu le nom d'Æci-
dium (fig. 158).

A la partie supé-
rieure de la feuille
on observe d'autres
organes de repro-
duction en forme de
poire ou de bou-
teille, qui produi-

Fig. 158. — Æcidium de l'épine-vinette.

sent des spores très petites, portées à l'extrémité de
longs filaments (spermogonies).

Si l'on place l'une des spores de l'Æcidium de l'épine-
vinette sur une feuille de blé ou d'autres céréales (1)

(1) Cette rouille se multiplie aussi bien sur le chiendent, la flouve, les
agrostis, les canches, les vulpins, les brizes, les paturins, le dactyle, les

dans des conditions convenables de chaleur et d'humidité, elle y germe bientôt et envoie dans la plante un filament mycélien qui s'y développe. Au bout de peu de temps, on voit sur la feuille, la tige ou les balles, sortir de l'épiderme de petites colonnettes ou bâtonnets microscopiques qui portent à leur sommet de petits corps arrondis jaunâtres.

Fig. 159. — Rouille rouge du blé (Uredo).

Ce sont ces fructifications qui donnent son aspect à la *rouille rouge* des céréales.

La rouille rouge se reproduit sur les feuilles, les tiges et les glumes, pendant tout le commencement de la saison. Ce mode de reproduction assure de la manière

---

fléoles, les fétuques, les ivraies, etc. On a trouvé des æcidium non seulement sur l'épine-vinette, mais sur d'autres berbéridées : *Berberis aristata, Mahonnia acquifolium, Berberis canadensis, B. altaicæ, B. Neuberlii, B. Carolinæ*, etc.

la plus parfaite la dissémination du mal sur de grandes étendues.

Mais plus tard, si l'on examine les pailles au moment de la moisson, on voit qu'elles présentent beaucoup de taches d'une couleur noirâtre; c'est la *rouille noire*. Elle affecte une forme différente de la rouille orangée

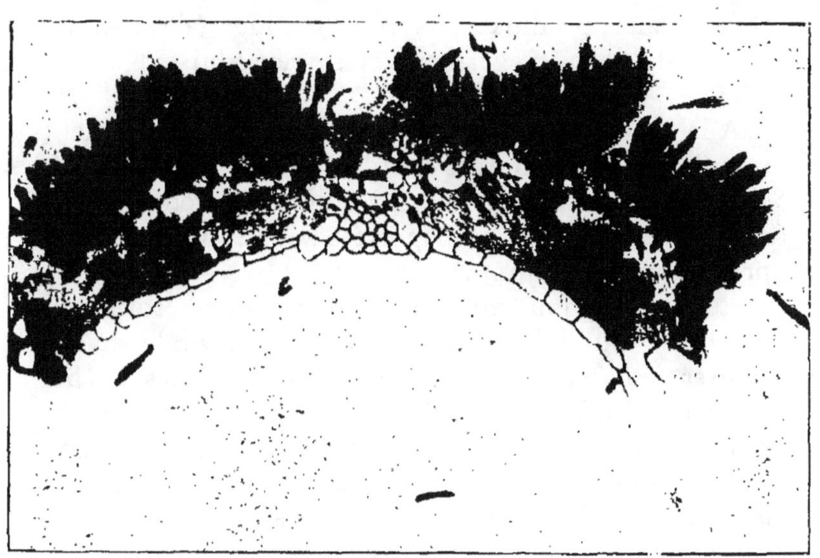

FIG. 160. — ROUILLE NOIRE DU BLÉ (PUCCINIA).

ou rougeâtre qui nous a occupé précédemment. La colonnette qui émerge de l'épiderme porte une tête formée de deux cellules, tandis que la spore rouge est unicellulaire. On a donné à la rouille noire le nom de *Puccinia* que nous employons pour désigner le genre. La spore de puccinie, en germant, donne naissance à des tubes qui s'allongent bout à bout, et portent sur le côté des petits corps arrondis appelés sporidies.

Si l'on met sur une feuille d'épine-vinette une de ces

sporidies, on l'y voit germer et envoyer dans l'intérieur de la feuille des filaments mycéliens qui reproduisent l'Æcidium,

En résumé :

Sur l'épine-vinette la rouille revêt à l'extérieur la forme de spermogonies et d'Æcidium.

Les spores d'Æcidium, germant sur le blé et les autres céréales, produisent la rouille rouge (*Uredo*). Les spores de celle-ci germent et se reproduisent sur les céréales.

A la fin de la végétation de la graminée, les filaments mycéliens de la rouille produisent la puccinie. Les spores de puccinies germant à leur tour, produisent des sporidies, lesquelles, transportées sur l'épine-vinette reproduisent l'Æcidium.

Le champignon qui nous occupe a donc besoin, pour parcourir tout le cycle de son évolution vitale, de rencontrer deux familles de plantes bien distinctes, les berbéridées et les céréales. Si l'on supprime l'un de ces milieux de culture, cette rouille est arrêtée sûrement dans sa pullulation; d'où la conclusion pratique qu'il faut supprimer absolument les berbéridées pour entraver les ravages produits dans les blés par cette maladie. Nous avons dit que depuis longtemps ce conseil a été donné aux agriculteurs, mais il n'a guère été suivi; l'épine-vinette, inconsidérément multipliée, a amené dans certaines régions de véritables désastres.

C'est ce que nous avons constaté en 1887 dans la commune de Châtenay, en Eure-et-Loir, où la récolte de froment a été complètement ravagée par cette rouille, ainsi que nous l'a démontré l'enquête à laquelle nous nous sommes livré sur place. Vers 1869 ou 70 un propriétaire fait enclore son jardin d'une haie d'épine-vinette, et les champs qui sont contigus sont atteints par la rouille à tel point que les exploitants doivent renoncer à y faire du blé. On a observé, de plus, d'une manière absolument sûre, que la rouille a été beaucoup plus forte en 1887 dans toute la partie de la commune où les vents dominants arrivaient, après avoir passé sur les haies d'épine-vinette. Dans la partie opposée, les dégâts sont peu considérables.

L'étendue de la *coulée* de rouille dépasse le périmètre de la commune et atteint une longueur d'environ un kilomètre.

Une nouvelle haie fut plantée vers 1881 par un jardinier dans une autre région du territoire de la commune. Dès qu'elle prit du développement, les champs voisins furent beaucoup plus ravagés par la rouille qu'auparavant.

Nous avons dans d'autres parties du département constaté des faits analogues, avec de nombreux cultivateurs. Frappé de cette influence néfaste d'un arbuste sans utilité sérieuse, le conseil général a ordonné sa destruction dans le département. Depuis, cet exemple a été suivi, et il est à désirer que des arrêtés conformes soient pris dans toutes les régions à céréales.

Rouille linéaire (Puccinia rubigo vera). — Malheureusement la rouille de l'épine-vinette n'est pas la seule qui attaque le blé et les autres céréales. La *rouille linéaire* peut causer des ravages aussi grands, ainsi qu'on l'a souvent constaté. Cette Puccinia présente les mêmes phases de développement que la première et a une apparence presque identique. Les taches orangées forment des lignes étroites et parallèles aux nervures sur les feuilles, au lieu d'être éparses et sans ordre apparent. La rouille noire présente aussi le même aspect extérieur, sauf que les pustules crèvent plus tard. Le véritable caractère distinctif, en dehors des différences d'habitat, ne s'observe qu'au microscope, en examinant une coupe d'une pustule de rouille noire. On trouve mêlées aux téleutospores, des filaments stériles, appelés paraphyses, qui n'existent pas dans la *puccinia graminis*.

La rouille linéaire se développe non seulement sur le blé, le seigle, l'avoine et l'orge, mais encore sur les vulpins, les agrostis, les bromes, les fétuques, les houlques, les kœléries, etc., où elle produit l'*Uredo* et la *Puccinia*. Mais son Æcidium ne se développe plus sur les berbéridées. Ce sont les plantes de la famille des borraginées qui lui servent de substratum. Les principales de ces plantes sont : la bourrache officinale, la buglosse officinale , la buglosse des champs, la lycopode des champs, la consoude tubéreuse et la consoude officinale, le nonnée brune, le grémil des champs, la vipérine commune, la pulmonaire, la cynoglosse officinale, la cérinthe, etc.

La destruction des plantes que nous venons de citer dans nos champs des pays à céréales s'impose donc avec la même urgence que celle des berbéridées.

Mais il ne faut pas se borner à poursuivre cette destruction des borraginées et des berbéridées pour combattre la rouille; il faut, comme nous l'avons indiqué déjà, éviter la surabondance des engrais azotés, qui favorise beaucoup le développement des cryptogames entophytes, et ne cultiver que des variétés de blé résistantes à cette maladie. Nous avons indiqué, à propos de l'étude des variétés de froment qui conviennent à la Beauce, le résultat de nos observations à ce sujet. Nous les compléterons ici en rapportant les observations de divers expérimentateurs.

« ..: Nous avons remarqué un très grand nombre de fois, dit M. H. de Vilmorin, qu'aux environs de Paris la rouille exerce principalement ses ravages sur les variétés de blés originaires des pays dont le climat est plus sec que le nôtre. C'est ainsi qu'il n'est presque pas possible de cultiver ici les magnifiques blés blancs de l'Australie, non plus que beaucoup de ceux de l'Amérique du Nord. Il y a quelques années, à la suite de la conquête de Khiva par les Russes, nous avons reçu une collection intéressante des blés cultivés aux environs de Tashkend, en Turkestan. A notre grand regret, elle a été perdue à peu près complètement, parce que la rouille a attaqué toutes les variétés avec une telle violence, qu'en deux ou trois ans elles ont cessé de produire des grains capables de germer. Plusieurs races de blé de la Russie méridionale sont dans le même cas, et la propension qu'a le blé de l'île de Noé à prendre la rouille nous paraît confirmer la croyance, généralement reçue, à son origine orientale.

« La contre partie de ces observations nous est fournie par les races qui nous viennent de l'Angleterre, des Pays-Bas, et par un blé provenant du Lazistan, sur la côte orientale de la mer Noire. Jamais nous n'avons vu ce blé rouillé; or le Lazistan est une province où il pleut aussi souvent et plus abondamment que dans notre Bretagne. Nous croyons pouvoir conclure de là qu'une variété de froment se défend d'autant moins bien contre la rouille qu'elle est originaire d'un climat plus sec en été. »

« Ce qui n'est point une hypothèse, mais un fait d'observation, c'est que certains blés sont moins que d'autres exposés à la rouille; que leur origine ou leur constitution en soit cause, certaines variétés jouissent, sous ce rapport, d'une immunité plus ou moins complète, et cette considération doit influer sur le choix que fait le cultivateur d'une race à adopter. »

D'un autre côté, M. Pietrusky a constaté dans ses

expériences que les blés suivants résistent le mieux à la rouille :

Blé de Bengale, blé géant d'Éley;

Blé Campfane price, blé champion, blé géant de Richmont, blé Prince Albert;

Blé nouveau de Castille;

Blé hérisson, blé velouté brun;

Blé géant de Sainte-Hélène, blé velouté rouge, blé tunisien;

Engrain, épeautre.

Settegast, après avoir fait de nombreuses expériences à ce sujet considère comme résistant le mieux : le blé de Pologne et le blé Dur, et surtout le blé de Sainte-Hélène.

D'après d'autres expérimentateurs allemands, le blé Kiss England et le Spalding sont aussi bien résistants.

Enfin, nous recommanderons d'éviter d'employer, même pour litières, les pailles rouillées. Il serait préférable de les brûler. Les spores rouges ou noires qui restent sur la paille sont les agents de propagation du champignon par lesquels il conserve sa vitalité tout l'hiver. Dans le fumier provenant de ces pailles ces spores ne sont pas détruites, elles y trouvent au contraire les conditions nécessaires pour germer au printemps, et la propagation de la maladie d'une année à l'autre est assurée par là. On ne connaît pas encore de moyen curatif de la rouille. Toutefois il est probable que l'emploi de préparations cupriques analogues à celles usitées contre les maladies de la vigne pourrait prévenir le développement des puccinies, mais il faudrait trouver un moyen pratique d'application.

Échaudage. — La verse, le piétin, la rouille ont toujours pour conséquence la mauvaise maturation du grain qui est ridé et ratatiné. Mais ces accidents ne sont pas les seuls qui produisent ce résultat désastreux.

Lorsque le blé est en train d'opérer sa maturation, en faisant transmigrer des feuilles et de la tige dans les épis les principes nutritifs accumulés auparavant, il peut survenir, comme cela est assez fréquent en Beauce, des coups de soleil qui, en 24 heures, dessèchent complètement la récolte et la mûrissent prématurément. Le grain dès lors n'a pu concentrer sous son écorce la quantité d'amidon qu'il était destiné à recevoir, il est *échaudé*.

Mais si le grain est moins riche qu'il ne devrait l'être en éléments nutritifs, la paille, par contre, contient tout ce que le grain n'a pas pu absorber. Le sol n'est donc pas moins épuisé que si l'on avait obtenu une très belle récolte.

En étudiant comparativement des blés bien venus et des blés échaudés, M. Joulie a observé que, tandis que le grain de Kiss England non échaudé pesait 34 milligr. 8, le grain de la même variété échaudé pesait 29 milligr. 8. Cela se passait à Courquetaine. Le même blé échaudé ne pesait à Minpincien que 22 milligr. 2.

. Pendant que le grain est ainsi beaucoup moins rempli qu'il ne devrait l'être, la récolte totale par hectare n'est pas sensiblement modifiée. Tandis que par hectare le poid total fourni par le blé réussi est de 8,930 kilogrammes, comprenant 3,200 kilogrammes de grain, le champ échaudé a donné 9,650 kilogrammes de récolte totale, avec seulement 2,830 kilogrammes de grain. Il y a simplement arrêt subit de la formation du grain.

Dans les climats ou l'échaudage est à craindre, il ne faut semer que des variétés de froment à maturité très hâtive. Il faut restreindre le tallage à la limite justement nécessaire pour avoir deux épis par plante, au plus, car les blés qui tallent mûrissent toujours plus tard. On doit éviter l'emploi excessif des engais azotés,

qui provoquent une végétation herbacée très développée
et retardent la maturation. Il sera utile
au contraire de forcer la dose des engrais
phosphatés, puisque nous avons
démontré précédemment qu'ils favorisent
le départ hâtif de la végétation et
la maturation précoce. Pour le choix à
faire des variétés, nous renvoyons au
paragraphe spécial de l'étude des blés de
Beauce, où l'échaudage est très à redouter.

Carie du blé. (Tilletia caries). — La
carie du blé, que l'on confond souvent
et à tort avec le charbon des céréales
que nous étudierons ensuite est due à
l'invasion de l'ovaire du froment par un
champignon parasite entophyte, de la
tribu des Ustilaginées, le *Tilletia caries*.
—Ce champignon remplit le grain d'une
poussière noire, ses spores, qui a une
odeur fétide. Le grain est par là détruit.
Les pertes causées dans les récoltes par
la carie s'élèvent à 1/4, 1/2 et même
3/4 de la récolte. Ce n'est pas seulement
l'ovule qui est détruit et comme dévoré
par l'entophyte; les parois de l'ovaire
en subissent elles-mêmes l'action; il en
résulte que, à la fin, le grain carié n'a
plus qu'une enveloppe fort mince et
très fragile. Celle-ci recouvre les spores
du Tilletia auxquelles ne se mêlent ni
filaments ni restes de tissus détruits.

Examinons la marche de la maladie :

Les pieds de froments attaqués par la carie sont dif-

FIG. 161. — ÉPI
DE BLÉ CARIÉ.

ficiles à distinguer avant que leur épi soit sorti de sa
gaîne. Toutefois les tiges et les feuilles sont plus
minces et d'un vert plus foncé; la plante semble plus
vigoureuse. Alors déjà, l'épi écrasé laisse échapper l'o-
deur de la carie. Aussitôt que l'épi carié est sorti du
tuyau, on le reconnaît sans peine : sa couleur est vert-
bleuâtre; il est plus étroit que l'épi sain, ses glumes
sont plus serrées. Le grain a une peau verte épaisse; il
est ovoïde, plus gros que les grains sains du même âge,
tout son intérieur est fétide. Au même âge, les épis
sains ont leur ovaire petit et vert jaunâtre. Depuis la
floraison le développement des épis sains l'emporte sur
celui des cariés; ceux-ci restent toujours dressés, tandis-
que les autres se courbent peu à peu sous le poids des
grains; leurs balles s'écartent et l'odeur fétide se répand.
L'épi carié semble mûr plus tôt que les autres; ses balles
blanchâtres, ses grains nombreux, courts, renflés, colorés en gris brun le font reconnaître facilement.

En général tous les épis d'un même pied sont cariés.
Cependant on voit des épis cariés et d'autres sains sur
la même plante. Il arrive que la tige principale est saine
quand les latérales sont attaquées. C'est que le *Tilletia
caries* peut attaquer des plantes déjà formées, et qu'a-
lors il introduit ses filaments végétatifs (Mycelium) dans
les tissus des jeunes pousses latérales qui sont plus
tendres.

Voici comment J. Kuhn décrit la végétation de cet
entophyte : « Si l'on fait une coupe d'un grain carié à
une époque peu avancée, au moment où l'épi commence
à sortir du tuyau, on voit que son enveloppe est dans
un état anormal, épaissie vers le haut, et colorée en
vert foncé et mat sur la tranche. A la place de l'ovule,
on ne trouve qu'une masse blanche qu'on peut facilement
enlever pour l'observer sous le microscope. On recon-

naît ainsi qu'elle est composée de filaments déliés, étroitement enchevêtrés et plusieurs fois ramifiés (mycelium du parasite). Si l'on isole ces filaments par la dissection, ce qui ne laisse pas d'offrir assez de difficulté, on s'aperçoit qu'à l'extrémité de leurs petites ramifications il s'est produit de petites vésicules, qu'on observe ordinairement à des degrés très divers de développement. Ces vésicules sont d'abord extrêmement petites; elles grossissent ensuite peu à peu; leur contenu augmente en même temps et devient granuleux; enfin elles se détachent des ramuscules à l'extrémité desquelles elles ont pris naissance. Ceux-ci continuent à produire de nouvelles vésicules, de sorte que quelquefois on en voit deux superposées et parvenues à différents degrés d'accroissement. Pour compléter leur organisation, ces vésicules, qui étaient jusqu'alors transparentes et limpides, secrètent à leur surface une couche externe de couleur foncée, après quoi elles constituent les corps reproducteurs parfaitement formés, ou les spores du champignon parasite. Leur membrane externe, épaisse et foncée, s'est donc formée plus tard que l'interne qui existait d'abord seule, et qui est délicate et fort transparente; la première est donc le résultat d'une sécrétion de la seconde. A mesure que le développement des spores fait des progrès, on voit, même à l'œil nu, la masse blanchâtre intérieure grossir, passer au bleu et finalement au brun noir. Arrivée à ce point cette masse est encore molle et grasse; mais enfin son humidité s'évapore; les spores sèchent, leur amas devient pulvérulent..... Ainsi les spores de la carie ne se forment pas dans l'intérieur du grain de la plante nourricière, mais elles doivent leur naissance à des filaments de Mycelium ramifiés qui se trouvent dans l'intérieur de l'ovaire. »

Ce sont surtout ces spores restées adhérentes au grain

de semence qui, germant en terre, donnent naissance au champignon de la carie. Ce champignon introduit ses filaments d'une extrême ténuité dans les racines du froment encore jeune; ces filaments une fois introduits dans la plante s'y étendent et s'y multiplient rapidement; ils arrivent enfin dans l'ovaire et y donnent naissance, comme on l'a vu, à des milliards de spores qui à leur tour reproduiront le *Tilletia caries*.

Cette pénétration des filaments dans les racines du blé a été reconnue directement par J. Kühn.

La propagation de la carie peut se faire aussi par les spores qui s'attachent à la paille qui servira de litière puis de fumier. Il est prudent de ne pas employer la paille des blés cariés à cet usage.

Comme la propagation de la carie a surtout lieu par les spores qui restent attachées aux grains de semences, le meilleur moyen d'y porter remède consiste à détruire ces spores ou au moins leur faculté germinative. On y arrive parfaitement par le sulfatage.

Le carie ne se montre pas sur l'orge, l'avoine, ni le seigle. On l'a observée quelquefois sur le maïs, le millet, et quelques graminées de prairies.

L'inconvénient le plus grand de la carie est la perte énorme de rendement qu'elle occasionne. Le pain fait avec du blé en partie carié est noir, d'un goût et d'une odeur désagréables; les batteurs respirant un air plein de spores, en éprouvent une irritation des voies aériennes et des yeux; ils ressentent ensuite une assez forte oppression, et perdent momentanément l'appétit.

Charbon des céréales. (*Ustilago carbo*). — Le charbon des céréales est également causé par le développement d'un champignon de la famille des Ustilaginées : *Ustilago carbo* (variétés du blé, de l'orge, de l'avoine, du maïs, du millet, du sorgho). Son mode de développement est complètement analogue à celui de la carie (*Ustilago,* ou *Tilletia caries*). Le charbon comme la carie finit par donner naissance à une poussière noirâtre, mais qui n'a pas de mauvaise odeur; ces spores sont plus fines que celles de la carie. Le charbon des céréales (*U. carbo*) attaque particulièrement les orges et les avoines. Il se développe dans le parenchyme des glumes, des balles, de l'axe des épillets et de leurs pédicules; et quand le vent a dissipé la poussière de ses spores, il ne reste plus de ces parties qu'une sorte de squelette noirci et méconnaissable; sa présence entraîne toujours l'avortement complet des organes de la fleur, la stérilité des épillets et une altération de la structure normale.

Le blé est moins sujet au charbon que l'orge et l'avoine. Le charbon est fréquent sur le maïs et il y produit des turgescences extraordinaires. (Voir orge, avoine et maïs.)

Cette maladie est prévenue comme la carie par le sulfatage.

Ergot. — Le froment est quelquefois aussi atteint par la maladie de l'Ergot, beaucoup plus commun chez le seigle, Nous en parlerons à l'article relatif à cette céréale.

Erysiphe graminis. — Nous avons aussi constaté sur le blé, comme sur l'orge et l'avoine, le développement d'un champignon qui n'est autre que l'*Erysiphe graminis.* Il envahit les jeunes feuilles où il forme des taches grisâtres ternes. Le duvet qui constitue ces taches tombe bientôt et laisse à sa place une tache jaune, livide ou rougeâtre.

Le Mycelium du champignon est épiphyte, c'est-à-dire qu'il rampe à l'extérieur de la feuille. Il est pourvu de suçoirs qui pénètrent dans l'épiderme de la céréale, et produit des filaments conidifères très abondants.

Dans des cultures expérimentales, nous avons pu arrêter ce développement par le soufrage. En grande culture cela serait impraticable.

Cette maladie, connue sous le nom de *Meunier blanc,* produit des dégâts considérables dans l'Amérique du

FIG. 162. — GRAINS DE BLÉ NIELLÉS (GRANDEUR NATURELLE).

FIG. 163. — ÉPIS DE BLÉ NIELLÉS. (GRANDEUR NATURELLE).

Nord. Elle est rare en Europe. Elle attaque non seulement le blé, le seigle, l'orge et l'avoine, mais les graminées fourragères comme le Dactyle pelotonné, les Bromes, etc.

Nielle du froment. — La maladie du blé connue depuis fort longtemps sous le nom de Nielle, est occasionnée par l'envahissement des grains malades par une multitude de petits vers microscopiques, les anguillules.

Les grains niellés apparaissent déformés, petits, arrondis et durs, avec une teinte noirâtre. Lorsqu'on les coupe transversalement, on les voit constitués par une enveloppe épaisse et dure, avec un contenu formé par une substance blanche; celle-ci est constituée par des filaments soyeux, microscopiques, qui ne sont autre chose que des anguillules raides et sèches. Les figures ci-contre reproduisent, d'après des photographies de M. Aufray, des épis malades et des grains, en grandeur naturelle, une coupe de l'enveloppe épaissie du grain et des anguillules très grossies.

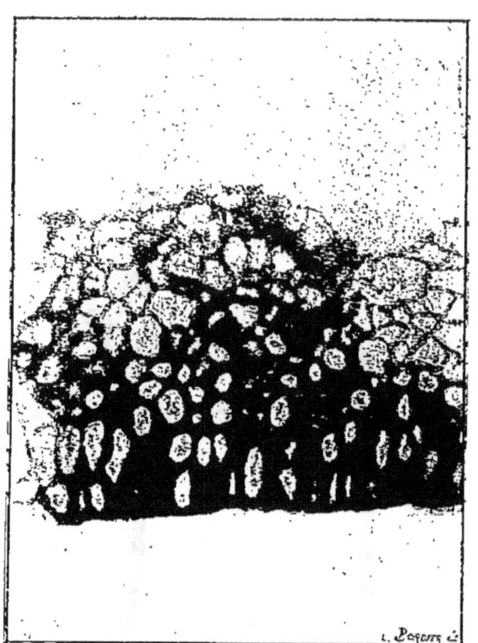

Fig. 164. — Coupe de l'écorce du grain de blé niellé.

Ces anguillules, endormies dans le grain d'un sommeil léthargique, sont asexuées; et, si le grain vient à reprendre assez d'humidité, elles sortent de leur engourdissement pour chercher à s'échapper. C'est ce qui arrive quand on confie au sol comme semence du blé niellé. Le grain malade absorbe l'eau, mais il pourrit au lieu de germer. L'humidité pénétrant jusqu'aux ani-

malcules, ils ressuscitent pour ainsi dire, et percent
l'enveloppe pourrie du grain pour aller à la recherche

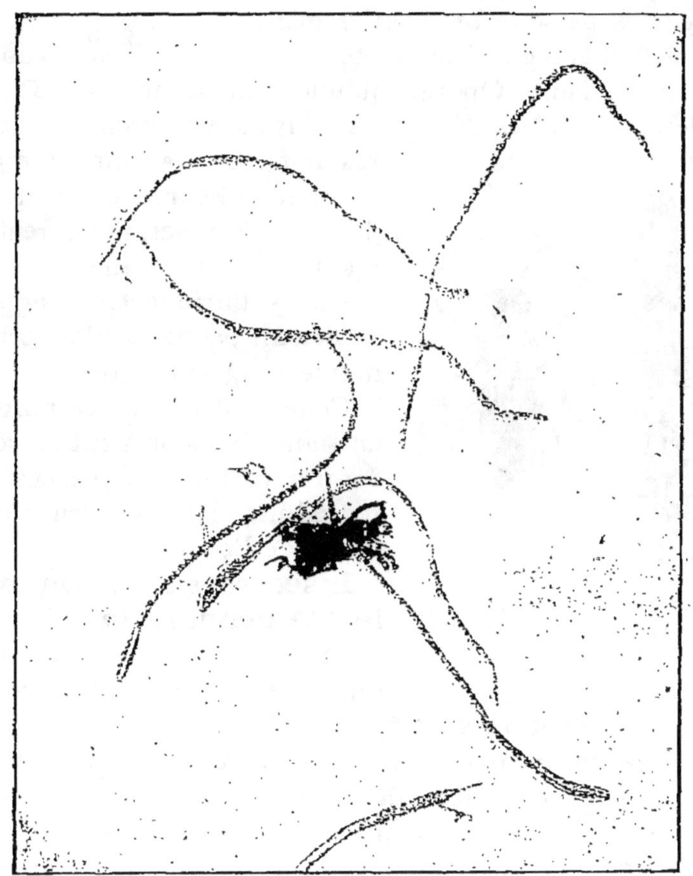

FIG. 165. — ANGUILLULES DU BLÉ NIELLÉ (FORTEMENT GROSSIES).

de plantes bien portantes où ils pénètrent et s'établissent
dans l'intervalle des feuilles naissantes.

Arrivées aux feuilles qui renferment le jeune épi, les
anguillules pénètrent dans les grains encore laiteux, où

elles deviennent adultes et sexuées. Les femelles fécondées pondent des œufs, dont chacun donne naissance à une petite anguillule. Les parents périssent alors, et leur corps se résorbe entièrement.

Le chaulage ni le vitriolage ne sont efficaces contre cette maladie. On sait qu'une température de 70° au-dessus de 0° les détruit. M. Davaisne a obtenu de bons résultats en faisant tremper pendant 24 heures le blé atteint dans de l'eau acidulée, renfermant un cent cinquantième d'acide sulfurique. Ce trempage ne détruit pas la faculté germinative des grains sains.

Cette maladie est commune en Italie, mais on peut en rencontrer partout. Les spécimens reproduits ici proviennent d'une ferme de Beauce.

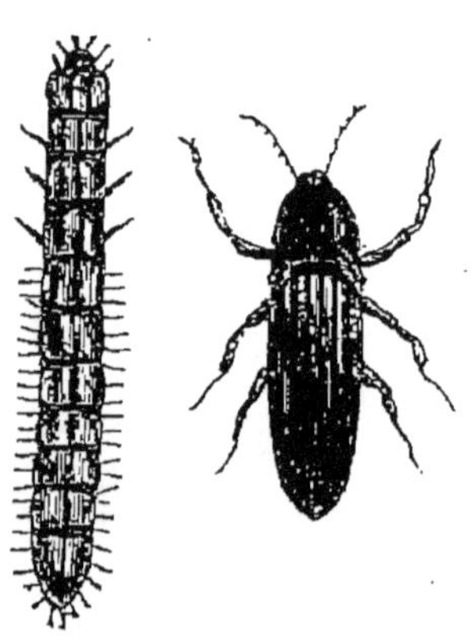

Fig. 166.
Larve du
Taupin.

Fig. 167.
Taupin.

Insectes qui attaquent le blé pendant la végétation. — Les insectes qui attaquent le blé pendant le cours de sa végétation sont nombreux.

Taupin (*Elater segetis*). — C'est un petit coléoptère de la tribu des Élatérides. Il a les pattes assez courtes et le corps généralement allongé, ce qui lui permet difficilement de reprendre pied lorsqu'il tombe sur le dos. Il n'y réussit que par des sauts brusques, accompagnés d'un petit bruit sec, qui lui a valu le surnom de maréchal.

C'est la larve du taupin qui est surtout nuisible au blé, dont elle coupe les racines entre deux terres.

Cette larve est cylindrique, allongée, luisante, à peau

écailleuse, de couleur jaunâtre. Elle est formée de douze
articles, sans compter la tête. Celle-ci, aplatie, est armée
de deux mandibules, et pourvue de deux petites antennes et de deux palpes. Elle a six pattes thoraciques et un
mamelon au dernier anneau, mamelon qui fait fonction
d'une septième patte.

Le Taupin est très
difficile à détruire. On
a recommandé à cet
effet l'emploi du tour-
teau de colza. Mais
les taupes et les oi-
seaux insectivores sont
les auxiliaires les plus
précieux pour leur des-
truction.

*Cécydomie du fro-
ment.* — La cécydo-
mie du froment (*C.
tritici*) est une petite
typule jaune citron,
qui dépose ses œufs
dans les épis du blé au
moment de la florai-

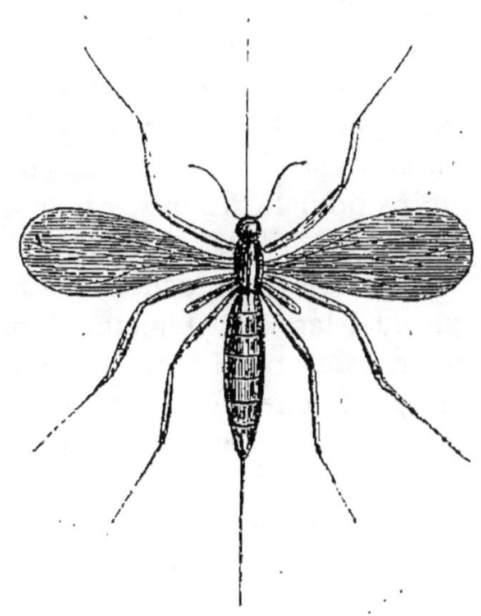

FIG. 168. — CÉCYDOMIE (GROSSIE).

son, à l'aide d'une longue tarière. Ces œufs donnent
naissance, quelques jours après, à autant de petits vers
jaune pâle ou orange, qui s'installent entre les glumes
et rongent la fleur. Le grain dès lors ne peut plus se
développer. Dans les années où la cécydomie se développe, la récolte est parfois diminuée de moitié. Elle se
montre à la fin de juin, et atteint tout son développement vers la mi-juillet. La larve sort des épillets et
saute à terre, ou elle s'enfonce pour s'enfermer dans un
léger cocon blanc. Elle reste dans le sol à l'état de chry-

salide jusqu'au mois de juin suivant. Alors la mouche ailée s'élance dans l'air, l'accouplement a lieu et la ponte fournit une nouvelle génération de petits vers.

Le seul moyen de la détruire consiste à allumer, le soir, près des champs de blé à protéger, des feux brillants où les mouches viennent se brûler.

Cécydomie destructrice. — Cette petite typule, appelée aussi mouche de Hesse, diffère très peu dans son apparence extérieure de la cécydomie du froment. Elle a l'aspect d'un petit cousin, long de 3 à 4 millimètres. Quand l'animal est bien vivant, sa couleur est rouge brique, au moins pour le dessous, car le dessus est, comme le corselet et les ailes, recouvert de petites soies brunes qui disparaissent au toucher. Les pattes brunes sont très longues. La larve est blanche, longue de 3 à 4 millimètres, et large de 1 millimètre, quand elle est complètement développée; elle est pointue aux deux extrémités et paraît dépourvue de tout mouvement.

En avril ou mai, on trouve les larves de la mouche de Hesse appliquées contre la tige, entre le premier nœud et les racines. Plus tard on en trouve presque à tous les nœuds, sous la gaine de la feuille. Elles sucent la sève de la plante en s'incrustant pour ainsi dire dans la tige qu'elles rendent cassante, à ce point que les pluies et les vents violents du printemps abattent beaucoup de chaumes.

En mai la larve se transforme en nymphe, de couleur brune. S'il n'y a qu'une ou deux larves sur une tige, celle-ci arrive encore à donner un mauvais épi. Mais s'il y en a davantage, elle se dessèche vers le haut et pourrit à la base. Les ravages ainsi causés par cet insecte sont considérables.

Les cécydomies destructrices femelles, après l'accouplement, pondent leurs œufs sur les feuilles du blé par deux sur chaque feuille. Elles en donnent de 100 à 150. Dix à douze jours après, les œufs éclosent et donnent de petites larves, qui descendent jusqu'au nœud, où elles se fixent à la tige. Rouges à l'origine, elles passent à la couleur blanche au bout de huit jours.

Les moyens de destruction recommandés sont peu efficaces. Le meilleur consiste dans l'écobuage des terrains envahis, qui amène la destruction des nymphes.

Saperde. — La saperde ou calamobie est un petit insecte long de 10 à 12 millimètres, à corps cylindrique et pubescent, à antennes aussi longues que le corps. Ses élytres sont linéaires, arrondies, et les pattes égales et de longueur moyenne.

La femelle perce la tige du blé, un peu au-dessous de l'épi, et y introduit un œuf. La larve qui en naît ronge l'intérieur de la tige; l'épi se flétrit, reste vide, et est abattu par le premier coup de vent. La larve descend alors dans le chaume, en perçant successivement tous les nœuds et vient hiverner au bas de la tige, à 5 ou 8 centimètres du sol. Au mois de juin suivant, elle se métamorphose en nymphe, puis en insecte parfait, et les ravages recommencent.

On combattra la multiplication de cet insecte en brûlant les chaumes sur place, aussitôt après la moisson.

Chlorops linéolé. — Long de 3 millimètres, le chlorops est jaunâtre, avec des antennes noires. Il a une tache triangulaire noire sur le ventre, et cinq raies longitudinales noires sur le corselet. L'abdomen est jaune avec des bandes et deux points bruns à la base. Cet insecte doit son nom à ses deux gros yeux verts brillants. Il est diptère.

L'accouplement des chlorops sortis des jeunes plants de froment a lieu du 15 mars au 15 juin. Aussitôt la femelle fait sa ponte sur les tiges du blé qui commencent à monter, un peu au-dessous de la naissance de l'épi. Quinze jours après, il en sort une larve jaunâtre et sans pattes, qui s'attache à la tige et se nourrit en mangeant le chaume encore tendre; elle se creuse un sillon extérieur, large de 2 millimètres, profond de 1 millimètre, sans jamais pénétrer dans le canal intérieur de la tige. Ce sillon s'étend depuis l'épi jusqu'au premier nœud. Arrivée là, la larve a tout son développement; elle se transforme en nymphe, et se fixe au milieu du sillon qu'elle a creusé.

FIG. 169. — CHLOROPS (GROSSI).

Au mois de septembre suivant, la nymphe donne naissance à une mouche qui va déposer ses œufs sur les jeunes blés ou seigles. Les tiges attaquées par ces larves de deuxième génération présentent des altérations singulières; il se produit un gonflement considérable de la jeune plante de froment au-dessus du collet, puis les feuilles centrales sont détruites. En avril-mai ces larves, transformées en nymphes, produisent une mouche qui fait une nouvelle ponte.

Pour combattre le chlorops, il faut arracher et détruire les plantes attaquées. Lors du sarclage, on reconnaît et arrache facilement les jeunes plantes gonflées et jaunies. Avant la moisson, les tiges attaquées se distinguent aussi sans peine à la couleur vert foncé de la tête, et à ce que l'épi reste toujours engaîné dans de larges feuilles. L'alternance des cultures est aussi un moyen très efficace.

Cèphe pygmée. — C'est un hyménoptère dont le corps, à l'état parfait, est noir luisant, avec des bandes jaunes sur le prosternum. La tête, presque sphérique

porte deux longues antennes légèrement renflées. Les
ailes sont bleu roussâtre, et l'abdomen sessile est com-
primé et très allongé.

Cet insecte apparaît dès le mois de mai. Après l'accouplement, la femelle se transporte sur un chaume de
blé ou de seigle, et perce avec sa tarière le nœud le plus
élevé pour y déposer un seul œuf. Elle continue sa
ponte sur d'autres chaumes, et produit de douze à quinze
œufs.

L'œuf éclos, la larve pé-
nètre dans l'intérieur du
chaume, et en ronge les
parois, en même temps
qu'elle descend. Elle a atteint son entier développement quand elle est arrivée
au dernier nœud près du
sol. Elle est de couleur
blanchâtre, et va en s'a-
mincissant de la tête à la
partie postérieure du corps ;

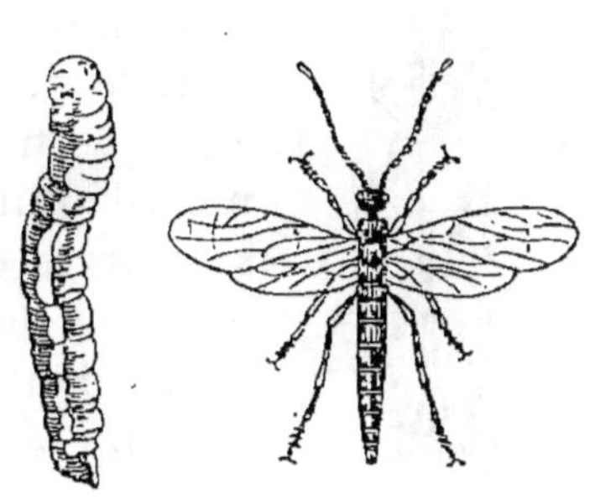

Fig. 170. — Cèphe pygmée
et sa larve (grossis.)

sa tête, de consistance cornée, est roux-fauve. Sa taille
totale est d'environ 9 millimètres. Elle se file un cocon
au pied du chaume, où elle passe l'hiver et elle se métamorphose en mai.

Les dommages occasionnés par le cèphe pygmée peuvent être considérables. Chaque chaume attaqué produit
un épi presque stérile, par suite du défaut de nutrition.
On reconnaît ces ravages en parcourant les champs
quinze jours avant la moisson et en comptant les épis
blancs et droits qui s'élèvent au-dessus des autres et
paraissent avoir atteint leur maturité, alors que les
plantes voisines, encore toutes vertes, ont des épis
courbés vers le sol par suite du poids du grain.

L'incendie des chaumes est le seul moyen efficace de destruction.

Thrips des céréales. — Cet insecte est un hémiptère, à corps cylindro-conique. Ses yeux sont grands; les antennes filiformes sont très rapprochées à la base et évasées tout près des yeux; la bouche est garnie de fortes mandibules; les élytres et les ailes linéaires sont frangées de poils.

De taille très petite, puisqu'il ne dépasse pas 2 millimètres de long sur 1/3 de millimètre de large, ce petit insecte noir et agile se montre sur les épis depuis le mois de juin jusqu'à la moisson. On trouve ses larves entre les glumes; celles-ci ne diffèrent de l'insecte parfait que par l'absence d'ailes; leur couleur est jaune ou rouge.

Les insectes sucent la sève des grains, mais les dégâts qui en résultent ne paraissent pas très graves.

Fig. 171.
Thrips
des céréales
(insecte
parfait).

Mulots et campagnols. — Quand ces petits rongeurs se multiplient beaucoup, ils occasionnent des dégâts considérables, au moment du semis, en dévorant les grains, pendant le cours de la végétation et jusqu'à la maturité. Les ravages sont parfois tels que la récolte disparaît entièrement, comme nous l'avons constaté à Janville en 1883. Pour arriver à leur destruction, il faut, par une entente générale des cultivateurs du pays, appliquer la méthode de l'empoisonnement par le blé arseniqué. On dépose dans chaque trou habité quelques grains, et on bouche le trou avec le talon. Le prix de revient ne dépasse pas quelques francs par hectare, et les résultats sont satisfaisants.

Sauterelles. — Les criquets voyageurs occasionnent de

Fig. 172. — Mulot.

Fig. 173. — Criquet dit sauterelle.

grands ravages dans les champs de blé de l'Afrique, de
l'Asie et de l'Amérique du Sud. On les arrête dans leur

migration à l'aide de l'appareil cypriote, et l'on détruit les insectes dont on s'est emparé par le feu ou la chaux en lait. La récolte des œufs dans leurs gisements constitue aussi un bon moyen préventif.

CHAPITRE VI.

LES PETITES CÉRÉALES (1).

SEIGLE. — AVOINE. — ORGE. — SARRASIN. — MAÏS.
MILLET.

§ I. — Seigle.

Le seigle (*Secale cereale*) est, après le froment, la céréale la plus importante pour la nourriture de l'homme en Europe. Sa culture ne remonte pas à une époque aussi éloignée que celle du froment. Pline est le premier auteur latin qui en fasse mention comme d'une plante cultivée dans les Alpes.

(1) Distinction des céréales en herbe.

La distinction des céréales en herbe présente pour les personnes peu initiées encore à la pratique agricole de réelles difficultés, c'est pourquoi nous avons réuni dans cette note les indications nécessaires pour caractériser chacune d'elles.

Chez les céréales, la gaine de la feuille embrasse la tige sur une certaine longueur, et il existe au point où elle s'unit au limbe une sorte de prolongement membraneux appelé ligule. La forme de celle-ci, la disposition des petites dents latérales qu'on rencontre à la base du limbe, la teinte des plantes permettent d'arriver à une reconnaissance facile.

Blé. — La ligule est allongée et arrondie à dents aiguës, sétacées. La

Cette céréale est très cultivée aujourd'hui dans les parties montagneuses et siliceuses de la France, de la Belgique, dans toute l'Allemagne septentrionale et jusqu'en Suède et en Russie. Elle est douée d'une grande rusticité, elle peut croître dans une terre pauvre et même aride. Elle résiste mieux que les autres aux mauvaises herbes qu'elle domine ; elle mûrit de bonne heure, avant que le sol ne soit complètement desséché, aussi la cultive-t-on là où le froment, moins hâtif, ne pourrait pas mûrir.

Dans les sols qui lui conviennent, le seigle ne le cède pas au blé-froment pour le produit en grains, et il lui est supérieur en ce qui concerne la paille. A produit égal en volume de grain, il épuise sensiblement moins le sol. Son rendement est plus assuré que celui du blé, parce qu'il est moins sujet que ce dernier aux accidents et aux maladies, et supporte mieux la sécheresse.

« Pourvu que le champ soit bien préparé, dit Schwerz, qu'il soit semé en saison convenable et que la semaille ait lieu surtout par un temps sec, la non-réussite du seigle peut être mise au nombre des circonstances extraordinaires et des malheurs qu'on ne peut pas prévoir. »

---

base du limbe est garnie de deux dents à poils raides qui embrassent la tige. Les feuilles, qui ont de 11 à 12 côtes, sont vert clair.

Seigle. — La ligule est courte, demi-ronde, à dents courtes et triangulaires. La base du limbe est arrondie. Les feuilles rougeâtres, à poils mous, ont de 11 à 13 côtes.

Avoine. — La ligule est courte et ovale, à dents aiguës et sétacées. La base du limbe est sans dents. Les feuilles vert clair ou rougeâtres dont les gaines s'enroulent généralement à droite, à l'encontre de ce qui se passe pour les autres céréales, ont de 11 à 13 côtes.

Orge. — La ligule est allongée et aiguë, à dents larges, triangulaires. La base du limbe est garnie de dents à poils raides qui embrassent la tige, comme dans le blé. Les feuilles sont larges (18 à 24 côtes) et vert clair.

Le seigle est cultivé pour son grain, pour sa paille, et comme fourrage vert hâtif.

Si la farine de seigle n'est pas en réalité aussi blanche et aussi nourrissante que celle du froment, il n'en est pas moins vrai qu'elle est apte à tous les usages culinaires. Le pain qu'elle donne est sain et savoureux. Il a la propriété de se maintenir beaucoup plus longtemps frais que celui de froment. Ce dernier avantage est très apprécié des populations qui vivent isolées, comme nos paysans des montagnes.

Le pain de seigle jouit de la propriété spéciale d'être très rafraîchissant. Ses balles, d'après Schwerz, finement moulues, et ajoutées à la farine, augmentent cette action particulière du pain, à tel point qu'elle devient excessive pour les personnes qui ne sont pas habituées à sa consommation. Les Allemands consomment beaucoup de pain de seigle. En France, en dehors des montagnes des Vosges, du Plateau central, des Alpes et des Pyrénées, de la Sologne et du Limousin, on ne consomme guère de pain de seigle pur. Le méteil, ou mélange de seigle et de froment, remplace de plus en plus la céréale qui nous occupe dans l'alimentation.

Avec la farine de seigle et le miel en proportions presque égales, on fabrique le pain d'épice. Les villes de Reims, de Dijon, de Chartres et de Paris, sont les principaux centres de cette fabrication. Le pain d'épice est un produit laxatif qui est malheureusement de nos jours sujet à de nombreuses sophistications.

Dans les pays du nord et du centre de l'Europe, où sa culture est générale, le seigle est la matière première de l'industrie importante de la distillerie de grain. Outre que les résidus de la distillation sont favorables à l'entretien du bétail, ce débouché amène la culture à produire beaucoup plus de seigle qu'il n'en faut pour la nourriture de l'homme, et il en résulte que les disettes deviennent beaucoup moins à craindre, car si, par suite de la mauvaise récolte, les prix s'élèvent, le stock qu'aurait employé la distillerie devient par là même disponible pour la consommation.

Il est évident que si le seigle peut jouer un rôle aussi important dans l'alimentation de l'homme, il ne peut pas ne pas constituer un aliment de premier ordre pour les animaux. Entier, après avoir été cuit à la vapeur ou trempé pendant 24 heures, ou bien concassé au moulin, ou mieux encore panifié, il est avantageusement employé pour la nourriture de tous les bestiaux. Il sert à l'engraissement des bœufs, comme nous le recommandons pour l'alimentation des chevaux de travail, en le substituant à une partie de l'avoine. Tous les animaux en sont très avides, mais il est prudent, pour éviter les accidents ou les indigestions, de ne donner ce grain que cuit, ou gonflé dans l'eau.

La paille de seigle est la plus belle entre toutes les pailles. Aucune n'est plus résistante, plus solide, ni plus estimée. Elle sert pour la fabrication des liens, destinés au liage des gerbes de céréales, à la fabrication des paillassons, au palissage des arbes fruitiers, à l'accolage des sarments de la vigne. On l'utilise aussi largement pour l'empaillage des chaises, la couverture des meules et des chaumières. On l'emploie pour remplir les paillasses de nos lits, pour la confection des ruches d'abeilles, et pour la fabrication des chapeaux de paille.

Elle est moins estimée que la paille de froment, comme fourrage, car elle est plus dure. Elle convient moins bien aussi comme litière, parce qu'elle est moins absorbante.

Variétés. — On ne cultive qu'une seule espèce de seigle, le seigle commun, qui a donné naissance à quelques variétés. Celles-ci sont beaucoup moins fixes que

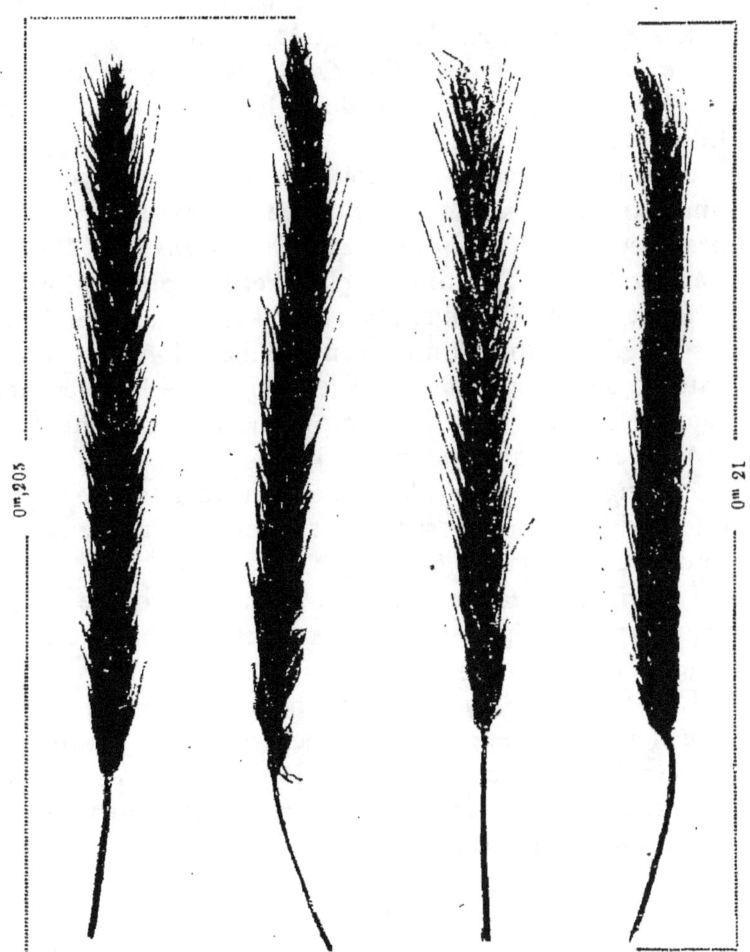

Fig. 174. — Seigle de Champagne. Fig. 175. — Seigle de Schlanstedt.

celles du froment, car la fécondation croisée s'opère assez facilement chez cette céréale.

Le *seigle commun d'hiver* est le type le plus cultivé.

On recherche particulièrement comme semences le seigle de Brie et celui de Champagne (fig. 174) qui sont à la fois vigoureux, rustiques et très productifs.

Le seigle commun d'hiver de Saxe n'est qu'une variété allemande du précédent. Elle ne présente sur lui aucune supériorité.

On a recommandé beaucoup depuis quelques années une variété de seigle sélectionnée par M. Rimpau, et désignée sous le nom de *seigle de Schlansted*. Elle est très vigoureuse, sa paille est élevée et les épis très longs. Elle est très productive, mais exigeante et tardive. Tandis qu'elle semble donner toute satisfaction aux cultivateurs de la Bretagne, du Limousin et de l'Auvergne, ceux de la Brie et de la Champagne lui reprochent la grossièreté de sa paille (fig. 175).

Le *seigle grand de Russie* est une variété assez distincte, dont la paille est forte et blanche, vigoureuse et raide, et l'épi élargi (fig. 176).

Le *seigle de Rome* peut se semer à l'automne et au printemps. Son épi est relativement court, serré et large (fig. 177).

Le *seigle des Alpes* est une belle variété de montagne dont la semence est très recherchée. La plante est vigoureuse et productive, les épis sont longs et larges, le grain gros et plein; la paille est fine et moins élevée que chez le seigle ordinaire (fig. 178).

Comme variété à semer au printemps il faut signaler:

Le *seigle de mars* ou Trémois; sa paille est menue et courte, et le grain petit, mais lourd. C'est le plus hâtif des seigles de printemps (fig. 179)

Et le *seigle d'été de Saxe*, qui est le plus productif de tous les seigles de printemps. Il donne un grain aussi beau et une paille presque aussi haute que le seigle d'hiver (fig. 180).

Fig. 176. — Seigle grand de Russie.

M. Lechartier, directeur de la station agronomique de Rennes, ayant cultivé comparativement diverses variétés

Fig. 177. — Seigle de Rome.   Fig. 178. — Seigle des Alpes.

en 1892-93, a obtenu les rendements suivants à l'hectare :

Fig. 179. — Seigle de mars.   Fig. 180. — Seigle d'été de Saxe.

VARIÉTÉS.	Grain.	Poids de l'hectol.	Paille.
	Quintaux.	Kil.	Quintaux.
Grand de Russie . . .	47,7	77,5	108,7
De Schlansted.	42,5	77,0	94,9
Des Alpes	38,8	75,0	106,5
— 1re généra-			
tion en plaine. . . .	41,0	74,5	99,9
De Champagne. . . .	42,1	76,5	62,1
De Brie.	39,9	76,0	91,0

Composition du seigle. — D'après les recherches de Boussingault à Bechelbronn, en Alsace, 100 de paille de seigle correspondent à 44 de grain. Le chaume est de 27 % du poids de la paille. Il en résulte que, pour 100 parties de la plante, on a :

Grain.	24,4
Paille. . . , ...	59,5
Chaume.	16,1
Total.	100,0

Dans nos cultures expérimentales, avec le seigle de Schlansted nous avons obtenu 49,76 de grain pour 100 de paille, balles et chaumes. Cela correspond à 33 de grain pour 100 de parties aériennes, ou à 39 de grain pour 100 de gerbes.

Le poids de l'hectolitre de grain oscille entre 70 et 77 kilogrammes.

Soumis à la mouture ordinaire, le seigle donne, pour 100 kilogrammes :

	Kil.	
Farine première.	43,2	⎫
— seconde	16,8	⎬ 73,6
— troisième	13,6	⎭
Sons	24,0	
Perte	2,4	
Total	100,0	

Si le seigle donne une farine moins blanche que le blé, cela tient à ce que son enveloppe se brise facilement par les remoulages successifs. Pour obtenir de belle farine il faut régler la mouture de façon à ne tirer au plus que 40 à 50 % de farine première.

De 100 kilogrammes de farine de seigle on obtient 145 kilogrammes de pain.

Nous donnons, dans le tableau suivant, la composition immédiate des différents produits de la culture qui nous occupe.

	Grain.	Farine.	Pain.	Paille.	Balles.	Sons.	Seigle vert.
Eau.	16,6	14,5	41,0	18,6	14,3	12,5	76,0
Matière azotée.	9,0	13,8	9,5	1,5	3,6	13,7	3,3
Amidon, dextrine, etc.	67,5	66,7	46,0	43,0	29,7	50,4	10,4
Graisse	2,0	3,0	2,0	1,5	1,4	3,1	0,7
Cellulose	3,0	0,5	0,4	32,4	43,5	15,0	7,9
Cendres.	1,9	1,5	1,1	3,0	7,5	5,3	1,6

Le rendement du seigle est très variable suivant la qualité des sols que l'on cultive. Dans les terres très riches on peut obtenir jusqu'à 39 à 40 hectolitres. Voici les rendements qu'on obtient en culture ordinaire :

	Hectol.
Terres pauvres.	8 à 10
Terres de fertilité moyenne.	15 à 18
Bonnes terres.	20 à 25
Terres riches.	30 à 35

Place dans l'assolement. — On cultive le seigle après jachère, sur défrichement de prairies artificielles ou temporaires, après fourrages annuels, comme après les céréales d'automne ou de printemps, les racines, les plantes oléagineuses ou le tabac.

Le seigle aimant avant tout un sol très bien ameubli, la jachère se trouve par suite naturellement indiquée pour la préparation préférable à faire subir aux sols argileux et tenaces que l'on veut consacrer à sa culture. On obtient dans ces conditions le rendement le plus élevé en paille et en grain, compatible avec la richesse du sol.

Dans les sols moins consistants, le seigle succède avec avantage aux navettes, aux fourrages annuels: pois, vesces, fèves, trèfle incarnat, à la condition que le sol soit libre de bonne heure, afin qu'il puisse être labouré dès la première quinzaine de septembre.

Dans les sols sablonneux il n'y a pas de meilleure préparation au seigle que la culture du tabac. L'arrachage des racines se fait généralement trop tard pour qu'on puisse les faire suivre par le seigle. Le méteil réussirait mieux dans ces conditions.

Les défrichements de trèfle, ou de prairies temporaires, doivent être faits de bonne heure, afin qu'on puisse donner au sol plusieurs labours avant la semaille.

Enfin, dans les sols sablonneux qui lui conviennent particulièrement, le seigle peut se succéder à lui-même pendant plusieurs années de suite, sans aucun inconvénient. C'est là un fait de la plus haute importance pour l'exploitation de certains terrains pauvres.

Fumure et préparation du sol. — Après ce que nous avons dit au sujet des besoins d'engrais du seigle et de la pratique de la fumure du blé, il ne nous reste rien à ajouter ici.

Comme le seigle est par excellence la céréale des terrains sablonneux, il convient d'ameublir le terrain que l'on veut lui consacrer, avec d'autant plus de soin qu'il est plus compact. Le nombre des façons à donner varie donc beaucoup, suivant la nature des sols. En général, on devra suivre les indications que nous avons données pour le froment. Comme pour ce dernier, le sol doit non seulement avoir été bien ameubli, mais encore tassé avant les semailles. Schwerz recommande de ne jamais semer sur un labour récent et de renoncer plutôt à labourer que de le faire immédiatement avant l'époque de la mise du grain en terre.

Semailles. — *Époque.* — Il convient de semer le seigle de bonne heure, de manière qu'il ait pu développer ses racines superficielles et ses talles avant le sommeil hivernal de la végétation. Les semailles tardives, quand elles réussissent, donnent plus de grain, mais les semailles hâtives procurent une récolte beaucoup plus assurée.

Dans les pays du Nord et dans les montagnes, dans la Courlande et la Lithuanie, la Carinthie et le Dauphiné, comme en Savoie, on exécute la semaille dès le 25 août.

Dans les plaines du nord de l'Europe, les semis s'exécutent avant le 15 septembre. Au contraire, dans les régions du sud on les retarde jusqu'à la Toussaint.

Pour les contrées du climat des céréales, c'est vers la Saint-Michel (29 septembre) qu'il convient de faire les semailles. On peut commencer huit jours plus tôt et il faut avoir terminé quinze jours plus tard.

Pour choisir l'époque précise du semis dans chaque localité, il faut tenir grand compte des chances de gelées en mai, pendant la floraison. Dans les régions où les fleurs du seigle risquent beaucoup d'être détruites par les gelées tardives, il convient de répandre la semence plus tard, surtout dans les régions méridionales.

Le seigle de mars se sème dès le mois de février et jusqu'en avril, selon le sol, l'altitude et le climat.

Proportions de semences. — En général, dit Schwerz,

la proportion de semence est la même pour le seigle que pour le froment. Bien que les grains du seigle soient sensiblement plus petits que ceux du froment, bien qu'il en entre, par conséquent, un nombre plus considérable au boisseau, l'équilibre se rétablit, parce que le seigle talle moins que le froment.

On répand en moyenne à la volée 180 litres par hectare. Avec le semoir en lignes, on sème 120 à 130 litres. Dans les sables riches du Brabant et de la Flandre on descend de 120 à 140 litres. Dans les sols très pauvres et les climats rudes, on va jusqu'à 300 litres.

Dans le Midi, le seigle talle moins encore que dans le Nord, aussi faut-il semer plus dru.

Les semis de mars doivent être plus épais que les semis d'hiver. Enfin si l'on cultive le seigle comme fourrage vert hâtif, il convient de semer plus dru, et sans retard.

Le seigle employé comme semence doit, comme le froment, avoir été parfaitement nettoyé et surtout purgé de tous les grains ergotés qu'il pourrait contenir. On devra également le vitrioler.

Comme le blé, le seigle se sème en lignes ou à la volée. Ce dernier procédé est le plus général, quoique le premier soit préférable. Les grains doivent être enterrés peu profondément, surtout dans les sols compacts, où ils seraient exposés à pourrir. Il est important d'opérer le semis par un beau temps. « Sème ton seigle en terre poudreuse, » dit le proverbe.

Soins d'entretien. — Comme soins d'entretien, le seigle n'est pas exigeant. On le roule quand il a poussé sa quatrième feuille, pour favoriser le tallage et tasser le terrain. Si les mauvaises herbes avaient commencé à envahir le champ, on aurait donné un hersage pour les sarcler, avant de passer le rouleau. Il faut, comme pour le blé, assurer l'écoulement des eaux en évidant les dérayures, et en traçant des raies pour favoriser leur évacuation. Au printemps, on sarcle à la main avant l'épiage.

Pour compléter et résumer ce qui précède sur la pratique de la culture du seigle, nous croyons utile de reproduire les 15 aphorismes de Schwerz à ce sujet :

1° Préparer pour le seigle un sol bien travaillé et bien ameubli.

2° Ne jamais semer sur un nouveau labour, mais seulement sur un sol assez reposé.

3° Semer de bonne heure, plutôt que tardivement, et pour remplir cette condition , renoncer s'il le faut à donner une façon de plus.

4° Retarder la semaille, lorsque le dernier labour a été retardé, plutôt que de semer dans un sillon nouvellement ouvert.

5° Semer d'abord les sols humides, puis les sols secs.

6° Semer les terres maigres avant les terres grasses.

7° Celui qui sème de bonne heure a du temps à venir, celui qui sème tard n'a que du temps passé; il ne peut faire revenir les jours favorables qu'il a laissé passer, lorsque les jours défavorables arrivent pour lui.

8° Celui qui tient à semer de bonne heure ne doit pas oublier que semer par le mauvais temps, pour avoir fini de bonne heure, est la plus mauvaise besogne qu'il puisse faire.

9° Semer tard vaut encore mieux que ne pas semer et ne pas utiliser sa terre et ses engrais.

10° Sur un sol peu profond et cependant actif, mieux vaut semer tard que tôt.

11° Il ne faut pas semer dru sur un sol riche; il faut encore moins semer clair sur un sol maigre, mal préparé ou infesté de mauvaises herbes.

12° Il faut préférer la semence nouvelle à l'ancienne.

13° Ne semer que par un temps sec; éviter la rosée et surtout le brouillard.

14° Ne pas enfouir profondément.

15° Ne pas se laisser entraîner par la présence des mauvaises herbes à donner un labour de plus; semer sur ces mauvaises herbes et faire agir la herse avec d'autant plus de soin.

Accidents. Maladies. Insectes. — Comme les autres céréales, le seigle est sujet à certains accidents, à des maladies, et aux ravages des insectes.

Froid. — Si, ainsi que nous l'avons vu, il ne craint pas les froids intenses de l'hiver, pourvu qu'il ne soit pas monté avant leur arrivée, il est incommodé cependant par les effets sur le sol des gelées et des dégels successifs. Il en souffre moins que le blé cependant. Il est particulièrement sensible aux gelées blanches qui surviennent en mai pendant l'époque de la floraison. Les épis saisis par le froid sont perdus en totalité ou en partie. Ils blanchissent, restent vides ou présentent des brèches plus ou moins étendues.

Rouille. — Le seigle, comme le blé, est sujet à souffrir de la rouille; aussi bien de la rouille linéaire que de la rouille des céréales. « Les inconvénients pour le seigle du voisinage de l'épine-vinette, dit Schwerz, sont si généralement reconnus, qu'il pourrait être superflu de s'arrêter à ce sujet. J'ai recueilli sur ce fait un si grand nombre d'observations; j'ai fait, en 1821, à Hohenheim, des expériences si concluantes, qu'en dépit des assertions des théoriciens (1) sur l'innocence de l'épine-vinette, je croirais plutôt au changement successif du seigle en brome et du brome en seigle, qu'à ces assertions, et que ma raison ne peut se refuser à

(1) Les découvertes de Tulasne sont postérieures.

l'évidence que les faits lui ont démontrée. Une distance de 15 à 20 pas ne suffit pas pour mettre le seigle à l'abri de l'influence nuisible d'un seul pied d'épine-vinette. Un plus grand éloignement même ne fait que diminuer, mais ne détruit pas cette influence. Il est impossible de poser la limite de cette action, qui dépend de l'étendue du champ de seigle, de sa position, de la force et de l'âge du plant d'épine-vinette, de la condition des vents et de l'atmosphère..... Le mal disparaît dès qu'on fait disparaître la cause. Le remède est donc entre les mains du propriétaire qui peut détruire l'épine-vinette; le voisin qui ne pourrait la détruire ne pourrait cultiver le seigle. »

Cette citation est la confirmation entière de ce que nous avons dit à propos de la rouille du blé occasionnée par l'Æcidium de l'épine-vinette. La rouille linéaire, qui vit aussi successivement sur les borraginées et le seigle, nous conduit à recommander ici encore la destruction de toutes les plantes de cette famille dans les contrées à céréales. Les arrêtés qui ont été pris en France pour la destruction de l'épine-vinette devraient être complétés par la mise hors la loi de ces plantes doublement nuisibles.

Ergot. — Mais la maladie la plus grave qui attaque le seigle est l'ergot. Due à un champignon qui se développe sur l'ovaire surtout dans les années humides, et qui remplace le grain par une excroissance de couleur foncée, en forme de corne, ou d'ergot de coq; cette maladie a des conséquences néfastes sur la santé des consommateurs de seigle.

La pain de seigle ergoté produit chez l'homme une maladie très grave, gangréneuse et spasmodique, connue sous le nom d'*ergotisme*. L'histoire en signale des épidémies en 1588, dans la Silésie; en 1648, dans le royaume de Saxe; en 1690, dans notre Sologne; en Suisse, en 1709; encore en Silésie, en 1736; en Danemark, Suède et Norvège, 1761; en Westphalie, en 1770; dans le duché de Nassau, en 1856, etc.

L'ergot se développe non seulement sur le seigle, et parfois sur le blé, mais encore sur beaucoup de graminées des prairies. Nous citerons, outre le seigle, le blé, le millet, et le riz, le ray-grass anglais, le ray-grass d'Italie, la glycerie, le brome seigle, le brome mou, le brome inerme, le dactyle pelotonné, l'avoine élevée, la fléole, le vulpin, la flouve odorante, l'agrostis vulgaire, le paturin, etc. Les foins de graminées ergotées produisent chez les animaux qui les consomment de graves désordres qui entraînent

Fig. 181. — Ergot.

souvent la mort.

Dans la farine ou dans le pain de seigle, l'examen microscopique permet de retrouver l'ergot, s'il est assez abondant. Si la quantité en est peu élevée, il convient pour le déceler, de faire bouillir une petite quantité de la matière avec l'alcool additionné d'un peu d'acide chlorhydrique, puis de laisser reposer ensuite. Le liquide qui surnage prend une coloration rougeâtre plus ou moins intense, selon la quantité d'ergot. Cette réaction est assez sensible pour déceler 1/2 % d'ergot. Dès que la farine contient de 3 à 5 % d'ergot, elle produit rapidement la maladie de l'ergotisme, avec toute son intensité.

L'ergot proprement dit est un sclérote ou mycelium condensé. Tombant sur le sol à la récolte, ou introduit dans le champ par la semence mal nettoyée, il attend que les conditions de température soient convenables pour fructifier, en mai. Il produit de petits capitules arrondis, disposés à l'extrémité d'un pédoncule. Toute la circonférence de la sphérie est garnie de perithèces remplies de spores filiformes. Toute la surface exsude des gouttelettes d'un liquide clair, dans lequel nagent les spores. Transportées sur les fleurs du seigle ou des autres graminées par les insectes, les spores produisent une autre forme du champignon L'ovaire atteint d'abord, ne diffère en rien de l'ovaire sain. Mais intérieurement tout en est détruit, et remplacé par le tissu blanc jaunâtre du parasite. Un peu plus tard, la base de la fleur exsude un liquide douceâtre qui imbibe les balles et finit par filtrer au dehors. C'est un *miellat*, et les praticiens disent depuis longtemps que plus il y a de miellat plus il y a d'ergot.

Le tissu blanchâtre qui remplace l'ovaire a reçu le nom de Sphacélie. C'est une masse remplie de cavités irrégulières, où sont produites des spores ovales et hyalines, qu'entraine le liquide douceâtre dont il a été parlé. Ces spores on conidies reproduisent l'ergot proprement dit ou sclérote. Les insectes surtout concourent à leur dissémination.

Huit à quinze jours après l'apparition du miellat, suivant que le temps est plus ou moins humide, on voit sortir des balles un corps allongé, solide, dense, rouge violet, c'est l'ergot que nous connaissons déjà.

C'est à Tulasne que nous devons la connaissance des métamorphoses de ce champignon que les botanistes ont baptisé : *Claviceps purpurea.*

Pour empêcher la multiplication de l'ergot, il importe surtout de n'en pas répandre avec les semences, ce qui est facile quand on a soin de cribler et de trier convenablement le seigle destiné à cet usage. Il convient aussi de couper avant la floraison dans les environs des champs de seigle; toutes les graminées sauvages sur lesquelles la maladie pourrait se développer et qui deviendraient par suite une cause de contagion. Enfin dans les contrées où l'ergot sévit il est recommandable de ne pas faire deux seigles de suite, et de ne pas semer un seigle après un blé où l'on aurait constaté la maladie, ou réciproquement.

Chlorops. — Le seigle n'est ravagé que par un petit nombre d'insectes. Le chlorops du seigle est un petit diptère dont la larve se tient à la base de la tige de cette plante, près du collet, et y subit ses métamorphoses. On voit les tiges, en mars, prendre un développement monstrueux à leur base, en même temps que leur croissance est arrêtée. Royer, professeur à Grignon en 1839, a signalé des ravages considérables dus à cet insecte. On recommande d'arracher et de brûler les plantes attaquées par la larve de chlorops (*Oscinis pumilionis*). On diminue ainsi le nombre des mouches à venir.

Phalène. — La phalène du seigle est un lépidoptère dont le papillon nocturne est rouge obscur et cendré. La chenille a des raies rouges transversales, et la chrysalide verte d'abord devient couleur feu. La chenille pénètre dans le chaume qu'elle ronge jusqu'au dernier nœud. Ses ravages sont quelquefois considérables.

§ II. — AVOINE.

L'avoine a longtemps servi de nourriture aux montagnards de l'Écosse; aujourd'hui, elle n'est plus employée qu'à la nourriture des chevaux dans le centre et le nord de l'Europe, tandis que dans le midi et dans le nord de l'Afrique on lui préfère l'orge.

Cette céréale est précieuse pour l'agriculture, car elle vient dans tous les sols, elle brave mieux la sécheresse que les autres et sait mieux tirer parti des ressources alimentaires que le sol peut renfermer. Elle prospère sur les défrichements récents ; elle résiste assez bien aux mauvaises herbes ; elle n'est pas aussi difficile que les autres sur la préparation du sol.

Espèces et variétés. — Quatre espèces du genre *Avena* ont donné naissance aux diverses variétés d'avoine cultivées. Ce sont :

1º L'*Avoine commune* (*Avena sativa* L.) qui a fourni le plus grand nombre de variétés, et qui est caractérisée par ses fleurs disposées en panicules lâches, ses épillets bi-flores, son grain allongé, lisse et de coloration variable.

2º L'*Avoine unilatérale* (*Avena Orientalis*) dont la panicule est serrée, et où les grains, portés par de courts pédicelles, sont tous inclinés du même côté.

3º L'*Avoine courte* (*Avena brevis*), à panicule lâche, légère, unilatérale ; à grains petits, courts, renfermant peu d'amande ; munie de deux barbes géniculées, persistantes.

4º L'*Avoine nue* (*Avena nuda*), dont les épillets comptant de 4 à 5 fleurs sont réunis en petites grappes, et les grains nus, au lieu d'être attachés à la balle comme dans les espèces précédentes.

Au point de vue agricole les deux premières espèces sont de beaucoup les plus importantes.

I. — AVOINE COMMUNE.

L'avoine cultivée ou commune est la plus généralement répandue. Elle nous fournit comme principales les variétés suivantes :

Avoines d'hiver. — Les avoines d'hiver sont assez délicates et ne peuvent être cultivées avec succès que dans les régions méridionales, dans le sud ouest et l'ouest de la France. On les cultive aussi dans quelques comtés de la Grande-Bretagne. Pour résister à l'hiver, même dans les pays où le climat est doux, elles doivent être semées dans des terres bien saines, car elles supportent très mal une humidité surabondante.

Les avoines d'hiver sont plus précoces et mûrissent leur grain plus tôt que les avoines de printemps. Elles fournissent un grain d'assez bonne qualité, et plus de paille que les avoines de mars. Elles supportent aussi mieux la sécheresse ou les grandes chaleurs au printemps que ces dernières.

M. H. de Vilmorin signale l'*Avoine grise d'hiver* ou *de Provence* comme une variété vraiment rustique, pouvant supporter des froids de 9 à 10° au-dessous de zéro, pourvu que le sol soit sain. Son grain, gris clair et allongé, est bien plein.

L'*Avoine noire d'hiver de Belgique* est presque aussi rustique que la précédente. Son grain noir très gros, porte une barbe qui tombe à la maturité. On la préfère souvent à cause de sa couleur.

Ces avoines ne peuvent résister aux hivers du climat parisien, et à plus forte raison aux rigueurs hyémales des régions de l'est et du nord-est de la France. On en cultive au contraire, dans la région méditerranéenne, des variétés moins résistantes encore au froid, comme l'avoine des Maremmes et l'avoine rousse du Portugal.

Avoines de printemps. — L'avoine commune a fourni un assez grand nombre de variétés de printemps. Nous classerons les principales d'après la couleur du grain.

FIG. 182. — AVOINE D'HIVER DE BELGIQUE.

a. — Variétés à grains noirs ou noirs-grisâtres.

Avoine noire de Brie. — Cette excellente variété est très répandue dans la Brie et la Champagne, comme en Picardie. Son grain est noir luisant ou noir-rougeâtre, suivant les sols et leur fertilité. Il est court, renflé, et lourd. La panicule est lâche. La paille, de moyenne grosseur et de couleur jaune foncé, est de longueur moyenne. Cette variété, un peu tardive, doit être cultivée dans des sols riches et frais. Ailleurs elle craint l'échaudage.

On estime beaucoup l'*Avoine noire de Coulommiers*, dérivée de la précédente, mais plus vigoureuse et plus productive en même temps que plus exigeante.

Avoine noire ou grise de Beauce. — L'avoine de Beauce est plus précoce que l'avoine de Brie. Sa panicule est moins élargie, et sa paille est un peu plus longue. Son grain est noir ou gris-noir. Elle convient mieux pour les terrains de qualité ordinaire ou secs. On estime surtout l'*Avoine noire de Châteaudun* et l'*Avoine grise de Houdan*. Cette dernière a un grain assez gros, bien rempli, gris de fer très foncé. Elle est extrêmement rustique, très accommodante sous le rapport du sol, en même temps qu'elle est capable dans les terres riches et bien cultivées d'atteindre aux plus hauts rendements.

L'*Avoine hâtive d'Étampes* est une variété hâtive de l'avoine de Beauce. Son grain est assez long et brun foncé, sa panicule est grande et lâche. Ses tiges et ses feuilles sont moins développées que cela n'arrive pour la variété primitive. C'est une avoine précoce qui résiste bien à la sècheresse et qui convient surtout aux terres chaudes et calcaires.

Avoine Joanette. — Elle est remarquable surtout par sa grande précocité. Elle mûrit avant l'avoine hâtive

Fig. 183. — Avoine noire
de Brie.

Fig. 184. — Avoine grise
de Houdan.

Fig. 185. — Avoine Joanette.

d'Étampes. Son grain noir, d'excellente qualité, est gros
et plein. Elle donne peu de paille.

Avoine rousse couronnée. — Cette variété à grain roux
est tardive, mais très productive. Sa paille est grosse et
forte ; son grain est gros, brun foncé à la base ; il s'é-
claircit sur la pointe.

b. — *Variétés à grains jaunes ou blancs.*

Avoine jaune de Flandre, ou des Salines. — C'est une
variété grande et vigoureuse dont la paille est élevée et
forte. Sa panicule est grande et lâche. Son grain est
long et gros, de qualité moyenne. Dans les terres riches
et fraîches elle donne des rendements énormes. On désigne sous le nom d'*Avoine géante à grappes,* une variation de l'avoine des Salines, dont la panicule est compacte et se rapproche comme forme de celle de l'avoine
de Hongrie.

Avoine de Georgie. — C'est une variété hâtive, vigoureuse et productive. Sa paille est haute, grosse, mais dure.
La panicule très ample est retombante. Le grain, gros,
court et renflé, est d'assez bonne qualité. Sa couleur est
jaunâtre. Elle est peu sujette au charbon.

Avoine hâtive de Sibérie. — Elle est très rustique et
très précoce. Elle donne une paille abondante ; son grain
est blanc, long, renflé et plein. Elle est plus productive
que la précédente, mais moins haute de paille.

Avoine de Pologne. — Cette avoine est vigoureuse et
productive. La paille est grosse et dure. Son grain très
gros est court.

2° AVOINE UNILATÉRALE.

Nous en citerons deux variétés :

1° *Avoine noire de Hongrie.* — La paille est longue,
grosse et résistante. La panicule est compacte, dressée,

Fig. 186. — Avoine jaune de Flandre ou des Salines.

Fig. 187. — Avoine blanche de Pologne.

et forme une frange tournée d'un seul côté. Le grain noir est long, et de qualité ordinaire. C'est une variété rustique et productive.

2° *Avoine blanche de Hongrie.* — Tardive et vigoureuse, elle donne un très grand produit en paille. Son grain moyen, effilé, est de qualité secondaire.

Ces variétés conviennent dans les sols argileux et riches, les étangs desséchés par exemple.

3° Avoine courte.

On l'appelle aussi *Avoine pied de mouche.*

C'est une variété très rustique qui convient surtout aux mauvais terrains sablonneux des contrées montagneuses, car elle est très précoce. Ses tiges sont peu élevées et fines, le grain, vêtu, est petit, et de qualité inférieure.

4° Avoine nue.

L'avoine *nue petite* est peu cultivée, car elle est peu productive. La panicule est presque unilatérale et ses épillets sont toujours barbus.

La variété *nue grosse* est plus productive, mais dégénère facilement.

Constitution et composition de l'avoine. — D'après M. Heuzé, cent kilogrammes de gerbes d'avoine donnent :

Grain	36 kil.
Paille	52 —
Balles et menues pailles	12 —

M. Norton, en Angleterre, a constaté les résultats suivants :

Grain	37 kil.
Paille	56 —
Balles	6 —

Fig. 188. — Avoine noire
de Hongrie.

Fig. 189. — Avoine courte.

Fig. 190. — Avoine nue grosse.

Boussingault a obtenu à Bechelbronn :

	KIL.
Grain	36,8
Paille	51,8
Balles et menues pailles.	11,4

Pour 100 de paille bottelée l'avoine produit donc 69 kilogrammes de grain, d'après M. Heuzé; 66 kilogrammes, d'après M. Norton; 71 kilogrammes, d'après Boussingault.

Schwerz indique d'autre part une proportion de 60 de grain pour 100 de paille.

Dans une récolte bien réussie d'avoine grise de Houdan, en Eure-et-Loir, nous avons observé un rendement de 63 kilogrammes de grain pour 100 kilogrammes de paille.

Mais dans l'avoine encore plus que pour le blé, la proportion relative du grain à la paille est très variable. Nous avons réuni dans le tableau suivant quelques observations faites dans nos champs de démonstration d'Eure-et-Loir.

	CULTURE.	
	Sans engrais.	Avec engrais.
Cloches (1890).	80	68
Challet (1890)	68,5	66,4
Grouasleu (1890).	74	72,0
La Bazoche Gouet (1890). . .	58	51
— (1889). . .	55	63
Mousseaux (1889)	75	64
Duan (1888)	105	99
Théléville (1888).	88	94
Grouasleu (1888)	70	75,6
Cloches (1886-87-88).	61	64

Le grain a varié dans ces récoltes de 51 à 105 % de la paille. Dans certains cas la fumure a diminué la proportion relative du grain, tandis qu'elle l'a augmentée dans d'autres.

Des variétés diverses cultivées dans les mêmes conditions, côte à côte, donnent des proportions différentes de grain par rapport à la paille.

Une même variété cultivée la même année dans deux localités différentes d'une même contrée, donne aussi une proportion de grain différente.

Ayant cultivé en 1889 à Rozelle, près de Voves en Beauce, plusieurs variétés d'avoine dans le même champ, nous avons obtenu les rapports du grain à la paille qui suivent :

Avoine noire de Brie.	74,0
— — de Châteaudun.	69,5
— grise de Houdan.	54,0
— prolifique de Californie	51,0
— Hallett's pedigree black Tartarian.	64,0

La même année, à Saint-Luperce, nous obtenions :

Avoine de Houdan.	70
— de Coulommiers.	52

A Grouasleu, en 1888, avec trois variétés d'avoine, nous avons obtenu :

Avoine grise de Houdan.	70
— noire de Châteaudun.	77
— jaune des Salines.	85

Pour arriver à des données de valeur, il faudrait cultiver comparativement dans un même pays, les variétés que nous avons citées, pendant de longues années comme nous avons pu le faire pour les principaux blés.

La constitution de la plante étant connue, examinons maintenant la composition chimique de chacune de ses parties.

La paille d'avoine constitue un fourrage d'hiver pour les bêtes à cornes ou à laine qui n'est pas négligeable. Elle forme aussi une bonne litière.

D'après les tables de J. Kühn, la paille d'avoine contient :

	Maximum.	Minimum.	Moyenne.
Eau.	21,2	10,3	14,3
Substances protéïques. . . .	6,1	1,3	2,5
Matières grasses.	5,1	1,0	2,0
Extractifs non azotés	48,9	24,9	35,6
Ligneux.	50,2	30,0	41,2
Cendres.	»	»	4,4

On y trouve en général les éléments fertilisants dans les proportions qui suivent :

Acide phosphorique.	0,11
Potasse	1,23
Chaux	0,35
Azote	0,40

Les balles d'avoine sont employées en mélange avec les racines pour l'alimentation des ruminants pendant l'hiver. On y trouve :

	D'après les tables de Kühn.	D'après une analyse de l'auteur.
Eau.	14,30	8,38
Matière azotée.	4,00	8,00
Graisse.	1,50	54,00
Extractifs non azotés.	28,20	
Cellulose brute	34,00	16,60
Cendres.	18,60	13,52

La composition du grain d'avoine, d'après 120 analyses de MM. Grandeau et Leclerc, serait la suivante :

Eau	12,10
Matière azotée.	9,80
Extractifs non azotés.	59,09
Graisse.	4,58
Cellulose.	11,20
Cendres	3,32

Mais cette moyenne comporte des écarts considérables. D'après Julius Kühn, le grain d'avoine pourrait
renfermer de 6,3 à 21,4 de matières protéïques brutes;
de 5,3 à 7,3 de graisse; de 4,1 à 16,1 de cellulose.

Ces écarts de composition sont dus à la nature des
variétés cultivées, aux circonstances de la culture et du
climat.

En opérant sur des variétés parfaitement caractérisées
que nous avions tirées de la maison Vilmorin, et choisies parmi les meilleures, nous avons déterminé leurs
caractères physiques tels que le poids du litre, ou densité apparente; le poids de 1,000 grains, le nombre de
grains par litre et par kilogramme, et la proportion d'a-
mande et d'écales. On sait, en effet, que l'avoine la plus
cultivée a le grain vêtu. Le grain proprement dit reste
enveloppé dans les glumelles qui sont colorées diversement suivant les variétés, et plus ou moins épaisses
et coriaces. En même temps nous y dosions la matière
azotée, les cendres et l'acide phosphorique. Le tableau
suivant donne les résultats que nous avons obtenus :

CARACTÈRES PHYSIQUES ET COMPOSITION SOMMAIRE DES GRAINS BRUTS D'AVOINE.

Numéros.	NOM DES VARIÉTÉS.	Couleur du grain.	Poids du litre.	Poids de 1.000 grains.	Nombre de grains par litre.	Nombre de grains par kil.	Écales.	Amandes.	Protéine brute.	Cendres brutes.	Acide phosphorique.
			gr.	gr.	(milliers.)	(milliers.)	%	%	%	%	%
1.	Avoine de Pologne	blanc	460	25,4	18,1	39,4	40,2	59,8	10,31	2,86	»
2.	Avoine Hallett's pedigree white Canadian (1)	—	570	35,1	16,2	28,5	33,5	66,5	12,38	2,30	0,90
3.	Avoine hâtive de Sibérie. . .	—	500	27,3	18,3	36,6	27,6	72,4	10,50	3,14	0,94
4.	Avoine de Géorgie	—	500	25,7	19,5	38,9	23,0	77,0	10,50	3,56	»
5.	Avoine jaune des Salines. . .	jaune	476	30,4	15,6	30,3	25,6	74,4	10,60	4,28	0,83
6.	Avoine rousse couronnée. . .	roux	480	27,0	17,8	37,0	24,6	75,4	9,40	3,72	0,85
7.	Avoine de Houdan	gris noir	500	25,0	20,0	40,0	23,5	76,5	11,10	4,10	0,77
8.	Avoine Joanette.	—	500	26,5	18,6	37,7	24,7	75,3	11,10	3,14	0,68
9.	Avoine hâtive d'Etampes . . .	—	500	24.3	20,2	40,3	25,7	74,3	10,62	3,42	0,77
10.	Avoine Hallett's pedigree black Tartarian (2)	noir	440	28,2	15,6	35,5	32,5	67,5	11,90	2,80	0,84
11.	Avoine de Hongrie.	—	500	31,3	15,9	31,9	25,8	74,2	11,20	2,36	0,80
12.	Avoine de Brie	—	480	28,9	16,6	34,6	23,4	76,6	10,60	3,14	0,75
13.	Avoine de Coulommiers . . .	—	496	29,0	17,1	34,5	23,1	76,9	10,31	4,08	0,85
	MOYENNES.	»	492	28,0	17,6	35,7	27,1	72,9	10,82	3,30	0,82

(1) Avoine blanche du Canada sélectionnée par le major Hallett, provenant de sa culture.
(2) Avoine noire de Tartarie sélectionnée par le même et de même provenance.

En moyenne donc, les lots de choix que nous avons examinés avaient un poids de l'hectolitre de 49 kilog. 2. Le grain moyen pesait 28 milligrammes, et on en comptait 17,600 par litre et 35,700 par kilogramme.

L'amande du grain vêtu correspond à 72,9 % du poids brut, et les écales à 27, 1 %.

Ces avoines ont donné une richesse élevée en matière azotée. Nous avons en effet trouvé 10, 82 tandis que la moyenne d'après MM. Grandeau et Leclerc est de 9, 80. Cela est bien naturel, car nous avons étudié des avoines de semences alors que les auteurs précités ont analysé des avoines de consommation.

La proportion moyenne des cendres brutes est de 3,30 % et celle d'acide phosphorique de 0,82.

Ce qui nous frappe le plus dans ces résultats, c'est la grande variation constatée dans la proportion des écales d'une variété à l'autre. L'avoine blanche de Pologne, la blanche Canadienne de Hallett, la noire de Tartarie du même et la hâtive de Sibérie, sont pauvres en amandes. Ces variétés sont blanches, à l'exception de la noire de Tartarie.

Les plus riches en amandes sont l'avoine de Géorgie, l'avoine noire de Coulommiers, l'avoine noire de Brie, l'avoine grise de Houdan, l'avoine rousse couronnée, l'avoine Joanette. Les variétés des Salines, hâtive d'Étampes et noire de Hongrie sont intermédiaires.

Il n'est pas douteux *à priori* que la valeur nutritive des avoines ne soit en raison directe de la proportion d'amandes qu'elles renferment, toutes autres conditions étant égales d'ailleurs. L'épaisseur de la balle coriace qui entoure l'amande diminue la facilité de l'attaque de celle-ci par les sucs digestifs. Depuis bien longtemps nous avions remarqué, alors que nous vivions à la ferme, que lorsque nos chevaux mangeaient de l'avoine blanche, nous en retrouvions beaucoup de grains intacts dans les crottins, alors que le même fait présentait une importance négligeable lorsqu'on faisait consommer de l'avoine noire. Il est évident, d'après ce qui précède, que la cause de cette infériorité alimentaire de l'avoine blanche résidait dans l'épaisseur et la résistance des écales.

Pour juger des avoines au point de vue pratique, nous croyons qu'il faut tenir grand cas de cette proportion variable de l'écorce, ainsi du reste que l'ont mis en relief les travaux de MM. A. Müntz et A.-Ch. Girard. La valeur alimentaire réelle du grain est plutôt en raison de la teneur de l'avoine en principes nutritifs de l'amande, qu'en raison de sa composition brute.

Afin d'arriver à une connaissance plus exacte de la valeur relative des variétés précédentes, nous les avons décortiquées, et ensuite nous avons soumis les amandes à l'analyse. Le tableau suivant renferme les résultats que nous avons obtenus : Voir le tableau page 585.

L'amande d'avoine contient donc en moyenne 13,88 de matière azotée, 71,48 d'hydrates de carbone et graisse, 2,07 de cendres, avec 1,06 d'acide phosphorique. Les variétés dont l'amande a la plus grande richesse en protéine sont précisément celles qui ont la plus forte proportion d'écales, comme les avoines blanches de Pologne et du Canada (Hallett), et l'avoine noire de Tartarie (Hallett).

Dans le tableau suivant, nous avons calculé la teneur de 100 grammes de grains d'avoine bruts, c'est-à-dire vêtus, en principes nutritifs constituants de l'amande. Ce sont les nombres ainsi obtenus que nous considérons comme l'expression de la valeur nutritive de l'avoine la plus proche de la réalité (Voir le tableau page 586).

COMPOSITION DE L'AMANDE DU GRAIN D'AVOINE.

Numér.	VARIÉTÉS.	Eau.	Matière sèche.	Protéine.	Hydrates de carbone et graisse.	Cendres.	Acide phospho-rique.
1	Avoine blanche de Pologne.	12,40	87,60	16,59	67,51	2,50	1,35
2	— Canadienne de Hallett	12,30	87,70	18,10	67,58	2,02	1,07
3	— hâtive de Sibérie.	12,42	87,58	13,00	72,36	2.22	1,13
4	— de Géorgie.	12,30	87,70	12,00	73,60	2,10	1,10
5	Avoine jaune des Salines.	12,50	87,50	13,50	71,75	2,25	1,01
6	— rousse couronnée.	12,70	87,30	11,90	73,33	2,07	»
7	— grise de Houdan.	12,67	87,33	13,87	71,54	1,92	1,00
8	— Joanette (noire).	12,84	87,16	13,66	71,70	1,80	0,85
9	— hâtive d'Étampes.	12,30	87,70	12,50	73,40	1,80	»
10	Avoine noire de Tartarie (Hallett).	13,17	86,33	16,70	67,63	2,50	1,20
11	— de Hongrie.	12,94	87,06	13,58	71,46	2,05	1,00
12	— de Brie.	12,28	87,72	13,10	72,72	1,90	0,94
13	— de Coulommiers	12,72	87,28	12,87	72,22	2,12	1,08
14	— nue grosse	»	»	13,00	»	1,82	1,01
	Moyennes.	12,57	87,43	13,88	71,48	2,07	1,06

VARIÉTÉS.	Amandes	Protéine.	H. de C.	Cendres.	Acide phosphorique.	Valeur proportionnelle.
Avoine blanche de Pologne.	59,8	9,92	40,19	1,49	0,80	79,9
— de Canada (Hallett).	66,5	11,90	41,07	1,35	0,71	91,6
— hâtive de Sibérie . .	72,4	9,41	52,00	1,60	0,81	89,6
— de Bœseler (1). . . .	73,9	8,87	53,84	1,41	»	89,3
— Géorgie.	77,0	9,30	56,60	1,62	0,84	93,8
— de Milton (2). . . .	73,9	8,87	54,30	1,49	»	89,8
— jaune des Salines.	74,4	10,00	53,43	1,67	0,75	93,4
— rousse couronnée.	75,4	8,97	55,25	1,56	»	91,1
— grise de Houdan.	76,5	10,60	55,54	1,47	0,76	97,9
— Joanette	75,3	10,31	53,97	1,35	0,64	95,2
— hâtive d'Étampes.	74,3	9,30	54,52	1,34	»	91,7
— noire de Tartarie (Hallett.). .	67,5	11,30	46,62	1,69	0,81	91,8
— noire de Hongrie	74,2	9,96	53,07	1,52	0,74	92,9
— noire de Brie.	76,6	10,05	55,66	1,46	0,72	95,8
— noire de Coulommiers. . . .	76,9	9,90	56,60	1,63	0,83	96,2
— nue grosse	100,0	13,00	»	1,82	1,01	124,0

(1) Variété améliorée de l'avoine de Probstéi ou blanche de Suède, pesait 52 kil. l'hectol.
(2) Autre variété blanche améliorée, pesait 51 kil.

Pour établir les nombres de la dernière colonne inti-
tulée : « Valeur proportionnelle », nous avons admis que
la protéine a une valeur argent quadruple de celle des
hydrates de carbone. Nous avons donc multiplié par
4 le taux de matière azotée, puis nous avons ajouté
ce produit au taux des hydrates de carbone. En divisant le prix courant des 100 kilogrammes de chaque variété par sa valeur proportionnelle, on obtient comme
quotient le prix auquel ressort l'unité de substance nutritive.

De toutes les avoines vêtues, c'est la variété grise
de Houdan qui livre la matière nutritive au meilleur
compte. Viennent ensuite les avoines de Brie, de Coulommiers et Joanette. C'est l'avoine de Pologne qui tient
le dernier rang.

Dans le commerce de l'avoine comme des autres céréales, on estime d'autant plus les grains que le poids
de l'hectolitre est plus élevé. C'est là un legs du passé.
Lorsque les transactions avaient pour base la mesure, il
est évident que la valeur relative des grains variait en
quelque sorte comme le poids naturel. Il n'en est plus
de même aujourd'hui, que toutes les affaires se traitent
au poids.

Dans les 13 variétés d'avoines vêtues que nous avons
étudiées, le poids de l'hectolitre a varié de 44 à 57 kilog.
la moyenne générale pour ces avoines de choix étant de
49 kilog. 2. La variété la plus lourde est l'avoine blanche canadienne, et la plus légère l'avoine noire de Tartarie, toutes deux du major Hallett; leurs valeurs pro-
portionnelles sont respectivement 91,6 et 91,8.

M. L. Grandeau avait fait remarquer qu'il n'y a pas
de rapport constant entre le poids naturel et la richesse
du grain en protéine brute par 100 kilogrammes.

Il résulte de nos recherches une confirmation de ce

fait, et en même temps la preuve qu'il n'y a pas davantage parallélisme entre le poids naturel et la valeur proportionnelle, telle que nous l'avons définie, valeur proportionnelle qui nous semble l'expression la plus exacte de la puissance nutritive du grain.

Nous avons ci-dessous mis en regard, 1° le poids de l'hectolitre; 2° le classement des variétés, d'après leur richesse en protéine brute; et 3° leur classement, d'après leur valeur proportionnelle.

| | | CLASSEMENT D'APRÈS | |
	Poids de l'hectolitre.	la protéine % de grain brut.	la valeur proportionnelle.
Blanche canadienne . . .	57	1	10
Hâtive de Sibérie	5o	9	12
Hâtive de Géorgie. . . .	5o	9	5
Joanette.	5o	4	4
Grise de Houdan.	5o	4	1
Hâtive d'Étampes	5o	6	9
Noire de Hongrie	5o	3	7
Noire de Coulommiers. .	49,6	11	2
Noire de Brie	48,0	7	3
Rousse couronnée. . . .	48,0	13	11
Jaune de Salines.	47,6	7	6
Blanche de Pologne. . .	46,0	11	13
Noire de Tartarie	44,0	2	8

Ce ne sont donc pas les avoines les plus lourdes qui sont les plus nutritives, quand on les distribue à *poids égaux*.

Bien que pour déterminer la valeur nutritive réelle des avoines, nous laissions de côté à dessein les éléments des écales, qui, vu la dureté des tissus, sont d'une digestion sûrement beaucoup plus difficile que ceux des amandes, nous devons observer que ces enveloppes du grain renferment un principe aromatique, analogue à la vanilline.

M. André Sanson a fait des recherches expérimentales
sur ce principe excitant de l'avoine, et il a non seulement
démontré son efficacité pour surexciter le système ner-
veux des équidés, mais encore reconnu que les différentes variétés d'avoine ne sont pas toutes également riches
en cette substance remarquable. Le même auteur admet
que la consommation d'un kilogramme d'avoine par
heure de travail suffit pour procurer une excitation suffisante de l'organisme. L'action excitante se produit très
peu de temps après l'ingestion. Les écales d'avoines séparées de l'amande dans les fabriques de gruau, em-
portent avec elles le principe excitant, et bien que leur
composition chimique les mette tout au plus au niveau
des balles, l'expérience des praticiens qui en distribuent
à leurs attelages semble prouver qu'elles ont une action
plus énergique. Ces écales se produisent en assez grande
quantité en Belgique. L'analyse suivante se rapporte à
un lot de cette provenance :

Eau.	10,06
Matières azotées.	2,50 (1)
Graisse.	0,50
Extractifs non azotés	51,85
Cellulose brute.	34,80

En traitant ces mêmes écales blanches par l'alcool,
nous en avons extrait 0,38 pour cent d'un principe
aromatique ayant absolument l'odeur de la vanille.
L'existence de ce principe est connue par la plupart de

______

(1) Des analyses comparatives des grains entiers et de leurs amandes,
données plus haut nous pouvons tirer les nombres moyens suivants pour
la richesse des différentes écales d'avoines en matières azotées :

Avoines blanches.	2,50
— grises	3,50
— noires.	3,10

nos fermières Beauceronnes qui fabriquent avec du lait où elles ont fait bouillir de l'avoine grise de Beauce une crème excellente ayant le parfum de la crème à la vanille.

Il ne nous semble donc pas douteux qu'il ne soit avantageux, dans les périodes de cherté de l'avoine, où l'on est obligé de restreindre la consommation de cette graine et de la remplacer par du seigle, du maïs, des féveroles, des tourteaux, etc., etc., de compléter la ration par l'adjonction de quelques kilogrammes d'écales.

Rendements. — Les rendements de l'avoine varient beaucoup, selon les conditions de sa culture. On a vu dans notre chapitre premier que le produit moyen par hectare de cette céréale était, en France, de :

Grain.	23 hl.,33
Paille.	17 qx,98

Suivant la fertilité du sol, dans la région septentrionale on peut obtenir en moyenne, d'après M. G. Heuzé :

Hectolitres.

Sols pauvres	8 à 10
Sols de moyenne fertilité.	20 à 25
Terres de bonne qualité.	35 à 40
Sols fertiles.	50 à 70

A Grignon, de 1831 à 1852, on a obtenu les rendements moyens suivants :

Hectolitres.

1re rotation.	39,70
2e —	49,79
3e —	53,00

Les plus hauts rendements moyens ont été de 63, 64 et 72 hectolitres.

D'après Schwerz, en moyenne, l'avoine donne par hectare :

Hectolitres.

En Allemagne.	34,05
Dans les Pays-Bas.	48,02
En Angleterre.	31,33

Engrais. — Nous avons indiqué précédemment quels sont les besoins d'engrais de l'avoine. Nous n'avons pour compléter les généralités exposées, qu'à citer quelques exemples des résultats qu'on peut obtenir lorsqu'on fume rationnellement cette plante, que l'on a souvent encore la mauvaise habitude de semer sans aucune addition de substances fertilisantes. Il est certain que la céréale qui nous occupe est, de toutes les autres, la mieux constituée pour tirer du sol les dernières traces d'éléments nutritifs. Mais ce n'est pas une raison parce que cette plante peut encore donner un produit là où les autres ne fourniraient pas de récolte, pour la réduire toujours à la portion congrue. Une fumure modérée et adéquate aux besoins de la plante et à la composition du sol, est presque toujours d'un emploi très rémunérateur.

Nous citerons d'abord les expériences des illustres agronomes de Rothamsted, MM. Lawes et Gilbert, expériences qui ont duré cinq années consécutives :

(A). La parcelle sans engrais a donné un rendement moyen de 17 hectolitres 84 du poids de 42 kilog. 06 et 1302 kilog. de paille ; le tout par hectare.

(B). L'engrais minéral seul, composé de :

kil.

Sulfate de potasse.	224
Sulfate de magnésie.	112
Superphosphates.	440

a donné à l'hectare un rendement de 22 hectolitres pesant l'un 43 kilog. 64, avec 1679 kilog. de paille. L'engrais n'est pas payé, mais son influence est nette.

(C). Avec les sels ammoniacaux à la dose de 448 kilog. dosant 91 kilog. 91 d'azote, le rendement moyen des cinq années a été de 42 hectolitres 25, du poids de 44 kilog. 69, avec 3578 kilog. de paille. L'efficacité des sels ammoniacaux est de toute évidence. L'excédent de récolte est, en grains, de 1135 kilog. et en paille de 2276 kilog.

(D). Le mélange des sels ammoniacaux avec l'engrais minéral précité, aux doses indiquées plus haut, a donné 52 hectolitres 99 de grains pesant 46 kilog. l'hectolitre, et 5163 kilog. de paille. L'effet est saisissant. On a un excédent de 1680 kilog. de grains avec 3861 kilog. de paille par hectare.

(E). Le nitrate de soude a donné des résultats du même ordre. Employé seul, à raison de 616 kilog., dosant 92 kilog. d'azote, il a donné à l'hectare un. rendement de 42 hectolitres 32 de grain, pesant l'un 44 kilog. 26 avec 3452 kilog. de paille. — Employé en mélange avec l'engrais minéral indiqué et aux doses données isolément, il a fourni 51 hectolitres 65 de grains, du poids naturel de 44 kilog. 57 avec 4399 kilog. de paille.

Comme conclusion de leurs expériences, MM. Lawes et Gilbert conseillent d'employer, quand l'avoine suit une plante racine, un mélange par parties égales de guano, de nitrate de soude ou de sulfate d'ammoniaque, et de superphosphate : 125 kilog. d'engrais azoté et 125 kilog. de superphosphate par hectare. Si l'avoine suivait une céréale, il faudrait doubler les doses.

Pendant trois années successives, en 1886, 1887 et 1888, nous avons cultivé au champ d'expériences de Cloches, avec le concours de M. Oscar Benoist, l'avoine grise de Houdan, sur céréales, dans le but de rechercher les meilleurs engrais à lui appliquer. Nous allons rapporter ci-après les résultats de nos expériences.

Toutes nos récoltes n'ont pas été aussi bonnes. Mais, chaque année, la comparaison des rendements des parcelles fumées à celle qui n'a rien reçu donne des résultats analogues. Les conclusions générales que nous pourrons tirer de notre étude déjà longue seront donc basées sur des faits indiscutables.

L'année 1886 avait été très favorable à l'avoine. En 1887, la récolte a encore été assez bonne. En 1888, les avoines trop drues ont énormément souffert de la longue période de sécheresse vernale, et ensuite de l'excès d'humidité estivale. Aussi les rendements vont-ils en décroissant de 1886 à 1888.

Dans le tableau suivant, on trouvera les rendements en grain et paille des trois années, les moyennes, et les excédents moyens de récoltes, qui doivent servir de base à la discussion des résultats.

Dans le tableau n° 2, nous rappelons les fumures reçues par les avoines de 1886 et 1887, et les fumures actuelles et antérieures de l'avoine de 1888.

TABLEAU Nᵒ 1

CHAMP D'EXPÉRIENCES DE CLOCHES. — CULTURE DE L'AVOINE (86-87-88).

Parcelle	FUMURES.	GRAIN (2).				PAILLE.			
		1886 D	1887 B	1888 A	Moyenne.	1886	1887	1888	Moyenne.
		Quintaux.	Quintaux.	Quintaux.	Quintaux.	Quintaux.	Quintaux.	Quintaux.	Quintaux.
1	Demi-fumier (1)	27,5	24,5	25,0	**25,7**	49,5	30,0	43,5	**40,7**
2	Forte fumure.	27,0	24,0	20,5	**23,8**	46,5	26,5	40,5	**37,8**
3	Engrais complet phosphate.	32,0	23,0	24,5	**26,5**	52,0	26,5	43,0	**40,5**
4	Engrais complet superphosphate. . .	36,0	27,5	24,5	**29,3**	57,0	38,5	41,5	**45,7**
5	Sans engrais.	27,0	22,0	17,5	**22,1**	43,0	25,5	40,0	**36,1**
6	Engrais sans potasse.	33,0	26,0	23,0	**27,3**	53,5	37,5	42,0	**44,3**
7	Engrais complet	35,0	27,5	23,0	**28,5**	57,5	38,0	45,0	**46,8**
8	Engrais sans acide phosphorique. . .	31,0	21,0	23,5	**25,3**	53,5	32,0	43,0	**42,8**
9	Engrais sans azote.	29,5	20,0	18,0	**22,5**	46,5	27,0	46,0	**39,8**

(1) Demi-fumier en 1886. — En 1888 addition de 22 kil. d'acide phosphorique soluble et de 15 kil. d'azote nitrique.
(2) Le sol du champ d'expérience nous a donné les résultats suivants à l'analyse :

Matières organiques et volatiles.	3,131	Acide phosphorique.	0,051
Carbonate de chaux.	0,599	Potasse (attaquable par l'acide nitrique).	0,086
— magnésie	0,297		
Sesquioxydes de fer et alumine	0,934	Azote	0,132

TABLEAU DES EXCÉDENTS.

Parcelles.	FUMURES.	GRAIN.	PAILLE.
1	Demi-fumier et fumure rationnelle en 1888 .	3,6	4,6
2	Grosse fumure en 1886.	1,7	1,7
3	Complet phosphate.	4,4	4,4
4	Complet superphosphate.	7,2	9,6
6	Engrais sans potasse.	5,2	8,2
7	Complet superphosphate.	6,4	10,7
8	Engrais sans acide phosphorique.	3,2	6,7
9	Engrais sans azote.	0,4	3,7
	Moyenne des parcelles 4 et 7.	6,8	10,1

TABLEAU Nº 2.

NUMÉROS.	PRINCIPES UTILES DES FUMURES.	AVOINE DE 1886.	AVOINE DE 1887.		AVOINE DE 1888.		
			1886.	1887.	1886.	1887.	1888.
		B	B (1)	B	A (2)	A	A
1.	Petite fumure.	140ᶠ	140ᶠ	Rien	140ᶠ	Rien	»
	Addition rationnelle. { Acide nitrique. . .	»	»	»	»	»	15ᵏ
	{ Acide phosph. soluble.	»	»	»	»	»	22
2.	Grosse fumure	240ᶠ	240ᶠ	Rien	240ᶠ	Rien	Rien
3.	Acide phosphorique insoluble. .	90ᵏ	90ᵏ	60ᵏ	90ᵏ	60ᵏ	60ᵏ
	Azote nitrique (ou ammoniacal).	30	30	28	30	30(1)	30
	Potasse	60	60	75	60	75	50
4	Acide phosphorique soluble. . .	90	90	42	90	42	45
	Azote nitrique (ou ammoniacal).	30	30	28	30	30	30
	Potasse	60	60	75	60	75	50
6.	Comme 4, moins la potasse. . .	»	»	»	»	»	»
7.	Comme 4.	»	»	»	»	»	»
8.	Comme 4, moins l'acide phosph.	»	»	»	»	»	»
9.	Comme 4, moins l'azote.	»	»	»	»	»	»

(1) L'avoine de 1887 venait après une orge de 1886.

(2) L'avoine de 1888 succédait à un blé (1887) fait sur betterave fourragère en 1886. Les lettres majuscules désignent les *soles*.

1° *L'influence du fumier de ferme* appliqué directement à l'avoine a été nulle en 1886. En 1887, au contraire, le reliquat de fumure laissé par l'orge antérieure s'est fait notablement sentir, puisque nous constatons 2 à 2 quintaux 5 de grains et de 1,5 à 4 quintaux 5 de paille en excédent. En 1888, l'effet de la forte fumure, appliquée en 1886 à une betterave suivie d'un blé, se fait encore sentir sur les rendements, car nous obtenons un excédent de 2 quintaux 1/2 de grains. Après deux récoltes, la grosse fumure de ferme n'est pas encore épuisée.

Dans la parcelle numéro 1, l'addition en 1888 d'une toute petite fumure de commerce a eu une action heureuse qui s'est manifestée par un excédent de 8 quintaux de grain et de 3 quintaux 5 de paille.

L'emploi mixte du fumier tous les trois ans, avec fumure additionnelle très modérée, paraît être, d'après nos cultures, beaucoup plus avantageux que de recourir à de grosses quantités de fumier sans compléter celui-ci par les engrais chimiques. La forte fumure nous donne en effet en 1888 un excédent de 3 quintaux de grain et de 1/2 quintal de paille, tandis que la fumure mixte ou rationnelle nous donne un surplus de 8 quintaux de grain et de 3 quintaux 1/2 de paille.

En somme, l'avoine tire meilleur profit des reliquats de fumier que des fumures directes, et se trouve encore mieux de l'emploi des fumures mixtes.

2° *Action de l'azote.* — L'influence de la fumure azotée ressort avec la plus grande netteté de nos trois années de culture.

L'excédent moyen de grain dû à l'azote est de 6 quintaux 4, et l'excédent de paille de 6 quintaux. Nous donnons ci-dessous les excédents pour chaque récolte :

| | Grain. | Paille. |
	Quintaux.	Quintaux.
1886	6,0	10,7
1887	7,5	11,2
1888	5,8	3,8
Moyennes	6,4	6,0

Comme toutes les graminées, l'avoine est donc très sensible à l'action des nitrates. L'emploi de ces derniers, à petite dose, lorsque l'avoine vient après un blé qui a reçu abondance de superphosphate ou de scories, est une opération recommandable et économique.

3° *L'engrais minéral seul,* au contraire, n'a presque pas d'action sur le rendement. L'excédent moyen pour nos trois récoltes est insignifiant.

4° Mais en présence de l'azote, *l'acide phosphorique* donné sous forme de superphosphate accroît le rendement encore d'une façon notable. Tandis que l'engrais complet nous donne des excédents de 6 quintaux 8 de grain et de 10 quintaux 1 de paille, en moyenne, depuis trois ans, la suppression de l'acide phosphorique fait baisser les excédents à 3 quintaux 2 pour le grain et 6 quintaux 7 pour la paille.

Le phosphate naturel ne nous donne aucun résultat favorable.

5° *La potasse,* dans nos cultures précédentes, nous avait paru avoir sur la production de l'avoine une certaine influence. Les moyennes de nos trois années de culture confirment nos premières déductions. L'engrais complet donnant en effet des excédents de 6 quintaux 8 de grain et 10 quintaux 1 de paille, l'engrais sans potasse ne donne que 5 quintaux 2 de grain et 8 quintaux 2 de paille en plus que la parcelle sans engrais.

Toutefois, dans les sols analogues à celui de Cloches, nous ne saurions engager à donner une fumure directe de chlorure de potassium à l'avoine. Les fumiers donnés aux récoltes précédentes nous paraissent suffire à la consommation de l'avoine en potasse.

En 1891, nous avons cultivé dans la sole C du même champ d'expérience l'avoine de Houdan, sur le défrichement d'une luzerne-sainfoin qui avait duré deux années.

Le défrichement ne fut exécuté que vers le 15 janvier, alors que la terre n'était pas encore complètement dégelée du fond.

Le 29 juin M. Benoist notait les observations suivantes :

Nº 1. *Demi-fumure antérieure et superphosphate.* — Avoine épiée, très belle. — Un peu de verse.

Nº 2. — *Forte fumure antérieure.* — Avoine un peu moins avancée qu'en 1. Promet d'être bonne.

Nº 3. — *Engrais complet au phosphate.* — Plus tardive qu'en 2, l'avoine est verte, pas très forte et souffrirait beaucoup s'il venait un temps sec.

Nº 4. — *Engrais complet au superphosphate.* — Récolte admirable, bien épiée, mais craint la verse.

Nº 5. — *Sans engrais.* — Avoine bien plus mauvaise qu'en 3. Conséquence à la fois de l'absence d'engrais et de ce que la prairie avait poussé avec beaucoup plus d'abondance en 3 et y avait laissé plus d'azote.

Nº 6. — *Sans potasse.* — Aspect moins régulier et moins bon qu'en 4 et 7. Épiage moins avancé.

Nº 7. — *Engrais complet.* — Comme 4.

Nº 8. — *Sans acide phosphorique.* — L'avoine est meilleur qu'en 5 et moins bonne qu'en 3. Elle est trop verte et trop tardive.

Nº 9. — Récolte très bonne, bien épiée. Moins forte qu'en 4 et 7, mais plus qu'en 2.

A la récolte, on a obtenu les rendements consignés dans le tableau suivant :

NUMÉROS.	ENGRAIS.	RENDEMENTS.		EXCÉDENTS.	
		Grain.	Paille.	Grain.	Paille.
		qx	qx	qx	qx
1.	30 k. d'acide phosph. soluble (15,000 kil. de fumier en 1887).	32,0	48,0	5,5	18,5
2.	Fumier (30,000 k. en 1887 et rien depuis)	31,5	47,5	5,0	18,0
3.	48 k. d'acide phosphor. insoluble, 15 k. d'azote nitrique et 50 k. de potasse	27,4	42,5	1,0	13,0
4.	45 k. d'acide phosph. sol. au citrate, 15 k. d'azote et 50 k. de potasse. . . . . ,	32,5	57,5	6,0	28,0
5.	Sans engrais	26,5	29,5	—	
6.	Comme 4, moins la potasse.	33,0	52,5	6,5	23,0
7.	Comme 4.	34,0	51,5	7,5	21,0
8.	Comme 4, moins l'ac. phosp.	26,0	33,5	—0,5	4,0
9.	Comme 4, moins l'azote. . .	33,5	47,5	7,0	8,0

Dans les conditions où elle était cultivée, l'avoine devait être surtout influencée par l'apport de l'acide phosphorique, comme on le constate, du reste, en se reportant à la colonne des excédents.

Si nous comparons, en effet, l'excédent obtenu dans la parcelle 8, qui ne reçoit pas d'engrais phosphaté, avec la moyenne des parcelles 1, 4, 6, 7 et 9, cette action saute aux yeux.

L'addition de nitrate de soude à l'engrais minéral semble avoir été à peu près inutile, malgré l'époque trop tardive à laquelle le défrichement a eu lieu. L'excédent donné par la parcelle 9, sans azote, n'est pas inférieur à celui des parcelles 4 et 7 à engrais complet, pour ce qui concerne le grain. Toutefois, il est à noter que dans ces dernières l'excédent de paille est trois fois plus fort.

Quant à la potasse, elle a eu une faible action sur le rendement en grain, mais on ne peut en tirer de conclusion, car l'excédent ne dépasse pas le taux de l'erreur probable (± 4 %).

Pour conclure, nous dirons que sur défrichement de prairie artificielle, pour l'avoine comme pour le blé, l'engrais à employer est le superphosphate ou les scories fines. Même dans le limon enrichi en humus par deux ou trois ans de prairies artificielles, le phosphate minéral est d'une efficacité beaucoup moindre.

Place dans l'assolement. — L'avoine n'est pas plus exigeante sous le rapport de la place qu'elle doit occuper dans l'assolement que sous celui du sol. Elle peut, comme le seigle, se succéder plusieurs fois à elle-même, comme après les défrichements de prairies artificielles, qui lui conviennent si bien. Elle réussit après le blé, et c'est dans cette condition qu'on la cultive le plus généralement. Elle vient également bien après toute autre céréale.

Le meilleur précédent pour l'avoine, dit Schwerz est le trèfle. Là où l'on a appris par expérience à en connaître l'avantage, on donne les trèfles rompus à l'avoine de préférence même au froment. Si l'avoine n'était pas sujette à verser, elle mériterait qu'on lui donnât cette préférence partout, et il y aurait profit à lui réserver cette place d'honneur. Nous rapporterons à ce sujet, à titre d'exemple, les résultats obtenus en 1887 au champ d'expérience de Villemèsle, chez M. Méritte, dans une glaise sablonneuse, pauvre en éléments nutritifs, contenant par kilogr.

	gr.
Azote par kilogr.	1,40
Acide phosphorique	0,47

Potasse.	0,67
Chaux..	8,60
Magnésie.	0,18

Dans un blé qui avait reçu 400 kilogrammes de superphosphate azoté à l'hectare on avait semé du trèfle, et c'est sur le défrichement de celui-ci, récolté pendant une année, que l'on sema de l'avoine. On récolta à l'hectare :

	Kil.
Paille.	792
Grain.	1.056

tandis qu'une parcelle voisine, gardée comme témoin, sans engrais et sans culture de trèfle, ne donnait que :

	Kil.
Paille.	360
Grain.	504

Les sols où cet essai a été exécuté sont très peu favorables pour l'avoine, à cause de leur nature physique; c'est ce qui explique les faibles rendements de 10 et 20 hectolitres que nous rapportons. Il n'en ressort pas moins que sur le trèfle la récolte est doublée. Dans une pièce de terre voisine, par une fumure directe de 45 kilog. d'acide phosphorique assimilable, et de 47 kilog. d'azote amoniacal et nitrique, nous avons également doublé la récolte, sans dépasser toutefois 25 hectolitres. Le défrichement du trèfle a donc eu une valeur presque égale à cette fumure.

Sur les autres défrichements, ceux de landes et de bois, c'est encore l'avoine qui, de toutes les céréales, donne les meilleurs produits. Cela est tellement évident, que ce n'est que par rare exception que l'on voit semer dans ces circonstances une autre plante.

L'avoine réussit parfaitement aussi dans les étangs desséchés. Elle vient très bien également sur les défoncements profonds.

Préparation du sol. — De toutes les céréales l'avoine est celle qui supporte le mieux une préparation défectueuse du sol. C'est une chose importante à savoir, quand la mauvaise saison met des entraves aux façons culturales, ou encore quand des causes urgentes empêchent de donner à toute l'étendue de la sole de printemps les soins qui seraient nécessaires. Mais, comme pour ce qui concerne les engrais, ce n'est pas une raison, parce que l'avoine est peu exigeante, et vient encore tant bien que mal, sauf dans les sols sablonneux trop arides, pour croire qu'une bonne fumure et une sérieuse préparation du sol ne lui soient très favorables.

Quand on se propose de semer une avoine de mars après un blé ou un seigle, il est recommandable de déchaumer très superficiellement au scarificateur, aussitôt que le temps le permet. Dans les terres fortes, on donnera ensuite un bon labour d'hiver, car les alternatives de gelées et de dégel ameubliront le sol mieux que ne le feraient des façons redoublées ; au printemps, en février ou mars, on sèmera sur un coup de scarificateur. Dans les terres de consistance moyenne, le labour d'hiver n'est pas de rigueur, on peut le remettre au printemps. Mais il y a toujours avantage à labourer de très bonne heure, et, chaque fois qu'on le peut, pendant l'hiver ; cela permet de faire les semailles plus tôt et plus facilement.

Si l'avoine doit suivre une prairie artificielle réussie, on défriche ordinairement celle-ci par un seul et profond labour d'hiver, exécuté avant la fin des fortes gelées, afin de profiter de l'action ameublissante de celles-ci. Le labour doit être exécuté avec beaucoup de soin. On sème alors sur un coup de scarificateur, qui rafraîchit la surface du terrain. D'après Thaër, lorsque le trèfle n'a qu'un an, qu'il a été semé dans une terre nette de chiendent, et qu'il est épais, un seul labour est non seulement suffisant, mais vaut mieux dans la plupart des années que plusieurs. Sur un sol peu tenace, peu humide, non sujet au délavage, il lui paraît convenable de donner ce labour dès l'automne, de semer l'avoine un peu plus dru qu'on ne le ferait sur un terrain meuble, et d'enfouir la semence par un très vigoureux hersage. Si le trèfle a plus d'un an, qu'il soit clair-semé, ou envahi par le chiendent, il conseille de donner un labour d'automne peu après avoir rompu le gazon, et deux labours encore au printemps.

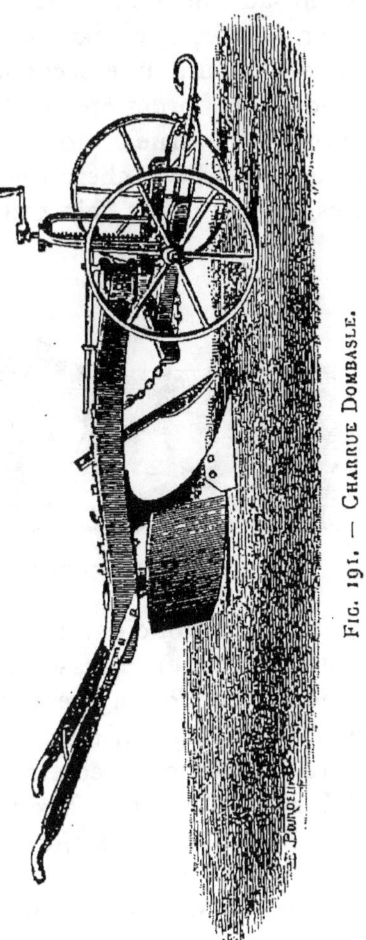

Fig. 191. — Charrue Dombasle.

Après les herbages, on opère de la même manière, en défrichant par un seul labour d'hiver ou de printemps. Schwerz recommande justement, partout où l'épaisseur du sol le permet, de faire ce défrichement par un labour de 16 centimètres au minimum, avec une charrue opérant comme la défonceuse de R. Sack, en jetant au fond de la raie le gazon détaché par un premier versoir, et en ramenant par-dessus cette première bande enfouie une seconde bande de terre prise au fond de la première raie. On fait entrer le premier corps de charrue à 8 ou 10 centimètres de profondeur, et le second va chercher la terre jusqu'à 20 centimètres. Lorsqu'on a fait cette opération avant l'hiver, et

FIG. 192. — CHARRUE DÉFONCEUSE (R. SACK).

qu'on a eu soin d'entretenir les sillons d'écoulement, la couche supérieure ressemble au printemps à un lit de cendres. Si l'on n'opère qu'au printemps, ce qui est moins avantageux, on a toujours à la surface assez de terre meuble pour enterrer la semence à la herse.

Lorsque l'on veut faire une avoine sur des racines ou autres plantes sarclées, un seul labour est suffisant pour la préparation du sol.

L'avoine d'hiver se fait toujours sur un seul labour qu'on laisse un peu motteux à la surface. Ces mottes, loin de nuir à sa végétation, lui sont plutôt favorables, en abritant les jeunes plantes, en retenant la neige, et en les rechaussant lorsqu'elles se délitent sous l'action des frimas.

Semailles. — On doit apporter au choix des semences d'avoine le même soin qu'à celui des semences de froment.

Choix des semences. — On doit éliminer par le tarare et le crible toutes les graines étrangères et aussi les grains d'avoine petits et mal nourris. Ces derniers, qui ne lèvent pas toujours, donnent dans tous les cas des plantes moins vigoureuses et d'un plus faible rendement.

M. Petit, actuellement professeur départemental d'agriculture du Morbihan, a imaginé, pour la sélection des avoines un procédé, simple et efficace, qui consiste simplement à agiter la graine avec de l'eau claire, et à éliminer tout ce qui surnage. On le voit, c'est à la portée de la grande comme de la petite culture, et ce trempage qui élimine tous les grains mal venus et peu denses a en outre l'avantage de hâter la germination.

Ayant fait pratiquer la sélection à l'eau de l'avoine par quatre cultivateurs d'Eure-et-Loir, et semer séparément les grains lourds et les grains légers, nous avons obtenu les résultats suivants :

| | Grains. | | |
	Lourds.	Légers.	Différence.

A. — CULTURE SANS ENGRAIS.

	Qx	Qx	Qx
1º La Bazoche Gouët. . .	9,32	6,75	2,57
2º Grouasleu.	24,30	19,00	5,30
3º Challet.	26,22	24,55	1,67
4º Cloches.	29,51	28,43	1,08

B. — CULTURE AVEC 150 KIL. DE NITRATE + 150 KIL. DE SUPERPHOSPHATE.

5º La Bazoche Gouët. . .	7,35	6,85	0,50
6º Grouasleu.	27.40	25,60	1,80
7º Challet.	27,53	25,30	2,23
8º Cloches.	36,52	34,78	1,74
Moyenne.			2,11

Ainsi nous avons un rendement supérieur de 2 quintaux 11 ou de 4 hectolitres et demi par hectare en préférant les gros grains aux petits comme semence. La différence a atteint jusqu'à 10 hectolitres 1/2, et nous devons faire observer que cette sélection avait porté sur des avoines déjà choisies comme semences et non sur des avoines tout venant.

On ne saurait donc trop recommander de débarrasser les semences de tous les grains chétifs que l'on utilisera en les faisant consommer par les animaux.

Quantité de semence. — La quantité répandue par hectare doit être suffisante pour assurer un peuplement de deux cents pieds par mètre carré en moyenne, chaque pied donnant deux tiges. Mais le tallage ne peut être escompté que pour les semis faits de bonne heure, ou dans les terrains frais, et il y aura un nombre de grains, qui manqueront à lever, d'autant plus grand que le sol aura été plus mal préparé et la semence moins bien sélectionnée. Comme nous l'avons dit pour le blé, il faudra donc semer à la volée 4 millions de grains par hectare, ce qui correspond à 233 litres en thèse générale.

D'habitude on répand de 250 à 300 litres d'avoine d'hiver et de 250 à 320 litres d'avoine de printemps.

Sur les défrichements de trèfle, Schwerz recommande d'augmenter la quantité de semence d'un quart, et de l'accroître de moitié sur les défrichements de vieux herbages.

En général aussi pour les semis tardifs d'automne ou de printemps, dans les sols mal ameublis, ou exposés à être envahis par les mauvaises herbes, il faut semer plus dru que dans les sols bien préparés et semés de bonne heure. On sème également plus de grains dans les terres pauvres que dans les sols fertiles.

Avec le semoir en lignes on réduit la quantité de

semence jusqu'à 200 et même 150 litres par hectare.

Époque du semis. — Il convient de semer l'avoine d'hiver en septembre et octobre. En Bretagne, on commence les semis dès le 8 septembre. Confiée trop tard au sol, elle n'aurait pas le temps de prendre assez de force avant l'hiver pour résister aux intempéries et surtout aux alternatives de gelées et de dégels.

Dans la Provence et le bas Languedoc, on retarde les semis jusqu'en novembre et décembre.

Pour ce qui concerne l'avoine de mars, on doit *la semer le plus tôt possible*, c'est-à-dire aussitôt que le temps et les circonstances le permettent. Les semis exécutés de bonne heure fournissent toujours des plantes plus résistantes aux sécheresses du printemps et de l'été parce qu'elles ont eu le temps de mieux s'enraciner. D'autre part, l'avoine semée de bonne heure lève et s'empare du terrain avant que les plantes adventices aient pu pousser. L'avance qu'elle a ainsi acquise lui permet de lutter victorieusement contre leur envahissement. Les avoines semées dès le premier printemps donnent toujours un grain mieux nourri et plus lourd.

Sous le climat parisien on doit semer les terres légères ou moyennes et saines dès le mois de février, si la température le permet; les autres en mars et au plus tard au commencement d'avril.

On peut reculer d'autant moins l'époque du semis que l'on exploite, dans un climat plus exposé à la sécheresse, des sols plus perméables et plus sablonneux. L'avoine demande en effet beaucoup d'humidité pour lever, beaucoup plus que l'orge surtout.

Exécution du semis. — On exécute le semis de l'avoine à la volée ou en lignes, à la main ou au semoir. Comme nous l'avons dit pour le froment, les semailles mécaniques sont toujours préférables aux semis à la

main, elles ont plus de régularité et permettent par conséquent de faire une économie assez importante de
semences. Mais la semaille en lignes est de tous points
la méthode la plus recommandable, car c'est la seule
qui permette de lutter facilement et économiquement
contre le développement exagéré des mauvaises herbes,
et spécialement de la moutarde sauvage. On peut, en
effet, biner à l'aide de la houe Woolnough les avoines
semées en lignes distantes de 18 centimètres, ou même
au besoin les faire sarcler à la main avec une petite houe
étroite, en lame de faux. Dans les semis à la volée, le
sarclage est impossible mécaniquement, et il devient
difficile, coûteux et imparfait à la main.

Lorsqu'on a fait les semis à la volée, on enterre la
semence à la charrue, au scarificateur ou à la herse suivant les circonstances.

On recourt de préférence aux *semis sous raies* dans les
sols secs, légers, meubles; lorsque la saison est sèche,
le semis tardif, et le sol exposé au hâle.

On emploie la herse au contraire sur les sols humides,
lourds et tenaces, sur les défrichements, et en saison pluvieuse. Dans tous les cas, le hersage doit être énergique.
Un seul trait de herse ne suffit généralement pas, on en
donne deux en les croisant si la configuration du champ
le permet. Si les sols sont légers, on a souvent recours
au scarificateur. Dans le cas des avoines faites sur défrichement il est bon de donner le hersage en travers des
raies du labour.

Il est bon, après l'enfouissement de la semence, dans
les terres légères qui ne sont pas exposées à s'encroûter
à la surface, de passer le rouleau. On aplanit ainsi le sol
en le tassant, et on lui permet de mieux conserver sa
fraîcheur à la surface, ce qui favorise la levée.

Soins d'entretien. — L'avoine a besoin, pendant le

cours de sa végétation des mêmes soins que les autres
céréales. Ils consistent généralement en un hersage suivi
au bout d'un certain temps par un roulage. Il convient
de plus, quand les circonstances l'exigent, de donner un
binage à la houe aux avoines en lignes, et à la main aux
avoines semées à la volée.

Après la levée, quand les plantes ont la longueur du
doigt d'après Schwerz, ou présentent 3 ou 4 feuilles d'a-
près Heuzé, il convient de herser les avoines au printemps. Cette opération, que l'on appelle, selon les con-

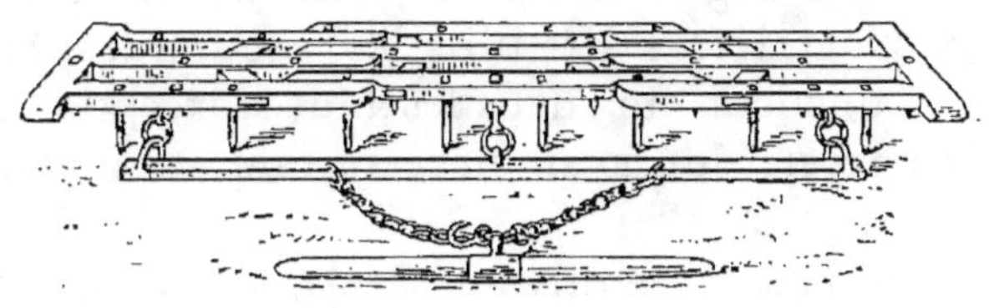

Fig. 193. — Herse Oscar Benoist pour regratter les avoines.

trées, *regratter, reherser* ou *réveiller* l'avoine, détruit
la croûte qui s'est formée à la surface du sol et favorise
beaucoup la végétation et le tallage de la plante. Elle
contrarie d'autre part le développement des mauvaises
herbes et spécialement de la moutarde des champs et
de la ravenelle (*Sinapis arvensis* et *Raphanus raphanis-*
trum). Dans ce dernier but surtout il convient de le
donner sans tarder dès que les plantes adventices lèvent.

Pour exécuter ce hersage, nous recommandons l'emploi d'une herse légère, à dents courtes, et d'assez grande
largeur, telle que celle représentée par la figure ci-
contre.

Le roulage un peu avant ou au commencement du
tallage favorise beaucoup celui-ci, en ralentissant la croissance en longueur de la tige principale. Il tasse d'un

autre côté la terre contre les nœuds inférieurs et facilite l'enracinement de la plante. De plus, le roulage égalise le sol, et renfonce les pierres superficielles dans la terre. Il sera dès lors plus facile à la récolte de faucher près du pied, et le rendement en paille sera accru d'autant.

Le binage à la houe remplace le hersage dans les avoines en lignes. Le prix de revient ne dépasse pas 5 à 6 francs par hectare.

Mais dans les pays à sols légers, moyens et calcaires, le hersage et le binage à la houe ne sont pas toujours suffisants pour arriver à détruire les moutardes, la ravenelle, le coquelicot, etc., dans les années exceptionnelles. Il faut compléter le travail en recourant au sarclage à la main.

« Au sarclage? — Oui, au sarclage. Quelque effroi qu'inspire l'idée du sarclage au cultivateur à qui l'expérience n'en a pas appris les avantages, quelque effrayé que j'en aie été moi-même avant d'en avoir essayé, dit Schwerz, je puis prédire aujourd'hui avec une entière certitude au cultivateur qui surmontera cet effroi que, dans quelques années seulement, aucuns frais de travail ne lui coûteront moins à payer que ceux du sarclage. Il y a quelque chose de si rassurant dans la certitude du résultat, quelque chose qui passionne si vivement dans a lutte contre un ennemi acharné, qu'étant sûr de l'un on ne peut pas s'arrêter dans l'autre; et, dans ce cas, la vengeance est douce et innocente. »

Nous avons eu l'occasion de voir cette recommandation de Schwerz mise en pratique avec un entier succès dans le département d'Eure-et-Loir chez quelques cultivateurs auxquels le courage ne fait point défaut. La jotte (*Sinapis arvensis*) est en Beauce, un ennemi acharné des céréales de printemps. En 1891 par exemple toute

la plaine en était couverte et l'on a dû faucher en vert et
faire consommer bien des blés de printemps et bien des
avoines de mars. Dans ces conditions difficiles, à Gas
et à Cloches, MM. Benoist, par un hersage fait au moment opportun, complété par un sarclage à la main, ont
pu défendre victorieusement toutes leurs récoltes. Ils n'en étaient pas, du reste, à leur
coup d'essai et avaient déjà commencé cette
utile opération sur une échelle restreinte depuis quelques années. Les dépenses ne sont
pas excessives, elles varient selon les circonstances de 20 à 40 francs de l'hectare,
en payant les ouvriers 2 fr. 50 par jour. Or
pour 1891, nous sommes au-dessous de la
vérité en estimant les résultats de l'opération
à 6 hectolitres pour les blés de mars et à
9 pour l'avoine d'excédent de rendement.
Mais là ne se borne pas le produit utile du
sarclage, son action favorable se fait sentir
d'année en année, et rend ainsi la lutte contre les mauvaises herbes de plus en plus
facile. Nous avons pu expérimentalement, à
Cloches, constater cette persistance des bons
effets de l'arrachage des jottes à la main, grâce
à des parcelles témoins laissées durant plusieurs années consécutives dans les champs

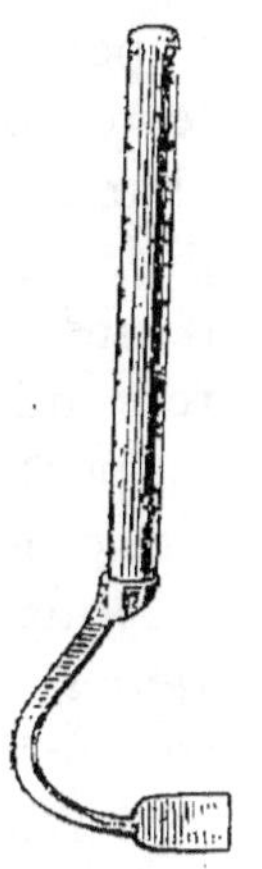

Fig. 194.
Houe
a une main
de M. Ovide
Benoist
(sarclage
des avoi-
nes).

sarclés. Dans le rayon des fermes dont nous parlons,
l'exemple a été depuis imité par les petits cultivateurs. Espérons que ce progrès s'étendra plus loin, et que l'autorité de Schwerz et la réalité des faits que nous venons
de rapporter, et que nous avons eu la bonne chance de
pouvoir mettre sous les yeux de notre vénéré maître,
M. E. Risler, directeur de l'Institut national agronomique, engagera dans l'avenir maints cultivateurs, retenus

jusque-là par la crainte de l'insuccès, à entrer décidé-
ment dans la seule voie de salut qui se présente à nous.

Car les autres procédés recommandés sont peu efficaces ou même peuvent être nuisibles. Le fauchage des
têtes de moutarde et de ravenelle au-dessus de l'avoine,
qui a été recommandé doit être délaissé. Certes après
l'opération, le champ a perdu sa couleur jaune d'or, et
le vert seul domine; mais l'agriculteur qui croirait son
champ sauvé compterait sans son hôte. La jotte étêtée
produit en effet des pousses latérales, plus faibles sans
doute, mais beaucoup plus nombreuses; la floraison
reprend bientôt, et à la maturité, la quantité de graines
est peut-être plus considérable encore. Le champ, loin
d'être nettoyé est infesté pour une longue période.

Nous en dirons autant des procédés d'*éjottage* ou *es-
sanvage* mécaniques. Une des essanveuses que nous
connaissons se contente comme la faux d'étêter les moutardes au-dessus de l'avoine, et ne saurait donner de
meilleurs résultats. Celle de Faul a été construite dans
le but d'arracher les mauvaises plantes. Les peignes ro-
tatifs qui la constituent essentiellement saisissent la jotte,
et tirent dessus pour l'arracher, sans nuire à l'avoine dont
les feuilles linéaires glissent entre les dents. Si le sol
est meuble, l'arrachage se produit assez bien, mais dans
les autre cas, qui sont nombreux, la tige casse, et la
moutarde multiplie ses rejets.

Enfin avant la montée des tiges il est convenable d'é-
chardonner les avoines.

Accidents et maladies. — L'avoine, comme le
blé, est sujette à l'échaudage, aussi dans les climats à
étés secs et à sols perméables, comme en Beauce, faut-
il éviter de semer des variétés tardives.

Plus que le blé, l'avoine est exposée au *charbon* (*Us-
tilago-Carbo*) dont nous avons déjà parlé. Elle est égale-

ment attaquée par la *rouille des graminées* et par la *rouille linéaire*. Elle est en outre exposée à la *rouille*

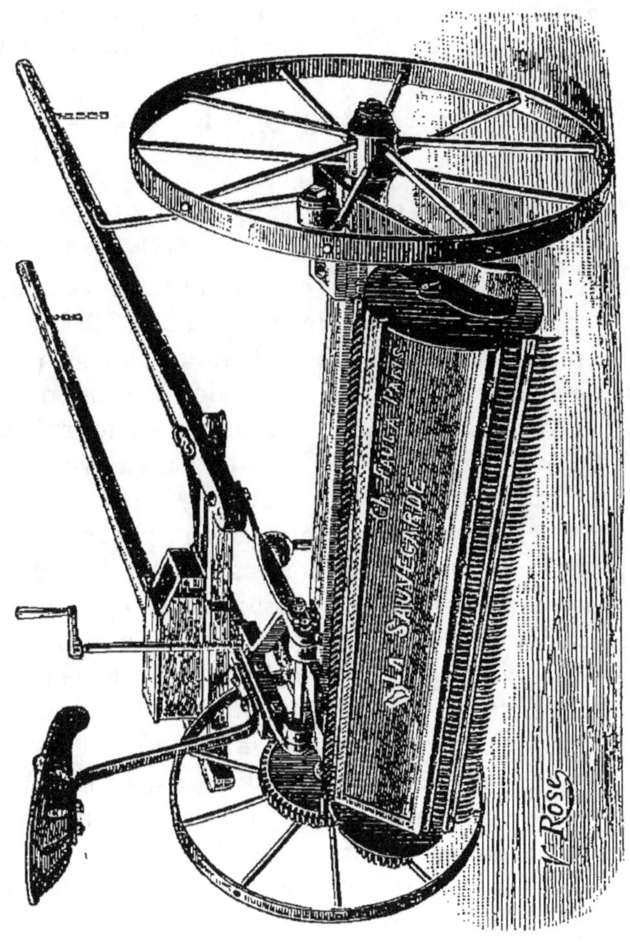

Fig. 195. — Essanveuse Faul.

couronnée qui se développe sur les deux faces de ses feuilles. Cette rouille produit ses spores rouges d'uredo et ses spores noires de puccinie sur l'avoine, et quelquefois sur l'orge. Son æcidium se développe au printemps sur la Bourdaine (*Frangula vulgaris*) et le Nerprun (*Rhamnus catharticus*). Cette rouille est caractérisée par les protubérances, disposées le plus souvent en couronne, que présentent ses spores noires, dans leur partie supérieure.

La *rouille couronnée* n'attaque pas le blé ni le seigle.

§ III. — ORGE.

Nous avons vu que l'orge est de toutes les céréales celle qui se cultive le plus loin vers le nord. C'est aussi celle qui résiste le mieux aux chaleurs et aux sécheresses des contrées tropicales. Si elle ne donne pas, comme le blé et le seigle, une farine susceptible de fournir un pain de bonne qualité, on peut toutefois, en ayant soin de n'en extraire à la mouture que 5o % de farine, mélanger celle-ci avec celle de blé dans la proportion de 1/4 à 1/3. D'un autre côté, dans les pays du Nord elle sert de base à la fabrication de la bière qui, après le vin, est avec le cidre la boisson la plus hygiénique. Les résidus de cette fabrication, les drèches, constituent une importante ressource pour l'alimentation des animaux. On fabrique également avec l'orge de l'alcool de première qualité. Dans les pays méridionaux, comme l'Espagne, l'Italie, la Turquie et la Grèce, de même qu'en Asie, en Afrique et dans les parties chaudes des Amériques, l'orge sert de principale nourriture pour les chevaux. Elle remplace dans ces régions l'avoine qui constitue chez nous la base du régime de ces animaux.

Espèces et variétés. — Toutes les orges cultivées appartiennent au genre *Hordeum*, de la famille des graminées. Leur épi est caractéristique : il se compose d'un

axe articulé présentant dans sa longueur des dents al-
ternes, sur lesquelles se trouvent implantés trois épillets
ne comptant chacun qu'une fleur.

La fleur a trois étamines et un ovaire sessile à stigmate
plumeux double, enveloppé dans deux glumelles iné-

Fig. 196. — ÉPILLETS D'ORGE.

gales qui lui servent de corolle. La glumelle extérieure
se prolonge en une longue barbe, garnie sur le côté de
fines pointes rigides. Le calice est formé de deux glumes
linéaires, et situées du côté extérieur de l'épillet.

Dans la plupart des espèces, les glumelles sont adhérentes au grain, qui est dit vêtu. D'autres, au contraire,
ont le grain nu. Certaines espèces ont tous leurs épil-

lets uniflores fertilles, elles constituent le groupe des orges à six rangs; chez d'autres, l'épillet central est fertile tandis que les deux latéraux avortent : il en résulte la classe des orges à deux rangs. Examinons successivement ces groupes.

1° ORGES A SIX RANGS.

Le groupe des orges à six rangs renferme quatre espèces caractérisées :

A. — *L'orge commune* (*H. vulgare*) à grains vêtus. On l'appelle aussi *orge carrée* parce que des six rangs de grains qu'elle présente il y en a deux qui se confondent avec les autres, de telle sorte que l'épi ne montre que quatre arêtes. Elle nous a donné deux variétés :

a) *L'Escourgeon d'hiver*, qui est une des plus répandues et des plus productives. Nous recommandons surtout *l'Escourgeon de Beauce*, la plus hâtive de toutes les cérérales d'hiver, puisqu'elle mûrit avant le seigle et l'avoine d'hiver. Lorsqu'on le cultive avec soin on en obtient un rendement considérable d'un grain estimé de la brasserie. L'épi, à six rangs irréguliers, est assez long et serré. Les barbes sont longues et droites; le grain, oblong et renflé, présente un sillon irrégulier et non symétrique.

L'escourgeon cultivé dans le Nord présente les mêmes caractères pour le grain et l'épi, mais il mûrit 12 à 15 jours plus tard et a une paille sensiblement plus longue.

b) *L'Escourgeon de printemps*, qui ressemble beaucoup à l'orge carrée d'hiver, avec un épi un peu moins gros et moins plein.

L'orge carrée très précoce de *Laponie* en est une sous-variété qui mûrit quinze jours plus tôt. Quoique peu productive, elle est non seulement précieuse pour les pays très septentrionaux, mais elle peut rendre

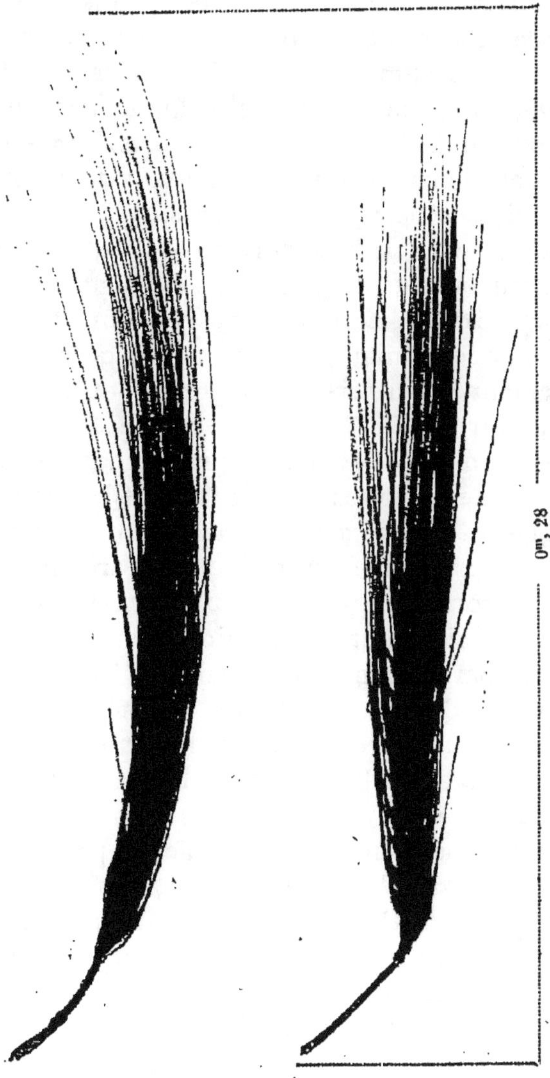

Fig. 197. — Orge carrée d'hiver.

des services chez nous pour les semis très tardifs.

L'orge d'Algérie constitue une sous-variété qui réussit bien dans les climats du nord de l'Afrique. Dans les riches alluvions de l'Algérie elle donne même une paille très élevée, mais les épis restent courts. Transportée en Beauce, elle nous a donné 21 quintaux de grain, et s'est trouvée classée parmi les dernières.

c) Signalons à titre de curiosité, l'*orge carrée noire,* dont la sous-variété de printemps est rustique, et dont la sous-variété d'hiver est trop tardive pour être semée en mars sous le climat parisien, tandis qu'elle supporte difficilement ses hivers : son grain est d'un gris foncé presque noir.

B. — *L'orge hexagonale* (*H. hexastichum*) a six rangs comme les orges carrées, mais elle s'en distingue en ce que les six rangées de grains sont également saillantes, de sorte que l'épi a six angles distincts séparés par de profonds sillons. La coupe transversale de l'épi est hexagonale. L'épi pyramidal est court, gros et raide. Les barbes sont divergentes. — Cette orge donne une variété d'automne et une variété de printemps. Elle n'est cultivée qu'exceptionnellement comme céréale d'hiver dans l'Ouest et le Midi, et comme céréale de printemps en Suisse. Son grain vêtu, à grosse écorce, est rarement assez gros pour être acheté par la brasserie.

C. — *L'orge céleste* (*H. cœleste*, Lin.), ou *orge nue* à six rangs, se distingue facilement des précédentes par son grain auquel les glumelles ne sont pas adhérentes. C'est une plante vigoureuse, qui talle beaucoup. Elle produit relativement beaucoup de paille, et donne parfois un bon rendement en grain. Elle est mi-tardive, et il ne faut la semer qu'au printemps dans des terres fertiles. Son grain, un peu aplati, est petit et de couleur blonde. Cette espèce est peu répandue.

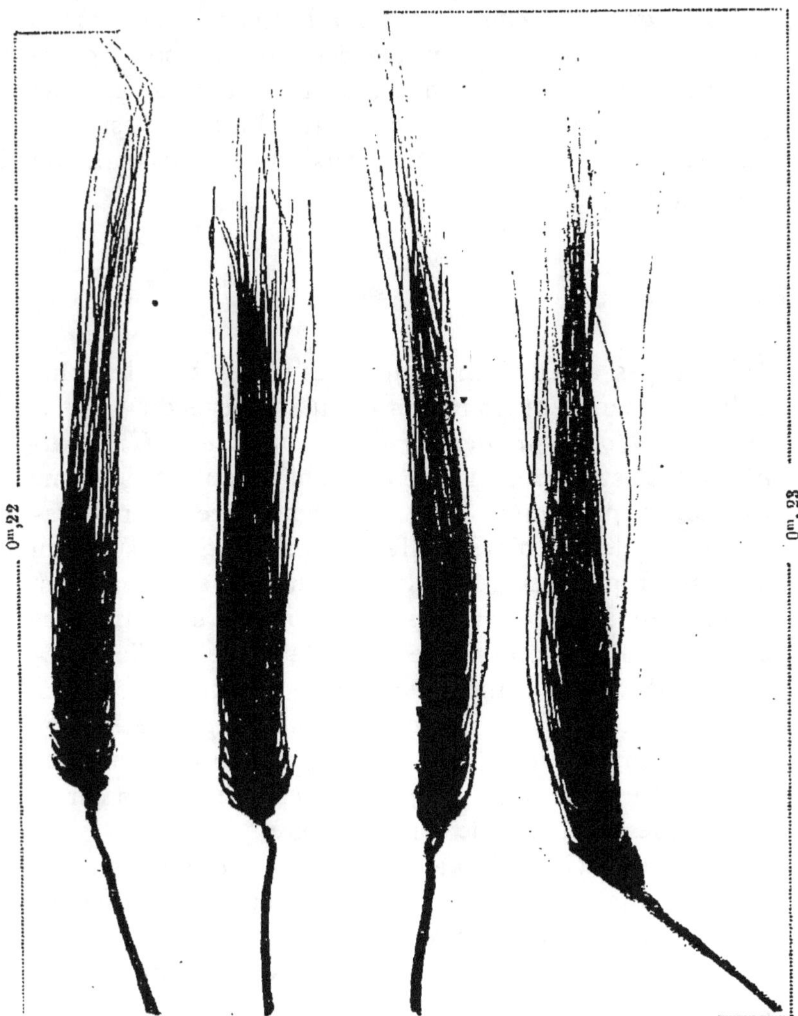

Fig. 198. — Orge hexagonale de printemps.

Fig. 199. Orge céleste.

D. — L'orge trifurquée (H. trifurcatum), appelée aussi *orge du Népaul*, est fort curieuse. Les barbes n'existent pas et sont remplacées par une sorte d'appendice à trois pointes obtuses. Le grain est nu, de grosseur moyenne et de couleur blonde. C'est une variété de printemps hâtive, sans intérêt au point de vue agricole.

2° ORGES A DEUX RANGS.

Les orges à deux rangs ou orges plates sont les plus cultivées. On peut les ranger en quatre espèces.

A. — L'orge à deux rangs commune. (H. distichum). C'est la plus répandue dans la culture comme espèce de printemps, et la plus employée pour la fabrication de la bière. Elle est productive; son épi allongé et plat est généralement arqué; son grain est gros, bien arrondi, et plus régulier que celui de l'escourgeon. Elle donne assez peu de paille, et l'épi s'éloigne peu de la gaine de la feuille supérieure où parfois il reste engagé. *L'orge de Champagne* et *l'orge de Saumur* ne sont que des désignations locales de l'orge plate commune. Elles n'ont en effet aucun caractère qui les distingue de cette dernière.

a). L'orge Chevalier au contraire est une belle sousvariété de la précédente. Elle s'en distingue nettement par sa paille plus longue, son épi plus lâche, sa maturité plus tardive de huit jours, et la longueur du mérithalle supérieur. C'est l'orge la plus estimée pour la brasserie. En Beauce, où l'échaudage est à craindre, elle ne garde pas, pour ce motif, sa supériorité généralement reconnue sur l'orge ordinaire de Saumur.

Nous rapportons dans le tableau suivant quelques

FIG. 200.
ORGE TRIFURQUÉE.

FIG. 201. — ORGE A DEUX RANGS
DE SAUMUR.

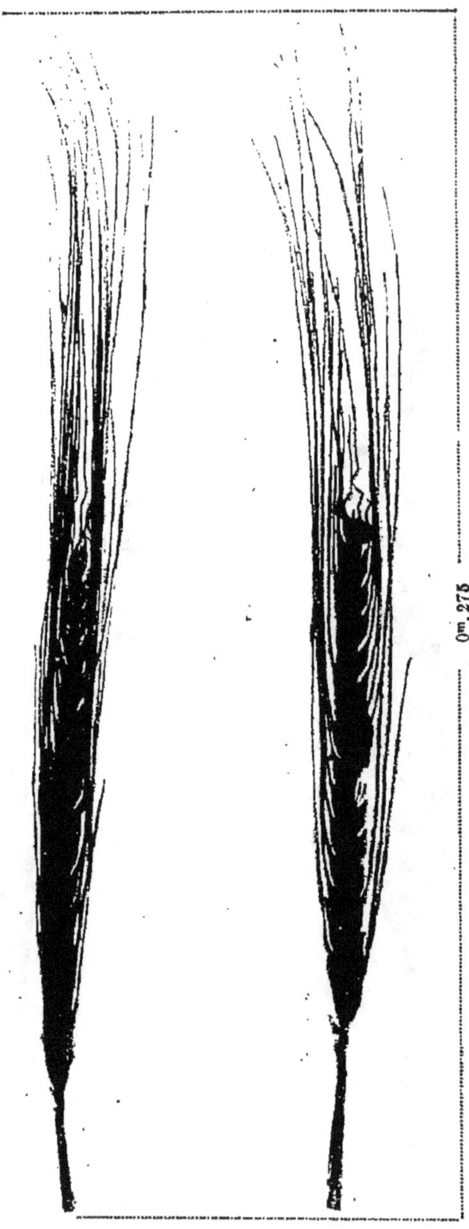

FIG. 202. — ORGE CHEVALIER.

résultats obtenus sous notre direction dans des cultures comparatives faites en Eure-et-Loir :

		Orge Chevalier.		Orge de Saumur.	
		Grain.	Paille.	Grain.	Paille.
		qx.	qx.	qx.	qx.
Cloches.	Sans engrais	31,00	40,50	32,00	43,00
	Avec engrais complet. . . .	34,00	57,00	40,00	51,00
Honville. — Sans engrais.	Chevalier. . . .	19,00	38,50	13,50	24,00
	Chev. (Hallett).	24.00	33,50	»	»
Honville. — Avec engrais.	Chevalier. . . .	26,10	41,40	27,80	31,00
	Chev. (Hallett).	26,00	38,80	.	»
La Saussaie. . . .	Sans engrais. .	15,84	23,92	14,24	18,08
	Avec engrais. .	26,16	33,44	25,60	31,68
Moyennes.		25,25	34,62	25,50	33,25

Suivant les pays, l'orge Chevalier a reçu des dénominations très variées, sans changer pour cela de caractères. L'orge de la Saale cultivée dans le rayon de Magdebourg n'en diffère pas, et beaucoup d'autres sont dans le même cas.

b). *L'orge d'Italie* est presque aussi haute de paille que l'orge Chevalier, mais elle a l'épi plus ramassé, plus régulier, plus large et plus droit. C'est une variété rustique, vigoureuse et moyennement hâtive. — L'orge dite *Impériale* se rapproche beaucoup de l'orge d'Italie. Sa paille est plus ferme. Son grain très blanc la fait rechercher par les brasseurs.

B. — *L'Orge éventail* (*H. ʒeocriton*) est une espèce à deux rangs et à grains vêtus comme la précédente. On la désigne aussi sous les noms d'*orge riʒ* ou d'*orge pyramidale*. L'épi aplati, à barbes étalées en éventail, plus large à la base qu'au sommet, par suite du mode d'implantation des grains sur le rachis, est

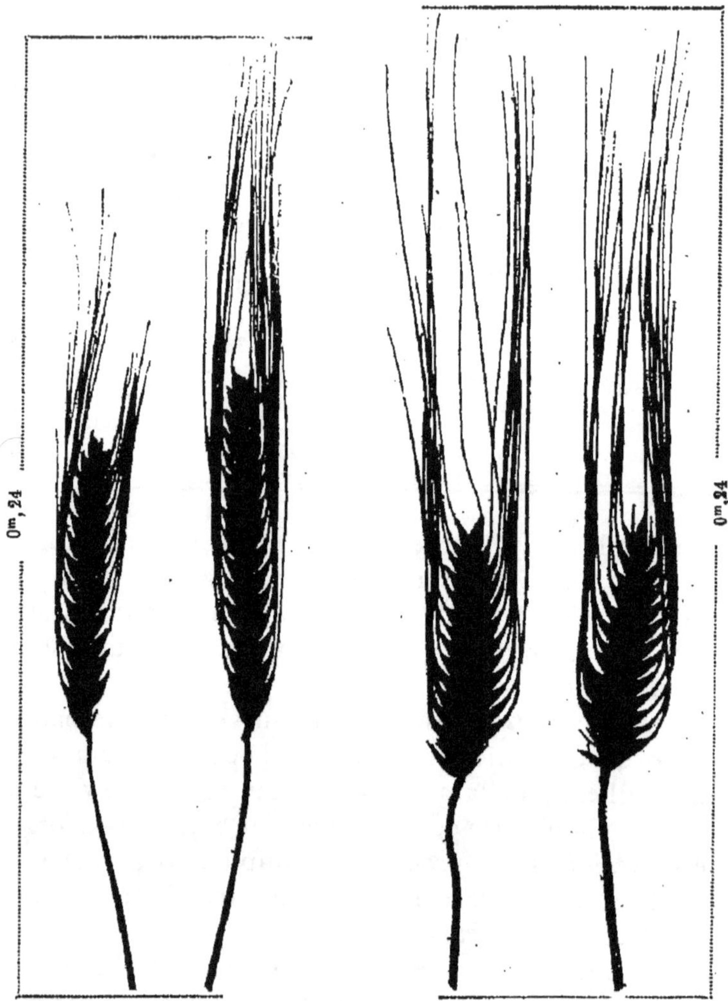

FIG. 203. — ORGE D'ITALIE.   FIG. 204. — ORGE ÉVENTAIL.

très caractéristique. C'est une orge de printemps, qui s'accommode des sols médiocres et des climats rigoureux.

Sa paille droite, rigide et courte, lui permet de résister mieux qu'aucune autre à la verse. Elle ne craint ni le vent ni l'humidité sur les montagnes ou au bord de la mer. Son grain petit et renflé est de très bonne qualité. On la cultive surtout en Bretagne.

C. — *L'Orge noire à deux rangs*, est une espèce de fantaisie.

D. — Enfin l'*Orge nue grosse*, à deux rangs, donne un assez beau grain, qui toutefois brunit assez facilement sous l'influence de l'humidité. Sa paille est très molle, et verse assez facilement. Précoce, elle convient pour les semis tardifs.

Constitution et composition de l'orge. — La proportion des diverses parties qui constituent la plante d'orge varie beaucoup suivant les circonstances de climat, de culture et de variété.

Huxton a fait les déterminations suivantes en Angleterre :

	Orge à deux rangs.	Escourgeon.	Orge hexagone.
Grain	45,4	59,9	51,0
Tiges et feuilles sèches..	38,1	38,0	32,0
Axes des épis et barbes .	6,6	5,7	5,0
Collets et racines.	9,9	5,4	12,0
Total.	100,0	100,0	100,0
Grain % de paille battue.	119,0	157,0	159,0

Boussingault, en Alsace a constaté qu'à 100 de paille correspondaient 53,3 de grain pour l'escourgeon.

D'après Schwerz, l'orge commune à six rangs ou escourgeon, produirait en moyenne 51,7 de grain pour 100 de paille.

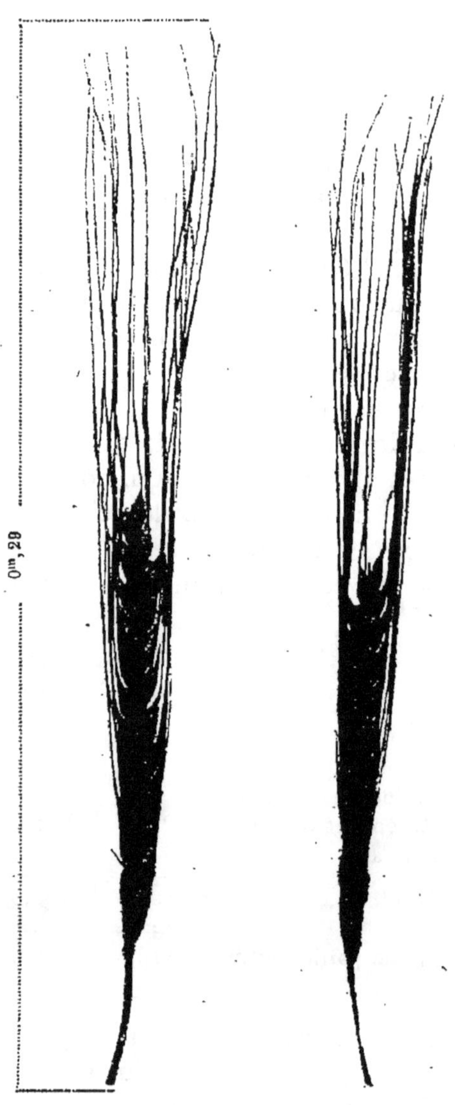

FIG. 205. — ORGE NUE GROSSE.

Selon les expériences de MM. Lawes et Gilbert, continuées pendant vingt ans sur l'orge Chevalier, le rapport du grain à 100 de paille a été de 79,5 à 96,4 et en moyenne de 86,6.

En Eure-et-Loir nous avons obtenu en moyenne avec l'orge commune à deux rangs de Saumur 76,6 de grain pour 100 de paille, et avec l'orge Chevalier 72,9. L'escourgeon nous a donné en 1893, 82,9 de grain % de paille.

Examinons maintenant la composition chimique immédiate de chacune des parties de l'orge.

La *paille* d'orge est plus courte que celle du blé, ou surtout du seigle. Elle est molle et de couleur jaune. On trouve, d'après Boussingault, dans la paille d'escourgeon d'hiver :

Eau	14,2
Matières azotées.	1,9
— grasses.	1,7
Amidon, sucres, etc.	43,8
Cellulose	34,4
Cendres.	4,0
Total	100,0

D'après les tables de Julius Kühn, les matières azotées varient dans cette paille de 1,9 à 5,4 et on les y rencontre dans la proportion moyenne de 3 %. Il semblerait d'après cela que les orges de printemps aient une paille plus riche que les orges d'hiver. Cette paille mérite d'être employée comme aliment, surtout pour les vaches laitières.

Les *balles* ou *barbes* d'orge présentent d'après les tables de Gohren la composition suivante :

Eau.	14,3o
Matière protéïque	3,oo
Graisse	1,5o
Extractifs non azotés.	37,20
Cellulose	3o,oo
Cendres.	13,95

Leur état physique empêche leur emploi comme aliment du bétail, dans leur état naturel. Mais grâce à la pratique de l'ensilage, en les mélangeant avec les fourrages verts, on obtient leur ramollissement et on peut dès lors très bien les utiliser.

Comme le grain de l'avoine, celui de l'orge est en général recouvert des glumelles. Celles-ci, riches en cellulose, constituent la partie la moins importante au point de vue industriel ou alimentaire. Plus une orge a l'écorce fine, toutes autres conditions étant égales d'ailleurs, plus elle doit être estimée. Nous n'avons sur ce point que fort peu de renseignements. D'après MM. A. Müntz et A.-Ch. Girard, une orge indigène du département de Seine-et-Oise a donné 12,4 % de glumelles, tandis qu'une orge d'Afrique, provenant d'Algérie en contenait 16, 2. On voit que la proportion d'écorces est moins élevée que dans l'avoine où elle tombe rarement au-dessous de 25 %.

Les expériences de moutures ont donné à Boussingault, en opérant sur l'escourgeon d'hiver, en Alsace :

23,95 de son.
et 76,o de farine.

L'orge entière présente la composition suivante d'après les tables de J. Kühn :

Eau.	14,3
Matières protéiques.	10,0
Graisse	2,3
Matières non azotées	64,1
Ligneux.	7,1
Cendres	2,2
Total	100,0

La nature de la variété influe très sensiblement sur la composition du grain, ainsi que le montrent les analyses suivantes que nous avons rapprochées dans ce but :

	de Saumur. (Beauce.) 1.	Escourgeon. (Alsace.) 2.	Orge d'Algérie. 3.	Orge nue.
Eau.	11,46	13,0	13,50	13,0
Matières azotées	9,06	13,4	8,98	12,3
Graisse.	2,14	2,8	1,76	
Amidon.	60,40	63,7	49,92	68,4
Matières non azotées diverses.	10,35		18,54	
Cellulose.	4,76	2,6	4,85	3,9
Cendres	1,83	4,5	2,45	2,
Acide phosphorique.	1,04	»	»	»
Potasse.	0,69	»	»	»
Chaux	0,17	»	»	»

Il en est évidemment de même des conditions de climat et de culture.

Rendements. Poids de l'hectolitre. — Les rendements de l'escourgeon ou orge carrée d'hiver s'élèvent parfois dans l'Artois et la Flandre jusqu'à 70 hec-

(1) 1, Garola. — 2. Boussingault. — 3. Müntz et Girard.

tolitres à l'hectare. On obtient facilement en bonne culture de 35 à 40 hectolitres.

L'orge de printemps est toujours moins productive. Dans les bonnes cultures elle donne en moyenne de 25 à 30 hectolitres, et peut donner jusqu'à 54 hectolitres.

Le poids moyen des orges vendues en France est :

		Kil.
Pour l'escourgeon. . . . . de	58 à 62
— l'orge plate . . . . —	65 à 68
— l'orge nue . . . . —	70 à 75

Nous avons déterminé sur douze variétés d'orges de semences le poids du litre, le poids du grain, le nombre de grains par litre et par kilogramme :

ORGES.	Poids du litre.	Poids des 1000 grains.	MILLIERS DE	
			Grains par litre.	Grains par kil.
	gr.	gr.		
Orge nue grosse, à 2 rangs. . . .	760	56,9	13,4	17,6
— Céleste.	757	27,6	27,4	36,2
— nue de Guymalaya..	737	43,8	16,8	22,8
— escourgeon d'hiver	650	41,0	15,8	24,3
— — de printemps. .	620	33,6	18,4	29,7
— — noir.	576	43,5	13,2	23,0
— hexagonale	650	40,9	15,9	24,4
— Chevalier	683	46,3	14,7	21,6
— — Hallett's pedigree.	710	49,3	14,4	20,3
— d'Italie..	600	40,2	14,9	24,8
— éventail.	666	47,1	14,1	21,2
— noire à deux rangs	610	49,6	12,3	20,1

Engrais. — Pour compléter et corroborer ce que nous avons dit des besoins d'engrais de l'orge dans un chapi-

tre spécial, nous allons rapporter ici quelques résultats
d'expériences.

A Rothamsted MM. Lawes et Gilbert ont étudié la
culture de l'orge par les engrais parallèlement avec la
culture du blé. Nous résumons ci-dessous les conclusions
à tirer de leurs essais :

1° La parcelle sans engrais a donné une moyenne de
1,276 kilog. de grain, pesant 64 kilog. 85 l'hectolitre et
1475 kilog. de paille.

2° Avec une fumure annuelle continue de 35,000
kilog. de fumier de ferme, le rendement moyen obtenu
a été de 31 qx 04, avec un poids de l'hectolitre de 67
kilog. 80; le poids de la paille a été de 3,546 kilogrammes.

Ainsi, dans un sol qui était capable de donner 12 qx
76, soit 18 hectolitres, d'une manière continue et sans
aucun engrais, on a pu, par l'emploi du fumier seul
distribué tous les ans à la dose de 35 tonnes, élever le
rendement moyen de 30 années à 31 quintaux, soit 43
hectolitres.

3° Avec l'engrais minéral mixte composé de :

224 kil. de sulfate de potasse,
112 —   —   de magnésie,
112 —   —   de soude,
439 —   de superphosphates,

auquel on avait ajouté :

224 kil. de sels ammoniacaux,

pour en faire un engrais complet, on a obtenu presque
le même rendement, soit 29 qx 1/2 de grain ou 41 hectol.
1/2 du poids de 67 kilog. 35 et 36 qx de paille.

4° Avec l'engrais minéral seul, c'est-à-dire l'engrais « 3° »

dont on a supprimé les sels ammoniacaux, le rendement n'est que peu amélioré. Il a passé de 12 qx 76 sans engrais, à 17 qx 39 avec engrais minéral. En outre, le rendement a des tendances à la baisse par suite de l'épuisement d'azote.

5° Les engrais azotés seuls, employés d'une manière continue, ont donné de bien meilleurs résultats que l'engrais minéral seul, car l'épuisement de l'azote est toujours plus rapide et plus complet que celui des autres aliments. A la dose de 224 kilogr. de sels ammoniacaux (46 kilog. d'azote), les engrais purement azotés ont donné un rendement moyen de 20 qx 1/2 de grain ou 39 hectol. 2 du poids de 65 kilog. l'un, avec 23 quintaux de paille.

6° Le mélange des sels ammoniacaux et des superphosphates fournit d'aussi bons résultats que le fumier.

7° Le nitrate de soude est plus efficace encore que le sulfate d'ammoniaque, surtout par les années de sécheresse.

8° Les tourteaux de graines oléagineuses (1120 kil.), avec engrais minéral, donnent aussi de très forts rendements (42 hectol. 1/2).

Autrement dit et comme pour les autres céréales, la matière carbonée des engrais n'a pas d'action immédiate sur le rendement de l'orge; — les engrais minéraux seuls ne permettent pas à la plante de puiser l'azote qui lui manque dans l'air ou dans le sol; — en présence des sels azotés, les éléments minéraux du sol sont insuffisants pour donner à l'azote toute son efficacité, puisque dans l'engrais complet l'efficacité de l'azote est considérablement accrue.

Voyons maintenant quelle est l'efficacité de l'azote dans un sol suffisamment pourvu d'aliments minéraux. Avec l'engrais complet, nous avons un excédent de 16

qx 66 de grain sur la parcelle sans engrais, et de 12 qx 1
sur la parcelle à engrais minéral seul. Les 46 kilog.
d'azote contenus dans les 224 kilog. de sels ammoniacaux
ont produit cet excédent de 12 qx 1, soit 26 kilog. 3
par kilog. d'azote. Il a donc fallu, pour la production
d'un hectolitre d'orge et de la paille correspondante,
2 kilog. 4 d'azote.

Au point de vue pratique d'après les expérimentateurs,
on fournira l'azote nécessaire avec 282 kilog. de nitrate
de soude seul, ou 220 kilog. de sulfate d'ammoniaque
seul, soit encore par le mélange des deux parties égales
de manière à parfaire 45 kilog. d'azote. On doit évidemment donner la préférence à l'engrais qui donne l'azote
au meilleur marché entre les deux que nous venons d'indiquer. A cela on ajoutera 400 kilog. de superphosphates.

« S'il ne fallait pas avoir quelque peu d'indulgence
pour soi-même aussi bien que pour autrui, je ne me
pardonnerais jamais (1) » de rapporter après celles des
maîtres de l'agronomie anglaise les quelques expériences
méthodiques qu'il m'a été donné de faire en Eure-et-Loir.
A Cloches, nos cultures ont eu lieu sur un sol de limon
des plateaux assez riche en azote, pauvre en acide phosphorique, et dosant une quantité de potasse très près de
la limite, mais en dessous. Le tableau suivant condense
les résultats obtenus.

(1) Schwerz.

CULTURE DE L'ORGE EN 1886 A CLOCHES.

DÉSIGNATION DES FUMURES.	Rendement par hectare.				Excédents de récolte sur les parcelles sans engrais.					
	Grain.		Paille.		Grain.			Paille.		
	Orge Chevalier.	Orge de Saumur.	Orge Chevalier.	Orge de Saumur.	Orge Chevalier.	Orge de Saumur.	Moyenne.	Orge Chevalier.	Orge de Saumur.	Moyenne.
	Qx.	Qx	Qx.	Qx.	Qx.	Qx.	Qx.	Qx.	Qx.	Qx.
1 Demi-fumure (180 fr.)	33,5	34,0	50,5	46,0	2,5	2,0	2 1/4	10,0	3,0	6 1/2
2 Forte fumure (240 fr.)	33,0	36,5	50,0	47,0	2,0	4,5	3 1/4	9,5	4,0	6 3/4
3 90 kil. d'acide phosph. insoluble, 30 kil. d'azote nitrique, 60 kil. potasse.	33,5	39,6	53,5	53,0	2.5	7,0	4 3/4	13,0	10,0	11 1/2
4 90 kil. d'acide phosph. soluble, 30 kil. d'azote nitrique, 60 kil. potasse..	34,0	40,0	57,0	51,0	3,0	8,0	5 1/2	16,5	8,0	12 1/4
5 Pas d'engrais	31,0	32,0	40,5	43,0	»	»	»	»	»	»
6 Comme 4 sans la potasse.	33,5	39,5	56,0	52,5	2,5	7,5	5 0	11,5	9,5	10 1/2
7 Comme 4.	34,5	39,0	58,5	52,0	3,5	7,0	5 1/4	18,0	9,0	18 1/2
8 Comme 4 sans acide phosphorique.	32,0	37,5	53,0	53,0	1,0	5,5	3 1/4	12,5	10,0	11 1/4
9 Comme 4 sans azote	28,0	31,5	50,0	47,0	3,0	3,5	0 1/4	9,5	4.0	6 3/4

Les parcelles qui ont reçu comme unique fumure du fumier de ferme enfoui au printemps n'ont donné qu'une faible augmentation de récolte. L'excédent moyen pour le grain est de 2 qx 1/4 et 3 qx 1/4. Le fumier n'a donc pas été inutile à la plante, mais on ne saurait guère conseiller de l'employer dans ces conditions. La végétation est de trop courte durée pour qu'il puisse avoir le temps de se décomposer et de se transformer en principes assimilables.

En comparant les excédents obtenus dans les parcelles à engrais complet, avec ceux que nous ont donnés les parcelles à engrais phospho-potassé, l'influence de l'azote sur le rendement ressort d'une manière très nette.

| | EXCÉDENTS DE RENDEMENTS. | |
PARCELLES.	Grain.	Paille.
	Quintaux.	Quintaux.
4 et 7 Engrais complet	5,40	12,9
9 Sans azote.	0,25	6,75
Excédents dus à l'azote.	5,15	6,15

Ces différences importantes dénotent une efficacité très réelle. La potasse et l'acide phosphorique employés sans azote n'ont en réalité produit qu'un résultat presque nul.

L'acide phosphorique combiné avec les autres éléments fertilisants a eu aussi un effet utile bien net. En comparant les parcelles 8 qui ont reçu un engrais azoto-potassique, avec les parcelles 4 et 7 qui ont reçu un engrais complet, on constate un excédent de 170 kilog. de grain et de 220 kilog. de paille en faveur de la fumure phosphatée. — On reconnaît encore cette action favorable en comparant les parcelles 6 qui ont reçu seulement du superphosphate et du nitrate de soude aux lots 8 qui ont reçu du nitrate et de la potasse. Le rendement avec l'acide phosphorique dépasse de 2 quintaux celui du carré à l'abstinence de cet élément.

Dans le sol qui nous occupe, l'utilité de la potasse est problématique. Si l'on compare les parcelles sans potasse avec les parcelles à engrais complet, on ne constate que 40 kilog. d'excédent de grain et 270 kilog. de paille.

A Luce, en 1886, dans une argile à silex fertile (1), l'orge Chevalier nous a donné les résultats suivants : (Voir le tableau page 637).

Dans ce sol riche en azote organique, l'emploi du nitrate de soude seul a augmenté notablement la récolte de grain et de paille. On a obtenu avec 300 kilog de nitrate à l'hectare un accroissement de 27 % de grain et de 49 % de paille. On remarquera que l'emploi exclusif des engrais azotés a une influence très sensiblement plus plus forte sur la production de la paille que sur celle du grain.

L'engrais minéral seul au contraire n'a augmenté la récolte que d'une manière insignifiante, soit : 10 % pour le grain et 6 % pour la paille. Toutes proportions gardées, nous remarquons ici un effet inverse de celui du nitrate employé seul. L'engrais minéral accroît proportionnellement plus le grain que la paille.

La combinaison de l'azote à l'acide phosphorique a un effet favorable comme le démontrent les produits des parcelles 4 et 5. La proportion de paille semble rester la

		Gr.
(1)	Azote par kil. de terre	1,74
	Potasse	0,76
	Acide phosphorique	1,45
	Carbonate de magnésie	2,98
	— de chaux	3,95
	Matières organiques	43,53

PARCELLES	COMPOSITION DES FUMURES.	GRAIN en quintaux.	PAILLE et balle.	GRAIN % de paille et balle.	EXCÉDENTS	
					de paille et balle.	de grain.
		Quintaux.	Quintaux.			
1.	Pas d'engrais	22 5	37,1	60,6	» »	» »
2.	Nitrate de soude 3oo k. ; Azote 46 k. 5.	28 5	55,3	51,5	18,2	6 »
3.	Acide phosphorique soluble 7o k.; Potasse 111 k. . .	24 3/4	39,4	62,8	2,3	2,25
4.	Azote 46 k. 5; Acide phosphorique soluble 7o k. . .	3o 3/4	53 »	58 »	15,9	8,25
5.	Azote 46 k. 5; Acide phosphorique insoluble 81 kil.	32 1/4	56,8	56,7	19,7	0,75
6.	Azote 46 k. 5; Potasse 111 k. . . . . Acide phosphorique soluble 7o k.	28 1/2	51,5	55,3	14,4	6 «
7.	Azote 46 k. 5; Potasse 111 k. . . . . Acide phosphorique insoluble 81 k.	28 1/2	52,2	54,6	15,1	6 »
8.	Fumier 20,000 kilogr.	22 1/2	34 »	66,2	en moins 3,1	» »

même qu'avec l'engrais azoté seul, mais celle du grain s'élève très notablement. L'accroissement proportionnel est pour le grain de 40 et pour la paille de 48 pour cent.

L'addition de la potasse à l'azote et au phosphate n'a eu aucun effet utile.

Le fumier enfoui quelques jours avant le semis a été aussi inefficace.

En résumé nos essais de Cloches sont confirmés par ceux de Lucé, et nos conclusions corroborent celles de Rothamsted. Nous devons faire remarquer toutefois que nous avons été amené à conclure qu'il n'est pas recommandable de consacrer à l'orge une fumure directe de fumier de ferme, tandis que MM. Lawes et Gilbert ont obtenu de très hauts rendements avec le fumier. Il n'est pas douteux pour nous que nous n'en eussions obtenu d'aussi bons en suivant la même pratique. Dans les expériences anglaises, ce sont vraisemblablement les résidus des fumures antérieures qui réagissent sur le rendement, tandis que dans les nôtres qui se rapprochent de ce qu'on peut faire le plus souvent, le fumier n'a pas eu le temps d'agir.

Enfin nous pouvons déduire de nos essais l'influence qu'exerce la fumure sur la proportion du grain à la paille.

Tandis que sans engrais nous avons 60,6 de grain % de paille, avec le nitrate seul nous n'avons plus que 51, 5 et si nous ajoutons du superphosphate nous remontons à 58 %.

A Pannes et à la Saulsaie, comme dans d'autres exploitations, nous avons reconnu par des essais répétés qu'une fumure de 400 kilog. de superphosphate ou de scories avec 200 kilog. de nitrate de soude était la plus rémunératrice.

Assolement et préparation du sol. — L'orge est une plante à croissance rapide qui exige par conséquent

une terre riche en engrais. D'autre part aucune autre céréale n'a autant qu'elle besoin d'une terre bien ameublie et
bien travaillée. Il découle de là que la meilleure place
qu'on puisse lui donner dans l'assolement, c'est de la
semer après jachère complète quand il s'agit d'escourgeon d'hiver, et après racines fourragères comme betteraves, carrottes, pommes de terre ou navets en récolte
principale quand on considère l'orge de printemps.
Mais il ne convient pas de faire succéder l'orge à des
navets en culture dérobée. « Celui qui a passé en automne avec de la graine de navets le long d'un champ,
reconnaît les traces de son passage à ses orges », dit le
proverbe Alsacien.

Si les cultures sarclées qui laissent après elles une
terre nette de mauvaises herbes, profondément ameublie
et riche, constituent le meilleur antécédent de l'orge de
mars, il n'en faudrait pas conclure que l'orge ne pût
venir après d'autres céréales. Sur un chaume de blé, de
seigle, d'épeautre en bon état d'engrais et de propreté,
on pourra faire une très bonne culture d'orge. En Norfolk on sème autant d'orge après blé qu'après racines,
et ce ne sont pas les plus mauvaises.

Koppe, Burger et Schwerz partagent cette opinion. Mais
si l'orge vient après des céréales envahies par les mauvaises herbes, il n'y a pas grand chance de réussite.

On sème également l'orge sur défrichement de trèfle
ou après un fourrage annuel comme les vesces, le maïs
ou le moha.

Dans tous les cas, il ne faut rien négliger pour assurer
au sol une bonne préparation. Après les plantes sarclées, il n'y a rien à faire avant l'hiver. Un seul labour
au printemps suffira pour faire le semis. Après un seigle
ou un froment ou un fourrage annuel on fait un déchaumage en août, à la herse ou mieux au scarificateur;

et l'on donne un labour ordinaire au commencement de l'automne. On sème au printemps sur un labour suivi d'un hersage.

Quand l'orge de mars vient après un trèfle ou un défrichement de luzerne, on sème sur un seul labour suivi d'un hersage énergique, répété plusieurs fois si cela est nécessaire.

Pour l'escourgeon d'hiver, on donne un déchaumage de très bonne heure, puis un labour avant de semer. Si le sol est humide, il faut le labourer en planches étroites et bombées ou en billons, et assurer par des raies judicieusement tracées l'écoulement des eaux surabondantes.

Semailles. — L'escourgeon d'hiver sous le climat Séquanien doit se semer avant toutes les autres céréales, dans le courant de septembre. Il faut en effet pour qu'il passe bien l'hiver qu'il puisse taller vigoureusement avant le mois de décembre. Autrement il résisterait moins à l'humidité et au froid. Il n'y a que dans les conditions exceptionnelles, comme en certaines terres de Flandre, qu'on puisse sans danger reculer le semis. Dans les autres régions on se guidera sur l'époque où commence la semaille du blé qui est toujours postérieure à celle où doit finir celle de l'orge d'hiver.

L'orge de printemps se sème, suivant les pays, depuis novembre jusqu'en juin, car il n'y a pas de céréale qui ait une aire géographique plus étendue. En Égypte, on sème à la fin de novembre pour faire la récolte à la fin de février. En Algérie comme en Espagne on fait la semaille en janvier. Dans le midi de la France, on sème l'orge plate en janvier-février, et dans les autres régions en mars, avril et jusqu'au commencement de mai. D'après Arthur Young, les produits sont d'autant meilleurs que l'on sème plus tôt. C'est ainsi qu'il a obtenu en février un rendement relatif de 12,5, qui est tombé à 11,5 pour

le semis de mars, à 8,5 pour le semis d'avril, à 6,5 pour
le semis de mai, et enfin à 3 pour le semis de juin.
Selon MM. Lawes et Gilbert, il faut faire la semaille le
plus tôt possible, dès la fin de février ou le commencement de mars. Mais si le temps est froid et pluvieux, il
vaut mieux retarder de huit jours que de répandre la
semence dans un sol mal disposé.

En général on hâte d'autant plus le semis que le
sol se montre plus sablonneux, et plus perméable. Dans
les terres argileuses au contraire il faut attendre que
la température soit devenue douce et que le sol ait eu le
temps de s'échauffer.

La quantité de semence que l'on répand à l'hectare
est généralement élevée : elle atteint en moyenne 2 1/2 à
3 hectolitres pour les semis à la volée et à la main. Il
faut répandre d'autant plus de semence que la semaille
est plus tardive, et le sol plus pauvre, parce qu'on ne
peut alors compter sur le tallage. Toutefois, il faut se
garder de faire des semis trop épais, car ils nuisent grandement au rendement du grain.

Le semis de l'orge s'exécute le plus souvent encore à
la volée et à la main; mais l'emploi des machines est
ici aussi recommandable que lorsqu'il s'agit des autres
céréales. Avec le semoir en lignes, les binages à la
houe à cheval deviennent possibles, et nulle culture n'en
est plus reconnaissante.

L'orge est une graine volumineuse qu'il faut enfouir
à 6 ou 8 centimètres de profondeur. Il est facile au semoir d'arriver à ce résultat. Dans les cas ordinaires on
a recours à un hersage croisé. Il est rare qu'on fasse le
semis sous raies. Quelques jours après le semis et par un
beau temps, il est bon de donner un coup de rouleau.
Si la terre avant la levée avait été battue par la pluie, et
qu'il se soit formé à sa surface une croute dure, il serait

bon, pour rompre celle-ci et faciliter par là la sortie des germes, de croskiller légèrement le terrain, ou de passer la herse à regratter l'avoine.

Soins d'entretien. — On donne à l'orge de mars les mêmes soins d'entretien que nous avons indiqués pour l'avoine. Inutile donc d'y revenir. Quant aux escourgeons d'automne, ils se trouvent bien d'un hersage ou mieux d'un binage au premier printemps, suivi d'un roulage si le sol a besoin d'être raffermi.

Maladies, accidents, insectes. — L'orge est assez souvent attaquée par le *charbon*, et parfois, mais peu gravement par l'*ergot*. La *rouille* ne l'épargne pas.

Les *taupins* et les *mulots* sont aussi à redouter.

Signalons aussi parmi les insectes la *Mouche des tiges* (*Musca lineata*) qui dépose ses œufs dans les mérithalles. Sa larve s'y développe en rongeant les tissus, et les plantes se dessèchent. — En Suède, la *Mouche des épis* (*Musca frit*), déposant ses œufs dans les grains, fait parfois de grands ravages.

<h3 style="text-align:center">§ IV. — Sarrasin.</h3>

Le sarrasin occupe de grandes surfaces en Bretagne, dans le Cotentin, la Sologne, le Morvan, le Plateau central, et la Bresse. Sa culture est également étendue en Allemagne, en Autriche, et Russie, dans l'Asie septentrionale et en Amérique.

En Bretagne, son grain entre pour une large part dans l'alimentation de l'homme. Il est très estimé pour l'engraissement de la volaille et des porcs.

On cultive aussi cette plante comme fourrage vert et comme engrais vert.

Variétés. — On cultive trois espèces de sarrasin.

1° Le *Sarrasin commun* (*Polygonum fagopyrum*), qui

est cultivé pour la production du grain destiné à l'alimentation humaine. Sa variété ordinaire, à grain noir, anguleux, est peu à peu abandonnée pour la variété désignée sous le nom de *sarrasin gris ou argenté*. Celle-ci en effet est de beaucoup supérieure à la première. Son grain, quoique toujours triangulaire, a les faces bombées, au lieu de les avoir concaves, et est par conséquent presque arrondi. Il contient donc une plus forte proportion d'amande. M. J. Rieffel, fondateur de l'ancienne école nationale d'agriculture de Grandjouan, a beaucoup contribué à la répandre en Bretagne.

2° Le *sarrasin de Tartarie* (*Polygonum tartaricum*), qui n'est cultivé que comme fourrage pour l'alimentation du bétail. Cette espèce est plus rustique que le sarrasin ordinaire, la plante est plus ramifiée, la fleur est insignifiante. Le grain est noirâtre, triangulaire, à peu près aussi long que large, à surface rugueuse. Les arêtes présentent une dent tout à fait caractéristique. — Le grain ne peut servir qu'à l'engraissement des animaux, il rend peu de farine et celle-ci est légèrement amère.

3° Le *sarrasin émarginé* (*Polygonum emarginatum*), qui est originaire de Népaul, et est caractérisé par ses grains à angles très relevés et membraneux. Cette espèce est plutôt curieuse que recommandable.

Composition. — D'après Boussingault le grain de sarrasin renferme :

Eau.	13,0
Matières azotées.	13,1
Amidon, etc.	64,0
Graisse	3,9
Cellulose	3,5
Cendres.	2,5

D'après Malagutti, on trouve dans la paille de sarrasin :

Eau.	12,0
Matières azotées.	3,0
Matières non azotées	81,8
Cendres	3,1

Cette paille constituerait un fourrage utilisable, si elle n'était aussi difficile à dessécher et à conserver. On ne peut, dans la généralité des cas, l'employer que comme litière.

La proportion du grain à la paille est si variable chez le sarrasin qu'il est impossible de fixer un chiffre moyen qui ait la moindre chance de se rapprocher de la vérité.

Le grain de sarrasin pèse de 50 à 70 kilogrammes par hectolitre, suivant le nettoyage qu'il a subi et sa qualité. Un litre de semence renferme de 36 à 39 mille grains.

L'enveloppe brune du grain entre pour 15 à 20 % dans sa constitution.

En moyenne, de 100 litres de sarrasin ordinaire pesant 60 kilog. on retire à la mouture 44 kilog. de farine et 15 kilog. de son, et il y a 1 kilog. de déchets. Un hectolitre de sarrasin de Tartarie, du poids de 58 kilog. donne 40 kilog. de farine et 17 kilog. de son avec 1 kilog. de déchets.

Assolement, préparation du sol. — Le sarrasin n'étant pas très exigeant sous le rapport de la fertilité acquise du sol, et jouissant de la propriété précieuse d'étouffer sous son ombrage les plantes adventices qui voudraient se développer peut succéder à toutes les autres plantes cultivées, comme il peut les précéder. Il réussit très bien sur les défrichements de landes et de bruyères. C'est toujours le sarrasin que, dans les départements de

l'Ouest, l'on sème comme première récolte sur de tels terrains. Avec des engrais phosphatés, il y réussit généralement très bien et sa culture constitue une excellente
préparation pour le froment, l'avoine d'hiver ou le seigle qui doivent suivre. On considère dans le Holstein,
d'après Schwerz, que le froment réussit mieux, toutes circonstances d'ailleurs égales, après le sarrasin qu'après
la jachère, et que le seigle est au moins aussi bon.

Le sarrasin donne de bons résultats sur les marais
desséchés et les tourbières écobuées et sur les herbages
rompus.

Cette plante demande un sol sain et très bien ameubli.
Il est donc nécessaire avant la semaille de donner toutes
les façons indispensables pour obtenir un tel résultat.
Il ne suffit pas, comme on le pratique encore trop souvent, de donner un labour au printemps deux mois avant
de semer. Il convient de donner le premier labour dès
le commencement de l'hiver, pour mettre à profit l'action désagrégeante des gels et dégels alternatifs. L'ameublissement qui en résulte pour le sol, surtout s'il
est un peu compact, est infiniment plus complet qu'on
n'aurait pu l'obtenir par plusieurs façons successives.
On donne un second labour après les semailles de l'avoine, et un troisième avant le semis. Il faut noter toutefois que dans les terrains sablonneux le labour d'hiver
n'est pas nécessaire. Enfin, dans les défrichements on
ne donne qu'un seul labour, fait assez longtemps d'avance pour permettre à la surface de se tasser, comme
lorsqu'il s'agit du blé ou de l'épautre.

Semailles. — On ne doit semer le sarrasin que lorsque les gelées tardives ne sont plus à craindre. Le meilleur
moment dans l'Europe moyenne comprend la dernière
semaine de mai et la première de juin. On peut continuer les semailles jusqu'au 30 juin pour la culture du

sarrasin en récolte principale. En récolte dérobée on fait encore des semis en juillet, sur un seul labour. Les champs semés trop tardivement risquent de mûrir trop tard et d'être par suite d'une récolte difficile. Par les semailles faites de bonne heure, on obtient en général des plantes plus hautes et plus vigoureuses, les semis tardifs donnent une proportion de grain plus élevée par rapport à la paille. Une pluie douce après la semaille est une bonne fortune, dit Schwerz.

Pour le sarrasin comme pour les autres céréales, il est très important de ne semer que des graines bien sélectionnées, lourdes et exemptes de toute graine étrangère. La quantité qu'il en faut répandre par hectare varie suivant que l'on sème à la main et à la volée ou en lignes. Rieffel recommandait de semer en Bretagne 70 litres à l'aide du semoir en lignes et 80 litres à la volée. Il estime que l'épargne de la semence cause maintes fois des regrets au cultivateur. Cela réussit lorsque les conditions météorologiques sont très favorables, mais le plus souvent on a économisé 4 francs à la semaille pour en perdre 30 ou 40 à la récolte.

En Allemagne, on sème, d'après Schwerz, 97 litres en moyenne à la volée. Burger semait 93 litres au semoir. Dans la Flandre, on sème de 50 à 75 litres.

Pour les semis en récolte dérobée que l'on fait généralement dans la Sologne et la région toulousaine après un blé ou un seigle, on répand, dit M. Heuzé, de 50 à 75 litres de graines.

L'enterrage des semences se fait toujours à la herse.

Pendant la végétation, le sarrasin ne demande en général aucun soin, à moins qu'il n'ait été semé sur des terres mal préparées, où les mauvaises herbes puissent prendre le dessus. Il faut alors recourir au sarclage à la main. Si celui-ci est impossible, il convient alors de faucher la récolte en vert, comme fourrage, afin d'empêcher les mauvaises graines de venir à maturité et de salir le terrain pour plusieurs années. Les mauvaises herbes les plus redoutables sont la ravenelle, la mercuriale et la persicaire.

Les pluies continuelles sont très nuisibles aux premières fleurs du sarrasin et les font avorter. Les trop fortes chaleurs et les sécheresses prolongées lui font auss beaucoup de mal. Il craint également les vents violents.

Récolte et rendements. — Le sarrasin ne mûrit ses grains que d'une manière successive. Sur la même plante on trouve parfois des fleurs avec des graines de toutes les nuances du vert au noir. En voulant attendre la maturité des dernières graines, on risquerait de perdre par égrenage naturel les premières semences formées. Il faut donc couper la récolte dès que la plus grande partie des graines a pris une teinte foncée. C'est généralement à la fin d'août ou en septembre que se fait la moisson du sarrasin.

On fait la coupe à la faucille bretonne ou à la faux armée. Rieffel à Grand-Jouan se servait avantageusement de la moissonneuse. La récolte est ensuite liée en petites gerbes que l'on dresse deux à deux, l'une contre l'autre, en les écartant un peu du pied pour leur donner quelque solidité. Suivant la température, il faut de quinze jours à trois semaines pour que le sarrasin soit sec. On le rentre alors et on le bat immédiatement au fléau. On ne peut utiliser la machine à battre que par les saisons très belles; autrement, la paille restant toujours un peu humide s'attache au batteur et ne passe pas. Le grain, vanné, est mis au grenier en couche peu épaisse et souvent remué pour assurer sa dessiccation parfaite. La paille est mise en meule et utilisée de suite comme litière.

Les rendements du sarrasin sont extrêmement capricieux. Ils sont à la merci presque exclusive de la température. Schwerz rapporte que dans le Brabant on récolte de 36 à 40 hectolitres, en Flandre de 25 à 30, et sur les bords de la Meuse 21. Burger indique un rendement de 13 à 43 hectolitres. Le rendement de 25 hectolitres à l'hectare paraît à Schwerz la moyenne la plus admissible. M. Heuzé le chiffre à 18 ou 20 hectolitres.

Le poids de paille produit est d'environ 85 kilog. par hectolitre de grain, et il varie de 1,500 à 2,400 kilog. environ par hectare.

En récolte dérobée les rendements sont moins élevés. Burger, d'après 14 années de culture après seigle, l'estime à 11 hectolitres. Il a obtenu de 1 hectol. 6 à 26 hectol. par hectare. La quantité de paille était d'environ 1,000 kilogrammes (1).

§ V. — Maïs.

Le maïs est originaire du nouveau monde, et c'est à la suite de sa découverte par Christophe Colomb qu'il fut introduit en Espagne, d'où il gagna peu à peu les contrées chaudes de l'Europe. C'est vers la fin du seizième siècle que l'on commença à cultiver cette plante dans le Béarn, la Navarre, la Guienne et le Languedoc. En 1560, Champier rapporte qu'on en faisait du pain dans le Beaujolais. Sa culture se répandit dans l'Angoumois, la Bourgogne, la Franche-Comté et le Maine pendant le dix-septième siècle.

L'introduction du maïs a renouvelé et enrichi l'agriculture des pays de la région de la vigne, où, depuis un temps

---

(1) Pour la culture du sarrasin comme fourrage, voir l'Appendice où il est question des céréales comme fourrage vert.

immémorial, on ne cultivait que les céréales sur jachère.

Le maïs cultivé pour son grain commença, en effet, la série des plantes sarclées et binées, série qui fait défaut dans les pays de culture arriérée et qui, dans les contrées où le cultivateur va de l'avant, forme le couronnement de l'édifice agricole. Ce problème capital des plantes binées, d'une défaite certaine et profitable, a été résolu dans le Nord par la betterave à sucre et par la pomme de terre industrielle ; mais il y avait fort longtemps déjà que le Midi, la Franche-Comté, la Bourgogne et la Lombardie l'avaient résolu par le maïs qui permet de nettoyer le sol et de l'entretenir en bon état, et qui fournit en même temps aux populations et au bétail une nourriture riche et abondante.

En dehors de son rôle de plante alimentaire, le maïs s'est révélé dans notre fin de siècle une plante industrielle de premier ordre. Elle est la base de deux in-

Fig. 206. — Maïs.

dustries puissantes : l'amidonnerie et la distillerie. L'amidon que l'on extrait de ses grains est très estimé. L'alcool de maïs est un des mieux cotés dans le commerce. Les résidus de ces industries, drèches et tourteaux, forment d'excellents aliments pour le bétail ; enfin on extrait de ses germes une huile qui trouve des applications industrielles.

Mais, comme toutes les plantes sarclées et binées, le maïs est une plante exigeante et son alternance prolongée avec le blé amènerait rapidement l'épuisement du sol si l'on négligeait de restituer à celui-ci par des fumures judicieuses la masse des éléments nutritifs enlevés. Par bonheur, le maïs est une source importante d'aliments pour le bétail, et sa culture amène toujours un certain développement de la production animale. Il en résulte une masse d'engrais plus considérable, qui combat, en partie du moins, l'épuisement du terrain. Il ne faudrait pas néanmoins oublier, surtout ici, le rôle véritable du fumier dans l'exploitation rurale ; s'il est certes indispensable pour accroître la fertilité et la production, il n'est pas en réalité suffisant. Si la nécessité s'impose de ne perdre aucune matière fertilisante dans la ferme, chacun sait aujourd'hui qu'il faut augmenter ces ressources par des importations judicieuses des éléments fertilisants qui manquent au sol. Aucun autre moyen n'existe d'accroître sûrement et d'une manière durable la productivité d'une exploitation. Le bétail n'est qu'un rouage avec lequel on peut hâter la marche de l'amélioration du sol ; il n'est pas créateur de substances alimentaires pour les plantes. Son rôle est de permettre une utilisation plus grande des engrais tirés du dehors.

Le maïs a, dans les sols frais du Midi, une importance au moins égale à celle de la pomme de terre dans les régions septentrionales. Mais il a cet avantage de donner une nourriture riche en albuminoïdes et en graisse, qui peut suffire à elle seule à l'alimentation de l'homme et des animaux.

Sa farine est consommée sous forme de bouillie (gaudes) de pâte bouillie (polenta) et de galettes cuites au four (milias). Mélangée avec la farine de froment, on en peut faire du pain.

La consommation de la farine provenant de grains de maïs attaqués par les moisissures (verdet) occasionne une maladie très grave nommée *pellagre*. Elle est commune dans le Piémont, le Milanais, la Vénétie, et le reste de l'Italie. On la rencontre aussi dans le midi de la France et dans l'Amérique du Sud. C'est une maladie cutanée, semblable à une lèpre. Elle commence par des rougeurs qui se manifestent sur la face, le cou et les mains, avec un malaise général et un grand abattement. Elle est assez souvent mortelle, puisqu'en Italie on compte 3o décès pour 1oo pellagreux admis dans les hôpitaux.

Variétés. — Le nombre des variétés de maïs cultivées est considérable, car la fécondation croisée y est très facile. Nous devons nous borner ici à citer les principales variétés cultivables dans la France méridionale. Selon la coutume, nous les rangerons en trois classes, d'après la coloration de leurs grains.

MAÏS A GRAINS JAUNES.

1° *Maïs quarantain.* — Cette variété appelée aussi *maïs précoce* ou *petit jaune* a reçu sa première dénomination à cause de la rapidité de sa végétation. Il exige toutefois au moins 8o jours pour arriver à sa maturité. C'est la seule variété qui puisse mûrir dans

toute la France. La hauteur des tiges varie de 0^m,60
à 1 mètre; elle porte généralement un
ou deux épis; ceux-ci comptent de 8 à
10 rangées de 25 à 28 grains de couleur
jaune pâle. 100 épis produisent environ
5 à 6 kilog. de grains, du poids de 75 kilog. l'hectolitre.

Fig. 207.
QUARANTAIN.

2° *Maïs jaune hâtif d'Auxonne.* — C'est la variété
la plus cultivée dans la Bourgogne, dans la Bresse et la
Franche-Comté. La tige atteint 1^m,50 de
hauteur; l'épi est moyen, assez court, souvent élargi et aplati à son extrémité supérieure. Le grain est jaune, serré, moyen,
irrégulièrement disposé sur les épis ; son
écorce est épaisse, et sa farine jaune pâle
est très estimée. Il est moins hâtif que le précédent; il
mûrit à la fin d'août ou en septembre, mais il est plus
productif.

Fig. 208.
D'AUXONNE.

3° *Maïs jaune des Landes.* — Cette variété demi-hâtive est cultivée dans les Landes et tout le Sud-Ouest.
Elle atteint de 1^m,30 à 1^m,50 de hauteur. Chaque pied
porte ordinairement deux épis moyens à gros grains ar-
rondis.

4° *Maïs gros jaune.* — Ce maïs est un peu tardif et
ne se récolte qu'en automne. Son grain jaune orangé
vif, très gros, pèse environ 75 kilog.
5 l'hectolitre. L'épi long et renflé est
souvent unique; il est garni de 10 à
12 rangées de 30 à 40 grains. La tige
atteint une hauteur de 1^m,50 à 2 mètres. Cette variété est très cultivée dans
la vallée de la Loire. Elle est très productive. On la cultive aussi dans le
Midi, où son grain devient plus foncé, et en Portugal.

Fig. 209.
JAUNE GROS.

En Italie, dans les terres irriguées, elle prend un développement énorme.

MAÏS A GRAINS BLANCS.

1° *Maïs blanc des Landes.* — Demi-hâtive, cette variété, qui mûrit avant le maïs gros jaune, est très cultivée dans le Sud-Ouest. La tige atteint de 1^m,60 à 1^m,80 de hauteur, elle est mince, mais forte ; elle porte de un à deux épis, moyens, un peu conique et assez gros. Le grain est blanc, de grosseur moyenne, mi-corné ; son écorce est assez épaisse, mais sa farine est recherchée à cause de sa saveur.

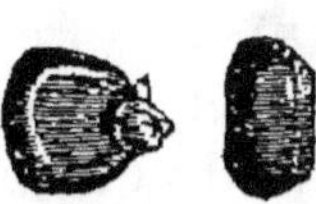

FIG. 210.
BLANC DES LANDES.

2° *King Philip blanc.* — C'est une variété précoce et productive qui mûrit bien sous le climat de Paris. Très cultivé au Canada, ce maïs atteint de 1^m,50 à 1^m,65 de hauteur. L'épi est long et mince, le grain est moyen, assez large et bien blanc.

3° *Maïs sucré nain hâtif.* — On le cultive en Amérique comme plante potagère. Un peu avant la maturité les épis sont cuits, et on mange les grains avec du beurre.

FIG. 211.
SUCRÉ.

MAÏS A GRAINS COLORÉS.

1° *King Philip.* — Cette variété, très recommandable pour le centre de la France, est aussi précoce que le maïs d'Auxonne. Elle est très productive. Les tiges sont plutôt grêles, et portent deux épis longs et minces. Ceux-ci sont

FIG. 212.
KING PHILIP.

garnis de huit rangs de grains larges, aplatis, brun foncé.

2° *Maïs rouge gros.* — Les tiges atteignent deux mètres et demi environ de hauteur ; elles portent deux ou trois épis, assez gros, garnis de grains rouge foncé, de grosseur moyenne. Variété demi-tardive.

FIG. 213.
ROUGE.

Constitution et composition du maïs. — Les proportions du grain, des tiges, des spathes et des rafles du maïs sont très variables avec les variétés qui présentent, en effet, des différences considérables dans leur développement.

D'après les données recueillies par M. Heuzé on peut admettre en moyenne pour la plante entière coupée la constitution suivante :

Grain	33,9
Tiges écimées et feuilles sèches	51,0
Spathes	5,7
Rafles	9,4
Total	100,0

D'après Burger, on obtiendrait d'autre part :

Grain	26,3
Tiges écimées et feuilles sèches	54,0
Spathes	6,9
Rafles	12,8
Total	100,0

Le grain de maïs donne un poids de l'hectolitre d'autant plus élevé qu'il est plus petit. Ainsi, tandis que le maïs nain à poulet pèse en moyenne 78 kilog. l'hectolitre, on trouve, pour poids naturel moyen du maïs quarantain, 76 kilog. ; le maïs gros jaune pèse 75 kilog. et le maïs blanc des Landes 73 kilog.

Boussingault a trouvé au maïs d'Alsace la composition immédiate suivante :

Eau.	17,1
Amidon, etc.	59,0
Dextrine et sucre	1,5
Matières grasses.	7,0
Cellulose	1,5
Matière azotée	12,8
Cendres.	1,1
Total	100,0

D'un autre côté, MM. Grandeau et Leclerc ont obtenu, d'après 38 analyses de maïs destinés à la cavalerie de la Compagnie générale des petites voitures de Paris, les résultats relatés dans ce tableau :

	Maximum.	Minimum.	Moyenne.
Eau	14,44	11,40	12,41
Amidon, etc.	72,13	48,98	70,20
Graisse	7,69	1,78	4,07
Cellulose.	12,71	0,50	2,60
Cendres	2,53	0,90	1,33
Matière azotée.	18,21	6,18	9,39

A la mouture, le maïs rend environ 90 kilog. de farine et 8 kilog. de son, et il y a une perte de 2 %. Le froment donne généralement 18 % de son.

M. Corvo a obtenu en Portugal, sur diverses variétés de maïs, les résultats que nous rapportons ci-après :

	VARIÉTÉS.	Farine.	Son.
Maïs jaunes.	Géant.	94,94	5,06
	Gros	90,00	10,00
	Hâtif	93,00	7,00
	De Sequiero.	94,74	5,26
Maïs blancs.	Trémois.	94,44	5,56
	Ordinaire.	82,91	17,09
	De Vienne.	92,02	7,98
	Des Arneiros	86,32	13,68

Les maïs blancs ont rendu en moyenne 11, 05 % de son, et les maïs jaunes seulement 6, 88. Cette supériorité des maïs jaunes est généralement admise, mais il faut noter que les maïs blancs donnent une farine plus belle.

Nous empruntons aux tables de Julius Kühn les analyses de la farine et du son de maïs qui suivent :

	Farine.	Son.
Eau.	10,0	12,0
Matières protéïques	15,2	8,0
Graisse	3,8	4,0
Amidon, etc.	70,5	61,0
Ligneux.	»	12,7
Cendres.	0,9	2.3

Pour compléter les données qui précèdent, nous condensons dans le tableau ci-dessous ce que nous savons de la composition de la paille, des spathes et des rafles des épis :

	Paille.	Spathes.	Rafles.
Eau.	14,0	12,36	14,0
Matière azotée.	3,0	3,25	1,4
Graisse	1,1	«	1,4
Extractifs non azotés .	37,9	51,31	42,6
Cellulose	40,0	26,48	37,8
Cendres.	4,0	6,60	2,8

Rendements. — Le rendement du maïs varie selon les variétés cultivées et selon les pays.

Le maïs gros jaune, qui est, en France, le plus productif, rend en moyenne de 25 à 30 hectolitres de grains. En Portugal, il donne de 30 à 40 hectolitres; son produit, qui s'élève de 40 à 50 hectolitres en Carinthie atteint, en Italie, 50 et même 60 hectolitres. Dans les terres arrosées de ce dernier pays, il peut même donner de 70 à 80 hectolitres par hectare.

Dans les terres profondes et bien cultivées de notre pays, cette variété donne facilement de 35 à 45 hectolitres de grain.

Le maïs blanc est toujours moins productif. On peut estimer que son rendement en grain est inférieur de 1/5.

Le maïs quarantain rend de 25 à 30 hectolitres.

Burger a obtenu dans sa culture des rendements de 71 et 75 hectolitres à l'hectare, et Codazzi rapporte avoir constaté au Vénézuéla une production de 129 hectolitres de grain.

La production en paille peut être estimée comme il suit :

	Europe méridionale.	Carinthie (Burger).	France.
Tiges sèches.	4.750 kil.	5.700 kil.	4.000 kil.
Spathes . . .	550 —	700 —	500 —
Rafles	900 —	1.300 —	700 —
Grains. . . .	3.350 —	4.500 —	2.200 —

Les spathes de maïs sont utilisées spécialement pour la fabrication des paillasses. Elles constituent un couchage moelleux, élastique et très sain. Elles servent aussi de matière première à la fabrication d'un excellent papier, plus solide que le papier de chiffons. Les rafles moulues peuvent servir à l'alimentation des animaux; enduites de résine, elles constituent d'excellents allume-feux.

Assolement et préparation du sol. — Dans les contrées méridionales, où les gelées de mai ne sont pas à craindre, on sème le maïs de bonne heure, et il mûrit assez tôt pour laisser au cultivateur le temps de préparer le sol à la culture du blé dont on peut, du reste, retarder la semaille sans inconvénient. Aussi voit-on s'y succéder sans interruption le blé et le maïs. Cet assolement est très intensif et est capable, si l'on ne néglige pas les apports nécessaires d'engrais, de fournir par unité de surface une quantité très élevée de substances alimentaires pour l'homme et le bétail.

Mais il n'en va pas de même dans la France centrale, la Bourgogne, la Comté et l'Alsace. Si dans ces contrées le maïs peut succéder à n'importe quelle autre plante, il constitue pour le blé un mauvais antécédent, si bien qu'il ait été soigné. Il mûrit en effet trop tard pour que la semaille du blé se puisse faire en temps opportun. On le sème dans les soles de céréales d'été, et on le fait suivre d'une culture moins tardive, comme le tabac ou les fèves, ou bien les racines, culture sur laquelle on emblave le froment. On fait aussi avantageusement, après le maïs, du blé de mars, de l'orge et du chanvre.

« Quelque variés, dit Burger, que soient en Europe et en Amérique les procédés de culture du maïs, on est généralement d'accord sur ce point, qu'il faut que la terre reçoive un labour aussi profond que possible, en automne ou en hiver, et qu'elle reste en sillons bruts pendant le reste de la mauvaise saison, afin qu'elle se délite et s'ameublisse par l'action des gelées et des variations de l'atmosphère. » Ce labour profond et fondamental, indispensable dans toutes les terres, sauf dans les sables, a dû être précédé d'un déchaumage.

Au printemps on répand, sur le sol ameubli par les intempéries, le fumier, que l'on enterre par un labour ordinaire; puis quand la terre a verdi, on donne un coup d'extirpateur pour détruire les mauvaises herbes. Cette dernière façon est répétée, si c'est nécessaire, avant la semaille.

Si l'on cultive un sol léger où le labour d'hiver ne

soit pas indispensable, on déchaume après la récolte précédente, puis on donne deux labours au printemps, en enterrant le fumier par le second. On donne un ou deux coups d'extirpateur ou de forte herse pour détruire les plantes adventices qui pourraient se montrer avant la semaille.

Engrais. — Le maïs a cette supériorité sur les autres céréales, de ne pas craindre la verse. On peut donc lui appliquer des fumures tout à fait intensives, ce dont il se montre généralement reconnaissant.

On compte qu'il faut employer de 5oo à 6oo kilogrammes de fumier de ferme moyennement décomposé par chaque quintal métrique de grain que l'on peut raisonnablement espérer. Burger, qui cultivait le maïs en tête de son assolement, lui donnait jusqu'à 70 mille kilogrammes de fumier par hectare ; aussi obtenait-il des rendements considérables de 65 à 75 hectolitres de grain. A défaut de fumier on peut employer très avantageusement l'engrais humain.

Nous avons indiqué précédemment quels sont les éléments fertilisants à employer, et dans quelle proportion il convient de le faire. Dans une terre en bon état de fertilité moyenne, une fumure constituée de

3oo kil. de nitrate de soude
et 3oo kil. de superphosphate

nous semble recommandable. Il faut dans les sols sablonneux, pauvres en potasse, ajouter 15o kilogrammes de chlorure de potassium.

Semailles. — Il faut attendre, pour confier le maïs au sol, que les gelées blanches ne soient plus à craindre, et que la température ait atteint au moins 12°, afin que la germination se fasse convenablement. Si l'on sème le maïs avant que ces conditions de température ne soient réalisées, il risque beaucoup de pourrir en terre. D'autre part, si l'on fait la semaille trop tardivement, la maturité devient difficile.

En tenant compte de ces nécessités, dans le midi de l'Europe, on exécute les semis de maïs en mars sur les coteaux bien exposés, et en avril dans les plaines où l'on ne craint pas les gelées blanches. Dans la France méridionale les semis se font du 15 avril au 15 mai, et jusqu'en été au mois de juin, suivant que l'on cultive des variétés de première saison ou tardives, des variétés demi-hâtives et en dernier lieu du maïs quarantain. En Allemagne et en Alsace, on commence aussi les semailles du maïs dans la dernière semaine d'avril.

Il faut apporter au choix de la semence un soin tout particulier, car les semis sont faits très clair et les manques se font d'autant plus sentir à la récolte. On doit choisir au moment de la récolte les épis les plus beaux et les plus mûrs, les découvrir de leurs spathes et les suspendre dans un lieu sec et bien aéré pour les faire sécher. On ne les égrène qu'au printemps, après avoir supprimé les deux extrémités de l'épi qui ne fournissent, d'après l'expérience, que des graines de qualité inférieure. Enfin en plongeant les graines dans l'eau, on élimine tous ceux qui surnagent.

Comme les rongeurs et les oiseaux sont très avides des grains de maïs, on a cherché à préserver les semailles de leurs déprédations par différents procédés. En Alsace, quelques cultivateurs, au dire de Schwerz, ont obtenu de bons résultats en faisant tremper les grains pendant quelques heures dans l'eau, et en les saupoudrant ensuite de plâtre. On fait aussi tremper les grains dans une solution de coloquinte ou d'hellébore blanc. Nous croyons qu'il n'est pas inutile de passer les semences dans une solution de sulfate de cuivre, comme on le fait pour le froment.

Le semis du maïs se fait très rarement à la volée, car il faut ensuite faire l'éclaircissage et tous les binages à la main, ce qui devient coûteux et peu pratique. Les semis se font de préférence en lignes, au plantoir ou au semoir. On espace les lignes de 5o à 7o centimètres, suivant la variété cultivée, et l'on laisse un écartement sur la ligne, entre les plantes, de 35 à 5o centimètres. On dirige de préférence les lignes du sud au nord, pour que les plantes reçoivent le soleil le plus longtemps possible.

Que le maïs soit déposé sur les lignes au plantoir ou au semoir, il faut bien prendre garde de ne pas trop enfoncer la semence. Burger, dans des expériences faites pour élucider cette question, a observé, en juin, que les grains semés à 27 millimètres ont mis huit jours et demi à lever; il a fallu 9 jours aux grains enfouis à 40 millimètres, 10 jours à ceux placés à 5 centimètres 4, 11 jours à ceux enfoncés à 6 centimètres 7, 12 jours aux grains enterrés à 8 centimètres et 14 jours aux semences recouvertes de 108 millimètres de terre. Les grains enfouis plus profondément n'ont pas levé ou ont percé la surface beaucoup plus tard. La profondeur qui convient le mieux est comprise entre 3 et 5 centimètres : semer plus profondément retarde trop la levée; pour une plante qui mûrit aussi tard que le maïs, il faut ne rien négliger pour gagner du temps.

La quantité de semence que l'on emploie par hectare est toujours peu élevée, puisque la plantation pour bien mûrir ses épis doit être claire. On ne dépasse pas 60 à 70 litres par hectare.

Cultures et façons d'entretien. — *Binage.* — Aussitôt que le maïs est levé et qu'il a atteint une hauteur de 10 à 15 centimètres, c'est-à-dire environ quatre à cinq semaines après la semaille, il convient de donner le premier binage, avec la houe à cheval de préférence.

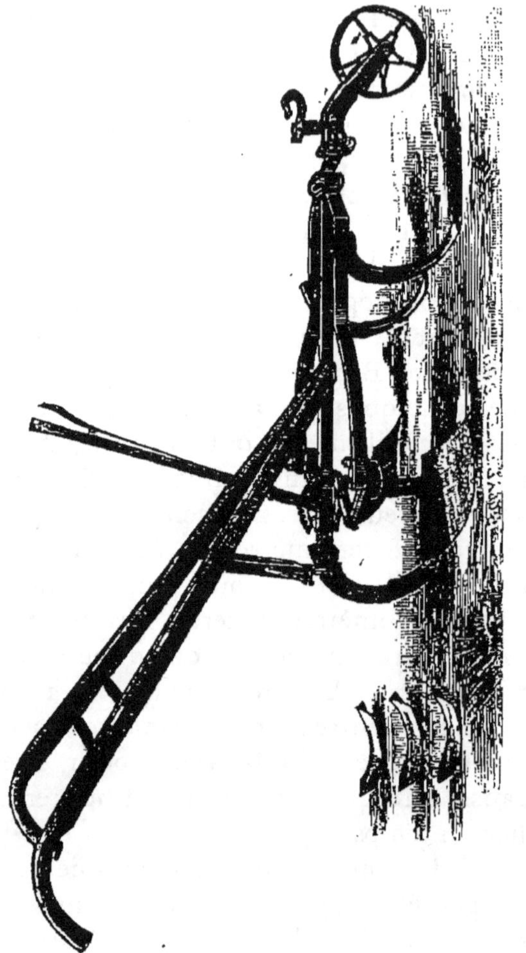

On complète cette opération par une façon à la houe à main sur la ligne, et on en profite pour supprimer tous les plants surabondants. On comble les manques en repi-

quant des plants de maïs, pris dans les endroits où il y en a de surabondants. Le maïs supporte bien le repiquage, mais on a remarqué toutefois que les plants repiqués sont toujours moins productifs; aussi préfère-t-on souvent combler les vides qui se produisent en se-
mant du maïs quarantain.

Lorsque les plantes ont 25 centimètres de haut, on donne un deuxième binage, en at-
taquant la terre un peu plus profondément que lors du premier. On l'exécute à la houe et on le complète à la main si c'est nécessaire.

Buttage. — Quelque temps après, quand les tiges atteignent 33 centimètres de hauteur envi-
ron, on fait un premier buttage, soit à la houe, soit au butteur que l'on complète par un second, quinze jours plus tard. On considère le buttage comme la façon la plus importante en Alsace. Il ne favorise pas seulement la sortie des racines corona-
les du collet, mais il affermit les tiges contre la violence des vents. Quand, après les tempêtes, quelques pieds ont été couchés, il faut avoir soin de les redresser avec pré-

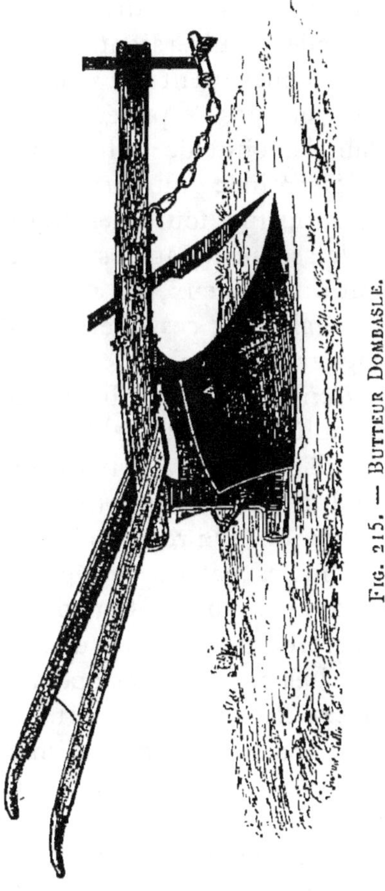

FIG. 215. — BUTTEUR DOMBASLE.

caution et de les consolider en les buttant fortement.

Dans les terres fertiles et fraîches, le maïs talle en poussant des rejets de ses nœuds inférieurs, comme les autres céréales. Ces talles donnent des épis qui n'ont pas le temps de mûrir; il convient donc de les enlever, car elles épuiseraient inutilement le sol, et d'ailleurs elles constituent un très bon fourrage. Comme il ne convient pas de pénétrer dans les champs de maïs pendant l'époque de la fécondation, on attend que celle-ci soit terminée pour supprimer ces rejets. En même temps, on supprime toutes les tiges qui n'ont pas d'épis, et on ne laisse sur les autres que le nombre d'épis convenable, soit un ou deux, en cassant tous les autres. On retarde généralement ces opérations jusqu'à l'écimage, afin de gagner du temps.

Écimage. — L'écimage consiste dans la suppression complète du panache des fleurs mâles avec sa hampe, afin d'accélérer la maturité. Cette opération très importante ne doit pas être faite trop tôt, pour ne pas nuire à la fécondation. On reconnaît que le temps est venu d'écimer quand les barbes des épis commencent à s'étioler et à perdre leur lustre. On coupe alors toute la partie supérieure de la plante, à une feuille au-dessus du dernier épi. Les produits des opérations précédentes constituent un excellent fourrage vert, que l'on passe au hache-paille pour le distribuer aux animaux. D'après les observations de Burger, chaque hectare de maïs susceptible de rendre de 60 à 70 hectolitres de grain fournit ainsi de quoi nourrir pendant un mois huit bœufs ou onze vaches. Dans les cultures où le rendement est de 30 à 35 hectolitres, cette estimation doit être réduite de moitié.

Dans la plaine de Tarbes, en Espagne et en Italie, on soumet souvent les cultures de maïs à *l'irrigation.* On obtient par là des plantes plus grandes et plus vigoureuses, en même temps qu'on accroît la production du grain. Pour rendre l'irrigation facile, on billonne les champs en dirigeant autant que faire se peut l'axe des billons parallèlement aux courbes de niveau. On fait circuler l'eau dans les sillons qui l'absorbent. On pratique de un à deux et quelquefois trois arrosages par mois. Il faut toutefois éviter de donner trop d'eau, car la grenaison pourrait en être influencée défavorablement. Les maïs irrigués atteignent 3 mètres à 3^m,5o de haut et peuvent rendre de 6o à 8o hectolitres de grain.

Récolte. — Quand les tiges deviennent jaunâtres, que les spathes ont blanchi, et que le grain a assez de consistance pour résister à la pression de l'ongle, le maïs est suffisamment mûr pour être récolté. L'époque de la récolte varie naturellement selon les pays que l'on considère et suivant les variétés cultivées. En Algérie, on fait la récolte des épis en juillet et août; en Italie, c'est en août et septembre ; en France méridionale ou centrale, ainsi qu'en Allemagne, on récolte du 15 septembre à la fin d'octobre. Dans tous les cas, il faut avoir enlevé les épis avant les gelées.

On emploie généralement des femmes pour la cueillette des épis, que l'on détache à la main en rompant leur attache. Il faut environ vingt-six journées de femmes pour la cueillette d'un hectare. Les épis sont disposés en petits tas, de distance en distance, puis on les transporte à la ferme, dans des voitures garnies de bâches.

Sur l'aire, dans le Midi, s'installent les femmes et les enfants chargés de dépouiller les épis des spathes qui les entourent. Cette opération est longue et demande soixante-dix journées par hectare. Il faut avoir soin de ne récolter chaque jour que les épis qu'on peut dépouiller dans la soirée. Si on laissait en tas pendant plus de vingt-quatre heures les épis entourés de leurs spathes, il y

aurait échauffement de la masse et fermentation avec altération subséquente des grains.

Pour dépouiller les épis, ou bien on enlève et arrache
toutes les enveloppes, ou bien on en laisse deux ou trois
que l'on replie sur la base de l'épi. Celles-ci servent à
réunir et suspendre les épis que l'on fait sécher sous des
hangars. Dans le premier cas, on fait sécher les épis sur
l'aire au soleil, en les remuant souvent, comme dans le
Midi, ou bien on les étale en couches très minces sur
le plancher d'un grenier bien aéré où on les retourne
fréquemment. En Bourgogne et en Comté, on termine
la dessiccation au four.

Les épis destinés à la semence doivent être séchés à
l'air et non au four ou à l'étuve. On les suspend dans
les greniers ou sous les hangars.

Dans certains pays on construit des séchoirs spéciaux
pour les épis de maïs : ce sont des hangars à claire-voie,
établis sur des poteaux à 1 mètre du sol. On leur donne
0^m,80 de largeur, sur 4 mètres de haut, et une longueur
proportionnée à la quantité récoltée. On les couvre en
chaume. Des portes ménagées aux extrémités permettent
l'emplissage. Quand les épis sont bien secs, on les égrène
à la machine ou en les battant au fléau.

Les tiges restées sur le champ sont coupées au raz du
sol, à la serpe. On les lie en bottes que l'on dresse pour
les faire sécher à l'air. On les rentre ensuite sous des
hangars, ou bien on les met en meules que l'on couvre en
paille. Ces tiges, bien conservées, sont passées au hache-
paille et consommées ainsi par le bétail. On les utilise
aussi comme litière.

Maladies, insectes. — Le maïs est attaqué fréquemment par le *charbon* (*Ustilago maydis*). Ce champignon attaque tantôt la tige à l'aisselle des feuilles, tantôt
les épis mâles, tantôt les grains. Il se forme à la partie

attaquée une tumeur charnue qui bientôt est remplie d'une poussière noire constituée par des milliers de spores. L'enveloppe de la tumeur s'amincit et se déchire

Fig. 216. — Chardon du maïs.

facilement. Ces excroissances grosses comme des noisettes sur les épis mâles, atteignent la grosseur du poing sur la tige ou l'épi femelle. Le cultivateur doit couper et enlever tous les pieds attaqués et les détruire par le feu.

Le maïs est aussi attaqué par l'*ergot*, assez fréquent en Amérique.

Enfin le *verdet* est un champignon verdâtre qui attaque le grain. Il est répandu dans l'Italie septentrionale, et dans les pays d'arrosage. Les grains atteints par le parasite (*Sporisorium maydis*) causent la *pellagre* à ceux qui en consomment la farine.

Parmi les insectes nuisibles nous signalerons le ver blanc du hanneton, la larve du taupin du maïs et la courtillière qui rongent les racines. La sauterelle et le criquet dévorent les tiges. Enfin les épis sont attaqués par la noctuelle du maïs, dont la chenille grosse et grisâtre se loge entre les spathes; et la larve de la phalène forficule qui ronge l'intérieur de la rafle et descend de là dans la tige.

§ VI. — MILLET OU MIL.

Le millet était employé par les populations lacustres de la Suisse à l'époque de l'âge de pierre; c'est une céréale préhistorique. Son usage s'est perpétué depuis lors sans interruption jusqu'à nous. Les Grecs et les Latins y avaient recours et les Celtes, nos ancêtres, le cultivaient sous le nom de *mel* et s'en servaient pour leur alimentation. En France, aujourd'hui, dans les régions qui le produisent (1), il est surtout utilisé pour la nourriture de la volaille et des oiseaux.

Les populations africaines cultivent de très beaux millets pour leur propre consommation.

Cette plante a la végétation très rapide et exige pour se développer une température assez élevée. Elle est sous ce rapport comparable au maïs. Mais comme cer-

(1) Voir la carte du millet C. I.

taines variétés parcourent toutes les phases de leur végétation en trois mois, on peut en faire la culture, au delà de la région du maïs, dans toutes les contrées où les étés sont chauds et prolongés. Les gelées tardives du printemps sont funestes aux jeunes plantes comme les gelées hâtives de l'automne.

C'est, de toutes les céréales, celle qui supporte le mieux la sécheresse, c'est pourquoi on la cultive chez nous, surtout dans les sols trop légers pour produire du froment.

Espèces et variétés. — Il y a plusieurs espèces et un très grand nombre de variétés de millet. Nous nous bornerons à signaler celles qui sont cultivées en France.

1° *Millet commun (Panicum miliaceum).* — Cette plante atteint de 1 mètre à 1ᵐ,30 de hauteur, les feuilles sont planes et étroites, les fleurs sont disposées en panicules rameuses lâches et retombantes. Les pédicelles sont nus, les glumelles aiguës et les grains arrondis sont luisants. L'écorce de ces derniers est peu épaisse.

La variété la plus répandue est le *millet blanc rond;* semée en mai, elle mûrit en août.

Le millet noir a la panicule légère, et le grain un peu allongé. A la maturité, il prend une teinte gris-noire plus ou moins foncée.

Le millet rouge est vigoureux, très rustique et hâtif. Son grain, assez gros, est rouge-brun intense.

2° *Millet d'Italie (Panicum italicum).* — Il atteint un développement sensiblement égal à celui du millet commun. Il se distingue de celui-ci par la forme de son inflorescence, qui constitue un long épi à peu près cylindrique et recourbé à la maturité. Les grains sont plus aplatis et plus petits.

Cette espèce est plus tardive, mais plus productive que la précédente. Sa végétation est de cinq mois, c'est pourquoi elle est beaucoup moins cultivée dans le centre et l'ouest de la France.

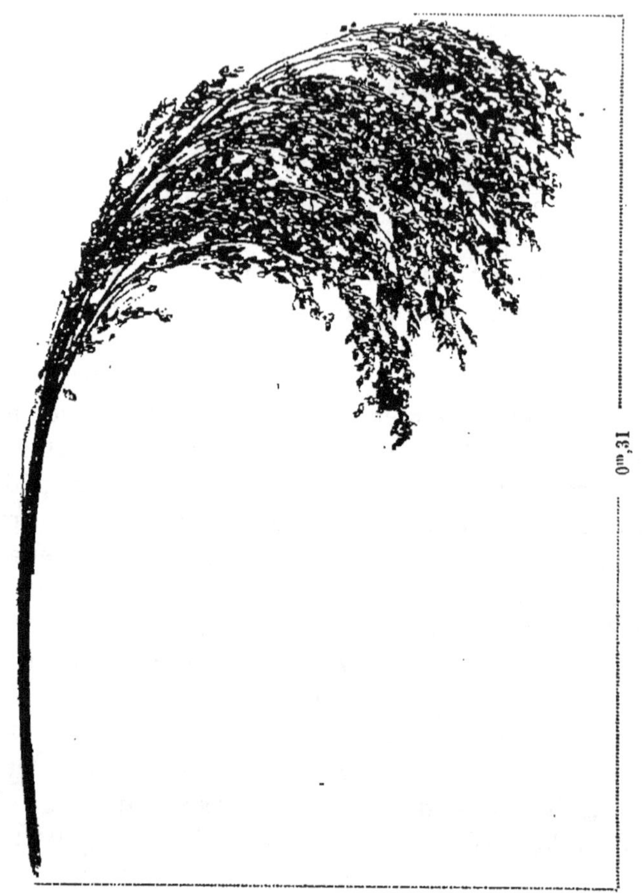

FIG. 217. — MILLET COMMUN.

La variété commune a le grain jaune. Il en existe des noires et des rouges.

Composition du millet. — Le grain de millet présente la composition suivante :

	Kil.
Eau	14,0
Matières azotées	12,7
Graisse	3,3
Extractifs non azotés	57,5
Cellulose	9,5
Cendres	3,0
Total	100,0

Le poids moyen de l'hectolitre de millet est de 69 kilogr. Le millet commun, dont les grains sont plus gros que ceux du millet d'Italie, voit son poids naturel varier de 64 à 70 kilogr.; le second pèse de 69 à 74 kilogr.

Un hectolitre de millet pesant 70 kilogr. donne après décortication 43 kilogr. d'amandes. Il résulte de cette donnée due à Burger, que 100 kilogr. de millet commun sont constitués de :

  61 kil. 5 d'amandes ou grains mondés
  38 kil. 5 d'écales ou son.

Les écales ou son de millet renferment les quantités d'éléments nutritifs relatées ci-après :

	Kil.
Eau	9,5
Matière protéïque	6,5
Graisse	4,5
Extractifs non azotés	14,4
Cellulose	57,6
Cendres	7,5
Total	100,0

D'après ces données, et à défaut d'analyses directes, on peut attribuer au millet décortiqué une richesse de 16 % en substance azotée et de 2,5 % de matière grasse.

La proportion du grain à la paille est en général de

40 à 50 pour %. Dans nos cultures expérimentales nous avons obtenu cinquante-cinq de grain pour cent de paille.

Celle-ci est consommée avantageusement par le bétail et contient envion 4,25 de matières azotées.

Le rendement du millet ordinaire varie, d'après Burger, de 21 à 32 hectolitres par hectare. Le plus fort produit obtenu, d'après M. Heuzé, serait de 40 hectolitres. Quand on obtient de 30 à 35 hectolitres, on doit se montrer satisfait.

Assolement et préparation du sol. — Le millet est exigeant à la fois sous le rapport de la richesse du sol et sous ceux de sa propreté et de son ameublissement. Aussi convient-il de le semer de préférence sur les défrichements de vieilles prairies, de pâturages artificiels, dans les marais ou étangs desséchés, dans les pays où sa culture réussit bien. Il convient également de le semer sur une récolte de racines telles que pommes de terre, carottes, navets, car celles-ci laissent un sol bien propre, et enrichi par d'abondants reliquats d'engrais. Un défrichement de trèfle convient très bien au millet, mais il faut alors donner trois labours pour assurer un ameublissement suffisant. On fait aussi le millet en deuxième récolte, après un trèfle incarnat, un seigle fourrager, ou des vesces d'hiver.

Lorsqu'on fait du millet après une céréale, il faut donner au sol la même préparation que pour l'orge. En un mot, le sol ne saurait être ni trop riche ni trop ameubli par les labours, les hersages et les roulages.

Semailles. — Il faut attendre, pour semer les millets, que les gelées de printemps ne soient plus à craindre, comme c'est le cas pour le maïs, et que la température moyenne soit au moins de 12 à 13°. En France, cela correspond à la dernière semaine d'avril et au mois de mai. Le millet commun peut être semé plus tard que le millet d'Italie, car il arrive plus rapidement à maturité. Ce dernier se sème dans le commencenent de mai.

On fait de préférence le semis en lignes espacées de 35 à 65 centimètres, suivant le développement que doivent prendre les plantes. On exécute ce semis soit au rayonneur, soit de préférence au semoir. La quantité de semence employée dans cette opération ne dépasse pas 12 à 15 litres de grains par hectare. On fait aussi les semailles à la main et à la volée, sur le terrain bien hersé et bien aplani, à raison de 15 à 20 litres par hectare. Mais ce procédé, qui est le plus ancien, rend, comme nous le verrons, les façons d'entretien plus difficiles et plus coûteuses. Après la semaille à la volée, on enterre très légèrement le grain à la herse, comme après le semis au rayonneur. On passe ensuite le rouleau.

Le point capital pour la bonne réussite du millet, c'est que la levée se fasse rapidement et uniformément. C'est pourquoi l'on ne doit rien négliger dans la préparation du terrain, et toujours attendre pour faire le semis que la terre se soit réchauffée et que le temps soit au beau. Si, par suite du manque de chaleur, la levée est lente; si, d'autre part, par suite de pluies survenues après la semaille, la terre se durcit, s'encroûte à la surface, le millet ne sortira du sol qu'avec irrégularité, et la récolte sera compromise. Dans cette dernière conjoncture on ne saurait trop se hâter de passer sur le champ une herse légère pour briser la croûte superficielle et permettre ainsi une bonne levée.

Soins d'entretien. — Le millet, cultivé pour sa graine, devant toujours être semé clair afin qu'il puisse prendre ultérieurement tout son développement, n'occupe pas le sol dans les six ou huit premières semaines de sa végétation. Il en résulte que les mauvaises herbes ont libre carrière et que, si l'on n'intervenait par des façons appropriées, elles prendraient vite entièrement possession de la place et anéantiraient tout espoir de récolte.

Dans les semis à la volée, on donne deux binages avec de petites houes étroites et pointues : le premier est exécuté quand les plantes ont environ 5 centimètres en hauteur, et le second quand elles ont de 12 à 15 centimètres. On profite de ces façons pour détruire non seulement les plantes adventices, mais tous les plants de millet qui sont en excédent. Les ouvriers, qui doivent avoir une certaine habileté, laissent les plantes espacées de 12 à 16 centimètres les unes des autres.

On diminue sensiblement les frais de binage en remplaçant les façons à la main par deux hersages. Ceux-ci, d'après Bürger, pour être utiles, doivent être énergiques. Le premier coup de herse certes ne manque pas d'arracher beaucoup de plants de millet, mais cela nuit d'autant moins qu'un plus grand espacement favorise le rendement en grain.

Dans les cultures en lignes, les binages se font sans difficulté à la houe à cheval, et il est possible de les multiplier. On complète le travail de la houe mécanique à la main en ameublissant le sol sur la ligne entre les plants qu'on a eu soin d'éclaircir après la première façon. On termine la série des soins d'entretien par un léger buttage.

Dans les pays méridionaux, en Italie, en Espagne, dans l'Inde, on a souvent recours à l'irrigation.

Pendant la végétation le millet est sujet à la carie et au charbon. Pour prévenir ces maladies il est indispensable de sulfater les graines, comme on le fait pour le blé, avant de les semer. Quand le millet est sur le point de mûrir, il est en butte aux déprédations des oiseaux.

On les éloigne à l'aide d'épouvantails ou mieux en faisant garder les champs par des enfants.

Récolte. — La récolte est la véritable difficulté de
la culture du millet, parce que la maturité se produit
successivement et d'une manière fort inégale, et que de
plus les millets communs s'égrènent avec la plus grande
facilité. Les signes de la maturité sont le jaunissement
des feuilles et des tiges ainsi que la coloration des glumelles, coloration qui varie avec les variétés. Pour les
millets communs il ne faut pas attendre pour faire la
cueillette que les panicules soient jaunes, mais les couper
alors quelles présentent encore une légère teinte verdâtre. Le millet d'Italie s'égraine beaucoup moins et
peut être coupé à maturité.

La cueillette des panicules ou épis se fait en deux ou
trois fois, par des femmes munies de larges tabliers, relevés en forme de poches, ou de corbeilles. Elles coupent
à la serpette ou avec de forts ciseaux les sommités mûres.
Tantôt on coupe ces derniers au-dessus du dernier nœud
de la tige, tantôt on fait la section à mi-hauteur de celle-
ci. Dans ce dernier cas on réunit les épis en petites
gerbes. Quand on désire livrer les épis intacts au commerce, on leur laisse une queue de 20 centimètres au
moins. On les conserve sous des hangars ou dans les
greniers où l'on les suspend.

Quand la récolte des panicules est terminée on fauche
la paille et la fait sécher en la dressant après l'avoir liée
en gerbes.

Dans d'autres contrées, on coupe à la faucille la récolte entière dès que la maturité est assez avancée, on
en fait des gerbes que l'on dresse par quatre ou cinq pour
en former des sortes de petites moyettes dites *chande-
liers* dans l'Ouest, où les épis encore verts continuent
parfaitement à mûrir.

La rentrée des millets à la ferme se fait toujours dans des voitures bâchées. Le battage s'exécute avec des fléaux légers et le nettoyage au tarare. Pour conserver la graine on l'étale en couches minces dans un grenier bien aéré, et on la soumet à de fréquents pelletages pendant les premiers temps.

CHAPITRE VII.

DE LA MOISSON.

« Hâter plutôt que retarder la récolte. »
J.-N. Schwerz.

On désigne par l'expression générique de *moisson,* l'ensemble des importants travaux nécessités par la récolte des céréales. La moisson commence à l'abattage des plantes granifères pour ne se terminer que lorsque les produits sont enfin mis à l'abri des injures atmosphériques, soit en meules couvertes, soit en grange. Elle comprend donc tous les travaux de sciage, de séchage, de liage, de rentrée et d'emmagasinage des céréales. Dans le chapitre suivant nous conduirons nos récoltes jusqu'au moment de leur emploi.

Comme le dit si justement Olivier de Serres, « la fin de la culture des terres à grains est la moisson : récompense attendue et digne du laboureur. Joyeusement donques le père de famille mettra la dernière main à sa terre, pour en tirer le rapport selon la bénédiction de Dieu, faisant mestiver ou moissonner ses blés avec diligence : laquelle d'autant plus grande est requise, que plus apparent est le danger de perte par négligence, quand inopinément les vents impétueux, pluies violentes et autres tempestueux orages, surviennent sur la maturité des blés dont souvent ils sont jettés et renversés par terre avec très grand desgast. Il aura de longue main fait ses provisions pour telle fatigue, de deniers, de vivres, d'ouvriers, d'outils, aura aussi reaccommodé ses granges et greniers, à ce que rien ne défaille à faute de prévoyance. Les outils seront faucilles bien tranchantes et autres instruments receus ès endroits où l'on est, sans s'amuser d'en rechercher curieusement ne de l'antiquité, ne d'invention nouvelle, d'aucune façon inusitée. »

Le cultivateur, soucieux de ses intérêts, doit donc, d'avance, s'assurer le concours d'un nombreux personnel de moissonneurs en rapport avec l'étendue de son exploitation. Il donnera toujours la préférence aux tâcherons du pays, mais sera presque toujours obligé d'engager des ouvriers étrangers auxquels il lui faudra procurer le logement et une installation pour préparer leur nourriture.

Comme les ouvriers doivent faire chacun une partie distincte de l'ouvrage, il devra en proportionner le nombre de chaque espèce, de manière qu'il n'y ait aucune perte de temps.

Enfin avant d'attaquer la moisson, il aura visité tous ses champs pour surveiller la marche de leur maturation, afin de pouvoir sûrement faire commencer le travail par les pièces qui pressent davantage. Il aura vérifié que tous ses outils, ses machines et ses véhicules sont en bon état; il se sera procuré toutes les pièces de rechange qui peuvent être nécessaires, tout sera monté, graissé, roulant. Les liens auront été préparés d'avance en quantité suffisante pour assurer le service du liage. Et le jour venu l'armée pacifique des moissonneurs pourra entrer en campagne sans manquer de rien.

Époque de la récolte. — *Froment.* — « Il n'est pas nécessaire, dit M. de Dombasle, que les grains des céréales soient parfaitement mûrs au moment où l'on coupe la récolte. Quelques personnes prétendent même que le froment est plus pesant, plus *coulant* à la main, et donne plus de farine, lorsqu'il a été coupé quelques jours avant sa complète maturité. Ce qui est certain, c'est qu'on évite par là une perte assez considérable qu'occasionne l'égrenage, surtout pour certaines espèces de froment et d'avoine dont les grains se détachent très facilement de l'épi, lorsqu'ils sont parfaitement mûrs. D'ailleurs comme la moisson ne peut presque jamais s'exécuter en quelques jours, et qu'elle est souvent retardée par les mauvais temps, il est toujours prudent de la commencer le plus tôt qu'il est possible. Cependant il faudrait bien se garder d'exagérer le principe de la coupe prématurée des grains; et si on les moissonnait lorsqu'ils sont en lait ou encore très mous, on n'obtiendrait que des grains retraits et de qualité inférieure. *L'époque la plus favorable est celle où la paille a presque complètement perdu sa teinte verdâtre, et où les grains de la majeure partie des épis ne se laissent plus écraser en les pressant entre les doigts, mais où l'ongle s'imprime encore dans la substance du grain comme dans un morceau de cire.* »

Lorsque les grains sont ainsi coupés prématurément, ils se détérioreraient infailliblement, si l'on les liait immédiatement en gerbes; mais il faut les laisser pendant quelques jours en javelles ou mieux encore en moyettes, comme nous le verrons plus loin.

Ces recommandations de l'illustre agronome lorrain ont été complètement confirmées par des expériences faites en 1860, à la ferme de Fouilleuse, par Payen et Pommier dont nous donnons ci-après les résultats :

(a) Blés très verts récoltés 8 à 10 jours avant la maturité.

	Blé blanc.	Blé rouge.
	Gr.	Gr.
Grains humides (100 épis). . . .	138,61	146,46
Grains secs (100 épis).	122,63	129,63
Eau % de grains.	12,15	12,86
Poids du litre de grains humides.	800,00	759,20
Poids du litre de grains secs . . .	782,50	752,50
Poids de 100 grains secs.	5,14	3,70

(b) Blés moins verts, récoltés 5 ou 6 jours avant la maturité.

	Blé blanc.	Blé rouge.
Grains humides (100 épis). . . .	186,20	237,50
Grains secs (100 épis)	164,18	209,45
Eau % de grains.	12,11	11,81
Poids du litre de grains humides.	808,60	741,20
Poids du litre de grains secs. . .	807,30	746,20
Poids de 100 grains secs.	5,47	3,82

(c) Blés récoltés à la maturité complète.

	Blé blanc.	Blé rouge.
Grains humides (100 épis). . . .	182,96	196,54
Grains secs (100 épis)	159,61	170,25
Eau % de grains.	13,86	13,38
Poids du litre de grains humides.	793,00	803,50
Poids du litre de grains secs. . .	760,00	785,70
Poids de 100 grains secs.	5,41	4,15

Il semble évident, d'après ces constatations, que du blé, coupé de 6 à 10 jours avant sa maturité complète et mis en moyettes, a un aussi bon poids naturel que si l'on avait attendu à sa complète maturité pour le couper.

D'un autre côté, M. A. Novacki, professeur à l'École polytechnique de Zurich, a moissonné du blé à quatre époques successives, et chaque fois en a égrené immédiatement une partie, tandis que l'autre était mise en moyettes, et battue seulement après achèvement complet de la maturation.

		Eau % de grain.	Poids de 100 grains secs.	Densité du grain.	Volume de 100 grains.
			gr.		cc.
1re récolte. Grains tout verts.	Battage immédiat.	51,47	2,850	1,200	5,307
	Moyettes	11,82	2,970	1,401	2,405
2e récolte. Grains encore laiteux	Battage immédiat.	47,69	3,580	1,229	5,165
	Moyettes	11,67	3,700	1,400	2,998
3e récolte. Grains encore attaquables par l'ongle	Battage immédiat.	25,73	4,186	1,336	4,283
	Moyettes	11,61	4,220	1,397	3,428
4e récolte. Grains durs inattaquables. . . .	Battage immédiat.	12,23	4,218	1,391	3,519
	Moyettes	11,57	4,193	1,386	3,425

Si l'on prend comme type le blé récolté à entière maturité, on constate que les 100 grains pèsent en nombre rond 4^g, 2. Les 100 grains récoltés, alors qu'ils sont encore susceptibles d'être fendus avec l'ongle, c'est-à-dire dans les conditions où M. de Dombasle recommande de faire la récolte, et mis en moyettes pèsent 4^g,22. D'un autre côté le volume du grain n'a pas sensiblement changé.

Il n'en est pas de même si l'on coupe le blé alors que le grain est vert ou même, quoique jaune, s'il est encore laiteux. Le poids de 100 grains tombe dans ces deux cas à $2^g,97$ et $3^g,7$, et le volume à $2^{cc}405$ et $2^{cc}998$.

Si l'on admet que l'hectolitre pèse 78 kilog. et que les 1,000 grains pèsent 42 gr., on trouve dans cette mesure 1,850,000 grains, et pour le rendement d'un hectare à raison de 30 hectolitres, 55 millions 1/2 de grains.

Récolté tout à fait mûr, l'hectare eût donné 23 quintaux 31.

Le blé, coupé 8 jours avant maturité, alors que le grain peut être encore rayé par l'ongle, puis mis en moyette, eût donné 23 qx 42.

Moissonné au contraire lorsque le grain est encore laiteux, bien que jaune, le blé, même mis en moyettes n'eût plus rendu que 20 qx 1/2 d'un grain de peu de valeur.

Cette application aux faits de la pratique des faits précédents permet de conclure sans aucune restriction que les conseils de M. de Dombasle doivent être considérés comme d'une application nécessaire.

Les analyses de M. Novacki ont démontré de plus que le blé coupé, alors qu'il est encore attaquable par l'ongle, ne différait pas sensiblement de composition avec celui qui est récolté à maturité complète, comme on le voit ci-après :

	% DE GRAINS.	
	Récolte avancée.	Récolte à maturité.
Eau.	11,97	11,82
Amidon.	71,90	72,97
Matières azotées.	11,76	10,91
Cellulose.	1,35	1,33
Matières grasses.	1,51	1,44
Cendres.	1,50	1,51

Cadet de Vaux affirmait aussi, de son côté, que le blé récolté avant complète maturité pesait environ 5 kilog.

par hectolitre de plus que l'autre. Nous partageons d'une manière générale cette façon de penser, et les observations de ce dernier auteur ne s'éloignent pas beaucoup de ce qui se passe dans les pays où l'échaudage est à craindre, quand un coup de soleil torride vient mûrir en un seul jour une récolte encore en lait. Nous avons toujours observé nous-même aussi bien dans le nord-est que dans le nord-ouest de la France depuis vingt ans que la coupe prématurée, sans excès, suivie de la mise en moyettes, fournissait sans contredit les blés les plus beaux de grains et les plus estimés.

Les observations précédentes relatives au froment s'appliquent également aux autres céréales, notamment au seigle qui, par une récolte tardive, risque d'être fortement égrené.

Orge. — L'orge doit être coupée dès que les épis se courbent et que le grain devient consistant. La paille est alors jaune. Si l'on attendait que les épis blanchissent, il y aurait à craindre une grande perte, car ils se cassent avec beaucoup de facilité et se détachent de la paille.

Avoine. — L'avoine s'égrène facilement quand elle est trop mûre. Aussi faut-il la récolter un peu prématurément. Les grains sont encore entamés par l'ongle et les pédicelles des grains dans les panicules sont encore verts au moment où il convient de commencer. En général, les avoines récoltées quelque temps avant la maturité parfaite ont moins d'écorce, et leur amande est plus développée.

Maïs. — Le maïs est mûr quand les tiges sont jaunâtres, et quasi sèches, quand les grains supérieurs de l'épi deviennent durs et brillants, et que les spathes ou feuilles qui enveloppent l'épi se détachent avec facilité.

Sarrasin. — On doit récolter le sarrasin dès que, les

tiges ayant pris une nuance rougeâtre, la plupart des grains ont pris une teinte gris-brunâtre se laissent couper par l'ongle, et offrent une cassure farineuse. A cette époque il n'y a plus que quelques fleurs à la partie supérieure des corymbes. Si l'on coupe trop tard, c'est-à-dire lorsque tous les grains sont complètement mûrs, il y a sûrement beaucoup d'égrenage, s'il survient un vent violent, au moment de la coupe, pendant le dressage des javelles, et lors du liage. Si l'on coupait trop tôt, c'est-à-dire quand la majorité des grains est encore laiteuse, la maturation se ferait mal, le grain présenterait une nuance rougeâtre et serait sans qualité.

Coupe des céréales avec les instruments à main. — La coupe des céréales se fait soit avec des instruments à main, soit avec des machines actionnées par les animaux. Étudions d'abord la coupe à la main.

Les outils les plus universellement adoptés pour le moissonnage des céréales sont la *faucille*, la *faulx* et la *sape*.

Faucille. — De temps immémorial la faucille est employée en agriculture; elle constituait dans la mythologie antique un attribut de Cérès, déesse des moissons. Elle a été enfin jusque vers 1850 le principal instrument de récolte des céréales.

La faucille est essentiellement composée d'un fer, qui a approximativement la forme d'un croissant, réuni à un manche en bois dur, par une virole et un rivet. C'est un outil d'une simplicité toute primitive.

Suivant les pays, la forme se modifie. La lame est plus ou moins large, sa courbure a un rayon plus ou moins grand, et l'instrument représente tantôt un quart de cercle, tantôt un demi-cercle. Le tranchant de la faucille

est aiguisé comme une faulx, ou bien il est denté comme
une scie. Dans tous les cas, le tranchant constitue toujours le bord intérieur du croissant, et dans la faucille
dentée la pointe des dents est légèrement inclinée vers
le manche.

Les trois modèles que nous reproduisons ci-contre

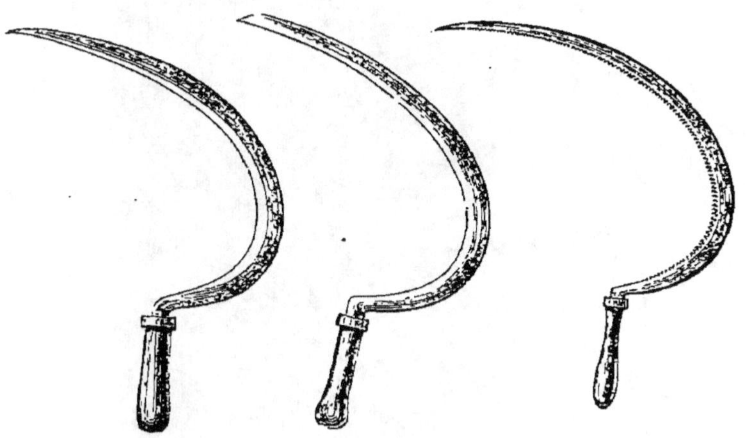

Fig. 218.   Fig. 219.   Fig. 220.
Faucille ordinaire lisse.   Faucille a saper.   Faucille dentelée.

nous ont paru dans la pratique préférables aux autres.

Quel est le système préférable de la faucille à dente-
lure ou de la faucille à tranchant rebattu comme le tranchant d'une faulx? On a constaté dans des expériences
soignées que la première s'use plus rapidement que la
seconde. Toutefois la différence est faible, et au point
de vue de la qualité du travail les deux systèmes se
valent.

Il y a deux façons de se servir de la faucille. Dans la
méthode la plus généralement suivie, mais non la meilleure, le moissonneur s'avance, la faucille tournée vers

la moisson qu'il veut couper; il saisit les chaumes de
la main gauche, en tournant la paume en dedans, comme

FIG. 221. — FAUCILLEURS AU TRAVAIL.

s'il voulait embrasser cette poignée de tiges; en même
temps il engage par la pointe la faucille dans la moisson,
il appuie le tranchant, à 10 ou 12 centimètres du sol,

contre la poignée de tiges qu'il a saisie de la main gauche un peu plus haut, et tirant à lui la lame de l'outil, il tranche la poignée de tiges par un mouvement analogue à celui d'une scie.

Dans l'autre méthode, employée surtout par les Bretons, on a recours à la grande faucille à saper. Le moissonneur se place de manière à ce que la céréale à couper soit à sa gauche; la main gauche saisit les chaumes à environ o^m,25 au-dessus du sol, la paume tournée en dehors; puis de la main droite il porte un coup de tranchant, comme si la faucille était une faulx, pour couper les tiges maintenues par la main gauche; il fait un pas en arrière en poussant les tiges coupées contre celles qui ne le sont pas et qui les soutiennent, donne un deuxième coup de faucille, et recommence la même manœuvre jusqu'à ce qu'il ait coupé assez de tiges pour former une javelle.

Par cette méthode on va plus vite, et l'on coupe les céréales plus près du sol. Les moissonneurs bretons rendent de grands services en Beauce dans les années de verse des blés.

Quoi qu'il en soit, la moisson à la faucille est toujours lente et pénible. La position de l'ouvrier accroupi sur le sol brûlant pendant les plus grandes chaleurs de l'été occasionne assez souvent des congestions cérébrales redoutables surtout pour les personnes d'un certain âge.

Le travail effectué par un faucilleur est très variable. Stephens estime qu'en Écosse, un ouvrier en chantier coupe et lie 14 ares environ par jour; Thaër dit qu'avec la faucille dentée un ouvrier coupe 25 ares par jour; Mathieu de Dombasle estime le travail d'un homme à 18 ou 20 ares.

Avec la faucille bretonne, un homme fait en moyenne par jour 3o à 35 ares.

Sape. — L'usage de la sape offre beaucoup moins d'inconvénients, en permettant de faire le travail plus rapidement et avec moins de fatigue. En outre, la céréale est coupée plus bas. Le sapage des céréales est une méthode flamande. Les sapeurs nous viennent de la Belgique, des Flandres et de la Picardie. Ils sont très recherchés surtout dans les années de verse, car la sape a le grand avantage de permettre la coupe des céréales les plus diversement couchées mieux qu'aucun autre outil.

La sape est composée d'une sorte de petite faulx à manche court, presque perpendiculaire au plan de la lame, et coudé à son extrémité. L'ouvrier sapeur est en outre armé d'un bâton terminé par un crochet. La manœuvre du sapeur est à peu près la même que celle du faucilleur breton. La récolte étant à sa gauche, il rassemble et maintient les tiges avec le crochet tenu de la main de ce côté, tandis que de la main droite il les tranche avec la petite faulx.

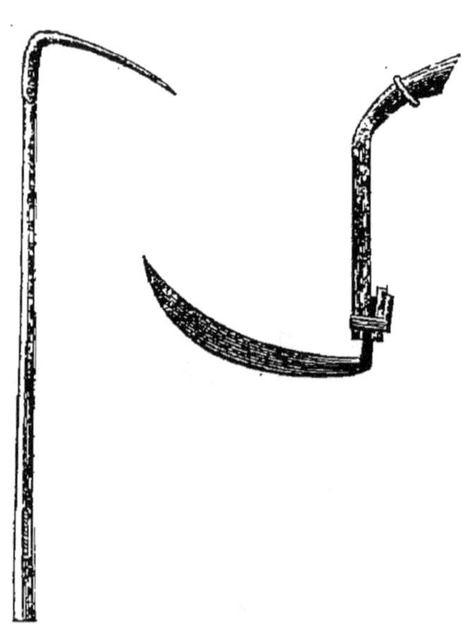

FIG. 223.
CROCHET.

FIG. 222.
SAPE.

Un bon ouvrier coupe par jour à la sape de 3o à 40 ares. Son travail ne vaut pas tout à fait celui du faucilleur, mais il est plus soigné généralement que celui du faucheur. Enfin, de même que le faucilleur, le sapeur n'a pas besoin de servant.

Faulx. — L'emploi de la faulx pour la moisson des céréales est aujourd'hui très répandu.

La faulx est plus difficile à manier que les instruments précédents. Elle exige la force d'un homme fort, mais par contre fait plus de besogne.

On fauche les céréales de deux manières selon l'état de la récolte à couper. Si les tiges sont élevées, comme pour le seigle, le blé en général et certaines avoines, on fauche *en dedans;* — si au contraire les tiges sont de peu de hauteur, comme c'est le cas le plus souvent pour les avoines et les orges, on peut

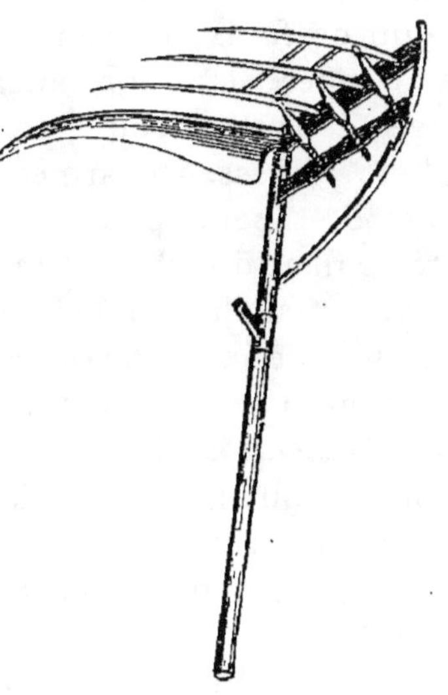

FIG. 224. — FAULX ARMÉE.

faucher *en dehors*. Dans tous les cas il faut recourir à la *faulx armée*.

Pour faucher en dedans, la faulx est armée de deux baguettes recourbées et attachées au manche, près de la lame, par leurs deux extrémités. Une petite traverse, liée au milieu des deux arcs, les maintient immobiles. Cet accessoire s'appelle le *playon;* il a pour objet d'empêcher les tiges coupées de tomber de l'autre côté du manche. Toutefois dans les récoltes un peu fortes le playon n'est plus suffisant et il devient nécessaire d'armer la faulx d'un *râteau*, *râtelot*, *crochet* ou *engerai* qui sera décrit plus bas.

Avec la faulx armée, voici comment le faucheur travaille, pour faucher en dedans : la récolte est à sa gauche, la pointe de la faulx est dirigée vers elle; il tranche les tiges de droite à gauche, en ayant soin d'appuyer les chaumes coupés contre ceux qui ne le sont pas; à chaque coup de faulx, il avance d'un pas égal à l'épaisseur de sa coupée. Un bon faucheur maintient toujours ses tiges debout, et coupe très ras. Il doit être accompagné d'une ramasseuse armée d'une faucille, ou d'un crochet de sapeur, pour ramasser les tiges accotées contre le flanc du champ moissonné et faire les javelles.

Pour faucher en dehors, il faut une armature plus complète que le playon. Cette armature appelée *râteau* est composée de la manière suivante :

Le *râteau* est formé de trois baguettes un peu moins longues que la lame de la faulx, ayant la même courbure, et assemblées entre elles par un montant en bois fixé sur le manche près du talon. Elles sont placées parallèlement entre elles et avec la lame de la faulx, au-dessus du rebord extérieur de cette dernière, et elles sont diversement écartées entre elles de manière à donner plus ou moins de hauteur au râteau, selon qu'il est destiné à fonctionner dans des céréales plus ou moins élevées. Le montant sur lequel s'assemblent les baguettes est soutenu dans sa position par un arc-boutant dont l'extrémité inférieurre vient se fixer à une distance suffisante sur le manche de la faulx. L'écartement des baguettes est en outre maintenu par une traverse parallèle au montant qui les réunit entre elles vers le milieu de leur longueur. Le tout est en bois très léger.

Pour faucher en dehors, l'ouvrier laisse à sa droite la récolte encore debout; et, à chaque coup de faulx, il dépose sur le sol, couchées à sa gauche, les tiges qu'il vient de couper. Ce dépôt se fait en imprimant à la faux une légère secousse. Le faucheur dans ce cas forme un *andain* à sa gauche, et n'est pas accompagné d'une ramasseuse.

Souvent toutefois, pour mettre la récolte en javelles, le faucheur en dehors est suivi d'une femme ou d'un enfant qui, au moment précis où la faulx va déposer les tiges coupées par terre, les saisit sur le râteau même pour les déposer sur le sol à l'endroit voulu. Il faut alors qu'il y ait entre le faucheur et son servant une harmonie de mouvements qui n'est pas sans avoir une certaine grâce rustique.

Un bon faucheur peut couper par jour jusqu'à 50 ares de blé, 40 ares d'orge et 60 ares d'avoine.

Comparaison des trois modes de moissonnage à bras. — *La faulx* fait plus de travail que la sape et la faucille. Elle coupe au moins aussi bas que la sape. Comme cette dernière elle enlève toutes les mauvaises herbes. Les javelles sont plus allongées et moins épaisses qu'avec la sape et par suite sèchent mieux.

D'autre part la faulx présente l'inconvénient de faire un mauvais travail dans les blés versés et roulés. Quand on fauche en dehors, elle peut causer de l'égrenage dans les récoltes trop mûres. La céréale est plus mêlée dans les gerbes.

La sape fait dans les blés versés et tourbillonnés un travail plus propre que la faulx ou même la faucille. La quantité de travail exécuté est presque aussi grande qu'avec la faulx, et l'ouvrier n'a pas besoin d'être aussi fort. Elle coupe très bas, ramasse bien la paille et les herbes, donne des javelles propres, faciles à lier, sans épis traînants. Elle est bien plus économique que la faucille.

Elle présente l'inconvénient de donner des javelles un peu trop épaisses, ce qui est un défaut par les temps pluvieux; la dessiccation est plus difficile. Elle ne présente pas d'économie sur la faulx.

La faucille est lente au travail. Il faut donc beaucoup d'ouvriers, et une longue période de beau temps. Les céréales sont par suite plus exposées à être mouillées ou détériorées. Le chaume étant coupé très haut, il y a perte de paille.

Par contre, les javelles peu épaisses, très bien rangées et soulevées par les chaumes, sèchent facilement, le battage est facile et la gerbe mieux tassée.

En résumé, la faulx et la sape demeurent les deux méthodes les plus recommandables de moissonnage à la main. L'une complète l'autre. Mais la sape est précieuse dans les pays à fortes récoltes, où la verse est commune, car elle seule est alors pratique, et la faucille, la faulx et les machines doivent être abandonnées.

Moissonnage mécanique. — Dans le commencement du premier siècle de notre ère, d'après Plinius major, les Gaulois, nos aïeux, employaient pour moissonner leurs blés un char poussé par des bœufs, et armé à sa partie antérieure d'un peigne dont les dents détachaient les épis. Ces derniers tombaient alors dans la caisse du char. Mais après avoir fait éclore cette idée, le génie des Gaules s'endormit ou pensa à autre chose, car ce n'est réellement qu'en 1851 que les moissonneuses refirent chez nous une nouvelle apparition. Il avait fallu que le manque de plus en plus grand de la main d'œuvre aiguillonnât le génie anglo-saxon pour lui faire mettre au point cette découverte d'une autre race.

Aujourd'hui avec les perfectionnements qu'elle a reçus en Angleterre et surtout aux États-Unis d'Améri-

que, la moissonneuse est un appareil tout à fait pratique. En 1862, la France employait déjà 8,900 de ces
instruments. Vingt ans plus tard, on en comptait plus
de 16 mille, et aujourd'hui on ne peut pas estimer leur
nombre à moins de vingt mille.

Cette extension de l'emploi des moissonneuses a des
causes multiples qu'il convient d'examiner. La plus
efficace est sans contredit la difficulté croissante que
rencontre le cultivateur à se procurer le nombre de
moissonneurs nécessaires à l'exécution de la moisson
dans un laps de temps suffisamment court. La prolon-
gation des travaux de récolte au delà d'un certain nombre de jours est, en effet, très préjudiciable, à cause de
la perte due à l'égrenage des moissons trop mûres, et
de celles plus considérables encore causées par les intempéries et les orages.

L'abaissement progressif du prix des céréales est une
autre cause de l'extension de l'emploi des moissonneuses, car ces machines permettent à la fois d'opérer la
récolte plus vite et à moins de frais, comme nous le
verrons tout à l'heure.

Enfin il faut joindre à cela la question de l'indépendance dont jouit le cultivateur vis-à-vis des tâcherons
d'autant plus exigeants qu'ils savent qu'il est impossible
de se passer d'eux. Cette facilité que nous avons aujour-
d'hui de faire la moisson avec une faible adjonction de
personnel est inestimable.

Si nous ajoutons que, sauf dans les blés versés, les
machines exécutent aujourd'hui la coupe et la javelle,
ou le liage avec une plus grande perfection que la
moyenne des faucheurs, on comprendra la vogue sans
cesse croissante dont elles jouissent dans la grande et
la moyenne culture.

Moissonneuse simple. — Parmi les nombreuses moissonneuses simples, employées à l'époque actuelle, nous

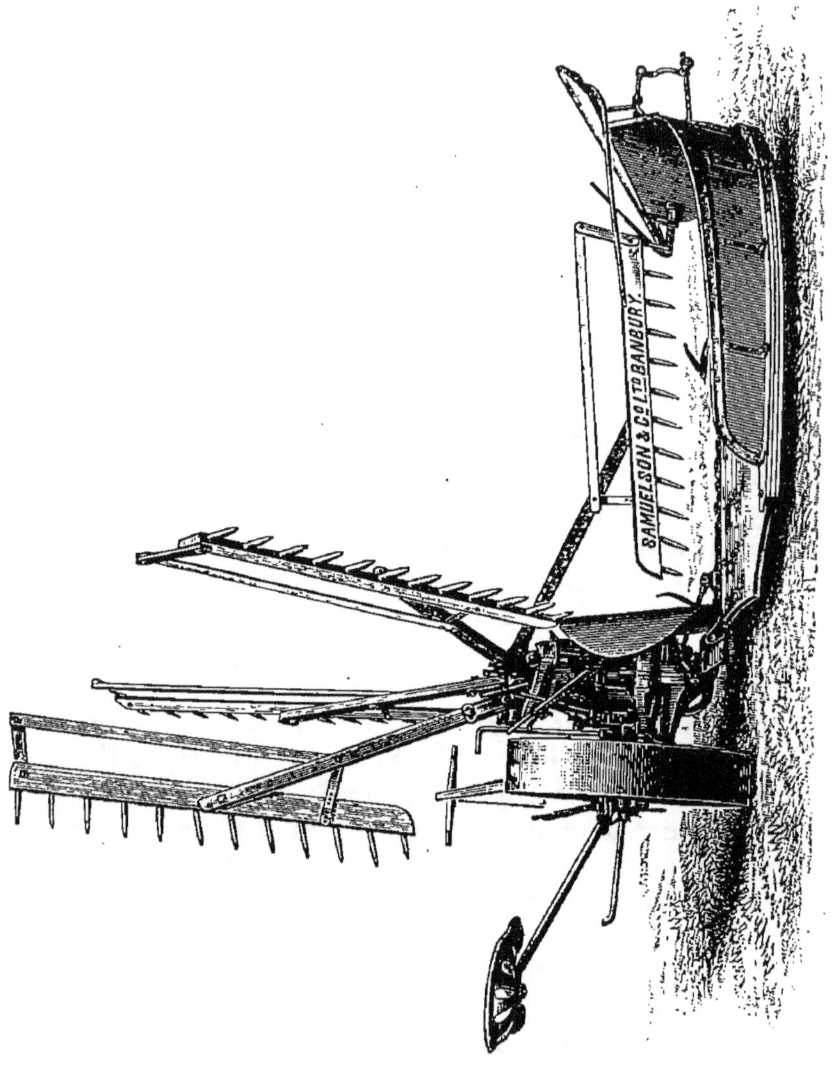

Fig. 225. — Moissonneuse New-Era.

devons signaler la machine « New-Era » construite par

MM. Samuelson et C°, à Orléans et à Banbury. Elle se recommande par sa légèreté, due à l'emploi exclusif de l'acier et du fer forgé dans sa construction, sa solidité, commune à toutes les machines de la même maison, et sa bonne construction. Elle travaille très bien, fait la javelle aussi grosse qu'on le veut et à volonté; elle permet de garder, dans les tournants, les javelles sur le tablier. La barre de coupe peut s'élever instantanément pendant la marche pour éviter les obstacles. La hauteur de coupe se règle avec facilité. Pour le transport, le tablier se relève sur le côté. On peut l'atteler de chevaux ou de bœufs, indifféremment. C'est le type de la moissonneuse de moyenne culture.

Moissonneuse combinée. — Dans les petites exploitations, qui ne comportent pas l'achat d'une faucheuse et d'une moissonneuse, mais où il faut couper quand même les fourrages et les céréales, le cultivateur doit recourir aux machines combinées qu'on peut facilement transformer de moissonneuses en faucheuses et réciproquement. Comme les conditions mécaniques de la coupe des fourrages et des tiges de céréales ne sont pas les mêmes, il est indispensable que, dans la transformation, les organes actifs soient convenablement modifiés. Une faucheuse a trop de vitesse de lame pour couper les céréales, une moissonneuse n'en a pas assez pour faucher l'herbe verte. Détournées de leur destination spéciale, l'une et l'autre font un médiocre travail. On se contente en général pour les machines combinées de donner à la lame une vitesse intermédiaire, et l'on ajoute à la faucheuse un appareil de javelage pour faire la moisson. Toutefois ainsi le problème est mal ou incomplètement résolu, car le travail de la machine combinée comme faucheuse et comme moissonneuse est toujours inférieur en qualité à celui de la machine simple.

Fig. 226. — Faucheuse Wood, munie d'un appareil à moissonner.

Nous donnons la figure d'une faucheuse Wood munie d'un appareil à moissonner, avec javelage à la main, qui convient à la petite culture.

En outre, la même maison construit pour la petite culture et les pays accidentés une moissonneuse-javeleuse à un cheval dont nous donnons la figure.

Nous pourrions citer beaucoup d'autres moissonneuses

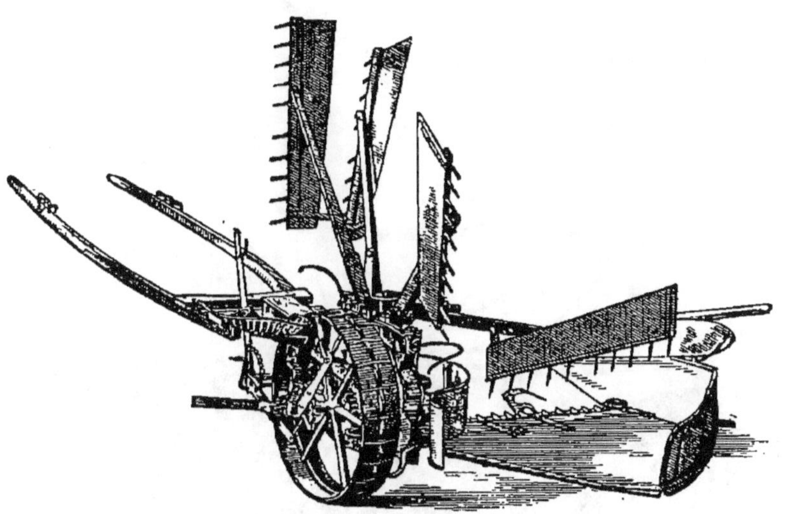

Fig. 227. — Moissonneuse Wood a 1 cheval.

qui fournissent comme les précédentes un excellent travail. Mais il faut savoir se borner. Le lecteur, désireux de s'éclairer complètement sur le sujet, lira avec fruit le traité de M. Tresca sur « *Le Matériel agricole moderne* » (Bibliothèque de l'enseignement agricole.)

Dans les régions où l'on n'a pas l'habitude de lier la récolte aussitôt la coupe, mais dans lesquelles, au contraire (ce qui est préférable, croyons-nous, dans le cas où il y a abondance d'herbe au pied des javelles), on met

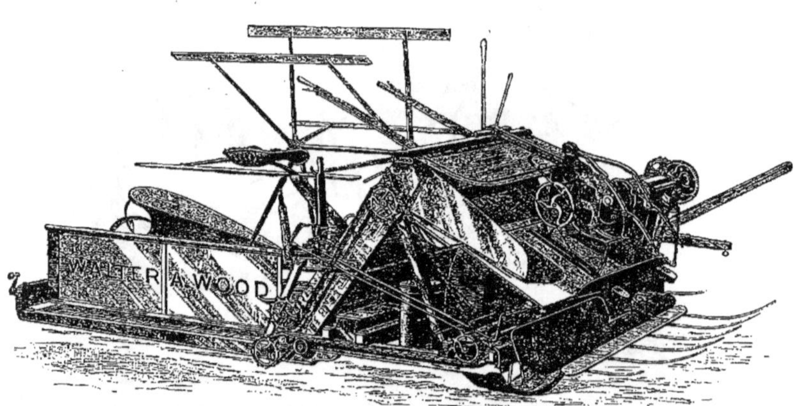

Fig. 228. — Moissonneuse-lieuse Wood.

ces dernières en moyettes ou meulons, ce sont les seules que l'on puisse encore employer.

Moissonneuse-lieuse. — Mais dans les pays où la coutume est d'opérer le liage aussitôt que la moisson est coupée, dans ceux où les céréales ne sont pas trop infestées d'herbe, ce qui est de tout point désirable ; dans les localités où l'on n'a pas grand intérêt à moissonner le plus bas possible, on doit recourir aujourd'hui à la moissonneuse-lieuse, qui non seulement coupe les céréales, mais encore les dépose sur le sol en gerbes égales, solidement liées à l'aide de ficelle. Un porteur de gerbes, annexé à la machine, permet de déposer celles-ci en tas de 3 ou 4 à des distances régulières.

Nous pouvons recommander les moissonneuses-lieuses Wood, Samuelson, Hornsby et Mac Cormick, comme étant très pratiques.

C'est en 1873, à l'Exposition universelle de Vienne que la maison Wood a produit en public la première moissonneuse-lieuse. En 1878, à l'Exposition universelle de Paris, le concours de Mormant a démontré aux yeux du public agricole des deux mondes que le problème était résolu. Mais il restait encore un progrès sérieux à réaliser. Le liage s'opérait avec du fil de fer. Il y avait à craindre que les liens métalliques n'occasionnassent des accidents à la ferme, pendant et après le déliage. Le fil de fer fut rapidement abandonné et remplacé par la ficelle, qui ne présente aucun inconvénient.

En même temps que ces machines nouvelles se perfectionnaient et devenaient plus légères de traction, leur prix diminuait dans de grandes proportions. De plus de 2.000 francs qu'on les vendait à l'origine, elles tombaient à 1.200 et même 1.000 francs seulement. Elles sont donc bien définitivement adoptées par la

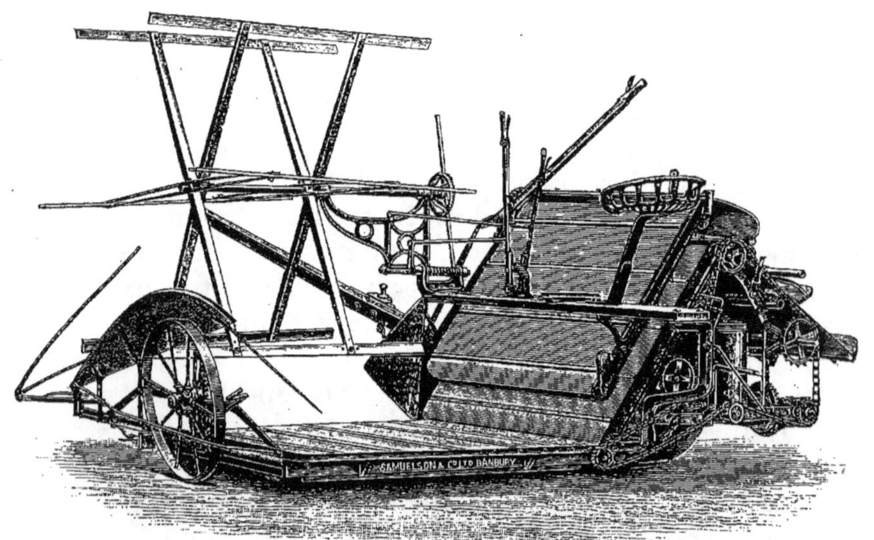

FIG. 229. — MOISSONNEUSE-LIEUSE SAMUELSON.

culture, car l'extension seule de leur emploi a pu amener une pareille baisse de prix.

L'avenir appartiendra donc certainement aux mois-
sonneusses-lieuses par lesquelles la plus grosse partie de
la main-d'œuvre de la moisson est supprimée. Il faudra
que les cultivateurs arrivent à avoir des champs de céréales bien propres, pour permettre, dans tous les cas,
le liage immédiat; c'est là une nécessité évidente, mais
non un inconvénient. Il n'est pas douteux en effet que
la réalisation de ce desideratum n'aurait pas seulement
pour résultat de faciliter la récolte, mais, bien plus, d'accroître les rendements dans une très notable proportion,
car rien n'est plus préjudiciable que l'herbe aux récoltes
des céréales. Or la situation économique actuelle impose
comme un devoir inéluctable au cultivateur l'accroissement des rendements. C'est la seule planche de salut
qui lui reste. Il doit tout faire pour s'y arrimer solidement; et il ne peut arriver sûrement au but sans avoir
opéré le nettoyage complet de son sol.

Il suit de ce qui précède que le plus grand obstacle à
l'emploi des machines-lieuses est destiné à disparaître,
sans conteste, puisqu'il y va du salut de l'agriculture
nationale. Il faudra du temps pour que cela se réalise et
se généralise. Mais étant donné ce qui se passe autour de
nous dans les fermes dirigées par les agriculteurs d'avant-
garde; étant donnée la puissance de l'exemple et de la réussite sur les populations rurales, il est assuré que dans un
avenir prochain cet immense progrès sera un fait acquis.

**Comparaison entre le moissonnage à bras
et le moissonnage mécanique.** — Ainsi est aujourd'hui complètement résolu le problème du moissonnage mécanique. Il nous reste maintenant à examiner les avantages de ces procédés nouveaux sur les
anciens. Nous considérerons deux cas : 1° l'emploi de

la moissonneuse simple, 2° l'emploi de la moissonneuse-lieuse.

1° *Moissonneuse simple.* — D'après les résultats de
notre propre pratique, nous estimons qu'avec deux
chevaux de relai et deux hommes, on peut couper facilement, par jour, avec une moissonneuse simple, bien
conduite et entretenue :

	Hectares.
Blé ou forte avoine ou seigle.	4
Avoine ou orge	4,60

M. Eug. Risler, directeur de l'Institut agronomique,
estime le travail journalier d'une machine à 3 ou 4 hectares.

M. Ringelmann, directeur de la Station d'essai de
machines, indique pour le travail journalier d'une moissonneuse à un cheval 2 hect. 1/2 à 3 hectares; et pour
celui d'une machine à deux chevaux, de 4 à 7 hectares,
suivant que l'on fait une ou deux attelées.

En partant des résultats que nous avons constatés
nous-même et de ceux que nous avons trouvés relatés
ailleurs, nous pouvons établir le prix de revient du
moissonnage mécanique à peu près comme il suit :

Nous estimons d'abord qu'il faut quatre chevaux, se
relayant deux par deux, pour assurer le service de la
machine. Deux hommes aussi sont nécessaires. Pendant
que le premier conduit la machine, l'autre prépare les
scies qu'il est utile de changer souvent, et d'affûter avec
soin. Le graissage est très important et doit plutôt être
excessif que ménagé. Grâce à l'huile minérale, dite Rago-
sine, qui ne revient qu'à o fr. 5o le kilogramme, la dépense de graissage a beaucoup diminué.

Nous portons en dépenses la journée de cheval à 5
fr., la journée d'homme à 5 francs aussi et le graissage
à o fr. 5o.

A cela il faut ajouter les dépenses d'entretien et de réparations. Pour les fixer d'une façon précise, nous ne saurions mieux faire que de citer les résultats obtenus par M. de Larclause, directeur de la ferme-école de Montlouis, dans la Vienne, tels que nous les trouvons relatés dans le *Journal d'agriculture pratique* (t. I, p. 381, année 1883).

« J'ai acheté, en 1875, dit M. de Larclause, à M. Pilter la moissonneuse Samuelson, dite *Omnium*. N'ayant reçu cet instrument qu'à la fin de la campagne, il n'a coupé que 3 hectares. En 1874 et 1875, j'avais fait la moisson à l'aide de la moissonneuse dite *Royale*. Depuis 1856 je coupais les céréales avec la moissonneuse Mac-Cormick.

« L'*Omnium* a coupé, en 1876, 1877 et 1878, 114 hectares, et a coûté pendant ce laps de temps 80 francs d'entretien et de réparations. Cette dépense a été occasionnée par le remplacement des pièces suivantes :

	Francs.
12 sections de la lame	12,00
Support de l'essieu de la roue de côté. . .	10,00
1 essieu et boulon	4,90
2 supports de la vis de la roue de côté . .	10,00
Bras de râteaux.	25,00
Arbre et pignon de la crémaillère.	8,00
2 guides, 3 doigts et boulons.	10,10
Total de la dépense en 3 ans	80,00

« Depuis 1878, je puis établir, année par année, les diverses dépenses occasionnées par l'usage de la moissonneuse Omnium.

« En 1879, elle a coupé 39 hectares de céréales et nécessité une dépense de 2 fr. 50 pour réparation au support de l'essieu de la roue de côté.

« En 1880, elle a coupé 28 hectares. La dépense a été.

de 14 fr. 80 pour acquisition de 4 doigts et de 12 boulons pour les fixer.

« En 1881, la machine a coupé 38 hectares; elle n'a rien coûté.

« En 1882 elle a coupé 29 hectares de céréales et nécessité une dépense de 10 fr. 25 pour remplacer l'arbre et le support de la roue de côté.

« En sept ans, la moissonneuse a donc coupé 248 hectares de céréales et nécessité une dépense de 107 fr. 55; soit par an 15 fr. 35 *et par hectare* 0 *fr.* 43.

« Aujourd'hui la moissonneuse est en état parfait et aucune pièce n'est à remplacer : elle est presque aussi bonne qu'une neuve. »

Aux dépenses d'entretien doivent s'ajouter celle d'intérêt et d'amortissement du capital engagé dans l'opération. La moissonneuse Samuelson New-Era coûte avec deux lames 725 francs. Il faut ajouter à ce prix celui d'une meule à repasser les scies et deux lames de rechange, soit 90 francs. Le capital total ne dépasse donc pas 815 francs. L'intérêt annuel de cette somme à cinq pour cent est par suite de 40 fr. 75. Comme, d'autre part, nous venons de démontrer par la citation précédente qu'une machine de bonne construction, bien menée et réparée quand il le faut, peut couper 248 hectares, en sept ans, sans avoir perdu de sa valeur agricole, on ne nous taxera pas d'exagération si nous amortissons notre capital en dix années après une coupe de 400 à 450 hectares. La prime d'amortissement à prélever par an sera donc de 81 fr. 50. Avec l'intérêt, c'est une charge de 122 fr. 25.

Dans une ferme de 100 à 120 hectares, une machine a chez nous de 50 à 60 hectares à couper par an. Mais comme il est prudent d'avoir toujours sous la main quelques moissonneurs pour les parties difficiles, nous ne ferons couper à la machine que 40 à 45 hectares.

L'intérêt et l'amortissement par hectare coupé sera dès lors de 3 fr. o5 à 2 fr. 72.

En admettant que la moissonneuse coupe 4 hectares par jour, on peut donner le compte suivant :

	Francs.
4 journées de cheval	20, »
2 — . d'hommes.	10, »
Ragosine pour graissage	0,5o
Réparation à o fr. 43 par hectare, soit pour 4 hectares.	1,72
Intérêt et amortissement à 3 fr. par hect.	12,00
Total par journée	44,22

D'où il suit que l'hectare de céréales, moissonné à la machine, revient au plus à 11 fr. o5; nous disons au plus, car nous avons plutôt exagéré les dépenses à dessein.

A l'époque où nous écrivons ces lignes, on paye en Beauce en moyenne 35 francs, pour saper et lier un hectare de blé. La coupe et le liage des céréales de printemps coûte 18 francs. Le liage seul, après la machine, se paye 6 à 8 francs. Le moissonnage mécanique d'un hectare de blé procure donc une économie de 16 francs par hectare de blé.

En ce qui concerne l'avoine et l'orge, si l'on tient compte, comme il est juste, que l'étendue coupée par jour est de 4 hectares 6o, le prix de revient ne dépasse pas 9 fr. 6o. L'économie ressort seulement à 2 fr. 40.

Pour une ferme de 120 hectares, comportant 6o hectares de céréales dont 3o de blé et 3o de céréales de printemps (ou mars), où l'on abattrait à la machine 20 hectares de blé et 25 hectares de mars, l'économie réalisée atteindrait au bas mot 38o francs, *soit 46,6 %du capital engagé.*

A cet avantage qui n'est pas à négliger, à la facilité que l'on a de hâter la récolte, de suppléer à la main-d'œuvre défaillante, il faut ajouter que par la méthode mécanique il y a beaucoup moins d'épis perdus, que les tiges sont bien mieux rangées en général dans la javelle, où l'on ne trouve presque pas d'épis au pied. Il en résulte que lors du battage, l'engrenage est à la fois plus facile et plus rapide, et qu'en outre la récolte est beaucoup mieux battue.

Mais la moissonneuse simple ne termine pas le travail entièrement. Il faut engager des lieurs qui souvent profitent de la nécessité où se trouve le fermier d'avoir recours à eux pour demander des prix exagérés. Aussi parfois, le bénéfice des machines est ainsi presque annihilé.

C'est là, avec les autres raisons que nous avons déjà indiquées, une situation qui conduira de plus en plus les cultivateurs à adopter les moissonneuses-lieuses malgré leur mécanisme plus compliqué.

2° *Moissonneuse-lieuse.* — Avec la moissonneuse-lieuse l'économie est encore plus importante et, sauf quand les récoltes sont versées, l'indépendance du cultivateur plus assurée.

Cette machine est plus lourde de traction que la moissonneuse simple. Il convient de l'atteler de trois chevaux de front. Avec le relai, il nous faudra donc six chevaux pour assurer le service. Dans ces conditions la machine étant bien conduite pourra couper et lier par journée de 10 heures de travail effectif cinq hectares de blé par jour, ainsi que nous l'avons constaté. Mais nous admettrons, comme nous l'avons fait pour la moissonneuse simple, qu'elle ne coupera que quatre hectares en moyenne dans le blé et 4 hectares 60 dans l'avoine ou l'orge.

La machine, coûtant aujourd'hui 1,200 francs, avec
ses accessoires, l'intérêt de ce capital à porter en dépenses
est de 60 francs par an. L'amortissement en dix ans de
la valeur de la machine constitue une charge de 120
francs. Comme dans une ferme de 120 hectares, on peut
compter sur 11 à 12 jours de coupe à exécuter; le prix
de revient de la journée de travail peut s'établir comme
il suit :

Intérêt du capital à 5 %	5,00
Amortissement à 10 %.	10,00
Six chevaux en deux relais de trois . . .	30,00
Deux hommes	10,00
Huile à graisser	0,50
Entretien.	3,00
Total.	58.50

A cette dépense il faut ajouter la valeur de la ficelle
employée au liage, soit 7 fr. 50 par hectare (1,500 gerbes
de 5 kilogrammes).

On voit, par suite, que le prix de revient du moissonnage et du liage mécaniques s'élève au plus à 22 fr. 10
par hectare de blé, et à 20 fr. 30 par hectare d'avoine ou
d'orge.

Comparons ces prix de revient à ceux que l'on observe
dans les exploitations où la moisson se fait tout entière
à bras d'hommes.

Nous avons déjà vu que l'on paye en moyenne 35 fr.
pour couper et lier l'hectare de blé et 18 fr. pour l'avoine.
Mais dans ces prix n'est pas comprise la valeur des liens
qui sont fournis tout prêts aux moissonneurs. Ces liens
faits avec de la gerbée de seigle ont une valeur que nous
allons chercher à estimer. Ce n'est pas exagérer que de
donner à la paille de seigle battue au tonneau et pei-
gnée une valeur de 5 francs les 100 kilog. Comme il faut

12 kilog. de gerbée pour faire 100 liens, et qu'un ouvrier ne fait que 1,200 liens par jour, il en résulte que le 100 de liens revient à 1 franc en chiffres ronds :

	Francs.
Paille de seigle 144 kil	7,20
Une journée d'homme..	5,00
Total	12,20

A raison de 800 gerbes par hectare, il faudra donc majorer le prix de revient de la moisson manuelle du blé de 8 fr., ce qui le met à 43 fr.; la moisson des céréales de mars reviendra à 26 francs.

Les avantages procurés par la moissonneuse-lieuse ressortent de la comparaison de ces chiffres :

Il y a économie de 20 fr. 90 par hectare de blé et de 5 fr. 70 par hectare d'avoine très forte.

Dans la ferme que nous avons prise comme type, où nous avons coupé 20 hectares de blé et 25 d'avoine, l'économie totale s'est élevée à 679 francs.

Il y a donc incontestablement une très grande économie à l'emploi des machines à moissonner. Mais pour que ces résultats se réalisent, il est indispensable que les cultivateurs donnent à ces instruments délicats les soins qu'ils réclament. Si l'on achète une machine, puis, que sans étudier son mécanisme, son montage, son démontage et tous les détails de la moissonneuse, on la confie à un charretier quelconque, il serait étonnant qu'il n'arrivât pas quelques accidents nécessitant de grosses et coûteuses réparations. De même si, après la moisson, la machine est laissée sans aucun soin, exposée à toutes les intempéries, jusqu'à la récolte suivante, au lieu d'être mise à l'abri après avoir été nettoyée, graissée et repeinte au besoin, on ne devra pas s'étonner qu'elle n'ait pas de durée et que son fonctionnement laisse beaucoup à désirer.

Le cultivateur qui ne veut pas s'astreindre à surveiller de très près la conduite, l'entretien et la réparation de ses machines, doit continuer les anciens errements, car ce qu'il manquera ainsi d'économiser, il le perdrait immanquablement en opérant avec les machines.

Mais y a-t-il encore place dans l'état actuel de l'agriculture française pour la routinière indolence du passé ? Nous ne le croyons pas. L'activité personnelle, l'instruction, le sens pratique nous paraissent de plus en plus nécessaires pour atteindre le but poursuivi, c'est-à-dire le bénéfice.

Soins à donner aux céréales après la coupe. — La récolte abattue exige des soins nombreux avant le battage.

Soins à donner aux javelles. — Quand les céréales sont coupées, on a dans certains pays la mauvaise habitude de les laisser javeler sur le sol pour les faire sécher et mûrir plus vite. Si le temps se maintient au beau, cela n'a pas de grands inconvénients ; mais, que la pluie survienne, il n'en est plus de même.

Lorsque les céréales sont en javelles, il ne faut pas épargner le travail pour les retourner souvent dans les temps pluvieux. Par les beaux jours, on les retourne après que la rosée s'est dissipée et que le dessus est bien sec. Alors au bout de trois ou quatre heures, elles sont d'ordinaire tout à fait sèches. Si le temps est pluvieux, on ne peut fixer aucun moment pour cette opération : toutes les fois que les javelles sont restées pendant deux jours dans une position, il faut nécessairement les retourner, parce qu'après cette opération la paille et les épis, étant soulevés, se dessèchent davantage. Il faut retourner aussi les javelles après les fortes averses qui les tassent sur le sol; car les grains, étant alors pressés contre la terre et parfois même recouverts de limon, entreraient très facilement en germination.

On ne doit *jamais* laisser javeler ni le froment ni l'orge. Il serait aussi de beaucoup préférable de ne pas laisser javeler les avoines. On dit que les avoines javelées se battent mieux; mais aujourd'hui les batteuses sont assez puissantes pour que cela n'ait plus d'importance. Le grain, par le javelage, sous l'action des rosées et des pluies gagne en volume, mais il perd en poids. Le javelage avait donc un semblant de raison d'être à l'époque lointaine où les transactions sur les céréales se faisaient au volume. Mais aujourd'hui tout se vend et s'achète au poids, et, par cela seul, le javelage est insoutenable.

D'un autre côté, par les temps pluvieux, les javelles abandonnées sur le sol voient leurs grains se couvrir toujours d'une couche de limon plus ou moins épaisse. Le battage et le nettoyage souvent sommaire que les grains subissent à la ferme sont insuffisants pour les en débarrasser. Les animaux qui consomment les grains en nature peuvent absorber ainsi une grande quantité de matières terreuses nuisibles à leur santé.

La paille est en quelque sorte rouïe, elle perd sa couleur jaune originelle et brunit, ou au moins se ternit. Plus que le grain encore, elle est salie par les matières terreuses, et elle perd la plus grande partie de sa valeur comme fourrage.

Au contraire les avoines traitées par les méthodes que nous allons indiquer plus loin fournissent toujours un grain plus lourd et de meilleure qualité, et une paille excellente.

Le javelage, en résumé, est une pratique qu'il est urgent d'abandonner, surtout dans les années pluvieuses.

Nos aïeux nous ont conservé le souvenir des résultats désastreux du javelage dans les années pluvieuses de 1816, 1845, 1852 et 1855. Dans le village où nous avons reçu le jour, les cultivateurs, après avoir rentré leur récolte humide parce qu'elle ne pouvait sécher sur le sol, furent obligés de la sortir ensuite et de l'étaler dehors chaque fois qu'il faisait un rayon de soleil.

Moyettes de javelles. — Les céréales doivent être coupées six à huit jours avant leur maturité, avons-nous dit ; mais il faut alors essentiellement qu'on les place dans des conditions convenables pour que la maturation puisse se poursuivre normalement, et que les javelles se trouvent à l'abri des pluies qui pourraient détériorer la graine et la paille dans des proportions considérables.

C'est par la mise en moyettes que l'on arrive le plus parfaitement à ce but. L'expérience a depuis longtemps prouvé que les moyettes sont d'une grande efficacité pour la conservation des céréales par les temps pluvieux, et, d'autre part, les recherches d'Isidore Pierre ont mis hors de doute que les céréales y achèvent leur maturation de la *manière la plus parfaite.*

Nous allons d'abord les décrire et les figurer, puis nous nous arrêterons un instant à leurs avantages relatifs.

On peut diviser les moyettes en deux classes :

1° les moyettes de javelle.
2° les moyettes de gerbes.

Nous ne nous occuperons que des premières dans ce paragraphe.

Les *moyettes de javelles* peuvent s'établir selon deux types différents : la moyette flamande et la moyette picarde.

Pour exécuter rapidement une *moyette flamande* (fig. 230), il faut deux ouvriers travaillant de concert. Simultanément, et à mesure que la récolte est coupée, chacun d'eux prend une forte javelle et se dirige vers le point choisi pour établir la moyette. Ils se font face en A et B (fig. 231) puis accotent l'une contre l'autre, en leur donnant du pied, les deux javelles 1 et 1′ par leurs épis. Celles-ci étant consolidées, chaque ouvrier va quérir une autre javelle, et synchroniquement revient à la moyette, il se place sur une direction perpendiculaire au plan vertical passant par les deux premières javelles placées, faisant face à son compagnon, et accote sa javelle à celle

FIG. 230. — MOYETTE FLAMANDE.

de celui-ci 2 et 2′ (fig. 232). Les quatre premières javelles sont ainsi placées en croix et se maintiennent mutuellement. Les deux ouvriers placent alors dans l'angle rentrant existant entre les javelles 1 et 2, 1′ et 2′ deux nouvelles javelles 3 et 3′, toujours en même temps, et en les opposant directement, pour ne pas risquer d'ébranler l'édifice. Ils terminent en plaçant chacun leur quatrième javelle 4 et 4′ dans l'angle rentrant situé entre 1 et 2′ et 1′ et 2.

On a formé ainsi un cône de céréales solide, constitué de 8 grosses javelles. La fig. 233 représente la projection

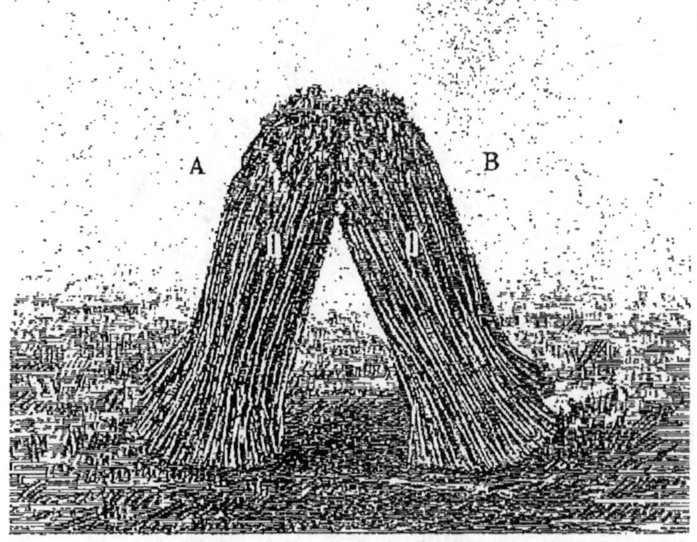

FIG. 231. — MOYETTE FLAMANDE.

FIG. 232. — MOYETTE FLAMANDE.

Fig. 233. — Moyette flamande.

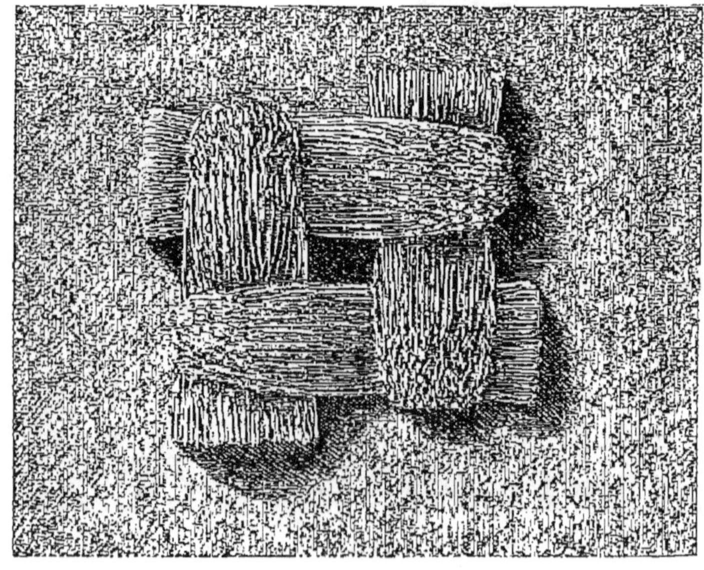

Fig. 234. — Moyette picarde.

horizontale théorique de ce cône. Les javelles qui se mettent en opposition portent les mêmes numéros.

On enserre pour le consolider, le haut de la moyette par un lien de paille placé à environ 25 centimètres au-dessous des épis. L'écartement du bas des tiges, outre qu'il donne du pied à la moyette et la rend plus solide, facilite intérieurement la pénétration de l'air et la dessiccation de l'herbe.

Après avoir terminé cette sorte de grosse gerbe conique dressée sur son pied, on la couvre d'un chapeau, qui est formé d'une javelle moyenne liée solidement un peu plus près du pied qu'à l'ordinaire, et dont on a écarté les tiges au-dessus du lien, de façon à en faire un capuchon analogue à ceux dont on recouvre les ruches d'abeilles. Tous les épis réunis au centre de la moyette sont ainsi bien garantis par le chapeau contre les pluies qui peuvent survenir.

La moyette *picarde* ou *meulon* se construit de la manière suivante :

Sur un endroit un peu élevé du champ, on commence par placer quatre javelles, de la manière qui est représentée par la fig. 234. On a formé ainsi au centre du cercle que doit couvrir le meulon une élévation, et l'on remarquera qu'aucun des épis de ces quatre javelles ne touche le sol, mais au contraire que chacun d'eux repose sur le pied d'une autre. On dispose alors autour un rang de javelles, placées circulairement de façon que tous les épis viennent reposer sur les javelles centrales, sans qu'aucun soit en contact avec la terre, les tiges formant une espèce d'éventail du centre, où sont les épis, à la circonférence où se trouve placée l'extrémité inférieure de tous les chaumes. On égalise avec soin l'extrémité inférieure des brins de cette couche que nous supposons présenter 15 centimètres d'épaisseur, et qui forme un cercle d'un diamètre double de la longueur des tiges. Sur cette première couche on en dispose une seconde, puis d'autres ainsi successivement, en plaçant toujours les épis au centre, et en ayant soin d'égaliser et de tenir bien verticale la surface extérieure, qui est formée par l'extrémité inférieure de tous les brins de paille. Lorsqu'on a ainsi élevé le meulon jusqu'à 65 ou 70 centimètres de hauteur, on commence à en diminuer graduellement le diamètre, en avançant un peu les tiges des nouvelles couches vers le centre, de telle sorte que les épis se croisent toujours un peu plus sur ce point. Par le fait de cette superposition des épis, le centre du meulon s'élève plus vite que la circonférence; et, lorsque cette dernière est arrivée à la hauteur qu'elle doit avoir, c'est-à-dire à $1^m,20$ ou $1^m,30$, le centre doit former un cône à sommet mousse, à son extrémité. L'inclinaison des tiges dans cette partie ne doit pas être assez forte pour que celles-ci puissent glisser vers l'extérieur, mais elle doit l'être assez pour que l'eau des pluies qui pourrait tomber sur la surface supérieure du meulon soit toujours ramenée vers la circonférence, en suivant les brins de paille, dans l'épaisseur où elle aurait pu pénétrer.

On termine le travail en recouvrant la pointe du meulon d'un *chapeau* ou *capuchon* formé, comme nous l'avons déjà dit, d'une gerbe, liée très près de sa base, dont on a écarté les tiges en forme d'entonnoir; puis on arrange avec soin tous les brins de cette gerbe de manière qu'elle couvre également toutes les parties de la surface supérieure du meulon, principalement du côté d'où vient communément la pluie.

Un meulon bien fait a une surface extérieure unie, régulièrement conique, sans cavité ni retraite brusque des assises de chaume par où l'eau puisse s'insinuer; et les épis du capuchon viennent retomber près du pied

Fig. 235. — Moyette picarde.

de la dernière assise. Un tel meulon peut supporter de longues pluies sans être pénétré à plus de 5 ou 6 centimètres de profondeur. Quand le beau temps revient, cette partie est bientôt desséchée sans qu'on y touche. Toutefois, après les fortes averses, on doit visiter les meulons. Si l'eau avait pénétré sous le chapeau, on l'enlèverait, et le placerait à terre, sur son pied, pour le faire bien sécher à l'intérieur, pendant que, d'autre part, le vent dessècherait le sommet de la moyette. On replace le chapeau à la moindre crainte de pluie, et dans tous les cas avant la nuit. *Cela s'applique du reste à tous les genres de moyettes.*

Si nous comparons maintenant les deux genres de moyettes précédemment décrites, nous concluons :

Que la *moyette flamande* devra être employée de préférence lorsque les céréales seront très garnies d'herbes; la dessiccation de celles-ci y sera plus rapide.

Mais que la *moyette picarde* sera préférée dans tous les autres cas, car elle est plus résistante, moins pénétrable à la pluie que les autres. Une moyette picarde peut contenir jusqu'à quarante javelles, soit une vingtaine de gerbes. Un seul capuchon suffit à la garantir. Il faut avec la moyette flamande au contraire un capuchon par huit javelles ou petites gerbes. Quand les pluies persistent longtemps, les capuchons peuvent légèrement souffrir, malgré le soin qu'on puisse en avoir; et comme on en a trois fois plus environ avec la moyette flamande qu'avec la picarde, il y a là pour la première une infériorité qui n'échappera pas aux cultivateurs.

Les céréales ainsi mises en moyettes peuvent y demeurer pendant quinze jours à trois semaines, par les temps pluvieux, sans qu'on ait rien à craindre pour la qualité du grain. On doit mettre la céréale en meulons aussitôt qu'elle est tombée sous la faux ou la machine. Dès que la pluie survient, il faut aussitôt arrêter la coupe. On reprend ensuite le travail une demi-heure à trois quarts d'heure après la cessation de l'averse. Le vent, qui secoue les tiges restées debout, les ressuie suffisamment pendant ce laps de temps, pour qu'on puisse mettre les javelles en moyettes au fur et à mesure qu'elles tombent sur le sol. La pratique l'a démontré parfaitement en 1852, année si pluvieuse durant la moisson, dans la ferme exploitée alors par J. Garola, et à maintes reprises nous l'avons pu constater depuis.

Enfin pour terminer disons que la mise en moyette, par des tâcherons se paye ordinairement de 7 à 9 francs de l'hectare, selon l'importance de la récolte. C'est vraiment peu relativement à la sécurité que l'opération procure au cultivateur. Celui-ci peut commencer sa moisson huit jours plus tôt, il peut sans désemparer mettre sa récolte à l'abri des intempéries probables; il profite de toutes les éclaircies par les temps pluvieux pour avancer la coupe et la préservation de la moisson, tandis que par le javelage, on perd un grande partie de son temps à retourner les javelles qu'il est souvent impossible d'empêcher de germer. Quand on a vu la tranquillité d'âme que procure ce procédé à celui qui a l'habitude de le pratiquer, on ne comprend pas qu'il existe encore des pays où la mise en moyette ne soit que la rare exception. Même dans les années les plus favorables, il est imprudent de laisser des javelles sur le sol. Quand il fait beau, prends ton manteau, a dit le bon Lafontaine; quand il pleut, prends-le si tu veux. Cet adage est ici de parfaite application.

Mises en gerbes. — La mise en gerbes par le liage s'opère de différentes manières selon les pays, quand elle est faite à la main, ce qui est encore la méthode la plus générale.

La nature des liens que l'on emploie est variée. On a recours le plus souvent à la paille de seigle que l'on prépare avec un soin spécial, en la battant à la main et en la peignant pour la débarrasser des brins les moins longs. La paille ainsi préparée est mise en *gerbées* de 12 à 15 kilogrammes. Le battage du seigle à la main se paye à façon aux environs de Chartres 2 francs par hectolitre et demi de grain, plus o fr. 10 par gerbée de 12 à 15 kilogr. En admettant, ce qui est près de la vérité, que la paille de seigle battue à la main fournisse soixante pour cent de gerbées, et que le seigle rende 110 kilogr. de paille par hectolitre de grains, on voit que cette préparation des gerbées revient à 2 fr.70 les 100 kil. de *gluy*, pour employer le terme local. Le battage du grain à la machine n'aurait grevé celui-ci que de 2fr.20 environ. Le prix de revient de la gluy est donc de 1 fr.50 plus élevé par 100 kilogr. que celui de la paille.

Les liens se font de différentes manières. Le lien à nœud est le plus solide et il se fabrique avec facilité. Le lien tordu est très solide, lorsqu'il ne se détortille pas en le posant sur le sol. Enfin le lien à boucle est le plus facile à faire, et le plus répandu. Il a l'inconvénient de se rompre parfois près du nœud. Comme nous l'avons vu, un bon ouvrier peut faire 1,200 liens par jour, et il faut de 12 kilogr. à 18 kilogr. de *gluy* pour faire cent liens.

On emploie aussi parfois, mais seulement dans la petite culture, les tiges mêmes de la récolte pour un liage; on fabrique alors les liens au fur et à mesure de la coupe. C'est un procédé trop lent pour être recommandé.

Enfin on a souvent recours aux liens d'écorce de tilleul ou *tilles*. Flexibles et résistants, ils peuvent servir une seconde fois, et même une troisième. Il faut les ramollir dans l'eau avant l'emploi, car s'ils sont secs, ils cassent facilement. Ils coûtent de 14 à 16 francs le mille.

Le liage des gerbes se fait à la main avec ou sans l'aide de la cheville. Le poids des gerbes est très variable. Il est de 3 à 4 kilogr. dans le Midi, dans le Nord de 8 à 9 kilogr., en Beauce et en Brie de 12 à 13 kilogr., il dépasse encore ce chiffre dans l'Ouest. Nous estimons que le poids des gerbes ne doit pas dépasser 10 kilogr., car, au delà de ce poids, le chargement sur les voitures ou brocquetage devient trop difficile.

Le lieur est accompagné par une femme et un enfant. Celui-ci dispose à l'avance les liens sur le terrain, la femme apporte sur les liens les javelles nécessaires, et l'homme serre la gerbe et la lie. Dans sa journée cet atelier peut lier 7 à 800 gerbes. Un homme seul sans servants ne lie que 5 à 600 gerbes. — A la tâche on paye en Beauce 8 francs par hectare pour le liage en moyenne.

Moyettes de gerbes. — Quand les gerbes sont liées, qu'elles aient été faites à la main ou à la machine, il faut pour les mettre à l'abri des intempéries dans tous les cas, ou pour permettre à la maturation de s'achever dans de bonnes conditions quand on fait le liage aussitôt la coupe, réunir les gerbes en tas couverts ou non, et ne pas les laisser disposées sans ordre sur toute la surface du champ.

Lorsque les javelles ont été mises en moyettes, ainsi que nous l'avons recommandé plus haut, derrière la faulx ou la moissonneuse, le liage s'opère ensuite immédiatement avant le chargement, en ne prenant qu'une avance suffisante pour que les voitures n'attendent pas. Mais, dans les autres cas, il faut avant de rentrer la récolte la mettre en moyettes de gerbes et n'opérer la rentrée qu'après un temps suffisant, pour que les céréales, mises en meules ou en grange ne soient pas exposées à s'échauffer par fermentation. Cela est d'autant plus nécessaire qu'il y a plus d'herbe au pied des gerbes.

La moyette de gerbes la plus recommandable, dont nous donnons ci-contre la reproduction d'après une photographie (fig. 236) est le *diʒeau circulaire*. Elle est d'une exécution très facile : on dresse une gerbe sur le sol, au centre du cercle que doit recouvrir la moyette, et on l'entoure de 6 à 8 autres gerbes suivant leur grosseur, en ayant soin d'éloigner un peu leur partie inférieure du pied de la gerbe médiane. Quand ces gerbes ont été ainsi disposées, on couvre les épis avec une forte gerbe ouverte en forme d'entonnoir et renversée comme on l'a fait avec la moyette de javelles. Ce chapeau protège parfaitement le grain contre la pluie, et permet à la moyette de résister à la violence du vent.

On peut aussi exécuter cette moyette de gerbes en suivant exactement le procédé que nous avons décrit pour la moyette flamande. Il suffit dans la description de remplacer le mot javelle par le mot gerbe.

Sans être aussi parfaite que les moyettes de javelles celle-ci est appelée à se répandre de plus en plus, car elle est suffisamment bonne pour assurer une maturation régulière et une bonne conservation par les moissons pluvieuses. C'est la seule qu'on puisse employer après les moissonneuses lieuses.

Nous signalerons encore comme une bonnne disposition celle qui est représentée par la fig. 237. Les épis sont bien garantis de la pluie. Ce *treiʒeau* se construit comme il suit : on place d'abord deux gerbes sur le sol, dans le prolongement l'une de l'autre, de manière que les épis de la seconde reposent sur ceux de la première; puis on dispose deux gerbes dans une direction perpendiculaire de sorte que les épis de celles-ci reposent sur ceux de la première assise. On continue alors à replacer alternativement deux gerbes sur les deux bras de la croix jusqu'à ce qu'on en ait placé douze en tout, alors on couvre la moyettè avec la treizième gerbe.

FIG. 236. — MOYETTE DE GERBES.

Le *diƶeau prismatique* ne peut être considéré que comme un dispositif d'attente. Il ne convient pas par les temps pluvieux. La fig. 238 le représente et l'explique suffisamment.

En résumé les moyettes de gerbes et les treizeaux sont les seules formes à adopter. La moyette de gerbe est surtout recommandable pour remplacer les moyettes de javelles après la moissonneuse-lieuse.

FIG. 237. — TREIZEAU.

Rentrée des céréales. — Le moment est venu de rentrer la récolte, les moyettes ont suffisamment séché, et nous touchons au terme des travaux de moisson qui demandent la plus grande vigilance et une extrême activité; car une fausse manœuvre ou une négligence compromettrait le travail de toute une année.

Cette phase ultime de la mois-

FIG. 238. — DIZEAU PRISMATIQUE.

son comprend trois opérations : le chargement ou broquetage, le transport et le déchargement avec l'entassage. Tous ces services doivent marcher rigoureusement d'accord pour éviter les pertes de temps qui pourraient avoir des conséquences funestes. La meilleure organisation est celle qui consiste à laisser une voiture en déchargement, une voiture en charge, et des voitures roulantes en nombre variable suivant la distance à parcourir entre le champ et le lieu d'emmagasinage. Alors les charretiers ou bouviers ne quittent jamais leur attelage. Ils ne font qu'arrimer sur leur voiture les gerbes que, dans le champ, leur tend le *brocqueteur*. Le chargement fini, ils le conduisent à pied d'œuvre de la meule ou à la grange, placent leur voiture pour le déchargement et rattellent sur celle qui vient d'être vidée, pour repartir au champ.

Le brocqueteur ou tendeur de gerbes ne quitte pas le champ. Il faut choisir pour ce poste un ouvrier modèle, car c'est un puissant auxiliaire pour accélérer le mouvement de la rentrée.

Le déchargement est fait par les *calvaniers,* qui élèvent les meules, ou les tas dans les granges, ou les hangars.

En général les brocqueteurs sont payés à la tâche, dans la Beauce; il en est de même des calvaniers qui font le déchargement et le tassage des gerbes. On donne par hectare à chaque homme employé de o fr. 8o à 1 fr. 5o.

Les véhicules employés varient avec les pays. La charrette montée en guimbarde est la plus répandue. Dans l'Est on emploie beaucoup le chariot à quatre roues. Dans les environs de Paris, la Beauce et la Brie, on préfère la grande charrette dite Versaillaise.

Râtelage. — Quand la coupe et le liage ont été faits avec soin, il ne reste généralement que de rares épis sur le sol. Mais souvent, par suite des difficultés de la récolte ou de la négligence du personnel, la terre en est plus ou moins jonchée. Il est alors indispensable de râteler le champ pour éviter une perte notable. Autrefois des fem-

mes étaient chargées de cette opération, quelles exécu-
taient au fur et à mesure du chargement des gerbes ou
de la mise en tas, armées du *fauchet.*

Aujourd'hui les journalières sont encore plus rares
que les hommes, et dans toute
exploitation agricole, s'il est un
instrument qui s'impose, c'est
le râteau à cheval. La plupart de nos constructeurs en
fabriquent d'excellents, où le
conducteur, de son siège, par
le simple jeu d'une pédale, opère
le relèvement de la denture
pour abandonner les épis ramas-
sés.

Un râteau à cheval fait facilement l'ouvrage de 7 à 8 femmes,
et s'il est utile à la moisson,
il est absolument indispensable
à la fenaison.

Emmagasinage des gerbes.
— Lorsque le battage doit avoir
lieu aussitôt après la récolte,
coutume qui se généralise grâce
à l'emploi des batteuses à vapeur
à grand travail que des entrepreneurs spéciaux mettent aujourd'hui à la disposition de
la culture, on transporte les

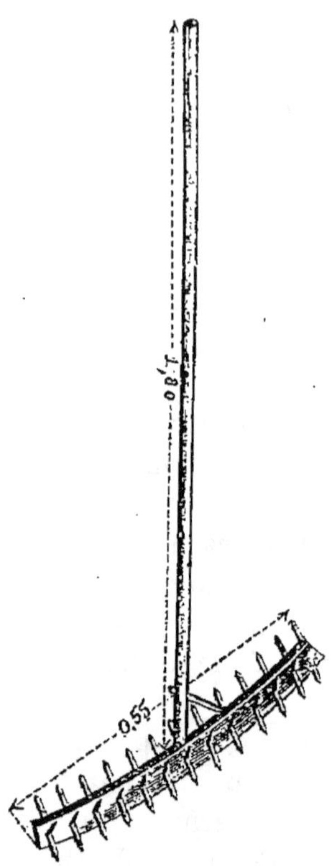

FIG. 239. — FAUCHET.

gerbes des champs au point où le battage aura lieu,
près de la ferme; et les gerbes sont rapidement entassées
en meules circulaires ou rectangulaires, que l'on
ne couvre que si les pluies sont menaçantes. Ne
devant demeurer que peu de temps, ces meules ne

demandent pas d'être établies avec grande perfection.

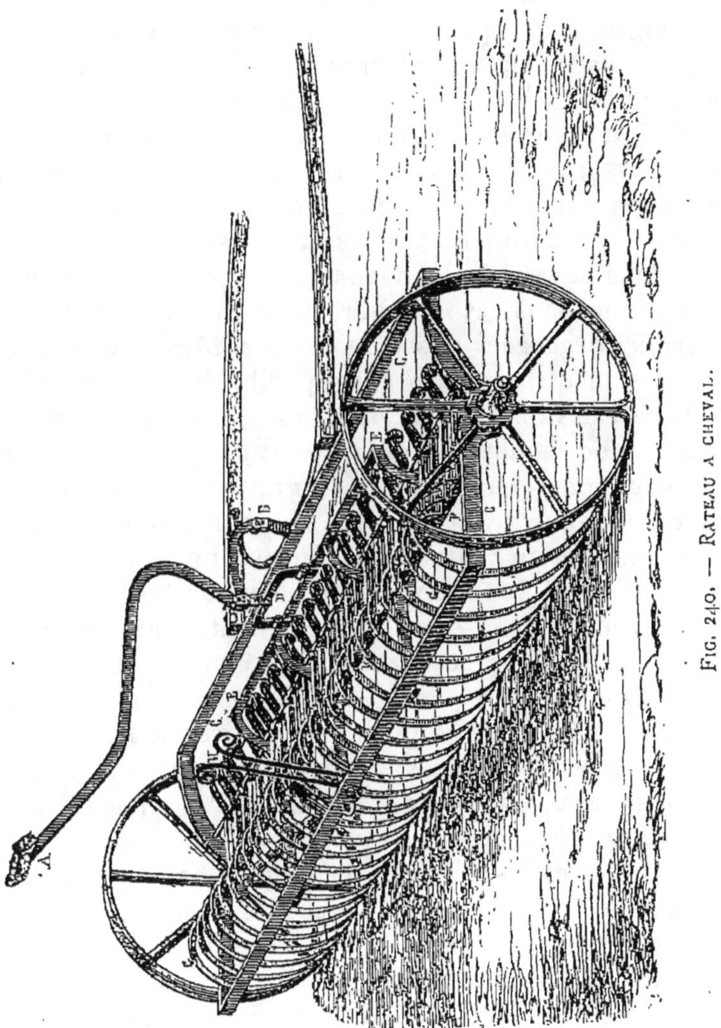

Il n'en est pas de même lorsque les céréales doivent
être conservées pendant de longs mois avant le battage.

Alors on peut recourir aussi aux meules, mais encore souvent on entasse les céréales dans les granges. Les avantages réciproques des deux méthodes sont exposés comme il suit par M. de Dombasle : « Lorsqu'on n'opère pas immédiatement le battage des céréales, comme cela se pratique dans les pays méridionaux, on loge les gerbes dans des granges ou dans des meules. L'usage de ces dernières offre une économie importante dans la construction des bâtiments; et les grains se conservent fort bien dans des meules convenablement exécutées, mieux même que dans les granges, puisqu'ils y sont plus à l'abri des dégâts des souris et des rats. Mais la construction des meules exige beaucoup d'habitude et de soins de la part des ouvriers qu'on y emploie : il n'y a rien de pire qu'une meule mal exécutée, car elle donnera vraisemblablement naissance à de graves avaries. Aussi, lorsqu'on voudra introduire la construction des meules de grains dans un canton où l'on n'en connaît pas l'usage, il sera prudent de faire venir, des lieux où l'on construit bien ces meules, un ouvrier expérimenté, dans les soins duquel on puisse placer une entière confiance...

..... Quant à la dépense, c'est seulement pour la première mise de fonds que l'on peut trouver de l'économie dans l'usage des meules; car si l'on calcule la dépense qu'entraînent chaque année la construction et la couverture en chaume de ces dernières, on trouvera que ces sommes dépassent dans la plupart des cas l'intérêt du capital que l'on aura placé en construction de granges; et il est certain que ces dernières donnent beaucoup plus de sécurité pour la rentrée des gerbes, lorsque la saison est pluvieuse. Pendant qu'on décharge la voiture à couvert dans les granges, on est souvent dans un grand embarras pour éviter qu'une meule ne soit mouillée par les pluies avant que la construction soit terminée, ou avant qu'elle soit couverte de manière à la mettre en sécurité...

La bonne conservation des gerbes dans les granges dépend beaucoup des soins avec lesquels on y dépose les gerbes : elles doivent être arrangées avec soin une à une, dans toute la masse du *tesseau*, de manière qu'elles ne laissent entre elles aucun vide. Par ce soin, on peut

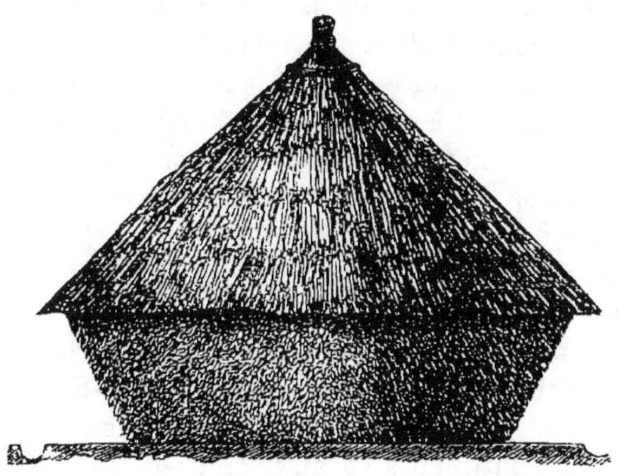

FIG. 241. — MEULE RONDE.

loger un bien plus grand nombre de gerbes dans la même capacité ; mais en outre on prévient autant que possible les altérations, car c'est toujours dans les vides où l'air peut avoir accès que se manifeste la moisissure, lorsque les gerbes n'ont pas été rentrées suffisamment sèches. C'est donc une pratique très vicieuse que de vouloir favoriser la dessiccation de la masse, en pratiquant soit dans les meules, soit dans les *tesseaux* des granges, des cheminées ou courants d'air, par des fagots que l'on y interpose, ou par tout autre moyen. Il est certain que la bonne conservation des gerbes dans les meules est due, en grande partie, à la nécessité où l'on est de disposer avec beaucoup de soin toutes les gerbes pour assurer la solidité de la masse sur tous les points. C'est aussi pour ces motifs que les souris se logent très difficilement dans ces meules, où elles ne trouvent pas d'interstices pour pénétrer. Il est donc fort utile de prendre les mêmes soins dans la construction des *tesseaux* des granges, quoique cela ne soit pas nécessaire pour la solidité, puisque la masse est soutenue de tous côtés par les murailles. Au reste il est encore plus important dans les granges que dans les meules de veiller scrupuleusement à ce que les gerbes soient parfaitement sèches au moment où on les entasse, parce qu'un peu d'humidité se dissipe plus facilement dans les meules où toutes les faces sont exposées à l'air. »

Pour compléter ces appréciations si justes de l'illustre agronome de Roville, nous devons faire observer que la mise en meules n'est une nécessité dans les pays à céréales comme la Beauce, la Brie, l'Ile-de-France, la Picardie et le pays de Caux, etc., que par suite de l'insuffisance des bâtiments ruraux. Ceux-ci sont une charge de la propriété, et peu d'améliorations ont été faites depuis le commencement du siècle sous ce rapport. La culture des céréales a fait les progrès que nous avons signalés dans notre premier chapitre; comme conséquence naturelle, le prix des fermages a augmenté dans une proportion énorme, souvent même exagérée; mais le cube des engrangements n'a pas varié. La propriété a-t-elle fait tout son devoir? nous ne le croyons pas. Il est bien de toucher des fermages croissants, mais il serait mieux de les justifier par un soin de plus en plus grand de la terre et de ses accessoires obligés : les bâtiments d'exploitation. Le cultivateur-fermier, quelque persuadé qu'il puisse être que la dépense annuelle à laquelle l'oblige la nécessité de faire des meules est plus élevée que l'intérêt des capitaux nécessaires à la construction d'engrangements suffisants, ne saurait s'y soustraire; car ce serait folie pour lui d'immobiliser ses capitaux en construisant sur la terre d'autrui. Au bout des neuf années de son bail, le propriétaire, en dédommagement, lui offrirait une augmentation de fermage qu'il ne pourrait éluder qu'en perdant tout son capital.

Les propriétaires intelligents agiraient dans leur propre intérêt, en développant dans leurs fermes les surfaces couvertes par la construction de hangars fermés seulement du côté des pluies. Avec peu d'argent ils éviteraient à leurs fermiers des frais annuels considérables, ce qui leur revaudrait immanquablement des revenus supérieurs. Mais dans cette fin de siècle où le luxe exagéré envahit tout, la propriété dépense au moins tous ses revenus. Elle ne songe même pas à prélever sur la rente de quoi faire tous les ans les grosses réparations nécessaires; elle n'est donc pas capable de faire de sérieuses améliorations.

Terminons par quelques indications sur la construction des meules : le plus souvent, après avoir délimité la base de la meule, on commence par établir sur la terre un lit de fagots ou de bottes de paille, comme soustrait; puis on place au centre des gerbes en croix les épis superposés. Alors on fait alentour de doubles rangées de gerbes, placées tête-bêche, les unes sur les autres, en ayant soin de bien les presser les unes contre les autres pour éviter tout intervalle. Au fur et à mesure qu'on élève la meule, on agrandit son diamètre en faisant dépasser légèrement les assises extérieures sur les précédentes, de manière à ce que la base de la meule constitue un tronc de cône, dont la plus grande base se trouve en haut. Cet élargissement se poursuit jusqu'à une hauteur de 3 à 4 mètres, à partir de laquelle on rétrécit au contraire successivement le diamètre des assises, de façon à former un cône. Pour terminer celui-ci, quand la meule est suffisamment haute, on place sur l'axe plusieurs gerbes debout, et l'on termine l'édifice avec des bottes de paille (voir fig. 241).

Quand une meule est terminée, on l'abandonne à elle-même pendant plusieurs jours, pour qu'elle se tasse, et cela pendant d'autant plus de temps que le ciel est plus clément. Puis on procède à la couverture. On emploie de préférence pour celle-ci de la paille de seigle ou de blé. L'opération demande beaucoup de soin.

Les dimensions les plus ordinaires des meules de céréales sont les suivantes :

Diamètre inférieur.	5 mètres.
Diamètre maximum.	7 —
Hauteur à l'égout de la toiture.	3 à 4 —
Hauteur totale.	9 à 10 —

Le volume d'une meule se calcule avec la formule suivante :

$$V = \frac{1}{6}\,\pi\,D^2(H-h) + \left(\frac{D^2 + d^2 + Dd}{12}\,\pi\,h\right)$$

où D est le diamètre maximum,

d est le diamètre de la base,

H la hauteur totale,

h la hauteur de la base à la ligne d'égout.

En général 1 mètre cube de blé en gerbes pèse 100 kilogrammes, et correspond à 8 à 10 gerbes.

CHAPITRE VIII.

PRÉPARATION DES CÉRÉALES A LA VENTE.

Les céréales récoltées et mises à l'abri doivent subir encore avant de pouvoir être offertes sur le marché une série de manipulations plus ou moins complète selon les circonstances.

Il faut d'abord séparer le grain de la paille, puis le nettoyer de toutes les impuretés qu'il peut contenir. La paille elle-même doit être mise en bottes réglées. Il est aussi souvent nécessaire de garder les grains battus en magasin avant de les livrer au commerce, pour attendre une occasion favorable. Le battage ou égrenage des céréales, leur nettoyage, leur conservation, nous occuperont donc dans cet ultime chapitre.

Battage des céréales. — Par le battage des céréales on sépare le grain de la paille en le détachant des épis; à cet effet on a recours à différents procédés qui sont :

1º Le battage au fléau,
2º Le dépiquage,
3º Le battage à la machine.

De ces trois procédés, le premier tend de plus en plus à disparaître de la pratique générale; le deuxième n'est usité que dans les contrées méridionales, où également on le voit diminuer peu à peu. Enfin le battage mécanique prend de plus en plus d'extension à mesure que les machines se perfectionnent et s'adaptent mieux aux conditions variées des exploitations rurales.

Le développement des entreprises de battage avec les machines à grand travail pour la grande culture et les machines moyennes dans les autres exploitations, a été une cause importante du refoulement du fléau et des autres procédés primitifs.

Nous ne parlerons donc des deux premiers procédés qu'au point de vue *historique* pour ainsi dire et pour faire mieux ressortir les avantages considérables que présente le battage mécanique.

1° *Battage au fléau.* — Le fléau (fig. 242) est un instrument qui se compose d'un long manche auquel est fixé, à la partie supérieure, un cylindre de bois dur de petit diamètre, à l'aide d'une couplière en cuir. La batte du fléau peut, grâce à ce dispositif, tourner dans tous les sens.

Le battage se pratique généralement dans la grange, dans les pays du Centre et du Nord, sur une *aire* unie et élastique, constituée soit par la terre battue, soit mieux par un plancher jointoyé. Les *aires* en terre ont l'inconvénient de se détériorer rapidement sous les chocs répétés du fléau, et de donner un blé poudreux. Les aires en bois n'ont pas ces inconvénients, et présentent en outre l'avantage, à cause de leur élasticité, de faire mieux rebondir la batte, et de soulager d'autant l'ouvrier.

Un seul homme peut battre au fléau, mais il est d'usage de s'associer deux par deux pour ce travail, car deux ouvriers travaillant de concert avancent plus la besogne que les deux mêmes opérant séparément.

L'équipe des batteurs en grange se place sur deux rangs, se faisant face, à une certaine distance, puis chaque homme frappe alternativement et en mesure sur les gerbes déliées et étendues devant eux en couche peu épaisse. Les coups doivent porter sur toute la longueur des javelles afin qu'aucun épi ne puisse échapper aux chocs multipliés, quelle qu'ait été sa situation dans la gerbe, de la tête au pied. Dès qu'un côté des javelles est bien battu, on les retourne pour les battre à nouveau sur l'autre face. On secoue alors le lit des tiges et on le retourne pour le soumettre à un nouveau battage, que l'on répète encore après un nouveau retournement. Comme avant de délier chaque gerbe sur l'aire on lui a administré d'abord sur une face puis sur l'autre une double battée pour égrener les épis extérieurs, on voit que la javelle reçoit en tout six battées et quelquefois huit.

A mesure que la paille est battue, on la porte à la

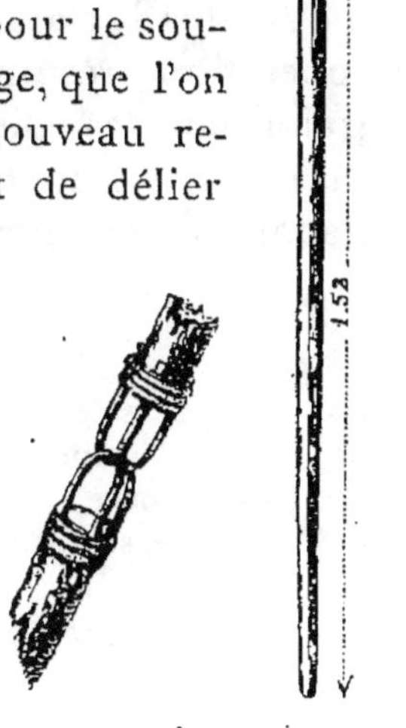

Fig. 242. — Fléau.

fourche dans un coin de la grange où elle est bottelée en bottes de 5 kilogr. 1/2. Quand le grain forme sur l'aire une couche assez épaisse pour amortir les coups, on le pousse avec la pelle en bois dans un autre bout de l'aire où il demeure en attendant que l'on procède au vannage.

C'est un rude travail que celui du batteur en grange
Il doit donner environ 35 à 40 coups de batte par minutes, soit de 16 à 21,000 par journée de travail. On ne
peut donc employer à cet ouvrage que des ouvriers vigoureux. Ceux-ci sont de plus dans une poussière continue qui agit défavorablement sur leurs yeux et leurs organes respiratoires. Si, comme dans le Midi, le battage au
fléau a lieu dehors, il n'y a pas moins de poussière, et il
y a de plus un soleil torride qui peut donner lieu à des
accidents graves.

D'autre part c'est une opération très lente que le battage au fléau. Un bon batteur dans les conditions ordinaires ne produit pas plus d'un hectolitre et demi de blé
ou trois hectolitres d'orge ou 4 hectolitres d'avoine par
journée et 8 heures de travail effectif. Ajoutons à cela que
c'est une opération très imparfaite, qui laisse environ
7 % de grains dans les épis, et l'on comprendra qu'elle
soit de plus en plus abandonnée.

Si l'on admet qu'en moyenne la récolte d'un hectare
soit de

600 gerbes	de blé	de 10 kil.	soit	6.000 kil.
500 —	de seigle	—	—	5.000 —
600 —	d'avoine	de 6 kil.	—	3.600 —
600 —	d'orge	—	—	3.600 —
1.200 —	de sarrasin	de 4 kil.	—	4.800 —

comme un batteur ne fait ordinairement dans sa journée
que l'égrenage de

60 gerbes	de blé,	
75 —	de seigle,	
99 —	d'avoine ou d'orge,	
150 —	de sarrasin,	

le battage de la récolte d'un hectare revient, à raison de
2 fr. 50 par journée d'homme au prix suivant :

	Francs.
Blé, 10 journées ou	25,00
Seigle, 7 journées ou.	17,50
Avoine, orge, 6 journées ou	15,00
Sarrasin, 8 journées ou.	20,00

A côté des inconvénients résultant de sa lenteur, de son insalubrité et de son imperfection, le battage au fléau a l'avantage de ne pas détériorer la paille.

2° *Dépiquage.* — Dans le dépiquage, le grain est détaché des épis par le piétinement des animaux. C'est le mode de battage le plus anciennement connu. Déjà, à l'époque d'Homère, les anciens

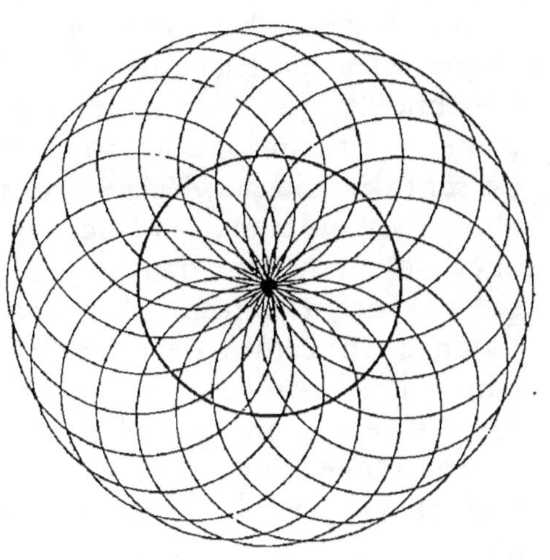

FIG. 243. — MARCHE DE LA MENADE.

Grecs dépiquaient le blé en le faisant fouler aux pieds par les bœufs : « Lorsqu'un laboureur a réuni sous le joug deux taureaux au large front pour fouler l'orge blanc dans une aire spacieuse, la paille légère s'envole sous les pas des taureaux mugissants (1). » Ce primitif procédé s'est perpétué dans les régions méridionales, où l'on jouit régulièrement après la moisson d'un soleil toujours brillant, mais il n'a pu pénétrer vers le nord à cause de ses brumes.

(1) *Iliade,* livre XX.

Voici comment on conduit cette opération. Il faut établir dans un endroit bien uni une aire en terre fortement battue de 15 à 20 mètres de rayon, près de laquelle on a établi les meules. Dès le lever du soleil, on prépare les céréales à battre en les rangeant sur l'aire : on place d'abord au centre de celle-ci quatre gerbes, debout, l'épi en haut, et se soutenant mutuellement; puis on place autour de ces gerbes de nouvelles rangées en inclinant toujours les épis légèrement vers le centre. Chaque rangée concentrique terminée, on coupe les liens avec un coutelas. Et l'on continue à garnir l'aire jusqu'au bord. Ce sont des chevaux légers ou des mulets que l'on emploie. Ces animaux sont accouplés par paire et masqués, le conducteur tient en main trois de ces couples qui s'avancent de front. Il se place sur un cercle à égale distance du centre de l'aire et de son bord, et fait marcher sa *menade* au pas, en décrivant autour de lui comme centre un cycloïde, tandis qu'il s'avance avec lenteur. Quand le passage des animaux a affaissé le chargement de l'aire, il fait prendre le petit trot à ses animaux, puis le grand trot pour terminer. Au bout de deux heures environ on change de *menade,* et pendant ce temps on retourne la paille à la fourche. La deuxième reprise dure environ trois heures. La troisième reprise se fait après le repas et est plus prolongée encore. On a retourné la paille avant chaque reprise et vers le milieu de chacune d'elles.

Le dépiquage terminé, on enlève la paille très brisée avec les fourches et on la met en tas sur le bord de l'aire. Des grains mélangés de menue paille on fait un tas de l'autre côté, ou bien on les transporte au grenier pour les vanner. Le dépiquage de 10 hectolitres de blé exige deux journées de cheval et une journée 1/4 d'homme. Le prix de revient par hectolitre en comptant les hommes et les chevaux à 3 francs seulement par jour (1), ce qui est trop peu, est donc de 1 fr. 075. D'où il suit que le dépiquage d'un hectare de blé, rendant 25 hectolitres, comme on l'a supposé dans le paragraphe précédent, est de 26 fr. 88.

Le dépiquage a sur le battage au fléau l'avantage d'une plus grande rapidité. Il a pour avantage aussi, dans le Midi, de briser la paille. Celle-ci s'entasse alors avec facilité dans les granges où on la comprime, et où elle tient peu de place. Elle s'y conserve mieux que la paille entière, et est moins sujette aux ravages des rats et des souris. Enfin, et c'est un point très important pour les régions méridionales, elle est consommée avec plus d'avidité par les animaux.

Dans d'autres pays, le dépiquage a lieu à l'aide de rouleaux canelés, ou de traîneaux armés en dessous de pointes, ou de lames de silex. Ce dernier appareil, employé encore aujourd'hui en Turquie, était employé par les anciens Romains, qui l'appelaient *tribulum*.

Tous ces procédés, comme le fléau, deviennent de plus en plus rarement employés. Ils sont détrônés par les *machines en bout,* ou les machines à grand travail avec brise-paille.

3° *Battage mécanique.* — « De toutes les machines agricoles, ce sont les tarares et les batteuses qui se sont répandus le plus rapidement. La sûreté et la promptitude avec lesquelles la batteuse égraine les céréales; la vente et l'utilisation plus avantageuse des grains que ce battage permet de réaliser, puisqu'on peut ainsi profiter de conjonctures commerciales favorables; l'économie de temps et de main-d'œuvre qu'elle procure; l'occupation

---

(1) Nous avons compté les journées d'homme à 2 fr. 50, lors du battage au fléau, parce que cette opération se fait en hiver. — Le dépiquage a lieu en été alors que la main-d'œuvre se paye plus cher.

utile des domestiques et des animaux de trait qui mettent la machine en mouvement, souvent dans un temps
où ils n'ont rien à faire; tous ces avantages rendent
cette machine tellement précieuse, qu'on peut conseiller
hardiment au fermier, dans la plupart des cas, de s'en
procurer une » (1).

Si nous ajoutons à cette supériorité de la machine à
battre sur les modes de battage pré-indiqués, celle qu'elle
possède en outre relativement à la perfection du travail,
puisqu'elle ne laisse dans la paille que les 2 pour cent
de grains quand elle est bien établie et bien conduite,
tandis que le fléau, le rouleau ou le dépiquage en laissent jusqu'à 10 pour cent, nous aurons établi d'une
manière irréfutable l'indispensabilité de cette importante machine.

Nous n'étudierons pas en détail la construction des
batteuses. Comme pour les autres machines, nous nous
bornerons à attirer l'attention du lecteur sur la nature
du travail effectué, sur l'adaptation des différentes machines aux diverses exploitations rurales, dans les situations climatériques les plus variées, et enfin sur les
avantages économiques qu'elles nous offrent.

D'après le mode, suivant lequel s'opère l'égrenage des
céréales, on divise les machines à battre en deux grandes
catégories :

1° Les machines en bout, qui égrènent les céréales
par percussion;

2° Les machines en travers ou en biais qui agissent
sur les épis par frottement.

Les batteuses du premier genre sont les plus anciennes. C'est en 1786 que l'Écossais Andrew Meickle, de
Tyningham (East Lothian), combina la première bat-

---

(1) A. et E. Stoeckhardt, *la Ferme*, t. II, p. 161.

teuse mécanique. « La première machine de Meickle, dit Hervé Mangon, fut établie chez un de ses voisins nommé Strein, dont le nom mérite d'être conservé, car il est hautement honorable pour un cultivateur de deviner le mérite d'une idée mécanique et de ne pas hésiter à s'exposer aux ennuis et aux difficultés qu'en-

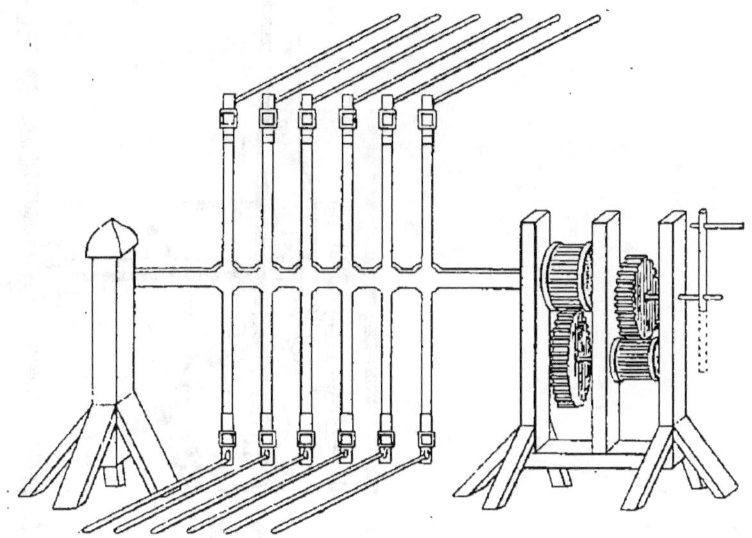

Fig. 244. — BATTEUSE DE FOESTER.

traîne toujours l'installation d'une machine nouvelle, quelque bien conçue qu'on la suppose. »

Les machines imaginées avant celle de Meickle, étaient des machines à fléaux comme celle de Foester, dont nous donnons la figure, ce qui suffit pour en comprendre le fonctionnement. Elles ne se répandirent pas. La supériorité incontestable de la machine écossaise les fit tomber rapidement dans l'oubli.

Dans les machines en bout, l'égrenage s'opère dans

un tambour cylindrique concave, dans lequel se meut avec une grande vitesse un cylindre mobile portant des

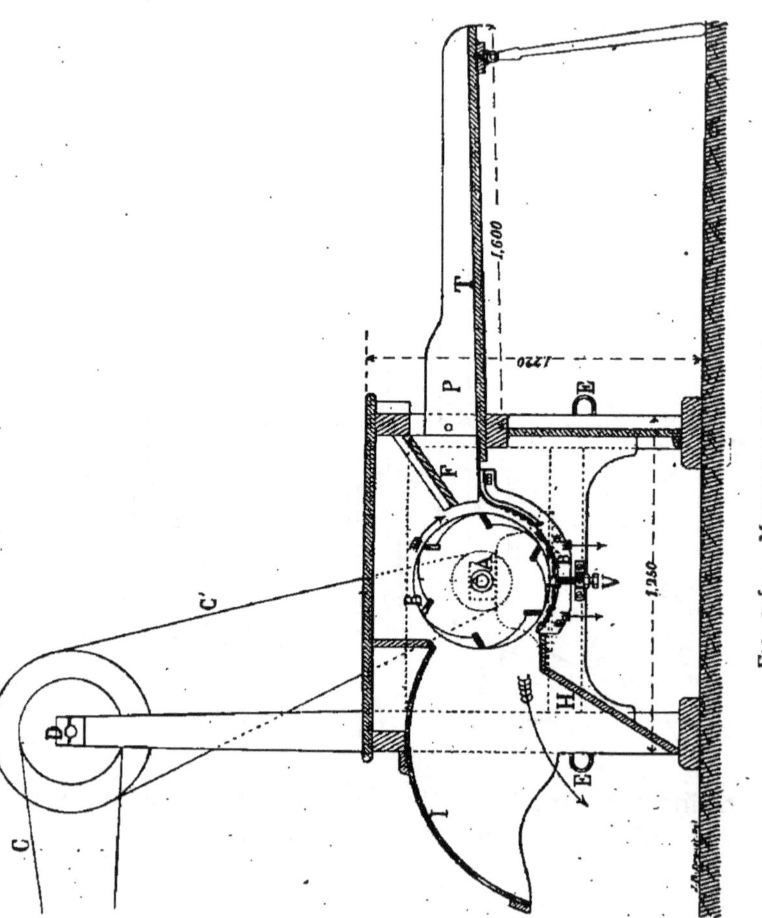

Fig. 245. — Machine a battre en bout.

pièces de bois saillantes, appelées battes. Si l'on présente une gerbe déliée à l'action de ce cylindre, l'épi en avant, elle est entraînée sous les battes, puis rejetée en avant, avec le grain séparé de la paille.

Le schema ci-contre rend plus saisissable la courte description qui précède. B' est le tambour concave ou *contre-batteur;* AB est le cylindre *batteur,* portant les *battes;* H représente le plan incliné final, et TPF la table d'alimentation initiale.

On a apporté à ce dispositif des modifications de détail; addition de cylindres alimentaires qui saisissent la paille et la font passer sous le batteur; remplacement du plan incliné final par un grillage mobile qui remplit le même but, mais se laisse traverser par le grain; augmentation du nombre des battes, et variations dans le diamètre du batteur; enfin le contre-batteur qui était primitivement lisse a été garni de saillies, appelées *contre-battes;* etc.

Les Américains font des batteurs armés de courtes chevilles qui alternent avec d'autres qui sont portées par le contre-batteur.

Toutes les machines de cette catégorie froissent et même brisent beaucoup la paille, mais elles ont l'avantage d'être très expéditives. Elles sont recommandables pour le Midi, où l'on a l'habitude de la paille brisée, et pour les contrées où la paille n'a pas de valeur marchande.

C'est parmi ces machines à battre que nous trouvons les petites batteuses à bras et à pointes, qui conviennent aux toutes petites exploitations (fig. 246).

Pour les fermes plus étendues nous signalerons les batteuses en bout, à manège, de Maréchaux, de Lotz ou de Pinet. Ces dernières sont susceptibles d'être mues par la vapeur et fournissent alors un travail considérable.

Il faut remarquer que toutes les machines précédentes ne nettoient pas le grain. Elles le rejettent avec la paille et on doit l'en séparer avec l'aide de la four-

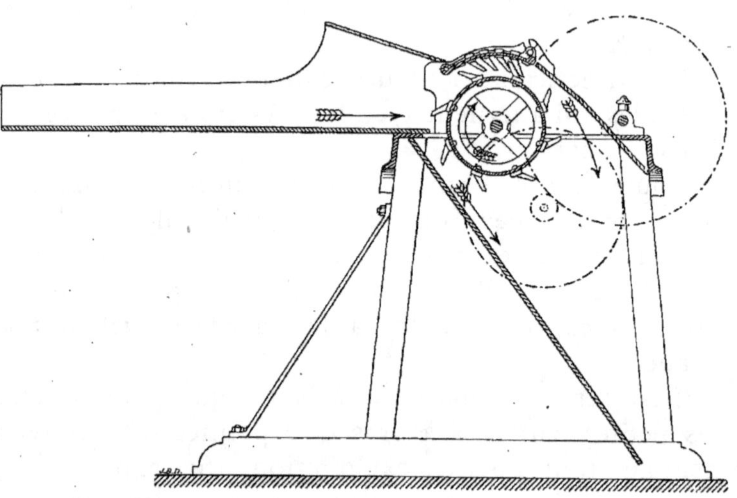

Fig. 246. — Batteuse à pointes.

che et du râteau. Quand on y ajoute une secoueuse, comme à quelques-unes, le grain est bien séparé de la paille, mais n'est pas débarrassé des balles. En réalité ces machines en bout sont des *dépiqueuses* qui remplacent très avantageusement les pieds des animaux.

Les petites machines à bras peuvent battre environ 5 hectolitres de blé par jour, en admettant, ce qui est une moyenne, qu'il faille dépiquer 225 kilog. de gerbes pour produire un hectolitre de grain.

La meilleure batteuse en bout, à moteur, ne vannant, ni ne secouant, peut battre 800 kilog. de gerbes par cheval-vapeur et par heure, ou 533 par cheval vivant, ce qui correspond à environ 340 et 226 litres de grain.

Une batteuse en bout, mise en mouvement par une locomobile de quatre chevaux-vapeur, demande de 18 à 25 servants, suivant l'intensité du travail. Pour une batteuse à manège à deux chevaux, il faut de 6 à 9 personnes.

J. A. Grandvoinnet, ancien professeur de Génie rural à Grignon et à l'Institut agronomique, a déterminé le prix de revient du battage avec les machines en bout à vapeur et à manège. Avec les batteuses à vapeur l'hectolitre de grain battu coûte 0 fr. 82, et 0 fr. 86 avec les dernières.

Le battage d'un hectare de blé rendant 25 hectolitres revient donc, avec une bonne machine en bout,

	Francs.
A vapeur, à	20,50
A manège à	21,25

Nous avons vu qu'avec le fléau le prix de revient du battage de l'hectare de blé dans les mêmes conditions de récolte est de 25 fr. et qu'il atteint 26 fr. 88 par le dépiquage. Le battage mécanique se présente donc dès l'abord comme beaucoup plus économique. Mais il faut encore tenir compte de l'imperfection du battage au fléau et aux *menades*. Dans ces modes d'opérer on laisse dans les épis de 7 à 10 pour cent de grains, de qualité secondaire il est vrai. En admettant la perte minima, c'est 155 litres de grains qu'on obtient en moins par hectare, d'une valeur de 14 francs. Le prix de revient du battage avec le fléau et par dépiquage serait donc en réalité de 39 francs et 40 fr. 88.

L'emploi de la batteuse procure donc une économie moyenne de 19 fr. par hectare de blé.

Mais pour qu'elles donnent de bons résultats, les machines doivent être bien construites et bien conduites. Le maître doit fréquemment s'assurer qu'il ne reste pas de grains dans les épis, et régler l'écartement du batteur et du contre-batteur ainsi que la vitesse de manière à obtenir ce résultat. L'engreneur doit être aussi choisi parmi les ouvriers habiles, car c'est de son savoir-faire que dépend la rapidité et la qualité du travail.

Les machines de mauvaise construction, ou mal réglées et mal conduites, peuvent occasionner des pertes considérables.

Batteuses en travers. — Dans les batteuses en travers, les tiges, au lieu d'être présentées au batteur dans une direction normale à la génératrice du cylindre, ou à la batte, lui sont présentées dans une direction parallèle, ou très légèrement de biais, les épis en avant.

Les différences caractéristiques entre ces machines à battre en travers et les précédentes sont celles qui existent entre les batteurs et contre-batteurs. En général les batteurs des machines en travers ont un plus grand diamètre et un plus grand nombre de battes que

ceux des machines en bout. En outre, ils sont forcé-
ment beaucoup plus longs, et atteignent de $1^m,60$ à $1^m,80$
environ.

Le contre-batteur est toujours mobile, soutenu par
des vis de rappel et des ressorts qui cèdent plus ou moins
selon l'épaisseur de la paille engagée entre les battes et
les contre-battes. Ce dispositif a une très grande importance pratique. Voici ce qu'en dit J. A. Grandvoinnet :
Le batteur choquant et froissant les épis pleins constamment avec la même force, que l'on peut proportionner
au plus ou moins de difficulté du dépiquage du grain à
battre, ne doit pas laisser de grains dans les épis ; les
grains ne peuvent être brisés, et la paille passée en travers est conservée à peu près intacte. La pression et le
frottement entre le batteur et le contre-batteur étant réduits à ce qui est suffisant pour égrener efficacement,
ces machines sont les plus légères à mettre en mouvement.

Ajoutons qu'aujourd'hui les machines en travers sont
toujours munies de rouleaux alimentaires, qui régulari-
sent le passage de la paille, et d'accessoires pour le nettoyage du grain : secoueurs de paille et tarare. La paille,
bien conservée, tombe en avant de la machine sur une
table où les botteleurs la saisissent, les balles sont en-
voyées par le tarare dans une chambre à menue paille
située à l'autre extrémité, et le grain nettoyé tombe directement en un sac.

Une des meilleures machines de ce genre est la batteuse fixe d'Albaret ; nous signalerons aussi celles de
Loriot et de Cumming.

Les petites machines de ce genre, de la force de 3
chevaux, égrènent environ 5,000 kilog. de gerbes par
jour. Avec 4 chevaux, la machine Albaret peut battre 7 à
8,000 kilog. par jour.

Nous donnons dans la fig. 247 la vue intérieure d'une machine Albaret à retour de paille.

Si l'on veut obtenir tout l'effet utile d'une machine à battre en travers, il est indispensable que l'engrenage soit

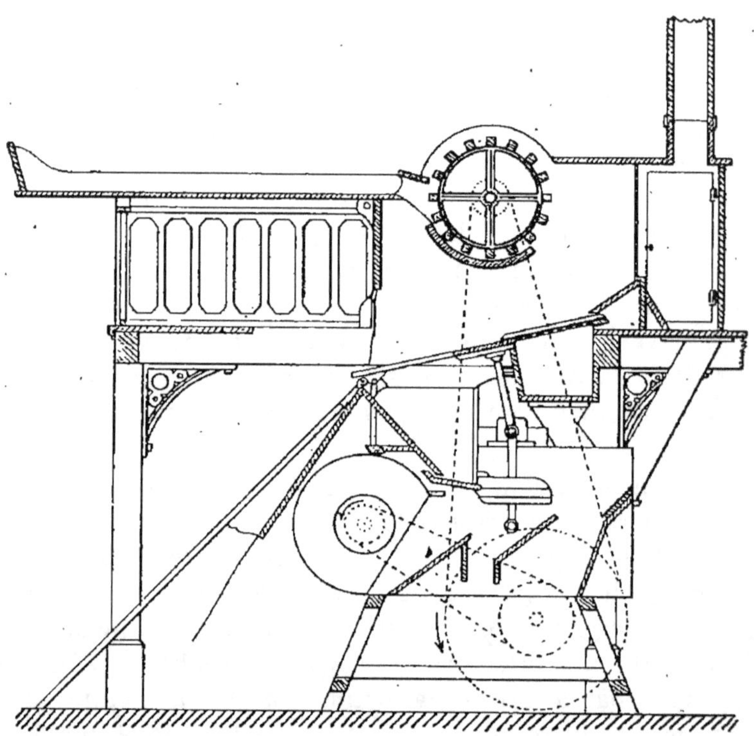

FIG. 247. — COUPE D'UNE BATTEUSE FIXE D'ALBARET.

constant et régulier. Les cylindres alimentaires ont pour but de faciliter cette opération. Mais il n'en faut pas moins que l'homme qui alimente la machine soit habile et consciencieux. C'est pourquoi l'adaptation à l'avant du batteur d'un appareil à engrener automatiquement a été un progrès sensible (fig. 248).

L'engreneur automatique se recommande d'autant plus qu'il s'agit de batteuses plus puissantes et plus actives : les batteuses à vapeur, en première ligne. Mais son emploi ne serait pas moins utile dans les machines ordinaires en travers, car ces batteuses tournent à vide 1/3 du temps, même avec un bon engreneur.

Le service des machines en travers fixes de la force de 3 à 4 chevaux exige 5 à 6 hommes pour les machines à manège, et de 9 à 12 pour les batteuses à vapeur, soit 3 hommes par cheval vapeur.

D'après Granvoinnet, le prix de revient du battage de l'hectolitre de blé, vanné une fois, est d'enviren o.fr. 77 avec la vapeur et de 0 fr. 798 avec les animaux. Le battage de l'hectare de blé, rendant 25 hectolitres, serait donc en moyenne de 19 fr. 25 dans le premier cas, et de 20 fr. dans le second.

Si nous comparons ces prix à ceux que nous a donnés le battage en bout, nous constatons que le secouage, le vannage et la conservation de la paille, à l'aide des bonnes machines en travers ne grève l'opération d'aucuns frais supplémentaires, puisque le prix de revient de l'hectolitre battu est plutôt un peu inférieur.

Il y a donc un grand avantage à employer les batteuses en travers, secouant la paille et vannant le grain, au point de vue économique. Mais il faut apporter un grand soin dans le choix, l'entretien et la conduite de la machine. Si l'œil du maître engraisse le bétail, comme l'a dit si justement Julius Kühn, il a une action encore plus sensible et plus nécessaire sur le bon fonctionnement des machines agricoles perfectionnées de notre époque.

Ces machines en travers conviennent à la plupart des exploitations moyennes et dans tous les pays où la paille bien conservée a une valeur assez considérable,

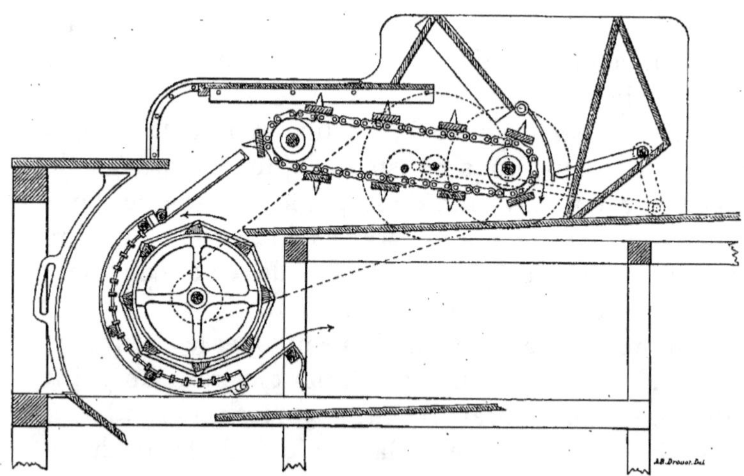

Fig. 248. — Engreneur automatique Albaret.

comme dans le rayon de Paris et des grandes villes. Elles sont recommandables aussi pour le battage des

Fig. 249. — Batteuse locomobile.

semences.

A côté des machines fixes de ce genre on en construit qui sont montées sur roues. Celles-ci dites batteuses locomobiles sont les plus répandues dans les pays où l'on conserve le grain en meules, car elles permettent d'aller battre la récolte au pied de la meule, sans nécessiter de charroi. Elles sont aujourd'hui généralement mues par la vapeur (fig. 249).

Nous ne devons pas manquer non plus de signaler les machines à battre mues par un manège à plan incliné, faisant corps avec elles, désignées en Beauce sous le nom imagé de *trépigneuses*. Mues par un cheval ou deux, ou par des bœufs, ces machines permettent de tirer des animaux un effet utile considérable. Elles ont l'avantage en outre de ne pas tenir de place. Elles sont par excellence les machines de la moyenne culture. Ce sont des batteuses en travers ou en biais, généralement munies d'un tarare. La fig. 250 montre une de ces machines, sortant des ateliers de M. Lecoq, à Boisville la Saint-Père, près de Voves (Eure-et-Loir).

Pour les très grandes exploitations, et pour les entrepreneurs de battage, on construit des machines à battre plus puissantes, dites *batteuses à grand travail*. Elles sont toutes locomobiles, et ne possèdent pas de cylindres d'alimentation. Le batteur étant animé d'une vitesse plus grande, s'alimente lui-même, comme dans les batteuses en bout.

L'engrenage se fait légèrement de biais. Si l'on perd un peu sur la beauté de la paille, on gagne énormément en rapidité. Toutefois, si la paille est moins ménagée que dans les machines en bout, elle est encore facile à botteler et acceptée par le commerce courant.

Le batteur est intermédiaire entre celui des machines en bout et celui des machines en travers. Il a plus de battes que les premières et moins que les dernières. Le contre-batteur, plein ou ajouré, est formé de plaques de fontes canelées, ou de contre-battes faisant saillie. Il se règle généralement à la main. Certaines machines ont cependant le réglage spontané. L'intervalle entre le batteur et le contre-batteur est plus grand à l'entrée qu'à la sortie.

FIG. 250. — TRÉPIGNEUSE.

C'est à ces grandes batteuses surtout que conviennent les engreneurs automatiques.

La fig. 251 représente une coupe longitudinale de la batteuse à grand travail de Ransome Sims et Head. La paille et le grain du batteur A tombent sur la partie inférieure du secoueur rotatif formé de 15 tambours, B, B, armés chacun de trois rangs de dents courbes, disposées de manière que les dents se nettoient elles-mêmes très efficacement les unes contre les autres, de tout ce qui aurait pu s'y arrêter. Le blé et la courte-paille (*cavings*) tombent sur le crible intérieur C, l'action de retour des dents les faisant descendre sur lui. La surface du crible intérieur s'étend dans la direction où tombe la courte paille. Celle-ci tombe entre les roues de devant. Les balles et le grain tombent dans la trémie D D et passant sur un crible fin E, laissent échapper les plus petits grains. Ici le courant d'air produit par le ventilateur F entraîne les balles, les jetant sur un crible incliné et perforé G, qui permet à l'air de s'échapper, tandis que la menue paille tombe dans la rigole d'une vis sans fin, qui l'évacue sur le côté dans un sac. Le grain tombant au travers de E est élevé par l'élévateur à godet JJ dans le crible K, d'où il passe sur le tamis L, dans le tarare M et dans le trieur N. De là il tombe dans différents sacs.

Cette machine a été créée pour l'Europe centrale et septentrionale. Pour l'Europe méridionale, Espagne, Portugal, Italie, Turquie, etc., la même maison construit une machine analogue, qui est munie d'un broyeur de paille (fig. 252) qui s'adapte à l'extrémité du secoueur. Nous avons vu employer cette machine avec beaucoup d'avantage dans les environs de Malaga.

Mue par une locomobile de 12 chevaux, cette batteuse égrène de 1,000 à 1,200 gerbes par heure, produisant de 30 à 40 hectolitres de blé marchand.

Les constructeurs français font également des machines à grand travail, avec double vannage et criblage, battant de 100 à 250 hectolitres par jour avec une force

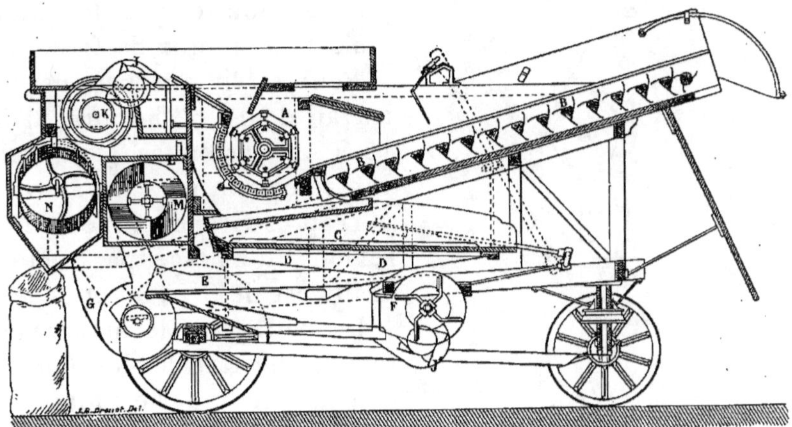

FIG. 251. — BATTEUSE A GRAND TRAVAIL (COUPE).

variant de 7 à 10 chevaux. Les machines les plus communes sont de 5 à 6 chévaux-vapeur, et peuvent égréner 70 à 80 hectolitres.

Ces batteuses à grand travail égrènent à peu près par cheval vapeur la même quantité que les machines en travers, car si elles ont plus d'appareils de nettoyage, et par suite plus de résistance par hectolitre battu, il y a plus d'effet utile par cheval, puisque la force totale est plus grande et que le battage en biais exige moins de force.

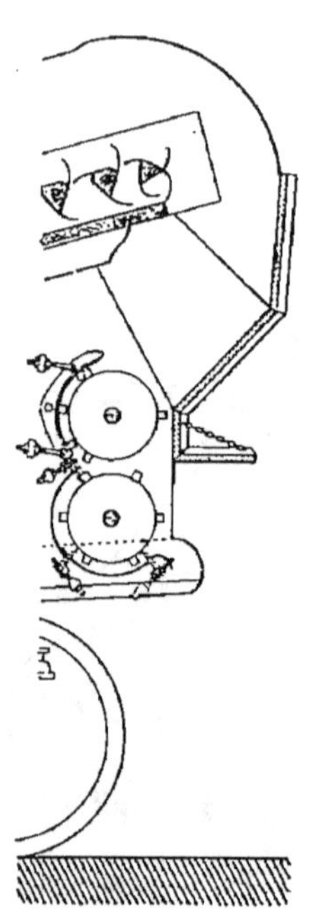

FIG. 252.
BRISE-PAILLE.

Pour servir une batteuse à grand travail de 6 à 7 chevaux, il faut de 15 à 20 personnes, soit trois servants environ par cheval vapeur.

D'après Grandvoinnet, le prix de revient du battage, par hectolitre de grain est de 0 fr. 80 pour le blé.

Le battage et le nettoyage complet de l'hectare de blé, pour un rendement de 25 hectolitres s'élève donc à 20 francs.

On voit d'après cela que le prix de revient est à peine supérieur avec les machines à double nettoyage, à ce qu'il est avec les machines en travers.

Nous venons d'examiner toute la série des procédés de battage des céréales, depuis ceux qui conviennent aux plus petites exploitations et aux milieux les plus primitifs jusqu'à ceux qui ne sont à leur place que dans la culture intensive. Nous résumons, pour terminer, dans le tableau suivant les prix de revient du battage du blé dans les différents cas :

PRIX DE REVIENT DU BATTAGE PAR HECTARE DE BLÉ
RENDANT 25 HECTOLITRES.

DIFFÉRENTS MODES DE BATTAGE.	Prix de revient par hectare battu.	Observations sur le nettoyage et l'état de la paille.
Fléau	25,0	Grain non vanné paille entière, 7 % de grain restant dans l'épi.
Dépiquage.	26,88	Grain non vanné, paille brisée, 7 % de grain restant dans l'épi.
Machines en bout. .	20,50	Grain non vanné, paille brisée.
— en travers.	19,25	Grain vanné, paille intacte pour écuries de luxe.
Machines en biais à grand travail. . . .	20,00	Grain vanné 2 fois et trié, paille commerciale.

On voit que les progrès de la mécanique relativement à la séparation et au nettoyage du grain des principales céréales est considérable, surtout si l'on tient compte que l'on obtient avec les bonnes machines à battre, environ 7 % de grain en plus qui restent dans la paille par les anciens procédés. On doit donc majorer les prix du dépiquage et du battage au fléau de 20 fr. par hectare dans les conditions où nous nous sommes placés. De sorte qu'on peut dire que le prix de revient a baissé de plus de 50 % en même temps qu'on obtenait à la place de grain brut, du grain prêt à aller au marché.

Liage et pesage de la paille. — Le liage de la paille dans la région moyenne de l'Europe se fait, au sortir des secoueurs, par des ouvriers. On emploie des liens qui ont déjà servi pour les gerbes, en complétant le manquant par des liens neufs. On règle les bottes pour la vente à 5 kilog. 1/2 ou 1.1 kilog. Ce réglage se fait difficilement au moment du battage. Le temps manque aux lieurs. Certains sont assez habiles pour régler à l'œil leurs bottes à une livre près, mais ils sont rares. En général on est obligé pour la vente de faire peser et relier les bottes.

Après l'invention des moissonneuses-lieuses, M. Albaret a imaginé d'adapter un appareil lieur aux machines à battre, en y adjoignant un peseur. D'autres constructeurs, ont ensuite adapté à leurs batteuses des appareils lieurs du système de leurs moissonneuses. Jusqu'à présent, cela ne s'est pas beaucoup répandu, mais nous ne doutons pas de voir ce perfectionnement entrer dans la pratique, car il procurera une grande économie de main d'œuvre, en même temps qu'il évitera la nécessité du réglage postérieur des bottes destinées à la vente.

En vérité à l'époque où nous écrivons ces lignes, on jette la gerbe déliée dans la machine, qui rend le blé nettoyé et marchand en sacs, la menue paille en balles, la paille liée et pesée, après que dans la moisson la main-d'œuvre n'est intervenue que pour mettre les gerbes en moyettes derrière la lieuse, charger la récolte et les conduire au pied de la batteuse.

Égrenage du maïs. — L'égrenage des épis de maïs qui sont récoltés à la main sur les tiges, avant l'abattage de celles-ci, ne peut se faire avec les machines précédentes. Dans la plupart des cas, après les avoir laissé parfaitement sécher, on les égrène au fléau. D'après Burger quatre batteurs égrènent treize hectolitres de maïs dans une journée de neuf heures. Le prix de revient de cette opération est donc d'environ 0 fr. 77 par hectolitre de grain.

Si les rafles ne sont pas suffisamment sèches, on détache les grains à la main, en râclant les épis sur une lame de fer. Le travail est alors deux fois plus long, mais on le fait d'ordinaire à la veillée en hiver.

On construit aujourd'hui, pour l'égrenage du maïs, des appareils spéciaux dont l'usage est beaucoup plus économique que les procédés précédents. Les égreneurs de maïs de Tritschler, de Limoges, se recommandent aux cultivateurs du Midi. Le petit modèle se compose de deux plaques en fonte, qui forment en même temps l'enveloppe du corps de la machine, et d'un plateau tournant sur le même axe que la manivelle. Ce plateau porte sur l'une de ses faces des ergots en pointe de diamant, qui sont les organes égreneurs. Sa couronne est dentée et engrène avec un pignon monté sur l'axe du volant. Ce même axe porte une roue conique qui a pour but d'imprimer à l'épi un mouvement de rotation, de telle sorte qu'il présente toute sa surface à l'action des pointes du plateau. Cet appareil peut égrener de 20 à 25 hectolitres par jour.

L'égreneur de grand modèle est composé d'un cylindre en fonte armé d'ergots disposés en hélice sur tout son pourtour, et d'un ressort placé en arrière d'une portion de cylindre avec coin sous la trémie dans laquelle on introduit les épis. Ce ressort peut être réglé différemment selon la grosseur des épis et leur forme, de manière à assurer un égrenage parfait dans toutes les circonstances. Mis en mouvement par un moteur, il peut débiter jusqu'à 100 hectolitres de maïs en grains par journée de dix heures de travail effectif.

Ébarbage de l'orge. — Après le battage à la machine, les grains d'orge restent souvent pourvus d'un prolongement filiforme raide et dur qui n'est autre chose que la base de la barbe. Le grain dans cet état n'est pas marchand. Il est même peu propre à la préparation du malt dans les distilleries agricoles de grains ou de pommes de terre, ou dans les brasseries. Aussi faut-il *l'ébarber*.

On a recours à cet effet à des machines spéciales que l'on appelle *ébarbeurs*. Nous citerons comme type l'appareil de Pilter, dont nous donnons la figure.

FIG. 253. — ÉBARBEUR D'ORGE.

Il se compose d'un arbre horizontal d'environ 1 mètre de longueur, garni d'une série de petites lames d'acier disposées à sa périphérie suivant une courbe hélicoïdale. Animé d'une vitesse de 150 tours par minute, cet arbre se meut dans une enveloppe en fonte canelée. L'orge jetée dans la trémie entre dans le cylindre, où elle est soumise à une friction énergique qui l'ébarbe, et ressort par l'autre extrémité. On peut traiter de 15 à 18 hectolitres à l'heure. On termine par un coup de tarare.

Nettoyage des céréales. — Nous venons de voir que si certaines batteuses livrent le grain vanné et même criblé, il en est aussi qui ne séparent pas les balles du grain. Souvent les batteuses ordinaires ne livrent pas un grain assez propre pour être porté au marché. Dans tous les cas, au sortir du batteur le grain est mélangé de toutes sortes d'impuretés dont il faut le débarrasser, et le mode d'opérer ne varie pas sensiblement, que le nettoyage soit fait en même temps que le battage par des organes ajoutés à la batteuse, ou qu'il ait lieu d'une manière indépendante.

Toujours donc le grain mélangé de *balles,* d'*otons,* de mottes de terre, de poussière, de pierres, etc., doit subir une épuration méthodique, en passant successivement dans des appareils spéciaux tels que les *vans,* les *tarares,* les *épierreurs,* les *cylindres,* et les *trieurs.*

Autrefois le vannage s'exécutait à l'aide de procédés très primitifs.

Lorsque l'égrenage se faisait en plein air comme dans le midi de la France, l'Espagne, l'Italie, l'Algérie, la Grèce etc., on avait recours aux bons offices du *vent.* « Les gerbes sont battues, la paille et ses gros débris sont enlevés avec le râteau; mais le grain est encore enfoui et mêlé avec les balles du froment, la poussière, les petites pierres, et avec les parcelles de paille; il est temps de le séparer, de le nettoyer, de débarrasser l'aire afin de la charger de nouvelles gerbes, de recommencer la première opération; enfin de la continuer successivement jusqu'à ce que tout le grain soit battu.

« On a eu la précaution de placer l'aire sur un lieu élevé et exposé au courant de tous les vents, ou du moins des principaux qui règnent dans le canton, et si l'un d'eux souffle, on se hâte d'en profiter pour *venter*. A cet effet, le grain et tout ce qui l'environne sont rassemblés en carré long et étroit, dans le milieu ou dans un coin de l'aire suivant sa position. Alors les *batteurs,* armés de fourches à dents longues et serrées les unes près des autres, jettent en l'air, au-dessus et derrière leur tête, le grain et tout ce qui se rencontre; alors la force du vent entraîne au loin les corps légers, et le grain et les petites pierres tombent à côté du batteur où ils forment un nouveau monceau, et continuent jusqu'à ce que le premier ait été tout *dégrossi.* C'est ainsi que se nomme cette première opération.

« Si le vent continue, les mêmes batteurs abandonnent les fourches, prennent des pelles de bois et jettent aussi haut et aussi loin qu'ils peuvent contre le vent, le grain dégrossi : c'est en quoi consiste proprement l'opération de *venter.* Les petits corps rassemblés sur la pelle ont chacun une pesanteur spécifique, et en raison de cette pesanteur et de la force avec laquelle ils sont poussés, ils tombent plus ou moins loin. Ainsi les pierrailles se séparent du grain ainsi que les débris de paille, de balle, etc.

« Le batteur serait heureux si, vers le soir de chaque journée, ou au moins tous les deux ou trois jours, il avait le vent à sa disposition. » (1)

Cet antique procédé fut signalé déjà par Homère, qui, en comparant la poussière soulevée par le combat des Grecs et des Troyens à celle qui est produite par le vannage des grains, écrivait : « Tels, quand on vanne les blés des aires sacrées et que les pailles et

____

(1) L'abbé Rosier.

Fig. 254. — Le Vanneur, par Aug. Moreau

les grains chargés des poussières de l'aire sont poussés au loin par le vent qui s'élève. » Il s'est perpétué jusqu'à nos jours malgré son imperfection dans les pays à étés sans pluies.

Dans les pays du Nord, où le battage avait lieu à la grange et au fléau, ou employait la méthode du vannage. « L'opération s'exécute avec un *van*, instrument d'osier et à deux anses, large de trois pieds environ sur deux pieds de longueur; il est courbé en rond par derrière qu'il a un peu relevé, dont le creux diminue insensiblement par devant; il ressemble à peu près à la partie inférieure d'une coquille d'huître. Cet instrument était consacré à Bacchus, et les vignerons s'en servaient pour offrir à ce dieu les prémices de la vendange. Il sépare la paille et les ordures du bon grain. Un homme passe une main dans chacune des anses, appuie le van sur son genouil, il remue en même temps les bras et le genouil qui sert de point d'appui, et à petits coups il amène en dehors les pailles, les ordures, les grains d'avoine, d'orge, etc. Il faut beaucoup d'exercice avant de bien manier un *van* (1) ».

Le nettoyage des céréales au van peut être parfait, mais comme il dépend essentiellement de l'habileté du vanneur, il laisse en général beaucoup à désirer. De plus, l'opération est extrêmement lente.

Ces anciens procédés, bien qu'encore employés dans les pays à culture extensive, sont très avantageusement remplacés par les machines à vanner, qu'Olivier de Serres appelait *ventoirs*. Les tarares actuels ont pour origine le *bluteau composé* présenté par le Baron de Knopperf, en 1716, à l'Académie des scien-

____

(1) L'abbé Rosier.

ces de Paris, et dont Rosier donne la figure sous différentes faces. Nous reproduisons la coupe du tarare
de Dombasle.

Dans tous ces instruments le grain est déposé dans
une trémie, d'où il passe par une ouverture qu'on règle à volonté sur une, deux ou trois grilles en fil de

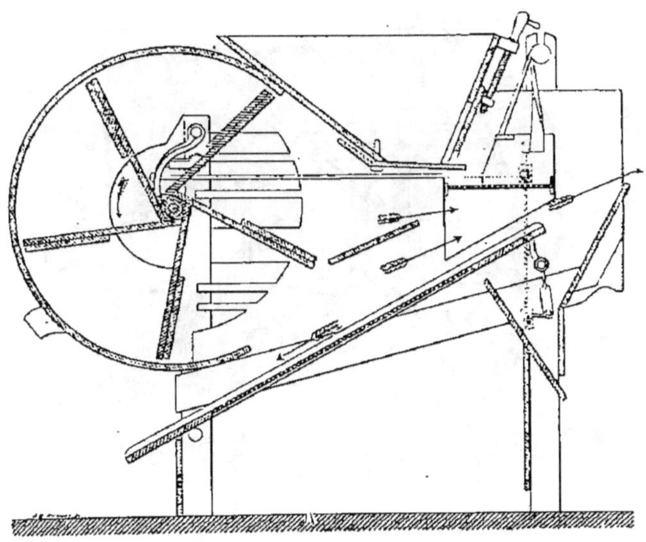

FIG. 255. — COUPE DU TARARE DOMBASLE.

fer, à mailles variables, superposées les unes au-dessus des autres, et animées latéralement d'un mouvement de va et vient saccadé. Pendant qu'ils tombent
d'une grille à l'autre, les grains sont soumis à l'action
d'un courant d'air énergique, produit par un ventilateur, courant d'air qui entraîne avec lui toutes les balles, les otons, les poussières, tandis que le grain, plus
dense, tombe sur un plan incliné qui l'amène en avant
de l'appareil. Ce plan incliné est souvent constitué par

un crible plan, à mouvement saccadé qui sépare les petits grains et les petites graines.

Le tarare Lecoq, dont nous donnons la figure plus loin, se recommande par son bon marché relatif et la perfection de son travail.

Pour amener du grain sortant du batteur à l'état mar-

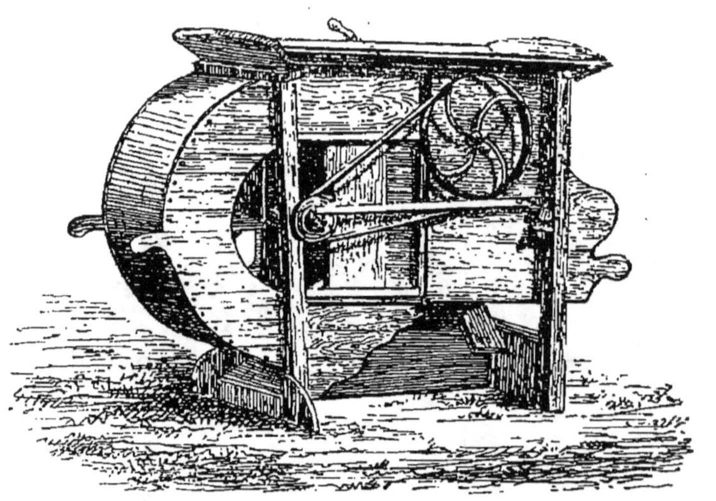

FIG. 256. — TARARE SILENCIEUX DE LECOQ.

chand, il faut le vanner en général trois fois. Le premier vannage est un simple débourrage, qui se borne à enlever les matières les plus grosses et les balles. Il revient à environ 0 fr. 10 par hectolitre de grain. Le second vannage parfait le travail, grâce à l'emploi de grilles plus fines et adaptées à la forme du grain. Il revient à environ 0 fr. 05 par hectolitre de grain. Le troisième et dernier se pratique dans les mêmes conditions que le deuxième.

Le passage du grain au tarare, même à plusieurs reprises, n'est pas suffisant pour le purifier entièrement, soit pour la vente, soit pour la consommation de l'homme, soit surtout pour l'ensemencement.

Le cribleur-épierreur Josse, qui est très répandu

FIG. 257. — CRIBLEUR-ÉPIERREUR JOSSE.

dans les fermes des environs de Paris, rend sous ce rapport de grands services. Il est essentiellement constitué par un plan incliné triangulaire, garni de rebords, et muni dans sa partie centrale de triangles disposés de manière à produire les effets des anciens vans.

Le grain tombe de la trémie sur le plan incliné animé d'un mouvement alternatif de droite à gauche. Les matières légères, balles, otons, etc., remontent la pente du plan, et viennent s'échapper par la base du grand triangle. Les grains et les matières lourdes descendent au contraire vers la pointe, où est disposé un crible, qui retient les pierres, et laisse passer le grain. Les pierres et autres matières lourdes s'échappent par des orifices placés sur le côté. Le crible a des perforations de dimension et de forme variables avec la nature du grain à épierrer.

Avec le *cylindre,* on enlève les graines rondes ainsi que les grains maigres et mal conformés.

Le cylindrage s'exécute à l'aide d'un crible cylindroconique formé de fils de fer. Le vide réservé entre chacun de ces fils de fer et son voisin est d'autant plus grand que l'on s'éloigne davantage de la trémie. Le diamètre du cylindre diminue aussi suivant la même direction. Un axe en bois muni d'une manivelle permet d'imprimer à l'appareil un mouvement de rotation. L'axe, aux deux bouts, s'appuie sur deux coussinets supportés par un bâti, et est incliné de la trémie à l'autre bout, pour que la gravité entraîne le grain jusqu'à son extrémité. Le grain, introduit par la partie supérieure du cylindre, descend le long du crible à mesure de sa rotation; les grains maigres et peu gros sortent du cylindre dans le tiers supérieur; les grains moyens sortent dans la partie moyenne, les gros dans le tiers inférieur. Les graines tout à fait rondes sortent au bout. On peut cylindrer 3 hectolitres à l'heure.

Les anciens cylindres, dont nous venons de donner la description sommaire, n'étaient que des appareils très imparfaits et insuffisants. Ils ont été remplacés, presque généralement, par des cribles analogues au crible-trieur Pernollet.

Le crible Pernollet est constitué par un cylindre rotatif à axe incliné sur l'horizon, dont la surface est formée par des feuilles de zinc perforées de trous de formes
différentes. Le grain tombe de la trémie dans la partie
antérieure du cylindre, dont la surface est percée de
trous longs, suivant la direction de la génératrice. Ces

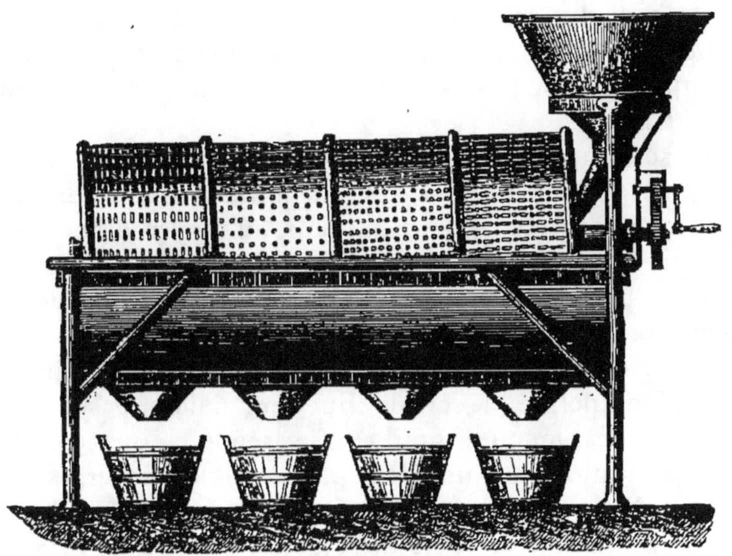

FIG. 258. — CRIBLE PERNOLLET.

trous alternent avec d'autres plus petits de forme circulaire. Cette première partie de l'appareil laisse échapper
la poussière, les petites graines, les grains avortés et l'i-
vraie. Arrivé dans le deuxième compartiment qui est
percé de trous ronds et petits, le grain abandonne la
nielle, les graines rondes. Dans la troisième partie
du cylindre, percée de trous ronds, mais plus gros, le
grain laisse passer les gros grains étrangers, avec un
peu de blé, si c'est cette graine que l'on cylindre. Le

4ᵉ compartiment dont les trous sont allongés et dirigés perpendiculairement aux génératrices, laisse passer le blé propre.

Tout le reste, pierres, débris, sort à l'extrémité du cylindre.

Enfin pour la préparation des graines de semences, il n'y a aucun instrument qui soit aujourd'hui supérieur au trieur alvéolaire. Le trieur de Marot, de Niort, dont nous donnons une figure d'ensemble (fig. 259) et une coupe (fig. 260), se recommande par la perfection de son travail.

Il se compose d'un cylindre à alvéoles, renfermé dans un bâti en bois. Celui-ci est surmonté d'une trémie, en prolongement de laquelle se meut, au moyen d'une roue à rochet, un petit appareil composé de deux cribles inclinés. Le crible supérieur retient à sa surface toutes les impuretés et les grosses graines rondes, qui sont évacuées par des trous latéraux, placés à la partie inférieure du plan incliné; le crible inférieur laisse passer les ivraies, les menues graines, le seigle; tout ce déchet se réunit dans un tiroir placé sur les traverses du bâti.

Le grain suit la pente des cribles, pénètre au moyen d'un entonnoir dans le cylindre; au centre de celui-ci est fixé un chenal dans lequel roule une vis sans fin mise en mouvement par un petit engrenage. La première partie du cylindre est munie d'alvéoles d'un diamètre tel que le froment et les graines rondes puissent s'y loger; dans le mouvement de rotation, le contenu, de ces alvéoles est monté dans le chenal, tandis que les orges et les avoines, que leur longueur a empêché d'y prendre place, suivent la pente du cylindre et viennent s'échapper par une ouverture ménagée à une distance calculée. Le froment et les graines rondes, montés dans le chenal,

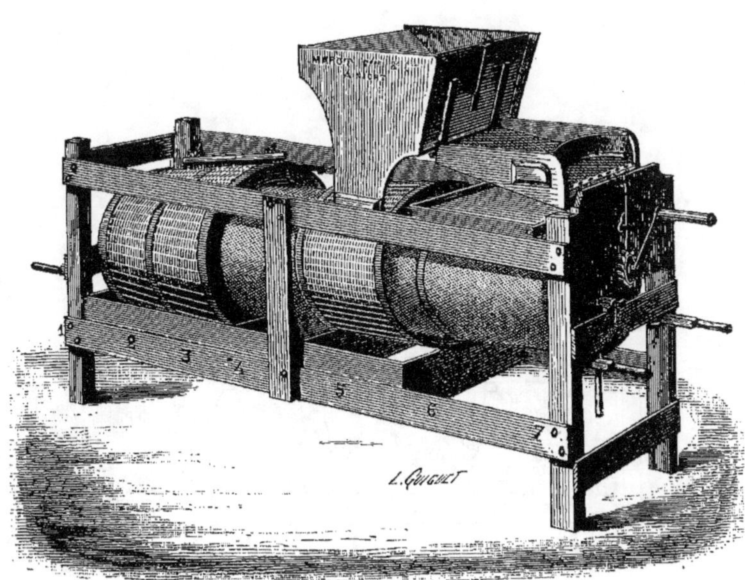

Fig. 259. — Trieur a alvéoles.

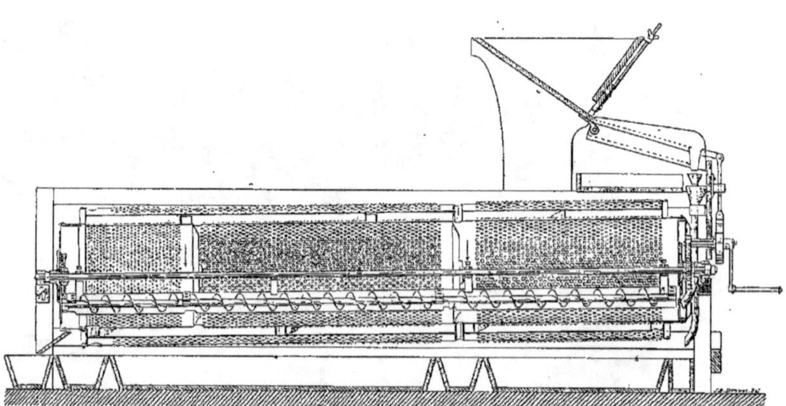

Fig. 260. — Coupe du trieur a alvéoles.

sont entraînés par la vis d'Archimède jusqu'à une section s'ouvrant juste dans la seconde partie du cylindre. Les alvéoles réduits de cette seconde partie emmagasinent les seules graines rondes; le mouvement de rotation les monte dans le chenal dont la vis les expulse à l'extrémité du bâti, tandis que le froment exempt d'avoine, d'orge et de graines rondes, suit la pente jusqu'au trou de sortie.

A ce mécanisme vient s'ajouter le nouvel élément d'un crible à alvéoles perforés. Le froment mêlé au seigle, ou l'avoine mêlée à l'orge, après s'être purgés des graines rondes, arrivent en sortant du premier cylindre sur une enveloppe en métal uni, séparée du cylindre par une lame roulée en spirale qui, produisant un effet analogue à celui de la vis d'Archimède, ramène le mélange à une ouverture ménagée à sa partie supérieure, d'où il tombe dans un cylindre à alvéoles perforés hors de leur axe, qui recouvre toute cette partie de l'appareil. Le seigle et l'avoine passent au travers de la perforation. Le blé et l'orge coulent à l'extrémité du cylindre.

Le seul reproche que l'on puisse faire au trieur alvéolaire, c'est la lenteur de l'opération. Mais celle-ci est très largement compensée par la plus belle qualité du grain trié. Grâce à cet appareil, la sélection et la purification des céréales sont devenues des opérations mécaniques, à la portée de tous les cultivateurs. Il n'est plus permis, à qui se respecte, de semer des semences souillées de nielle et de graines rondes, pas plus que de céréales étrangères.

Conservation des grains. — « Lorsque les grains sont battus, on doit les transporter immédiatement sur le plancher d'un grenier, sans les laisser séjourner dans des sacs, même pour un petit nombre de jours. Les couches, que l'on en forme, peuvent être plus ou moins épaisses, selon l'état de dessiccation du grain. S'il est encore humide ou tendre, les couches ne doivent avoir que quelques centimètres d'épaisseur, et on doit les remuer, en les changeant de place, deux ou trois fois par semaine dans les premiers temps. Quoique les grains paraissent parfaitement secs après le battage, ils ne peuvent encore être placés sans danger de fermentation en couches de plus de 25 à 40 centimètres d'épaisseur; et pendant les premiers mois on devra remuer ces couches, d'abord chaque semaine, puis à de plus longs intervalles de deux ou trois mois, à moins qu'il ne s'y manifeste des traces d'insectes comme les *charançons*, les *alucites*, ou les *teignes*. Dans ces derniers cas, ce n'est qu'en remuant et en criblant très fréquemment les grains que l'on peut affaiblir du moins les ravages de ces insectes. Dans les exploitations bien soignées on n'épargne pas le travail sur les greniers pour bien nettoyer, cribler, et ventiler les grains, à l'aide des tarares, des cribles, des cylindres, etc., dont la construction varie quelque peu selon les localités. Il importe beaucoup, toutefois, que l'on se procure les instruments de ce genre les plus parfaits; car l'accroissement du prix que l'on peut obtenir, sur les marchés, compense toujours amplement les dépenses que l'on a faites en instruments et en main-d'œuvre pour atteindre à cette perfection (1). »

Les rats et les souris sont des ravageurs importants à considérer, certainement, mais beaucoup moins que les insectes que nous venons de citer, et sur lesquels nous allons revenir. Leur destruction est possible par les moyens ordinaires. Dans la construction des bâtiments ruraux, et surtout des greniers à grain, on ne doit ja-

(1) M. de Dombasle.

mais établir les planchers sur solives avec un plafond latté en dessous de celles-ci, car il y a ainsi entre les solives, le plancher et le plafond, des couloirs naturels qui sont d'excellentes et sûres retraites pour les rongeurs. Il faut faire sous les planchers des plafonds pleins, en plâtre, simulant de petites voûtes entre les solives Enfin on fait mieux encore en coulant sur le plancher, plafonné à plein, une couche d'asphalte. Tous les joints, tous les petits trous du bois, qui pourraient servir de refuges aux rongeurs et aux insectes, sont ainsi supprimés, et la construction est d'une solidité remarquable.

Il est d'autre part indispensable aussi que la ligne de jonction du plancher et des murs soit garnie d'une plinthe en bois, qui ferme hermétiquement le joint, plinthe que l'on peut remplacer par un enduit soigné en ciment ou en bitume.

Les greniers doivent être parfaitement clos, de toutes parts. Le toit ne doit laisser passer ni la pluie, ni la neige. Les fenêtres doivent être placées autant que possible au nord et au midi, les unes en face des autres, afin que l'aération, quand elle est nécessaire, se puisse faire avec facilité. Elles sont grillagées et munies de volets.

Pour les agriculteurs français de l'époque actuelle, l'emmagasinement des céréales se réduit au minimum. Elles ne passent presque au grenier que pour parfaire leur épuration, entre le moment du battage et celui de la livraison au commerce. Il n'y a en réalité chez nous aucun intérêt pour l'agriculture à garder des céréales en magasin, en dehors de ce qui est nécessaire pour les besoins de la consommation de la ferme. Le gain que l'on pourrait faire quelques fois par suite d'une hausse des cours est presque toujours annihilé par les frais de manutention nécessaires. On ne conserve donc plus les grains comme autrefois en greniers, et l'emploi des silos en maçonnerie ou métalliques n'a pas eu l'occasion de se répandre dans les fermes. C'est plutôt affaire à l'industrie qu'à la culture.

L'ensilage des céréales est pratiqué en Afrique depuis les temps les plus reculés; les Romains et les Maures conservaient par ce procédé leurs grains pendant plusieurs années consécutives. Aujourd'hui encore les Arabes, les Espagnols et les Napolitains, ont recours à l'ensilage des grains. C'est aussi à l'emploi des silos métalliques qu'il faut avoir recours dans les grandes entreprises sur le commerce des céréales, ou dans celles qui doivent alimenter une très nombreuse cavalerie.

Chez les anciens, les silos étaient creusés dans le sol, et revêtus d'une maçonnerie rendue bien étanche et imperméable, par l'emploi d'un ciment d'une extrême dureté. Leur orifice supérieur pouvait être hermétiquement clos. Aujourd'hui les silos sont métalliques. Il en existe à Mettray qui sont construits en tôle. Ils ont chacun 500 hectolitres de capacité, et présentent la forme d'un grand flacon qu'on remplit par le goulot, puis qu'on ferme hermétiquement. Ils sont disposés en souterrains, sous un hangar; on peut donc les ouvrir et les remplir sans crainte des intempéries. Leur vidange se fait par le bas dans une galerie où aboutissent à droite et à gauche tous les orifices de décharge.

Avant d'être ensilés, les grains doivent être bien desséchés, de manière à ne pas renfermer plus de 12 à 14 % d'eau.

Les silos remplis et clos, l'air qu'ils renferment se modifie rapidement par l'action de la respiration des germes. L'oxygène disparaît bientôt et est remplacé par de l'acide carbonique. Dans ces conditions le grain se trouve à l'abri des attaques de tous les êtres vivants, qui sont si à redouter dans les greniers.

Les destructeurs des grains emmagasinés. — Les *rats* et les *souris* sont les plus gros ennemis des grains emmagasinés, mais non les plus dangereux; on en vient à bout avec des chats élevés dans les greniers et les granges, qu'ils ne quittent jamais, si l'on a eu soin depuis leur naissance de ne jamais les y laisser manquer d'eau et de nourriture. On peut recourir également aux pièges et à la mort-aux-rats.

Les insectes sont plus à redouter que les rongeurs, et leurs ravages sont d'autant plus considérables que le climat est plus chaud en même temps que plus grande est la masse des grains. Le charançon, l'alucite, la teigne et la cadelle, vont sucessivement nous occuper.

Charançon ou calandre des céréales. — Le charançon est un petit coléoptère d'environ trois millimètres de longueur sur un millimètre de largeur. Il est de couleur brune et se reconnaît facilement à la forme de sa tête prolongée en trompe, et portant deux antennes souvent coudées à leur premier article. Le corselet a sensiblement la même longueur que les

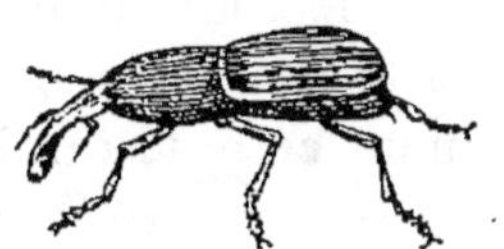

FIG. 261.
CHARANÇON TRÈS GROSSI.

élytres, et la largeur de celles-ci est presque identique à celle du premier.

Les ravages causés par cet insecte sont souvent considérables. Réfugié pendant l'hiver dans les trous des murs et les fentes des planchers, il en sort vers la fin d'avril et le commencement de mai, alors que la température moyenne dépasse de 9 à 10° centigrades. C'est alors qu'a lieu la fécondation de la femelle. Celle-ci dépose ensuite dans le sillon du grain de blé un œuf, invisible à l'œil nu, dans un petit trou percé dans ce but, tout près du germe, qu'elle rebouche enfin avec un enduit gommeux de la couleur de l'écorce du grain. Elle attaque autant de grains qu'elle a d'œufs à pondre. Au bout de 3 à 8 jours, selon que la température est plus ou moins élevée, l'œuf éclot, et il en sort une petite larve molle, blanche, allongée, dont le corps est formé de neuf anneaux. La tête, de consistance cornée, est armée de fortes mandibules, qui permettent à la larve de creuser l'intérieur du grain et d'en consommer la farine. En vingt jours, elle a consommé tout sauf l'écorce, sans qu'aucun signe extérieur indique sa présence. Elle a atteint toute sa croissance et se change en nymphe. Blanche et transparente, celle-ci ne mange plus, mais reste en repos pendant dix à quinze jours, et se transforme en insecte parfait pour perpétuer sa race. La rapidité de multiplication du charançon est d'autant plus grande que la température moyenne est plus élevée. D'après Bory de Saint-Vincent, une seule femelle pendant le cours d'une année pourrait produire vingt-trois mille six cents individus. D'autres naturalistes restreignent cette fécondité à 6000. Sous le climat de Paris, il y a environ trois générations successives par an, d'avril en septembre; une seule femelle initiale peut amener ainsi la destruction de 6000 grains ou d'un demi-litre environ. Dans les climats chauds, le nombre des générations peut atteindre sept à huit, et les ravages croissent en progression géométrique. Aussitôt l'accouplement le mâle meurt et la femelle s'éteint dès qu'elle a pondu.

C'est à l'état larvaire que le charançon commet ses plus grands dégâts, puisqu'il ne vit que peu de temps à l'état d'insecte parfait. Mais c'est alors qu'il est le plus difficile à détruire, parce qu'il habite l'intérieur du grain. Le charançon adulte aime la chaleur, le repos et l'obscurité. Par le pelletage et le criblage, du grain, on parvient à l'éloigner, dans les greniers bien aérés et éclairés. Mais cela ne réussit qu'à la condition que les planchers et les murs soient en parfait état. Les planchers asphaltés se recommandent spécialement dans ce cas.

L'emploi des plantes à odeur pénétrante comme la fleur de houblon et de sureau, l'absinthe, la rue, la sarriette, la lavande, le coriandre, l'anis, etc., a été proposé, comme moyen d'éloigner les calandres. Mais c'est tout à fait insuffisant.

On a eu recours aussi au grenier rotatif de Vallery. Formé d'un grand cylindre creux à surface en tôle perforée et divisé par des cloisons diamétrales en compartiments, ce grenier peut se mouvoir autour de son axe. Le grain, placé dans ses cases, sans les remplir est remué complètement chaque fois qu'on fait tourner le cylindre. On obtient enfin une ventilation parfaite en faisant aspirer l'air du cylindre par un ventilateur. C'est l'application mécanique du pelletage et de la ventilation.

On peut aussi détruire les charançons et leurs larves en exposant subitement le grain à une température de 70° dans une étuve. L'acide sulfureux peut aussi être employé, comme pour détruire les autres insectes. Mais c'est par l'emploi des silos qu'on obtient les meilleurs résultats préventivement.

Alucite ou teigne. — L'alucite est avec le charançon un des insectes qui font le plus de dégâts dans les blés. C'est un lépidoptère nocturne de la tribu des tinéides. Long de 6 à 7 millimètres, il porte à l'état de repos les ailes repliées le long du corps, de manière à former une sorte de toit arrondi. La tête dégarnie de poils a des antennes filiformes et en dessous une petite trompe peu apparente. Entre les deux antennes se dressent deux palpes ou cornes caractéristiques. La couleur générale du papillon est canelle très claire. Les deux paires d'ailes sont garnies à leur extrémité postérieure d'une frange touffue de longs poils.

FIG. 262.
ALUCITE
(GRANDEUR
NATURELLE).

Elle a été décrite pour la première fois par Duhamel et Tillet, qui 'avaient été chargés par l'Académie des sciences de Paris, en 1760, d'une mission dans l'Angoumois, afin de rechercher les moyens d'arrêter les dégâts causés aux blés de cette province par les insectes. C'est surtout au sud de la Loire que ses ravages sont considérables.

L'alucite commence ses dégats dans les champs. Dès que la femelle est fécondée elle voltige autour des épis de l'orge et du blé. Elle dépose ses œufs sur les grains, spécialement dans la rainure du blé, et à la naissance de la barbe pour l'orge. Les œufs sont rouges, et d'une longueur o^{mm},66 environ. Ceux-ci

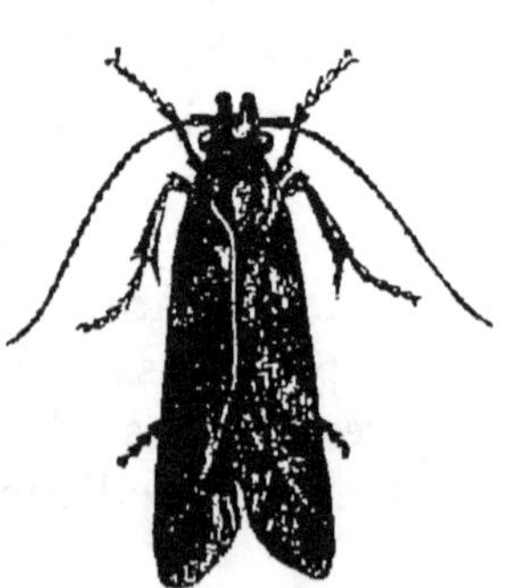

FIG. 263. — ALUCITE GROSSIE.

FIG. 264. — ALUCITE AU REPOS.

éclosent au bout de huit à dix jours. La chenille qui en sort a 6 ou 7^{mm} de long sur un de large. Armée de fortes mandibules, elle fait une ouverture dans l'écorce du grain, y pénètre et en ronge toute la partie farineuse. Aucun signe extérieur apparent ne prévient le cultivateur que son blé en gerbe ou en tas sur le grenier est attaqué. Il n'y a que l'échauffement qui se produit dans le tas de grain quelques jours avant la sortie des pa-pillons, et la dimi-nution progressive du poids de l'hec-tolitre qui puissent servir de moyens de reconnaissance. La perte de poids signalée peut aller jusqu'à 50 o/o et plus. La farine du grain se trouve

FIG. 265. — CHENILLE D'ALUCITE SE DIRIGEANT VERS L'EMBRYON.

remplacée par les excréments de l'animal, la chenille ou la nymphe, ou simplement la peau de celle-ci, lors-que le papillon est sorti. L'alucite reste de vingt à vingt-cinq jours à l'état de larve. Alors elle se change en nymphe et après un travail intérieur d'une dizaine de jours, le papillon sort dans l'air. Après l'accouplement, la ponte a lieu sur les grains, sur chacun des-quels la femelle

FIG. 266. — CHENILLE D'ALUCITE AYANT DÉTRUIT L'EMBRYON.

pose un œuf, et elle en pond de 70 à 80. Elle meurt après deux ou trois jours. Le mâle est mort après la fécondation.

Il y a par an deux générations dans notre climat, de sorte qu'un couple dans l'année peut produire 3600 larves. A la fin de la deuxième année, la progéniture de ce couple primitif pourrait atteindre quelques millions. On conçoit les dégâts qu'un tel ravageur peut produire dans les céréales.

Le grain alucité par suite de sa légèreté surnage dans l'eau, et les animaux domestiques le refusent. La farine

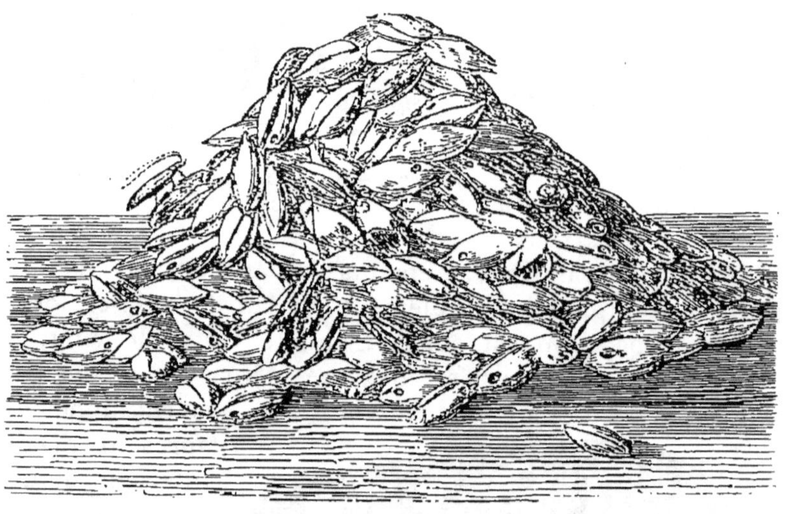

FIG. 267. — GRAINS DE BLÉ ALUCITÉS.

qui en provient est grise et terreuse, infectée d'un goût de vermine ou de mite très désagréable.

Le meilleur moyen de destruction de l'alucite est le choc violent, la larve emprisonnée dans le grain étant très délicate. C'est le docteur Herpin, de Metz, qui a eu l'idée de ce procédé, et c'est à Doyère que l'on doit d'avoir un instrument pratique pour opérer cette destruction.

Le *Tue-teigne* de Doyère se compose essentiellement de deux cylindres concentriques entre lesquels est ménagé un espace annulaire. Le cylindre extérieur est fixe; le cylindre intérieur tourne avec une grande rapidité autour de son axe.

Le cylindre enveloppant est muni de cannelures, comme certains contre-batteurs. L'autre porte des lames analogues aux battes des batteurs. Le grain coule de la trémie dans l'espace annulaire, et s'y trouve soumis à des chocs énergiques et multipliés. Le batteur a une vitesse de 800 mètres par minute à la circonférence. Cette vitesse est suffisante pour tuer l'alucite et le charançon.

En sortant de l'appareil, le grain est projeté hors de la machine avec une force telle qu'il parcourt encore de 8 à 10 mètres. Cette projection donne pour résultat un classement des grains par ordre de densité. Le grain de qualité supérieure tombe le plus loin de l'appareil. Près de celui-ci s'amassent les grains maigres et ravagés.

On peut également détruire le charançon et l'alucite à l'aide du sulfure de carbone, à raison de 2 grammes par hectolitre de grain, sans que le grain subisse aucune altération. Pour opérer on introduit le grain dans des tonneaux, puis le sulfure de carbone, et l'on ferme. Il ne faut pas plus de 2 heures pour assurer la destruction des insectes, et de leurs larves. Si le grain est ensilé, on introduit directement le sulfure dans les silos. On peut recourir également à l'acide sulfureux. On brûle dans les tonneaux de la mèche soufrée, puis on introduit le grain par la bonde, on ferme, et on roule la futaille. Au bout de quelques heures les insectes sont tués. Il faut alors retirer le grain et le ventiler énergiquement.

La désinfection des greniers par l'acide sulfureux est à recommander, pour la destruction de tous les insectes.

Fausse teigne des céréales. — La fausse teigne est aussi un lépidoptère nocturne de la même famille que l'alucite. Il se distingue du précédent en ce qu'il est dépourvu des cornes que nous avons signalées entre les antennes, par la posture différente qu'il prend à l'état de repos, et enfin par la couleur plus foncée de ses ailes, qui présentent des taches brunes transversales.

Sa chenille marque sa présence dans les tas de blé en liant entre eux un certain nombre de grains par une espèce de coque soyeuse, autour de laquelle se trouvent de petits ronds blanchâtres qui sont ses excréments. Si l'on examine les grains ainsi attachés, on voit qu'ils sont entamés partiellement, et souvent l'on trouve dans l'un d'eux la petite chenille.

C'est au grenier que le blé est attaqué par la fausse teigne, dans le mois d'août. La larve se tient à la surface des tas de blé, cachée dans l'agrégat de quelques grains qu'elle a formés. Elle attaque successivement les grains qui l'environnent et en vide la farine. A la fin d'août la chenille a toute sa taille, c'est-à-dire 6 à 7 millimètres et quelquefois plus. Elle est cylindrique, son corps est blanc, sa tête marron et ses mandibules noires. Elle a seize pattes.

Après avoir vécu un certain temps, elle quitte le tas de grain pour gagner les murs, les poutres, et aller se métamorphoser en chrysalide, ce qu'elle fait après s'être suspendue par l'extrémité inférieure de son corps. L'animal passe l'hiver à l'état de nymphe, et le papillon s'envole en juin et juillet de l'année suivante. Les papillons ne cherchent point à sortir des greniers comme ceux de l'alucite. Ils y demeurent constamment, et y font leur ponte.

Quand un tas de blé est attaqué par la fausse teigne, on le reconnaît facilement à l'agglomération préindiquée des grains. Si les insectes sont nombreux, on les voit aussi monter à la surface et grouiller dans le tas. La chenille seule attaque le grain, la nymphe ni le papillon ne mangent.

La destruction de la fausse teigne se fait comme celle de l'alucite, mais elle est plus facile, car la larve n'est pas protégée par l'enveloppe du grain.

Cadelle. — La cadelle, ou trogosite mauritanique, est un coléoptère à corps déprimé long de 6 millimètres environ. Les tarses sont composés de quatre articles peu ou pas dilatés, les palpes sont filiformes. Le dessus du corps est noirâtre, le dessous est brunâtre, les antennes sont également brunes et aussi longues que la tête. Les mandibules sont courtes.

Cet insecte est commun dans le Midi, et surtout en Afrique. C'est sa larve qui ronge le grain extérieurement, jusqu'à ce qu'elle ait acquis son complet développement. Elle est blanche, avec la tête noire, pourvue de deux mâchoires cornées, courbes et aiguës. Quand le moment de sa

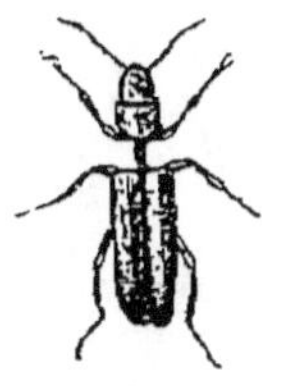

FIG. 268.
TROGOSITE
MAURITANIQUE.

métamorphose est arrivé, elle cherche un abri tranquille dans les crevasses des murs et des planchers, et y fait la guerre aux larves des autres destructeurs de blé. L'insecte parfait habite les greniers mais n'attaque pas le grain. Comme sa larve il chasse les autres insectes nuisibles. C'est à la fin de juillet qu'il fait sa ponte sur le grain.

Pour garantir le blé de la cadelle dans les greniers, le meilleur moyen consiste à couvrir les murs d'un crépi bien glacé et à employer les parquets bitumés. Comme la larve de cet insecte s'attache mal au grain, on arrive à la détruire en passant le blé au tarare. On peut aussi employer le tue-teigne Doyère, ou recourir au sulfure de carbone.

APPENDICE

LES CÉRÉALES COMME FOURRAGES VERTS.

Seigle. — Sarrasin. — Maïs. — Millets et Mohas.

Les plantes, dont nous venons d'étudier la culture au point de vue de la production granifère, sont, à l'exception du blé, assez souvent cultivées comme fourrages verts.

Seigle. — « Le seigle, dit E. Lecouteux (1), est, de date très ancienne, cultivé pour fourrage précoce qui se coupe, sous le climat de Paris, dès la dernière semaine d'avril. Il gagne beaucoup à passer par le hache-paille, car après son épiage il ne tarde pas à devenir fibreux. L'emploi d'engrais actifs et abondants, engrais à base d'azote et de phosphates, le fait taller et pousser en feuilles très larges. Ici la verse n'est pas à craindre, puisqu'il s'agit d'obtenir du fourrage vert et non du grain. Il y a donc tout intérêt à provoquer une épaisse végétation, et d'autant mieux que, pour le bétail, cette luxuriance de récolte à coups d'engrais se traduira par un fourrage moins dur et plus mangeable. »

(1) *Maïs-fourrage*, p. 86.

« Il est d'ailleurs à noter que le seigle à cause de sa précocité est une excellente récolte supplémentaire qui prépare le terrain à recevoir une emblavure de maïs. Vienne une disette fourragère en juillet et août, le seigle ensilé sera le remède à côté du mal, et certes ce remède n'aura pas coûté cher. »

La culture du seigle comme plante fourragère précoce ne diffère pas de la culture pour le grain. Toutefois on se hâte de faire les semis que l'on exécute en répandant plus de semence à l'hectare. Il faut aussi choisir les variétés les plus productives en tiges et en feuilles, et les plus précoces à la fois.

M. Lechartier a cultivé comparativement différentes variétés comme fourrages en 1892-93, et a obtenu les rendements suivants :

VARIÉTÉS.	Tonnes métriques à l'hectare.
Seigle grand de Russie.	40,5
— de Schlanstedt.	34,6
— des Alpes.	35,9
— — (2ᵉ génération).	30,2
— de Champagne.	24,7
— de Brie.	27,1

Le seigle-fourrage présente la composition suivante, au point de vue alimentaire :

	Éléments bruts.	Éléments digestibles d'après Wolff.
Eau.	72,9	»
Matière azotée.	3,3	1,9
Matière grasse.	0,9	0,4
Extractifs non azotés.	14,0	} 11,0
Cellulose.	7,3	
Cendres.	1,6	»

Une vache de 5oo kilogrammes de poids vif est suffisamment nourrie avec 5o à 6o kilogr. de seigle vert par jour. Ce fourrage est favorable à la production du lait.

Avoine. — Dans les contrées à hivers doux, où l'on peut cultiver l'avoine d'hiver, on sème aussi cette céréale comme fourrage hâtif, de même que le seigle. On considère justement l'avoine fauchée en vert comme un excellent fourrage pour la production du lait. On cultive aussi parfois les orges d'hiver dans le même but. Le seigle toutefois est la plante qui rend le plus.

Le tableau suivant reproduit la composition de l'avoine fauchée en vert :

	Éléments bruts.	Éléments digestibles d'après Wolff.
Eau.	81,0	»
Matière azotée.	2,3	1,3
Matière grasse.	0,5	0,2
Extractifs non azotés.	8,3	8,9
Cellulose.	6,5	
Cendres.	1,4	»

Sarrasin. — Le *sarrasin de Tartarie* est fréquemment cultivé comme fourrage vert d'été, ou encore comme fourrage à enterrer ou engrais vert. M. de Werder, à ce que rapporte Schwerz, en faisait deux récoltes successives dans le même champ. Le sarrasin vert donné à l'étable est très goûté des bêtes à corne. Les vaches qui s'en nourrissent demeurent en bonne santé et donnent beaucoup de lait. Il convient également aux chevaux, mais donné aux moutons, il peut occasionner une forte enflure de la tête qui n'est pas sans danger.

Nous donnons ci-après la composition du sarrasin-fourrage :

	Éléments bruts.	Éléments digestibles d'après Wolff.
Eau.	85,0	»
Protéine.	2,4	1,5
Graisse.	0,6	0,4
Extractifs non azotés .	6,4	} 6,6
Cellulose	4,2	
Cendres.	1,4	»

Maïs. — Mais c'est principalement le maïs dans ses variétés très développées et tardives qui parmi les céréales joue, dans le centre et le nord de la France, le rôle fourra-

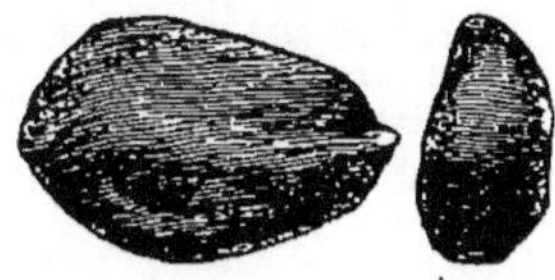

FIG. 269. — CARAGUA.

FIG. 270. — DENT DE CHEVAL

ger le plus important. Semée à des époques successives, cette plante assure pendant tout l'été et jusqu'aux gelées la nourriture du bétail en fourrage vert. Elle peut, d'autre part, quand on applique à sa conservation la méthode aujourd'hui classique de l'*ensilage,* servir de base au régime des bêtes bovines pendant tout l'hiver.

On cultive de préférence comme fourrage le maïs *dent de cheval* ou géant caragua. Mais il ne faut pas négliger non plus les maïs d'Auxonne ou des Landes, qui, s'ils ne permettent pas d'atteindre d'aussi hauts rendements, donnent par contre un fourrage de meilleure qualité.

Le maïs dent de cheval donne des rendements considérables; ses tiges peuvent s'élever à $3^m,5o$, et en bonne culture on récolte facilement 60,000 kilogrammes de fourrage. On a publié des rendements de 150,000 kilogrammes; pour notre part, nous avons obtenu dans la Haute-Marne un produit de 87 mille kilogrammes passé à la bascule.

Toutes choses étant égales d'ailleurs, le rendement du maïs en fourrage est en raison directe de la richesse du sol et des engrais qu'on lui fournit. On comprend sans peine qu'il n'est pas possible d'obtenir 80 tonnes métriques de fourrage vert à l'hectare, sans une très forte fumure. De plus, comme la croissance de la plante qui nous occupe est très rapide, il faut mettre à sa disposition des engrais très facilement assimilables, comme des fumiers décomposés et surtout du nitrate de soude, des superphosphates et des sels de potasse quand cela est nécessaire. Une récolte de 50 mille kilogrammes seulement de maïs dent de cheval enlève au sol au moins

> 117 kil. d'azote.
> 48 — d'acide phosphorique.
> 120 — de potasse.

Il sera dès lors nécessaire, dans un sol de composition normale, de fournir au moins 40 kilog. d'azote nitrique ou 300 kilog. de nitrate de soude et 25 kilog. d'acide phosphorique assimilable ou 200 kilog. de superphosphate à 14 %. Dans les sols pauvres en acide phosphorique, comme c'est si général, on emploie 400 kilog. de superphosphates.

Dans les expériences que nous avons faites en 1887 à Lucé, près de Chartres, nous avons remarqué que l'acide phosphorique a une action très nette sur l'accroissement du poids de fourrage, ainsi que l'azote. La potasse n'a eu aucun effet utile dans ce sol dosant 1 gramme de ce corps par kilog.

FIG. 271. — CHAMP DE MAÏS-FOURRAGE.

Dans ses terres de Sologne, Lecouteux, notre regretté maître, fumait ses maïs à l'aide de 30 à 40 tonnes de fumier de ferme qu'il complétait par 300 à 400 kilog. de superphosphates et 100 kilog. de sulfate d'ammoniaque. Dans l'exploitation paternelle nous enterrions pour cette culture 50 mètres cubes de fumier fait par hectare.

Nous préparons le sol pour le maïs fourrage comme pour les betteraves, c'est-à-dire que nous déchaumons en été la céréale à laquelle on le fait succéder, et que nous donnons un labour d'automne. Celui-ci demeure intact jusqu'à la conduite du fumier au printemps. La fumure est enterrée par un labour. Quand l'époque du semis est venue, on répand à la volée les engrais complémentaires que l'on mélange au sol à l'aide du scarificateur afin de rafraîchir le labour avant le passage du semoir.

Si l'on veut faire du maïs sur un seigle, un trèfle incarnat ou une vesce d'hiver, on donne un labour qui enterre le fumier aussitôt l'enlèvement de la récolte, on répand l'engrais complémentaire sur le labour avant de semer. On le mélange au sol avec la herse ou le cultivateur. En général, les premiers maïs se font après les céréales d'automne.

Les semailles se font, dès que les gelées tardives d'avril ne sont plus à craindre, à la volée ou, ce qui est préférable, en lignes. Le grain, comme nous l'avons dit, ne doit pas être enterré à plus de 5 centimètres. Les lignes sont espacées de 30 à 40 centimètres, et les grains sur la ligne à 10 centimètres. A 30/10 il faut environ 100 kilog. de maïs dent de cheval par hectare. A la volée on sème 150 à 200 kilog. Il convient de ne pas épargner la semence, non pas que cela augmente le rendement, mais parce que les tiges deviennent moins fortes et moins dures. Le fourrage est dans ces conditions meilleur.

Quand il est destiné à être mangé en vert à l'étable, le maïs doit être semé successivement tous les mois au moins depuis la fin d'avril jusqu'en août. On sème dans le courant de mai les maïs destinés à l'ensilage.

Dans le Centre et le Nord, les soins d'entretien se bornent à un binage. Dans le Midi on y joint des arrosages par la méthode d'infiltration quand cela est possible.

Nous donnons ci-dessous la composition du maïs fourrage d'après divers analystes :

	Maïs de Gar. (Garola.) Moyennes des 3 analyses.	Maïs de Burtin. Grandeau et. Leclerc.	Tables de Wolff.	
			Éléments bruts.	Éléments digestibles.
Eau.	83,80	81,28	82,2	»
Matière azotée.	1,48	1,22	1,2	0,8
Graisse	1,38	0,25	0,5	0,2
Extractifs non azotés.	9,65	10,99	10,3	9,9
Cellulose	3,63	4,98	4,7	
Cendres.	1,05	1,28	1,1	»
	99,99	100,00		

Le maïs vert est un fourrage un peu trop pauvre en matière azotée. Il convient pour en tirer tout le parti possible de combiner sa consommation avec 1/4 ou 1/5 de luzerne ou de trèfle, ou, à défaut, de distribuer 2 à 3 kilog. de tourteaux par tête de gros bétail.

Après ensilage, le maïs présente la composition suivante :

	Maïs de Cerçay ensilé avec 1/3 de paille de blé. (Lecouteux.) (1).	Maïs de Burtin ensilé avec 1/5 de paille. (Goffart.)	
		1er ensilage. (1).	Un mois après. (2).
Eau.	60,72	81,28	79,85
Matières azotées brutes. .	3,74	1,24	1,69
Graisses.	1,50	0,36	0,77
Extractifs non azotés . . .	16,68	8,47	7,22
Cellulose.	8.70	4,91	4,82

Pour juger de la valeur nutritive réelle du maïs ensilé, il faudrait connaître exactement le dosage en éléments azotés *protéiques* ou *albuminoïdes*. Les doses indiquées plus haut comprennent, outre les albuminoïdes, les amides et les sels ammoniacaux, résultant de la fermentation des premiers. Dans le cas des pulpes de betteraves ensilées on voit que la proportion de ces éléments azotés non assimilables peut atteindre 50 % et plus du lot de la protéïne brute.

Dans les contrées où la température le permet, on conserve le maïs-fourrage en le faisant sécher en moyettes dans les champs.

Millet. — Enfin nous devons dire un mot des millets employés comme fourrages verts ou secs. Les plus cultivés sont connus sous le nom de moha de Hongrie et de moha vert de Californie; le millet d'Italie donne aussi de bons produits.

Le *moha de Hongrie* (*Panicum germanicum*) se sème depuis la fin d'avril jusqu'en juillet. Il épie deux mois après la levée. Il est caractérisé par la couleur brune de ses épis. Sa graine est très petite et pèse de 60 à 65 kilog. l'hectolitre. On en sème de 20 à 25 kilog. par

(1) L. Grandeau. — (2) J. A. Barral.

Fig. 272.
Moha.

hectare. Elle germe facilement alors même que la sécheresse arrête la végétation des autres plantes. Ce moha est précieux pour les pays secs; il constitue une plante très feuillue qui forme un excellent fourrage.

Le *moha vert de Californie* est une simple variété du précédent, dont l'épi reste vert au lieu d'être teinté de brun. Sa végétation est un peu plus rapide, la plante est plus feuillue, mais il lui faut un sol plus riche.

On peut cultiver les mohas comme fourrages dans toutes les régions de la France. On en obtient les plus beaux rendements dans les terres franches et fraîches; mais ils donnent encore des produits satisfaisants dans les sols les plus légers et les plus secs. La préparation du sol ne diffère pas de ce que nous avons dit pour les millets. On sème dru, en ligne, et on donne un binage. On fait consommer en vert, dès que les épis se montrent. On peut faner le fourrage, ou encore l'ensiler pour l'hiver. Le rendement est de 20 à 30,000 kilogrammes d'un fourrage très nourrissant, comme le montre l'analyse suivante :

	MOHA EN FLEURS.	
	Éléments bruts.	Éléments digestibles.
Eau.	70,0	»
Matière azotée.	3,7	2,1
Graisse.	0,8	0,3
Extractifs non azotés.	13,4	
Cellulose.	10,2	14,2
Cendres.	1,9	»

Sous le rapport de la matière azotée digestible, 20,000 kilog. de moha équivalent à 50,000 de maïs.

FIN.

TABLE DES FIGURES

TABLE DES MATIÈRES

CHAPITRE PREMIER.

CONSIDÉRATIONS GÉNÉRALES SUR LA PRODUCTION DES CÉRÉALES.

CHAPITRE II.

LE CLIMAT.

CHAPITRE III.

BESOIN D'ENGRAIS DES CÉRÉALES.

RÉPERTOIRE DES ESSAIS.

CHAPITRE IV.

LE SOL ET LES ENGRAIS.

CHAPITRE V.

CULTURE SPÉCIALE DU BLÉ.

§ II. — *Composition du blé.*

§ III. — *Culture.*

CHAPITRE VI.

LES PETITES CÉRÉALES.

APPENDICE.

FIN DE LA TABLE DES MATIÈRES.